U0965051

普通高等教育“十四五”规划教材

“十二五”普通高等教育本科国家级规划教材

普通高等教育“十一五”国家级规划教材

肥料研制与加工

第3版

徐卫红　主编

王正银　主审

中国农业大学出版社

·北京·

内 容 简 介

本书在第 2 版的基础上进行了加工凝练，并补充了一些新理论、新工艺和新设备内容，较为系统地阐述了九大类肥料，即氮肥、磷肥、钾肥、复合肥料、中微量元素肥料、液体肥料、有机肥料、微生物肥料、新型肥料的研制、设计、生产或加工技术的基本原理和工艺流程。

本书可作为农资、农学、园林、园艺等相关专业的教材，亦可作为农林院校师生及从事肥料科研、生产、技术推广人员的参考用书。

图书在版编目(CIP)数据

肥料研制与加工 / 徐卫红主编 . --3 版 . --北京：中国农业大学出版社，2025. 3.
ISBN 978-7-5655-3418-8

Ⅰ. S14

中国国家版本馆 CIP 数据核字第 202596XD64 号

书　　名　肥料研制与加工　第 3 版
Feiliao Yanzhi yu Jiagong
作　　者　徐卫红　主编　　王正银　主审

策划编辑　梁爱荣　　　**责任编辑**　梁爱荣
封面设计　郑　川　李尘工作室
出版发行　中国农业大学出版社
社　　址　北京市海淀区圆明园西路 2 号　　　**邮政编码**　100193
电　　话　发行部 010-62733489，1190　　　读者服务部 010-62732336
编辑部 010-62732617，2618　　　出　版　部 010-62733440
网　　址　http://www.caupress.cn　　　**E-mail**　cbsszs@cau.edu.cn
经　　销　新华书店
印　　刷　涿州市星河印刷有限公司
版　　次　2025 年 5 月第 3 版　　2025 年 5 月第 1 次印刷
规　　格　185 mm×260 mm　　16 开本　　27.75 印张　　690 千字
定　　价　85.00 元

图书如有质量问题本社发行部负责调换

第3版编审人员

主　编　徐卫红

副主编　翟丙年　李　冰　毛小云

编写者　（以编写章节为序）

徐卫红　西南大学
翟丙年　西北农林科技大学
李紫燕　西北农林科技大学
郑　伟　西北农林科技大学
郭再华　华中农业大学
王昌全　四川农业大学
李　冰　四川农业大学
黄成东　中国农业大学
徐　智　云南农业大学
钱　恒　云南农业大学
李振轮　西南大学
刘敦一　西南大学
袁　军　南京农业大学
廖宗文　华南农业大学
毛小云　华南农业大学
陈　娴　华南农业大学
张海波　山西农业大学

主　审　王正银　西南大学

第2版编审人员

主　编　王正银

副主编　徐卫红　王昌全　廖宗文

编写者　（以编写章节为序）

王正银　西南大学
翟丙年　西北农林科技大学
李紫燕　西北农林科技大学
郭再华　华中农业大学
王昌全　四川农业大学
李　冰　四川农业大学
徐卫红　西南大学
耿建梅　海南大学
徐　智　云南农业大学
李振轮　西南大学
申　鸿　西南大学
廖宗文　华南农业大学
毛小云　华南农业大学
刘可星　华南农业大学
王宏信　海南大学

主　审　袁德厚　西南大学

第 1 版编审人员

主　编　王正银

副主编　徐卫红　王昌全　廖宗文

编写者　（以编写章节为序）

王正银　西南大学
翟丙年　西北农林科技大学
李紫燕　西北农林科技大学
郭再华　华中农业大学
王昌全　四川农业大学
李　冰　四川农业大学
徐卫红　西南大学
王宏信　海南大学
耿建梅　海南大学
唐树梅　海南大学
徐　智　云南农业大学
汤　利　云南农业大学
李振轮　西南大学
来航线　西北农林科技大学
韦青侠　西北农林科技大学
廖宗文　华南农业大学
毛小云　华南农业大学
刘可星　华南农业大学
汤建伟　郑州大学
李的萍　郑州大学

主　审　袁德厚　西南大学

第3版前言

党的二十大报告中提出:“尊重自然、顺应自然、保护自然,是全面建设社会主义现代化国家的内在要求。必须牢固树立和践行绿水青山就是金山银山的理念,站在人与自然和谐共生的高度谋划发展。”“我们要推进美丽中国建设,坚持山水林田湖草沙一体化保护和系统治理,统筹产业结构调整、污染治理、生态保护、应对气候变化,协同推进降碳、减污、扩绿、增长,推进生态优先、节约集约、绿色低碳发展。”今天人类正在创造一种有别于“传统农业”和“石油农业”,达到人与自然协调,生态与经济共同繁荣的“生态农业”。

我国已成为世界化肥生产和消费大国,近年来化肥总产量占世界总产量的近1/3,消费量约占世界总消费量的1/4。我国化肥也已初步形成品类齐全、功能多元的肥料产品体系。然而,随着人们环保意识的提高和农业结构的调整,化肥行业也在向绿色化、高效化、智能化方向发展。新型环保产品如生物有机肥料和微生物肥料受到市场青睐,传统化肥企业也在加大环保技术的研发和应用。同时,技术创新是化肥行业持续发展的重要动力,通过新技术、新工艺的应用,可以提高产品的生产效率和质量,降低生产成本,满足市场多样化的需求。现阶段推动肥料研制和加工技术的转型升级对保障我国粮食安全和农业高效可持续发展具有重要战略意义。

《肥料研制与加工》为“十二五”普通高等教育本科国家级规划教材,主要适用于高等学校农业资源与环境专业,旨在为拓展学生专业理论和技能、启发学生科学思维、研发创新提供一本适宜的参考书。第3版在第2版的基础上,对书稿内容进行加工凝练并补充了新理论、新工艺和新设备内容。第3版较为系统地阐述了九大类肥料,即氮肥、磷肥、钾肥、复合肥料、中微量元素肥料、液体肥料、有机肥料、微生物肥料、新型肥料的研制、设计、生产或加工技术的基本原理、工艺流程和主要设备,便于学生对现有主要肥料产品体系的学习和理解,为创新肥料研制和加工理论与技术奠定基础。

本书由西南大学负责组织编写,各章编写分工如下:绪论,徐卫红;第一章,翟丙年、李紫燕和郑伟;第二章,郭再华;第三章,王昌全和李冰;第四章,徐卫红;第五章,黄成东;第六章,徐智和钱恒;第七章,李振轮和刘敦一;第八章,袁军;第九章,廖宗文、毛小云和陈娴;第十章,张海波。各章编写完成后,由徐卫红修改初步定稿,经各章编写者确认后最终定稿。最后由王正银教授审稿。

本书编写得到西南大学各级领导的极大关心和支持,中国农业大学出版社对本书出版给予了大力支持和帮助,在此一并谨致谢忱!

囿于编写时间和编写者水平,书中难免有疏漏或不妥之处,恳请同行和其他读者不吝赐教。

编　者

2024年10月

第 2 版前言

在农业漫长的发展历程中，肥料对作物生产起着重要的支撑作用。随着社会经济的发展和科学技术的进步，人类清醒地认识到肥料特别是化学肥料的生产和施用，直接关系到资源、能源、环境和食品安全等重大问题。近年来我国已成为化学肥料生产和消费大国，2013 年化肥生产和农业施用量达 7 037 万 t 和 5 912 万 t。但化学肥料产品结构以单质肥料为主体，单质肥料中氮肥占比高达 70%，这种肥料产品结构难以适应不同作物营养特性和土壤高效施肥的要求。因此，研制和加工不同化肥新产品，针对磷钾肥矿物资源特点开发含有多种营养成分的新型肥料是十分必要的。我国有机物料资源种类多、数量大，目前养分资源量约 7 000 万 t，但农业利用量较少（不足 40%），迫切需要高效经济的生产加工新技术转化为优质有机肥料，以改善国家肥料整体结构组成，促进优质农产品生产和培肥地力，防止有机物料弃置和化肥过量生产与施用对生态环境构成的潜在威胁。现代农业条件下，重视肥料研制和加工技术对于保障粮食安全和农业高效可持续发展具有重要战略意义。

《肥料研制与加工》作为普通高等教育“十二五”国家级规划教材，主要适用于高等学校农业资源与环境专业，旨在为拓展学生专业理论和技能、启发学生科学思维提供一本适宜的参考书。本书较为系统地阐述了九大类肥料即氮肥、磷肥、钾肥、复合肥料、中微量元素肥料、液体肥料、有机肥料、微生物肥料、新型肥料的研制、设计、生产或加工技术的基本原理和工艺流程，便于学生对现有主要肥料产品体系的学习和理解，为创新肥料研制和加工理论与技术奠定基础。

本书由西南大学负责编写，在第 1 版的基础上，各章编写者对书稿内容进行加工凝练并补充新内容。各章编写分工如下：绪论，王正银；第一章，翟丙年和李紫燕；第二章，郭再华；第三章，王昌全和李冰；第四章，徐卫红；第五章，耿建梅；第六章，徐智；第七章，李振轮；第八章，申鸿；第九章，廖宗文、毛小云和刘可星；第十章，王宏信。各章编写完成后，由王正银修改初步定稿，经各章编写者确认后最终定稿。最后由袁德厚教授审稿。

本教材编写得到西南大学教务处和资源环境学院领导的极大关心和支持，中国农业大学出版社对本书出版给予了大力支持和帮助，在此一并谨致谢忱！

囿于编写时间和编写者水平，书中难免存在不足，恳请同行和读者不吝赐教。

编　者

2015 年 6 月 18 日

第1版前言

肥料是农业中作物增产的物质基础,在我国被喻为发展农业生产、保障国家粮食安全的战略物资。我国能够以占世界7%的耕地养活了世界21%的人口,与肥料特别是化学肥料的大量施用有着密切的关系。施用化学肥料在给人类带来福祉的同时也伴随着产生一些弊端,如农作物产品质量下降、土壤显现化学退化、大气和水体环境污染增加。随着人们对农产品数量需求增长的不断满足,农产品营养质量和食用安全性更备受关注。肥料对农作物产量、质量和生态环境的影响,取决于肥料类型和施肥技术。在我国,化学肥料生产和施用量均居世界首位、科学施肥技术研究和应用具有较高水平的条件下,提高肥料利用效率和综合效益的新型肥料研制与加工似乎显得更为迫切和重要。

《肥料研制与加工》作为高等学校农业资源与环境专业的主要教材,旨在为丰富学生的专业理论和技能、启发学生的科学思维、激发学生的专业兴趣和创新能力提供一本适宜的参考书。全书内容包括:第一,简要概述了肥料研制与加工在农业生产中的作用、国内外的研究历史沿革和发展趋势以及该领域的研究内容和方法;第二,较为全面地阐述了九大类主要肥料的研制、设计、生产或加工技术,具体包括氮肥、磷肥、钾肥、复合肥料、中微量元素肥料、液体肥料、有机肥料、微生物肥料、新型肥料的系统介绍;第三,扼要叙述了肥料生产与加工的产品质量检测内容及标准、肥料生产与加工对环境的污染及其防治对策。本书作者多为长期从事肥料研制与加工的科学研究和教学工作经验丰富的专业人员,在教材编写过程中力求注重取材的科学性和新颖性、内容结构的系统性和对学生学习的启发性。

本书由西南大学拟定编写构架,经参编者修改完善,最后形成正式编写大纲。各章编写分工如下:绪论,王正银;第一章,翟丙年和李紫燕;第二章,郭再华;第三章,王昌全和李冰;第四章,徐卫红和王宏信;第五章,耿建梅和唐树梅;第六章,徐智和汤利;第七章,李振轮;第八章,来航线和韦青侠;第九章,廖宗文、毛小云、刘可星、汤建伟、李的萍编写,其中第一节廖宗文,第二节毛小云和廖宗文,第三节毛小云、刘可星、汤建伟、廖宗文和李的萍,第四节刘可星和廖宗文,第五节毛小云和廖宗文完成;第十章,徐卫红和王宏信。各章初稿完成后,由王正银统稿并对各章初审提出修改意见。修改稿返回后,全书由王正银定稿。最后由袁德厚教授审稿。

在教材编写过程中,西南大学教务处和资源环境学院领导给予了极大关心和支持,中国农业大学出版社对本书的出版付出了大量辛苦的努力,在此一并致以诚挚的谢意!

限于编写时间和编写者的学识水平,本书不足之处在所难免,恳请同行和读者批评指正。

编　者

2010年11月18日

目　　录

绪　论

肥料是支撑农业植物生产的重要基础物质，人类认识和利用肥料经历了漫长的历史。肥料研制加工的发展历程可视为一个国家科技历史的缩影，从某种意义上看，肥料行业的科技状况也标志着一个国家的科技整体水平、国民经济实力和核心竞争力。当今世界，肥料研制与加工不仅仅关系到作物生产和粮食安全，更关乎一个国家资源利用、能源消耗、环境保护、食品安全等诸多方面，成为涉及多行业和多学科的一个重要领域。

第一节　肥料研制与加工在农业绿色发展中的作用

一、肥料研制与加工在植物生产中的作用

(一)农业绿色高效持续发展的基础

在人类栽培植物的历史长河中，几乎都依赖施用肥料以获得更多的植物收获物。古代劳动人民施用有机肥料或自然肥料发展农业生产，自19世纪40年代以来，人类开始研制、生产和施用化学肥料，并不断形成有机肥料→有机肥料＋化学肥料→化学肥料＋有机肥料→化学肥料等施肥演变格局。现代农业实践证明，一旦停止施用肥料特别是化学肥料，粮食产量将大幅度下降，很多人将回到饥饿时代。而单一施用化学肥料或有机肥料，都难以实现农业的高效可持续发展，特别是大量单一长期施用普通化学氮肥，已带来土壤酸化、退化，生态环境恶化，农产品质量下降等突出问题。农业绿色高效持续发展要求施用肥料达到提高作物产量、改善产品质量、增加经济收益、保护生态环境、培肥地力等综合目标，显然普通有机肥料或化学肥料均难以达到。提高作物产量和品质，达到农业生产优质、高产、持续、高效发展，重视肥料的研制与加工技术，大力开发适应农业绿色发展需要的新型肥料是不容忽视的任务。近年来，我国应用的很多新型肥料如缓控释肥料、生物有机肥料、有机无机复合肥料、功能型肥料、生物炭基肥料等，已显示肥料研制与加工对推动农业绿色发展的重要作用。

(二)经济植物优质适产的物化措施

肥料是种植经济植物极其重要的生产资料，在我国种植的众多经济植物中以果树、蔬菜、茶叶、中药材等栽培种类多、面积大、经济效益高。除大部分蔬菜外其余经济植物均以多年生为主，且果树、茶叶、中药材等品种(种类)繁多，不同生长年际间营养需求(如人参、黄连、三七等)差异大，常常缺少以此为基础的年际专用肥，生产上常出现蔬菜、中药材不合理盲目施用普通化肥导致连作障碍频发。我国北方平原区域气候和土壤肥力差异小，而南方丘陵山地种植经济植物常出现土壤肥力差异大，小气候变异大，对于道地果品、茶叶、中药材等的内在质量存在突出影响，研发保障各类经济植物品质特征的适宜专用肥料，是一项长期而细致的重要基础工作。我国许多中药材种植过程中也缺少适宜中药材生长发育、营养代谢、药效成分形成的专

用肥料，有些地区过量施用化学肥料，导致中药材的质量难以保持、传统药效难以充分发挥，这不仅会影响中药材的利用价值，更涉及人体健康。近年来，我国先后对很多名贵中药材实行了GAP（良好农业操作规范）栽培认证，因此针对不同中药材的生长发育特点开发研制相应的有机无机专用肥料，是中药材优质适产和可持续发展的一项十分迫切的任务。

（三）林业和草业经济高效发展的保障

自然界森林依靠天然土壤的养分生长与更新，为人类提供木材和林产品，随着人类对林业产品不断增长的需求和林业经营水平的提高，林地需肥成为新形势下林业发展的必然现象。林业的生产周期长，树木在生长发育中除了需要氮、磷、钾等大量元素外，还需要中微量元素，因而在不同生长阶段对肥料的要求有所不同，研制不同树种的专用肥是非常必要的。例如，在广西地区大面积推广应用的桉树专用肥料，能保证桉树健康快速生长，大幅度提早产材期，提高成材率和出材量，经济效益显著；应用微生物肥料（菌根真菌）进行林业育苗可促进苗木的生长，提高苗木质量，抑制土传病害，改善环境质量，微生物肥料正逐渐成为现代农林业生产的重要用肥之一。开发和科学施用适宜林木营养状况和促进林木产材质量的新型肥料，达到优质、高产、高效、低成本森林资源利用，促进森林业的发展造福于人类，这正是肥料研制与加工在林业生产中重要地位的体现。

在我国西北沙漠生态治理中，移栽树木时在根区施用秸秆磺酸化有机液体肥料、复合微生物菌肥等均获得树苗成活率高、生长较快、肥效期长的突出效果。我国内蒙古、新疆等依靠天然草场饲养家畜的地区为了提高草地载畜量，合理施用牧草专用肥料正在成为一种新的发展趋势。因此，研制适合机械化特别是无人机施肥技术的牧草新型肥料，对于提高单位面积草地牧草产量和饲用品质，促进优质畜牧产业（奶业、牛羊肉等）的经济高效发展具有重要促进作用。

二、肥料研制与加工在农业生态环境中的作用

（一）控制肥料面源污染的有效途径

普通化学肥料不合理使用会导致生态环境恶化，化肥中氮、磷等物质通过农田排水及地表径流等方式进入湖泊、河口和海湾等地表水体，引起水体富营养化，使藻类及其他浮游生物迅速繁殖，藻类在生命活动中可改变水体的 pH，为某些病原菌的繁殖创造了有利条件，同时水体溶解氧下降，导致鱼类及其他生物死亡，使水体资源严重受损。在富营养化的水体中，硝酸盐和亚硝酸盐的数量增多，并含有一些致癌物质，这对动物和人体健康都是一种威胁。化肥渗入到地下水中，严重影响了地下水的水质，即所谓的农业非点源污染（面源污染）。有机肥施用过多也会造成土壤硝酸盐积累和地下水污染，甚至污染产品。化肥的过量使用、畜禽粪便的利用率低会导致畜禽养殖废弃物、水产养殖排泄物等产生氮、磷等化合物污染和水体富营养化。近年来，畜禽养殖业、水产养殖业等从农户的分散养殖转向集约化、工厂化养殖，其污染面明显扩大。因此，改良现有化学肥料、科学处理和加工有机肥料、重视研制新型肥料、大力推行科学施肥将会有效防止因肥料导致的农业面源污染。

（二）保护农田土壤环境的技术措施

鉴于我国耕地面积的有限性，为提高粮食和其他农产品的产量，化肥的生产和施用量应不

断增加。普通化肥在提高农作物产量的同时，也给土壤带来了不可忽视的副作用。长期过量施用化肥会恶化农田性状、降低土壤肥力，如土壤环境酸化或碱化，改变土壤化学性状，改变交换性离子吸附作用，促使土壤有机质矿化，活化或固定土壤营养元素，产生营养元素的拮抗或协同作用。普通化肥长期过量使用和施用方法不合理，土壤的良好理化性状被改变易引起农田板结、酸化、盐化和重金属污染，最终降低作物产量。而长期大量施用有机肥的农田中也存在亚硝基类化合物，通过食物链威胁人类的生命健康。因此，农田可持续生产迫切需要研制和加工适宜于不同土壤特性的专用肥料。

(三)改善生态环境质量的物质基础

目前环境问题日益突显，保护生态平衡是面临的重要任务。在肥料研制与加工方面，大力发展优质作物专用肥、增效肥料、有机无机复合肥、缓释肥料、生物有机肥料等新型肥料均可减缓肥料所带来的环境污染问题。例如，生物有机肥料进入土壤生态系统后，在适当的水分、温度、pH 等条件下，与土壤有益微生物共同形成优势菌群，促进土壤生态系统的碳、氮、氧的循环，从而达到修复土壤生态系统，使之形成新型的、稳定的、平衡的、有利于植物生产的平衡生态系统。

三、肥料研制与加工在低碳农业中的作用

(一)促进肥料资源科学高效利用

秸秆类固体有机废弃物没有充分利用而直接燃烧、畜禽粪便等畜牧业废弃物缺乏科学处理、化肥的大量施用以及在生产和使用过程中二氧化碳和氮氧化物的排放等，已形成突出的环境污染。为了维护全球生态安全、改善全球气候条件而在农业领域推广节能减排技术、固碳技术、开发生物质能源和可再生能源，达到“低能耗、低排放、低污染”的目标，因此低碳农业开始被重视。而新型肥料研究要针对这些有机废弃物特点，向环境友好和资源可持续利用方向发展，研发耗能低、效率高的生产工艺，各类养分合理配比的新型肥料，以提高肥料的利用效率，达到资源高效利用。应大力开展以秸秆为原料的有机肥料加工技术研究，利用畜禽粪便生产微生物有机肥，积极开发商品有机肥料、有机无机复合肥料、液体有机肥料等新型肥料，达到肥尽其用和有机肥料养分资源的高效利用。

(二)降低化肥生产能源和资源消耗

目前我国肥料产业发展面临着巨大的挑战，消耗了全国 2%的煤炭、3%的天然气、80%的磷矿和 60%的硫资源，磷肥生产过程中每年产生了约 7 500 万 t 磷石膏、1 000 万 t 磷尾矿和 700 万 t 磷渣，产生了巨大的环境压力。这些副产物含有大量的作物必需养分元素和有益元素，如钙、镁、硅等，是农业生产所需养分的很好来源。我国目前磷肥产能过剩，生产高浓度磷肥既消耗了宝贵的磷矿资源，又增加了肥料生产成本，且大多磷肥产品需要二次加工；开发先进的制造工艺或技术，有效简化生产过程，将肥料生产过程所需的矿产资源养分的一步法直接合成肥料产品，直接突破创新原矿——复合肥(成品肥)的一步法工艺；生产过程不产生尾矿、磷石膏、渣酸等大量的副产物，降低生产过程的碳排放，有效提升矿产资源养分综合利用效率，将珍贵的养分资源直接合成到肥料中，为农业生产提供物资保障。

(三)助力循环农业绿色持续发展

养殖业和种植业是农业中的两大基础产业，这些产业产生的有机废弃物不加以科学利用

必然影响其发展。种植业可以为养殖业提供饲料,为养殖业的发展提供重要物质基础,而养殖业的废弃物可以作为很好的有机肥料,促进种植业的发展。养殖业的废弃物中的有机碳、氮、磷养分丰富,养殖业畜禽种类多,因地制宜地研发成本低、肥效好、高效益的有机肥料,既能保障养殖业的正常发展,又可为种植业提供优质肥源。种植业的秸秆、加工废弃物等也是优质有机肥料的资源,将种植业的废弃物加工成高效有机肥料,既促进种植业的可持续发展,又可为发展养殖业提供物质基础。

第二节 肥料研制与加工的发展

一、我国肥料研制与加工发展概况

(一)有机肥料的制造与加工

1.早期的研究

我国古代不仅注意广辟肥源、多积肥、合理施用有机肥料,而且还强调加工制造和生产质量好、肥效高的有机肥料。对粪肥的加工制造,主要目的是粪肥中的有机物和多种微生物能混合分解变化,使之腐熟,把许多不宜作物直接吸收的有机酸转化分解为尿酸等。

古代造肥技术渊源久远,经验丰富。贾思勰在《齐民要术》中最先总结出"踏粪法",秋收后把场上碎谷、糠秕等杂物聚拢起来,"每日布牛脚下,三寸厚;每平旦收聚堆积之,还依前布之,经宿即堆聚。"这种踏粪法实际就是民间所创造的垫圈积肥的方法,直到今天很多农民仍沿用此法积制有机肥料。元代农学家王祯也主张施用熟粪,他在《农书·粪壤篇》中提出,在流水沟港内乘船用竹竿捞取河泥,先散泼在岸上,等到凝结成块状,再与大粪搅拌在一起沤制,这样的肥料"比常粪得力甚多"。明代袁了凡在《宝坻劝农书》中记载了六种造肥法,即踏粪法、窖粪法、蒸粪法、酿粪法、煨粪法、煮粪法。这些方法是我国劳动人民的实践经验的总结,也是集体智慧的结晶。其中"蒸粪法"即为堆肥的一种,方法是先设置粪屋,经常把灰土、糠秕、筒秆、落叶之类投进去,随即封盖起来,使堆肥发热,乃至腐烂成为熟粪。"煨粪法"是把已晒干的粪肥,用草火去烧治。关于"酿粪法",明代耿荫楼在《国脉民天》里记述,在农舍附近顺水的空闲处"修治垣屋",有雨时灌进腥秽之水,再把腐草、枯叶等随时填进去,日久糜烂,经过这样酿治的粪肥,用来上地,受益很大。明代科学家徐光启和袁了凡在他们的农学著作中都记述了"粪丹"的制造,"粪丹"是一种人工制造的有机肥料与无机肥料相结合的综合性肥料,其中既有动植物机体如麻渣、豆饼、鸟粪、鸡鸭粪、鸟类羽毛等有机物质,也有砒霜、硫黄、黑矾等无机物质。把它们搅拌在一起,"置砖石中,夏月晒二十一日,须封密不走气,下要不漏,用缸也好。若冬春月用火煨七日,各取出入种中耩上"(《徐光启手迹》)。这种"粪丹"起种肥作用,"每一斗可当大粪十石",可谓优质高效肥料。

2.近代的研究工作

我国开始系统研究有机肥料是在20世纪30年代,全国开始使用微生物来研究我国的堆肥和沤肥,目的在于筛选出优质的菌种,到50年代初东北农科所首次从马粪中分离出高温纤维菌。20世纪50—60年代,全国各地因地制宜开展有机肥料的积制与加工,如泥炭土混合肥、泥炭骨粉(血粉)混合肥、钾镁油饼混合肥等;总结农民传统经验,完善有机肥积、制、保、用技术；重点研究高温堆肥发酵条件、厩肥积制方法、沤制和草塘泥制有机肥。20 世纪 70—80 年代主要研究沼气发酵、腐殖酸类肥料的深度开发和应用（包括腐殖酸铵、腐殖酸为载体的叶面肥、腐殖酸有机无机复合肥等）。自 20 世纪 80 年代末以来，我国农业生产形势和方式发生了很大的变化，每年有 2 亿 t 剩余作物秸秆难以处理，规模化畜禽养殖发展异常迅猛，有机肥研究开始探索走规模化、产业化、商品化的道路。研究的重点一是秸秆直接还田技术；二是工厂化处理畜禽粪便生产商品化有机肥料和有机无机复合肥技术。20 世纪 90 年代中后期，我国有机物料的发酵腐熟技术得到了快速发展，国内出现了新型（CTB）快速堆肥系统，进行自动检测和控制，分步培养堆体的耐高温微生物，并使堆体在最短的时间内达到无害化所需的温度。智能深槽发酵干燥技术及成套设备，利用太阳能、生物能、热能使其快速发酵干燥，自动化程度高，可实现全程智能操作。同时推出 GZ 500 型干燥造粒一体化有机无机颗粒肥料成套设备，将有机肥原料预干燥、有机无机复合肥料造粒和产品的最终干燥一体化，降低了设备投资和生产成本，操作方便，且能耗较低，肥料呈球状颗粒，流动性好，适于手工和机械施肥。近年来，我国有机肥料产品形成三种主要类型：商品（精制）有机肥料类，以提供有机质和少量养分为主；有机无机复合肥料类，含有较高的养分和一定比例的有机质；生物有机肥料类，有机质含量高，并含有改善肥料或土壤中养分释放能力的功能性微生物。这三种产品中以有机无机复合肥料类占主导地位。全国部分形成了集发酵、加工于一体的各种有机肥料生产体系，不同地区的有机肥高效生产模式正在形成，并日臻完善，为我国有机肥产业的大发展奠定了良好的基础。

我国有机肥料生产企业所采用的发酵腐熟方法主要包括平地堆置（条垛式）发酵法、发酵槽（槽式）发酵法、密封仓式发酵法、塔式发酵法等。平地堆置（条垛式）发酵法对场地设施的要求不高，主要设备有翻抛机，比较适合我国南方地区采用；塔式发酵法以畜禽粪为主要原料，接种微生物发酵菌剂，搅拌均匀后经输送设备提升到塔式发酵仓内，在塔内翻动、通氧，快速发酵除臭、脱水，通风干燥形成有机肥产品，该法湖北地区采用较多；槽式发酵是在温室式发酵车间内，沿轨道连续翻动设备在槽式发酵内移动，拌好菌剂的禽粪便从发酵车间一端进入，出来时变为发酵好的有机肥，直接进入干燥设备脱水，成为有机肥产品，该生产工艺能充分利用光能、发酵热，设备简单，运转成本低，较适合北方地区。

（二）单质肥料的研制与加工

1. 氮肥

我国氮肥生产是从 20 世纪 30 年代开始，当时主要的氮肥厂只有大连化学厂和南京永利垭厂（后改为南京化学工业公司氮肥厂），到 1949 年氮肥的实际年产量只有 6 000 t，氮肥品种也只有硫酸铵一种。在 20 世纪 50—60 年代，我国曾大规模开展简易生产氮肥的探索，如炼焦回收氮、煤夹石制取硫酸铵、硝土制火硝等，试图解决氮肥不足的问题；从苏联引进氮肥生产技术和装置并在此基础上创新，建成一批中型尿素厂；我国著名化学家侯德榜博士历经 7 年时间自主研发出联产碳酸氢铵的“碳化法生产工艺”技术，利用国产装置先后建成 1 500 多家小型氮肥厂。20 世纪 70—80 年代，我国以石油和天然气为原料从美国、荷兰、日本和法国引进十几套年产氨 30 万 t、尿素 48 万～52 万 t 的大型氮肥生产装置。20 世纪 90 年代从德国、意大利等国陆续引进了以渣油、块煤、水煤浆、天然气、粉煤为原料的 18 套大型氮肥装置，2005 年以天然气为原料国内首套拥有自主知识产权的大型国产化 20 万 t /年 合成氨、30 万 t/年尿素装置在四川美丰化工化肥分公司成功建成，2017 年国内首套具有自主知识产权国产化 60 万 t/年合成氨、80 万 t /年 尿素装置(煤头)在沧州正元化肥有限公司正式投产，2018 年中石油宁夏石化公司的国内首套国产化 45 万 t /年合成氨、80 万 t /年 尿素大化肥装置(气头)正式投入生产，使我国氮肥生产技术水平跻进了世界先进行列，并带动了国内氮肥生产技术水平和管理水平的迅速提高。

我国氮肥产业生产技术采取了在引进国外技术基础上创新的工业技术发展路线，氮肥工厂也从兴建中型氮肥厂，大力发展小型氮肥厂，引进大型氮肥装置，到对老装置进行技术改造创新，自主开发，使我国形成了大、中、小型氮肥装置相结合的工业布局。随着能源形式转变和竞争格局变化，氮肥生产逐渐向大型企业集中，2012 年我国的氮肥企业已由历史上曾经的 1 600 多家减少到 392 家，2022 年底我国合成氨生产企业 210 家，其中规模在 50 万 t/年及以上合成氨产能占总产能的 43.8%，合成氨、尿素产能达百万吨的企业分别有 20 家和 25 家。氮肥品种也从最初单一的硫酸铵发展到目前的尿素、碳酸氢铵、硝酸铵、硫酸铵、氯化铵、尿素硝铵等 10 余个品种，其中尿素的产量和消费量已分别占氮肥总量的 60%以上。2015 年我国氮肥年生产量达到 4 970.6 万 t(纯养分)，因氮素化肥产能过剩，2021 年产量降至 3 797 万 t。

2. 磷肥

我国的磷肥生产始于 1942 年，当时在昆明建设了以生产过磷酸钙为主的裕滇磷肥厂，由于销售量有限，开业半年即停产。1949 年新中国成立时，我国仅台湾基隆和高雄有年产 3 万 t 生产过磷酸钙的 2 家企业。20 世纪 50 年代初期，我国开始进行磷肥生产技术研究和开发工作，在苏联的帮助下在南京和太原建成年产 40 万 t 和 20 万 t 生产粒状过磷酸钙的装置，由此奠定了我国最早的磷肥产业基础。1953 年开始全国不少省市的工厂、研究和设计单位相继开展钙镁磷肥(含镁磷肥)的研制工作，并于 1956 年在四川乐山磷肥厂建成第一套平炉法工艺生产钙镁磷肥的装置。20 世纪 70 年代以国产中低品位磷矿为原料，生产过磷酸钙和钙镁磷肥为产品的磷肥厂在全国各地迅速发展。20 世纪 80 年代到 90 年代，为解决农业对高浓度磷肥需求，我国从美国、法国、西班牙等国引进了十几套年产 24 万 t 或 48 万 t 的大型磷铵生产技术装置和年产 60 万 t 氮磷钾复合肥生产技术装置，并依靠自有技术建设了 80 多套年产3 万 t 的小磷铵生产装置，从此我国高浓度磷肥的生产迅速发展。

我国磷肥产业经过 70 多年的发展，产品的生产由低浓度向高浓度发展，从单一品种(过磷酸钙)向多品种(钙镁磷肥、重过磷酸钙、磷酸一铵、磷酸二铵、氮磷钾三元复合肥等)复合化发展，目前仅磷铵系列高浓度磷肥占生产总量的 85%以上；企业从小型(年产 5 万 t 以下)发展到中型(年产 10 万 t)、大型(年产 20 万～30 万 t)；布局从邻近市场发展到邻近原料产地或港口；产品加工路线从酸热并举发展到以酸为主；生产技术以自主研发发展到自主研发与引进并举、消化吸收再创新，走出了一条适合我国国情的快速发展磷肥产业的道路。具有我国自主知识产权的“料浆浓缩法新工艺”的研制成功，为我国高浓度磷肥的发展闯出了一条新路。从 2005 年起，我国的磷肥产量首次超过美国跃居世界第一位，2016 年产量达到 1 859.1 万 t(纯养分)。我国磷肥产能过剩，2016—2021 年磷肥产量随年份呈逐渐下降趋势，2021 年降至 1 039 万 t，且以高浓度产品(磷酸铵、重过磷酸钙)为主，占我国磷肥产量的 95%以上。我国磷肥企业集中度提高，2023 年全国磷肥企业前 10 名的产量占总产量的 60%以上。

3. 钾肥

1949 年以前，中国没有专业性钾肥生产。20 世纪 50 年代在发展氮肥和磷肥的同时，对钾肥矿源进行了大量普查勘探和加工利用的研究，探明了蕴藏在浙江、安徽两省的明矾石的储量；先后开展苦卤、明矾石、钾长石制钾肥等的探索试验，积累了不少经验。1957 年在青海察尔汗发现含低量氯化钾的盐湖，用原生光卤石生产出第一批钾肥，实现了我国生产钾肥零的突破；1963 年在云南发现了中国第一个古代钾石盐矿，同期进行了干法水泥窑上进行回收烟灰生产窑灰钾肥的研究。但受钾肥资源的限制，中国钾肥工业的发展远落后于氮、磷肥工业的发展。

我国氯化钾肥的生产工艺技术以氯化钾肥的工业原料来划分：①以氯化物型盐湖卤水为原料，20 世纪 60 年代后期，中国科学院青海盐湖研究所与当时的察尔汗钾肥厂合作开发了浮选法技术；20 世纪 80 年代中期上海化工院等进行了反浮选冷结晶工艺的研究。②以固体钾盐矿为原料，氯化钾肥的生产工艺采用浮选法。③以海水苦卤为原料，生产工艺主要是苦卤法和海水沸石法。硫酸钾的生产方法可分为两类，一类是用天然含钾矿物制取，生产工艺主要是用硫酸盐型含钾卤水制取硫酸钾和明矾石综合利用制取硫酸钾；另一类是氯化钾转化法，以氯化钾为原料生产硫酸钾，生产工艺主要有曼海姆法、芒硝法、硫铵法、缔合置换法等。1994 年我国从日本和我国台湾引进曼海姆工艺生产硫酸钾肥，并于 1997 年建成多套由我国自主设计的曼海姆法生产全套设备装置。我国硝酸钾生产历史悠久，生产方法主要包括复分解法、离子交换法和钾硝石提纯法，生产装置采用复分解循环法并在 2002 年以后得到发展。此外，我国钾肥品种还有磷酸二氢钾和硫酸钾镁肥。

我国钾肥产业经过 60 多年的发展，已成为世界第七个拥有百万吨生产装置的国家。我国钾肥产能不断提升，2012 年生产钾肥 402 万 t(纯养分)，2020 年钾肥产量达 710 万 t，占世界钾肥产量的 15.8%，已成为世界第四大钾盐钾肥生产国，自给率已从零发展到 50%。我国属钾资源紧缺型国家，探寻新的钾矿资源和加工新型钾肥品种将是一项长期的任务。目前钾资源战略定位采取“国产、境外、进口”三驾马车联动方式，这种方式比较符合我国国情，即可保持国内 50%以上的自给率，在国外形成稳定供应基地占 25%，通过贸易进口产品 25%，这样可确保我国粮食生产安全。

(三)复合肥料的研制与加工

20 世纪 50 年代初，中国化学工业部就开始安排以湿法磷酸为基础的化成复合肥料的研制，因国内硫资源的制约，50 年代中期开始探索热法磷酸和硝酸磷肥等其他高浓度复合肥料的研制和生产。1966 年中国石化南京化学工业公司建成年产 3 万 t 磷酸二铵的生产装置，从而揭开我国磷铵生产的历史，也标志着我国复合肥料的正式起步。20 世纪 80 年代，四川大学(原成都科技大学)钟本和教授等和四川银山磷肥厂联合开发了料浆法生产磷酸一铵的技术，此技术极大地提高了我国高浓度磷复合肥的生产能力(3 万～30 万 t/年)。在此期间我国秦皇岛中阿化肥有限公司引进法国 AZF 管式反应器的转鼓氨化粒化工艺(料浆法)生产三元素复合肥料，并根据我国的实际情况对此技术成功地进行了改造，使装置年生产能力提高到了 70 万 t。继料浆法工艺之后，上海化工研究院等开发了尿素熔融喷浆造粒工艺，大大改善了尿基复合肥的生产速率和产品性状，也为后期生产高氮专用肥奠定了工艺基础。20 世纪 90 年代初，山东红日化工集团首先开发出低温转化氯化钾制硫基氮磷钾复合肥料技术，利用此技术仅在山东省就形成了年产约 250 万 t 的生产能力。2000 年团粒法以及添加部分料浆的各种改进型团粒法工艺、低温转化喷浆造粒工艺、熔体法高塔造粒工艺开始大发展，单系列复合肥装置产能达到10万～30万t/年。2004年上海化工研究院开发了高塔熔体造粒生产复合肥的工艺技术，使复合肥生产达到了无干燥过程的一步造粒，解决了复合肥生产中二次干燥耗能的问题。迄今我国主要的造粒工艺是团粒法、挤压法、掺混法（又称BB肥法）、料浆造粒法、涂布造粒法、熔体造粒法，该6种方法均具有颗粒状产品，加工工艺简单，使用方便的特点。

2011—2019年我国复合肥料实物产量在5 500万t～6 500万t之间波动，2015年达最高峰约6 500万t，2019年降至5 700万t左右。2019年年底我国规模以上复合肥料企业864家，有生产许可证的企业3 000余家，产能总规模近2亿t/年，其中89家大中型复合肥料企业产量合计3 376.7万t，约占全国复合肥产量的60%。我国复合肥料生产规模由小到大、产品养分浓度由低浓度向高浓度、组分由氮、磷、钾三元素向氮磷钾添加中微量元素的多元素发展，产品质量显著改善，化肥售后服务工作有了新的进展。

（四）新型肥料的研制

1.缓/控释肥料

我国包膜肥料的研究起初较集中在寻求改善碳铵的挥发性上。1974年中国科学院南京土壤研究所开始研制钙镁磷肥包裹碳酸氢铵的无机包裹型肥料，首先将碳铵造粒，然后在碳铵颗粒表面扑上钙镁磷肥粉，通过添加硫酸使钙镁磷粉末与碳铵颗粒黏结在一起。1983年开始郑州工学院许秀成教授等在国内率先系统开展了利用营养材料研制包裹型控释肥料，先后研制出钙镁磷肥包裹尿素、磷矿粉部分酸化包裹尿素、二价金属磷酸铵钾盐包裹尿素等几代产品，养分控制释放期达到90 d以上，突破了国内外营养材料包膜养分释放控制难度大等关键技术，并实现产业化生产，产品率在花卉及国外市场应用，之后在我国农作物上推广应用。1985年北京化工学院开始筛选可降解树脂包膜材料，研制了以脲醛树脂为包膜剂的缓释肥。1986年广州氮肥厂与中国科学院石家庄现代化研究所开发研制了涂层尿素。中国科学院兰州化学物理研究所试验用生物可降解高分子材料（聚乙烯醇磷酸脲、聚乙烯醇缩脲等）作包膜材料制成了包衣尿素。进入20世纪90年代，以高分子聚合物材料作为包膜材料的研究更加广泛。这些研究主要集中在对热塑性包膜材料的筛选和包膜工艺上，先后有多家农科院、农业大学开展了研究，如湖南农业科学院、中国农业科学院、北京农林科学院、山东农业大学、中国农业大学、华南农业大学、沈阳农业大学等，开发出各类系列产品开始在大田示范应用。针对包膜材料成本高、残膜在土壤中存在安全风险等问题，近年来山东农业大学在膜材料中添加生物基物质（秸秆、油脂提取物）、华南农业大学在膜材料中添加木质素、植物油类物质的研究，取得了良好的效果。包膜肥料在工厂化生产过程中存在着成本高、产能低等不足，进一步研发应倍加重视。

化学抑制型缓释肥料（又称稳定性肥料）的研究始于20世纪70年代中期，80年代中期第一代产品长效尿素问世，我国首次将脲酶抑制剂应用到肥料生产中。之后中国科学院等单位在碳酸氢铵生产工艺中添加硝化抑制剂，解决了碳酸氢铵易挥发、结块及施用后肥效短等问题。进入20世纪90年代，先后研制出复合型长效尿素、稳定尿素等新品种和相应的制造工艺。21世纪初中国科学院沈阳应用生态研究所研制开发的“长效复合肥”使稳定肥料由单质发展到复合，使抑制剂型缓释肥料以抑制剂的协同作用效果好和生产成本低突显技术特色和产品市场优势。

缓释多养分肥料是以肥料颗粒内部养分结构重组复合技术制作的成分中含有氮磷钾等多

种植物必需营养元素，氮素和磷素养分具有多种形态组合且含适量有机质的一类有机无机养分结构型缓释肥料。该肥料的研发始于 2001 年，以高氮有机物料快速转化、优质化学肥料转型缓释、氮素养分多形态（可溶性有机氮、酰胺氮、铵态氮、硝态氮）组合等关键技术为支撑，辅以成粒技术实现氮素养分的接力缓慢释放、氮磷钾等养分协同供应和高效利用，其生产工艺技术、中试生产和产品在西南地区经济作物大田示范推广应用均系西南大学完成，迄今相关技术获国家发明专利 10 项，具有中国特色和自主知识产权。

2. 微生物有机肥料

微生物有机肥料是指一类包含特定功能的微生物菌种且生产工艺有一个二次固体发酵阶段的特殊有机肥料。它克服了传统概念上的生物肥料的缺点（菌种含量高但有机物很少，仅作为一种接种剂），不仅能获得特定的肥料效应，而且通过足量的有机物质给功能微生物提供足够的能源物质，这些功能微生物在土壤中易于定植和繁殖，充分发挥其促进作物对营养元素的吸收、刺激植物生长、拮抗某些土传病原微生物等作用。南京农业大学采用畜禽粪便、农作物秸秆等农业废弃物为生产原料，利用功能微生物和先进的生产工艺，将大分子的有机物分解为小分子物质，达到除臭、腐熟、干燥的目的，制成具有优良物理性状、碳氮比适中、肥效优良的系列生物有机肥料。生产该类肥料的基本要求：一是要分离、筛选各种特定功能的微生物菌株，然后研究这些功能菌液体发酵的条件与参数，再进行工厂化发酵生产；二是筛选适合于功能菌生长的固体有机载体，寻找最佳碳源和氮源。在大规模工厂化生产过程中，堆肥起爆剂的应用和高效率的翻抛（供氧）设备是堆肥中最关键的两个技术。目前已形成拮抗土传病害微生物有机肥料、促生微生物有机肥料等产品。南京农业大学沈其荣院士等研究的木霉全元生物有机肥，通过调控植物根系与土壤微生物的互作来达到根系促生、解毒和免疫的作用。

3. 纳米肥料

纳米肥料是纳米生物技术的一个分支，是用纳米材料技术构建、用医药微胶囊技术和化工微乳化技术改性而形成的全新肥料，可大大减少化肥对土壤和地下水的副作用，极大地提高作物产量并且无毒害，故称为“环境友好型肥料”。纳米肥料包括纳米结构肥料与纳米材料包膜或胶结缓/控释肥料。我国迄今已研制出生产纳米肥料的材料主要有：有机肥和有机无机复合肥纳米造粒黏结剂、纳米风化煤或高岭土缓/控释肥复合包膜剂和胶结剂、纳米风化煤复合固沙剂和保水剂、纳米酚醛树脂或脲醛树脂秸秆板材胶结剂、纳米不饱和树脂-淀粉缓/控释肥包膜剂和胶结剂、纳米塑料-淀粉缓/控释肥复合包膜剂和胶结剂、纳米不饱和树脂秸秆板材胶结剂等；纳米结构肥料有纳米 Fe_2O_3 和纳米 $CaCO_3$。中国农业科学院和湖南农业大学采用化学、物理的微乳化和高剪切技术研制生产了具有缓释性能的纳米级胶结包膜剂，该包膜剂可用于生产掺混胶结包膜型缓/控释作物专用肥料。

4. 功能型肥料

早期的功能型肥料指兼有提高作物的土壤水分利用、改善抗倒伏性能力和抗病虫害能力、防治杂草等一种或多种作用的肥料，即以提高植物抗逆能力为特有功效的一类肥料，如保水肥料、抗病肥料、抗倒伏肥料、农药肥料等。华南农业大学等曾开展保水型控释肥的研究，利用高吸水树脂（HWAR）包被尿素和包膜性控释肥料，制成保水型控释肥料，产品在新疆干旱地区试验，取得良好效果，已进入中试阶段。郑州大学开发了具有抗倒伏和防病害的功能肥料钙镁磷钾肥和脲硫酸复合肥，在生产工艺、产品配方、肥效评价方面做了大量的研究工作。

5. 生物炭基肥料

生物炭基肥料是以生物炭为基质，添加氮、磷、钾等养分中的一种或者几种，采用化学方法和(或)物理方法混合制成的肥料。生物炭是以作物秸秆等农林植物废弃物为原料，在绝氧或者有限供氧条件下，400～700 ℃热裂解得到的稳定的固体富碳产物，它孔隙丰富、吸附能力强，将其返还农田，可同时实现秸秆利用、农田培肥、化肥减量、固碳减排等多重目标。我国于2009年开始研发生物炭基肥料，随着应用场景和需求的不断发展，生物炭基改土培肥产品从早期的原始生物炭，逐步发展到各类改性生物炭、生物炭基复合肥、生物炭基包膜肥、生物炭基(生物)有机肥、生物炭基微生物肥料(菌剂)、生物炭基土壤调理剂、生物炭基肥料增效剂等多种类型，其设计原理、制备工艺、产品特性、功能和应用技术等也不断迭代发展，相关研究日趋深入。已形成的生物炭基肥料生产工艺主要包括团粒法、挤压造粒法、掺混法、吸附法、包膜/包裹法。自2016年以来，我国已制定了生物炭基肥料相关行业标准和技术规程(规范)6个和国家管理规范1个，生物炭基肥料产品的研发进入了新阶段。

(五)肥料研制与加工技术的代表人物

我国肥料产业取得世界瞩目的成就，是几代肥料科技工作者接续奋斗的结果。在肥料研制与加工领域，涌现出大量科技专家的发明创造和推动产业巨变的成果。现仅列不同肥料研发方向的代表人物，以褒扬对中国肥料科技发展的卓越贡献，启迪和激励后来者热爱本专业，潜心为我国肥料科技和国家经济建设服务。

我国著名化学家侯德榜博士发明了中国氮肥新品种碳酸氢铵。1958年他针对新中国经济、科技、原料缺乏，运用联合制碱工艺的思路，设想并完整地提出了“碳化法合成氨流程制碳酸氢铵新工艺”，虽身居国家化工部副部长要职，仍亲自指导工厂全程试验，直到1965年获得成功，1978年生产厂家达1 520家，1996年产量超过1 000万 t(纯氮)/年，成为世界上唯一用碳酸氢铵作氮肥的国家，为我国长期粮食增产做出巨大贡献。

四川大学钟本和教授带领团队开创了“料浆浓缩法制磷铵”新工艺，较传统的磷酸浓缩法更适合我国杂质含量较高的中低品位磷矿生产磷酸铵，经过20多年关键技术的研发，该法磷铵单系列生产能力由3万 t/年扩大到20万～30万 t，为我国从2005年跃入世界第一磷肥生产大国提供了技术支撑和重大贡献，该工艺系列技术先后获国家科技进步一、二等奖。

郑州大学许秀成教授带领团队首创肥料包裹的缓释肥料技术，以尿素等水溶性氮肥为核心，采用不同溶解度的无机营养物质(钙镁磷肥、磷酸铵镁等)作包裹层，整个包裹肥所有成分均为植物营养物质，并建立成熟的工业生产线，该技术总体属于国际首创，获国家技术发明三等奖。

南京农业大学沈其荣院士30多年来带领团队致力于有机类肥料研究，针对我国主要有机肥料资源特性开发系列专用优势微生物菌群支撑商品有机肥规模化生产技术，木霉全元生物有机肥为核心技术的防控土传病害综合技术体系效果显著，有机无机复合肥料生产适应土壤、植物、科学施肥技术需要，系列技术成果获国家技术发明二等奖和科技进步二等奖、中国发明专利金奖，并被全国600余家企业采用。

二、国外肥料研制与加工发展概况

(一)有机肥料加工概况

国外对有机肥料的认识较早,如公元前900—前700年希腊诗人Homer在*Odyssey*史诗中曾提到人们将污泥、垃圾及草木灰用作粪肥,但对有机肥料的加工起步晚,主要是许多国家人少地多,作物多为一年一熟,作物秸秆的处理除作为饲草外,大多用于直接还田。自20世纪70—80年代以来,养殖业的快速发展带来一系列的环境问题,发达国家开始重视研究工厂化处理畜禽粪便技术,包括快速发酵技术、除臭技术、发酵养分保全技术、发酵设备、有机肥制作的工艺设备与技术等。迄今在日本畜禽粪便堆肥化已实现工厂化,研制的卧式转筒式和立式多层式快速堆肥装置,发酵时间1~2周,具有占地少、发酵快、质地优等特点。俄罗斯研制的有机发酵装置,生产率达到每天生产100 t有机肥。美国BIOTEC2120高温堆肥系统,由10个大型旋转生物反应器组成,通过微生物发酵在72 h内可处理1 000 t以上畜禽粪便或垃圾,使之成为优质有机肥料,这种方法对高湿物料具有特殊的作用,得到联合国环保组织的认可。美国BEARD-ABT动态高温堆肥是在密闭大型发酵塔中进行,并且具有组装功能,分布在发酵塔中的空气喷枪可根据堆肥进程的需要自动进行通气和引风转换,达到整体最佳的生物反应效果。韩国研制的槽式螺旋搅拌发酵系统具有造价少、运行成本低、连续性发酵等特点,属于较先进的实用型有机物料发酵系统。虽然国外微生物除臭技术取得了很大的进展,但还是以水洗、酸吸收、碱中和等传统控制方法居多。在发酵过程中,养分的挥发损失较大,发达国家在控制氮素损失、减少氨气挥发方面采用多种方法,但这些方法主要用于畜禽粪便储存和运输过程,而在堆肥过程中较少采用控制氮素损失的工艺和技术。从总体上看,国外在有机肥发酵工艺、技术和设备方面已日趋完善,基本达到了规模化和产业化水平,但是设备造价昂贵,运行成本高。

(二)氮、磷、钾素肥料的创制

1840年德国化学家J. von. Liebig创建"植物矿质营养学说"和"养分归还学说",为近代化学肥料的生产和应用奠定了理论基础。

世界化学肥料的生产是从磷肥开始的,并沿着磷—钾—氮的先后顺序而发展。19世纪初,骨粉广泛应用于欧洲,当时Liebig证明应用稀硫酸处理骨粉,形成悬浮状的磷肥可以提高肥效。生产磷肥的原料开始用兽骨、粪化石,之后在德国、比利时、挪威、美国及世界各地陆续发现了含磷矿床。1842年英国人J. B. Lawes首次用硫酸酸化磷矿岩生产出商业性的过磷酸钙,并取得了生产普钙的专利,从而建立了磷肥工业。1854年,世界上第一个普钙厂在英国Ipswich建立,不久即推广到许多国家,但是在丰富的磷矿资源被发现之前生产的主要原料是兽骨。在1867—1868年,美国Baltimoe厂才开始改用磷矿。湿法磷酸于1850—1852年开始投入生产,原料也是兽骨,1870—1872年德国首先生产肥料用酸。1890年西欧已有12家公司生产磷酸供制重钙,原料也改用磷矿。因湿法磷酸采用间歇生产,故发展比较缓慢。热法磷酸的生产则主要依赖于电炉制元素磷工业的发展。第一个制元素磷的工业电炉在1890年建于美国的Wednesfild,随后1891年在法国、1892年在德国、1893年在加拿大和1897年在美国等国也陆续建厂投产,自此形成了磷肥生产中湿法(即酸法)与热法(即高温法)两种不同的加工路线。

1861 年，德国开采了 Stassfurt 地区的光卤石钾盐矿，并建立大规模的钾肥工业，曾一度保持了世界钾肥生产的垄断地位。20 世纪 30 年代后，苏联和美国等先后发现钾矿并开始生产钾肥，苏联、加拿大的钾矿曾是世界钾肥的重要来源，产量约占世界的 60%。西欧一些国家包括法国、德国、意大利、西班牙和英国也生产大量的钾肥。

天然矿藏智利硝石（硝酸钠）和工业副产品硫酸铵是早期的氮肥。19 世纪末曾研究用电弧法将空气中的氮制成硝酸，1898 年，德国发明氰氨法制造氰氨化钙（石灰氮），建立世界第一座人工合成氮肥厂。但这两种方法生产氮肥耗电量大，一般不便大量生产。直至 20 世纪初，德国发明了氮、氢直接合成氨法，1913 年在德国 Oppan 首批投产，随后美国及苏联等国家相继建立了大型合成氨厂，使世界氮肥产量有了大幅度的增加。此后，世界化肥工业不断创新，产量、品种日益增多，并逐渐取代或部分取代了传统的农家自制肥料。

（三）复合肥料的研制

早在 1850 年，美国已有氮、磷二元混合肥出售。20 世纪初美国将普通过磷酸钙、智利硝石等混合后施用，后来又将粉状过磷酸钙、硫酸铵、氯化钾等混合施肥。20 世纪 30 年代，从西欧各国开始，随着农作物单产的提高，化肥数量和品种的增加，以及农业机械化的发展，人们迫切希望改变几种单元肥料分次施用的传统施肥方法，以适应集约化和高效率农业生产的要求。随着化肥工业的日益完善，特别是萃取磷酸工业的发展和氮、磷肥料生产工艺的相互结合，生产多成分的复合肥料明显具有资源利用合理、经济效益高、产品质量好、施用方便等优点。故自第二次世界大战前后，各种以磷酸工业为基础的复合肥料工艺应运而生，并开始大规模的商品生产。

20 世纪 50—60 年代，磷铵、重过磷酸钙、尿素等高浓度化肥的大量生产和被用于肥料的二次加工，使复合肥的浓度由 20%提高至 40%左右。20 世纪 70 年代以后，复合肥料进入快速发展期。迄今为止，在美国、西欧、北欧各国和日本等国家的化肥消费结构中，35%～45%的氮、80%～85%的磷和 85%～90%的钾是由复合肥提供的，即大部分氮磷钾是加工成复合肥料后进入市场的。美国和英国约 80%的化肥是以复合肥料销售的，日本、法国、德国和其他西欧诸国也都在 60%～80%。部分发展中国家的复合肥料使用已达到化肥消耗总量的 70%～75%。美国有中小型复合肥料工厂近万个，其中有6 000 多个是生产散装混配肥料（B. B 肥）的。部分国家生产了养分含量很高的复合肥，如美国生产的聚磷酸铵（16-62-0）、聚磷酸钾（0-57-37）、偏磷酸钾，德国研制的三磷化氮、磷氧酰胺和磷氮酰胺都是超高浓度复合肥。现在不仅生产包括大量元素的混合肥料，还生产含有钙、镁、硫等中量元素的多元复合肥料，并正在研制含有机物质、生长激素、除草剂、农药及微量元素的多功能复合肥料。复合肥料的发展已成为衡量一个国家化肥工业发展程度的标准之一。

在复合肥料生产工艺方面形成几种主要类型：①粉末状物料（非颗粒状）的干法混合工艺；②干法混合的造粒工艺；③干物料添加氨、含氮溶液、硫酸或磷酸等能起化学反应的物料而进行造粒；④料浆造粒工艺，进入造粒过程的全部或大部分物料均是料浆形式，通常是由硝酸、硫酸、磷酸（或者是这些酸的某种混合物）与氨、磷矿石进行反应得到的；⑤融熔造粒工艺，混合料为热的流体状融熔物，经冷却而固化成粒；⑥粒状混合或散装掺和工艺，用几种颗粒状物料机械掺混而成；⑦挤压造粒工艺，混合物料在一定压力下挤压成型，再经整理成粒；⑧流体或液体掺混工艺，用于生产流体状复合肥。

(四)缓控释肥料的研制

缓控释肥料具有养分释放与作物吸收协调、养分利用率高、施肥技术简便诸优点,因此自20世纪60年代以来,欧美等发达国家都十分重视新型缓控释肥料的研制,力求改变化肥自身的不足以提高其养分利用率。世界各国研究的缓控释肥料主要有包膜型、合成型微溶型、化学抑制型、基质复合与胶黏型等,并以包膜型缓控释肥料为主。

包膜型缓控释肥料主要是在肥料颗粒表层包被上控制养分释放的包膜材料,调节养分释放。美国于1957年开始研究硫包尿素,1961年TVA在1~7 kg/h装置上进行了硫包尿素(SCU)小试,1978年建成10 t/h SCU的示范生产厂,同时进行硫包氯化钾(SCK)、硫包磷酸二铵(SCP)的研究。美国也是率先商品化生产树脂包膜肥料的国家,1967年在加利福尼亚生产了醇酸树脂包膜肥料Osmocote,成为当今世界著名控释肥料品牌。日本从20世纪60年代研究包膜控释肥料,20世纪70年代后以研制热塑性树脂聚烯烃包膜肥料为重点,开发出释放期可达360 d的包膜控释肥料。自20世纪80年代以来,以色列、德国、英国、加拿大、意大利、印度等国也相继进行了包膜型缓控释肥料的研究,尝试用聚合物、草炭、木质素、石蜡、无机营养材料等包裹尿素等,制成缓控释肥料。

合成型微溶型缓释肥料:一类是微溶于水的合成有机氮化合物,如脲醛肥料(Ureaform)、异丁叉二脲(IBDU)、丁烯叉二脲(CDU)等;另一类是微水溶性或柠檬酸溶性合成无机肥料,如部分酸化磷矿(PAPR)、熔融含镁磷肥(FMP)、二价金属磷酸铵钾盐等。脲醛类缓释肥料是尿素与醛类的缩合物,最常见的是脲甲醛(UF)。德国1924年取得了第一个制造脲醛肥料专利,1955年投入工业化生产;1924年发表了乙醛和尿素制备丁烯叉二脲(CDU)专利,1962年完成肥料制备流程。日本三菱株式会社于1961—1962年提出了尿素和异丁醛反应制备异丁叉二脲(IBDU)专利,1964年开始在日本市场上有产品销售。20世纪90年代初期,全世界该类缓控释肥料仍以微溶性尿素反应物为主,占50%以上。

化学抑制型缓效肥料是通过化学氮肥中添加脲酶抑制剂和硝化抑制剂等,调节土壤微生物的活性,减缓尿素的水解和对铵态氮的硝化—反硝化作用,从而达到肥料氮素缓慢释放和减少损失的目的。化学抑制型缓效肥料主要是通过稳定氮素化肥的养分形态(如铵态、酰胺态等)而实现肥料的增效,故又称稳定肥料。1935年Rotini首先发现土壤中存在脲酶,20世纪40年代Conrad等发现往土壤中加入某些抑制脲酶活性的物质可以延缓尿素的水解;20世纪60年代不少国家开始重视筛选土壤脲酶抑制剂的工作,HQ(氢醌)、NB—PT(N-丁基硫代磷酰三胺)、PPD(邻-苯基磷酰二胺)、TPTA(硫代磷酰三胺)、CHPT(N-磷酸三环己胺)等是筛选研究的重要土壤脲酶抑制剂。20世纪50年代国外开始研制硝化抑制剂,研究的主要产品有吡啶、嘧啶、硫脲、噻唑、汞等的衍生物,以及叠氮化钾、氯苯异硫氰酸盐、六氯乙烷、五氯酚钠等。双氰胺(DCD)是应用较为广泛用于提高氮肥利用率的硝化抑制剂。双氰胺于20世纪90年代开始在氮肥生产中应用,其主要方式是在尿素生产过程中加入一定比例的脲酶抑制剂或脲酶抑制剂和硝化抑制剂的复合物,在铵态氮肥生产过程中加入适量的硝化抑制剂。

(五)物理肥料的试验

自20世纪80年代以来,不少研究者试图研制一些能够通过物理作用产生具有肥料效应的新型肥料。大自然中的声、光(激光)、电、磁、气、核、热、雷等物理现象能对农作物起到如同化肥一样的功效和作用,可作为农作物的有效肥源。这种肥料不需要通过化学方法合成,而只通过物理方法加以利用即可,被称作“物理肥料”。与现有化学肥料和有机肥料相比,物理肥料是一类“无形”肥料。它不是补充土壤中的物质,而是通过气、场、波等特殊物质形式改善植物体内的生化反应,农作物对营养物质的吸收利用能更充分,从而促进植物生长发育,实现作物高产、优质、高效。随着生态农业的发展,在21世纪的农业生产上,物理肥料将与化学肥料相辅相成,并展现出独特的效果,为农业作物生产带来新的增产途径。迄今物理肥料已在气、光、声、磁、电肥等方面取得显著进展。

三、肥料研制与加工发展趋势

(一)氮素缓控释为基础的环保复合肥料

常规化学氮肥养分损失大、氮素利用率低,近30年来国内外都重视氮肥的缓控释技术研究。从促进植物生产的角度看,真正应用到农田的廉价(农民能接受)、高效(养分利用效率高)、安全(无二次污染,包括无残留、次生有害物质等)的技术产品不多。因此缓控释肥料的研发重点应致力于低成本、无污染、氮素缓控释(多功能绿色增效物质支撑)效果好、产品针对特定植物营养需求的复合肥料,以满足简化施肥和提高养分资源高效利用的需要。

(二)有机无机复合专用肥料

有机无机复合肥料是最适宜我国农业土壤特点、肥料资源结构和栽培植物营养需求的一类肥料,其发展潜力在于肥料中的有机物质腐熟程度高、养分含量高、无毒性重金属和病原微生物污染、无持久性有机污染物残留、理化特性优良、施用方便。这类肥料可根据有机肥料资源的特点分为高附加值肥料和一般肥料。以营养型有机肥料(饼粕类等)为原料者,适宜于生产名优蔬菜、果树、中药材等有机无机专用肥料;采用改土型有机肥料(如秸秆、畜禽粪便等)作原料,则适合用于土壤有机质低的大田作物有机无机专用肥料。有机无机复合专用肥料必须选用无毒害成分污染的腐熟优质有机肥料和高浓度(质量)化学肥料作基础肥料,研制适应多种作物营养需要的有机无机养分协同增效的新型肥料。

(三)功能型新型肥料

我国在功能型肥料方面虽已开展了卓有成效的研究工作,但从总体来看产业化程度尚低,难以满足庞大市场的需要。功能型肥料系指以植物营养作用为主,兼具特殊功能的一类肥料。应重点研究长期复种指数高、过量施用化学肥料的农业土壤出现的化学障碍(土壤养分失衡、酸度大、有害物质多等)、生物学障碍(土壤微生物、动物多样性下降等)、物理障碍(土壤板结、土层变薄等)等问题的肥料。功能型新型肥料包括含有碱性增效物质的矫治酸性土壤类肥料,添加抗病增效物质赋以肥料杀菌抑毒作用的延缓连作障碍类肥料,配加对重金属活性具有络合(或螯合)、吸附、沉淀等突出抑制作用的增效物质缓解重金属污染类肥料,增加具有杀菌作用的微量元素和有机酸盐类等增效物质的防御植物病害类肥料。

(四)增效微量元素肥料

随着肥料行业的迅速发展,微量元素肥料增效载体的种类由人工化学合成类的EDTA发展到腐殖酸类、氨基酸类等大分子有机物类,再到海藻提取物类、生物炭类、功能菌类等绿色新型增效载体,形成了种类繁多的增效微量元素肥料体系。根据载体的来源及作用机制的不同,增效微量元素肥料可以划分为几个主要类型:化学合成类、腐殖酸类、氨基酸类、糖醇类、小分子有机酸类、纳米材料、海藻提取物类、生物炭(炭基材料)类、功能菌及其发酵液或代谢物类等。同一增效微量元素肥料视载体种类可开发出缓效型和速效型两大类,如在我国应用时间较长且效果较好的速乐硼和持力硼。

(五)根区复合促生菌肥料

植物微生物组在促进植物生长、减轻土传病害、改善土壤健康方面具有巨大潜力,研发基于植物微生物组的新型肥料产品成为肥料产业新的生长点。这类肥料更多依赖于微生物在根际土壤或植物内生环境中的有效定殖,这种互利共生关系可显著提高作物的养分吸收和利用效率。随着微生物组测序、高通量培养、转录组学和代谢组学等多组学技术手段的不断革新,新一代微生物肥料的研发重点正朝着新功能菌株选育、稳定合成菌群构建、菌株活性维持以及菌群高效定殖等方面发展。特别是基于作物功能需求特征,构建涵盖作物核心微生物组的合成菌群已成为新型微生物肥料研制的关键策略。禾本科作物(玉米、小麦、水稻、甘蔗等)也具有较高的联合固氮潜力,禾本科作物联合固氮菌既可直接固氮供作物吸收,也可通过多种代谢途径调节、刺激外源氮素的转化、代谢,提高作物对氮素的吸收利用能力。基于生物固氮多功能合成菌群在植物营养和促生等领域表现出的巨大应用前景和潜力,筛选关键功能微生物类群并结合基因组尺度代谢模型,构建群落稳定、功能多样、效果显著的合成菌剂,为生物固氮在农业生产中广泛应用提供强有力的技术支撑。

(六)多用途大颗粒肥料

化学肥料由结晶盐类制作成颗粒后,肥料的吸湿性、溶解性等发生很大变化,养分的释放速度减慢。因此颗粒型复合肥料较结晶类复合肥具有明显的养分缓释作用,且随着肥料颗粒粒径增大,肥料颗粒比表面减小,养分缓释作用更为突出。大颗粒肥料具有养分释放周期和肥效期更长、有利于集中施肥和精准施肥、减少施肥次数和肥料用量少、产品成本较低等优势,可以根据用途生产为圆柱形、扁球形、砖形、棒形等,产品类型分为普通型和特大型,特别适合各种多年生果树、木本中药材、名贵花卉、大型风景园林植物等。

(七)绿色智能肥料

绿色智能肥料是指根据作物-土壤-环境相匹配的植物营养调控原理,采用大数据智能算法进行有针对性的定向匹配设计,应用先进绿色制造工艺生产的具有作物根际效应激发、养分精准匹配和矿产资源全量利用的一类新型高品质肥料,具有养分高效、低碳环保,低排无废、资源全量利用的绿色特点;施用后具有能高效挖掘作物的生物学潜力、与根系"对话"激发根际效应、响应气候和土壤条件、精准匹配作物需求的智能特点。绿色智能肥料不仅具有更好增产提质和培肥土壤作用,而且是引领工农全链条融合与化肥产业绿色转型的重要切入点。研发绿色、高效、智能的缓控释肥料成为化肥产业的新方向。高效智能控释型膜材是近年来控释肥料研发的前沿热点,利用特定材料能够对土壤 pH、温度以及植物根系分泌物等信号进行敏感响应,根据土壤环境变化和作物不同生育阶段,达到实时智能精准释放肥料养分的目标。智能缓控释肥料还处于研究的初级阶段,未来的发展需要借助高通量代谢组学技术,更精准地理解植物根际微生物群落组成和根系分泌物信号分子,并建立膜材受体与信号分子之间的关联机制,以提升肥料的智能控释性能和应用效果。

第三节 肥料研制与加工的内容和研究方法

一、肥料研制与加工的研究内容

(一)涉及的肥料类型

1. 无机(化学)肥料

无机(化学)肥料涉及各种单质肥料、复合肥料、聚合肥料、缓控释肥料、矿物源肥料等多种类型肥料的研制、加工和制造。

2. 有机肥料

有机肥料包括植物残体类、畜禽粪便类、天然矿层有机物料、自然肥用植物等有机肥料的加工处理、规模化生产等。

3. 微生物肥料

各种微生物肥料,包括细菌(固氮菌、根瘤菌、磷细菌、硅酸盐细菌等)、放线菌(抗生菌类)、真菌(内生菌根、外生菌根等)等类型的系列微生物肥料研制与生产。

4. 功能性肥料

功能性肥料包括保水肥料、抗旱肥料、抗病肥料、农药肥料等,也可涵盖叶面肥料、液体肥料等的研制与加工技术。

(二)研究的基本目标

1. 适应农业绿色发展需要

农业绿色发展对投入品的要求不断提高,这是人们日益增长物质生活的需要,也是人类对健康倍加关注的结果。就肥料产品而言,人们希望施用肥料能达到提高农作物产量、改善农产品质量、增加经济收益、保护生态环境、培肥地力等多重目标,显然这是普通化学肥料或有机肥料难以实现的,因为肥料类型自身的局限性还起着重要作用。一般认为,肥料剂型和施肥技术在决定肥料效应方面的作用各占一半,就目前科学施肥技术的研究和应用而言,肥料剂型在限制肥料综合效应的发挥方面似乎更加突出。因此,从我国自然资源特点看,南方水热资源丰富,适合多种经济植物(特别是收获叶、茎、果、根等的植物)生长,山地丘陵区需要开发适应不同类型植物营养需要和施肥方法的各种专用肥料和新型肥料;北方平原区光照充足,是重要的粮食生产基地,需要研制适应新型高产栽培技术、机械化施肥、飞机(包括无人机)施肥等方式的新型肥料。

2. 促进养分资源高效利用

充分发挥新型肥料研制加工对科学施肥、养分资源高效利用的促进和保障作用,研制和加工适合植物营养需要的高效、长效肥料产品,满足科学施肥的需要;研制和生产低成本、高效益的新型肥料产品,满足农民经济施肥的需要;开发和研制无公害缓控释专用肥料产品,满足环境友好(环保)施肥的需要;研制和生产优质有机无机复合肥料、功能性生物有机肥料,满足简化施肥和培肥地力的需要;研制和生产高度水溶性系列套餐式专用肥料,满足植物生长期间精准调控施肥的需要。

3. 节能减排保护生态环境

研制与加工新型肥料，必须正确认识肥料特别是化学肥料的客观属性。化学肥料虽是化工产品（商品），但更重要的是农用物资。在我国肥料产品的应用对象主要是农作物、农田土壤和种田的农民（“三农”），因而新型肥料产品必须以满足提供植物需要的养分、农田高产高效生态安全可持续发展及农民用肥经济和节省劳动力等基本要求，而无必要过分追求肥料的高浓度或高纯度或高（长时间）缓控释特性（“三高”）。因为肥料养分的高浓度并非完全符合植物营养特性而达到养分利用的高效率，高纯度通常成本太高而最终要进入土壤，长时间的缓控释作用必然大幅度提高肥料制造成本而土壤的水、热、肥等理化特性往往会显著改变这种作用。强调各种肥料在农田应用的高度安全性，这是研制新型肥料的关键之一。

（三）研究的基本条件

1. 肥料研制实验室

在常规化学实验室的基础上，需要具有肥料研制与加工专用的仪器和小型（或模拟）设备，如从事复合肥料的研制与加工，需具备反应釜、离心机、搅拌机、干燥机、冷凝器、蒸发器等基本模拟设备；从事生物有机肥料的研发，需要发酵装置、超净工作台、超低温冰箱、灭菌柜、无菌培养室、真空包装设施、活菌检测设备等基本条件。

2. 肥料试验工厂

具有肥料加工、生产的完善的基础设施、设备，主要包括计量、粉碎、混合、提升、造粒、干燥、冷却、筛分、尾气处理、产品调理、包装、输送等设备，流体肥料工厂需要混合器、反应器等，有机肥料生产需要高温发酵、翻堆（抛）、熟化设备等。

3. 生物试验基地

一般要求具有进行植物生物试验的培养室或温室，规范的田间试验土地及其配套的灌排水系统。

二、肥料研制与加工的研究方法

在确定一种或某一类肥料的研究开发思路后，需要采用正确的技术路线和科学的研究方法，以保证肥料研制达到预期的目标。一般包括肥料加工模拟试验、中试研究、生物效应试验、规模化生产、大田应用、产业化生产等主要研究方法。

（一）模拟试验

按照肥料工艺学原理，对拟试制肥料的多种配方和工艺流程在实验室条件下进行小型模拟生产试验。模拟试验实质上是对试制肥料新产品的探索和获得肥料新配方或新工艺的系列筛选研究，通常试验工作量较大。

（二）中试研究

在正规肥料生产的工厂，按照模拟试验筛选的最佳工艺流程和相关技术参数进行肥料的试生产试验，获取试制肥料实现正式生产的系列相关参数，生产正式产品，供实验室检测肥料质量、性能等指标和进行田间生物效应试验。

（三）生物效应试验

通常需要进行多种肥料或同类肥料、多种施用方法的对比试验，考察试制肥料预期的主要研究目标的实现程度。作为新型肥料登记的生物效应试验一般应由省级农业技术部门(如土肥站等)进行或委托省级农科院、农业大学的肥料机构进行,具体要求按照《肥料效应鉴定田间试验技术规程》(NY/T 497—2002)进行。

(四)规模化生产

在肥料工厂中试的基础上进行规模化生产试验研究,建立适宜规模的生产线,优化肥料生产工艺技术参数和工艺流程,计算产品生产成本,为不同农业生态区、不同农作物规模化大田应用提供肥料产品。

(五)大田应用

将正式生产的肥料产品,按照一定的施肥方法和技术,应用于不同土壤和作物,以农民的常规施肥或具有参比作用的肥料,在农业的自然条件下开展肥料的应用多点比较试验,进一步考察供试新型肥料的产量、品质等生物效应,经济效益、环境效应或对土壤性状的影响,必要时可进行一定时期的定位肥料试验,综合评价新型肥料产品在农业生产中应用的价值和潜力。

(六)产业化(市场化)

研制的肥料产品通过中试评价鉴定以后,意味着完成了开发研究,即可进入技术市场。但是技术成熟程度是以有无工业化成功的先例来衡量的。通常认为,已有多个工业化成功先例者,技术成熟程度为90%～100%;已有一个工业化成功先例者,技术成熟程度为75%～90%;已完成开发研究但尚未工业化者,技术成熟程度为30%～50%;尚处于研究阶段者,技术成熟程度小于30%。为了技术能成熟,应开展技术转让,实现工业化,并在市场上检验新型肥料产品的应用潜力。

三、肥料研制与加工涉及的相关学科

“肥料研制与加工”作为高等学校农业资源与环境专业的一门主要课程,它虽然实践性很强,但需要多门基础理论作支撑,这些理论包括无机化学、有机化学、分析化学、物理化学、化工原理、化工工艺学、化学反应工程、化工热力学、机械原理、植物营养学原理、作物施肥学、土壤肥力学、土壤化学原理、环境生态学、经济学等,涉及化学、化工、机械、植物营养、土壤、环境、经济等学科。化学是认识各种肥料原料内在特性的基础,化工学和机械学是肥料加工设计的基础,植物营养学指导肥料产品研制的目标和方向(植物“矿质营养学说”吸引了不少研究者进行无机肥料的研制,继而引发巨大的化学肥料工业发展),土壤学和环境科学是评价肥料的农业化学特性和综合效应的理论依据,经济学用于定量评价肥料在农业中应用的经济价值和预测肥料产品的市场应用前景。因此,较为全面地具备这些相关学科的知识,对学好该课程尤为重要。

【本章小结】

肥料研制与加工在农业中具有十分重要的作用,在植物生产中作为现代农业高效持续发展的基础、林业生产经济高效发展的保障、经济植物优质适产的物化措施,在农业生态环境中成为控制肥料面源污染的有效途径、保护农田土壤环境的技术措施、改善生态环境质量的物质基础,在低碳农业发展中具有促进肥料资源高效利用、降低化肥生产能源消耗等突出作用。

国内外肥料研制与加工发展的历史悠久，国外主要涉及有机肥料加工、氮磷钾素肥料创制、复合肥料的研制、缓控释肥料研制、物理肥料试验，国内则在有机肥料的制造与加工、单质肥料的研制与加工、复合肥料的研制与加工、新型肥料研制等方面各具特色，形成农业需要的肥料产业结构和产品结构。肥料研制与加工将在氮素缓控释为基础的复合环保肥料、优质肥料为基础的有机无机复合肥料、优势肥用植物资源的开发与加工、新型微生物肥料、功能型新肥料等方面重点发展，作为现代农业可持续发展的重要物质保障。

肥料研制与加工的研究内容主要包括各种化学肥料的研制、加工和制造，有机肥料的加工处理、规模化生产，生物肥料研制与生产以及功能性肥料的研制与加工技术。研究的基本目标是适应现代农业发展需要、促进养分资源高效利用、节能减排保护生态环境，实现这些研究目标需要有肥料研制实验室、肥料试验工厂、生物试验基地等基本条件。在确定一种肥料的研究开发思路后，需要采用肥料加工模拟试验、中试研究、生物效应试验、规模化生产、大田应用、产业化生产等研究方法作为肥料研制成功的基础。

"肥料研制与加工"是一门实践性很强的课程，需要多门基础理论理论作支撑，主要涉及化学、化工、机械、植物营养、土壤、环境、经济等学科，学好该课程需要较为全面地具备这些学科的知识。

复习思考题

1. 肥料研制与加工在农业生产中的主要作用。
2. 国内外肥料研制与加工发展概况和特点。
3. 肥料研制与加工的发展趋势。
4. 肥料研制与加工的基本内容。
5. 肥料研制与加工的主要方法。

本章推荐阅读书目

李博文，刘文菊，张丽娟. 2016. 微生物肥料研发与应用. 北京：中国农业出版社.

刘更另. 1991. 中国有机肥料. 北京：农业出版社.

徐卫红. 2020. 有机肥料科学制作与使用. 北京：化学工业出版社.

张民，郑树林，杨越超，等. 2022. 新型缓控释肥料与稳定性肥料的创制与应用. 北京：科学出版社.

张卫峰，张福锁. 2017. 中国肥料发展研究报告. 北京：中国农业大学出版社.

赵秉强. 2013. 新型肥料. 北京：科学出版社.

参考文献

艾超，赵远征，张俪予，等. 2024. 禾本科作物联合固氮研究进展. 植物营养与肥料学报，30(7)：1307-1321.

陈隆隆，潘振玉. 2008. 复混肥料和功能性肥料技术与装备. 北京：化学工业出版社，505-627.

丁文成，何萍，周卫. 2023. 我国新型肥料产业发展战略研究. 植物营养与肥料学报，29(2)：201-219.

董燕,王正银.2006.缓/控释复合肥料不同形态氮素释放特性研究.中国农业科学,39(5):960-967.
杜建军,廖宗文,王新爱,等.2007.高吸水性树脂包膜尿素的结构特征及养分控/缓释性能.中国农业科学,40(7):1447-1455.
郭俊,师蓉,张巍,等.2019.中国氮肥工业发展历程回顾.化肥工业,46(6):11-14.
国家统计局工业统计司.2022.中国工业统计年鉴.北京:中国统计出版社.
胡敏.2018.我国磷肥工业改革开放40年发展纪实.磷肥与复肥,33(2):1-5.
姜存仓,肖思赟.2023.增效载体在新型微量元素肥料中的应用现状及前景展望.华中农业大学学报,42(6):26-34.
兰宇,孟军,韩晓日,等.2024.生物炭基产品及其对土壤培肥改良效应的研究进展.植物营养与肥料学报,30(7):1396-1412.
李博文,刘文菊,张丽娟.2016.微生物肥料研发与应用.北京:中国农业出版社.
李杰,卢宗云,王文宇,等.2023.新型大颗粒肥料的养分释放特征及应用效果研究.中国土壤与肥料,(9):169-174.
刘更另.1991.中国有机肥料.北京:农业出版社.
马航,匡家灵,籍婷婷,等.2024.磷肥的创新与应用.生态产业科学与磷氟工程,39(6):33-40.
亓昭英.2023.2022年我国钾肥行业运行现状与发展预测.磷肥与复肥,38(7):1-5.
孙羲.1996.中国农业百科全书:农业化学卷.北京:农业出版社.
王莹,方俊文,高鹏.2024.2023年我国磷复肥行业运行情况及发展趋势.生态产业科学与磷氟工程,39(7):1-8.
王正银.2025.缓释多养分肥料.北京:科学出版社.
武志杰,石元亮,李东坡,等.2017.稳定性肥料发展与展望.植物营养与肥料学报,23(6):1614-1621.
奚振邦.2022.缓控释肥料研发热潮消退的若干思考.磷肥与复肥,37(12):1-7.
徐卫红.2020.有机肥料科学制作与使用.北京:化学工业出版社.
许秀成,汤建伟,张宝林,等.2010.以肥料包裹肥料的缓释复合肥料27年开发历程及构建有中国特色缓释肥料的体会.第二届全国新型肥料学术研讨会论文集.
张夫道,赵秉强,张骏,等.2002.纳米肥料研究进展与前景.植物营养与肥料学报,8(2):254-255.
张福锁,黄成东,申建波,等.2023.绿色智能肥料:矿产资源养分全量利用的创新思路与产业化途径.土壤学报,60(5):1203-1212.
张福锁,申建波,危常州,等.2022.绿色智能肥料:从原理创新到产业化实现.土壤学报,59(4):873-887.
张福锁,张卫峰,马文奇,等.2007.中国化肥产业技术与展望.北京:化学工业出版社.
张民,郑树林,杨越超,等.2022.新型缓控释肥料与稳定性肥料的创制与应用.北京:科学出版社.
张瑞福,陈玉,孙新丽,等.2024.中国生物肥料与有机肥料研究三十年:回顾与展望.植物营养与肥料学报,30(7):1262-1273.
张卫峰,张福锁.2017.中国肥料发展研究报告.北京:中国农业大学出版社.

张允湘. 2008. 磷肥及复合肥料工艺学. 北京：化学工业出版社.

张志明，冯元琦. 2000. 新型氮肥：长效碳酸氢铵. 北京：化学工业出版社.

赵秉强. 2013. 新型肥料. 北京：科学出版社.

郑秀兴，王莹. 2020. 我国复合肥料产业发展现状与趋势. 磷肥与复肥，35(1)：1-4.

周卫，艾超，易可可. 2024. 新阶段植物营养学的研究重点. 植物营养与肥料学报，30(7)：1243-1252.

Azeem B, KuShaari K Z, Man Z B, et al. 2014. Review on materials & methods to produce controlled release coated urea fertilizer. Journal of Controlled Release, 181: 11-21.

AlShamaileh E M, Al-Rawajfeh A E, Alrbaihat M R. 2019. Solid-state mechano-chemical synthesis of kaolinite-urea complexes for application as slow release fertilizer. Journal of Ecological Engineering, 20(9):267-276.

Evon P, Labonne L, Padoan E, et al. 2021. A New composite biomaterial made from sunflower proteins, urea, and soluble polymers obtained from industrial and municipal biowastes to perform as slow release fertiliser. Coatings, 11: 43.

Gwenzi W, Nyambishi T J, Chaukura N, et al. 2018. Synthesis and nutrient release patterns of a biochar-based N-P-K slow-release fertilizer. Int. J. Environ. Sci. Technol., 15: 405-414.

Klimczyk M, Supryn G, Schimmelpfennig L. 2021. New slow-release fertilizers-economic, legal and practical aspects: a review. Int. Agrophys., 35: 11-24.

Shaviv A, 2000. Advances in controlled release fertilizer. Advances in Agronomy. 71: 1-49.

Wang F, Gu S K, Yuan T, et al. 2018. Effects of slow-release compound fertilizer on eggplant (*Solanum melongena*) quality. International Journal of Agriculture & Biology, 20(11): 2613-2619.

第一章　氮肥生产与加工工艺

氮肥是农业生产中需求量最大的化肥品种，对提高作物产量、改善农产品品质具有十分重要的作用。氮肥生产在化肥工业中占据至关重要的地位。从全球平均水平看，氮肥占化肥总量的 60%。我国化肥生产中氮肥约占总产量的 65%～70%，远高于国际平均水平，成为农业中消费最多的一种化肥。

世界上第一个合成氨厂于 1913 年在德国奥堡建成。第一次世界大战后，合成氨工业在世界范围内有了迅速的发展。我国合成氨工业的建立始于 20 世纪 30 年代，但一直发展缓慢，1969—1978 年全国新建 1 000 余座小型氮肥厂和 10 余座年产 30 万 t 合成氨的大型氮肥厂，1983 年全国氮肥产量达到 1 109 万 t(N)，位列世界第二，1991 年以后我国氮肥产量一直稳居世界第一，2021 年达到 3 797 万 t，占世界总产量的 30%以上。我国虽为世界氮肥生产大国，但并非世界氮肥生产强国，氮肥生产中仍存在着一些不足，如氮肥品种以尿素为主(2020 年占 70%)、硝铵系列品种比例小、以煤为原料生产合成氨等，需要不断改进和提高。

第一节　氮肥种类、特点和生产原料

一、氮肥种类与特点

氮肥的种类很多，按照其中所含氮素的形态，可分为铵态氮肥、硝态氮肥、硝铵态氮肥、酰胺态氮肥、酰胺硝铵态氮肥和长效氮肥。

(一)铵态氮肥

主要包括液氨(NH_3)、氨水($NH_3 \cdot H_2O$)、碳酸氢铵(NH_4HCO_3)、硫酸铵[$(NH_4)_2SO_4$]和氯化铵(NH_4Cl)，其中的氮素都是以 NH_4^+ 的形态存在。其共同特点是：

(1)易溶于水，是速效养分，作物可直接吸收利用，肥效迅速。

(2)NH_4^+ 能与土壤胶粒上的各种阳离子进行交换作用，形成交换态养分，使 NH_4^+ 在土壤中不易淋失，肥效比 NO_3^- 长，铵态氮肥既可作基肥，也可作追肥。

(3)遇碱性物质会分解出 NH_3，石灰性土壤上表施铵态氮肥也会造成 NH_3 的挥发损失，深施覆土，可以提高其肥效。

(4)在通气良好的土壤中，NH_4^+ 可硝化为 NO_3^-，为作物根系吸收利用。

(二)硝态氮肥

主要包括硝酸钙[$Ca(NO_3)_2$]、硝酸钠($NaNO_3$)和硝酸钾(KNO_3)等，其中的氮素都是以 NO_3^- 形态存在。其共同特点是：

(1)易溶于水，肥效迅速，溶解度很大，吸湿性强，尤其是 $Ca(NO_3)_2$，在湿度大的雨季可吸潮自溶,故储存时严格防潮。

(2)NO_3^-为带有负电荷的离子,施入土壤后因负吸附而存在于土壤溶液中,流动性大,降水量大或水田易遭流失。

(3)NO_3^-在嫌气条件下受反硝化细菌作用形成N_2或N_2O等气态物质而损失,所以水田中不宜用此类肥料,而最适合在旱地作追肥施用。

(4)硝态氮肥受热时能分解出氧气,助燃性极强,强烈打击下会发生爆炸,故储存时既要防潮又要防热。从硝态氮肥的共性可以看出,它们不宜作基肥和种肥,也不宜在水田中施用,而做旱田追肥最为适宜。

(三)硝铵态氮肥

包括硝酸铵(NH_4NO_3)、硫硝酸铵[$(NH_4)_2SO_4$、NH_4NO_3]、硝酸铵钙(NH_4NO_3、$CaCO_3$),氮素均以NO_3^-、NH_4^+形态存在,以硝酸铵为常用。除硝酸铵钙外,其余硝铵态氮肥均吸湿性强,储存和施用方法同硝态氮肥。

(四)酰胺态氮肥

凡含有酰胺基($—CONH_2$)或在分解中产生酰胺基者均属此列,尿素[$CO(NH_2)_2$]是其代表。尿素是中性有机化合物,施入土壤可部分与胶粒发生氢键吸附,但主要受脲酶作用转化成碳酸铵,其归宿同铵态氮肥。尿素吸潮性强,宜作基肥和追肥,不宜作种肥。

(五)酰胺硝铵态氮肥

主要是液态尿素硝酸铵溶液,含有上述3种形态氮素,其中酰胺态氮占50%,硝态和铵态氮占50%。

(六)长效氮肥

主要包括有机合成长效氮肥(如脲甲醛、脲乙醛等)、包膜长效氮肥(如硫包衣尿素、多聚物包膜尿素、缓效无机氮肥、长效碳酸氢铵等)。长效氮肥具有养分释放缓慢、肥效期长、氮素利用率高等特点,一次施用能满足作物全生育期氮素需要,且对作物无害。

二、氮肥生产原料

天然气、煤炭、石油是生产化肥的三大原料,通常被称为气头、煤头、油头。由于石油和煤炭价格的升幅远大于天然气,按成本优势排列为气头、煤头、油头。

(一)天然气

面对生态环境严重污染和气候变暖趋势的加剧,从可持续发展理念出发,近年来国家积极调整能源运行结构。随着可再生能源领域的不断发展,基于清洁化学合成技术的化学储能生产二元性逐渐受到关注。能源现代化使用要求清洁、无污染,氢能源以零排放、耐高温等应用优点越来越受到业界的高度关注。天然气蒸汽重整制氢引起了相关领域人士的关注。氢是具有重要的清洁和可再生的能源,也是合成氨必不可少的成分。

(二)煤炭

煤化工以煤为原料,经化学加工使煤转化为气体、液体和固体产品或半产品,而后进一步加工成化工、能源产品的工业,主要包括煤的气化、液化、干馏,以及焦油加工和电石乙炔化工等。经过数十年发展演变，我国煤化工产业取得长足进步，逐渐从以焦煤、电石、合成氨为主的传统煤化工向石油替代品为主的现代煤化工转变。同时，不断将煤化工进一步深入、严细、精细发展，大力推进无烟煤、清洁煤研发煤化工产品，积极推动实施石油替代战略，保障我国能源安全与多样化发展。在合成氨生产技术中已使用无烟煤替代褐煤等高硫煤，大大提高了效率。

（三）石油

近年来，由于受尿素价格持续下跌、原料（轻油、渣油）价格持续上涨、农业对化肥的实际需求量减少等不利因素的影响，石化大氮肥装置处于有史以来最困难的时期。因此，尽快进行原料结构和产品结构的调整已是势在必行。

从改变不合理的原料结构和产品结构入手，尽快进行“煤代油”或“渣油劣质化”技术改造，改善大氮肥装置的产品结构，将大氮肥装置逐步建设成为“石油化工联合装置（制氢-制氨-制甲醇-制尿素）”，形成原料和产品的互供关系。

对于轻油型大氮肥装置而言，以采用 Shell 粉煤气化或 Texaco 水煤浆气化工艺为核心，进行“煤代油”技术改造，实施大氮肥装置原料和产品结构的调整。

对于渣油型大氮肥装置而言，以采用“渣油劣质 化”气化为核心，进行技术改造，实施大氮肥装置原料和产品结构的调整。

（四）其他原料

可再生电力合成氨技术以清洁能源电解水生成的氢气取代传统工艺中的化石能源（煤、天然气），与从空分系统中得到的氮气反应生成氨。我国合成氨行业由化石能源向可再生能源转换有着巨大的潜力，随着可再生能源制氢成本的降低，可再生能源制氢合成氨占比将会大幅度上升，超过 97%。为实现碳中和目标，我国应在可再生能源丰富的地区优先开展电解水制氢合成氨示范项目，加大力度开展电解制氢以及温和条件合成氨关键技术及应用，尽早实现低碳合成氨技术大规模应用。

第二节 铵态氮肥生产与加工工艺

一、合成氨工艺流程与生产技术

（一）合成氨工艺概述

合成氨生产与国民经济密切相关，其产品氨是制造化肥和其他许多化工产品的原料。合成氨生产过程因所采用的原料和净化、合成方法的不同形成了不同的工艺流程，能量消耗（能耗）也有差别。

1. 合成氨典型流程

一般分为以下几种：

（1）以煤为原料的中小型合成氨流程，如碳化工艺流程、三催化剂净化流程。特点是生产能力较低，吨氨能耗较高。

（2）以天然气为原料的大型合成氨流程，采用蒸汽转化、热法净化生产方法。特点是生产能力大，设备效率和能量利用率高，吨氨能耗小。

(3)以重油(或煤)为原料的大型合成氨流程,采用部分氧化、冷法净化生产方法。特点是生产能力大,吨氨能耗较小。

选用什么方法合成氨,应根据原料、工艺要求和技术进行比较,力求经济合理和操作可靠。合成氨生产是耗能“大户”,吨氨生产成本中能源费用占70%以上,因而能耗是衡量合成氨技术水平和经济效益的重要标志之一。合成氨生产中所用原料和燃料有一次能源——煤、石油、天然气等;二次能源——电、蒸汽、热水等。吨氨能耗的降低体现合成氨技术的进步,如何合理、高效利用能源,做好节能降耗工作,对合成氨生产具有重要意义。

2. 节能型合成氨工艺

主要有以下几种:

(1)凯洛格(Kellogg)工艺　美国凯洛格公司设计的第一套低能耗大型合成氨装置于1983年建成投产,吨氨能耗为29.31 GJ。20世纪90年代后,该公司与英国石油公司(BP)合作开发的更先进的合成氨工艺——KAAP和KRES组合技术,将吨氨能耗降到25.96～27.21 GJ,这是对合成氨工艺的重大突破。KAAP技术采用低温、低压下高活性的氨合成Fe系催化剂。KRES技术为自热式转化技术,设备由换热式一段转化炉和绝热式二段转化炉组成,从二段炉出来的热转化气通过换热向一段炉提供所需全部热量,使能耗大为降低。

(2)布朗(Braun)工艺　美国布朗公司的节能措施主要是减少燃料天然气用量,即减少一段转化炉负荷(出口CH_4含量从原10%提高至30%左右),增大二段转化炉负荷并在此加入过量空气(产生大量反应热,提供残余CH_4转化所需热量),从而使一段炉温降低,燃料天然气用量减少。同时,采用深冷净化脱除过量的氮,并用燃气透平驱动空气压缩机,吨氨能耗为28.4 GJ。我国对引进的布朗装置的一段转化炉采用了低水碳比节能技术,氨合成采用了三塔三废热锅炉回路流程,利用余热产生高压蒸汽,进一步降低了能耗。

(3)ICI工艺　英国ICI公司的AM-V流程,除采用布朗工艺的一些节能措施外,最主要的特点是开发、应用了在低温低压下活性好的氨合成Fe-Co催化剂。1988年,ICI公司又开发了流程简化、规模缩小的LCA工艺,建成2套日产450 t氨的装置,吨氨能耗为29.31 GJ,证明了中型合成氨装置也可达到与大型合成氨装置相当的节能水平。

(4)KPK工艺　KPK工艺是KRES/PURIFIER/KAAP的简称,该工艺包含了Kellogg、Braun先进技术,主要有用换热式转化器替代传统的一段转化炉,采用钌系催化剂和深冷净化技术等,是新型的合成氨节能工艺。

(二)合成氨工业现状和展望

1. 我国合成氨工业现状

合成氨工业的发展迄今已有80多年的历史,早期合成氨是以焦炉气、水电解氢气及焦炭气化产生的水煤气为原料,20世纪70年代开始转向以天然气、石脑油为原料。在国外合成氨装置中,不同原料所产合成氨占总量的比例见表1-1。

表1-1　国外合成氨装置中不同原料所产合成氨占总量的比例(刘俊兰,2000)　%

原料名称	占的比例	原料名称	占的比例
天然气	71.5	煤	2.0
石脑油	19.0	焦炉气	1.5
重油	4.0	其他	2.0

由于天然气和石脑油资源日益枯竭，世界各国都在积极开发或建设以煤为原料的大型氨装置。但经济原因导致目前还难以与天然气竞争。

我国油、气资源少，煤炭资源丰富，又缺少发展大型氨厂所需技术和资金，所以实施与世界各国不同的战略：同时发展大、中、小型氨厂。目前已投产或试生产的大型氨厂有 28 家，总能力约 8 400 kt/年 。其中天然气为原料的 13 套，石脑油为原料的 6 套，渣油为原料的 7 套，煤为原料的 2 套。中型氨厂有 55 家，总能力为 5 200 kt/年。除四川等少数省有天然气资源外，其他多以煤或焦炭为原料。小型氨厂始建于 20 世纪 50 年代末期，全国有 800～1 000 家，总能力达 14 000～15 000 kt/年，大部分是以煤为原料。

资料表明，我国石油开采量为年产 0.14 Gt，仅为世界开采量的 2.4%，天然气开采量不到世界总量的 1%。煤炭资源约为 765 Gt，1995 年开采量为 1.28 Gt，超过美国，居世界第一位。我国能源消耗 70%是煤。合成氨厂 60%以上是用煤或焦炭为原料，年用量达46 000 kt，占煤炭总用量的 3.4%。目前，我国合成氨工业原料分布及吨氨耗量与成本见表 1-2。

表 1-2 我国合成氨工业原料分布及吨氨耗量与成本（刘俊兰，2000）

类别	天然气	石脑油	渣油	煤	焦炭
合成氨能力/(kt/年)	5 150	1 770	2 130	17 160	2 190
占总能力/%	18.1	6.3	7.5	60	7.7
吨氨耗量	980 m^3	0.85 t	0.75 t	1.4 t	1.4 t
单价/元	0.8	1 600	950	350	350
原料成本/元	784	1 360	712.5	490	490

资源结构的原因，在我国以油、气为原料制氨，其原料成本较高，且供应往往难以保证。以煤为原料，成本较低，来源丰富。当然，以煤为原料的合成氨工艺存在不少缺点，如能耗高、流程长、环境污染严重、综合成本较高。近年来，我国科技人员做了大量技术开发工作，节能、降耗及减少环境污染等有了很大的进展，在相当长时期内，以煤为原料的氨厂，尤其是中、小型装置仍有发展的空间。

2. 我国合成氨工业展望

跨入 21 世纪，我国合成氨年产量已超过 3 000 万 t，从生产能力到总产量都位居世界第一。其中，以天然气为原料的 30 多家大型合成氨装置，因其产量高、能耗低成为我国合成氨生产的主力军。通过对引进技术的消化吸收和知识创新，我国已掌握了具有世界先进水平的合成氨工艺与技术，也促进了中、小型合成氨厂的技术进步。

根据我国国情，目前还不能用大型厂取代所有的小型厂，在相当一段时期，仍然是大、中、小厂并存的状况，所以对中、小型厂还需很好地加以利用和进行技术改造，尤其对以煤为原料的中、小型厂，节煤、节电是节能关键。在过去的近 10 年，已有 400 多家中、小型厂采用蒸汽自给节能技术，吨氨能耗已下降至 44.25 GJ，平均下降约 12%，节能效果显著。

近年来，合成氨净化双甲工艺升级为醇烃化新工艺，已在国内近 30 家化肥企业推广应用。将双甲工艺中的甲烷化部分革新为烃化反应，即为醇烃化工艺，除联产甲醇外，还生产车用燃油。在该新工艺可减少原料气中，24%的 H_2耗量及 80%的放空气量，还可省去甲醇化后的净醇工艺，为合成氨工业开创了节能降耗的新途径。

21世纪，合成氨节能技术将会得到更广泛、科学的开发和应用，我国合成氨工业将可持续、更快速地向前发展。

（三）合成氨生产技术

1. 合成氨原料气的制取

生产合成氨，要制造含有氮、氢混合气的原料气。用于制造原料气的原料可分为固体原料、液体原料和气体原料三种。固体原料主要有煤和焦炭。将煤或焦炭放入半水煤气发生炉里，交替通入空气和水蒸气，就可以得到半水煤气。液体原料主要有原油、轻油、重油等。它们可用分子式 C_mH_n 表示。用水蒸气和氧气的混合气体来气化重油，可得到 H_2 和 CO。利用重油气化法制取合成氨原料气是近代合成氨工业中的一个重要发展。常用的气体原料有天然气、油田气、炼厂气和焦炉气四种。在这些气体原料中，天然气用量最大。我国四川省有以天然气为原料的大型合成氨厂。

2. 合成氨的催化机理

热力学计算表明，低温、高压对合成氨反应是有利的，但当无催化剂时，反应的活化能很高，反应几乎不发生。当采用铁催化剂时，由于改变了反应历程，降低了反应的活化能，反应能以显著的速率进行。目前认为，合成氨反应的一种可能机理：首先是氮分子在铁催化剂表面上进行化学吸附，使氮原子间的化学键减弱；接着是化学吸附的氢原子不断地跟表面上的氮分子作用，在催化剂表面上逐步生成—NH、—NH_2 和—NH_3；最后氨分子在表面上脱吸而生成气态的氨。上述反应途径可简单地表示为

$$2x\mathrm{Fe}+\mathrm{N_2}\longrightarrow 2\mathrm{Fe}_x\mathrm{N}$$

$$\mathrm{Fe}_x\mathrm{N}+[\mathrm{H}]\longrightarrow \mathrm{Fe}_x\mathrm{NH}$$

$$\mathrm{Fe}_x\mathrm{NH}+[\mathrm{H}]\longrightarrow \mathrm{Fe}_x\mathrm{NH_2}$$

$$\mathrm{Fe}_x\mathrm{NH_2}+[\mathrm{H}]\longrightarrow \mathrm{Fe}_x\mathrm{NH_3}\longrightarrow x\mathrm{Fe}+\mathrm{NH_3}$$

3. 合成氨生产工艺简述

采用天然气、焦化干气等原料的合成氨生产工艺流程包括脱硫、转化、变换、脱碳、甲烷化、氨的合成、吸收制冷及输入氨库和氨吸收等工序。

（1）脱硫　原料气进入后，进入三段脱硫塔，第一、二段分别采用5%～6% NaOH和10%～12% NaOH碱洗，第三段采用水洗。在脱硫塔内，气体中大部分无机硫和部分有机硫被碱液吸收，湿法脱硫后的焦化干气由压缩机送往一段转化炉对流段，加热至340～350 ℃后，进入干法脱硫槽。干法脱硫剂通常采用氧化锰、氧化锌或钴-铜催化剂。经干法脱硫后，焦化干气中的总硫量要求低于3 mg/kg。这里需要进行痕量硫的测定。

（2）转化　经脱硫合格的焦化干气返回对流五段与来自废热锅炉的蒸汽混合，加热至500～610 ℃后，进入一段转化炉（简称一段炉），控制其水碳比为3.5～4.0。在催化剂作用下，原料气转化为氢气、一氧化碳和二氧化碳。反应所需的大量热能由转化炉两侧均匀分布的无焰燃烧喷嘴供给，反应温度控制在760～780 ℃，出口气中残余甲烷含量要求小于10%。一段炉出口气与空气压缩机送来的空气相混合，进入二段转化炉（简称二段炉）内燃烧，温度达到900～950 ℃，在催化剂作用下，甲烷转化成一氧化碳和二氧化碳；二段炉出口气中残余甲烷应小于0.3%，同时获取合成气所需的氮气，并控制氢氮比在2.8～3.1。在整个转化过程要进行原料

气的总碳分析和一、二段炉出口气残余甲烷的分析。

(3)变换　从二段炉出来的气体,进入消化废热锅炉。利用热能获得蒸汽,同时气体温度降至350～380 ℃,再进入中温变换炉(简称中变炉)。在中变催化剂作用下,一氧化碳与水蒸气反应生成氢和二氧化碳。一氧化碳含量要求降低到3.5%左右,中变炉出口气体温度达到400 ℃左右。经过小变炉回收热量产生蒸汽,同时使气体温度降到180～200 ℃,然后进入低温变换炉(简称低变炉)。在低变催化剂作用下,一氧化碳进一步发生变换反应,使一氧化碳减到0.3%以下,出口气体温度达到200～220 ℃。此时气体尚含有大量湿热和潜热。这部分热量经锅炉给水加热器和冷凝液换热器,使温度降至40 ℃左右,送往脱碳系统。在变换过程中,主要控制一氧化碳的含量,检查变换效率。

(4)脱碳　由变换工序来的低变气进脱碳系统的吸收塔,经苯菲尔溶液或环丁砜-乙醇胺溶液吸收二氧化碳。出塔气中二氧化碳含量要求小于0.1%。为了防止气体中夹带脱碳液,让其进入洗涤塔,用软水洗去液沫后再进入甲烷化换热器。脱碳塔出来的净化气经换热器后,减压送至二氧化碳再生塔,用蒸汽加热再沸器,在温度128 ℃下脱去二氧化碳。为了提高脱碳效率和净化反应,主要进行脱碳液组分分析和脱碳塔出口净化气中二氧化碳的分析。

由再生塔顶出来的二氧化碳,经空冷器和水冷器,气体温度降至40 ℃,再经二氧化碳分离器除去冷凝水,送到尿素车间作原料。再生后的脱碳液(贫液),先进入溶液空冷器,冷却至65 ℃左右,由溶液循环泵加压,再经溶液水冷器冷却至40 ℃后,送入二氧化碳吸收塔循环使用。

(5)甲烷化　由吸收塔出来的净化气,先经甲烷化换热器换热,气体温度升高到320 ℃左右,再进入甲烷化加热器,使气体温度提到350 ℃,然后进入甲烷化炉,在催化剂的作用下一氧化碳、二氧化碳与氢气反应,生成甲烷。甲烷化后出口气体中一氧化碳和二氧化碳的总量应小于10 mg/kg。这里需要采用连续自动痕量分析仪,进行测量和控制。

(6)氨的合成　经压缩后的氢气与循环气混合后进入氨冷凝器上部与氨蒸发器出来的冷气换热,部分氨被冷凝。气体进入氨蒸发器后,被外层的液氨冷却至－2 ℃左右,返回到冷凝塔的下部。经液氨分离器冷交换后的气体中含氨量最终降到3%以下,再进入合成塔,经主换热器换热后,再经催化剂筐内冷却管换热,使温度升至400～450 ℃后,从中心管进入催化剂。氨的合成在高温、高压、催化剂作用下进行,反应式如下:

$$3H_2+N_2 \longrightarrow 2NH_3+Q(\text{热量})$$

(7)吸收制冷　反应后的气体含氨量在18.5%左右,温度为480～530 ℃,由塔底进入的冷气进行换热。使气体温度降至375 ℃左右,再进入中置锅炉回收反应热量。气体温度下降到235 ℃左右返回合成塔下部,气体经主换热器内冷却至110～130 ℃。气体出合成塔后,进入U形管水冷器,冷却至35 ℃左右,部分氨冷凝成液体,经氨分离器分离出液氨后,气体重新返回系统循环。在此需要分析循环气,保证甲烷含量不大于15%,合成塔入口氨含量不大于3%。

由冷凝塔氮分离器出来的液氨减压后,送往液氨缓冲槽,液氨经计量表计量后送往氨库,气相部分送往氨吸收。

(四)以天然气为原料的合成氨工艺流程

以天然气为原料生产合成氨,普遍采用蒸汽转化法。其典型流程如图1-1所示。

天然气经脱硫后,与水蒸气混合,在一段转化炉的管内进行转化反应,反应所需的热量由

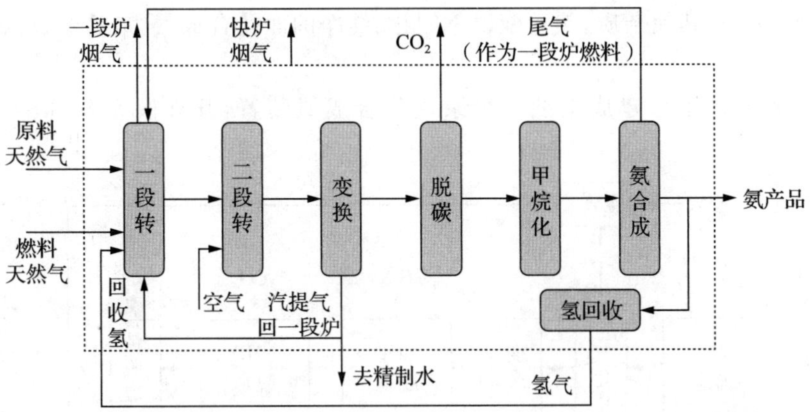

图 1-1　以天然气为原料的典型合成氨工艺流程（熊亚林等，2022）

管外燃料燃烧供给。一段转化气进入二段转化炉，此时通入空气，燃烧掉一部分氢或其他气体，放出热量以供气体继续转化，同时把氮气引入系统。二段转化后的气体依次进入中、低温变换炉，使气体中的一氧化碳在不同的温度下与水蒸气反应，生成氢和二氧化碳。经以上几个工序得到的气体主要成分是氮、氢和二氧化碳，需用二乙醇胺或氨基乙酸的碳酸钾溶液除去二氧化碳和用甲烷化法除去残余的一氧化碳和二氧化碳，得到纯净合格的氮、氢混合气，经压缩机加压后送入合成系统进行合成。

以轻油、油田气、炼油厂气为原料生产合成氨的工艺流程与图 1-1 基本相同。

（五）以煤炭为原料的合成氨工艺流程

以煤为原料制氨的总体流程选择，大体上可分为水煤浆气化工艺路线及常压气化路线。

1. 水煤浆气化路线

美国德士古水煤浆气化技术是较完善的煤气化技术，其气化温度高达 1 350～1 450℃，气化压力从 3.92 MPa 到 6.37 MPa。1989 年在日本宇部兴产公司建成第一套日产 1 000 t 氨的水煤浆气化装置。水煤浆气化与重油气化总体流程有相似之处。其总体流程见图 1-2。

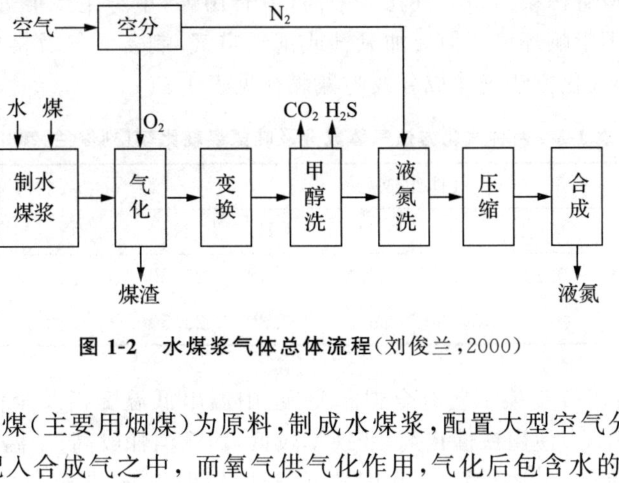

图 1-2　水煤浆气体总体流程（刘俊兰，2000）

该流程特点是以煤（主要用烟煤）为原料，制成水煤浆，配置大型空气分离装置，分离出的氮气经过氮洗过程配入合成气之中，而氧气供气化作用，气化后包含水的合成气先进入变换过程（耐硫催化剂），使 CO 与 H_2O 反应为 H_2 和 CO_2，经甲醇洗脱除 CO_2 和 H_2S，再经液氮洗脱除微量 CO、CO_2 及其他杂质，然后配以 N_2 制成纯净的净化合成气，最后经过氨合成工序合成液氨。

我国兖矿鲁南化肥厂建成中型水煤浆气化合成氨装置，其规模为 80 kt/年，总体流程见图 1-3。

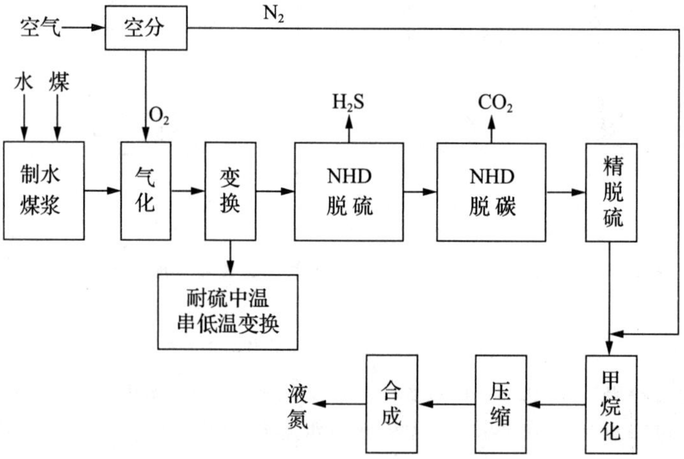

图 1-3 兖矿鲁南化肥厂水煤浆气化总体流程（刘俊兰，2000）

兖矿鲁南化肥厂的这套水煤浆气化压力较低（3.92 MPa），配套 NHD 脱硫、脱 CO_2 技术，投资省，但能耗较高。

2. 常压气化路线

常压气化一般以无烟块煤或焦炭为原料，用空气或富氧空气气化，经常压脱硫，低压段压缩、变换、脱 CO_2、净化，高压段压缩去氨合成。流程较长，但投资省，技术风险小，便于操作、管理，灵活性大，适合国内中、小型氨厂。常压气化路线的主要工艺过程如下：

（1）造气　以无烟块煤或焦炭为原料的常压造气技术，目前有空气间歇气化及富氧连续气化两种。空气间歇造气有多年使用经验，中、小氮肥厂普遍采用，投资少，不用氧气，但能耗高，吹风气排放时对环境有污染。富氧气化效率高，节省用煤，单炉生产能力及蒸汽分解率高，流程简单，无吹风气，不影响环境。但要加氧气或富氧空气，制备氧气及富氧空气的装置造价昂贵，耗电量大。两种气化方法气体成分及吨氨煤耗见表 1-3。

表 1-3 两种气化方法气体成分及吨氨煤耗比较（刘俊兰，2000）

气化方法	气体组成/%						$(CO+H_2)$	耗氧量	耗煤量
	CO_2	O_2	CO	H_2	CH_4	N_2	$/N_2$	$/m^3$	/t
富氧连续气化	12.56	0.14	39.56	26.32	0.19	21.20	3.10	450	1.24
空气间歇气化	7.20	0.20	34.30	35.50	0.30	22.50	3.10	/	1.40

（2）变换　目前，CO 变换工艺有全中温变换、中温串低温变换及全低温变换 3 种。中温变换（温度 400～500 ℃）使用铁催化剂，变换率较低，蒸汽消耗较高；中温串低温变换流程较复杂；全低温变换（温度 250～350 ℃）采用耐硫低温钴、钼催化剂，蒸汽消耗量少，有条件应尽可能采用，以节省能耗。

(3)脱 CO_2 脱 CO_2 方法有：①化学脱碳，如无毒 G/V、苯菲尔、空间位阻胺等，其吸收效率高，操作可靠，但再生蒸汽消耗量大；②物理吸收法，有低温甲醇洗（rectisol）、碳酸丙烯酯（PC）、聚乙二醇二甲醚（selexol 或 NHD），基本上不耗蒸汽；③物理化学吸收法，有 *N*-甲基二乙醇胺（MDEA），既有化学吸收，又有物理吸收作用，蒸汽耗量少，脱 CO_2 同时脱硫；④变压吸附法，利用加压下通过吸附剂吸收 CO_2，卸压后解析，间歇反复作用。达到脱除 CO_2 及其他杂质的目的。化学吸收法在有廉价蒸汽来源的厂利用时较为有利，物理吸收法则宜在蒸汽价高的地方应用，变压吸附因气体损失大，投资也较大，慎用。

(4)净化 原料气净化指在脱 CO_2 后脱除微量 CO、CO_2 及硫化物。目前可供选择的工艺有铜洗、甲烷化、液氮洗等。有低温冷源的可选择液氮洗，其净化度最高。铜洗能耗高，流程复杂，虽有不少中小氮肥厂在用，一般新建厂不宜采用。甲烷化流程简单，投资少，选用较多，但需使脱碳气中 CO、CO_2 及硫化物尽可能低，并要配以氧化锌或其他干法精脱硫。

(5)氨合成 氨合成工艺选择主要考虑合成压力、合成塔结构及热回收方法。氨合成压力高对合成反应有利，但能耗高，一般中小氮肥厂多为 32 MPa，大型厂压力较低，为 10～20 MPa。近来低温氨催化剂的出现，使合成压力降低。合成塔结构较先进的有托普索 200 径向中间换热式、卡萨里三层中间换热式等。国内中小型合成塔有轴径向、双绝热层、冷激式、双层并流型等。主要根据生产规模、管理水平来确定，以结构简单、节能高效为佳。

合成反应热回收是必需的，是节能的主要方式之一。除尽可能提高热回收率，多产蒸汽外，应考虑提高回收热的位能，即提高回收蒸汽的压力及过热度。高压过热蒸汽的价值较高，当然投资要多，需要根据整体流程统筹考虑。

以无烟煤（或焦炭）为原料的中型合成氨厂生产流程如图 1-4 所示。

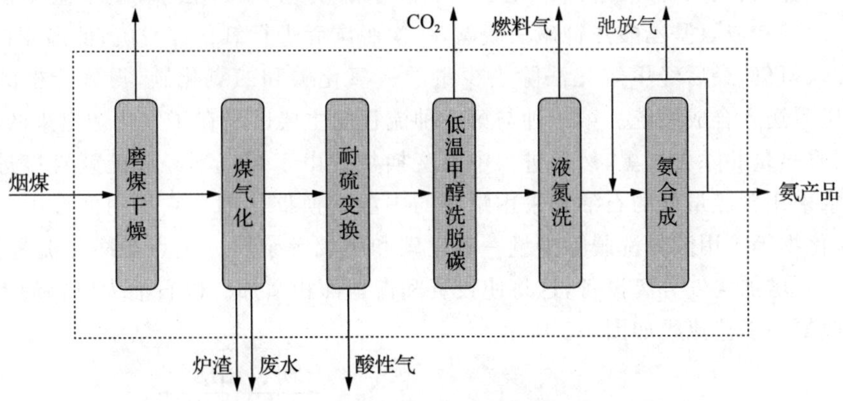

图 1-4 以烟煤为原料的典型合成氨装置流程（熊亚林等，2022）

将颗粒度为 25～75 mm 的无烟煤（或焦炭）由炉顶加入固定床层的煤气发生炉中，并交替地向炉内通入空气和水蒸气，燃料气化所生成的半水煤气经燃烧室、废热锅炉回收热量后送入气柜。

半水煤气由气柜进入电除尘器，除去固体颗粒后依次进入压缩机的Ⅰ、Ⅱ、Ⅲ段，加压到 1.9～2.0 MPa，送入脱硫塔，用 ADA（蒽醌二磺酸钠，anthraquinone-2，7-disulfonic acid sodium salt）溶液或其他脱硫溶液洗涤，其目的是除去硫化氢。随后，气体经饱和塔进入热交换器，加热升温后进入一氧化碳变换炉。用水蒸气使气体中的一氧化碳变为氢。变换后的气体返回热交换器进行降温，并经热水塔进一步降温后，进入变换气脱硫塔，以除去变换时产生的硫化氢。然后，气体进入二氧化碳吸收塔，用水洗法除去大部分二氧化碳。脱碳后的原料气进入压缩机Ⅳ、Ⅴ段，升压到12.0～13.0 MPa后，依次进入铜洗塔和碱洗塔，使气体中残余的一氧化碳和二氧化碳含量进一步降至20 mg/kg以下，以满足合成氨的要求。

净化后的原料气进入压缩机的最后一段，升压到30.0～32.0 MPa进入滤油器。在此与循环压缩机来的循环气混合，经除油后，进入冷凝塔和氨冷器的管内，再进入冷凝塔的下部，分离出液氨。分离出液氨后的气体进入冷凝塔上部的管间，与管内的气体换热升温后进入氨合成塔。在高温高压并有催化剂存在的条件下，将氮、氢气合成氨。在出合成塔的气体中，含氨10%～20%，经水冷器与氨冷器将氨液化并分离后，其气体进入循环压缩机循环使用。分离出的液氨进入液氨储槽。

也有的合成氨厂，先将半水煤气在常压下脱硫、变换后，再压缩到1.9～2.0 MPa进行水洗。或半水煤气经脱硫处理后，压缩到0.7～0.8 MPa进行一氧化碳变换和二氧化碳的脱除，再压缩到12.5 MPa左右进行铜洗和碱洗，最后压缩到32 MPa送入合成塔。

目前，我国大多数小型合成氨厂及少数中型合成氨厂采用浓氨水脱碳的方法，同时利用脱出来的二氧化碳，将氨加工成碳酸氢铵肥料，这一过程简称为碳化。它将二氧化碳的脱除和氨加工结合，从而大大简化了流程。

(六)以石油为原料的合成氨工艺流程

以石油为原料生产合成氨大都用部分氧化法。我国以石油为原料的中型合成氨厂，生产流程有两种。第一种是在2.9～3.2 MPa压力下，用部分氧化法制作的水煤气经废热锅炉回收热量以后，先除去炭黑，然后进入净化系统。即水煤气经ADA法脱硫、中温变换及二次脱硫以及用二乙醇胺或氨基乙酸热钾碱法脱碳，一次脱碳后进行氧化锌脱硫、低温变换及二次脱碳。而后配入氨气，最后经甲烷化法除去少量的一氧化碳和二氧化碳，得到合格的氮氢原料气，压缩升压后送入合成系统。第二种与第一种流程的主要区别在于气化炉出来的水煤气，进入急冷室回收热量并除去炭黑，然后进入中温变换炉。由于煤气不经脱硫就直接进入中温变换，所以要求采用含硫量低的石油和采用耐硫的中温变换催化剂。它采用低温甲醇洗脱除二氧化碳及硫化物等。用液氮洗脱除少量一氧化碳和甲烷等杂质。优点是净化流程简单，净化程度高，但必须增加空气分离设备，这将使投资和占地面积增加。以石油为原料的大型合成氨厂，常用合成氨的工艺流程如图1-5所示。

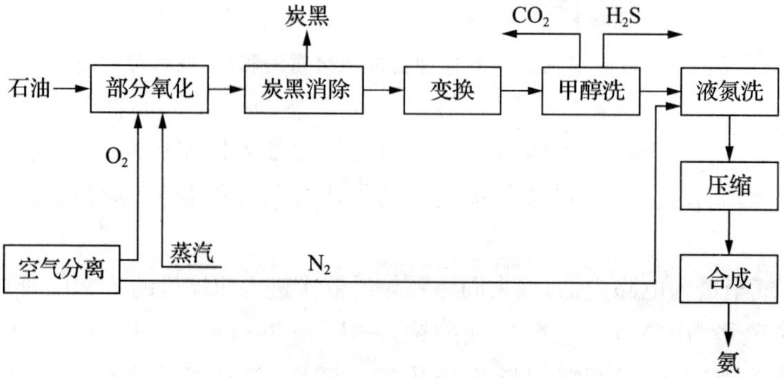

图1-5 以石油为原料合成氨的工艺流程

二、硫酸铵生产与加工工艺

(一)硫酸铵生产概述

由于硫酸铵的生产较简单,并具有较好的性能,所以它在氮肥生产中仍占据重要地位。

在工业上用各种不同的原料制造硫酸铵的方法很多,这些方法有些已用于或正在用于工业生产,有的还在研究如何进行工业化生产,这些方法主要有:①用稀硫酸和合成氨中和法制造硫酸铵;②用稀硫酸吸收焦炉煤气中的氨制造硫酸铵;③用稀硫酸和合成氨干法制造硫酸铵;④用石膏制造硫酸铵;⑤用芒硝制造硫酸铵。其中中和法是目前工业生产中最常用的方法。

(二)中和法生产工艺

中和法制造硫酸铵,就是把气体氨通入稀硫酸中,进行中和反应而制得硫酸铵。其化学反应式如下:

$$2NH_3+H_2SO_4 \longrightarrow (NH_4)_2SO_4+Q(\text{热量})$$

硫酸与氨的中和反应是一个放热反应,也就是说,在反应过程中放出大量的热。利用反应放出的热量把水分蒸发,便可以得到硫酸铵的结晶。然后把含有硫酸铵结晶的浆状溶液,送入离心机进行分离,分离出来的硫酸铵再经过干燥、包装即为成品。

用中和法制造硫酸铵的工艺流程如图 1-6 所示。

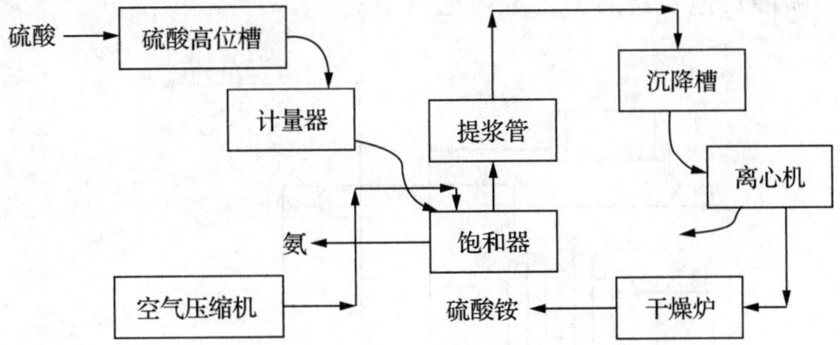

图 1-6　中和法制造硫酸铵的工艺流程

(三)稀硫酸吸收法生产工艺

1. 工艺原理

用稀硫酸吸收煤气中的氨制造硫酸铵的工艺原理如下式所示:

$$2NH_3+H_2SO_4 \longrightarrow (NH_4)_2SO_4$$

氨和硫酸的反应为放热过程,当用硫酸吸收焦炉煤气中的氨时,实际热效应与硫铵母液的酸度和温度有关。用适量硫酸与氨反应,可生成中式盐。如果硫酸过量,则生成酸式盐,其化学反应式为:

$$NH_3+H_2SO_4(\text{酸过量}) \longrightarrow NH_4HSO_4$$

随着溶液中氨饱和程度的提高，酸式盐又转变为中式盐，其化学反应式为：

$$NH_4HSO_4 + NH_3 \longrightarrow (NH_4)_2SO_4$$

溶液中酸式盐和中式盐的比例取决于溶液中游离酸的浓度。当酸度仅为1%～2%时，主要生成中式盐；当酸度提高时，酸式盐的含量也相应提高。由于酸式盐易溶于水和稀硫酸中，故在酸度不大时，从饱和溶液中析出的只有硫酸铵晶体。

2. 工艺流程

饱和器作为硫铵生产的主体设备，有泡沸伞式和喷淋式两种工艺，下面进行技术经济比较。

(1)泡沸伞式　泡沸伞式饱和器的工艺流程见图1-7。

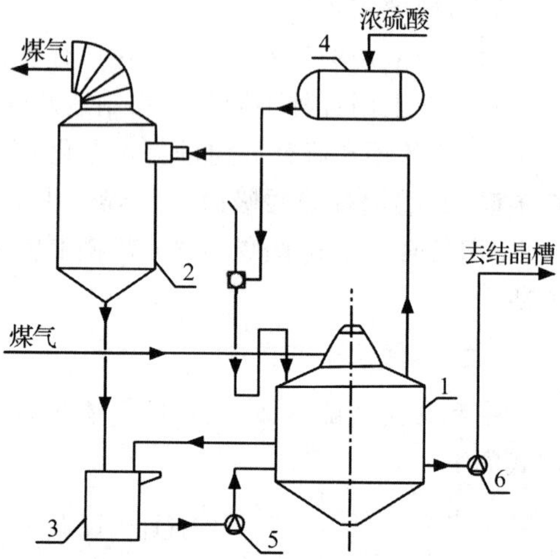

图1-7　泡沸伞式饱和器的工艺流程(朱灿朋，2005)

1. 饱和器；2. 除酸器；3. 满流槽；4. 硫酸高位槽；5. 母液循环泵；6. 结晶泵

煤气经预热器加热至约70 ℃后从中央管进入饱和器。在饱和器内煤气经泡沸伞穿过母液层鼓泡而出，煤气中的氨被硫酸溶液吸收。煤气出饱和器后进入除酸器，分离夹带的酸雾后进入下一工序。

(2)喷淋式　喷淋式饱和器的工艺流程见图1-8。

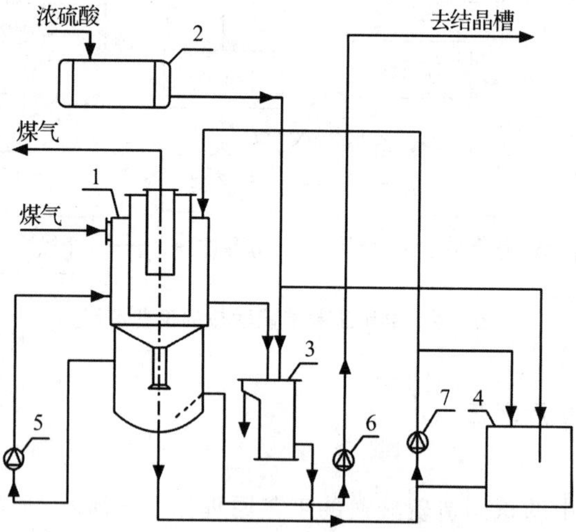

图1-8　喷淋式饱和器的工艺流程(朱灿朋，2005)

1. 饱和器；2. 硫酸高位槽；3. 满流槽；4. 母液槽；5. 母液循环泵；6. 结晶泵；7. 母液泵

煤气经预热至60 ℃后进入饱和器上部喷淋吸收区，煤气被分成两股，并沿饱和器内壁与器内除酸器外壁构成的空间流动。母液泵抽出饱和器底部结晶分级槽中的酸性硫铵母液，向内外筒体间的环形空间喷洒，煤气与酸性母液直接接触，将煤气中的氨转变为硫酸铵。煤气通过喷淋区进入中心区内的除酸器，除去夹带的酸雾后，从中央气体出口管逸出，进入下一工序。

喷淋式饱和器相对于泡沸伞式饱和器而言，其煤气系统阻力大幅度下降，可以有效降低鼓风机的耗电量。喷淋式饱和器的阻力为1.5～2.0 kPa，而泡沸伞式饱和器的阻力为5.0～6.0 kPa。喷淋式饱和器在结构上将泡沸伞式饱和器工艺流程中的除酸器与饱和器合二为一，提高了硫铵质量，粒度大且颜色白。因此，喷淋式饱和器的工艺比泡沸伞式更合理。

(四)亚硫酸铵转化法生产工艺

1. 生产原理

硫酸装置尾气处理系统的亚硫酸氢铵、亚硫酸铵母液用过量的硫酸分解、吸收，再用气氨中和过量的硫酸，制得合格的液体硫酸铵。液体硫酸铵经浓缩、冷却结晶、分离可得到固体硫酸铵。其化学反应如下：

$$(NH_4)_2SO_3 + H_2SO_4 \longrightarrow (NH_4)_2SO_4 + SO_2\uparrow + H_2O$$

$$2NH_4HSO_3 + H_2SO_4 \longrightarrow (NH_4)_2SO_4 + 2SO_2\uparrow + 2H_2O$$

$$H_2SO_4 + 2NH_3 \longrightarrow (NH_4)_2SO_4$$

2. 工艺流程

由尾气吸收工序第二级吸收循环泵出口送来的亚硫酸盐母液与干吸工序来的93%硫酸，分别经堰式流量计计量后进入混合分解槽。分解后的母液经 SO_2 吹出塔吹出 SO_2 气体后，进入中和槽与氨气中和制得液体硫酸铵母液。一部分母液用泵送入硝酸磷肥厂的母液储槽供萃取用，另一部分送至蒸发器浓缩，经冷却、结晶、分离后即为固体硫酸铵。由分解产生和 SO_2 吹出塔吹出的 SO_2 气体返回硫酸装置的净化工序生产硫酸。

硫酸铵装置的工艺流程如图1-9所示。

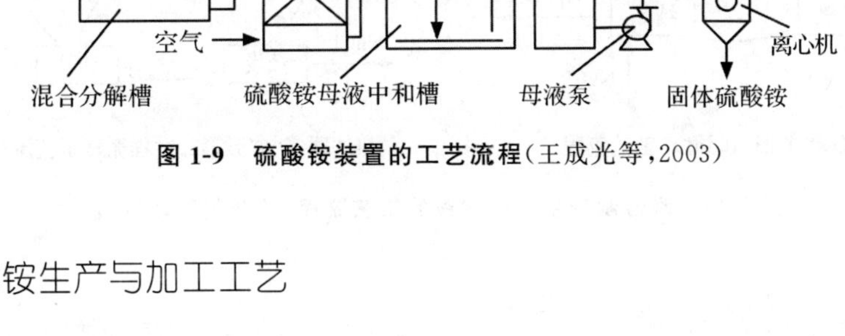

图 1-9　硫酸铵装置的工艺流程(王成光等，2003)

三、氯化铵生产与加工工艺

生产氯化铵的方法主要有氯化氢和氨制取法、氨碱法生产纯碱的滤液制取法和联合制碱法制取法等三种。

(一)氯化氢和氨制取法

氯化氢和氨作用的化学反应式为：

$$HCl + NH_3 = NH_4Cl$$

这个反应为放热反应。无论按气相法或按液相法都能进行这一反应。但以气态氯化氢和气态氨反应时，生成的氯化铵是烟雾状的、极小的颗粒，沉淀下来很困难，所以气相法很少采用。一般都采用液相法制取氯化铵。

液相法的生产过程是：用已制备好的氯化铵饱和溶液，在吸收塔中喷淋，逆流方向吸收氯化氢气体，然后将饱和了氯化氢的氯化铵溶液，由吸收塔送入反应器，在此用气氨中和至游离氨含量约为 3 g/L。反应生成的氯化铵悬浊液经澄清，离心机分离出的结晶体即为成品氯化铵，而母液返回吸收塔循环使用。这种制取氯化铵的方法比较老，产品作为肥料使用不太经济，一般也很少采用。

（二）氨碱法生产纯碱的滤液制取法

氨碱法生产纯碱时，用水溶解原盐，除钙、镁后，进行吸氨和碳化，生成碳化液，其反应式为：

$$NaCl+NH_3+CO_2+H_2O=NaHCO_3\downarrow+NH_4Cl$$

所得碳化液经过滤分离出碳酸氢钠后，剩下来的就是含氯化铵的滤液，1 L 滤液中含有 170～180 g NH_4Cl 及其他杂质。

含有氯化铵的滤液送入蒸馏系统，从滤液再生出氨，返回到制碱生产过程。取出部分含有氯化铵的滤液用于制取氯化铵。氯化铵是在真空蒸发设备中蒸发滤液而析出的。这是一种比较经济、有效的方法，在国内外已得到了广泛的应用。

（三）联合制碱法制取法

将合成氨工业和纯碱工业联合起来，以氯化钠、合成氨及生产合成氨的副产物二氧化碳为原料，在生产纯碱的过程中，又可制得氯化铵作为肥料（图 1-10）。

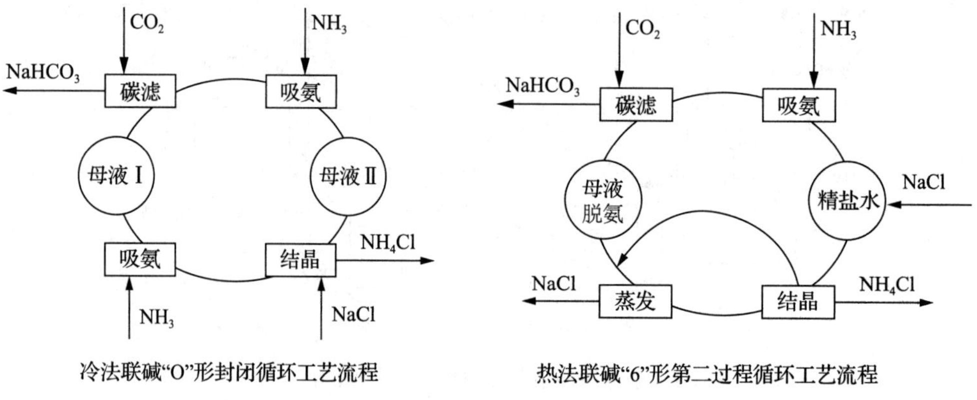

图 1-10 联合制碱生产氯化铵的工艺流程（马春花等，2015）

这个过程可用下面的反应方程式表示：

$$NaCl+NH_3+CO_2+H_2O=NaHCO_3\downarrow+NH_4Cl$$

（母液Ⅱ）　　　　　　　　　　　（结晶）（母液Ⅰ）

$$2NaHCO_3=Na_2CO_3+CO_2+H_2O$$

$$NH_4Cl+NaCl(固)=NH_4Cl(固)+NaCl$$

（母液Ⅰ）　　　　　　　　　　　（母液Ⅱ）

盐析结晶母液(Ⅱ)吸氨、碳化经过滤分离重碱($NaHCO_3$),重碱再经过煅烧即得纯碱(Na_2CO_3)。过滤母液(Ⅰ)先吸氨,经热交换器冷却后进入冷析结晶中,析出一部分 NH_4Cl 结晶,母液从冷析结晶器溢流至盐析结晶器中。

冷析结晶器和盐析结晶器中析出的氯化铵,再经离心分离、干燥得氯化铵成品。

分离出氯化铵后的母液就是母液Ⅱ,再送回到制碱系统。这两个过程构成一个循环,向循环系统中连续加入原料,就可不断生产出纯碱和氯化铵。

四、碳酸氢铵生产与加工工艺

碳酸氢铵(简称碳铵)是我国自主研发的氮肥工业品种,自问世以来对我国的工农业生产做出了重要贡献。据统计,自 1970—2000 年的 30 年间,我国累计生产碳酸氢铵 9.59 亿 t,折纯氮 1.64 亿 t,平均每年碳酸氢铵产量占全国氮肥总产量的 45.7 %。21 世纪以来,随着我国氮肥结构的调整,产量不断下降,到 2012 年全国碳酸氢铵产量仅占化学氮肥的 7.9%,但仍是我国重要的氮肥品种,在工农业生产中起着很大作用。

目前,碳酸氢铵的生产和加工技术主要为碳化法合成氨流程工艺。这一工艺最早由大连化学厂提出,随后在化工部的领导下,上海化工研究院及相关生产厂家进行了艰苦攻关,使该工艺逐渐走向成熟。采用碳化法合成氨流程生产碳酸氢铵时,把氨加工成氮肥的过程与合成氨生产中脱除二氧化碳的过程巧妙地结合在一起,简化了工艺流程,降低了能耗。具体来说,以煤为原料的合成氨厂,变换气中含 25%～30%的二氧化碳。二氧化碳是氨合成催化剂的毒物,气体送往合成工段之前,必须将其中的二氧化碳清除掉。但是,将氨加工成尿素或碳酸氢铵时,二氧化碳又是主要的原料之一。因此,以碳酸氢铵为产品的氮肥厂是在碳化工段用浓氨水作吸收剂,除去变换气中的二氧化碳,并制得碳酸氢铵的。这种除去二氧化碳的方法,称为氨水碳化法。其反应式如下:

$$NH_3+H_2O+CO_2=NH_4HCO_3+Q$$

很显然,碳化工段具有双重任务:①原料气的净化,用浓氨水清除变换气中绝大部分二氧化碳,在合成氨生产中,清除气体中 CO_2 的过程又称为原料气的脱碳过程;②将气氨加工成碳酸氢铵固体肥料,因此又是全厂的成品工段。变换气经碳化工段脱除其中的二氧化碳后,要求气体中的 $CO_2<0.2\%$、$NH_3<0.3\ g/m^3$,以满足后工段的需要。

(一)碳化工段生产流程

碳化生产流程可分为低压碳化和加压碳化两类。

低压碳化采用低压机,将变换气压力提高至 3～4 kg/cm^2,进入碳化系统。碳化后原料气接近常压(<200 mm 汞柱),送高压机一段。由于其能耗大,已被逐渐淘汰。

目前采用最多的是半水煤气经高压机压缩至 4.5～11.5 kg/cm^2,经变换后送加压碳化系统。虽然,根据采用高压机的形式不同,加压碳化现有 4～5 kg/cm^2、6～8 kg/cm^2、11 kg/cm^2 三种压力系统,但其生产流程差别不大。

1965 年 6 月,上海化工研究院开发了 0.7 MPa 的加压变换串加压碳化(简称双加压)流程。全国第一套 2 000 t/年装置双加压系统在安徽合肥化肥厂(原江淮化肥厂)通过了鉴定。这一工艺简化了流程,大幅度降低电耗并提高了氨和二氧化碳的利用率。碳酸氢铵碳化工段生产流程如图 1-11。

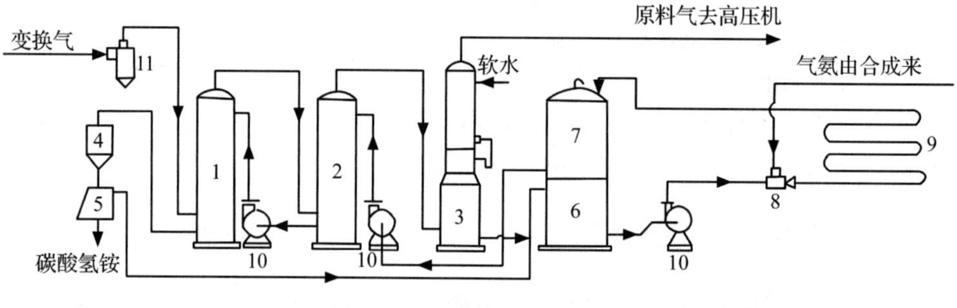

图 1-11 碳化工段生产流程

1. 碳化主塔；2. 预碳化塔；3. 回收清洗塔；4. 稠厚器；5. 离心机；6. 稀氨水槽；7. 浓氨水槽；8. 喷射吸收器；9. 冷却排管；10. 泵；11. 气水分离器

(二)碳化生产基本过程

碳化生产的主要反应是母液吸氨与浓氨水的碳酸化。其总反应式如下：

$$NH_3(气)+H_2O(液)+CO_2(气)=NH_4HCO_3(固)$$

实际反应过程是比较复杂的，要经过一系列中间阶段，但大致反应过程可分述如下：

1. 吸氨过程

气氨溶于水中，大部分与水结合成为一水合氨：

$$NH_3(气)+H_2O(液)\longrightarrow NH_3\cdot H_2O(溶液)$$

由于母液稀氨水中尚存在 NH_4^+、NH_2COO^-、HCO_3^-、CO_3^{2-} 等。因此，吸氨过程在溶液中还存在下列可逆反应，并重新建立各离子之间的平衡。

$$NH_3(溶)+HCO_3^-\rightleftharpoons NH_2COO^-+H_2O$$

$$NH_3(溶)+HCO_3^-\rightleftharpoons NH_4^++CO_3^-$$

2. 碳化过程

首先，二氧化碳从气相溶解于液相：

$$CO_2(气)\rightleftharpoons CO_2(溶)$$

溶解态的二氧化碳与溶液中的游离氨（水合和未水合的氨分子）形成氨基甲酸铵（NH_2COONH_4）：

$$CO_2(溶)+2NH_3(溶)\rightleftharpoons NH_2COONH_4(溶液)$$

随后，溶液中的氨基甲酸铵水解形成碳酸氢铵或碳酸铵：

$$NH_2COONH_4\rightleftharpoons NH_4^++NH_2COO^-$$

$$NH_2COO^-+H_2O\rightleftharpoons NH_3+HCO_3^-$$

$$NH_3+HCO_3^-\rightleftharpoons NH_4^++CO_3^{2-}$$

在碱性较强(即 pH 较高)的溶液中主要形成 CO_3^{2-}，而在 pH 8～10.5 或高浓度 CO_3^{2-} 的溶液中主要形成 HCO_3^-。

根据测定，当碳化主塔溶液中碳化度由 115%增加至 255%时，溶液的 pH 由 9.40 降低到 8.58。因此，碳化主塔内主要是生成碳酸氢铵。在碳化过程中，随着碳酸氢铵的不断生成，当溶液中碳酸氢铵的浓度超过它在该温度下的溶解度时，便以结晶形式析出。

由以上分析可知，碳化工段主要包括：①吸氨过程：进行氨的吸收。②碳化过程：进行二氧化碳的吸收、氨及硫化氢的解吸、碳酸氢铵的结晶。③氨回收过程：主要是用软水吸收原料气中的氨，软水吸氨后可以起到进一步清除二氧化碳和硫化氢的作用。④离心分离过程：碳酸氢铵结晶与溶液的机械分离。

第三节　硝态氮肥生产与加工工艺

一、硝酸生产与加工工艺

硝酸是一种重要的化工原料，除染料、制药、合成纤维等工业部门需要外，还大量被用来生产硝酸铵，还可用来制造安全炸药与各种硝酸盐类，如硝酸钾、硝酸钙等。

现今工业生产硝酸大多是以氨为原料，因浓度不同分为稀硝酸(45%～70% HNO_3)与浓硝酸(98% HNO_3以上)。氨在触媒作用下，经氧化生成一氧化氮，并进一步氧化成二氧化氮，最后用水吸收生成稀硝酸。浓硝酸可以通过稀硝酸在有脱水剂的情况下直接蒸馏制得，也可由氮氧化物、氧和水直接合成。氨氧化制硝酸的过程，大体可分为 3 步：

(1)一氧化氮的生成。在有铂触媒存在的情况下，氨与空气中的氧生成一氧化氮。若在铂中加入 10%的铑制成铂铑合金网，不但机械强度比单纯的铂要好，而且活性也有很大的提高，可使 98%的氨氧化成一氧化氮。生产中将铂铑合金网装入氧化炉，使氨和空气在一定温度下通过铂铑合金网，其反应如下：

$$4NH_3+5O_2 = 4NO+6H_2O+Q_1$$

(2)二氧化氮的生成。将一氧化氮进一步在空气中氧化，使之成为红棕色的二氧化氮，其主反应式为：

$$2NO+O_2 = 2NO_2+Q_2$$

由上式可以看出，2 分子体积的一氧化氮和 1 分子体积的氧气共 3 分子体积的气体，反应后变成了 2 分子体积的二氧化氮，总体积减小了。因此，这种反应加压是有利的，能提高反应速度和使反应进行得更完全。此反应是放热反应，应将反应生成热不断地移走，才有利于反应的顺利进行。

(3)稀硝酸的生成。用水吸收二氧化氮可得到稀硝酸，其反应如下：

$$3NO_2+H_2O = 2HNO_3+NO+Q_3$$

同样，这个反应是一个放热且体积变小的反应。因为反应前 3 分子体积的二氧化氮变成了反应后的 1 分子体积的一氧化氮，而反应前后的液体体积很小，可认为变化不大，故加压、冷却对该反应进行是有利的。当吸收刚刚开始时，因为二氧化氮的浓度很高，向右进行的反应速度很快，但随着右边生成物浓度的增加，向左进行的逆反应逐渐开始，且速度越来越快，直至向左右两向进行的反应速度达到平衡。此时，硝酸浓度达到了极限值，若使其变化，必须改变吸收系统的压力和温度，才有可能。

根据上述反应原理，工业生产硝酸有常压法、加压法和综合法三种流程，现分述如下：

(一)常压法

所谓常压法，就是氨在空气中氧化成一氧化氮、二氧化氮和用水吸收二氧化氮等过程都是在常压下进行的。其常用流程如图 1-12 所示。

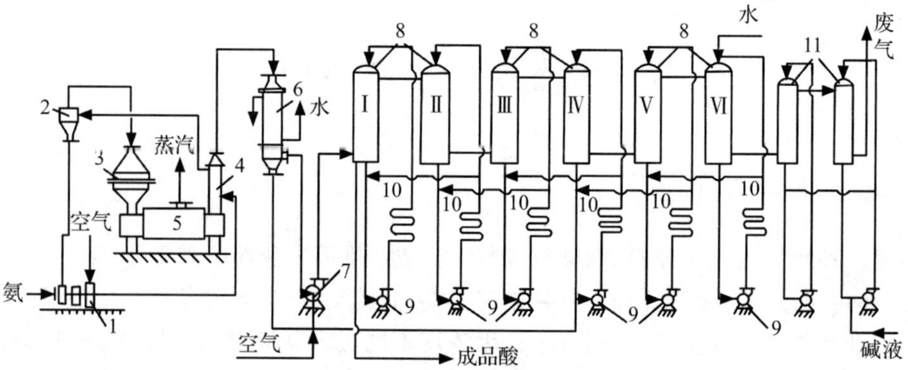

图 1-12 常压法制造稀硝酸的工艺流程

1.氨-空气联合鼓风机；2.混合器；3.氧化炉；4.空气预热器；5.废热锅炉；6.冷凝器；7.鼓风机；8.吸收塔；9.泵；10.硝酸冷却器；11.碱液吸收塔

氨与清净的空气按一定比例经氨-空气联合鼓风机 1 送入气体混合器 2，空气在进入空气混合器之前先经空气预热器 4，用从氧化炉来的高温气体将空气预热到 90 ℃左右。预热后的空气在混合器中与空气充分混合进入氧化炉 3，在通过铂铑合金网时氨被氧化，变成了含氧化氮的气体。铂铑合金网的温度靠反应热维持在 800～900 ℃。反应后的高温气体通过废热锅炉 5 回收热量，并相继通过空气预热器 4 和冷凝器 6，使温度降至 40～50 ℃，含氧化氮的混合气体补充一定的新鲜空气后进入鼓风机 7 增压，并送入酸吸收塔。一氧化氮氧化成二氧化氮，二氧化氮被水吸收制成稀硝酸的两个反应过程均系在吸收系统完成的。为使氧化和吸收过程进行得更好、更快、更彻底，通常用 6～8 个酸吸收塔串联操作。按气体流程来说，从最后一塔加入清水，从第一塔得到 47％～49％的稀硝酸。为使吸收进行得充分，每塔底部均将液体引出用泵 9 再送入塔顶进行喷淋，并在塔外设冷却器 10 对喷淋液进行冷却，以便及时将反应热移出。喷淋液温度越低，对吸收越有利。

虽然在吸收过程中采取喷淋和降低喷淋液温度等提高吸收效果的措施，但最后一个酸吸收塔排出的气体中，仍残留部分氧化氮气体。为回收氮和减少环境污染，将这部分气体送往碱液吸收塔 11，使之生成硝酸钠和亚硝酸钠，然后将尾气排空。

(二)加压法

加压法是指氨在空气中氧化成一氧化氮、二氧化氮和用水吸收二氧化氮等过程是在有压的情况下进行的。一般采用的压力为0.35～0.80 MPa。近年来利用双加压法制造稀硝酸成为主流趋势，双加压法制造稀硝酸生产工艺有着生产稳定性较好、制酸浓度提升、产量大、环境污染较少等各类特殊优点，完全取代了我国传统的常压法、中压法及高压法稀硝酸生产工艺。双压法制造稀硝酸常用流程如图1-13所示。

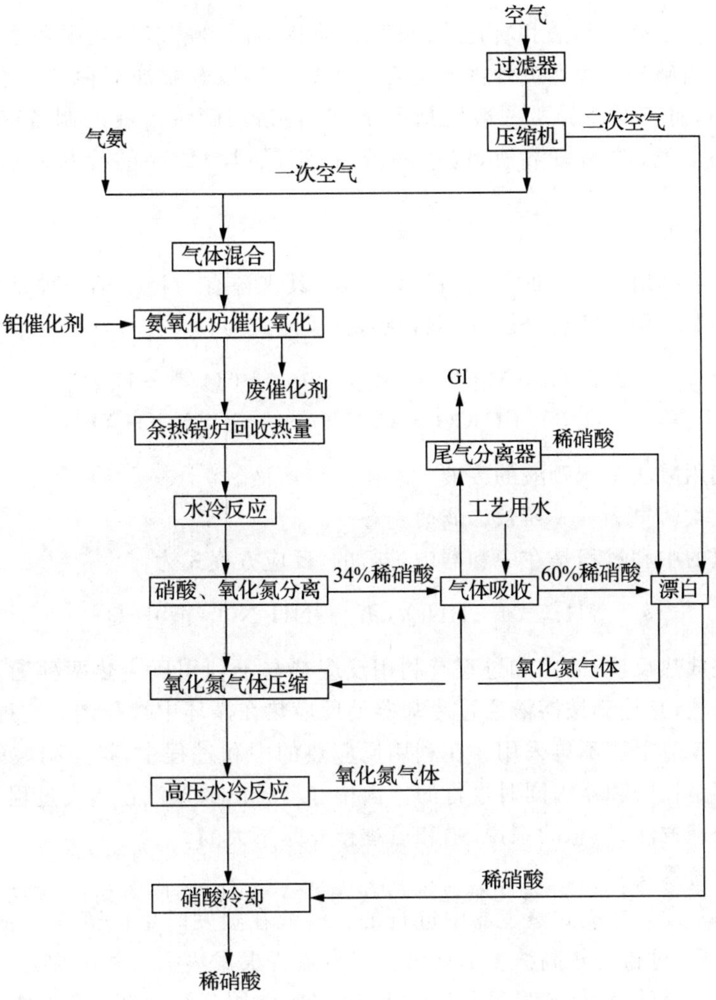

图1-13　双加压法制造稀硝酸生产流程

(三)综合法

综合法是采用常压与加压相结合的生产方法。即流程的前半部氨的氧化部分用常压法，流程的后半部一氧化氮的氧化和二氧化氮的吸收用加压法。当然，因后半部需增压，在高低压之间需设一台一氧化氮压缩机。这种方法生产的硝酸浓度在47%～53%。

上述三种流程相比较，常压法具有设备简单，铂铑催化剂耗量小等优点，但投资大，不锈钢材料消耗量大，而且尾气需经专门设备处理后才能排空，从而使基建费和设备费增加，故常压法有被加压法代替的趋势。相反，加压法流程短、设备少、占地面积小、基建与设备投资均大大降低。可以利用余热产生的蒸汽作为离心压缩机的动力，故能耗小，发展较快。而综合法不论是技术指标和经济指标，均介于常压法和加压法之间，在发展中也有一定的优势。

二、硝酸铵生产与加工工艺

（一）生产工艺流程概述

硝铵的生产方法有中和法和转化法两种，目前我国用得最多的是中和法。中和法是生产方法中氨气中和稀硝酸。生产流程由于是否加入添加剂以及添加剂种类的不同，产品用于工业和农业的不同，而有所差异。一般包括添加剂的制备、硝铵溶液的制备（硝酸与气氨的中和）、硝铵溶液的蒸发、浓硝铵溶液（或熔融液）的结晶以及成品的冷却、包装和储运等五个工序。

1. 添加剂的制备

硝酸铵生产目前所用的添加剂大多是无机盐，其来源有两种。第一种是用稀硝酸分解白云石（或石灰石）制取硝酸镁、硝酸钙的混合物，其反应式为：

$$2HNO_3 + MgCO_3 = Mg(NO_3)_2 + CO_2\uparrow + H_2O$$

$$2HNO_3 + CaCO_3 = Ca(NO_3)_2 + CO_2\uparrow + H_2O$$

第二种是利用酸法生产硼酸的废液——硝酸镁溶液。

2. 硝酸与气氨的中和——硝铵溶液的制备

硝酸与气氨的中和过程是在中和器中进行的，反应方程式为：

$$NH_3(\text{气}) + HNO_3(\text{液}) = NH_4NO_3(\text{液}) + Q$$

中和过程是放热反应，故中和过程有利用反应热与不利用反应热两种工艺过程。不利用反应热的中和工艺，是让硝铵溶液通过冷却器使反应热在循环中被移走。这种工艺，由于技术上的不合理性在工业上已不再采用。在利用反应热的中和过程中，氨与硝酸的中和及硝铵溶液的初步蒸发都是在中和器内同时进行的。由中和器排出的蒸汽在蒸发过程中又有被利用和直接排空两种处理方法，但总的来说，中和流程差异是不大的。

3. 硝铵溶液的蒸发

硝铵溶液的蒸发是在膜式蒸发器中进行的。溶液在蒸发时生成蒸汽—浓溶液的混合物，在分离器中分离后，可得到较高浓度的溶液。蒸发流程根据热源的利用情况，又分为单段蒸发和多段蒸发两种。另外，根据蒸发过程压力大小，又有常压蒸发和真空蒸发两种流程。由于硝铵溶液有一定特殊性质，真空蒸发的流程较为常用。在真空蒸发过程中，从蒸发器排出的蒸汽又有直接冷凝和间接冷凝两种。蒸发后的硝铵溶液的浓度根据结晶造粒方法的不同分别要求达到 90%或 97.5%以上。

4. 浓硝铵溶液的结晶

硝铵的结晶是放热反应，结晶方法分为利用结晶热和不利用结晶热两种。利用结晶热的生产过程是在结晶机中使溶液边蒸发边结晶，制得水分含量较少的粉状硝铵产品；不利用结晶热的生产工艺则是将熔融液造粒和冷却制得颗粒状硝铵成品。颗粒状硝铵的结晶是通过造粒塔来实现的。其产品易于包装，结块性较小，便于施肥。

5. 成品的冷却、包装和储运

粒状硝铵产品的温度一般都在 80～90 ℃，因此在包装前必须进行冷却。冷却的方法一般采用沸腾冷却。硝铵成品包装有采用缝合包装和半机械化插袋包装两种。缝合包装严密性较好，包装重量准确，对于粉状硝铵或颗粒状硝铵都较为适用；插袋包装进度快，效率高，劳动强度小，在粒状硝铵生产中采用较多。

（二）生产工艺过程

硝铵生产的工艺流程目前大致有三种：①采用较高浓度（53%～55%）的硝酸，单段蒸发，蒸发蒸汽干式冷凝，生产不含添加剂的粒状硝铵（简称单段蒸发生产粒状工业硝铵）；②采用二段蒸发，生产不含添加剂的粉末状硝铵（简称二段蒸发生产粉末状硝铵）；③采用较低浓度的硝酸（43%硝酸），三段蒸发，蒸发蒸汽湿式冷凝，生产含添加剂的硝铵（简称三段蒸发生产粒状农业硝铵）。

1. 单段蒸发

图 1-14 是采用单段蒸发生产颗粒状工业硝铵（不含添加剂）的工艺流程示意图。浓度为 53%的硝酸进入仓库段硝酸储罐 1，经硝酸泵 3 送入硝酸高位槽 2 内，然后以稳定的静压进入中和器 6。

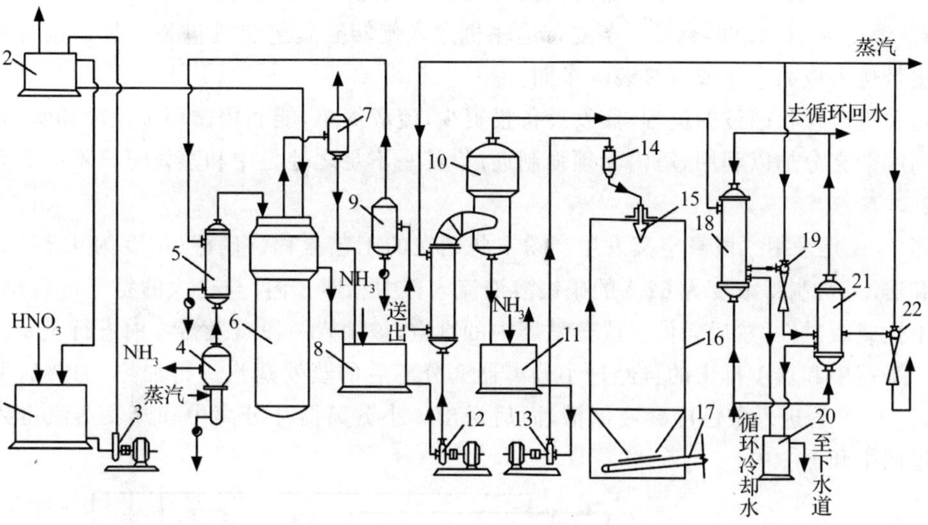

图 1-14　单段蒸发生产粒状硝铵的工艺流程

1. 硝酸储罐；2. 硝酸高位槽；3. 硝酸泵；4. 氨蒸发分离器；5. 氨预热器；6. 中和器；7. 捕集器；8. 硝铵溶液储槽；9. 冷凝膨胀器；10. 带分离器的蒸发器；11. 缓冲槽；12. 硝铵溶液泵；13. 熔融液泵；14. 熔融液高位槽；15. 造粒器；16. 造粒塔；17. 皮带运输机；18. 表面冷凝器；19. 一级蒸汽喷射泵；20. 水封槽；21. 中间冷却器；22. 二级蒸汽喷射泵

原料气氨首先进入氨蒸发分离器 4，分离掉油和蒸发其中夹带的少量的液氨珠滴，然后流入氨预热器 5 提高温度后（达 80 ℃）进中和器 6。在中和器 6 内硝酸和氨气经中和反应生成浓度为 78%的硝铵溶液入硝铵溶液储槽 8，然后将氨气通入槽内进行二次中和使溶液呈微碱性。由中和器 6 的顶部排出的蒸发蒸汽（又可称废蒸汽）则进入捕集器 7 后放空。蒸发蒸汽中夹带的少量的硝铵珠滴在捕集器 7 中被捕集下来，也流入硝铵溶液储槽 8 内。

呈微碱性的硝铵溶液自硝铵溶液储槽 8 的出口经硝铵溶液泵 12 送入蒸发器 10，用 11 kg/cm^2（表压）的新鲜饱和蒸汽加热蒸发；该蒸汽放出冷凝潜热形成冷凝液，从蒸发器排出后则进入冷凝膨胀器 9。冷凝膨胀器 9 排出的蒸汽（又称二次蒸汽）供氨预热器 5 加热、膨胀的冷凝液经排水阻气阀和回水管线送出另用。

硝铵槽液在蒸发器加热沸腾后，呈汽-液混合乳浊液入蒸发器 10 上部的分离器，分离出的蒸发蒸汽由蒸发器的分离器上部入表面冷凝器 18 进行冷凝。表面冷凝器用循环冷却水进行冷却。蒸发蒸汽在冷凝器中被冷凝面形成的冷凝液入水封槽 20，未被冷凝的气体入一级蒸汽喷射泵 19，并与加入蒸汽喷射泵的蒸汽相混合，然后进入中间冷却器 21。在中间冷却器 21 内被冷凝而成的冷凝液流入水封槽 20，不被冷凝的气体则经二级喷射泵与进入喷射泵的蒸汽一齐排空。中间冷却器 21 同表面冷凝器 18 一样，都用循环冷却水来冷却，冷却后一起流入循环水的回水系统，降温后循环使用。进入水封槽 20 的冷凝液流入下水道。由蒸发后分离器 10 中分离得到的浓硝铵溶液(浓度为 98.5%)入缓冲槽 11，在其中用氨气中和使呈微碱性，再经熔融液泵打入位于造粒塔 16 上的熔融液高位槽 14，随即进入造粒器 15 进行造粒结晶。由于离心力的作用，造粒器旋转喷洒出的硝铵熔融液滴在下落过程中被由塔下风窗等处进入的空气冷却而凝成球状晶粒，最后汇集到塔下漏斗，经皮带运输机 17 送进沸腾冷却器(图 1-14 中未画出)。硝铵颗粒在沸腾冷却器内被鼓风机送入的冷空气的吹动形成沸腾状态，冷却后的硝铵颗粒(温度为 70 ℃)再经另一条皮带运输机送入旋转插袋包装机包装成袋。包装好的成品袋由皮带送入成品仓库或直接装入车厢。

这种生产粒状硝铵的流程，蒸发设备投资少，流程简单，能利用循环工业冷却水，并且造粒塔的高度能充分加以利用，塔内无须强制通风，其一不足之处是中和蒸发蒸汽不能有效利用。

2. 二段蒸发

图 1-15 是采用二段真空蒸发生产粉末状硝铵的工艺流程。硝酸(浓度为 43%)与氨气进入中和器 1 后，制得浓度为 62%的硝铵溶液流入再中和器 3 内，与送入的氨气进行反应，使溶液呈中性或微碱性，然后凭借一段蒸发器内的真空，被抽入一段蒸发器 4 内进行蒸发。一段蒸发器 4 采用中和器 1 排出的且经过小分离器 2 分离后的蒸发蒸汽进行加热，加热后形成的冷凝液，经 U 形管进入酸性冷凝液储槽，而后送出。小分离器 2 分离中和蒸发蒸汽得到的硝铵溶液返回中和器 1 内。

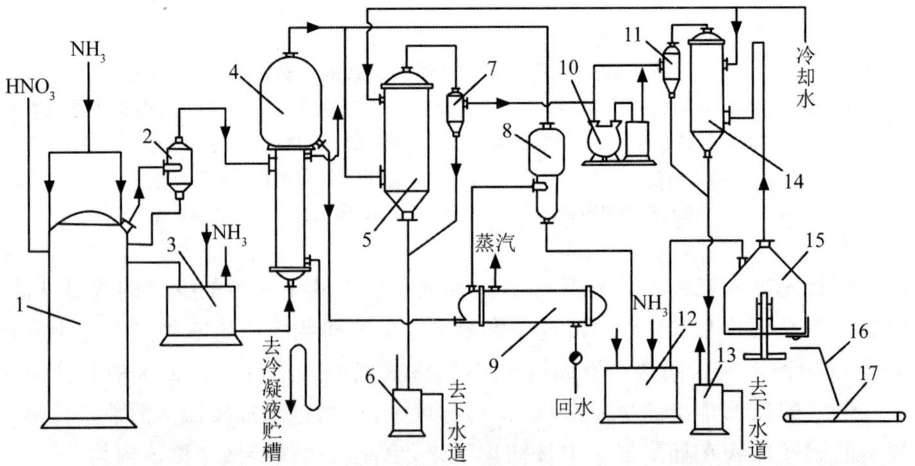

图 1-15 二段蒸发生产粉末状硝铵的工艺流程

1. 中和器；2. 小分离器；3. 再中和器；4. 一段蒸发器；5、14. 气压式冷凝器；6、13. 水封槽；7、11. 小捕集器；8. 分离器；9. 二段蒸发器；10. 真空泵；12. 加氨槽；15. 真空结晶机；16. 下料溜子；17. 皮带运输机

经一段蒸发后得到的82%的硝铵溶液从一段蒸发器4的上部分离器侧口直接进入二段蒸发器9内。由一段蒸发器排出的蒸发蒸汽进入气压冷凝器5，在其中被水冷凝，冷凝液与冷却水混合，依次流入水封槽6和下水道。而冷凝器5内蒸发蒸汽中不被冷凝的气体，则由冷凝器5的上部进入小捕集器7，然后被真空系吸入而排空。气体中夹带的水珠被小捕集器7捕集后也流入水封槽6。

二段蒸发器采用7 kg/cm^2(表压)的新鲜饱和蒸汽加热而冷凝液经排水阻气阀进入工业回水系统加以回收利用。二段蒸发后汽-液乳浊液由蒸发器9的出口排入分离器8内进行分离，分离后的溶液(浓度为92%)进入加氨槽12，并与进入槽内的氨气进行中和至中性或微碱性。从分离器8中排出的蒸发蒸汽与一段蒸发蒸汽一道，进入气压冷凝器5中进行冷凝。

借系统的真空将加氨槽12内的溶液吸入结晶机15中，经蒸发结晶而生成粉末状成品，并由下料溜子16，送到皮带运输机17，然后进行包装。由结晶机排出的蒸发蒸汽则进入气压冷凝器14进行冷凝，冷凝液随冷却水进入水封槽13，排入下水道；从冷凝器中排出的未被冷凝的气体，进小捕集器11后，被真空泵10吸入而排空，捕集中的水珠进入气压冷凝器14的下水管，随冷却水一起排走。

该种生产流程主要优点是中和过程的反应热及结晶过程的结晶热得到了有效利用，蒸汽消耗定额低，不需要具有一定高度的造粒塔。其不足之处是结晶过程是间断式操作、生产能力低，且粉末状较颗粒状结块性粒严重。

3.三段蒸发

图1-16是三段蒸发生产含添加剂的农用硝铵工艺流程图。原料硝酸经硝酸泵11由储槽送至反应器2和高位槽12中，以供制备添加剂和硝酸溶液用。白云石料块经提升机1送入反应器2内，与硝酸反应，生成硝酸镁和硝酸钙混合添加剂，经澄清槽5澄清后用泵送入蒸发系统二段槽液储槽33。反应器2放出的氧化氮气体经捕集器3将液滴分出后，经排风机6排入高空。反应器2内未被硝酸溶解的白云石残渣，排入滤液槽4，进行吸滤和洗涤，添加剂在澄清槽5内澄清，无用的少量废渣排掉。

氨气首先进入氨蒸发分离器9，除掉杂物和油污，并将气体中夹带的液氨变成气体，然后经氨气预热器10将气体预热到50℃左右，进入中和反应器13。硝酸自高位槽12以稳定的静压流入中和反应器，与氨气进行中和反应，可得到55%的硝铵溶液。

中和器内的硝铵溶液经膨胀器14进入再中和器17，通入氨气。使硝铵溶液呈中性或微碱性。然后经泵18送入一段蒸发高位槽20，由高位槽进入一段蒸发器22进行蒸发。中和过程产生的蒸发蒸汽先后经小分离器15和总分离器16分离，分离器分离的溶液分别流入中和器和再中和器，气体经分离器顶部排出后做一段蒸发热源使用。经一段蒸发，硝铵溶液浓度升至82%左右，进入一段溶液储槽26，然后由二段溶液泵28将其送至二段高位槽31，利用静压流入二段蒸发器35进行蒸发。蒸发的气液混合物进入分离器36进行分离，分离后的溶液浓度达90%左右。分离后的蒸汽送入一段蒸发器，作为补充热源。一段蒸发器22产生的蒸发蒸汽进入气压式冷凝器23进行冷凝，凝液进入水封槽27，流进下水道。不凝气则通过真空泵排空。二段蒸发用蒸汽加热。凝液经阻气排液阀进入冷凝膨胀器30，放出显热后进入冷凝液储槽29。冷凝膨胀器30放出的蒸汽供氨预热器10加热或是作一段蒸发加热器的热源。由二段蒸发器得到的浓硝铵溶液在储槽33内与加入槽内的添加剂混合后，经三段溶液泵37送

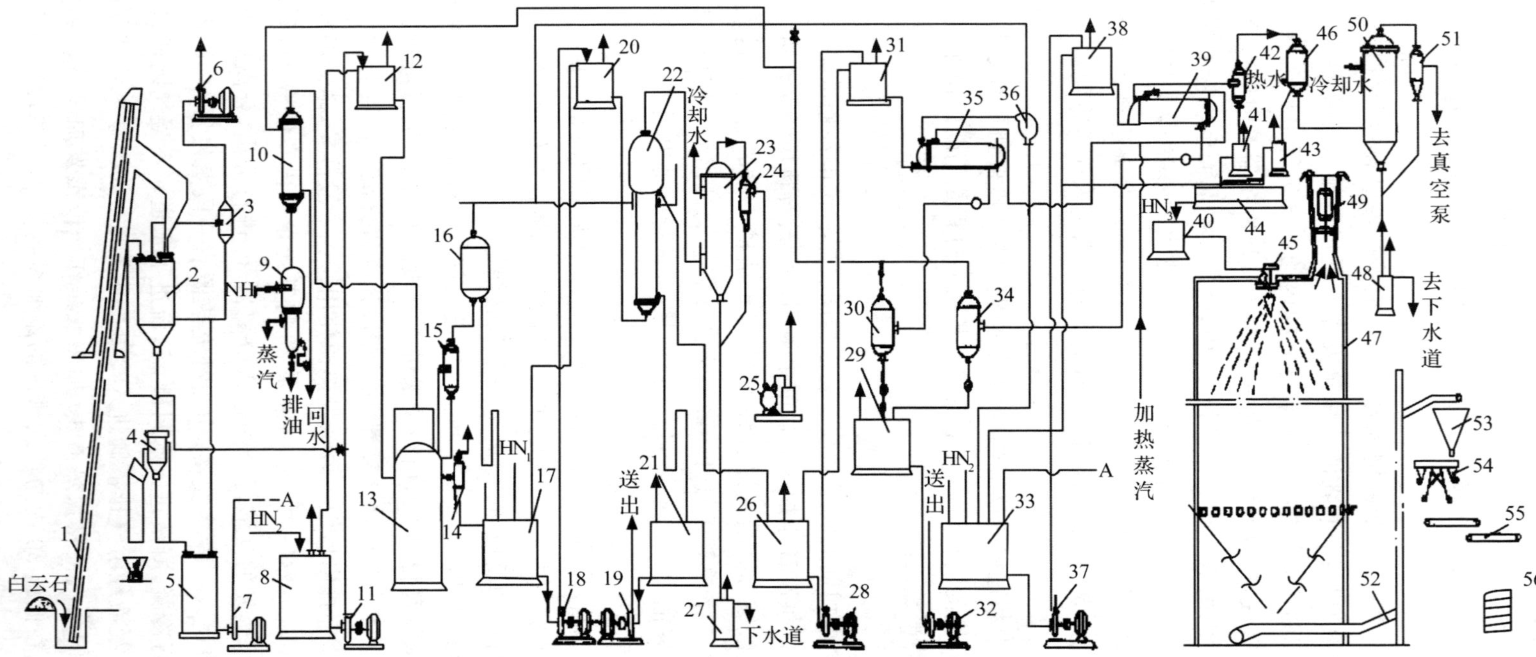

图 1-16　三段蒸发生产含添加剂的农用硝酸铵工艺流程

1. 提升机；2. 反应器；3. 捕集器；4. 滤液槽；5. 澄清槽；6. 排风机；7. 填料泵；8. 硝酸贮罐；9. 氨蒸发分离器；10. 氨气预热器；11. 硝酸泵；12. 高位槽；13. 中和反应器；14. 膨胀器；15,42. 小分离器；16,46. 总分离器；17. 再中和器；18. 泵；19. 酸性冷凝液泵；20. 一段蒸发高位槽；21. 酸性冷凝液贮槽；22. 一段蒸发器；23,50. 气压式冷凝器；24,51. 小槽集器；25. 真空泵；26. 一段溶液贮槽；27,48. 水封槽；28. 二段溶液泵；29. 蒸汽冷凝液贮槽；30,34. 冷凝膨胀器；31. 二段高位槽；32. 蒸汽冷凝液泵；33. 二段槽液贮槽；35. 二段蒸发器；36. 分离器；37. 三段溶液泵；38. 三段高位槽；39. 三段蒸发器；40. 缓冲槽；41,43. 液封槽；44. 斜槽；45. 造粒器；47. 造粒塔；49. 排风机；52,55. 运输皮带；53. 成品贮料漏斗；54. 圆盘插袋机；56. 车厢

至造粒塔顶部高位槽，流入三段蒸发器 39 进行蒸发，用 1 MPa 左右的新鲜蒸汽加热，蒸发后的气液混合物进入小分离器 42。分离后得到浓度为 98%的浓硝铵溶液，在缓冲槽 40 内再与氨气进行最后一次中和，使之呈中性或微碱性后进入造粒器 45 喷洒成液滴，液滴在下落的过程中被逆流而来的空气冷却，凝固成粒状产品。

三段蒸发分离后的蒸汽进入总分离器 46 进行二次分离。分离出的液体流入液封槽 43，气体进入气压式冷凝器 50 进行冷凝，凝液经水封进入下水道，不凝气分离后经真空泵排空。

硝铵成品由运输皮带 52 送入成品储料漏斗 53，然后进入圆盘插袋机 54 包装成袋，包装好的成品硝铵袋由运输皮带 55 送入仓库垛存或直接运至车厢 56。

三段蒸发生产粒状硝铵的流程较上述单段蒸发的生产流程明显地庞杂，因此在有条件的情况下，应当优先考虑采用单段蒸发生产粒状硝铵的工艺流程。

第四节　酰胺态氮肥——尿素的生产与加工工艺

一、尿素生产工艺概述

1773 年 Rouell 蒸发尿液时第一次发现尿素，并把它分离出来。直到 1799 年才被肯定是一种新的物质，并正式命名为尿素。

1828 年 Wohler 率先在实验室里用氨和氰酸加热制得尿素。自此后曾先后发明了以氨基甲酸铵、碳酸铵及石灰氮等作为原料的 50 余种合成尿素的方法。

尿素工业化生产始于第一次世界大战末期，德国及美国开始由石灰氮制造尿素。1920 年率先在德国法本公司进行氨与二氧化碳合成尿素的工业生产。

自 20 世纪 20 年代开始在工业上合成尿素以来，历经 30 多年，在此期间世界各国都在竞相进行合成尿素的试验研究工作。由于对合成尿素的物理化学规律进行了广泛的研究，防腐材料的解决，生产技术的不断改进，各种新的合成尿素的工艺流程的相继出现和改善，合成尿素生产成本大大降低；加之尿素在工业上与农业上的广泛用途，以及其优良的性能，20 世纪 50 年代，尿素生产得到了迅速发展。

尿素生产工艺的发展主要有两大类：①水溶液全循环法，20 世纪 60 年代前以此工艺为主；②气提全循环法，此工艺出现于 20 世纪 60 年代中期，目前使用较广。

(一)国内生产工艺

我国目前已普遍采用 CO_2 气提法与氨气提法尿素生产工艺。

1. CO_2 气提法生产工艺(图 1-17)

(1)原料 CO_2 的压缩和液氨的加压。

(2)在合成塔中进行尿素的合成和在高压下用 CO_2 气提合成反应液，将反应液中未反应的 CO_2 与氨的大部分气提出来，并返回尿素合成塔重新利用。

(3)将气提后溶液降低压力并加热，继续进一步回收未反应的 CO_2 与氨，并将冷凝吸收下来的回收液返至尿素合成塔，此回收过程称为循环过程。

(4)尿素溶液蒸发和造粒。

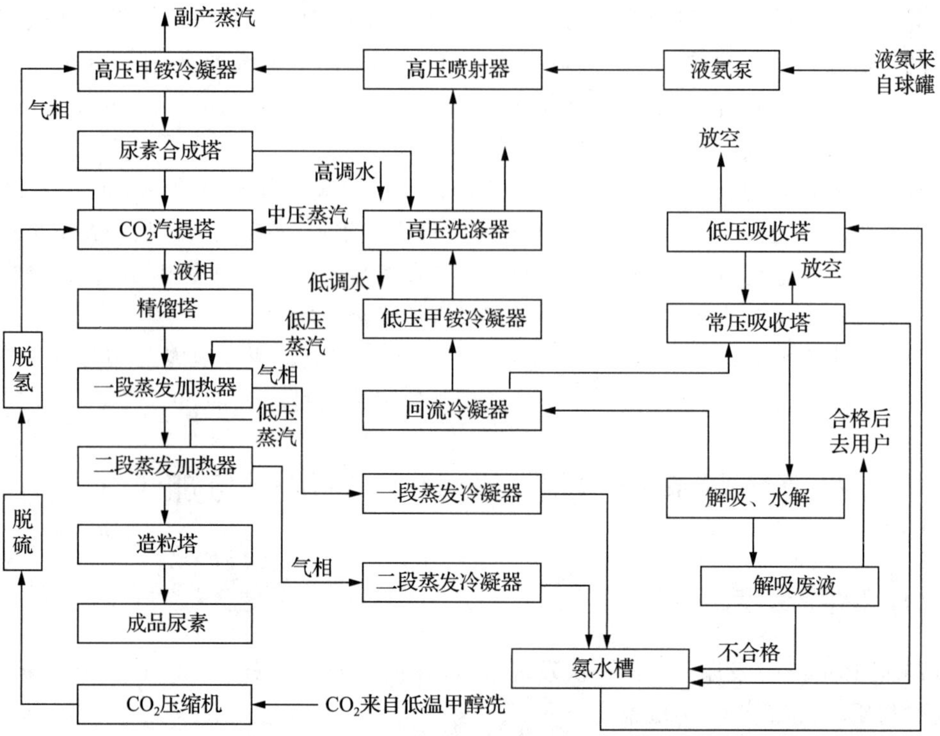

图 1-17 CO_2汽提法工艺流程(黄明杰,2018)

2.氨气提法生产工艺(图 1-18)

(1)原料 CO_2的压缩和液氨的加压。

(2)在合成塔中进行尿素的合成和在高压下用氨气提合成反应液,将反应液中未反应的 CO_2与氨的大部分气提出来,回收返回合成塔。

(3)将气提液降低压力至 1.7 MPa 并加热,未反应的 CO_2能与氨分离,用稀溶液和液氨吸收,得到的浓溶液用泵加压后返回合成塔,该阶段称为中压循环。回收得到的液氨,也用泵加压返回合成塔。

(4)继续降低压力至 0.35 MPa 并加热,再回收部分未反应 CO_2与氨,冷凝回收得到的稀溶液用泵送至中压循环,此阶段称为低压循环。

(5)尿素溶液蒸发和造粒。氨气提工艺比 CO_2气提工艺多了一个中压分解回收阶段,因此流程较长。

(二)国外生产工艺

生产尿素的工业方法很多,但得到广泛应用的生产工艺一共有五种:水溶液全循环法、意大利蒙特爱迪生公司的双气提法、意大利斯娜姆公司的 Snamprogetti 氨气提法、荷兰斯塔米卡邦公司的 Stamicarbon 二氧化碳气提法、日本东洋工程公司的 ACES(advanced process for cost and energy saving)二氧化碳气提法。后三种工艺主导了当今尿素技术的世界市场,通常我们将其称之为尿素技术的三大专利厂商,根据 2005 年世界尿素产量的统计,应用三大专利厂商技术生产的尿素产量占全球总量的 83.4%,下面就这三种工艺做一比较。

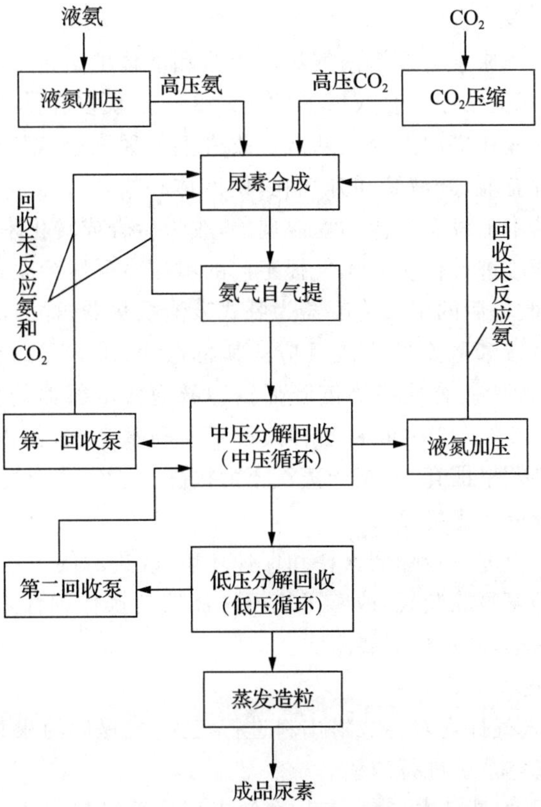

图 1-18 氨气提工艺流程

1. Snamprogetti 氨气提工艺

整套装置工艺技术先进,操作性能较为稳定,产生的废水污染物少。其中,尿素工艺冷凝液全部加以处理回收,因此污染物排放量少,经济效益与环保效益都较为显著。合成塔进料有 CO_2、NH_3和甲铵混合物,出料中的过剩氨受热气化起到自身气提作用,下游设置了 1.66 MPa 和 0.34 MPa 的中低压回收分解系统,然后尿素进入真空系统进行浓缩。

Snamprogetti 氨气提技术氨气由于采用高氨碳比,气提效率较低,且需要设中压分解装置,流程长,设备较多。

2. Stamicarbon 二氧化碳气提工艺

用原料气经压缩后进入气提塔对尿液进行气提,气提后的尿液直接进入 0.34 MPa 低压分解系统,然后尿液进入真空系统进行浓缩。

Stamicarbon 二氧化碳气提技术采用低氨碳比,气提效率较高,省去了中压循环,流程短,由于 CO_2的转化率较低,循环量增大。

20 世纪 90 年代初期,Stamicarbon 公司在原 CO_2气提法尿素生产工艺基础上,从工艺流程、设备布置、设备结构等方面作了进一步的改进,使改进后的工艺技术更加完善,操作更加方便。目前使用该改进型 CO_2气提技术建成的生产厂仅有孟加拉国 KAFCO 厂和我国新疆泽普石化厂。

与传统 CO_2气提法相比较,改进型 CO_2气提法尿素工艺在工艺技术方面的改进主要体现在以下 3 个方面。

(1)尿素合成塔改进　尿素合成塔内气流的短路和液体的返混是影响反应速度和转化率的主要原因。传统 CO_2气提法尿素合成塔通常内设 8～10 块多孔筛板,筒体与筛板之间有一定距离的环形通道,使气液在塔内形成柱塞流。改进型的尿素合成塔每块筛板开孔数根据物流特性确定,筛板上设置有堰、升液管和升气孔,使液体在塔盘上形成液封,气液交叉流动,筒体与筛板之间环隙小,基本上没有沟流和返混现象,改进后合成转化率一般可提高 1%～3%。

(2)高压甲铵冷凝器改进　传统 CO_2气提工艺的甲铵冷凝器为立式降膜式换热器,气液在此进行甲铵生成反应。改进后的甲铵冷凝器为卧式鼓泡换热器,称为池式冷凝器,工艺介质进行鼓泡吸收,同时进行甲铵和尿素的生成反应。其特点为:①60%的合成反应在冷凝器内进行,使合成塔体积可缩小 40%,合成塔高度降低。②鼓泡式冷凝器的传质、传热效果好,可使冷凝器总换热面积减少 45%。③因液相已有大量尿素和水生成,使得冷凝器温度提高,对数平均传热温差增大,传热效率提高,使副产蒸汽压力提高。④池式冷凝器对生产中的波动可起较大的缓冲作用,使运行更平稳可靠。

(3)回收系统改进　为进一步降低氨耗和保护环境,改进后的工艺在高压洗涤器后增加了 1 个小型低压(0.4 MPa)氨吸收装置,改善了高压洗涤器的操作弹性,使放空尾气中氨含量降低,大大提高了氨的利用率,满足环保要求。

3. ACES 二氧化碳气提工艺

原料气经压缩后进入气提塔对合成塔出料进行气提,气提后的尿液再进入中、低压分解回收系统,然后尿液进入真空系统进行浓缩。

ACES 二氧化碳气提法是日本三井东亚、东洋工程公司研制成功的,是从最早的全循环 B 法,经全循环 C 法、改良 C 法基础上引进 CO_2气提技术。ACES 法是将气提方式和 CO_2高转化率的溶液循环式尿素合成方法结合在一起,既提高了气提效率,又达到增大转化率的目的。

随着工业技术的发展,氨气提法高压设备采用平面布置,其优点是操作和维修方便,但占地面积较大。CO_2气提法高压设备合成塔与气提塔之间物流靠重力位差自流,可节省设备和动力,操作稳定可靠。采用的框架结构,节省占地面积,但原来太高的框架结构给维修和操作带来不便,为此改用卧式合成塔,即将尿素合成塔和池式冷凝器合为一体,减少了高压设备,使传统的 CO_2气提流程的框架高度由最早的 76 m 逐渐降到 22.5 m,从而解决了因主框架高而造成的操作检修不方便和造价的问题。

综上所述,三种气提工艺各有其优缺点,通过比较可以看出,ACES 二氧化碳气提工艺无论从转化率及气提效率的提高上都具有优势,且操作简单,能耗低,投资省。因此,在尿素生产工艺中大力推广应用 ACES 二氧化碳气提技术,是提高化肥企业经济效益的一个有效途径。

目前世界上建厂最多的尿素工艺为 CO_2气提和 NH_3气提。通过国内多年的实践,CO_2气提工艺暴露一些不足,主要是尾气易燃爆、设备腐蚀严重、操作条件苛刻、操作弹性较差。NH_3气提工艺在 20 世纪 80 年代以后在世界上的竞争力不断上升,此工艺操作安全、设备腐蚀问题小、加氧量少、尾气无燃爆问题、操作要求不苛刻,且操作弹性大,低位能的热量回收利用较好。只是钛材气提塔制造难度大,且易冲刷腐蚀。司南普吉提公司已采用 Cr25Ni22Mo2 管衬造的双金属管作为气提塔列管,较好地解决了设备冲刷腐蚀问题,且设备制造难度大大下降。目前,NH_3气提工艺在世界上的竞争中仍处于领先的地位。

传统水溶液全循环工艺是 20 世纪 40—50 年代最早实现全循环的尿素生产流程,目前中国采用水溶液全循环法的中型尿素厂有30多套，小型厂120多套。近几年来，这些企业在技术上不断的改进创新，这些装置的整体消耗有了大幅的下降，消耗已接近气提工艺能耗。产量虽然上去了，但在技术上没有实质性进展，成本还较高，污染严重。而改良节能型全循环法工艺是在总结国内外先进尿素工艺技术的基础上开发而成的，适合国内中、小型尿素装置的增产改造，投资少、见效快，并已被国内100多家尿素厂采用。此改造技术采用了国内自主研发的部分专利技术。

目前，我国尿素生产装置工艺分类情况见表1-4。

表1-4 我国尿素装置工艺分类(孙宝慈，2009)

工艺方法	总套数	生产能力/(Mt/年)	大型(480～840 kt/年)		中小型(40～300 kt/年)	
			套数	能力/(Mt/年)	套数	能力/(Mt/年)
水溶液全循环法	130	25.41			130	25.41
二氧化碳气提法	40	16.11	18	9.94	22	6.17
氨气提法	28	8.42	10	5.48	18	2.94
改良C法	2	1.10	2	1.10		
ACES法	2	0.62	1	0.52	1	0.10
双气提法	1	0.20			1	0.20
小计	203	51.56	31	17.04	172	34.52

二、尿素生产工艺及过程

生产尿素的原料是氨和二氧化碳，后者是合成氨厂的副产品。尿素合成反应分两步进行：①氨与二氧化碳作用生成氨基甲酸铵(简称甲铵)；②甲铵脱水生成尿素，其反应式为：

$$2NH_3 + CO_2 \longrightarrow NH_2CO_2NH_4 + 159.47\ kJ$$

$$NH_2CO_2NH_4 \longrightarrow NH_2CONH_2 + H_2O - 28.49\ kJ$$

上式是强放热反应，在常压下反应速度很慢，加压下则很快。下式是温和的吸热反应。当温度为170～190 ℃，氨与二氧化碳的摩尔比为2.0，压力高到足以使反应物得以保持液态时，甲铵转化成尿素的转化率(以CO_2计)为50%；其反应速率随温度的提高而增大。当温度不变时，转化率随压力的升高而增大，转化率达到一定值后，继续提高压力，不再有明显增大，此时，几乎全部反应混合物都以液态存在。

提高氨与二氧化碳的摩尔比可增大二氧化碳的转化率，降低氨的转化率。在实际生产过程中，由于氨的回收比二氧化碳容易，因此都采用氨过量，一般氨与二氧化碳的摩尔比≥3。在反应物料中，水的存在将降低转化率，在工业设计中要把循环物料中的水量降低到最小限度。少量氧(空气)的存在能阻缓材料的腐蚀。增加反应物料的停留时间能提高转化率，但并不经济，工艺设计中最佳条件的选择是在经济合理的情况下，追求单位时间的最大产量。典型的工艺操作条件是温度180～200 ℃，压力13.8～24.6 MPa，氨与二氧化碳摩尔比2.8～4.5，反应物料停留时间25～40 min。

(一)生产工艺

氨和二氧化碳在合成塔内,一次反应只有55%~72%转化为尿素(以 CO_2 计),从合成塔出来的物料是含有氨和甲铵的尿素溶液(简称尿液)。在进行尿液后加工之前,必须将氨和甲铵分离出去。甲铵分解成氨和二氧化碳是尿素合成反应中式(1)的逆反应,是强吸热反应,用加热、减压和气提等手段能促进这个反应的进行。围绕着如何回收处理从合成塔里出来的反应混合物料,曾发展了尿素的多种生产工艺。

1. 不循环工艺和部分循环工艺

不循环工艺是指从合成塔出来的物料,经减压至常压并用蒸汽加热,将氨和二氧化碳分离出来,尿液送去后加工系统,氨用于生产其他的铵盐。部分循环工艺是把从甲铵分解器内分解出来的部分氨和二氧化碳,以甲铵水溶液的形式循环回合成塔。不循环工艺和部分循环工艺较简单,投资较省、操作费用也较低,缺点是要附设庞大的铵盐加工系统,经济上不合理,新的尿素厂则采用全循环工艺。

2. 全循环工艺

全循环工艺是把未转化成尿素的氨和二氧化碳,经分离后全部循环返回尿素合成系统。这类工艺因分解、循环的方法不同而有不同,但主要是水溶液循环法和气提法。

根据不同要求,全循环法尿素生产工艺可以采用三种方法生产固体尿素。

(1)结晶法　将尿液蒸浓到约85%,再通过冷却、结晶、分离、干燥而得到产品。在结晶过程中,通入约95 ℃的热空气,使结晶与干燥同时进行的方法称为无母液结晶法。也有采用真空结晶法,借以充分利用系统的反应热(如三井东压法)。结晶法的特点是成品中缩二脲含量<0.3%,但成品易吸湿、结块,一般作工业尿素用。

(2)塔式喷淋法　是目前使用最广泛的方法。将99.5%的尿液在造粒塔顶通过喷头(大多用旋转喷头)喷成液滴下落,与塔底通入的空气逆流接触凝结、冷却而成为粒径0.8~2.5 mm的颗粒产品。此法优点是消耗动力很少,但产品机械强度不高,易破碎;且塔顶排出的空气尿素含量大于100 mg/m^3,污染大气,需在造粒塔顶加设庞大的净化装置。

(3)颗粒成型法　塔式喷淋法产品强度较低,粒径较小,抗碎、抗磨强度较差,不能满足掺混肥料及机械施肥的需要。20世纪60年代起,发展了颗粒成型法造粒新技术,即把96%以上的尿液,逐层凝结在晶种粒子表面而形成颗粒尿素。产品粒度为2~4 mm(根据需要可达7~11 mm),不但强度高,且不易吸湿结块,可以散装储存,此法造粒装置可分盘式造粒、转鼓造粒和流动床造粒等。

从尿素生产的历史来看,20世纪30年代开始有了连续生产的不循环法,50年代初期发展了半循环法,60年代初期开始有了以水溶液全循环法生产尿素的工艺流程,后来又开发了气提法生产尿素的新流程。

由氨和二氧化碳合成尿素的总反应式可写为:

$$2NH_3+CO_2 \longrightarrow CO(NH_2)_2+H_2O+Q$$

这是一个可逆的放热反应,因受化学反应平衡的限制,氨和二氧化碳通过合成塔一次反应只能部分转化为尿素,转化率一般为50%~70%。为了从合成反应液中回收处理未转化物,就出现了各种不同的工艺流程,其区别在于未转化物的回收方法。

现代典型的全循环法尿素生产工序包括反应物料的压缩、合成、循环回收、尿液蒸发、结晶造粒、成品的计量与包装、尾气与工艺废水的处理等。

(二)工艺流程

1. 水溶液全循环法

目前,在我国广泛应用的是中压、低压两段分解水溶液全循环法尿素生产工艺流程。图1-19为其工艺流程示意图。

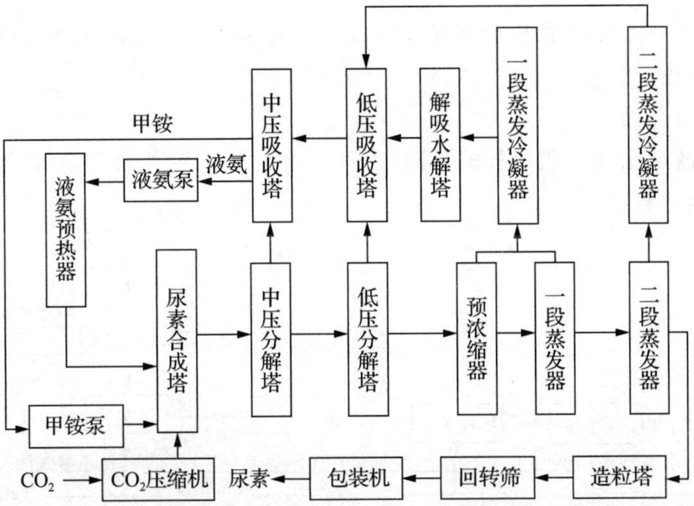

图 1-19　节能型水溶液全循环法尿素生产工艺流程(汪家铭,2011)

其流程过程是二氧化碳经压缩机加压至20.3 MPa左右,温度约125 ℃,进入尿素合成塔底部。而液氨经高压泵加压后,再经液氨预热器预热到温度约90 ℃,进入合成塔底部。两者流量大致配成氨碳比为4∶1。从一段吸收塔来的甲铵溶液,由一段甲铵泵加压后也同样送入尿素合成塔底部。这三股物料在合成塔内充分混合并反应生成甲铵。

含有尿素、未转化的甲铵、过剩氨和水的混合溶液通过减压阀减压至1.7～1.8 MPa,进入预分离器,在此进行气液分离。由预分离器分离出来的溶液,再进入一段分解塔进行加热分解。

一段分解塔分出的气体也引入预分离器后,将气体一并引入一段蒸发加热器下部,在蒸发加热器中,部分气体冷凝,因而放出热量使尿液蒸发。自蒸发器下部出来的气体,导入一段吸收塔底部,此时约有95%的气态二氧化碳和全部水蒸气被吸收生成甲铵溶液。来自二段吸收塔的甲铵液经二段甲铵泵送入一段吸收塔下部。浓的甲铵液由一段吸收塔底部出来,经一段甲铵泵送入合成塔底部。

由一段分解塔出来的溶液减压至0.3～0.4 MPa,进入二段分解塔进行加热分解。分离出来的气体送入闪蒸罐,气体则进入二段吸收塔底部,由加入塔顶的二段蒸发冷凝液来吸收。

由二段吸收塔顶出来的气体与惰性气体洗涤器出来的气体混合,进入尾气吸收塔,由蒸发冷凝液进行循环回收。回收后,气体由尾气吸收塔顶放空。溶液在浓度达到一定程度时,进入解吸塔进行解吸,解吸后的气体引入二段吸收塔底部。

由二段分解塔底出来的溶液,减压后进入闪蒸槽中,在41.3 kPa(310 mm Hg)真空下气化,除去部分水和溶解的氨等,使尿液不含溶解的氨和二氧化碳,并得到浓缩。

经闪蒸后的尿液由尿液泵送入蒸发系统。一段蒸发器将尿液蒸浓到约96%，并经一段分离器进行分离。从分离器出来的蒸汽与闪蒸槽的蒸汽一并进入一段蒸发表面冷凝器内冷凝。一段蒸发在58.0 kPa(435 mm Hg)真空下进行。尿液自一段蒸发分离器进入二段蒸发加热器，尿液在其中蒸浓至99.7%，温度约140 ℃。气液混合物自蒸发器进入二段蒸发分离器，最后经熔融尿素泵送至造粒塔顶，通过旋转式造粒喷头喷洒造粒。粒状尿素再经皮带运输、包装即成为产品。

以上为水溶液全循环法的基本流程。该方法还有一些不同的改进而形成的其他全循环流程，在此不一一复述。

2.改良节能型全循环法

在上述水溶液全循环工艺流程的基础上，新近推出了一种改良节能型全循环法工艺流程(图1-20)，其基本过程如下。

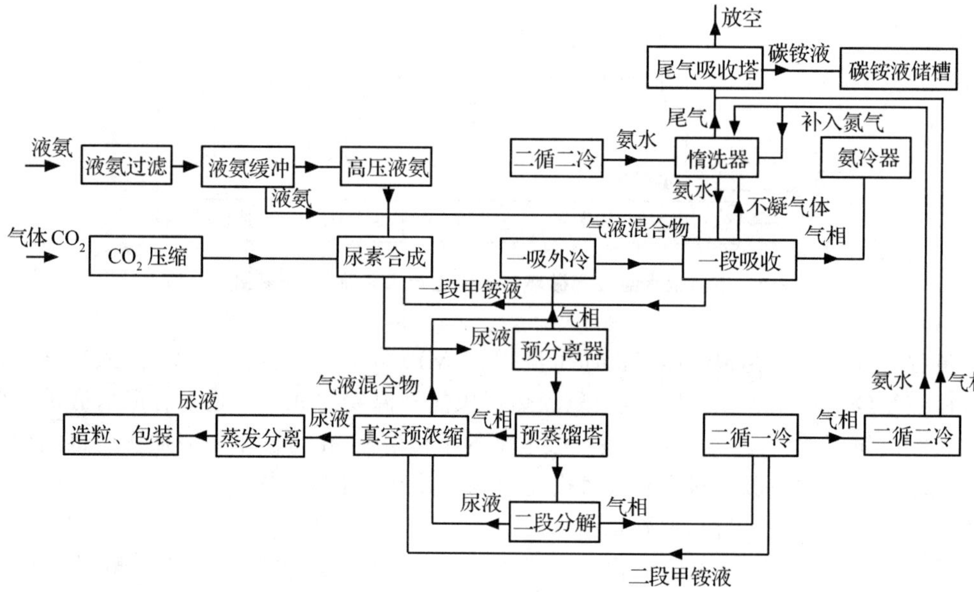

图1-20　改良节能型全循环法工艺流程(张艳飞，2009)

(1)CO_2压缩　来自脱碳工段的CO_2气体经分离器分离后进入CO_2压缩机；压缩到20.69 MPa，约125 ℃，送往尿素合成塔。

(2)氨的输送和尿素合成　原料液氨经氨过滤器过滤后进入液氨缓冲槽的原料室中。由中压循环系统返回的液氨，进入液氨缓冲槽的回流室。一部分作为吸收塔的回流氨，多余的液氨流过溢流隔板进入原料室，与新鲜原料氨混合。混合后的液氨进入高压液氨泵，被加压到20.69 MPa后，去液氨预热器加热至40～60 ℃进入尿素合成塔。原料CO_2气体、液氨、循环回收工序来的一段甲铵液同时送入尿素合成塔底部，其组成$NH_3/CO_2\approx4.0$、$H_2O/CO_2\approx0.65$，在约19.71 MPa(绝)、188 ℃的条件下合成。气液混合物自下而上经等温内件及多块塔板，保证25～40 min的停留时间，约有68%的CO_2转化为尿素。

(3)循环回收　尿素合成塔的反应产物经减压至1.77 MPa后进入预分离器，在此分离出闪蒸气体后，溶液自流至预蒸馏塔，与来自一段加热器的热气体逆流接触，进行蒸馏，使液相中的部分甲铵与过剩氨进一步分解、气化，同时气相中的水蒸气部分冷凝，蒸馏后的尿液自下而上进入蒸汽加热器管内，在蒸汽的加热作用下约 88%的甲铵在此分解。预分离器分离出的气体至一吸外冷器。预蒸馏塔底排出的液相减压后至二段分解塔。

来自预蒸馏塔的气体与二甲液在降膜式真空预浓缩器的热能回收段加热尿液，出热能回收段的气液混合物与预分离气混合后进入一吸外冷器，在软水的循环冷却作用下，气体发生冷凝，出一吸外冷器的气液混合物进入一段吸收塔，未被吸收的气体被来自惰洗器的浓氨水与来自液氨缓冲槽的回流氨进一步吸收，一段吸收塔顶排出的气氨进入氨冷器，不凝气至惰洗器，在惰洗器内被来自二循二冷的氨水吸收，尾气经减压后至尾吸塔。惰洗器排出的氨水至一段吸收塔顶部，一段吸收塔底部的一甲液泵加压后至尿素合成塔。

预蒸馏塔排出的尿液经减压后至二段分解塔，与来自二段分解加热器的气体逆流接触后进入加热段被蒸汽加热，分解尿液中残留的过剩氨和甲铵。出加热段的气液混合物经分离后，尿液经减压后至降膜式真空预浓缩器，二分塔顶排出的气体与来自水解系统的解吸气混合后进入二段循环第一冷凝器，被二段蒸发表面冷凝液吸收，生成的二甲液由二甲泵送往真空预浓缩器的热能回收段。出二段循环第一冷凝器的气体在二段循环第二冷凝器内继续被二段蒸发表面冷凝液吸收，生成的氨水由氨水泵送往惰洗器，尾气至尾吸塔。惰洗器与二段循环第二冷凝器的尾气混合后进入尾气吸收塔被碳酸氢铵液吸收后进入碳酸氢铵液槽储存，尾气通过放空总管放空。为防爆在惰洗器分离器进口管上补入氮气，把尾气中氧含量控制在 4%以内。

(4)尿液加工　二段分解塔排出的尿液经减压后切线进入真空预浓缩器的分离段，在 0.034 MPa 压力下，尿液中所含残余的 CO_2、游离氨以及大部分水分蒸发出去，液体经分布器，从换热管顶部沿管内壁向下流动并形成液膜，壁面蒸发的蒸汽逸出液膜表面到管中心的空间，在真空抽吸下向上流动，液膜沿管壁流下。预蒸馏塔出口气相与二甲液在真空预浓缩器壳侧反应，将尿液浓度由 70%提高到 84%(质量分数)，真空预浓缩器的尿液流至收集槽，通过尿液给料泵送往蒸发分离器，在 0.033 MPa(绝)下，被浓缩到约 99.7%(质量分数)的熔融尿素，再由熔融尿素泵送往位于造粒塔顶部的旋转喷头进行造粒，造粒塔底得到的成品颗粒尿素由皮带输送机送至包装系统进行包装。

采用了专利技术的节能型全循环法尿素生产工艺已经在国内多家中、小型尿素装置上成功应用，其技术成熟、性能可靠，满足了企业少投入多产出，增产节能的技改要求。

第五节　长效氮肥生产与加工工艺

一、长效氮肥生产概述

目前，在我国农业生产中最常用的化学氮肥都是水溶性的，如尿素、碳酸氢铵、硫酸铵等。有的还极易挥发，如果施用不当，往往引起烧苗。一次施肥量过高不仅容易引起徒长、倒伏，病虫害严重发生，造成减产，降低肥料利用率，而且多余的肥料会随雨水或灌溉水流入河中，污染水源；由于氨挥发或反硝化作用引起的 N_2O 排放，导致大气污染等。但少量施用时，又不能满足作物整个生育期的需要，必须分次追肥，花费劳力，作物封行以后，追肥又很困难。因此，不少肥料工作者提出了长效肥的设想,即把速效性化肥变成缓效性,让养分缓慢地释放出来,不断供作物吸收利用,可以减少挥发、淋失和反硝化损失,即使一次施肥量很高,也不致烧伤作物,引起肥料流失,造成环境污染。随着现代化进程的不断推进,农业人口逐渐减少,劳力越发紧缺,用一次性施肥代替分次追肥,可以节约大量劳力。因此长效肥的研究越来越引起人们的关注,也必将会受到农民的欢迎。

长效氮肥的生产自 1955 年合成微溶性尿醛化合物商品化以及 1967 年聚合物包膜肥料投入生产,已有 70 年的历史。

长效氮肥的研究开发最早应该属于合成微溶态型。早在 20 世纪 30 年代就开始研制脲甲醛,20 世纪 40 年代中后期提出了比较完整的实验室流程,到 1955 年才成为商品肥料。脲甲醛肥料对一年生作物的早期生长,往往显得氮素供应不足,就当季作物的产量及氮素吸收来讲,一般沙质土壤效果较好。1924 年德国发表了制造异丁叉二脲的专利(BASF 专利),但到 1962 年,J. Jung 和 H. Peterson 等才完成了制备这种肥料的流程。此后,西德、日本、美国、英国等也发表了专利。据西德在牧草上的实验表明,其做基肥一次施用可以替代水溶性化肥分次施用,从而节省了大量劳力。A. F. Milikan 和 W. J. Sandner(1958,1961)提出了用氰酸(HCN)合成双氰基的流程,1962 年他们获得了用双氰基与乙酸-盐酸混合液起反应制备草酰胺的专利。在实际生产中,日本采用将 NO_2 氧化成双氰的相模法。西德采用一步法——Hoechest 法,即把氰酸在以硝酸铜作为催化剂的醋酸介质中氧化成双氰,以水吸收制得草酰胺。上海化工研究院采用西德法自制的草酰胺肥料在玉米的实验表明,粉状草酰胺对当茬玉米的肥效比尿素好,缓效作用不明显,三茬玉米的总干物重草酰胺比尿素增加 20%。日本三菱化成株式会社于 1961—1962 年提出了用尿素和异丁醛合成异丁叉二脲的专利,1963 年开始在日本肥料市场上销售,被认为是优秀的长效肥。1979—1980 年南京土壤研究所用异丁叉二脲与其他长效肥品种进行了盆栽和田间试验,包括供氮过程和稻-麦轮作下的生物效应。结果表明,异丁叉二脲的氮素供应强度和供应容量都显著的低于用钙镁磷肥包被的尿素(简称 PCU,自制)。在水稻上的产量效应与 PCU 接近,而在小麦上则显著低于 PCU,氮素利用率不论在水稻上还是在小麦上都低于 PCU。工业上采用氯化镁与海水炼制工业结合起来生产磷酸镁铵,目前关于这种肥料的研究报道国外比较多,但其还没有广泛的应用。

脲酶是在土壤中催化尿素分解成二氧化碳和氨的酶,对尿素在土壤中的转化具有重要的作用。1935 年 Rotini 报道了脲酶的存在,20 世纪 40 年代 Cornad 等发现往土壤中加入一些抑制脲酶活性的物质,可以延缓尿素的水解,延长氮肥的有效期。20 世纪 60 年代后人们开始研究脲酶抑制剂,并进行了大量的筛选工作。HQ(氢醌)、NBPT(N-丁基硫代磷酰三胺)、PPD(邻-苯基磷酰二胺)、TPTA(硫代磷酰三胺)等是人们筛选研究重要的抑制剂。美国在 20 世纪 50 年代中期就开展了硝化抑制剂的研究,20 世纪 60 年代初美国道化公司开发了西吡[2-氯-6-三氯甲基-吡啶]商品名为 N-serve,1975 年美国环保局正式批准在农业中应用。到 80 年代初双氰胺(DCD)引起了世界各国的普遍关注,经多次实验表明,其能提高氮肥利用率。

开发包膜(裹)肥料最早的国家是美国,1961 年 TVA 公司推出以硫黄为包膜材料的硫包尿素(SCU),并实现工业化生产,随后英国的 ICI 公司、加拿大的 CLL 公司、美国的 ADM 公司及日本的三井公司等相继进行了工业化生产,目前全世界产量达数十万吨。硫包尿素是开发最早、工艺最成熟、价格较低、用量最大的一种包膜(裹)肥料,产品一般含氮 31%～38%。

1964 年美国 ADM 公司以热固性树脂(主要成分为二聚环戊二烯和丙三醇脂的共聚物)

为包膜的包膜肥料是首先在世界上实现包膜肥料工业生产的控释肥料。1967 年在加利福尼亚用双环戊二烯和甘油酯的共聚物生产的 Osmocote 是世界上比较有影响的包膜肥料。随后日本、加拿大、以色列、德国等国家相继用不同聚合物研制包膜肥料，并有自己的产品问世。如日本 Chisso-asahi 公司的 Nutracote，加拿大 Agrium 公司的 Duration，以色列 Haifa 公司的 Multicote。包裹型肥料以我国郑州乐喜施肥料公司生产的肥料为代表，其是以钙镁磷肥包裹尿素的包裹型复合肥料，商品名为 Luxuriance，利用 ^{15}N 示踪法研究表明，其氮素利用率有所提高，较普通尿素的 35.49%提高到 43.26%，多种作物增产率在 5%左右，产品已经在多个国家有销售。涂层尿素是先根据产品所需的配方比例及特定工艺条件，制备具有较强渗透性和稳定性的饱和涂层溶液。然后在尿素造粒过程中，用输液泵将涂层溶液雾化，并与造粒塔内落下的尿素颗粒逆流接触，均匀分布于尿素颗粒外表，并快速渗入内部，最后干燥即得产品。1986 年广州氮肥厂研制出的涂层尿素就是将含有硼、锌、锰、钼、铁等微量元素的胶状有机物涂层溶液涂覆在普通尿素上干涸而成的一种新型高效氮肥。经广东等南方地区大面积应用，证明氮肥利用率比普通尿素提高 6%～8%，增产 4%～10%。

我国虽然对长效肥料的研究起步较晚，但特色明显，树脂包衣、营养材料包裹、基质复合、胶结控释、酶学抑制等产品和工艺种类齐全。20 世纪 70 年代，中国科学院南京土壤研究所、上海市化工研究所等单位先后试制和生产了一些包膜肥料；1985 年浙江龙游化工厂研制硫铵包膜肥；1992 年南化集团公司与南京农业大学合作，成功研制出杂交水稻制种专用包膜复合肥；南京土壤研究所开发的以尿素和碳酸氢铵为基质、钙镁磷肥为包膜材料的包膜肥料达到了长效效果。同年，北京市农林科学院率先系统开展了树脂包膜尿素的研究。在借鉴日本技术的基础上，在溶剂、包衣材料、设备等方面均取得了较大进展和突破。并以包衣尿素为母料，通过异粒变速技术，生产的氮、磷、钾复合型控释肥料，在田间作物上进行大面积示范，收到良好效果。

中国农科院土壤肥料研究所、华南农业大学等在基质复合、胶结控释、包膜材料研制，尤其在利用工农业废弃物研制包膜材料以及在成膜工艺、机理、有机复合、保水、防病等多功能长效肥研制方面做了大量探索性工作。沈阳应用生态研究所在利用脲酶抑制剂、硝化抑制剂研制长效氮肥方面也做了大量工作，产品已在大田作物上示范和应用。

二、长效氮肥类型

根据生产工艺和农业化学性质，可以把长效氮肥归纳为以下几种主要类型：①化学合成缓溶性有机氮肥，主要是脲醛肥料，如脲甲醛、脲乙醛、异丁叉二脲等；②包膜肥料，用硫黄、树脂、石蜡、沥青、塑料等或膜物质包被水溶性颗粒氮肥。国外以硫黄包膜尿素为代表，国内以钙镁磷肥包膜碳酸氢铵和尿素为代表；③化学合成缓溶性无机肥料，以磷酸镁铵为代表；④以天然有机质基体的氨化肥料，如氨化泥炭、氨化褐煤等。

三、长效氮肥生产原理

长效氮肥的生产原理在于用包衣或者结核的原理来人为地控制氮素养分的释放，使其释放时间与作物的生长周期吻合度得到提高，不仅降低了肥料的用量，提高肥料被作物吸收的比率，而且缓解了养分资源与环境的压力。控释肥是施入土壤中养分释放速度较常规化肥大大减慢，肥效期延长的一类肥料。“控释”是指以各种调控机制使养分释放按照设定的释放模式（释放时间和释放率）与作物吸收养分的规律相一致。

四、常见几种长效氮肥的生产与加工工艺

（一）合成有机长效氮肥

以尿素为主体与适量醛类反应生成的微溶性聚合物。施入土壤后经化学反应或在微生物作用下，逐步水解释放出氮素，供作物吸收。

1. 尿素甲醛（UF）

含氮32%～38%，在催化剂的作用下，由尿素和甲醛缩合而成的直链化合物。甲醛是一种防腐剂，施入土壤后抑制微生物的活性，从而抑制了土壤中各种生物学转化过程而长效。当季作物仅释放30%～40%。

2. 脲乙醛（又名丁烯叉二脲，代号CDU）

由乙醛缩合为丁烯叉醛，在酸性条件下与尿素缩合成的异环化合物。产品为白色粉末，含氮28%～32%。

3. 脲异丁醛（又名异丁叉二脲，代号IBDU）

由2分子尿素与1分子异丁醛反应制成。含氮31%，呈颗粒状，不吸湿，不溶于水。

4. 草酰胺（代号OA）

含氮31.8%，呈颗粒状，微溶于水。

（二）包膜氮肥

用不透性或半透性的薄膜包被氮肥，包膜材料有树脂、塑料、硫黄、磷肥等。

1. 硫衣尿素

在尿素颗粒表面涂以硫黄，用石蜡包膜。主要成分为尿素（76%）、硫黄（19%）和石蜡（3%），含氮34.2%。

2. 钙镁磷肥包被碳酸氢铵

在碳酸氢铵表面包一层钙镁磷肥，在酸性介质下，镁磷肥和碳酸氢铵表面能形成薄层的磷酸铵镁，含氮11%～12%，P_2O_5 3%。

3. 高效涂层尿素

据有关资料报道，国外生产涂层尿素所使用的涂层材料有硫黄、石蜡、沥青、树脂等难溶于水的物质。如美国的涂硫尿素、欧洲的包微孔塑料尿素等。国外生产这类产品所使用的涂层材料重量一般占产品总重量的10%～20%，每吨产品氮含量为36%～37%，价格也高。如美国研制了15年的涂硫尿素每吨氮的成本大约提高了31%，故只能用于草坪、花卉、苗圃和高价中耕作物，尚未见有广泛用于大田生产的报道。我国研制的涂层氮肥涂层材料只占产品重量的0.6%左右，保持与尿素相近的氮含量（氮含量>46%）。每吨氮的成本仅提高5.68%，只有涂硫尿素的1/5左右，与国外产品相比其优点是明显的。

其制备工序（图1-21）简单叙述如下：

（1）涂层材料制备　以适量的胶态物质，按一定的比例在不同时间加入B（硼）、Zn（锌）、Fe（铁）、Mn（锰）、Mo（钼）等盐类，并用少量的添加物质，在特定的工艺条件下制成涂层材料。工艺流程如下。

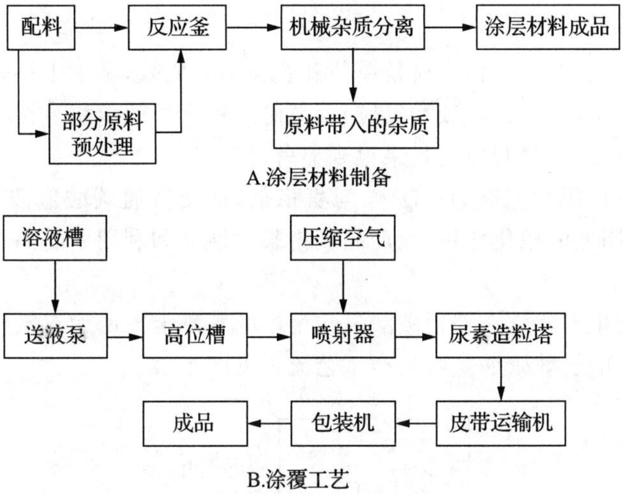

图 1-21　高效涂层尿素生产工艺流程

(2)涂覆工艺　用上述工艺制备的涂层材料，与尿素颗粒表面有一定的亲和力，少量的涂层材料能均匀地分布于尿素颗粒表面，并有少量渗透入尿素颗粒内，涂层材料干固氧化后，能在尿素颗粒表面形成一层极薄的包膜，从而改善尿素的物理性状和农化性质。根据这种特性，设计了喷涂法生产流程：采用气力输送喷射器，以压缩空气为分质，将溶液吸入喷射器，与空气混合，雾化后喷入尿素造粒塔内，雾滴与造粒塔顶下落的尿素颗粒接触而涂于表面，借助尿素本身的热量，将涂层材料带入的水分蒸发，包膜干固，完成喷涂生产过程。

制备好的溶液送至溶液槽，再用泵压送至高位槽，溶液靠位差自高位槽流出，分送至各喷射器。0.3～0.5 MPa (表压 5 kg/cm^2)的压缩空气从外管道引入喷射器，通过喷嘴喷射，产生抽吸作用，将溶液吸入，气液混合后，以雾状喷入造粒塔内，与在造粒塔上部落下的颗粒尿素相遇，在尿素颗粒表面形成包膜，干固氧化后送包装系统。

本流程共装喷射器四台，按圆周 90°分布在造粒塔的通风口处，标高约 9 m，每台喷射器的空气及涂层液进口管均装有调节阀，可根据负荷大小调节压缩空气及涂层液用量，以适应生产负荷变动。

通过试生产，证实高效涂层尿素的整体工艺具有如下优点：①工业化流程、设备结构简单，制造容易，投资少，操作调节方便，维修工作量少，便于管理，产品质量稳定。特别是涂层材料是在常温、常压下合成，喷涂过程在尿素造粒塔内与尿素生产同步进行，且一次成型；又能利用尿素本身的热量使包膜干固，不需另设干燥、冷却系统故生产费用增加很少。因此，这种流程具有一定的先进性和实用性，较易推广到用造粒塔法造粒的尿素工厂使用，经济效益较好。②整个系统的操作调节弹性大，负荷变动幅度大也能适应，如喷涂用的喷射器性能稳定，工作气源压力在 0.3 MPa (表压 3 kg/cm^2)以上即能正常工作，喷射系数可达 0.5 以上。③产品质量稳定，全部产品质量符合《涂层尿素》(HG 2095—1991)要求，生产工艺合理。④在生产过程中，造粒塔顶排气中的尿素粉尘和氨含量均明显下降，减少尿素造粒塔排气对环境污染有显著的效果。因此这种喷涂法生产工艺还有一个很好的副作用，可作为今后治理造粒塔排气中的粉尘及氨污染的有效措施之一。

(三)长效碳酸氢铵

在碳酸氢铵改性工作中,有很多科技单位和企业卓有成效,其中中科院沈阳应用生态研究所研发了长效碳酸氢铵(简称长效碳酸氢铵)新氮肥品种。长效碳酸氢铵不仅保持了碳酸氢铵原有的优点,而且使产品质量和使用效果得到显著提高。

长效碳酸氢铵是选用双氰胺(DCD)作为氨稳剂,促使普通碳酸氢铵改善性能,既稳定了氨的作用,又具有抑制氮的硝化作用,使产品获得长效性能和利用率的提高。

1. 工艺流程

长效碳酸氢铵的生产建立在普通碳酸氢铵生产的基础上。增加双氰胺溶液制备和向碳化系统注入双氰胺溶液的长效碳酸氢铵生产工艺流程见图 1-22。

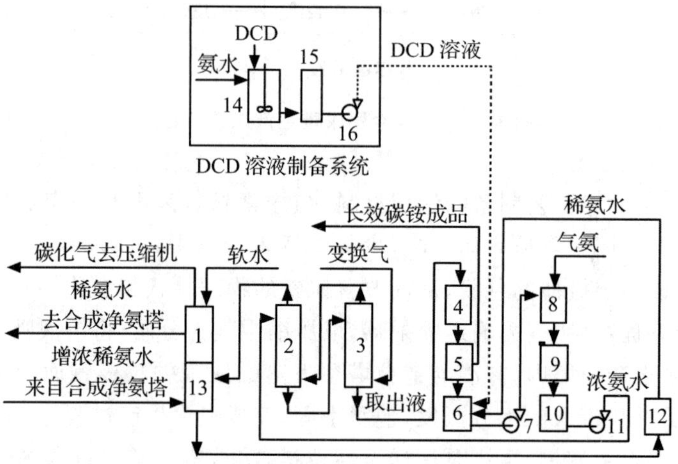

图 1-22 长效碳酸氢铵生产工艺流程(冯元琦,2007)

1. 氨回收清洗塔;2. 碳化副塔;3. 碳化主塔;4. 稠厚器;5. 离心机;6. 氨水循环槽;7. 氨水泵;8. 高位吸氨器;9. 冷却器;10. 浓氨水槽;11. 浓氨水泵;12. 稀氨水槽;13. 固定副塔;14. DCD 溶液制备槽;15. 储槽计量器;16. 输液泵

DCD 溶液在带有搅拌器的槽内制造。根据碳化温度制备适宜的 DCD 浓度溶液,按适宜的数量送入碳化系统。溶液经过氨水循环槽,再由氨水泵送入高位吸氨器、冷却器、浓氨水槽,由浓氨水泵送入碳化副塔和碳化主塔,取出液进入稠厚器,在离心机处取得长效碳酸氢铵成品。母液进入氨水循环槽进行循环。DCD 溶液在碳化系统与碳化母液形成共结晶体的长效碳酸氢铵。由此可见,生产长效碳酸氢铵的工艺十分简单,开启阀门将 DCD 溶液注入碳化系统即可生产长效碳酸氢铵,关闭阀门即可生产普通碳酸氢铵。

2. 技术特点

长效碳酸氢铵生产工艺具有以下技术特点:

(1)DCD 对氨的稳定作用　DCD 对氨的稳定作用在常温条件下可减少氨挥发量 52%,增加土壤铵离子储存量 64%。

(2)充分发挥 DCD 氢键缔合团簇作用　DCD 结构上有伯氨基和仲氨基,结合氨分子,有利于作物吸收。

(3)实现 DCD 结晶纳米级分布　DCD 溶液在碳化母液中形成的纳米级结晶均匀分布于

共结晶体，不仅增强长效碳酸氢铵的稳定功能，而且降低DCD用量。

(4)实现可靠和有效的DCD输送系统　控制碳化温度，制备适宜浓度的DCD溶液，完成共结晶体的形成过程，有效提高长效碳酸氢铵产品质量，突破我国因不同季节气温差异而影响碳化工艺的技术瓶颈，实现在我国不同地区、不同气温条件下的长效碳酸氢铵工业化生产。

(5)优选DCD最佳添加量　根据不同地区的土壤类别和作物品种，通过农业试验和实践，有序优选DCD的最佳添加量，以获得作物最高生产量，提升农业的投入产出比。

(6)实现长效碳酸氢铵一次性施肥　由于长效碳酸氢铵肥效期长，施用长效碳酸氢铵改变传统多次施氮为一次基施，减少施肥工序和减少施氮总量以及农业支出，并降低因氮损耗而带来的环境污染。

(四)大颗粒尿素

多元大颗粒尿素生产工艺的原料选用晶状硫酸铵和富含钙、镁等中量营养元素的矿物质。整个工艺分原料预处理、混合造粒和产品后处理等工序。

为了使固体原料能与尿素熔融液形成良好的悬浮液，并在加入原料时不致造成尿素熔融液的局部结晶，在原料预处理工序将原料破碎、研磨至一定细度，再加热至接近尿素熔融液的温度，最后送至造粒前混合器中与尿素装置来的尿素熔融液混合。混合器内设有搅拌装置，并控制物料的停留时间，使产品的缩二脲含量控制在尿素产品的许可范围内。出混合器的悬浮物直接送到尿素造粒塔进行造粒，该造粒器在防止固体堵塞、控制粒度大小方面都做了特殊的设计。产品的平均粒径由1.5 mm增加至2 mm，出塔颗粒温度升高至100 ℃，故出塔颗粒需送入产品后处理工序。

经流化床冷却器冷却至包装温度，再进入包裹筒包裹，最后送至原来的包装系统。包裹采用复合型包裹剂，起到隔绝大气、防止结块的作用。

该工艺具有以下几个特点：

(1)利用了现有的造粒塔，局部增加一些设备后，通过切换既可生产原有的小粒尿素又可生产多元大颗粒尿素，使生产更具灵活性。

(2)相对于国内引进的流化床装置，该工艺投资少，特别适于中、小氮肥企业。

(3)解决了尿素产品的多元化问题。

(4)该工艺能生产含氮量在38%～46%的多元大颗粒尿素，粒度为1～3 mm的颗粒在成品中的含量不低于85%，产品强度不小于10 N/粒。

多元大颗粒尿素的颗粒比较大，适用于作追肥和掺混肥的原料。该工艺利用了原有的造粒塔，工序少，投资省，见效快，并且产品完全可满足我国农业施肥的要求。在此基础上还可探讨利用原有造粒塔使氮肥复合肥化的问题(如加入氯化钾或硫酸钾生产NK二元复合肥)。该工艺对中、小型氮肥企业有一定借鉴意义。

【本章小结】

氮肥是最主要的一种化学肥料，其种类很多，按照其中所含氮素的形态，大致分为铵态氮肥、硝态氮肥、酰胺态氮肥和长效氮肥四种类型。生产氮肥的主要原料包括天然气、煤炭和石油。合成氨的产品氨是制造化肥和其他许多化工产品的原料。合成氨生产过程因所采用的原料和净化、合成方法的不同形成了不同的工艺流程。按典型流程一般分为三种：①以煤为原料的中小型合成氨流程，如碳化工艺流程、三催化剂净化流程。②以天然气为原料的大型合成氨流程，采用蒸汽转化、热法净化生产方法。③以重油（或煤）为原料的大型合成氨流程，采用部分氧化、冷法净化生产方法。

在工业上用各种不同的原料制造硫酸铵的方法很多，主要有用稀硫酸和合成氨中和法制造硫酸铵；用稀硫酸吸收焦炉煤气中的氨制造硫酸铵；用稀硫酸和合成氨干法制造硫酸铵；用石膏制造硫酸铵；用芒硝制造硫酸铵等。其中中和法是目前工业生产中最常用的方法。生产氯化铵的方法主要有氯化氢和氨制取氯化铵、氨碱法生产纯碱的滤液制取氯化铵和联合制碱法生产氯化铵等三种。碳酸氢铵是我国自主研发的氮肥工业品种，自问世以来对我国的工农业生产做出了重要贡献。目前，碳酸氢铵的生产和加工技术主要为碳化法合成氨流程工艺。硝酸铵的生产方法有中和法和转化法两种，目前我国用得最多的是中和法，其生产流程一般包括添加剂的制备、硝铵溶液的制备（硝酸与气氨的中和）、硝铵溶液的蒸发、浓硝铵溶液（或熔融液）的结晶以及成品的冷却、包装和储运等五个工序。尿素生产工艺归纳起来主要有两大类：一是水溶液全循环法，20 世纪 60 年代前以该工艺为主；二是气提全循环法，此工艺出现于 20 世纪 60 年代中期，目前使用较广。我国目前已普遍采用 CO_2 气提法与氨气提法尿素生产工艺。

长效氮肥可按生产工艺和农业化学性质分为以下主要类型：①化学合成缓溶性有机氮肥，主要是脲醛肥料，如脲甲醛，脲乙醛，异丁叉二脲等。②包膜肥料，用硫黄、树脂、石蜡、沥青、塑料等或膜物质包被水溶性颗粒氮肥。国外以硫黄包膜尿素为代表，国内以钙镁磷肥包膜碳酸氢铵和尿素为代表。③化学合成缓溶性无机肥料，以磷酸镁铵为代表。④以天然有机质基体的氨化肥料，如氨化泥炭、氨化褐煤等。

复习思考题

1. 试述常见氮肥的种类和特点。
2. 生产氮肥的主要原料是什么？
3. 简述合成氨工艺流程与生产技术。
4. 简述硫酸铵的生产与加工工艺。
5. 简述氯化铵的生产与加工工艺。
6. 简述碳酸氢铵的生产与加工工艺。
7. 简述硝酸铵的生产与加工工艺。
8. 简述尿素的生产与加工工艺。
9. 简述长效氮肥的发展历史及其生产加工工艺。

本章推荐阅读书目

陈五平. 2005. 无机化工工艺学(上册). 3 版. 北京：化学工业出版社.
李平辉，戴春桃. 2011. 氨的合成生产. 北京：化学工业出版社.
李琼玖. 2000. 合成氨与碳-化学——氮肥生产工艺的创新. 成都：四川科学技术出版社.
张来勇，杨继钢. 2022. 中国石油炼油化工技术丛书：大型氮肥技术. 北京：石油工业出版社.
张卫峰，张福锁. 2017. 中国肥料发展研究报告. 北京：中国农业大学出版社.

参考文献

曹英耀.2013.简明工业技术学.广州:中山大学出版社,153-156.

曹占高.2014.中国氮肥、甲醇工业技术进步与技术创新发展.化肥工业,41(5):23-28.

陈五平.2005.无机化工工艺学(上册).3版.北京:化学工业出版社,5-11,233-246.

段宁,孙启宏.2006.清洁生产标准体系研究.北京:新华出版社,249-260.

冯元琦.2007.论新型氮肥:长效碳酸氢铵.化肥设计,45(3):59-62.

付艳华.2007.气提法尿素生产工艺的比较.安徽职业技术学院学报,6(1):23-26.

郭鑫.2024.高浓度硝酸铵废水制备液体氮肥研究.贵阳:贵州民族大学.

国家环境保护总局科技标准司.2004.氮肥制造业清洁生产审核指南.北京:化学工业出版社,7-23.

蒋德军.2002.氮肥原料和产品结构调整及工程技改方案.现代化工,22(6):39-48.

蒋涛.2001.氮肥生产安全.化工劳动保护,22(1):37-38.

孔祥琳.2001.碳酸氢铵肥料的生产技术.化肥工业,28(6):3-4.

李风娟.2023.合成氨工艺技术的现状及其发展趋势.化学工程与装备(5):205-206.

李向远,李云岗. 2016.硝酸铵生产工艺新进展.大氮肥,39(1):1-3.

刘俊兰.2000.以煤为原料的合成氨工艺选择.化学工业与工程技术,21(4):15-18.

柳丽敏,张思虹,支云飞,等.2018.包膜肥料最新研究进展.现代化工,38(7):26-30.

泸州天然气化工厂尿素车间.1978.尿素生产工艺.北京:石油化学工业出版社,10-30.

任思光.2020. 双加压法稀硝酸生产工艺技术应用研究.化工管理(4):184-186.

孙宝慈.2009.国内外尿素生产及技术进步综述.大氮肥,32(1):1-9.

王成光,刘建权,刘常进.2003.硫酸铵工艺及其在硝酸磷肥生产中的应用.硫磷设计与粉体工程(4):19-20.

王瑾.2008.节能型合成氨工艺与技术.贵州化工,33(1):5-7.

王云霞,赵合庄.2002.改进型 CO_2 气提法尿素工艺技术的应用.化肥工业,29(5)3-5,19.

夏炎华.2016.我国尿素生产技术进展及展望. 煤炭加工与综合利用(8):14-16.

向桢.2022.天然气制合成氨造气工艺技术优选.天津化工,36(4):23-26.

熊亚林,刘玮,高鹏博,等.2022."双碳"目标下氢能在我国合成氨行业的需求与减碳路径. 储能科学与技术,11(12):4048-4058.

张连瑞.2009.无机化工生产工艺.北京:高等教育出版社.

张群安,史政海.2011.化工实习实训指导.北京:化学工业出版社.

张维凡,李永兴.2000.合成氨生产安全.化工劳动保护,21(8):306-308.

张伟辉.2023.无烟煤制合成氨工艺技术分析与研究.山西化工,209(4):86-88.

张艳飞,李岩,栾智宇.2009.节能型水溶液全循环法尿素生产工艺.辽宁化工,38(3):203-205.

赵秉强.2013.新型肥料.北京:科学出版社.

周佳丰.2023.新型增效氮肥的创制及其应用效果研究.吉林农业大学.

朱灿朋.2005.硫铵生产工艺的探讨.煤气与热力,25(4):63-65.

朱宪荣,王喻,朱勋绩.2002.多元大颗粒尿素生产工艺.化肥设计,40:30-31.

第二章　磷肥生产与加工工艺

磷肥是发展农业植物生产重要的肥料种类，目前我国磷肥生产和施用量均居世界首位，磷肥产能过剩，2016—2021 年我国磷肥产量由 1 859 万 t 降至 1 039 万 t。我国磷肥产品结构组成由过去以单质磷肥为主发展成为当今高浓度、水溶性磷肥为主（占磷肥产量的 90%以上），但从我国磷矿资源储量、品位和农业需肥特点看，磷肥品种结构多元化有利于我国磷肥工业和农业生产可持续发展。迄今国内外磷肥的生产和加工方法及相应的磷肥品种很多，主要有物理方法制作的磷矿粉，酸分解法制作的过磷酸钙、重过磷酸钙、富过磷酸钙及部分酸化磷矿，热法分解制作的钙镁磷肥等。磷肥品种不同，生产加工方法和工艺对原料磷矿、主要工艺技术流程、设施设备条件的要求迥异，掌握这些内容有利于磷肥生产中因地制宜地选择合适的磷肥生产工艺，优化技术条件，合理开发和有效利用有限的磷矿资源。

第一节　主要磷肥种类、特点和生产原料

一、磷肥主要类型

磷矿加工制取各种磷肥，因制作方法不同，成分性质也不相同，磷肥中含有多种磷酸盐，均折算成 P_2O_5 来表示其养分含量（品位）的高低。按照磷肥中磷的溶解性能，磷肥可分为难溶性磷肥、弱酸溶性（枸溶性）磷肥和水溶性磷肥三类。

1. 难溶性磷肥

该类磷肥不溶于水和弱酸，以磷酸三钙形态存在，此类磷肥主要有磷矿粉肥和骨粉。

2. 弱酸溶性磷肥

弱酸溶性磷肥又称枸溶性磷肥。该类磷肥中的磷不溶于水，但大部分可溶于中性或弱酸性柠檬酸铵溶液，如磷酸氢钙、脱氟磷肥、钙钠磷肥、偏磷酸钙等或可溶于 2%柠檬酸溶液中，如钙镁磷肥、钢渣磷肥等。

3. 水溶性磷肥

该类磷肥中的磷绝大部分能溶解于水中，其主要成分为磷酸一钙，如普通过磷酸钙、重过磷酸钙和磷酸铵类肥料等。

二、主要磷肥品种的特点

（一）磷矿粉及骨粉的特点

1. 磷矿粉的成分和性质

磷矿粉［$Ca_{10}(PO_4)_6 \cdot F_2$］是由天然或经过富集的磷矿加工粉碎而成的粉状肥料。其化学成分为磷酸三钙，一般有效磷（P_2O_5）含量为 10%～25%。磷矿粉所含的磷 95%以上属难溶

性磷，只有1%～5%的磷溶于2%柠檬酸。磷矿粉有良好的物理性质，不吸水、不结块、无腐蚀性、中性反应，就地生产就地施用较为方便。但要选择反应活性高的磷矿为原料。

2.骨粉的成分和性质

骨粉是由动物骨骼加工制成的。其主要成分是磷酸三钙，占骨粉的58%～62%，脂肪和骨胶占26%～30%。此外，还含1%～2%的磷酸三镁，6%～7%的碳酸钙，2%的氟化钙，4%～5%的氮(存在于骨素中)。由于骨骼中含有较多的脂肪，不易分解，不易粉碎，需采用脱脂处理除去脂肪，以提高磷的有效性。

(二)钙镁磷肥及脱氟磷肥的特点

1.钙镁磷肥的成分和性质

钙镁磷肥是用磷矿与含硅、镁矿石的助熔剂在高温(>1 400 ℃)下熔融，熔融体经水淬急冷而形成的一种玻璃态物质。其主要成分是高温型的磷酸三钙[α-$Ca_3(PO_4)_2$]，P_2O_5含量一般为12%～18%，还含有10%～15%的氧化镁，25%～30%的氧化钙，40%左右的二氧化硅，是一种以磷为主的多元素肥料。

钙镁磷肥的外观根据所用原料及操作条件的不同而呈灰白、浅绿、墨绿或黑褐等颜色。其产品物理性能良好，不吸湿、不结块、无腐蚀性，长期储存不会降低肥效。但在钙镁磷肥散装储存时，应避免浸水，以防结成硬块。其堆密度为1 200～1 300 kg/m^3，休止角30°～35°。

钙镁磷肥作为弱碱性肥料，不溶于水，但溶于弱酸，属缓释肥料。因此，产品需要研细，通常为粉状。作物根系和微生物分泌的酸，以及土壤酸度和酸性肥料等，都能溶解钙镁磷肥而释放出磷，供作物吸收利用。它不仅为植物提供营养，还可以中和土壤酸性改良土壤。

2.脱氟磷肥的成分和性质

脱氟磷肥是用水蒸气在高温(1 600 ℃)处理磷矿石以除去氟，使分子结构改变为α-$Ca_3(PO_4)_2$，属柠檬酸溶性磷。脱氟磷肥的主要成分是α-$Ca_3(PO_4)_2$，含磷(P_2O_5)20%～30%。因不含砷、铅等有毒物质，氟含量低于0.2%以下的可直接用作肥料。

(三)过磷酸钙、重过磷酸钙以及富过磷酸钙的特点

1.过磷酸钙的成分和性质

过磷酸钙又称过磷酸石灰，简称普钙。是我国目前生产最多、施用最广的一种化学磷肥，是用硫酸处理磷矿粉而制成。其外观为疏松多孔的粉状或粒状产品，呈灰白色、灰黄色或褐色等。过磷酸钙有效磷(P_2O_5)含量为12%～22%。国际上过磷酸钙的规格是含有效磷(P_2O_5)≥18%。中国以硫酸分解磷矿粉生产的农用粉状过磷酸钙符合化工行业标准HG-2740-95，有效磷含量为12%～18%。粉状产品的堆密度为800～1 250 kg/m^3，休止角34°～45°；粒状产品的堆密度为850～1 120 kg/m^3，休止角32°～37°，粒度为ϕ 1～4 mm，颗粒强度为6～18 N。

过磷酸钙的主要成分为水溶性的磷酸一钙[$Ca(H_2PO_4)_2 \cdot H_2O$]和难溶于水的无水硫酸钙($CaSO_4$)，分别占肥料质量的30%～50%和40%左右。此外，还含有少量磷酸、硫酸、非水溶性磷酸盐(如$CaHPO_4$、$FePO_4$等)以及硫酸铁、硫酸铝等杂质。粉状过磷酸钙产品含有3.5%～5.5%的游离酸(以P_2O_5计)，所以它的水溶液呈酸性，pH在3.0左右，并具有一定的吸湿性和腐蚀性。当过磷酸钙吸湿后，除易结块外，其中的磷酸一钙还会与硫酸铁、硫酸铝等杂质起化学反应，形成溶解度低的铁、铝磷酸盐。这种作用称为磷的退化作用。因此，过磷酸钙成品中含水量和游离酸含量都不宜超过国家标准，同时在储运过程中要注意防潮。

2. 重过磷酸钙的成分和性质

重过磷酸钙是用磷酸分解磷矿粉制成的高效磷肥产品，含 P_2O_5 45%～50%，相当于硫酸分解磷矿粉制得的普通过磷酸钙有效磷含量的 3 倍左右，故国际上称之为“三倍”“三重”过磷酸钙，简称重钙。重过磷酸钙是一种高效水溶性磷肥，其主要成分为一水磷酸二氢钙[$Ca(H_2PO_4)_2 \cdot H_2O$]，其含量占产品重量的 80%左右。由于原料磷酸和磷矿中含有杂质，故产品中还有少量其他组分。用热法磷酸分解磷矿时，无硫酸钙杂质；用萃取磷酸分解时，则有硫酸钙杂质。游离磷酸及磷酸二氢镁[$Mg(H_2PO_4)_2$]与主要成分一水磷酸二氢钙[$Ca(H_2PO_4)_2 \cdot H_2O$]都是水溶性化合物，磷酸铁($FePO_4$)、磷酸铝($AlPO_4$)及磷酸氢钙($CaHPO_4$)能部分或全部溶于柠檬酸铵溶液中，这些水溶性或枸溶性磷构成重过磷酸钙中的有效磷。

重过磷酸钙的外观与普通过磷酸钙相似，呈灰白色、深灰色或灰黑色。未经造粒的物料呈粉粒状，疏松多孔，经造粒后的肥料通常为 ϕ1～4 mm 颗粒。粉状重过磷酸钙有吸湿性，受潮后易结块，其堆密度为 880～1 040 kg/m^3，休止角为 30°～50°。粒状产品的颗粒表观密度为 2 120 kg/m^3，堆密度为 1 040～1 200 kg/m^3，休止角 30°～50°。

3. 富过磷酸钙的成分和性质

富过磷酸钙简称富钙，也有的称双料过磷酸钙。它是用硫酸和磷酸的混合酸分解天然磷矿而制成的磷肥。其有效磷(P_2O_5)介于普钙与重钙之间。理论上，根据磷酸用量不同有效磷(P_2O_5)可以是 18%～50%的任何品级，但实际生产中一般为 20%～35%。其主要成分一水合磷酸二氢钙。根据硫酸和磷酸用量的比例不同，其杂质的种类和含量有所差异。通常含有硫酸钙、磷酸及磷酸二氢镁[$Mg(H_2PO_4)_2$]、磷酸铁($FePO_4$)、磷酸铝($AlPO_4$)、磷酸氢钙($CaHPO_4$)及硫酸铁、硫酸铝等杂质。富过磷酸钙的工业品大多数为浅灰色，结块性介于过磷酸钙和重过磷酸钙之间。

(四)部分酸化磷矿的特点

部分酸化磷矿是以理论用量的一部分酸分解磷矿所制得的一种肥料，即酸化度小于 1。用等量的酸生产部分酸化磷矿要比生产过磷酸钙或重过磷酸钙得到更多的磷肥。因而在缺少酸的情况下，生产部分酸化磷矿是增产磷肥的一条有效途径。部分酸化磷矿粉是水溶性磷酸盐、酸(枸)溶性磷酸盐、硫酸钙以及未被分解磷矿的混合物，其水溶性 P_2O_5 和枸溶性 P_2O_5 的含量取决于磷矿的酸化度，一般为 5%～10%。其产品因不同的加工工艺而呈半粒状或粒状。

部分酸化磷矿耗酸量少，成本低，且不含游离酸，酸含量较过磷酸钙低，因而不会造成土壤酸化，有利于保护土壤；磷矿粉中磷的有效性提高，含有少量水溶性磷，可满足作物苗期对磷的需要。试验表明，40%酸化磷矿的肥效与重过磷酸钙相近，即使在石灰性土壤上肥效也很好。但是，原料磷矿的组成与反应活性、生产工艺条件(如磷矿粉细度、酸化度、造粒与否等)以及施用方法、土壤种类、pH 等都对部分酸化磷矿的肥效有重要影响。

三、生产磷肥的原料及方法

(一)生产磷肥的原料

农业上最早是用兽骨制成骨粉作磷肥，自从发现磷矿石后，开采天然磷矿石，使其成为制造磷肥的原料，磷矿资源在不断开采中得到发现，并进行利用。此外，硫也是生产磷肥的主要原料。

1. 磷矿

自然界的含磷矿物有 100 多种，主要是钙的磷酸盐矿物，最典型的是氟磷灰石，其化学组成为[$Ca_{10}(PO_4)_6 \cdot F_2$]，晶格中的 F^-、Ca^{2+}、PO_4^{3-} 可与其半径相近的离子发生同晶置换。F^- 可被 Cl^- 或 OH^- 置换，形成氯磷灰石[$Ca_{10}(PO_4)_6 \cdot Cl_2$]或羟基磷灰石[$Ca_{10}(PO_4)_6 \cdot (OH)_2$]。$Ca^{2+}$ 可被 Na^+、K^+ 或 Sr^{2+} 置换。PO_4^{3-} 可被 ASO_4^{3-}、SiO_4^{3-}、SO_4^{2-} 或 CO_3^{2-} 置换。当晶格中置换出的 CO_3^{2-} 递增时，折光率由高到低，晶格逐渐疏松，孔隙数量增多，枸溶性磷含量也随之增加，磷的有效性提高。

磷矿石来源于火成岩、变质岩和沉积岩，从经济价值和施用效果来看，沉积岩最重要。沉积岩类型是细粒结晶，结构疏松，有相当大的表面积，容易分解，CO_3^{2-} 对 PO_4^{3-} 的置换使晶粒减少，且能增加颗粒比表面积，有利于高磷的有效性；而火成岩和变质岩类型是粗粒结晶，结构紧密，没有内表面，难于分解，同晶置换弱，磷的有效性低。我国磷矿主要分布在云、贵、鄂、湘、川各省，各地磷矿的特点及其利用途径见表 2-1 所示。

表 2-1　我国磷矿石的类型、特点及其利用途径(胡慧蓉等，2007)

磷矿类型	成矿原因	结晶状况	枸溶性磷占全磷比例/%	代表矿床	利用途径
氟磷灰石	沉积变质	六角形柱状结晶，结晶紧密	<5	江苏锦屏	宜作磷肥原料
微碳氟磷灰石	沉积轻微变质	隐晶质呈胶状，晶格疏松	8～18	湖北荆襄	宜作磷肥原料
低碳氟磷灰石	沉积	胶状，晶格疏松	16～20	云南昆明	可直接利用，也宜作磷肥原料
碳氟磷灰石	沉积	胶状，晶格疏松	18～24	安徽凤台	可直接利用，也宜作磷肥原料
高碳氟磷灰石	磷结核	胶状，疏松	>24	华中、西南地区溶洞型矿床	宜直接利用

2. 硫

硫的形式包括元素硫(硫黄)、硫铁矿、有色金属冶炼烟气及其他。硫黄是通过酸性天然气回收、含硫原油炼制回收和天然硫开采精制等方式取得。中国的硫资源主要赋存于硫铁矿和伴生硫铁矿中。中国硫铁矿保有储量 46.3 亿 t，其中工业储量 14.7 亿 t，远景储量 31.6 亿 t。在保有储量中，平均含硫约 17%；含硫>35%的矿石仅 1.7 亿 t。主要分布在四川(9.2 亿 t)、安徽(5.6 亿 t)、内蒙古(5 亿 t)、广东(4.5 亿 t)等地。已勘探的伴生硫矿主要分布在江西、陕西、甘肃、青海、安徽等省。

世界磷肥产量的 85%是用硫为原料。按 1 t 磷肥(P_2O_5)需要消耗 1 t 硫(S)计，世界磷肥生产消耗了世界硫产量的 50%左右。磷肥消耗硫的主要形式是硫酸。世界硫产量的 80%～90%用于生产硫酸。世界硫酸产量中 55%～60%用于生产磷肥。在有的国家高达 65%～70%，如美国为 65%，中国为 70%。

我国硫资源短缺，2006 年进口硫黄 881 万 t，约占世界贸易量的 30%，硫资源对国外的依存度超过 55%。今后一些缺硫的磷肥企业生存将会越来越困难。

(二)磷肥的生产方法

1. 物理方法

将含有效磷较高的磷块岩破碎磨细致，90%以上通过 149 μm(100 目)筛，即为磷矿粉肥料。

2. 酸分解法

用硫酸、磷酸、硝酸或盐酸等无机酸分解磷矿，使其中的不溶性磷转化为能被作物吸收的有效磷。这类磷肥通常称为酸法磷肥，如过磷酸钙、磷酸铵类、硝酸磷肥、磷酸氢钙等。酸法磷肥的生产流程见图 2-1。

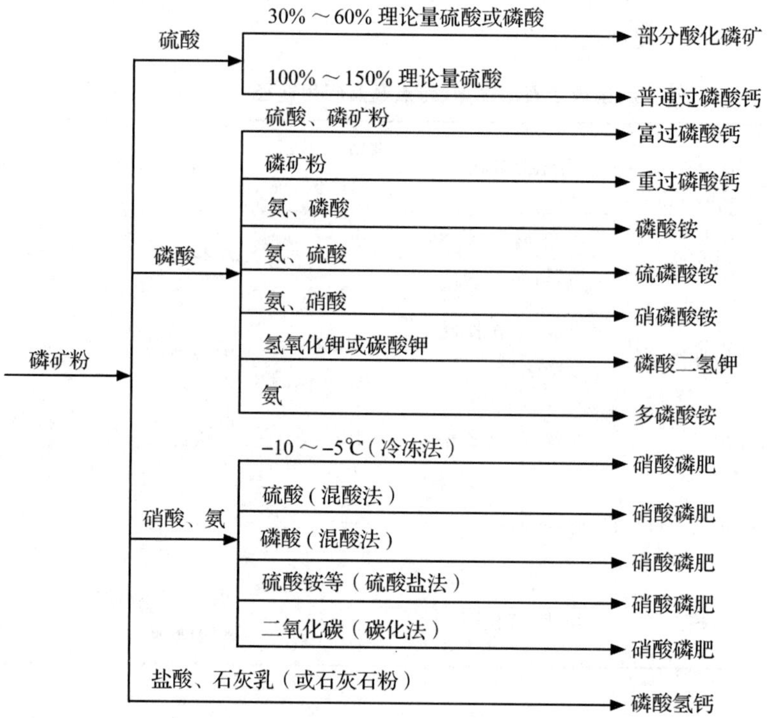

图 2-1 酸法生产磷肥示意图

3. 热分解法

利用电热或燃料燃烧热所形成的高温(1 250～1 600 ℃)，使氟磷酸钙晶体结构破坏或与其他配料反应，形成可被作物吸收的磷酸盐。这类磷肥通常称为热法磷肥，如钙镁磷肥、钙钠磷肥、脱氟磷肥(烧结或熔融)、钢渣磷肥等。热法磷肥的生产流程见图 2-2。

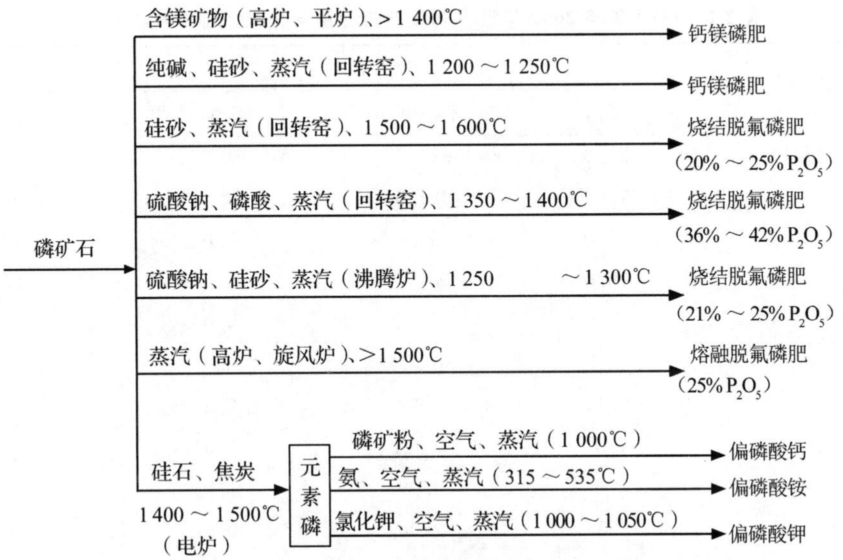

图 2-2　热法磷肥生产示意图

第二节　磷矿及其加工

一、磷矿资源与分布

目前世界磷矿资源基础储量约为 480 亿 t，主要集中分布在摩洛哥、美国、俄罗斯、中国、南非等国。中国是世界上主要产磷国之一，磷矿资源相当丰富，资源储量接近 70 亿 t，仅次于摩洛哥，居世界第二位。1987—2002 年，世界磷酸盐岩资源储量小有增长，15 年间增加了近 25 亿 t。中国磷酸盐岩资源储量变化巨大，从 1987 年到 2002 年，增加接近 40 倍，占世界资源储量的比例由 1987 年的约 1/100 迅速增长为 2002 年的近 1/3；基础储量也快速增加，到 2002 年占了世界基础储量总量的近 1/4（表 2-2）。磷矿资源的快速变化无形中鼓励了世界各国各地区，尤其是我国对磷资源的进一步开发。

我国磷矿资源的分布从整体上看很不均匀。若以磷矿石资源储量 168 亿 t、资源储量约 21 亿 t 计，云南、贵州、四川、湖北和湖南五省是主要集中分布区。这几个省合计保有储量约 110 亿 t，占全国磷矿总保有储量的 75%，且 P_2O_5 含量大于 30%的富矿几乎全部集中于这 5 个省，从而使我国磷矿石的利用呈现“南磷北运，西磷东调”的局面。而从质量上看，高品位磷矿（P_2O_5 含量≥30%）少而集中，P_2O_5 含量大于 30%的富矿占总磷矿储量不到 8%，中品位（P_2O_5 含量为 12%～30%）和低品位（P_2O_5 含量小于 12%）磷矿多，胶磷矿多，含杂质也多。更突出的是选矿的难度大，品位在 20%以下的难选矿约占总资源量的 1/2。这样的资源特性使得磷矿在开采过程中常出现开发利用技术难度大、损失率高、贫化率高和资源回收率低等问题。而面对世界范围内对磷肥需求量的不断增加，磷矿石开发可获高额利润的局面，各磷矿资源地在开发矿山时常常过度开采，采易避难，采富弃贫，大大加速了我国磷矿资源的耗竭。

表 2-2　1987 年与 2002 年世界磷酸盐岩储量与分布（刘颐华，2005）　　亿 t

国家或地区	1987 年		2002 年	
	储量	基础储量	储量	基础储量
摩洛哥和西撒哈拉	21.0	625.75	57.0	210.0
美国	12.6	225.87	10.0	40.0
苏联	65.0	80.0	2.0	10.0
南非	18.0	67.81	15.0	25.0
约旦	5.3	15.42	9.0	17.0
中国	1.7	10.00	66.0	130.0
巴西	5.51	5.58	3.3	3.7
突尼斯	0.7	10.21	1.0	6.0
以色列	0.7	4.49	1.8	8.0
塞内加尔	1.55	2.00	0.5	1.6
叙利亚	—	—	1.0	8.0
多哥	—	—	0.3	0.6
其他国家	20.53	77.18	10.0	20.0
世界总计	152.59	1 124.31	176.9	479.0

注：①国家或地区排序以 1987 年储量与确认资源之和的数据为依据；②确认资源为推断储量与基础储量之和；③2002 年资料引自俄罗斯。

近年来，还在中南、华南、华东等地发现了不少溶洞型磷矿，也属磷块岩类型。这种矿床虽然储量较小，但矿点多，磷矿石可以磨细后直接做肥料施用，以就地开采，就地利用为宜。还有一类是鸟类磷矿，它是由一些近代的生物尸体、粪便在大洋的珊瑚岛或海岸边的洞穴中堆积而成。这种磷矿在我国的南海诸岛等地都有分布，是一种优质磷矿资源，可直接施用，并且有良好的肥效。因此，根据磷矿资源的国情，无论是在磷肥工业的加工工艺上，或者是作为磷矿粉直接施用技术的研究方面，都是科技工作者颇为关注的热点。

二、磷矿粉的生产原理

磷矿石磨细制得的磷矿粉，根据其特性，可以直接作为肥料施用，也可以作为生产其他磷肥品种的原料。

直接作为磷矿粉肥时要选用反应活性高的磷矿（也称软磷矿）作为原料。一般认为，在 2%柠檬酸溶液中，磷的溶解率大于 30%时为活性磷矿，小于 30%时为非活性磷矿。如美国的北卡罗来纳 N. Carolina 磷矿、摩洛哥的 Khoribga 磷矿、突尼斯的 Gafsa 磷矿等属于活性磷矿。此外，磷酸铝类磷矿和鸟粪堆积磷矿的最经济利用是经过简单预处理后作为磷矿粉肥使用。如南太平洋圣诞岛的 C 级磷矿和一些鸟粪堆积物等先在 400～450 ℃进行煅烧处理，然后磨细。煅烧处理是为了脱出结晶水和反矿化作用，从而提高磷的活性。除此之外，直接作为肥料施用的磷矿粉通常还要求磨得比较细（一般为 90%以上过 149 μm 筛），以增加与土壤的接触面积，提高溶出速率。

中国磷矿的特点一般是品位较低，杂质含量较高和质量不稳定。磷矿质量不稳定对磷肥生产装置特别是大型装置的运行十分困难和危险，而且也影响磷肥生产的经济技术要求和发展规模。因此，需要将原矿通过不同方法富集，获得品位高、杂质少和质量稳定的精矿，然后根据要求制成磷矿粉。

三、磷矿粉的生产工艺流程

(一)用软磷矿直接磨细成磷矿粉的工艺流程

其工艺见图 2-3，主要包括矿石干燥和二级破碎，以及磷矿粉的闭路空气分选。采用抽气系统清除空气中的粉尘。抽气系统通常由离心式除尘器(旋风分离器)、袋式过滤器和将净化后空气放空的通风机组成。具体生产工艺指标见表 2-3。

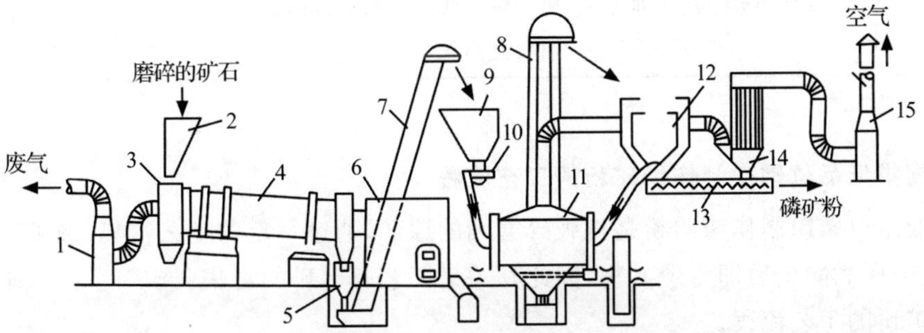

图 2-3　将软磷矿磨碎制磷矿粉肥的流程

1.尾部通风机；2,9.储斗；3.加料室；4.转筒干燥器；5.锤式破碎机；6.燃烧室；7,8.提升机；10.加料器；11.球磨机；12.空气分选机；13.螺旋输送机；14.带式过滤机；15.鼓风机

表 2-3　用软磷矿直接生产磷矿粉的工艺指标

工艺	项目		指标
干燥和破碎	用颚式破碎机粗碎后矿石的粒度/mm		≤50～60
	磷矿含水率/%	干燥前	7～16
		干燥后	2～3
	烟道气温度/℃	进气	500～750
		出气	100～120
	用锤式破碎机中碎后磷矿的粒度/mm		≤10～15
	用球磨机细碎后≤0.18 mm 的粉粒含量/%		≥90
	分选机的处理能力/(t/h)		15～24
磷矿粉的分选	送去二次细碎的粗级粉/mm		>0.18
	分选机的处理能力/(t/h)		20～24
磷矿粉肥的研磨	71 μm 筛上的筛余物的含量/%		≤20
	研磨时物料的发热温度/℃		≤60
	气流输送的空气压力/10^6 Pa		0.4～0.55
	球磨机内负压/Pa		≥196

续表 2-3

工艺	项目	指标
空气除尘	旋风分离器的进气温度超出露点的度数/℃	15～20
	袋式过滤器的操作温度上限/℃ 尼滤袋	80～90
	布滤袋	65
	玻璃纤维滤袋	400
	操作温度下限超出露点的度数/℃	10
	袋式过滤器进口气体的含尘量/(g/m³)	≤15～20
	含尘量＞g/m³的净化级数	2
	气体中残余粉尘量/(g/m³) 第一级净化——旋风分离器	≤20
	第二级净化——袋式过滤器	≤0.01

来源：刘善江，2003。

(二)富集低品位磷矿制作磷矿粉的工艺流程

利用低品位磷矿制作磷矿粉是将破碎磨细的原矿，通过一定的工艺富集(选矿)成精矿，精矿经脱水、干燥和除尘后即得磷矿粉，因此其关键工艺是磷矿的富集(选矿)。图 2-4 为用浮选法生产磷矿粉的工艺流程。

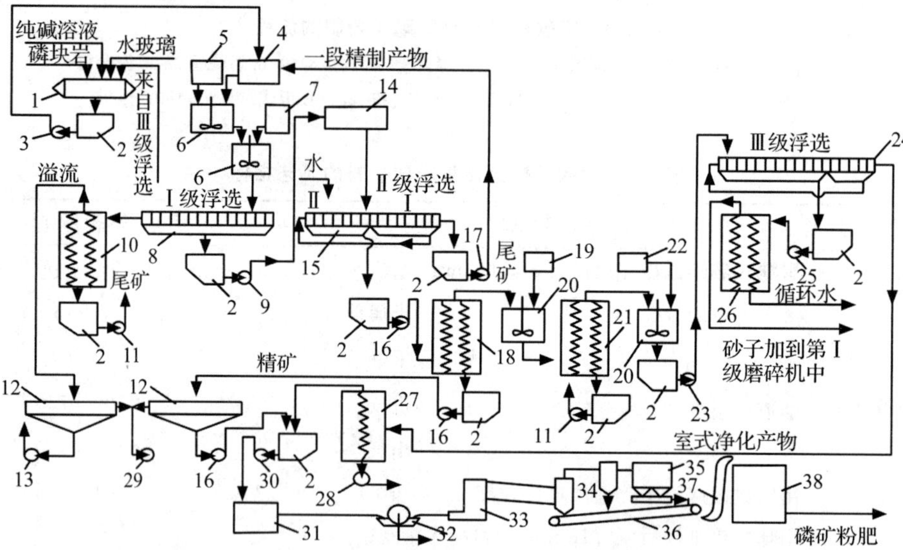

图 2-4 浮选法生产磷矿粉肥的流程

1. 湿式球磨机；2. 储槽；3. 由球磨机至分配器的矿浆泵；4. 由球磨机后排出矿浆分配器；5. 煤油槽；6. 接触池；7. 妥尔油槽；8. 主浮选机；9. 粗精矿泵；10. 主浮选尾砂的双螺旋分级机；11. 尾砂泵；12. 沉降增稠池；13. 尾砂送至堆置场用的稠浆泵；14. 粗精矿的矿浆分配器；15. 第Ⅰ和第Ⅱ次精选用的浮选机；16. 第Ⅱ次精选矿浆泵；17. 第Ⅰ次精选的尾砂送去主浮选用的泵；18. 第二次精选矿浆的双螺旋分级机；19. 硫酸槽；20. 尾砂接触池；21. 分级机；22. 阳离子试剂槽；23. 料浆泵；24. 阳离子浮选和精选用的浮选机；25. 阳离子浮选精矿泵；26. 阳离子浮选精矿分级机；27. 阳离子浮选精矿脱水用的分级机；28, 29. 阳离子浮选用的循环水泵；30. 浮选精矿泵；31. 料浆分配器；32. 真空过滤器；33. 转筒干燥器；34. 旋风分离器；35. 电除尘器；36. 皮带输送机；37. 提升机；38. 磷矿粉肥储仓

1. 磷矿富集(选矿)工艺类型

中国能够直接利用的富磷矿不到总储量的 10%，其中相当部分难以单独开采，还有部分矿石氧化镁含量高于 1.5%，故中国大部分磷矿必须富集才能满足生产磷矿粉肥或其他磷肥的要求。

磷矿选矿的目的在于把有用矿物与脉石矿物分开，以提高有用矿物的品位(P_2O_5含量)，降低有害杂质含量，以满足磷肥加工对原料的质量要求，并回收矿石中伴生的有益矿物(组分)，使矿石利用更经济、合理。

选矿是利用矿石结构、构造特征和各种矿物的物理化学特性差异——相对密度、可浮性、导磁性、导电性、热稳定性和颜色等，采用不同的选矿方法，达到矿物分离的目的。因此，搞清矿石结构构造和矿物组成，是确定选矿方法和制定选矿工艺路线的基础。

矿石结构与矿床成因关系密切。岩浆磷灰石矿床和深变质磷灰石矿床，其磷矿物为氟磷灰石，呈晶质或变晶结构，晶面较完整，粒度为 0.2 mm 左右，一般磨矿细度为 40%～60%过 75 μm 筛即基本解离。磷块岩矿床和浅变质磷块岩矿床，磷矿物为低碳氟磷灰石，呈微晶、隐晶、细晶结构，且多为集合体，呈砂屑、球粒、纤维状集合体。集合体普遍含有碳酸盐、硅质等杂质，故单体解离较难，磨矿细度要在 90%以上过 75 μm 筛才能基本解离。矿物单体解离细度不但表现在磨矿难易程度上，而且在选矿指标和产品后处理上也有很大差别。

中国磷矿石构造主要有：致密块状、条带状、团块状、砾状、砂岩状、层纹状等，一般一个矿区都有两种以上的矿石构造类型，以前两种为主。目前对选矿具有重要意义的是条带状矿石。条带状矿石通常由磷质条带和岩石条带(碳酸盐或硅酸盐)相间而成，其中磷质条带与致密块状性质相近，P_2O_5含量 30%以上，而且受力后易沿条带层面碎裂。因此，只要使两种条带分别富集，就能获得精矿。

磷矿石主要由磷酸盐、碳酸盐和硅酸盐(含硅质)矿物组成，这三类矿物的可浮性有如下差异：在碱性介质中，磷酸盐矿物比硅酸盐矿物可浮性好，而与碳酸盐矿物的可浮性相近；在酸性介质(磷酸或硫酸)中，磷酸盐矿物易被抑制，碳酸盐矿物可浮性好，硅酸盐矿物也有一定的可浮性。因此，根据磷块岩矿石中硅酸盐与碳酸盐矿物含量不同，就有正浮选、反浮选或正-反浮选联合三种选矿方法的差别。

磷矿石风化后对化肥加工有害的碳酸盐淋失了，矿石品位也提高了，通过擦洗排弃泥化了的硅酸盐也能达到富集的目的。高铁铝硅酸盐矿物(如金河磷矿矿石含水云母矿物)目前尚未解决富集工艺，属难选矿石。根据当前选矿工业生产和试验研究情况可将中国磷矿石选矿工艺类型分成 8 种，见表 2-4。

2. 磷矿富集(选矿)工艺

选矿的工艺流程一般分为破碎磨矿、选别、精矿脱水三大部分。不同的选矿方法对破碎磨矿和脱水作业有不同要求。如重介选、静电选、焙烧消化处理一般无须磨矿，其精矿脱水也较浮选精矿简易。由于现有生产矿山均以浮选为主，本文只对浮选工艺作具体介绍。

(1)破碎磨矿工艺　破碎磨矿工艺选择是根据原矿物理性质和入选要求来确定的。原矿物理性质主要有：原矿最大粒度、硬度、可磨度、含泥量(黏度)等。确定矿石可磨度的方法有容积法(即类比试验法)和功指数法(测定单位电耗)。中、小型磷矿选厂多用容积法；大型磷矿选厂则同时用两法计算。由于磨矿能耗通常是破碎能耗的 3 倍左右，因此磨矿流程的选择，宜采取“多破少磨”的原则。

表 2-4 磷矿选矿工艺分类

磷矿成因	工艺类型	矿物组成	结构构造	选矿方法	典型矿区
磷灰石与磷灰岩	晶质磷灰石	氟磷灰石、白云石、方解石、石英	晶质或变晶结构。块状、条带状、浸染状构造	浮选	锦屏磷矿
磷块岩	硅质矿石	胶磷矿、石英、少量碳酸盐	块状、砂岩状	浮选	贺兰山磷矿
	钙质矿石	胶磷矿、方解石、白云石、少量硅质、硅酸盐	块状、条带状	反浮选	瓮福磷矿
	硅钙质矿石	胶磷矿、碳酸盐、硅质、硅酸盐	块状、团块状、条带状	正反浮选	王集磷矿
	风化矿石	胶磷矿、硅质、硅酸盐	块状、条带状	擦洗	海口磷矿
	条带状矿石	胶磷矿、碳酸盐、硅质、硅酸盐	条带状、致密块状	重介质	宜昌磷矿
	高铁铝硅酸盐矿石	胶磷矿、硫磷铝锶矿、水云母、高岭石	块状	难选	金河磷矿
综合回收	磁铁-磷灰石矿	氟磷灰石、钒钛磁铁矿	晶质或变晶结构	浮选-磁选	马营磷矿
	石墨-磷灰石矿	石墨、辉石、斜长石	块状、浸染状构造	浮选	鸡西磷矿

①磷矿的破碎：破碎是将大块矿石破成小块矿石。常用的破碎有两段闭路和三段闭路。如何选择，是依据总破碎比要求、矿石性质、所用破碎设备性能、建设规模等因素，经过经济技术比较后确定的。破碎比为原料平均直径(D 原料)与产品平均直径(D 产品)的比值。

所谓闭路破碎是指破碎物料用筛分机进行粒度控制筛分。如果矿石含泥、含水量大，矿石很黏，易堵塞筛子和破碎机，则宜选用开路破碎，而且对破碎机选型也有相应要求。

采用闭路破碎时，破碎最终物料粒度为 12～16 mm；采用开路破碎时，则可达 25 mm 左右。破碎段数为总的破碎比与破碎机适宜的破碎比的比值。中小型厂由于原矿的粒度比较小，为简化流程和节约投资，多采用两段破碎。只有大中型厂才采用三段破碎。

②磨矿：磨矿是将破碎的小块磷矿石磨成粉末状磷矿粉。磷矿选矿厂磨矿流程有一段磨矿和两段磨矿，都为闭路磨矿流程。所谓闭路是指磨矿产品用水力分级机进行细度的控制分级。

当磨矿产品要求细度为 70%以下过 75 μm 筛时，可采用一段磨矿；当细度要求 70%以上过 75 μm 筛时，宜采用两段磨矿。对于小型选矿厂，为了节约投资和简化生产过程，即使细度要求 90%以上过 75 μm 筛时，一般也采用一段磨矿。

磨矿的方式与物料的含水量有关。当物料的含水量＜5%时，宜采用干法磨矿；含水量介于 5%～50%时，物料不易粉碎；当物料的含水量＞50%时，宜采用湿法磨矿。

与干法磨矿相比，湿法磨矿不用干燥直接研磨，而是通过水流、固体流动，利用固体之间的碰撞粉碎，因此节约能源；原料水分含量比较高，不仅节省原料库、燃料和劳动力，还减少矿粉飞扬和损失，改善操作条件和卫生。但是操作中矿浆水分难以控制，细度一般偏低，磨机磨损较严重；磨矿后水分不符合要求时还需要烘干。

磨矿产品通常用水力分级机进行细度的控制分级，即利用固体在流体中沉降的速度不同来控制分级。通常用粉碎度来衡量物料的粉碎程度，即某一粒度的物料量与总物料量的比值。

（2）浮选工艺　浮选法也称泡膜浮游选矿法。是把粉碎的磷矿悬浮在水中，通过加入试剂和鼓气泡，使不易被水浸润的矿物浮起来，易被水浸润的矿物沉下去。加入的试剂包括捕收剂、起泡剂、抑制剂和调理剂等。捕收剂可以使某一类型的矿物生成憎水层，与气泡结合上浮，如氧化石蜡皂、纸浆废液等；起泡剂可带动被悬浮的物质上浮，通常为表面活性物质；加入抑制剂可增加下沉物质的亲水性，使其完全沉降到水底部，如氰化物、水玻璃（硅酸钠）、石灰乳、氨水等；加入调理剂调节 pH，以保证其他试剂发挥作用，如碱性石灰乳等。针对磷矿的性质及硅钙质含量不同以及粗细嵌布不同的特点，目前已研究成功正浮选、反浮选、正-反浮选等多种浮选流程，并已在生产中得到应用。

正浮选是利用有用矿物的可浮性优于脉石矿物的特性达到富集的目的，即浮出物为磷精矿，槽内产品为尾矿。该方法适用性广，对于磷灰石矿，在粗磨条件下（50%～60%过 75 μm 筛），即已单体分离，用水玻璃作抑制剂、碳酸钠作条理剂、脂肪酸类作捕收剂进行正浮选时（称正浮选，反之为反浮选）就可得到 P_2O_5＞30%的精矿，收率可达 90%。因可选性好，浮选速度快，只要一次粗选、一次精选、一次扫选即可完成。

磷块岩由于嵌布粒度细，一般磨矿要求 90%以上过 75 μm 筛，而且常含有相当数量的碳酸盐脉石，故分选较困难。若采用正浮选，则要求采用 S 系列抑制剂、脂肪酸类捕收剂和较高用量的碳酸钠调理剂，矿浆加热到 40～50 ℃，也可得到 P_2O_5＞30%的精矿，但收率大多仅 70%～80%，分选效果差，浮选时间长（30～50 min），故浮选流程也较繁，常需多次扫选、多次精选闭路循环方可。因此，磨矿能耗大，燃料消耗大，浮选药剂用量大，成本高，药剂占总成本的 1/3 左右，并存在废水需要处理才能排放的问题，而且精、尾矿处理也较困难。可采用其他的选矿方式。

反浮选是针对正浮选而言的，即泡沫产品为尾矿，槽内产品为精矿。故脉石矿物基本为碳酸盐的钙质矿石适宜用反浮选工艺，反浮选的优点是磨矿细度只要 60%过 75 μm 筛即可达到碳酸盐矿物基本单体解离的目的，因而具有较好的分离效果；矿浆不需要加温，所用药剂也较简单。如瓮福磷矿是采用反浮选，用硫酸做调理剂，脂肪酸作捕收剂。但存在硫酸用量大，不但腐蚀设备，而且与碳酸盐矿物起化学反应，产生热量，增加选矿水循环使用与排放的困难，浮选泡沫较黏，不利于尾矿浓缩、输送和堆储等问题。

正-反浮选是两种单一浮选工艺的联合，适用于硅钙质磷矿。显然，正-反浮选工艺兼有两种单一工艺的缺点，工艺结构复杂，成本高。但对难选的硅钙质矿石，具有较好的选别效果。

（3）精矿脱水工艺　磷精矿脱水流程有两段脱水和三段脱水流程。两段脱水流程中第一段为浓密机脱水，第二段脱水则采用过滤机脱水。三段脱水流程是在第二段脱水后再加干燥。采用两段或三段是由用户对水分要求而定，此外气候条件也是重要因素，如精矿长距离运输，为防止冻结，也需干燥。磷精矿经两段脱水，其水分一般在 12%～16%，精矿粒度越细、含泥越多，则水分越高。

精矿水分含量与过滤机选型也有重要关系。瓮福磷矿选用芬兰进口压滤机，精矿水分可保证 10%左右。中国常用的磷矿过滤机主要是圆筒式外滤机，包括折带式和圆盘式。外滤机具有滤布更换方便、精矿水分较低的优点。该类粗粒磷矿（42%过 75 μm 筛）——锦屏磷矿用内滤式过滤机也有良好效果。

干燥常用圆筒式干燥机，以烟煤为原料，取直接加热方法。

(4)除尘工艺 如果制成含水量很低的磷矿粉，还采用抽气系统清除空气中的粉尘。抽气系统可由离心式除尘器(旋风分离器)、电除尘器、袋式过滤器和将净化后空气放空的通风机组成。

四、生产磷矿粉的主要设备

生产磷矿粉的主要设备有：①破碎设备，常用的破碎设备有链式破碎机、颚式破碎机、笼式破碎机以及锤式破碎机等。一段破碎常用颚式破碎机，第二段破碎常用圆锥(或锤式)破碎机。②磨矿和分选设备，第一段磨矿常采用格子型球磨机，分级机常采用螺旋分级机；第二段磨矿则多采用溢流型球磨机，分级机多用水力旋流器。③脱水设备，根据矿粒粗细，可选用外滤式过滤机(包括折带式和圆盘式)和内滤式过滤机。④干燥设备，一般用圆筒式干燥机，以烟煤为原料，采取直接加热法。⑤除尘设备，一般用旋风分离器、电除尘器、袋式过滤器和通风机。

第三节 过磷酸钙生产与加工技术

一、过磷酸钙的生产原料

天然磷矿石和硫酸是生产普通过磷酸钙的基本原料。为了达到产品的质量标准和经济技术指标，生产对原料的质量有一定的要求。

(一)磷矿

磷矿的主要成分为磷灰石 $Ca_{10}(PO_4)_6 \cdot F_2/(OH)_2/Cl_2$，其物理性质和化学成分直接关系到过磷酸钙生产的工艺流程、工艺条件、产品质量及消耗定额。

生产过磷酸钙最好使用含 P_2O_5 26%以上的磷矿，其中弱酸溶性 P_2O_5 为 1%～5%。如果是低品位磷矿要先进行选矿，把有用矿物和脉石矿物($NaAlSiO_4$)分开，将 P_2O_5 富集到这个指标后再进行生产。因为在生产过磷酸钙的过程中，要加入几乎与磷矿粉等量的硫酸，使反应后的产物存有大量的硫酸钙不能从混合物中完全排出去，这就相当于将原矿中的 P_2O_5 含量又降低了 1/2 左右，磷矿的品位不能过低。同时，磷矿的品位过低还会消耗大量的硫酸，杂质也增多，从而增加产品的包装、储存和运输等费用，提高了肥料成本，降低了经济效益。

磷矿中常伴有少量的高岭土、磁铁矿、褐铁矿或黄铜矿等杂质。这些杂质中有害成分为三氧化二铁和三氧化二铝(又称倍半氧化物，以 R_2O_3 分子式表示)。三氧化二铁和三氧化二铝在生产的第一阶段与硫酸反应，生成硫酸铁和硫酸铝，进入反应第二阶段，硫酸铁和硫酸铝即转化为酸性磷酸盐，最后成为难溶的中性磷酸盐。

$$Fe_2O_3+3H_2SO_4 = Fe_2(SO_4)_3+3H_2O$$

$$Fe_2(SO_4)_3+3Ca(H_2PO_4)_2 = 2Fe(H_2PO_4)_3+3CaSO_4$$

$$Fe(H_2PO_4)_3+2H_2O = FePO_4 \cdot 2H_2O+2H_3PO_4$$

合并的总反应式如下：

$$Fe_2O_3+H_2SO_4+Ca(H_2PO_4)_2 = 2FePO_4+CaSO_4+3H_2O$$

三氧化二铝也会发生类似的反应。因此磷矿中 R_2O_3 含量高时，既增加硫酸的消耗量，同时将生成枸溶性的铁、铝磷酸盐，使产品中一部分水溶性 P_2O_5 退化为不易被农作物吸收的枸溶性或难溶性的 P_2O_5，降低肥效。特别值得注意的是，当使用 R_2O_3 含量过高的磷矿生产过磷酸钙时，生产过程不易控制，前期料浆较稀，后期难以固化，而且成品经常黏结成块，物理性能不好。

硫酸分解磷矿时，其中的碳酸盐（磷矿中主要是以碳酸钙、碳酸镁形式存在）杂质与硫酸迅速反应。磷矿中碳酸盐的含量与硫酸的消耗定额呈正比，即碳酸盐的含量越高，硫酸消耗定额越大。但适量的碳酸盐对反应有利，因为碳酸盐与硫酸作用时产生大量的反应热，使反应温度提高，有利于后期反应进行，同时使物料中水分迅速蒸发；同时二氧化碳和水蒸气的逸出对物料起到一定的搅拌作用，这样既有利于反应的进行，又使产品疏松多孔，具有较好的物理性能。

氧化镁是磷矿中常见的一种有害组分，它多以碳酸镁形式存在。碳酸镁与硫酸反应生成硫酸镁，硫酸镁又与磷酸反应生成磷酸二氢镁。其反应式如下：

$$5MgSO_4 + Ca_5(PO_4)_3 \cdot F + 7H_3PO_4 = 5CaSO_4 + 5Mg(H_2PO_4)_2 + HF\uparrow$$

氧化镁含量过高消耗硫酸多，且生成的磷酸二氢镁在反应物料的液相中有较大的溶解度，致使液相中 H^+ 的活性降低，因而影响后期磷矿的分解速度，使熟化期延长。再者，磷酸二氢镁有较强的吸湿性，产品发黏易吸水，从而影响产品的物理性质。

二氧化硅的存在一般不消耗硫酸。但磷矿中二氧化硅多会使矿石硬度增加，难以粉碎，降低了粉碎效率，含量适宜可提高氟的逸出率。理论计算氟消耗二氧化硅的比为 $F : SiO_2 = 1 : 3$，如果矿中含有 3％的氟，则二氧化硅含量以 9％～10％为好。

鉴于杂质对生产的影响，为保证产品质量，降低消耗定额，维持生产系统正常运行，各国及生产厂均制定了磷矿的质量标准，表 2-5 为原化工部批准发布的《磷矿石标准》中的酸法磷矿石技术指标。

表 2-5　酸法磷矿石的技术指标　％

项目		优等品		一等品		合格品
		Ⅰ	Ⅱ	Ⅰ	Ⅱ	
P_2O_5 含量	≥	34.0	32.0	30.0	28.0	24
MgO/P_2O_5	≤	2.5	3.5	5.0	10.0	
R_2O_3/P_2O_5	≤	8.5	10.0	12.0	15.0	
CO_2 含量	≤	3.0	4.0	5.0	7.0	

注：①水分以交货地点计，含量应≤8.0％；②除水分外，各组分含量均以干基计；③当指标中 MgO/P_2O_5 或 R_2O_3/P_2O_5 一项超标，而另一项较低时，允许 MgO/P_2O_5 的指标增加（或减少）0.4％，但此时 R_2O_3/P_2O_5 指标应减少（或增加）0.6％。

（二）硫酸

理论上讲，硫酸、磷酸、硝酸和盐酸均可做制作过磷酸钙的原料酸，但考虑到价格和肥料品质，多选用硫酸。生产过磷酸钙对硫酸没有特殊的质量要求，一般的工业品硫酸可以应用。为了节约资源，通常还利用炼油、染料、农药等行业的废硫酸作为原料，这样既能综合利用硫资源，降低生产成本，还可以降低废硫酸的处理费用和减轻对环境的污染。但废硫酸中常含有杂质，使用时首先要弄清楚杂质是否对生产过磷酸钙产品有影响；废硫酸中如果含有对农作物有害的物质，应先予以适当处理；使用前要用化学方法测定硫酸浓度，如果低于工艺条件要求，需用工业硫酸掺配至所需的浓度。

二、过磷酸钙的生产原理

生产过磷酸钙是用硫酸分解磷矿粉（如氟磷酸钙），化学反应式为：

$$2Ca_5(PO_4)_3 \cdot F+7H_2SO_4+3H_2O \longrightarrow 3Ca(H_2PO_4)_2 \cdot H_2O+7CaSO_4+2HF\uparrow$$

上述反应式表明：氟磷酸钙与硫酸反应生成磷酸二氢钙、硫酸钙和氟化氢气体。其中磷酸二氢钙和硫酸钙即为过磷酸钙的主要组分。实际上，反应是分两步进行的。

第一步是硫酸与磷矿粉作用生成磷酸，化学反应为：

$$Ca_5(PO_4)_3 \cdot F+5H_2SO_4 = 3H_3PO_4+5CaSO_4+HF\uparrow$$

在磷矿粉加酸分解过程中，在磷矿粉颗粒表面沉积一层多孔性的硫酸钙皮膜（钝化膜），它的结构可能是致密的，也可能是疏松的，视固相的结晶速度而定，而结晶的速度又主要取决于溶液的硫酸钙过饱和度。所以磷矿粉的分解速度不仅取决于酸的活性（浓度），并且与酸中和反应产物的过饱和度有关。随着稀溶液的浓度从零开始增加，以及浓溶液的浓度由100％硫酸开始减少，它们的活性增加，从而分解速度和分解度提高。从某种酸浓度起，系统的硫酸钙过饱和度增加，这无论在酸的低浓度范围或高浓度范围内，都会引起分解速度减缓和分解率降低。

磷矿粉的分解是在混合器中连续加矿粉和硫酸的情况下进行的，在混合器内含有液相磷酸反应的混合物要保持恒定的体积，其中浓硫酸（≤70％ H_2SO_4）被生成的磷酸所稀释，实际上分解磷矿粉的硫酸浓度很低，只有30％左右。这就使得硫酸分解磷矿的速度和硫酸钙的沉淀速度接近最佳操作条件，因为这种情况下生成较粗结晶的包裹层，它对分解过程的抑制作用较小；而硫酸钙细结晶则生成较致密的皮膜，它对分解过程的抑制程度就比较大。待大部分磷矿粉被硫酸分解完毕之后，剩下来反应的部分就与体系中积累起来的磷酸作用（第二步反应）。

在第二步反应中，磷矿粉被磷酸水溶液分解，生成愈多的磷酸一钙，随着磷酸中和度提高，溶液的活性减少和分解率减慢。当液相被磷酸一钙和磷酸二钙饱和时（这相当于过磷酸钙料浆在化成室中化成完毕），分解速度进一步减慢。除了液相的活性减小之外，另一原因是在未反应的矿粉颗粒表面形成一层渗透性差的皮膜。这一层皮膜已不是硫酸钙，而是由 $CaO—P_2O_5—H_2O$ 体系过饱和溶液中结晶出来的磷酸钙。

由于任何浓度的磷酸，即使在高温条件下也不能分解硫酸钙。所以只要有足够的硫酸，足够的反应时间，硫酸就能全部分解磷酸钙盐，生成磷酸与硫酸钙。因此，第一部反应是以硫酸耗尽为终点。磷矿石的分解率是由硫酸的用量来决定的，当硫酸用量符合化学反应方程式的比例数量时，磷矿粉的分解率约为70％。第二步的反应是生成的磷酸与剩余的30％磷矿粉反应生成磷酸二氢钙，反应式为：

$$7H_3PO_4+Ca_5(PO_4)_3 \cdot F+5H_2O = 5Ca(H_2PO_4)_2 \cdot H_2O+HF\uparrow$$

由于磷酸的酸性比硫酸弱，分解能力比硫酸小，所以第二步反应进行得很缓慢，一般需要7～15 d才能达到较高的转化率，这步反应主要在熟化仓中进行。

硫酸分解磷矿粉的同时，磷矿粉中所含的碳酸盐、硅酸盐及铁、铝氧化物等各种杂质也都参加反应，反应式为：

(1)碳酸盐

$$CaCO_3 + H_2SO_4 = CaSO_4 + H_2O + CO_2\uparrow$$

$$MgCO_3 + H_2SO_4 = MgSO_4 + H_2O + CO_2\uparrow$$

生成的硫酸镁还与磷酸、氟磷酸钙继续发生反应，生成磷酸二氢镁。磷酸二氢镁易吸湿，使产品发黏，在磷酸中的溶解度大于磷酸钙，很难析出，几乎全部保留在液相中，增大了液相黏度，使产品物理性能变坏。

(2)硅酸盐(或 SiO_2)

$$2NaAlSiO_4 + 4H_2SO_4 = Na_2SO_4 + Al_2(SO_4)_3 + H_2SiO_3 + H_2O$$

生成的硅酸还与氟化氢反应：

$$H_2SiO_3 + 4HF = SiF_4\uparrow + 3H_2O$$

(3)铁、铝氧化物　铁、铝氧化物与硫酸发生一系列的化学反应。其中，通常用 R_2O_3 代表铁或铝氧化物，用 $RH_2(PO_4)_3$ 代表铁、铝磷酸盐，$RH_2(PO_4)_3$ 在水中溶解度小，所以铁、铝杂质会使产品水溶性减小，即有效 P_2O_5 发生退化现象。

三、过磷酸钙的生产方法及工艺流程

(一)生产方法

过磷酸钙的生产方法按操作方式可分为三种，即间歇法(图 2-5)、半连续法(图 2-6)和连续法(图 2-7)。间歇法是磷矿与硫酸的混合、化成分别在间歇操作的设备(混合器和车厢式化成室)中分批进行。是最简单比较简陋的人工生产方法，早期过磷酸钙生产采用这种方法，后来仅少数小型工厂沿用。半连续法是酸、矿混合在间歇操作的设备中进行，而化成工序为连续进行或者相反，即酸、矿在连续操作的设备中进行混合，而化成工序间歇操作。属于半自动化生产方法，少数中、小型工厂采用这种方法。连续法是各生产工序都在连续操作的设备中进行，是目前大中型过磷酸钙工厂普遍采用的自动化生产方法。

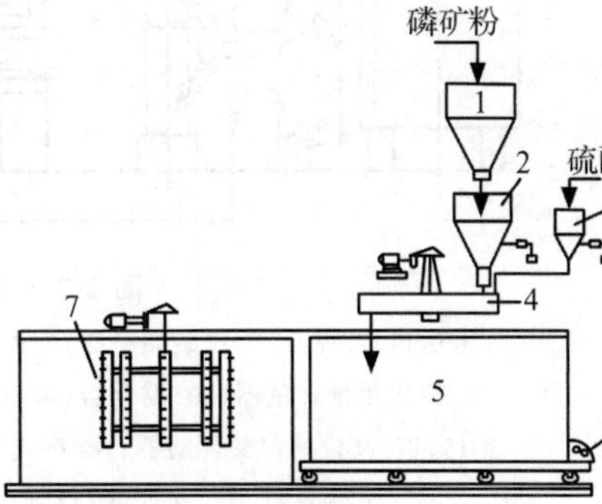

图 2-5　间歇法生产过磷酸钙的工艺流程

1. 矿粉储斗；2. 矿粉计量器；3. 硫酸计量器；4. 盘式混合机；5. 车厢式化成室；6. 车厢化成室传动装置；7. 切削机

根据不同的原料工艺条件，过磷酸钙生产又可分为稀酸矿粉法(简称干法)和浓酸矿浆法(简称湿法)两种。

稀酸矿粉法是世界上广泛采用的一种方法，故又称传统法。根据磷矿的特性，稀酸矿粉法又有常规法、三高一细法(高硫酸浓度、高硫酸温度、高搅拌强度及高磷矿粉细度)和两高两低法(低硫酸浓度、低硫酸温度、高搅拌强度及高磷矿粉细度)。把磷矿加工磨成磷矿粉，与浓度

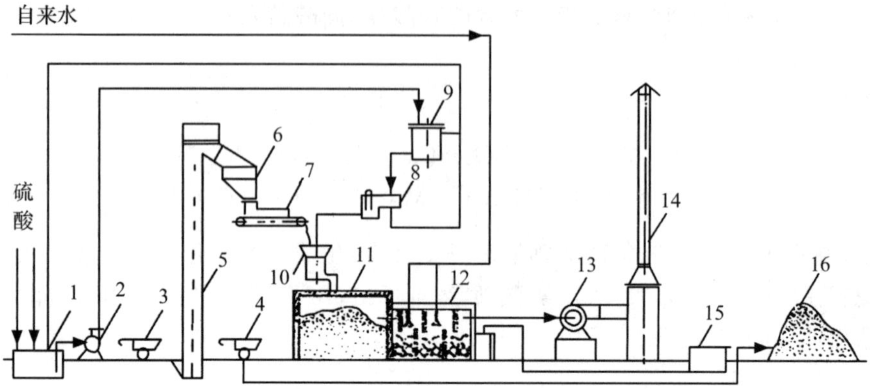

图 2-6 半连续地坑化成法生产过磷酸钙的工艺流程

1. 混酸池；2. 耐酸离心泵；3. 小矿车；4. 推料小车；5. 斗式提升机；6. 高位储矿斗；7. 皮带计量器；8. 虹吸计量；9. 混合酸高位槽；10. 透平混合器；11. 地坑化成室；12. 拨水轮吸收室；13. 鼓风机；14. 烟囱；15. 石灰乳中和池；16. 熟化料堆

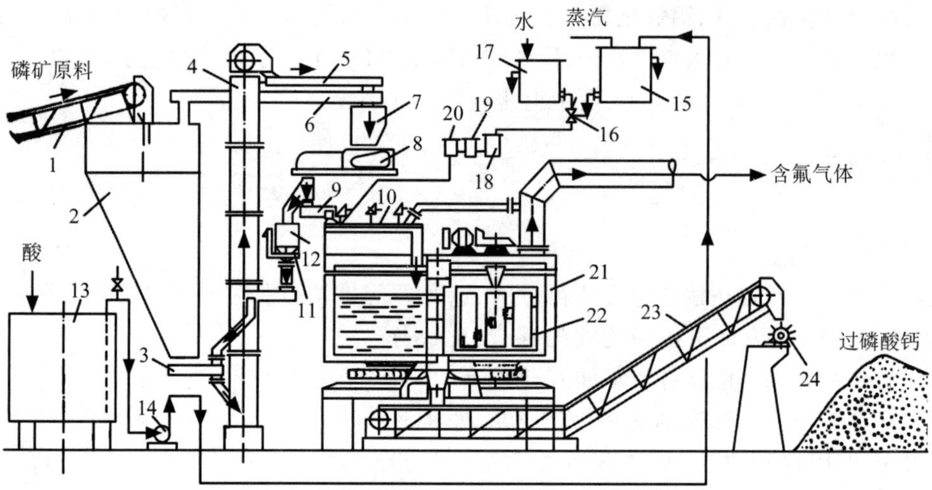

图 2-7 连续法生产过磷酸钙的工艺流程

1. 输送机；2. 储斗；3. 螺旋加料器；4. 提升机；5，9. 螺旋输送机；6. 逆向螺旋输送器；7. 重量计量器料斗；8. 带式重量计量器；10. 混合器；11. 重量计量器的校验秤；12. 校验秤的储斗；13. 硫酸储槽；14. 泵；15，17. 高位槽；16. 配酸器；18. 塔式硫酸稀释时析出的氧化氮分离器；19. 酸浓度测量槽；20. 缝隙式流量计；21. 化成室；22. 切削器；23. 化成后过磷酸钙运输机；24. 过磷酸钙撒扬机

为 60%～78%的稀硫酸进行混合，再经过化成及熟化工序制成粉状过磷酸钙。一般要求磷矿的水分含量小于 1%，磷矿粉细度要求 90%过 149 μm 筛。

而浓酸矿浆法是将磷矿加水磨成矿浆，再和浓度 93%以上的浓硫酸混合，然后同样经过化成及熟化工序制成粉状过磷酸钙。湿法生产过磷酸钙流程是我国自己试验使用的一种新方法，与干法相比有一定的特点。

浓酸矿浆法生产流程简单，浓硫酸经过计量后直接加入混合机与磷矿浆进行反应，省去了加水稀释配酸和调温的麻烦；磷矿加水湿磨，故磷矿不需要干燥，可以露天堆放，既不需要仓库储存，也省掉了磷矿的烘干及硫酸稀释配制设备，节省投资和燃料消耗；湿磨磷矿较干磨电耗低，生产强度大，且颗粒均匀，避免过于粉碎，提高了磨机生产能力；同时，车间灰尘小，减少矿粉消耗，改善了劳动条件。但是，湿法磨碎机中钢球消耗比干磨磷矿高4～6倍；另外，必须使用93%以上的浓硫酸，且要求矿浆含水量在30%以下。而一般矿浆水分含量大于50%才具有较好的流动性，容易水磨，所以磨矿的过程中要严格控制工艺条件，否则，水分含量偏高，用它生产的过磷酸钙成品含水量超过质量标准，并影响成品的物理性质。一些科研单位和企业为了解决矿浆水分偏高问题，先后开发了多种添加剂（即所谓的稀释剂、减水剂等）。

（二）工艺流程

过磷酸钙生产工艺流程主要包括：原料的准备→矿酸混合→料浆化成→鲜肥的熟化→成品的中和→含氟气体的回收。如果要制造粒状过磷酸钙，还需要进行造粒和干燥。

1. 原料的准备

生产过磷酸钙需要准备的原料主要有矿粉（或矿浆）及硫酸。二者在进行混合化成之前，应分别按照选用的生产方法及工艺条件做好充分准备，各项指标符合工艺要求，并能连续供应，以保证全系统正常运转。磷矿粉的质量指标主要包括 P_2O_5 含量、杂质的限量水平以及矿粉（或矿浆）的细度和水分含量等，硫酸的质量指标主要包括硫酸的浓度、温度及杂质含量等。因用作原料的硫酸来源不同，浓度不一，加上不同过磷酸钙生产方法对硫酸的浓度和温度要求各不相同，故有不同的配酸方法。归纳起来有一次配酸和二次配酸两种方法。

当用稀酸矿粉法生产过磷酸钙时，原料硫酸的浓度较低（≤76%），可根据工艺条件要求，将硫酸和水分别计量后，直接加入混合机与磷矿粉混合。这样操作比较简单，但是不好检测温度。酸温低，稀释热可能不足以维持正常的反应温度，在低温季节表现更明显。因此，必要时需要硫酸和水分别进行预热，然后再加入混合机；也可以将硫酸先用水稀释到工艺要求的浓度，经过调温（低温季节同样需要加热）后，再计量，而后加到混合机与磷矿粉混合反应。

当原料硫酸的浓度较高（≥93%）时，如果直接将硫酸和水分别计量后，加入混合机与磷矿粉混合。这样操作简单，但大量的稀释热常使反应温度高于工艺要求，且容易腐蚀设备、仪表及管道材料等，还影响新鲜过磷酸钙的性质。因此，宜在配酸后，先冷却，再计量，而后加到混合机与磷矿粉混合或者采用二次配酸法，即将浓硫酸（≥93%）分两步用水稀释到工艺操作需要的硫酸浓度。第一步是将浓度≥93%用水稀释成76%的硫酸。配酸的过程中，硫酸的稀释热将使酸温度升高。为防止高温硫酸对设备的腐蚀，应采用冷却排管或冷却器降低酸温。第二步是76%的硫酸稀释到工艺要求的浓度。操作与上述一次配酸相同。

2. 矿酸混合

经过计量的磷矿粉（或矿浆）与硫酸放入混合器，在搅拌作用下发生剧烈反应的过程，称为混合。混合时搅拌的目的是为了提高液相在磷矿颗粒表面的流速，从而提高磷矿的分解反应速度。搅拌的强度一般搅拌桨叶的末端线速度为5～7 m/s，具体还应该根据磷矿的特性确定搅拌速度。

3. 料浆的化成

矿酸混合后，黏稠的料浆从混合器中流出，进入化成室，继续分解，从流动状态变为不能流动的固体物料的过程，称为化成过程。矿、酸进行混合和化成，以完成第一阶段反应，为第二阶段反应创造条件。根据混合和化成的方式不同，料浆的形成分为间歇式流程和连续式流程。

间歇式流程的特点是混合和化成作业都是分批的间歇操作，或者磷矿粉与硫酸的混合部分是连续的，化成室是间歇的；连续式流程的特点是混合和化成作业都在连续操作的设备中进行。根据化成室的种类，连续式流程又分为回转化成室流程、皮带化成室流程和链板化成室流程。

(1)回转化成室流程　如图 2-8 所示，磷矿粉和一定浓度的硫酸分别计量后，同时连续的加入立式混合器，经数分钟剧烈的搅拌和化学反应，逐渐成为黏稠的料浆。料浆流入回转化成室内继续反应 1～2 h，并随回转化成室缓慢旋转而逐渐固化，当抵达切削区即被切成碎片。切下的碎片通过成化室的中心筒落于特种胶带输送机上送去撒扬。撒扬后的新鲜过磷酸钙堆置在熟化仓中进行熟化(即第二阶段反应)。混合化成过程中产生的含氟气体被引至氟吸收系统进行回收处理，其特点为：回转化成室流程可配用立式混合机或其他型号的混合机进行连续作业；混合化成时间较长，对难分解的磷矿做原料也能适应，操作平稳；既可用稀硫酸-矿粉法操作，也能用浓硫酸-矿浆法操作；但是室内料层厚，水分不易蒸发，影响第二阶段的反应速度，且含氟气体逸出的阻力较大，氟逸出率偏低，对副产品氟盐的回收率略有影响；且设备施工要求严格，施工周期长，维修工作量大。

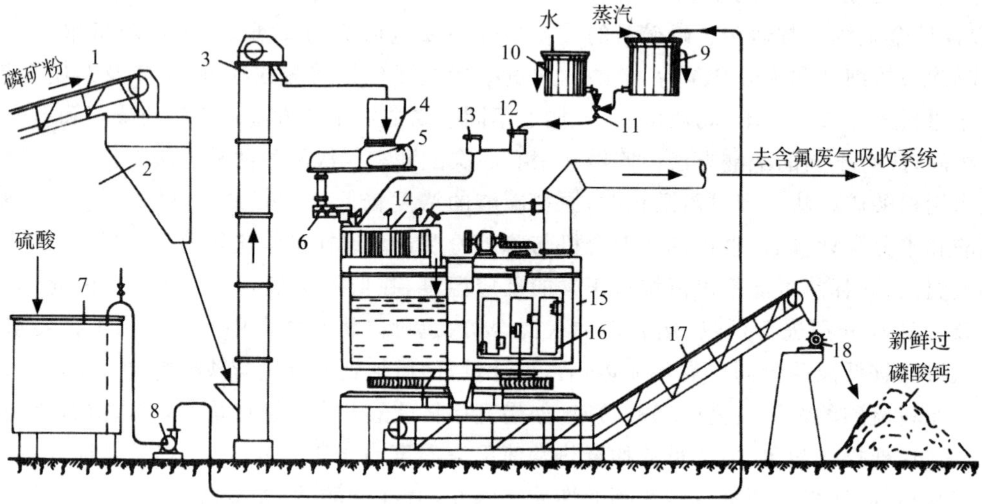

图 2-8　回转化成室生产过磷酸钙的工艺流程

1. 皮带输送机；2. 矿粉储斗；3. 斗式提升机；4. 带计量器的矿粉储斗；5. 重量式计量器；6. 螺旋加料器；7. 硫酸储槽；8. 泵；9. 硫酸高位槽；10. 水高位槽；11. 配酸器；12. 浓度计；13. 流量计；14. 立式混合机；15. 回转化成室；16. 切削机；17. 皮带输送机；18. 撒扬器

(2)皮带化成室流程　如图 2-9 所示，磷矿粉和一定浓度的硫酸分别计量后，同时连续的进入混合机进行混合与反应，生成的料浆流入皮带化成室的胶带上继续进行反应，料浆随皮带向前移动，并逐步固化，当到达终端时被切削器切成碎片。再经撒扬，然后送入熟化仓进行熟化(即第二阶段反应)。其特点为：皮带化成室流程可以配合多种混合设备进行连续作业；矿酸混合后的反应料浆落到皮带化成室形成较薄的料层，有利于水分的蒸发和含氟气体的逸出，因而能提高新鲜过磷酸钙液相中磷酸浓度，有利于第二阶段反应，并改善产品的物理性质；皮带成化室较易制造，安装与维修较方便；因为物料在皮带成化室上停留时间(即化成时间)较短，一般为 10～30 min，所以只适用于易分解的磷矿，因难分解的磷矿酸矿混合的料浆需要较长的时间才能固化，不宜使用皮带成化室。

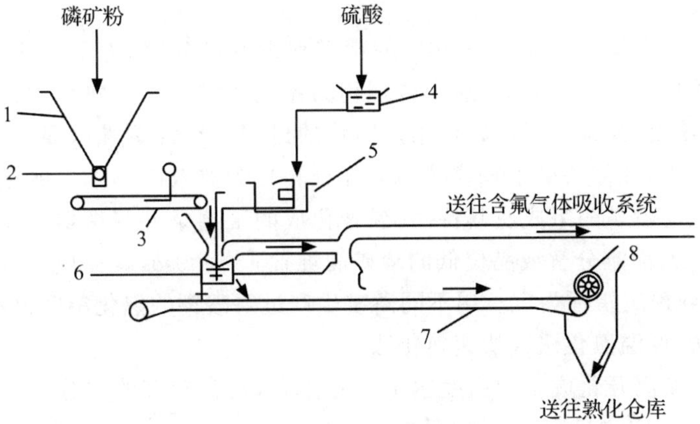

图 2-9　皮带化成室生产过磷酸钙的工艺流程

1. 矿粉加料斗；2. 星形加料器；3. 皮带计量器；4. 硫酸高位槽；5. 硫酸计量槽；6. 透平混合机；7. 皮带化成室；8. 切削器

(3)链板化成室流程　如图 2-10 所示，磷矿粉和一定浓度的硫酸分别计量后，同时进入锥形混合机进行混合与反应，生成的料浆流入链板化成室继续反应并逐渐固化，当随链板运行至末端时被切削器切碎。随后经过撒扬后送至熟化仓进行熟化(即第二阶段反应)。混合、化成过程中产生的含氟气体及水蒸气，由排风机通过链板化成室上方的排气管抽送到氟吸收系统处理。其特点为：链板化成室流程可配用锥形混合器或其他型号的混合设备进行连续作业；对不同的磷矿有较强的适应性；在同样操作条件下，链板化成室的料层较皮带化成室的厚，而较回转化成室的薄，反应时氟的逸出率也介于二者之间；生产设备结构简单，容易制造、安装和维修；必须严格控制各项工艺条件，以免发生料浆稀薄而从链板化成室板缝间泄露的事故。此外，若所用的磷矿较难分解，则需要在锥形混合器之后增设一台卧式混合机，或者改用其他适当形式的混合机，以保证进入链板化成室的料浆有一定的稠度。

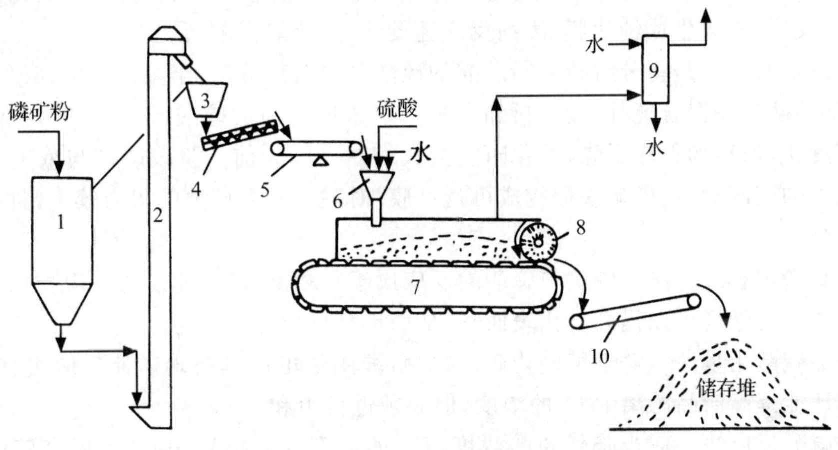

图 2-10　链板化成室生产过磷酸钙的工艺流程

1. 矿粉储槽；2. 斗式提升机；3. 料斗；4. 螺旋计量器；5. 皮带加料机；6. 锥形混合器；7. 链板化成室；8. 切削器；9. 气体洗涤塔；10. 皮带输送机

4.鲜肥的熟化

由化成室卸出的鲜肥还有20%～30%的磷矿粉没有被分解，为了使其继续分解，需将鲜肥堆放在半成品库中堆置一段时间，这个过程称为熟化(或陈化)。熟化的目的(作用)是水分蒸发，提高游离酸浓度，继续与磷矿粉作用。熟化的过程中经常翻堆以促进半成品冷却，磷酸二氢钙继续结晶出来，致使磷矿中氟磷酸钙大部分转化为有效的形式。熟化过程的操作方法以及熟化的时间均与磷矿的组成及其特性、混合化成的工艺条件等密切相关。一般易分解的磷矿需堆置7～15 d，而难分解或品位低的磷矿需堆置15～30 d，具体应以产品的游离酸含量及P_2O_5转化率达到预定指标为宜。用不同磷矿生产过磷酸钙的熟化温度也不一样，工业上一般采取降温熟化法、保温熟化法或快速熟化法。

新鲜过磷酸钙刚离开化成室的温度达100 ℃左右，且含较多的水分。当磷矿粉中氧化镁含量小于2%，硼、铁、铝含量高时，适宜的熟化温度为35～45 ℃，因此常采用降温熟化法。该方法通过提高硫酸用量(可以为理论用量的110%～115%)，新鲜过磷酸钙离开化成室之际，经切削、撒扬后，送到熟化仓库进行熟化，熟化过程中定期翻堆。这一过程促进水分蒸发，温度降低使第一阶段反应中生成的一水磷酸二氢钙的溶解度降低而结晶析出，有利于第二阶段反应，降低游离酸含量，提高P_2O_5含量和转化率。这样既大大缩短熟化时间，又有效阻止铁、铝等杂质引起的过磷酸钙退化。当磷矿粉中氧化镁含量高时，适宜的熟化温度为65～80 ℃，因此常采用保温熟化法。该方法在新鲜过磷酸钙离开化成室之际，只需切削而不撒扬，送到熟化仓库堆存和熟化，熟化过程中不翻堆。此外，为了尽可能缩短新鲜过磷酸钙的熟化时间，以节约投资，加速资金周转，提高经济效益，有些企业还研究了快速熟化法，甚至无熟化法。快速熟化的方法又包括分段加矿法、分段加酸法、提高磷矿粉细度法、增加硫酸用量法、稀硫酸反应法、硫酸与磷矿共磨法、用硫酸与盐酸或硝酸处理磷矿法以及添加表面活性剂法等方法。

(1)分段加矿法　将磷矿粉分成两部分，一部分较粗的磷矿粉与按全部计算所需的硫酸(浓度60%～65%，温度50～60 ℃)混合搅拌，反应0.5 h后，将另一部分较细的磷矿粉加入反应料浆中，混合搅拌20～30 min。该方法可使磷的转化率可达到93%以上。因为前一半磷矿粉是与低浓度而且过量的硫酸反应，全部分解为磷酸，后一半磷矿粉较细，又是在硫酸与磷酸的混合酸中反应，不会生成钝化膜，因而反应速度快，熟化时间缩短。

(2)分段加酸法　是将分解磷矿粉所需的硫酸分成两部分，一半浓度较低(60%～62%)的硫酸与全部的磷矿粉混合搅拌，而后再加入另一半浓度较高的硫酸(78%～80%)继续混合搅拌，反应速度快，所得物料较干燥，熟化时间大大缩短。因为前一阶段磷矿与浓度低的硫酸反应，生成粗大的硫酸钙，在磷矿表面构成可透性膜，对酸向表面扩散的阻力较小，且有利于水分蒸发。

(3)提高磷矿粉细度法　磷矿与硫酸的反应属于多相反应，其速度与反应物的比表面积呈正比，提高磷矿粉细度可以提高其比表面积，从而提高反应速度。

(4)增加硫酸用量法　对于某些磷矿，增加硫酸用量可以其与磷矿使反应更彻底，不仅提高转化率，还能提高产品游离P_2O_5的浓度，但必须进行中和。

(5)稀硫酸反应法　适当降低硫酸浓度，H^+的活度反而提高，有利于提高硫酸与磷矿反应的速度。但所得的料浆不容易固化，需要与已经过干燥的成品混合，再干燥而得到最终产品。

(6)硫酸与磷矿共磨法　在矿酸共磨的过程中，磷矿表面上的硫酸钙结晶膜易被消除，故能提高反应速度。美国曾做过佛罗里达磷矿与40%～60%浓度的硫酸共磨的试验,1 d后转化率即达94%～97%。该法生产对研磨设备的腐蚀较强。

(7)用硫酸与盐酸或硝酸混合处理磷矿　盐酸和硝酸分解磷矿的能力较强,且反应产物可溶,不易形成类似硫酸钙的硫酸钙结晶膜,从而提高反应速度,也有利于提高转化率。

(8)添加表面活性剂法　在硫酸与磷矿进行混合反应时,加入非离子型表面活性剂(环氧乙烷与脂肪醇、脂肪酸长链烃等的缩聚物)。加入表面活性剂可缩短酸解的时间,且可用于粗矿粒生产,因而可提高磨机效率,降低电耗。此法生产的产品物理性质好,不结块。

5.成品的中和

通常生产厂为了使磷矿迅速分解,缩短熟化时间,提高P_2O_5的转化率,将硫酸用量提高到理论用量的110%,甚至更高。而过磷酸钙成品要求游离酸的含量(以P_2O_5计)小于5%,游离水含量小于15%。当成品游离酸的浓度高于5%时,可加入一些中和剂,以改善其物理性能,并避免腐蚀包装材料和危害农作物。常用的中和剂有石灰石粉、石灰、白云石粉、蛇纹石、磷矿粉、氨、碳酸氢铵、骨粉、磷块岩、钙镁磷肥以及脱氟磷肥等。使用不同的中和剂均能中和游离酸,但对过磷酸钙产品的质量有不同的影响。

用骨粉、磷块岩、磷矿粉及钙镁磷肥等作中和剂均可使过磷酸钙的物理性质得到改善。用骨粉作中和剂时,还可使过磷酸钙有效P_2O_5含量有所提高,因为骨粉的主要成分是磷酸三钙,商品骨粉含15%～35%的P_2O_5(依不同的加工方法而定)。以磷块岩作中和剂对过磷酸钙有效P_2O_5含量无显著影响,或仅有少量提高。

用不含磷的石灰石、石灰、白云石粉和蛇纹石等作中和剂时,能较快地中和过磷酸钙中的游离酸,但要严格控制用量。为稳妥起见,不可将过磷酸钙中的游离酸全部中和掉,且要将中和剂与过磷酸钙混合均匀,以免局部过量而使过磷酸钙有效P_2O_5含量下降,甚至退化。

用氨或碳酸氢铵中和过磷酸钙游离酸时,如用量适当,不仅可以改善产品物理性质,同时还使产品含有1%～5%的氮。一般工业生产多使用氨,产品称为氨化过磷酸钙,为避免发生有效P_2O_5的退化,通常通氨量为过磷酸钙质量的2%～3%,即控制pH 4.2～4.5,产品含氮约3%。

6.含氟气体的回收

(1)含氟气体的产生　磷矿粉与硫酸反应时,生成氟化氢气体。

氟化氢继续与磷矿中的二氧化硅(或硅酸盐)反应生成四氟化硅气体,反应式为:

$$4HF + SiO_2 = SiF_4\uparrow + 2H_2O$$

部分四氟化硅又与氟化氢作用生成氟硅酸,反应式为:

$$SiF_4 + HF = H_2SiF_6$$

在温度低于60 ℃时,四氟化硅还与气体内的水蒸气反应生成氟硅酸和硅酸,反应式为:

$$SiF_4 + 3H_2O = H_2SiF_6 + H_2SiO_3$$

在过磷酸钙生产的混合、化成过程中,磷矿含氟总量的40%～50%呈四氟化硅逸出,其余的仍以氟硅酸盐形态留在过磷酸钙成品中。随四氟化硅一起逸出还有水蒸气和二氧化碳,有时还夹杂有少量的酸雾、硅胶等。干法生产时,气体中常会带有少量磷矿粉尘。若所用的原料硫酸是其他工业的废硫酸,其中可能含有的低沸点有机物也将随含氟气体一并逸出。这些如果不回收，将腐蚀设备，损害人体健康，污染大气。回收的含氟气体还可以制成氟硅酸钠、氟硅酸镁、冰晶石等氟化物产品。

(2)含氟气体的回收　用抽风机将过磷酸钙生产中所放出的含氟气体引入氟吸收系统，用水逆流循环吸收，达到排放标准后放空。吸收反应式为：

$$3SiF_4 + 4H_2O = 2H_2SiF_6 + SiO_2 \cdot 2H_2O$$

悬浮在气体中的雾状氟硅酸，一部分被胶状硅酸吸附成为渣滓沉降于气体管道，采取用水将渣滓冲洗入吸收室，以回收氟硅酸。从净化有毒气体与尽可能多回收氟硅酸考虑，一般来说，增大吸收时的压力、降低气体和吸收液的温度、增大含氟气体与水的接触面积以及降低吸收溶液中氟硅酸的浓度都有利于提高水对含氟气体的吸收效率。

由于送来吸收系统的气体温度一般都在 50～60 ℃，所以四氟化硅的水解反应很易进行，因此吸收液的浓度主要取决于回收利用的要求。吸收液浓度降低 1%，吸收效率能提高 1.3% 左右。从回收利用的角度来讲，自然尽量提高氟硅酸(H_2SiF_6)的浓度，但氟硅酸的浓度超过 12%，吸收效率将明显下降。

工业生产中为了避免有较高的含氟气体从吸收系统漏出毒害操作环境，只有采用高效设备，并多段吸收。常用的吸收设备有多轴长方形吸收室，喷射吸收塔、湍动吸收塔以及文丘里吸收器等。生产上可根据生产方法、生产规模及其经济技术条件选择合适的吸收系统。同时为了防止温度较高的、氟硅酸含量较多的气体首先进入抽风机，致使造成风机严重的腐蚀，采取将抽风机安装在吸收系统的末端。这样，由于此处气体中氟硅酸含量大大降低了，有利于维护风机，同时也保证了整个系统吸收能维持一定负压(300 Pa)而变相地增大了吸收的压力，从而达到上述的目的。

7.造粒与干燥

经过上述工序制作的过磷酸钙为粉状，它具有一定的黏结性和可塑性，不便于储存和机械施用，且施入土壤后，水溶性的 P_2O_5 易被固定，从而降低肥效。而粒状过磷酸钙通常具有良好的物理性质，便于机械化施肥，比同样 P_2O_5 含量粉状过磷酸钙的 P_2O_5 利用率高。

过磷酸钙造粒的方法有：圆盘造粒法、转鼓造粒法(又叫回转圆筒造粒法)和挤压造粒法。工业生产中多采用转鼓造粒法。图 2-11 为生产粒状过磷酸钙的工艺流程。

熟化过磷酸钙有一定量的液相(水和游离酸)，经机械搅动促使过磷酸钙的粒子互相碰撞，液相的表面张力引起的毛细管力使粒子团聚成较大的颗粒。含水率低时，造粒需要的时间长，甚至不能成粒。水分过多，造粒时间缩短，但颗粒太大，且要增加干燥工序的能耗。因此，应该通过实验确定熟化过磷酸钙造粒时的最佳水分含量，既使物料的造粒时间较短，又减少干燥的能耗。粒状过磷酸钙成品的粒度为 ϕ 1～4 mm，大于 4 mm 的大颗粒经破碎后再筛分，小于 1 mm 的粉粒则作为返料直接送回造粒机与粉状过磷酸钙一起造粒。颗粒强度为 6～18 N。干燥过程中逸出的废气，先经吸尘，再洗涤净化后放空。从冷却机逸出的废气，经吸尘后放空。

如果需要生产含微量元素的过磷酸钙，可在中和的同时将微量元素均匀加入粉状过磷酸钙中，或者将微量元素的溶液喷在造粒机中的过磷酸钙料床上。过磷酸钙添加微量元素的种类和数量应根据农业生产的需求而定。微量元素含量一般为：B 0.001%，Cu 0.004%，Mn 0.009%，Zn 0.01%。

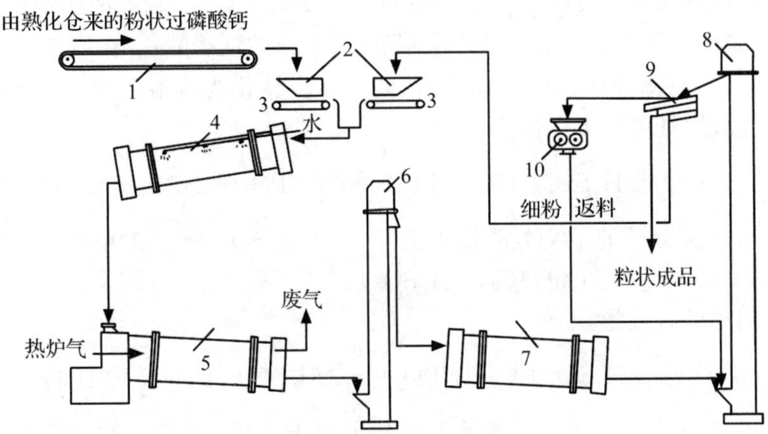

图 2-11 粒状过磷酸钙的生产工艺流程图

1.皮带输送机;2.储斗;3.皮带加料器;4.转鼓造粒机;5.回转干燥机;

6,8.斗式提升机;7.回转冷却机;9.双层振动筛;10.粉碎机

(三)工艺条件

用不同品位的磷矿或不同方法生产过磷酸钙,其工艺条件也不完全相同。为保证产品质量并取得较好的技术经济效益,除选用品位高、杂质少、反应活性好的磷矿外,在生产中还需严格控制各项工艺条件。生产过磷酸钙的主要工艺条件如下。

1.矿粉的细度及矿粉(或矿浆)的水分含量

矿粉(矿浆)越细,比表面积越大,与硫酸反应越快,从而获得较高的转化率。然而提高矿粉细度势必降低磷矿研磨设备的生产能力,同时增加电耗和生产成本。为此,应综合考虑磷矿的反应活性、易磨性及工艺设备特性等因素,确定磷矿粉的经济合理细度。工业生产上通常要求磷矿粉的细度为90%以上过149 μm筛。用干法生产时,为使磷矿粉有良好的流动性,通常控制磷矿粉水分含量<1%。用湿法生产时,矿浆的水分含量不宜超过30%。

2.硫酸的用量

硫酸的用量是根据磷矿中的化学组分,用化学计量方法算出每分解100份质量磷矿所需要的硫酸用量(按100% H_2SO_4计)。计算方法如下:

(1)P_2O_5消耗的硫酸量

$$2Ca_5(PO_4)_3 \cdot F + 7H_2SO_4 + 3H_2O \longrightarrow 3Ca(H_2PO_4)_2 \cdot H_2O + 7CaSO_4 + 2HF\uparrow$$

由上式可知:3克分子P_2O_5消耗7克分子H_2SO_4;P_2O_5和H_2SO_4的相对分子质量分别为142和98,所以1单位质量P_2O_5消耗H_2SO_4为$7\times98/3\times142=1.61$份(100% H_2SO_4)。

(2)CO_2消耗的硫酸量

$$RCO_3 + H_2SO_4 = RSO_4 + H_2O + CO_2\uparrow$$

其中RCO_3和RSO_4分别为碳酸盐和硫酸盐。由上式可知:1克分子的CO_2消耗1克分子的H_2SO_4,所以1单位质量CO_2消耗的H_2SO_4为:$98/44=2.23$份(100% H_2SO_4)。

(3)Fe_2O_3消耗的硫酸量 在第一阶段反应中,1克分子的三氧化二铁与3克分子的硫酸生成1克分子的硫酸铁[$Fe_2(SO_4)_3$],如果按照这个反应式计算,硫酸的用量偏高。因为在第二阶段反应中,磷酸二氢钙还与硫酸铁产生副反应,生成酸性磷酸盐,在第二阶段后期,液相量逐渐减少,P_2O_5浓度逐渐降低,上述的酸性磷酸盐逐步转化为难溶的中性磷酸盐析出。因此三氧化二铁的硫酸用量可按下式计算:

$$Fe_2O_3+H_2SO_4+Ca(H_2PO_4)_2 = 2FePO_4+CaSO_4+3H_2O$$

由上式可知:1克分子的Fe_2O_3消耗1克分子的H_2SO_4,所以1单位质量Fe_2O_3消耗的H_2SO_4量为98/159.7 = 0.61份(100% H_2SO_4)。

(4)Al_2O_3消耗的硫酸量

$$Al_2O_3+H_2SO_4+Ca(H_2PO_4)_2 = 2AlPO_4+CaSO_4+3H_2O$$

由上式可知:1克分子的Al_2O_3消耗1克分子的H_2SO_4,所以1单位质量Al_2O_3消耗的H_2SO_4量为98/101.96 = 0.96份(100% H_2SO_4)。

每份磷矿消耗的硫酸(理论用量)应为所含P_2O_5、CO_2、Fe_2O_3及Al_2O_3所消耗H_2SO_4用量的总和。即得下面的计算公式:

100% H_2SO_4理论用量$=1.61\times P_2O_5\%+2.23\times CO_2\%+0.61\times Fe_2O_3\%+0.96\times Al_2O_3\%$(份)

例如,某磷矿的组分(质量)为:P_2O_5(37.56%),CO_2(0.60%),Fe_2O_3(1.86%),Al_2O_3(0.38%),则每100份磷矿粉所需硫酸的理论用量为:$37.56\times1.61+0.60\times2.23+1.86\times0.61+0.38\times0.96=63.31$份(100%$H_2SO_4$)。

此外,还可以用经验值来确定硫酸的理论用量。方法是根据磷矿纯度、倍半氧化物以及碳酸盐含量的多少确定经验系数。当磷矿纯度高,倍半氧化物和碳酸盐含量少时,经验系数为1.7;当磷矿倍半氧化物多,但碳酸盐含量少时,经验系数为1.8;当磷矿倍半氧化物和碳酸盐含量都多时,经验系数为1.9。硫酸的总用量$=P_2O_5\%\times$经验系数(100%硫酸)。

硫酸的理论用量是选择硫酸实际用量的主要依据。由于实际上还有其他的杂质消耗硫酸,同时为了提高磷的转化效率,一般实际硫酸用量为理论用量的103%~105%。过于提高硫酸定额会导致生产成本高,腐蚀生产设备,游离酸含量高、吸湿结块性增加,影响产品品质,腐蚀包装材料和施肥机械,影响种子发芽率,危害农作物生长,使土壤局部酸化严重。为了节约资源,通常还利用工业废硫酸作为原料,但要注意杂质对过磷酸钙产品和农作物的影响,应采取适当的措施先进行处理,并将硫酸的浓度调到工艺条件的要求。

3. 硫酸的浓度与温度

生产过磷酸钙对硫酸的浓度和温度都有一定的要求。一般间歇法采用的硫酸浓度为60%~65%;稀酸矿粉法(干法)因磷矿特性(分解的难易程度)及其组成、矿粉细度、气温等而有所不同,通常采用的硫酸浓度为60%~78%,温度为50~90 ℃;湿法采用的硫酸浓度为93%以上,温度为40~45 ℃。实际生产的过程中,还应该根据磷矿的特性确定硫酸的浓度和温度。对于难分解的磷矿,通常采取低硫酸浓度和低硫酸温度,而对于易分解的磷矿,通常采取高硫酸浓度和高硫酸温度;磷矿Fe_2O_3和Al_2O_3含量较高时,用50~60 ℃的硫酸与之反应为宜,而用MgO含量高的磷矿作原料时,硫酸的温度则以70~80 ℃为宜。如用较高浓度的硫酸,温度可以稍低些,而所用硫酸浓度较低时,则可适当提高硫酸温度。此外,冬季气温低,对于同一磷矿，使用的硫酸温度比夏季高 5～10 ℃。

4. 矿酸混合的搅拌强度及混合时间

矿酸混合与料浆化成的时间要根据矿种和使用的设备形式，并通过实践来决定。无论是难分解的磷矿还是易分解的磷矿，提高混合前矿粉的细度和混合时的搅拌强度既可以提高硫酸与磷矿的化学反应速度和磷的转化率，又可以大大缩短混合和化成的时间。但过分提高搅拌强度反而使 $CaSO_4 \cdot 1/2H_2O$ 形成的骨架受到破坏，致使料浆难以固化，同时会加剧搅拌桨的机械磨损和增加功率消耗。搅拌强度通常以搅拌桨叶末端的线速度表示。多桨立式混合器的各桨叶末端的线速度不一样：从加料口算起的 1～3 桨可取 8～12 m/s；靠近下料口处的 1 桨或 2 桨，因料浆渐稠，可取 5～7 m/s。

混合时间也即物料在混合机中停留的时间。混合时间的长短与磷矿分解的难易程度、矿粉细度、混合机类型、混合搅拌强度等有关。在同样的立式混合器和搅拌强度下，容易分解的磷矿只需混合 2～4 min，而难分解的磷矿却要混合 4～10 min。通常磷灰石比磷块岩需要更长的混合时间。对于同一矿种，细的矿粉需要较少的混合时间。立式混合器需要混合的时间为 2～10 min，卧式混合器需要 13～18 s，锥式混合器仅需 1～3 s。混合时间不够，料浆分解率低且不易固化；若混合时间太长，料浆会太黏稠，流动性差，给操作带来困难。为此，可根据混合后料浆固化的速度来确定混合的时间。从混合器中流出的料浆的黏稠度应控制到进入化成室后即可固化，皮带化成室的化成时间不超过 30 min。

5. 化成时间

化成时间是指混合机的稠厚料浆进入化成室，直到成为新鲜过磷酸钙从化成室卸出的一段时间，新鲜过磷酸钙即将离开化成室之际，磷矿分解率可达 80%～90%。此时磷酸已被钙盐饱和，致使磷矿的分解速度急剧下降，所以即使延长化成时间，也难以使分解率迅速提高。

不同形式的化成室，物料的化成时间不同，皮带化成室一般为 10～25 min；链板化成室为 15～40 min；回转化成室 30～90 min。具体应根据硫酸浓度、硫酸用量及混合搅拌强度等条件确定。

6. 熟化的条件

鲜肥熟化的过程是硫酸与磷矿反应生成的磷酸与剩余的 20%～30%磷矿粉反应生成磷酸二氢钙的过程（即完成第二步反应）。熟化的时间应根据磷矿的特性和熟化的方法来确定，这些在上述的工艺流程（鲜肥熟化部分）中已经做了具体介绍，这里不再赘述。从生产角度考虑，要控制好熟化条件，以尽量缩短熟化时间，同时防止有效 P_2O_5 的退化。

7. 造粒与干燥的工艺条件

成品粒状过磷酸钙含水量不宜超过 5%，一般为 3%～4%，过低也会引起 P_2O_5 的退化。因此，为了达到既使物料的造粒时间较短，又减少干燥的能耗，过磷酸钙的造粒时物料含水量最好在 12%～17%（不同磷矿生产的过磷酸钙，造粒时的最佳水分含量有所差异），物料在造粒机中停留 7～12 min（与物料的含水量有关）。

湿的粒状过磷酸钙从造粒机进入干燥机，与热炉气并流进行干燥（即并流式干燥），进入干燥机的热炉气温度为 500～900 ℃，出干燥机的尾气温度为 100～120 ℃。为防止有效 P_2O_5 退化，出干燥机的粒状过磷酸钙温度必须控制在 75～105 ℃。因为温度过高，一水磷酸二氢钙将失去结晶水成为磷酸二氢钙，水溶性 P_2O_5 逐渐减少。如加热到 150 ℃，磷酸二氢钙转化成焦磷酸氢钙，反应式为：

$$Ca(H_2PO_4)_2 = CaH_2P_2O_7 + H_2O$$

焦磷酸氢钙($CaH_2P_2O_7$)基本没有肥效。

四、生产过磷酸钙的主要设备

生产过磷酸钙的主要设备有:①磷矿粉计量设备,一般采用星型给料器和皮带计量器联合使用,前者作初步计量用,后者作精确计量用。②储浆池,在湿法生产时储存料浆用。③硫酸计量设备,国内主要采用虹吸管计量器和瓢式计量器。④混合器,是生产过磷酸钙的主机,目前一般采用多桨立式混合器和单轴卧式混合器,还有透平式混合机和锥形混合器。⑤化成室,主要采用的有回转化成室和皮带化成室,也可以采用链板化成室。⑥含氟气体吸收设备,有多轴长方形吸收室,喷射吸收塔、湍动吸收塔以及文丘里吸收器等。⑦造粒设备,有圆盘造粒机、转鼓造粒机及挤压式造粒机。⑧干燥及冷却设备,粒状过磷酸钙主要采用回转干燥机进行干燥,之后用回转冷却机冷却,也可用流化床冷却器进行冷却。

第四节　重(富)过磷酸钙生产与加工技术

一、重过磷酸钙的生产

(一)生产重过磷酸钙的原料

生产重过磷酸钙的原料为磷矿和磷酸。为达到产品质量标准和经济技术指标,生产对原料的质量有一定的要求。

1. 磷矿

天然磷矿分为磷灰石和磷块岩两种。磷矿中的磷酸盐组成是磷酸三钙[$Ca_3(PO_4)_2$]或氟磷酸钙[$Ca_5(PO_4)_3 \cdot F$]。磷矿质量的好坏不仅以磷矿中所含的有益组分,还应以有害组分来综合衡量。生产重过磷酸钙的磷矿用于两个部分。第一部分用于生产中间产品——磷酸,称为一次矿;第二部分用于生产重过磷酸钙,称为二次矿。

有害组分含量过高会对生产过程及产品质量带来不利影响。大中型重过磷酸钙工厂的产品至少要达到中国标准中的一级品规格,即有效 $P_2O_5 \geqslant 42\%$。为此,要求所用的一、二次磷矿达到如下质量标准(表 2-6)。此外,二次磷矿的反应活性对重过磷酸钙的生产也至关重要。

表 2-6　一、二次磷矿质量指标　%

指标	范围
P_2O_5	$\geqslant 32$
CaO/P_2O_5	$\leqslant 1.5$
CO_2/P_2O_5	$\leqslant 18$
$(Fe_2O_3+Al_2O_3)/P_2O_5$	$\leqslant 10$
MgO/P_2O_5	$\leqslant 3$

2. 磷酸

用来分解磷矿的磷酸必须具有足够的酸性,或者说足够的 H^+ 活度。它与五氧化二磷浓度和铁、铝、镁的含量有关。一般来说,五氧化二磷浓度愈高,离解后最初 H^+ 浓度也愈高。但是铁、铝、镁等杂质会中和掉一部分磷酸,使磷酸的 H^+ 浓度降低;且杂质含量高的磷酸黏度大，悬浮物多，当温度降低时，还会有沉淀析出，给储存运输带来麻烦。

用符合要求的磷矿生产的磷酸，当 $P_2O_5 \geqslant 48\%$ 时，H^+ 浓度应该 $\geqslant 0.6\%$。此外，磷酸中固体含量也应有所限制，通常应 $\leqslant 1\%$（质量分数）。

(二)重过磷酸钙的生产原理

生产重过磷酸钙是用磷酸分解磷矿中的氟磷酸钙，其化学反应式为：

$$Ca_5(PO_4)_3 \cdot F + 7H_3PO_4 + 5H_2O \longrightarrow 5Ca(H_2PO_4)_2 \cdot H_2O + HF\uparrow$$

上述反应式表明：氟磷酸钙与磷酸反应生成磷酸二氢钙和氟化氢气体，包括氟磷酸钙溶解和一水合磷酸二氢钙结晶两个过程。在反应的初始阶段，磷酸溶液尚未被磷酸二氢钙所饱和，氟磷酸钙的分解进行得相当快。但是当溶液被磷酸二氢钙所饱和后，分解速度就大大减缓。当氟磷酸钙继续被分解，形成过饱和溶液后，磷酸二氢钙便开始结晶析出。反应体系由黏稠的浆体逐渐变成固体。此时，氟磷酸钙的分解仍在继续，整个反应进行得非常缓慢，若要得到较高的分解率，通常需要 2～4 周。

磷酸在分解磷矿粉的同时，矿石中的碳酸盐、铁、铝氧化物等杂质也会参加反应。

$$(Ca、Mg)CO_3 + H_3PO_4 = (Ca、Mg)(H_2PO_4)_2 \cdot H_2O + CO_2\uparrow$$
$$(Fe、Al)_2O_3 + 2H_3PO_4 + H_2O = 2(Fe、Al)PO_4 \cdot 2H_2O$$

如果用湿法生产的磷酸为原料，其中常含有少量的 H_2SO_4、H_2SiF_6、Al_2O_3、Fe_2O_3、MgO 等杂质。实际上，在反应的初始阶段 H_2SO_4 率先和磷矿中的碳酸盐或 CaF_2 反应，直接或间接地都生成了硫酸钙。化学反应式如下：

$$CaCO_3 + H_2SO_4 + 溶液 = CaSO_4 \cdot nH_2O + CO_2\uparrow + H_2O$$
$$CaF + H_2SO_4 + 溶液 = CaSO_4 \cdot nH_2O + 2HF\uparrow + 溶液$$
$$MgCO_3 + H_2SO_4 = MgSO_4 + CO_2\uparrow + H_2O$$
$$MgSO_4 + Ca(H_2PO_4)_2 \cdot H_2O + 溶液 = Mg(H_2PO_4)_2 \cdot H_2O + CaSO_4 + nH_2O$$

上述反应中析出的氟化氢与矿石中的氧化硅或硅酸盐作用生成四氟化硅和氟硅酸，部分四氟化硅又与氟化氢作用生成氟硅酸，反应式为：

$$4HF + SiO_2 = SiF_4\uparrow + 2H_2O$$
$$6HF + H_2SiO_3 = H_2SiF_6 + 3H_2O$$

氟硅酸与硅酸进一步反应，或在一定温度下分解为四氟化硅，呈气态逸出：

$$2H_2SiF_6 + H_2SiO_3 = 3SiF_4\uparrow + 3H_2O$$
$$2H_2SiF_6 = SiF_4\uparrow + 2HF$$

另一部分氟硅酸以氟硅酸形式存留在重过磷酸钙产品中。

(三)重过磷酸钙的生产方法及其工艺流程

目前，生产重过磷酸钙的方法很多，主要的可归纳为化成法、料浆法、鲜肥直接造粒法和稀酸返料固化法等四种。

1. 化成法

化成法（或称浓酸固化法，图 2-12）用得最早，是参照普通过磷酸钙生产技术发展起来的。

该方法是用较浓的磷酸（48%～54% P_2O_5，温度大约 70 ℃）和磨细的磷矿粉（90%以上过 149 μm 筛）在混合机内混合和初步反应生成料浆；在化成机内继续反应和固化，成为多孔状的物料，根据实际生产情况，可选用皮带化成室或回转化成室；经机械破碎或在运动中破碎成细粒状产品；由化成室卸出的重过磷酸钙，还有 10%～30%未分解的磷矿粉和一定量的游离酸及游离水，为了使磷矿粉继续分解，降低游离酸和游离水含量，需要将从化成机卸出的产品转运到仓库内堆置数天，即熟化。在较长的熟化期间，磷矿的分解反应继续缓慢地进行，最终达到比较完全的程度。混合与化成两个工序所放出的含氟气体（包括四氟化硅、二氧化硅和水蒸气等），经水吸收后排弃，或制成氟硅酸钠等。熟化后的产品可经干燥后直接作为粉状肥料，也可进一步加工成粒状产品。

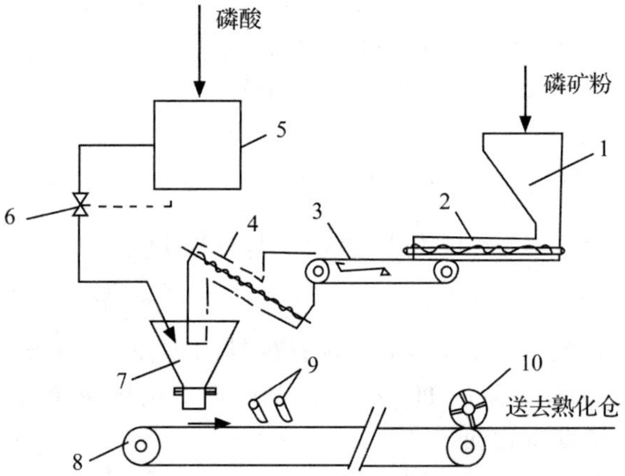

图 2-12 化成法生产重过磷酸钙流程

1. 矿粉储斗；2. 螺旋输送机；3. 重量式加料机；4. 螺旋加料机；
5. 转子流量计；6. 自动控制阀；7. 漏斗式混合器；
8. 皮带化成室；9. 切条刀；10. 切碎机

该方法的优点是可以使用反应活性不高的磷矿，并且有足够的反应和熟化时间，熟化物料的温度和液相中五氧化二磷浓度合适，有利于后期反应进行，故可以得到较高的磷矿分解率；造粒时的返料率可以降低到最低限度，故后处理系统的设备较小，可节省投资和能耗。其缺点是需要庞大的熟化仓库，占地大、投资多；在仓库内逸出的微量氟较难捕收处理。

2. 料浆法

该法又称稀酸返料造粒法，是用浓度较低的磷酸（38%～42% P_2O_5）和磨细的磷矿粉（90%以上过 149 μm 筛）反应。在带有搅拌器的槽中，酸矿经过较长时间的混合反应形成料浆，由于料浆中液相过多而不能固化，固将其直接送去造粒。为了使颗粒合乎规格，在造粒机内必须加入足够的经过干燥的返料，即返料量必须相当大。湿颗粒的干燥、筛分、破碎、冷却以及尾气的处理工序与上述化成法类似。

该方法的优点是可以使用浓度较低的磷酸，因此在磷酸浓缩部分可减少负荷，节省能耗；流程连续一步制成粒状产品，无须庞大的熟化仓库；氟的捕收处理比较方便；产品外观好、强度高。其缺点是必须用反应活性高的磷矿；即使这样，由于反应时液相浓度低，反应时间比化成法短，故磷矿分解率通常比化成法低；为了使造粒物料的含水量降低到适宜于造粒的水平，必须添加大量的返料，这使后处理设备很庞大，也相应增加了投资和动力消耗；干燥过程的燃料消耗也较大。

3.鲜肥直接造粒法

鲜肥直接造粒法(图 2-13)是在化成法的基础上衍生出来的，其主要目的在于克服了化成法需要很长的熟化期的缺点。采用较浓的磷酸(48%～54% P_2O_5)，同样有混合化成工序。为了得到较高的磷矿分解率，磷矿需要磨得更细、化成时间更长。自化成机出来的物料(鲜肥)不经过熟化，直接送去造粒。造粒、干燥、破碎、筛分过程与化成法相同。

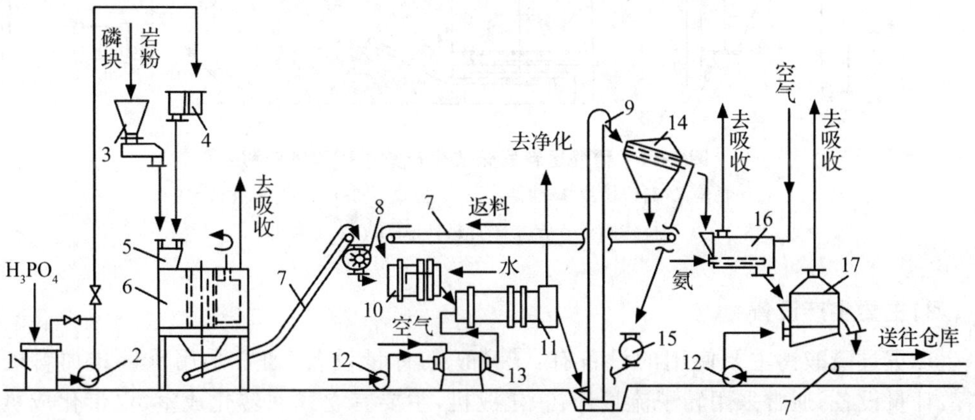

图 2-13　鲜肥直接造粒法生产重过磷酸钙流程

1.酸槽；2.泵；3.计量器；4.流量计；5.混合器；6.化成室 7.输送机；8.打散机；9.提升机；10.转鼓造粒机；11.转筒干燥机；12.通风机；13.燃烧炉；14.筛子；15.破碎机；16.氨化器；17.沸腾冷却机

由于取消了熟化过程，磷矿分解反应应在混合化成阶段大部分完成，磷矿分解率应达到80%～85%，在造粒和干燥工序上磷矿分解率增长很有限。作为一种弥补办法，将干燥产品的含水量控制稍高(4%～6%)，以便在储存过程中仍可以慢慢熟化。

该法的优点是流程连续一步制得粒状产品；无须庞大的熟化仓库，氟的捕集处理方便。缺点是必须选用杂质少且反应活性高的磷矿，才能制成物理性质良好的化成物料(即游离酸含量少、干燥、松散，适宜进行造粒)，鲜肥的物理性质好坏很大程度上将决定着造粒和后处理系统能否正常造作。

4.稀酸返料固化法

该法的前部分工序与料浆法类似，后面工序则与化成法类似(图 2-14)。采用浓度较低的磷酸(30%～42%)和磷矿粉(90%以上过 149 μm 筛)反应，生成的料浆因液相过多不能固化，为此加入一定量的由熟化物料干燥后制成的返料，使混合反应料浆的含水量降低到能够形成固化物料的程度。料浆在化成机内继续反应和固化，然后卸出转移到熟化仓库内，经过较短时间的熟化后直接作为粉状产品，或进一步加工为粒状产品。熟化物料的造粒、干燥、破碎、筛分、冷却过程与化成法相同。

该法的优点是对磷矿的适应性较强，可以使用某些反应活性不够好的磷矿；可以使用浓度较低的磷酸，特别是磷酸浓缩比较困难时更为有利；大大缩小熟化仓库，可降低造价。缺点是生产流程较长，需要一套制备返料的干燥系统，增加了设备和投资。

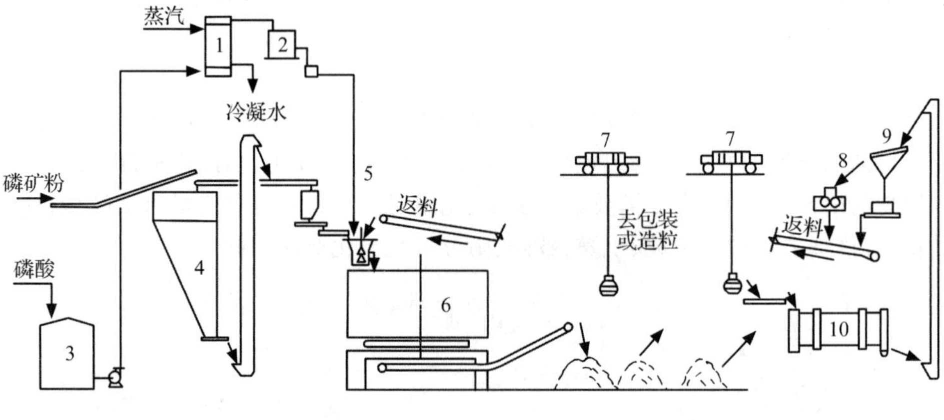

图 2-14　稀酸返料固化法生产重过磷酸钙流程

1. 加热器;2. 高位槽;3. 磷酸储槽;4. 矿粉储斗;5. 混合机;6. 化成室;
7. 桥式抓斗吊车;8. 破碎机;9. 筛子;10. 干燥机

(四)主要生产设备

生产重过磷酸钙主要使用的设备有:①磷矿粉计量设备,通常采用重量式加料机计量;②磷酸计量设备,通常采用转子流量计;③化成机,主要有立式回转化成室、皮带化成机、链板化成机以及卧式回转化成机。如果要制成粒状重过磷酸钙则还需要造粒机(转鼓造粒机、捏合机和喷浆造粒干燥机)、干燥机(回转干燥机)、破碎机(链式破碎机和三辊式破碎机)和冷却机(回转冷却机、流化床冷却器和氨化冷却器等)。

(五)部分酸化磷矿的生产

在用硫酸分解磷矿制过磷酸钙和用磷酸分解磷矿制作重过磷酸钙时,生产上为了提高分解速度和转化率,通常酸的实际用量比理论用量多,从而导致产品中存在游离酸。游离酸过多会使产品质量变坏,因此需要进行中和。当中和剂的用量达到一定程度时(超过理论用量),即可获得部分酸化磷矿,此为间接法。它是将熟化或半熟化的过磷酸钙、重过磷酸钙或富过磷酸钙与适量的磷矿粉在卧式双轴混合造粒机中混合而成。此外,还可以采用直接法生产部分酸化磷矿(图 2-15),它是在制造过磷酸钙或重过磷酸钙时,减少酸的用量(即酸实际用量是理论用量的一部分,通常为理论用量的 20%～60%),即所加酸的量只能使其中一部分难溶性磷分解转化为水溶性磷,酸化度小于 1,因此,又称节酸磷肥。

根据工艺不同,直接法又分堆置法和一步粒化法。堆置法采用的是捏合型反应器,将酸、矿直接加入混合器进行强制搅拌。该法类似过磷酸钙生产,酸化度易调节,得到的是半颗粒化产品。一步粒化法是在转鼓造粒机中不断喷酸、加磷矿,直接造粒。该工艺的特点是中间不需熟化,可连续化生产,但酸化度不易调节,返料量较大。为此,郑州工业大学专门研制了类似圆盘的造粒机,其成球率高、返料少,克服了转鼓造粒一步粒化法制 PAPR 的缺点。

磷矿酸化度的确定是一个很复杂的问题,它受多方面因素的影响,如用酸种类、用酸质量、磷矿活性、磷矿杂质、土壤固磷能力、植物特性等。确定酸化度的依据是得到最佳的农化效果。当磷矿细度相同时,提高酸化度可提高磷矿分解率。酸化度不同,产品中水溶性 P_2O_5 含量也不一样(图 2-16)。

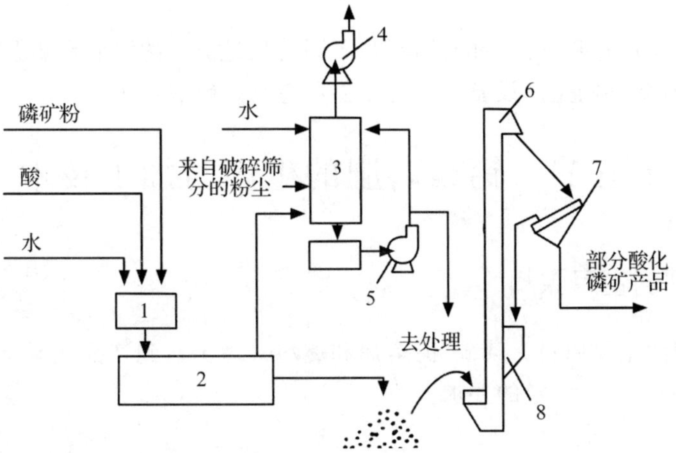

图 2-15　直接法生产粉状部分酸化磷矿的工艺流程

1.混合机；2.熟化室；3.洗涤塔；4.排风机；5.循环泵；6.斗式提升机；7.振动筛；8.破碎机

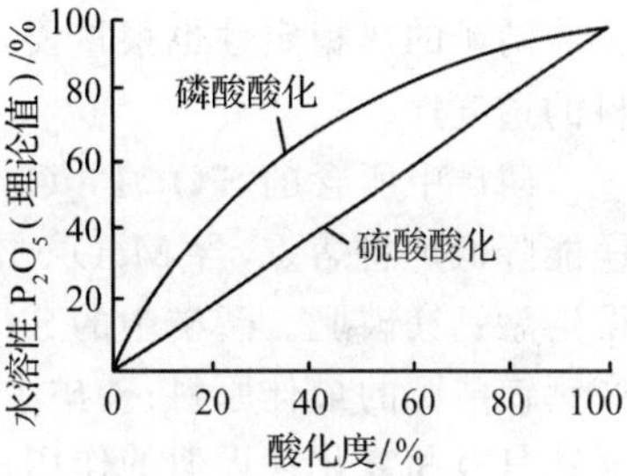

图 2-16　部分酸化磷矿的酸化度对水溶性 P_2O_5 的影响

部分酸化磷矿比完全酸化磷肥节约酸，这对硫和磷资源缺乏的地区显示其相对优势；部分酸化磷矿的建厂投资、生产费用、原料费用均较完全酸化磷肥低。这对资金短缺的发展中国家具有很大的吸引力；部分酸化磷矿可利用中低品位磷矿，一些不利于加工高浓度磷肥的中低品位磷矿，不需特别处理即可用于生产部分酸化磷矿；部分酸化磷矿比过磷酸钙总含磷高，因而单位养分的运输、施用费用较低；部分酸化磷矿既含有水溶磷，又含有枸溶磷和难溶磷，因而实际上它是一种控释磷肥，能减少土壤对磷的固定；此外，部分酸化磷矿在土壤中有一定的石灰石反应，它能改良土壤酸性，特别是缓冲能力低的土壤。在酸性土壤上，部分酸化磷矿被证明和完全酸化磷肥的肥效相当，甚至优于完全酸化磷肥，这可以降低农业成本。

二、富过磷酸钙的生产

用浓硫酸和稀磷酸的混酸分解磷矿粉即成为富过磷酸钙，主要化学反应为：

$$3Ca_5(PO_4)_3 \cdot F + 7H_2SO_4 + 7H_3PO_4 + 8H_2O \longrightarrow 8Ca(H_2PO_4)_2 \cdot H_2O + 7CaSO_4 + 3HF\uparrow$$

所用的硫酸浓度与生产过磷酸钙的差不多，磷酸浓度约为 50% P_2O_5。磷酸用量一般占两种酸总用量的 20%～33%，两种酸的具体比例以保证料浆凝固和磷矿迅速分解为准则。只有当 H^+ 的浓度范围为 0.9%～1.2%时，才会生成磷矿分解率足够高的可凝固的料浆。

如果所用的磷矿品位较高，可制成含 P_2O_5 在 25%～30%的富过磷酸钙，如果所用的磷矿品位较低，仍可制成含有效 P_2O_5 达 20%以上的富过磷酸钙产品。

其优点是可以用较低品位的磷矿制成相当于一级品过磷酸钙的产品，和用未经浓缩的稀的萃取磷酸和浓硫酸混合，避免了稀磷酸浓缩操作的困难。缺点是需要庞大的萃取磷酸设备。因此，和用稀磷酸直接制重过磷酸钙流程相比，此法并不先进，仅实用于充分利用不易分解、难精选的贫矿。

富过磷酸钙的生产过程和过磷酸钙相似，不同的只是前者的混酸预热温度较高，搅拌时间较长。因此，制过磷酸钙的生产设备完全可以供制造富过磷酸钙用。

第五节 钙镁磷肥的生产与加工技术

一、钙镁磷肥的生产原料

生产钙镁磷肥的主要原料为磷矿、助熔剂和燃料。为了达到产品质量标准和经济技术指标，生产上对原料的质量有一定的要求。

（一）磷矿

生产钙镁磷肥对原料磷矿有些特殊要求。为保持高炉的透气性，通常要求磷矿的粒度为10～120 mm。大于120 mm的矿石应进行破碎；小于10 mm的矿粒或矿粉应进行造块；黏附在矿石表面的黏土最好通过压力水冲洗、干燥后入炉。

磷矿的热稳定性也很重要，某些片状沉积磷块岩磷矿，入炉后遇热裂解为碎片，也影响炉料的透气性。

磷矿中所含的SiO_2、Fe_2O_3和Al_2O_3等杂质在一定范围内是有益物质。如矿石中含氧化镁能降低炉料熔点，含MgO 6%～10%的磷矿属自熔性磷矿，不添加或少添加助熔剂即能制得熔融钙镁磷肥。磷矿中的SiO_2是钙镁磷肥玻璃体的形成物，含SiO_2 15%～20%的磷矿是生产钙镁磷肥的最佳原料；磷矿中所含的Fe_2O_3在高炉内大部分还原为氧化亚铁和单质铁，氧化亚铁具有和氧化镁近似的作用；磷矿中含有少量的Al_2O_3（<5%）也能降低熔点。因此，生产钙镁磷肥不仅对磷矿的品位要求低，使用中低品位磷矿即可，而且对磷矿杂质的适应性广。

（二）助熔剂

助熔剂是能够与磷矿石进行熔化的物质，添加助熔剂的目的是降低物料熔点，改善磷肥熔体的流动性和提高产品的枸溶率。它们主要是一些含硅和镁的矿物，如蛇纹石（$3MgO \cdot 2SiO_2 \cdot 2H_2O$）、橄榄石（$2MgO \cdot SiO_2$）和滑石（$3MgO \cdot 4SiO_2 \cdot 2H_2O$）等在地质学上称为基性、超基性岩一类的矿石。此外，菱镁矿（$MgCO_3$）和白云石（$CaCO_3 \cdot MgCO_3$）也可作为熔剂，由于它们不含硅酸盐，需配以石英（SiO_2）、钾长石、石煤等硅铝酸化合物。

（三）燃料

制造钙镁磷肥需要消耗大量的热能。电炉法消耗电能，平炉法使用液体燃料，旋风炉法燃烧烟煤粉，而高炉法使用焦炭或用无烟煤做燃料。

采用高炉法生产时，燃料在高炉内燃烧放出大量的热，使炉料熔化。因此要求燃料的发热值高或固定碳含量高、灰分低、热稳定性好。煤灰分约含SiO_2 50%，Al_2O_3 30%。以无烟煤为燃料，其用量比焦炭多，相应带入的灰分也多。灰分中Al_2O_3含量高致使炉料发黏，因此，宜选用低灰分无烟煤作燃料。

二、钙镁磷肥的生产原理

钙镁磷肥是以磷矿为原料，含硅镁酸盐矿石为助熔剂，经高温熔融，生成玻璃态的枸溶性磷肥。炉料在炉中被加热的过程中发生一系列的变化：在 500～1 000 ℃，碳酸盐分解并释放出结晶水；在 1 000～1 350 ℃，炉料由软化而熔融，并发生化学反应，最后氟磷酸钙的晶体结构被破坏；当熔融物从 1 350 ℃被加热到 1 500 ℃左右时，就具有很好的流动性。磷矿中有一部分的氟磷酸钙在高温熔融过程中，由于水蒸气和二氧化硅的存在，会发生脱氟反应而生成磷酸三钙和硅酸钙。反应式为：

$$2Ca_5(PO_4)_3 \cdot F + SiO_2 + H_2O \longrightarrow 3Ca_3(PO_4)_2 + CaSiO_3 + 2HF\uparrow$$

水蒸气较少时发生如下反应：

$$4Ca_5(PO_4)_3 \cdot F + 2SiO_2 \longrightarrow 6Ca_3(PO_4)_2 + Ca_2SiO_4 + 2SiF_4\uparrow$$

脱氟过程进行的越充分，在冷却过程中析出氟磷灰石的可能性越小，越能获得高浓度和高枸溶率的产品。生成的磷酸三钙有两种同素异晶体，即高温型的 α-$Ca_3(PO_4)_2$ 型晶体，可溶于 2%柠檬酸，具有肥效；低温型的 β-$Ca_3(PO_4)_2$ 型晶体，不溶于 2%柠檬酸，没有肥效。二者的互变温度是 1 180 ℃，随着二氧化硅溶于磷酸三钙中的数量增多，其互变温度还要降低。

如果用高炉法生产钙镁磷肥，以焦炭为燃料，则焦炭与空气燃烧，放出大量的热来熔融炉料，反应式为：

$$C + O_2 \longrightarrow CO_2\uparrow$$

在空气不足时则生成一氧化碳，或生成的二氧化碳被焦炭中的碳还原为一氧化碳，而使产生的热量减少，在炉内造成还原状态，对炉料的熔融过程不利。所以，在不降低炉温的前提下，要鼓入过量的空气。

副反应是部分氧化铁被焦炭还原为金属铁，金属铁又夺取炉料中的五氧化二磷，造成磷的损失。反应式为：

$$Fe_2O_3 + 3C \longrightarrow 2Fe + 3CO\uparrow$$

$$5Fe + P_2O_5 \longrightarrow 5\ FeO + P_2\uparrow$$

炉料和碳反应，也造成元素磷以气体形态挥发跑掉，反应式为：

$$Ca_3(PO_4)_2 + 3SiO_2 + 5C \longrightarrow 3CaSiO_3 + P_2\uparrow + 5CO\uparrow$$

磷蒸气在上升的过程中与新鲜炉料相遇，大部分磷又被吸收下来，部分磷随炉气排除而损失。被还原的铁又与磷结合成磷铁，沉入炉底。

三、钙镁磷肥的生产方法及工艺流程

（一）钙镁磷肥生产方法及其工艺过程

钙镁磷肥的生产方法按其所用炉型不同分为电炉法、平炉法、高炉法和旋风炉法。其工艺过程主要包括配料、熔融、水淬和粉碎四道工序，当然，生产过程中产生的含氟气体及粉尘、废水及废渣要进行处理和回收利用。

1. 高炉法

高炉法生产钙镁磷肥是 1958 年由中国开发，目前中国、越南、朝鲜主要采用该法生产。其工艺流程如图 2-17 所示。将磷矿、熔剂和燃料（焦炭或无烟块煤）分别计量后，利用料车经卷扬机加入高炉顶部的料斗内。通过加料钟的分布作用,将各种炉料撒落入高炉内。助燃空气从炉缸风口送入,使焦炭燃烧产生煤气。炉料向下运动,煤气向上运动,二者在相对运动过程中,炉料被预热、软化、熔融、过热,最终熔料从料口放出。

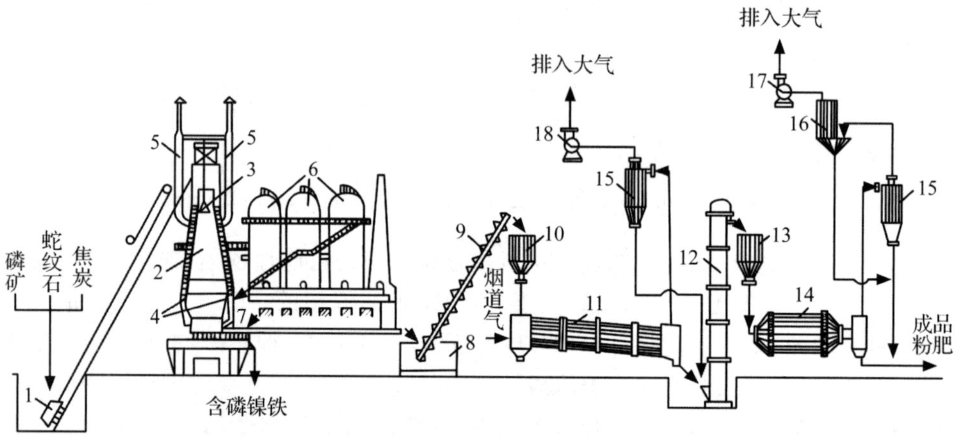

图 2-17 高炉法生产钙镁磷肥的流程

1.料车;2.高炉;3.加料钟;4.风嘴;5.炉气出口管;6.热风机;7.出料口;8.水淬池;9.沥水式提升机;10,13.储斗,11.干燥炉;12.斗式提升机;14.球磨机;15.旋风分离器;16.袋式过滤器;17,18.抽风机

煤气在炉内均匀分布上升,炉料匀速的不断下移是高炉正常操作的关键。当然大风量和高风温既加快炉料熔融速度,又保证炉缸中熔料的充分过热,以提高熔料的流动性与出料速度。因此,强化生产的主要措施是提高燃烧强度,其中精料是基础,高风温、大风量是条件。既提高产量,又减低能耗。因此,流程中设置热风炉是为了利用高炉煤气燃烧所放出的热量,以加热入炉空气。采用蓄热式热风炉可将热风加热至 600 ℃以上。

熔料从高炉放出后,立即用大量有压水使其骤然冷却,称为“水淬”。水淬的目的是熔料能迅速冷却至 700 ℃以下,以防止熔料中析出氟磷灰石结晶,而获得完全的玻璃态钙镁磷肥。水淬水量由热平衡确定,水淬水压应满足将凝固的熔料能击碎至 90%以上过 850 μm 筛。因为大于 850 μm 的粒子,其内部不能迅速冷却,而使 P_2O_5 转化率下降。

水淬后的物料称为半成品或粗肥,用捞料沥水式提升机或抓斗从水淬池捞出堆置、沥水。这种粗肥其含水量一般为 12%~25%。由于钙镁磷肥为玻璃体,所含水分主要为表面的游离水,在沥水场堆置 2~3 h,其水分可降至 5%~7%,而后送去干燥。

半成品通常在回转干燥机中进行干燥。利用燃烧高炉煤气或燃煤产生的热烟气,在干燥机内与半成品顺流接触。出干燥机的半成品含水量小于 0.5%。适当提高炉烟气温度,有利于提高干燥机的生产强度。鉴于钙镁磷肥玻璃体表面附着的水分易干燥,采用流态化烘干机更为适宜。

为使钙镁磷肥的细度达到中国对产品的法定标准(80%过 250 μm 筛),干燥后的半成品应该用球磨机进行撞击磨细。

干燥、球磨过程中产生的粉尘,高炉煤气中含氟气体及粉尘,通过除尘、脱氟设备使气体中有害物质含量达到排放标准后排放入大气。生产中产生的污水经处理后封闭循环。产生的废渣通常可掺入成品。

高炉法在中国有广泛的基础，并探索了“精料、高温、大风量”等一套节能、高产的经验。其能耗低于电炉法和平炉法。在一定经济规模下，高炉法仍是生产钙镁磷肥最成熟的方法。

2. 电炉法

钙镁磷肥生产首先是在电炉中实现的，目前日本、巴西仍在沿用。其工艺流程如图 2-18 所示。将粒度符合要求的磷矿石和助熔剂分别计量后混合，送入储料斗。定期将混合炉料加入电炉中，在 1 350～1 500 ℃下熔融，熔料成小股细流连续或间歇地从电炉中排出，经水淬、沥水、干燥、球磨后，包装出厂。从表 2-7 可以看出，电炉容量越大，能耗越低。

电炉法使用砂砾状或小粒物料入炉，熔料中没有燃料灰分混入。因此，产品质量高，操作环境好，且电能易于操作控制。但电为二次能源，凝汽式电站热效率小于 40%。因此，适宜在有丰富电力的国家采用。

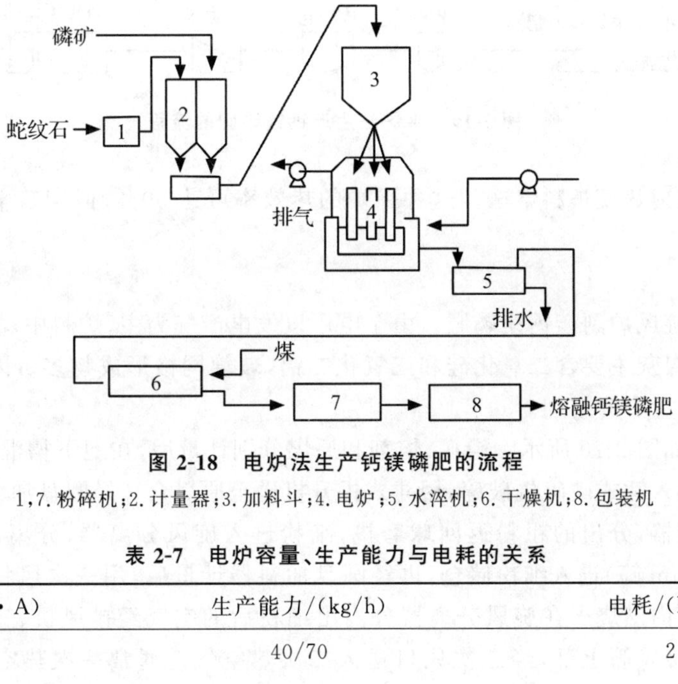

图 2-18　电炉法生产钙镁磷肥的流程

1,7. 粉碎机；2. 计量器；3. 加料斗；4. 电炉；5. 水淬机；6. 干燥机；8. 包装机

表 2-7　电炉容量、生产能力与电耗的关系

电炉容量/(kV·A)	生产能力/(kg/h)	电耗/(kW·h/t)
190	40/70	2 100
500	250/380	1 400
1 200	800/1 200	900
12 000	8 000/14 000	750

3. 平炉法

采用平炉法生产钙镁磷肥始于 1950 年，目前日本、韩国仍采用。其工艺流程如图 2-19 所示。将粉末状或块状磷矿及经破碎的助熔剂分别计量并混合后，送入平炉中。以煤粉、石油焦、柴油或天然气为燃料，借喷嘴喷入炉内燃烧，产生的高温使炉料熔融，熔料流出后，经水淬、沥水，成为半成品。半成品经干燥、筛分后，包装为成品。

平炉由槽型炉膛、两个沉降室、两个蓄热室所组成。燃料燃烧的高温废气，经一侧的沉降室除尘后，加热同侧蓄热室中的格子砖，并经换热器、废热锅炉回收热量后，进入洗涤塔洗去含氟气体后，放空。助燃空气进入另一侧的蓄热室，预热后进入平炉，与燃料发生燃烧反应，产生

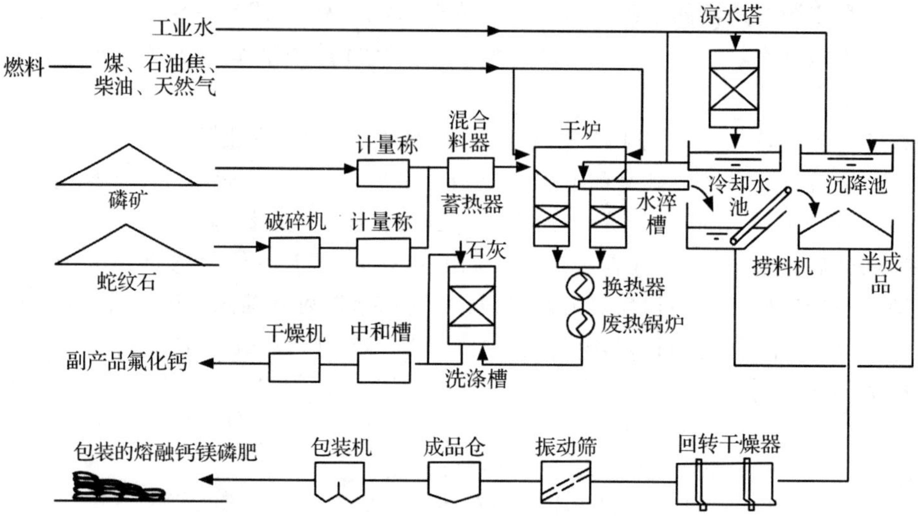

图 2-19 平炉法生产钙镁磷肥的流程

高温,借炉膛的辐射热使炉料熔融。这种平炉的热效率可达 50%,但砌筑平炉需要大量的耐火材料。

4. 旋风炉法

发电厂立式旋风炉副产钙镁磷肥。由于电厂以发电产气为主,炉料中煤用量大,相应带入的煤灰也多。而煤灰主要含二氧化硅和三氧化二铝,玻璃网格形成物多。因此,选用高镁、低硅磷矿,并采用白云石为熔剂。

其工艺流程如图 2-20 所示。磷矿、熔剂和原煤分别计量后,在地下槽混合,以皮带输送机经自动计量后,送入锤式破碎机破碎,用斗式提升机送至原煤仓。经圆盘加料器入球磨机磨细后,送到粗粉分离器,分出的粗粉返回球磨机,细粉进入旋风分离器,分离出的细粉(细度为 90%以上过 180 μm 筛)进入细粉储仓,再经圆盘加料器计量后,用一次风将细粉吹入叶片喷燃器,进入旋风炉内燃烧。在旋风分离器分离出细粉后的空气经排风机、三次风口吹入燃烬室。在旋风炉的旋风筒上部,经二次风口送入二次热空气。通常一次热空气占总空气量的 20%～30%,二次空气占总量的 70%～80%。由于二次空气是以 70～100 m/s 的高速度从旋风筒上部沿切线方向吹入,炉内能形成强烈的旋转气流,从而强化了煤粉的燃烧过程,导致随一次风带入的炉料在离心力的作用下抛向炉壁而熔成薄膜,并以螺旋方式沿壁下缓慢流出。由于旋风炉是一种强化的热工设备,燃烧强度大、炉内温度水平高,在二次风口附近烟煤燃料温度可达 1 600～1 700 ℃,煤中掺入磷矿、白云石(质量比为 12∶6∶1)时,燃烧温度为 1 420～1 560 ℃。因此,炉料熔融过热充分,又由于料层薄,大量助燃空气带入的水分有利于脱氟,熔料脱氟率在 85%以上,旋风炉熔融钙镁磷肥的含氟量仅 0.1%～0.3%。

旋风筒壁的熔料缓慢下流至底部渣口,随气流夹带的熔料被捕渣管挡下。出渣口的熔料用 0.2～0.4 MPa 压力的水进行水淬,粗肥流入渣池,并通过抓斗送去沥水、干燥、磨细为成品。

高温烟气从旋风筒下部先后经捕渣管进入燃烬室,在三次吹风助燃下,烟气中的少量煤粉进一步燃烬。一部分熔融的细粒从气流中分离,再流向渣栏与旋风筒下部的熔料混合。烟气

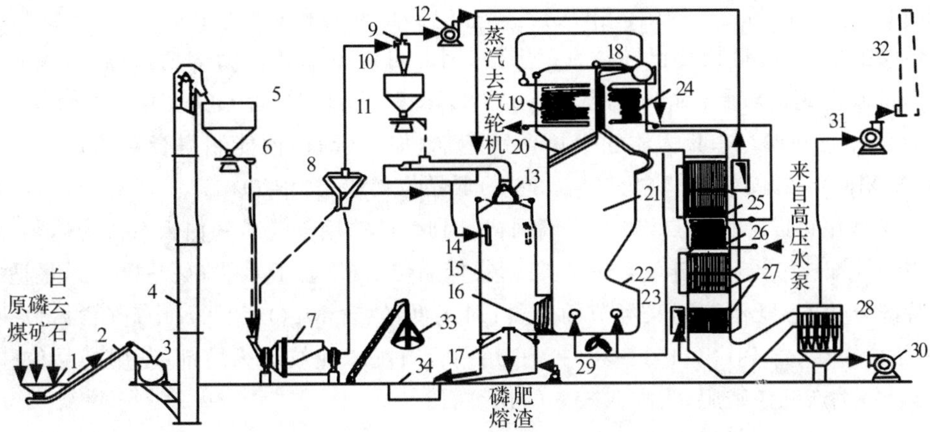

图 2-20　旋风炉生产钙镁磷肥的流程

1. 低下槽；2. 皮带运输机；3. 锤式破碎机；4. 斗式提升机；5. 原煤仓；6,11. 圆盘加料器；7. 球磨机；8. 粗粉分离器；9. 旋风分离器；10. 细粉储仓；12. 排风机；13. 叶片喷燃器；14. 二次风口；15. 旋风筒；16. 捕渣管；17. 渣口；18. 汽包；19. 蒸汽过热器；20. 凝渣管；21. 冷却室；22. 燃烬室；23. 三次风口；24. 高温段省煤气；25. 高温段空气预热器；26. 低温段省煤气；27. 低温段空气预热器；28. 多管式旋风除尘器；29. 水淬泵；30. 鼓风机；31. 引风机；32. 烟囱；33. 半成品抓斗；34. 沉渣池

经冷却室、凝渣管、蒸汽过热器、高温段省煤气(预热入炉水)、高温段空气预热器、低温段省煤气(预热入炉水)、低温段空气预热器及多管旋风除尘器和引风机，最终经烟囱排入大气。由于燃料脱氟率高，烟气含氟远远超过国家排放标准，含氟烟气必须处理。含氟气体经喷杯形吸收塔，用循环水洗涤含氟气体，在不断补充新鲜水的情况下，引出部分含氟洗涤液用碱性溶液(如石灰乳)中和处理，再排放。从多管旋风除尘器中收集到的细粉含有磷、钾营养成分，可作灰飞磷钾肥。

电厂旋风炉副产钙镁磷肥，以发电、供气为主，产钙镁磷肥的煤耗仅为高炉法的 1/8，生产成本仅为高炉法的 1/2，且解决了电厂炉渣的出路问题，是一种很有发展前途的方法。但矿、煤混磨容易分层；含氟烟气量大，含氟浓度低，烟气处理难度大；操作中要兼顾发电、制肥两方面的要求。

(二)钙镁磷肥生产的工艺条件

为保证产品质量并取得较好的技术经济效益，在生产中需要根据不同的生产方法，严格控制各项工艺条件。生产钙镁磷肥的主要工艺条件如下。

1. 配料的原则

配好的物料有效成分高，转化率高，具有较低的熔融温度，熔融后黏度小，流动性能好，易于水淬骤冷。因氧化钙、氧化镁、二氧化硅和五氧化二磷四种组分可溶性玻璃体的范围很大，所以需要选择合适的配料比，以便取得好的生产效果。根据国内的试验研究和生产实践，认为最合适的配料范围是 $CaO:MgO:SiO_2:P_2O_5$ 的分子比为(3～5)：(1.5～3)：(2～3.5)：1。而且认为余碱度[$(CaO+MgO)/SiO_2$]，即形成 $3CaO\cdot P_2O_5$ 后，多余的 CaO 和 MgO 对 SiO_2 的分子比为 0.8～1.3；硅镁比，即 MgO/SiO_2 分子比在 1.0 左右时，配料具有较低的熔点，产品也有较高的枸溶率。因此，生产上应该根据原料磷矿的品位和品质选择不同的助熔剂。如高镁(含 MgO 6%～10%)、中硅(含 SiO_2 12%～20%)低品位磷矿(含 P_2O_5 16%～20%),这类磷矿有足够的氧化镁,硅镁比已在适宜范围内,因此可以不加任何助熔剂,只需熔入适量的燃料灰分即可制得钙镁磷肥;对于中镁(含 MgO 3%～6%)、高硅(含 SiO_2 25%～32%)低品位磷矿(含 P_2O_5 13%～18%),只需添加少量含镁熔剂(如白云石)便能制得合格的钙镁磷肥。对于低镁(含 MgO<2%)、高硅(含 SiO_2>30%)低品位磷矿(含 P_2O_5 17%～23%),需添加大量的氧化镁和氧化钙以降低熔点,减小玻璃网格,因此,可选用菱镁矿和白云石作为熔剂;对于高镁(含 MgO 6%～10%)、低硅(含 SiO_2<15%)低品位磷矿(含 P_2O_5 16%～20%),最适宜使用石煤代替部分焦炭,既作熔剂又可节约燃料;对于低镁(含 MgO<2%)、中硅(含 SiO_2 10%～25%)中品位磷矿(含 P_2O_5 24%～30%),宜用白云石配以蛇纹石为熔剂;若用高品位磷矿(含 P_2O_5>30%)生产钙镁磷肥,需配入较多的蛇纹石。

2. 水淬

高温熔融物料流出时,用有压力水流喷射,使其突然冷却凝固并破碎成细小的粒子,把熔融物的玻璃结构固定下来,并阻止氟磷酸钙结晶的复原和 β-$Ca_3(PO_4)_2$ 型晶体的生成。熔融物料被水淬得越细,冷却得就越快,产品的枸溶率就越高;反之,粒子粗大,虽然表面先冷,但内部冷却得慢,产品枸溶率就会下降。生产中水量、水压还与配料有关。对于以蛇纹石为熔剂,配料参数 O_b/Y_b 较低(<2.95),生产品级较低(有效 P_2O_5<15%)的钙镁磷肥,其析出能力差,可采用较少的水量和较低的水压;反之,以白云石、硅石为熔剂,配料参数 O_b/Y_b 较高(接近3.07),生产高品级(有效 P_2O_5>18%)的钙镁磷肥,则应采用较多的水量和较高的水压。

3. 粉碎和干燥

水淬后的半成品先经过沥水,然后进行干燥,干燥的温度不要超过 600 ℃,否则会发生氟磷酸钙结晶复原,使产品枸溶率下降。干燥后就可以进行粉碎,粉碎的粒度以 90%过 200 μm 筛为宜,粒度过细会消耗过多的电力;粒度过大,在土壤中溶解速度过慢,农作物不易吸收。

四、生产钙镁磷肥的主要设备

生产钙镁磷肥的主要设备有:熔炉、干燥机、球磨机、风机、水泵、上料提升机、计量器、除尘脱氟装置等。不同的生产方法,主要是熔炉设备的差异。如高炉法的主要专用设备是高炉和热风炉。

目前,我国社会经济正处在一个高速发展阶段,而经济发展同资源、环境的矛盾也日益突出。如何从根本上改变高消耗、低效益的增长方式,保障能源资源的可持续利用,保障生态环境的稳定平衡,是当前的首要任务。

我国虽是磷资源大国,但真正的可开采储量并不多,高品位的磷矿更少。整个磷资源的工业布局不太合理,90%的磷资源用于化肥与饲料生产,施入土壤的肥料真正被植物有效吸收的仅 10%左右。从自然生态和工业生态的角度分析,磷资源的高效利用就显得更为重要。但是,目前由于磷矿自然地理位置和采矿技术条件的限制,同时在市场经济的驱动下,有限的磷矿并没有得到合理利用,尤其是贫矿浪费严重,并且生产中形成的含磷及其他副产品又没有充分回收利用。因此,合理开发利用与保护优质磷矿资源的同时,提升采矿技术,完善磷肥加工企业的工艺,做到低消耗、少污染、可回收、再利用,以最小资源消耗获取最大经济效益,是可持续、循环经济的必由之路。

【本章小结】

根据产品的特点，选择合适的原料、工艺流程及工艺条件，是磷肥生产节能增效的关键。按照磷的溶解性，磷肥可分为水溶性、枸溶性和难溶性磷肥。水溶性磷肥通常用酸分解法制作，枸溶性磷肥通常用热分解法制作，而难溶性磷肥通常用简单的物理方法（机械磨碎）的方法制作。磷矿石是生产磷肥的主要原料。

磷矿石磨细制得的磷矿粉，根据其特性，可以直接作为肥料施用，也可以作为生产其他磷肥品种的原料。生产中可以选用反应活性高的磷矿（也称软磷矿）直接磨细作为磷矿粉肥料；还可以将低品位的磷矿磨碎后，通过一定的工艺富集（选矿）成精矿，再经脱水、干燥和除尘后得到品位较高的磷矿粉，其关键工艺是根据矿石结构构造和矿物组成，确定合适的磷矿富集（选矿）工艺。

采用 P_2O_5 含量≥26％的磷矿和硫酸为原料，通过矿酸混合、料浆化成、鲜肥的熟化、成品的中和以及含氟气体的回收等工艺流程，即可制得疏松多孔的粉状过磷酸钙。如果再需要进行造粒和干燥，即可制得粒状过磷酸钙。按照操作方式，过磷酸钙的生产可分为间歇法、半连续法和连续法；根据原料的特点，过磷酸钙生产又可分为稀酸矿粉法（简称干法）和浓酸矿浆法（简称湿法）。矿粉的细度及矿粉（或矿浆）的水分含量，硫酸的用量、浓度和温度，矿酸混合搅拌的强度及时间，化成的时间，熟化的温度、时间及方法，中和度，造粒和干燥的水分、温度及时间等工艺条件都会影响过磷酸钙的产品质量和生产效率。

用磷酸分解磷矿即得重过磷酸钙。重过磷酸钙的生产方法主要包括化成法、料浆法、鲜肥直接造粒法和稀酸返料固化法四种。用浓硫酸和稀磷酸的混酸分解磷矿粉即得富过磷酸钙。富过磷酸钙的生产过程和过磷酸钙相似，不同的只是前者的混酸预热温度较高，搅拌时间较长。在制作过磷酸钙或重过磷酸钙时，减少酸的用量（即酸化度＜1），即得到部分酸化磷矿，此为直接法；也可将熟化或半熟化的过磷酸钙、重过磷酸钙或富过磷酸钙与适量的磷矿粉在卧式双轴混合造粒机中混合而成部分酸化磷矿，此为间接法。部分酸化磷矿的酸化度由用酸种类、酸质量、磷矿活性、磷矿杂质等多种因素决定。

生产钙镁磷肥的主要原料为磷矿、助熔剂和燃料。磷矿的粒度要求在 10～120 mm。钙镁磷肥的生产方法主要包括电炉法、平炉法、高炉法和旋风炉法。其工艺过程主要包括配料、熔融、水淬、干燥和粉碎等工序，生产过程中产生的含氟气体及粉尘、废水及废渣要进行处理和回收利用。原料的配比、水淬的水压和水量、干燥的温度以及粉碎的粒度都会影响钙镁磷肥的产品质量和经济效益。

复习思考题

1. 磷肥生产的方法有哪些？不同方法生产的磷肥各有什么特点？
2. 简述磷矿富集的工艺流程。
3. 磷矿浮选需加入哪些添加剂？它们各有什么作用？
4. 干法磨矿和湿法磨矿各有什么优缺点？
5. 简述过磷酸钙生产的工艺流程及工艺条件。
6. 用工业废硫酸生产过磷酸钙时应该注意哪些问题？

7. 过磷酸钙熟化的方法有哪些？

8. 生产重过磷酸钙的方法有哪些？它们各有什么优缺点？

9. 部分酸化磷矿有什么特点？用哪些方法可制得部分酸化磷矿？

10. 生产熔融钙镁磷肥的方法有哪些？其配料原则是什么？

本章推荐阅读书目

《危险化学品生产企业从业人员安全技术培训教材》编委会. 2006. 磷肥生产安全操作技术. 北京：气象出版社.

陈宝龙. 2004. 化肥生产工艺与检测标准实用手册. 合肥：安徽文化音像出版社.

刘善江. 2003. 化肥的质量标准与检测. 北京：中国计量出版社.

许秀成、侯翠红. 2020. 地球磷资源流与肥料跨界融合. 北京：化学工业出版社.

张卫峰，张福锁. 2017. 中国肥料发展研究报告. 北京：中国农业大学出版社.

张允湘. 2008. 磷肥及复合肥料工艺学. 北京：化学工业出版社.

中国植物营养与肥料学会，加拿大钾磷研究所(PPI/PPIC)中国项目部. 2005. 中国磷肥应用研究现状与展望学术研讨会论文集. 北京：中国农业出版社.

参考文献

《危险化学品生产企业从业人员安全技术培训教材》编委会. 2006. 磷肥生产安全操作技术. 北京：气象出版社.

常康，李明堂，杨晋霞，等. 2024. 炭基磷肥对黑土和红壤磷素有效性及形态变化的影响. 中国土壤与肥料(3)：40-48.

陈宝龙. 2004. 化肥生产工艺与检测标准实用手册. 合肥：安徽文化音像出版社，45-57.

陈慧卿. 2006. 过磷酸钙生产中排氟风机防腐结构改进. 磷肥与复肥，21(5)：20-22.

陈世豪. 2014. 利用中低品位磷矿生产疏松状过磷酸钙的新方法. 化肥工业，41(3)：4-7.

单新河，张运龙，王显国，等. 2024. 磷肥施用量对紫花苜蓿建植当年生物量累积和磷素吸收规律的影响. 中国草地学报，46(8)：63-71.

方天翰. 2003. 复混肥生产技术手册. 北京：化学工业出版社.

胡慧蓉，郭安，王海龙. 2007. 我国磷资源利用现状与可持续利用的建议. 磷肥与复肥，22(2)：1-5.

胡云武. 2007. 钙镁磷肥高炉不同水淬方式比较. 磷肥与复肥，22(5)：33-34.

胡云武. 2007. 高炉法钙镁磷肥适当提高鼓风氧含量的试验. 磷肥与复肥，22(4)：21-23.

贾兵丽，李艳行，杨文杰，等. 2024. 不同降水年型磷肥对旱地冬小麦产量及磷素吸收利用的影响. 中国农业科学，57(16)：3192-3206.

匡国明. 2006. 我国低浓度磷肥的发展策略和过磷酸钙生产的技改方向. 磷肥与复肥，21(3)：26-27.

刘善江. 2003. 化肥的质量标准与检测. 北京：中国计量出版社.

刘颐华. 2005. 我国与世界磷资源及开发利用现状. 磷肥与复肥，20(5)：1-10；20(6)：9-12.

马啸，熊巧，周香君，等. 2023. 赤铁矿改性生物炭回收水中磷及其作为磷肥的效果. 农业工程学报,39(22):216-225.
彭晓云,魏亮.2024.新型磷肥:农用聚磷酸铵发展现状及田间应用效果.磷肥与复肥,39(5):49-52.
唐尧.2014.我国磷矿床特征及发展对策建议.化工矿物与加工(4):51-55.
王芳,张昊,贺婧,等.2024.生物磷肥在农业上的推广应用研究.磷肥与复肥,39(3):16-20.
王森.2024.紫薇生物炭基磷肥的制备及其栽培效果研究.郑州:河南农业大学.
吴艳飞,闭登熙,李树,等.2006.磷矿粉粒度和酸用量对过磷酸钙产品物性与质量的影响.磷肥与复肥,21(1):28-29.
修学峰,白海丹.2014.我国磷肥及大宗磷酸盐产品现状及发展浅析.磷肥与复肥,29(3):1-6.
杨克敦.2001.过磷酸钙生产使用新型混合装置的效果.磷肥与复肥,16(6):10.
姚鼎文,杨家宽,肖波,等.2001.重过磷酸钙生产新工艺研究.磷肥与复肥,16(2):13-14.
张盈盈,安晓霞,马春晖,等.2023.解磷细菌与磷肥耦合提高苜蓿生长及光合性能.中国草地学报,45(11):43-51.
张永志.2006.磷肥工业“十一五”发展规划思路.磷肥与复肥,21(1):8-10.
仲金平,郑子成,李廷轩,等.2024.磷肥不同施用量对紫色土坡面胶体态磷流失的影响.中国农业科学,57(8):1547-1559.
周连仁,姜佰文.2007.肥料加工技术.北京:化学工业出版社.

第三章　钾肥生产与加工工艺

1861 年德国率先建立了世界上第一座钾碱厂生产氯化钾。20 世纪 90 年代，加拿大、俄罗斯、德国、法国、美国和以色列成为世界六大钾碱生产国，生产总量占世界总产量的 93%。我国钾资源严重缺乏，钾矿基础储量为 4.5 亿 t，仅占世界的 2.5%。我国钾肥需求量最大，虽然钾肥生产量也是快速增加态势，2020 年我国钾肥（以 K_2O 计）总产量达到 710 万 t，已成为世界第四大钾盐生产国，但仅占农业需求量的 50%左右。因此，钾肥自供量不足的局面将长期存在，广辟钾源和研制加工农用钾肥仍是我国肥料行业的重要任务。

第一节　钾肥品种、特点和生产原料

一、钾肥品种和特点

根据钾肥的化学组成可分为含氯钾肥和无氯钾肥。常用钾肥有氯化钾、硫酸钾、硝酸钾、磷酸二氢钾、窑灰钾肥、钾镁肥、生物钾肥等。

（一）氯化钾

氯化钾资源丰富，加工较为简便，价格低廉，且 K_2O 含量高于其他钾肥，是使用最广泛的钾肥，其产量约占钾肥总产量的 90%以上。氯化钾不仅直接用作钾肥或作掺混肥料的基础肥料施用，而且是生产硫酸钾、硝酸钾等无氯钾肥的基本钾源。

纯氯化钾是白色晶体，分子式为 KCl，相对分子质量 74.55，密度（20 ℃）1.984 t/m^3，熔点 770 ℃，沸点 1 420 ℃，含 K_2O 50%～60%，含氯 45%～47%。其主要以光卤石、钾石盐和苦卤为原料制成，一般都含有少量的氯化钠和硫酸镁杂质，其成品一般呈乳白色或微红色结晶。氯化钾易溶于水，20 ℃时溶解度为 34.7%，100 ℃时为 55.7%。氯化钾吸湿性不大，通常不易结块，物理性良好。氯化钾是化学中性、生理酸性肥料。

（二）硫酸钾

硫酸钾是无氯钾肥的主要品种，约占世界钾肥总产量的 5%。

硫酸钾分子式为 K_2SO_4，相对分子质量 174.24，含 K_2O 50%～52%，密度 2.662 t/m^3，味苦咸，较纯净的硫酸钾系白色或淡黄色，菱形或六角形结晶，吸湿性比氯化钾小，物理性状良好，不易结块，施用时分散性好，易溶于水。硫酸钾是一种无氯、优质高效钾肥，它和氯化钾一样，属于化学中性、生理酸性肥料。硫酸钾还可用来制造过硫酸钾、钾明矾、钾水玻璃和碳酸钾，在医药、染料、玻璃、炸药等行业也有广泛用途。

（三）硝酸钾

农用硝酸钾是一种钾、氮复合肥料，分子式为 KNO_3，相对分子质量为 101.1。因加工原料和技术不同其养分含量也有差异，一般含氮 13.5%、含钾 45%左右，农用硝酸钾产品纯度要求不低于 95%。

硝酸钾为白色结晶，极易溶于水，溶解度随温度上升而迅速增加，20 ℃时溶解度为 31.6%，100 ℃时为 247%。硝酸钾吸湿甚微，20 ℃时临界相对湿度 92.3%，在空气中不潮解，不易结块，物理性状良好。硝酸钾熔点 334 ℃，是强氧化剂，加热分解出氧，属易燃、易爆品，故在运输、储存中应注意安全，特别注意勿用铁器敲打。

(四)窑灰钾肥

窑灰钾肥为制造水泥的副产品，含有氧化镁和氧化钙，水溶液呈碱性(pH 9～11)，易吸湿结块，不便包装、运输和储存。窑灰钾肥为灰黄色或灰褐色粉末，颗粒很细，松散轻浮，强吸湿性。窑灰钾肥是一种很好的速效性钾肥，其 K_2O 含量为 10%～25%，钾以多种化合物形式存在，其中水溶性钾含量占总钾量的 90%以上，主要是硫酸钾、氯化钾、碳酸钾；2%柠檬酸溶性钾占 1%～5%，主要是铝酸钾和硅铝酸钾；此外，还含有 5%左右的难溶性钾。

(五)钾镁肥

钾镁肥为灰白色的结晶，主要成分有氯化钾、氯化镁、硫酸钾、硫酸镁和氯化钠，还有一些微量元素养分，含钾(K_2O)20%～25%，含镁(MgO)27%左右，易溶于水，吸湿性强，易潮解，是一种速效性肥料。钾镁肥能同时向作物提供钾、镁、硫三种营养元素，是一种良好的化肥品种。它是海水制盐提取氯化钾后的副产物，按 K_2O 计算，价格要比硫酸钾低。

(六)生物钾肥

生物钾肥是指具有高钾低氮磷养分组成的植物体或秸秆，以绿色体或秸秆形式归还，促进土壤钾的良性循环和再利用。生物钾肥中钾的溶解度和利用率都较高，其供钾性能类似矿质钾肥。在等钾量下，各种生物钾肥的增产效果和矿质钾肥接近。

近年来，接种硅酸盐钾细菌的新型生物钾肥逐步出现，它可促进硅酸盐菌在土壤中大量生长繁殖，将土壤中积存的不能被植物吸收利用的钾转化成能够被植物吸收利用的水溶性钾。这种肥料在土壤中起到解钾作用，快速补充土壤速效钾含量。若与硫酸钾混合使用，见效更快，肥效倍增持久。使用生物钾肥具有成本低、施用简便和无副作用的优点，是一项改善土壤钾素营养和调剂目前供钾紧缺、提高产量、发展绿色农业的新途径。此外，国内外学者将生物炭作为载体制备炭基生物钾肥，其对土壤和作物均有良好的效果。

二、生产钾肥的原料

钾盐是含钾矿物的总称，按其可溶性可分为可溶性钾盐矿物和不可溶性含钾的硅铝酸盐矿物。前者是自然界可溶性的含钾盐类矿物堆积构成的可被利用的矿产资源，包括含钾水体经过蒸发浓缩、沉积形成的可溶性固体钾盐矿床(如钾石盐、光卤石、杂卤石等)和含钾卤水。硅铝酸类岩石是不可溶性的含钾岩石或富钾岩石(如明矾石、霞石、钾长石及富钾页岩、砂岩、富钾泥灰岩等)。目前世界范围内开发利用的主要对象是可溶性钾盐资源。

美国地调局于 2012 年统计全球现有钾矿资源总量约为 2 500 亿 t (K_2O)，可供开采 250 年以上，主要分布在加拿大、俄罗斯、白俄罗斯等少数国家。2024 年世界钾肥供应量在 6 900 万～7 100 万 t，Nutrien 公司预测 2024 年全球钾肥需求量将在 6 800 万 t 左右，国际市场供应充足。

我国利用的钾资源分为可溶性和不溶性两类。可溶性钾资源主要包括盐湖卤水、地下富钾卤水、固体钾矿、海水钾，不溶性钾资源主要为钾长石等含钾岩石资源。可溶性钾资源的92%位于我国开发条件非常艰苦的青海、新疆和西藏。我国钾肥主要产品是氯化钾，且主要集中在青海柴达木盆地，青海盐湖工业集团的产量占全国总产量的80%以上；其他钾盐，如硫酸钾、硝酸钾主要用转化法进行生产，生产企业多，但规模小、技术落后，生产能力低。我国缺钾土壤面积还在不断扩大，一些省份的土壤缺钾已成为农业增产的一大制约因素。因此，随着我国工农业的不断发展，钾肥的供需矛盾将会不断扩大。

我国已探明的钾盐产地34处，查明储量约4.5亿t，其中西部地区占全国的99.6%，而青海柴达木盆地的钾盐储量又占西部地区的97.8%，以青海察尔汗盐湖规模最大。我国可溶性钾盐资源分布状况见表3-1。

表3-1 我国可溶性钾盐资源分布(张福锁等，2007)

盆地名称	主要地层	主要成分特征	规模与成果
柴达木盆地	第三、第四系与现代地层	钾镁盐矿、光卤石、卤水丰富	特大型矿田
罗布泊盆地	第三系、石炭系	卤水富钾、硼、钠、石盐、芒硝为主	大型、特大型矿田
西藏盐湖	第四纪陆相地层	石盐、光卤石、钾镁盐矿等	小型众多
四川盆地	三叠系	富钾卤水、杂卤石、钾镁盐矿等	液态钾矿预测4 374亿 m^3
鄂尔多斯盆地	奥陶系(陕、晋两省)	含钾石盐、石膏	已找出钾盐盆地中心
云南思茅盆地	古近系勐野井组	红色不能食用的钾盐	中型固体钾盐矿

我国不溶性钾矿资源分布广且储量大，预计总量达到200亿t，其中北京平谷富钾火山岩，江苏丰县富钾页岩，内蒙古白云鄂博富钾板岩等，这些岩石中都富含大量的钾。同时，我国的地质构造恰好处于世界杂卤石资源相对丰富的规律环带中，目前已发现在我国四川、湖北、江苏、山东、陕西、青藏、河北等省的海相沉积盆地中蕴藏着较丰富的杂卤石矿。据估算，仅在川东地区杂卤石资源折合K_2O储量约在百亿吨以上，显然，它将是我国钾工业原料的重要来源。

钾元素含量在地壳中占第七位，平均含量为2.4%，但基本上是火成岩、沉积岩和变质岩等非水溶性矿物，不能为作物所利用。钾元素在土壤、海洋、湖泊和江河中的含量都很低。钾盐矿是内陆海在干燥条件下蒸发水分后干涸的沉积矿床。自然界可供工业利用的含钾矿物有十余种(表3-2)，其中钾石盐、光卤石、钾盐镁矾和钾镁矾等可溶性含钾矿物是现代工业钾肥生产的主要原料。一些含钾的井水、湖水和卤水也是钾肥原料的重要来源。明矾石、钾长石和霞石等非水溶性钾盐矿物和岩石，含钾量(K_2O)5%～10%。由于这些矿物含钾量低、不溶于水，所以制取钾肥困难，生产成本较高。我国仅有少数地方利用钾长石和明矾石制取钾肥或副产钾肥。

表 3-2　主要含钾矿物和矿石

矿物	组成	K_2O/%	K/(g/kg)
氯化物			
钾盐	KCl	63.1	524
光卤石	$KCl \cdot MgCl_2 \cdot 6H_2O$	17.0	141
钾盐镁矾	$KCl \cdot MgSO_4 \cdot 3H_2O$	19.3	160
碳酸芒硝	$KCl \cdot 9Na_2SO_4 \cdot 2Na_2CO_3$	3.0	25
硫酸盐			
杂卤石	$K_2SO_4 \cdot MgSO_4 \cdot 2CaSO_4 \cdot 2H_2O$	15.6	130
无水钾镁矾	$K_2SO_4 \cdot 2MgSO_4$	22.7	188
钾镁矾	$K_2SO_4 \cdot MgSO_4 \cdot 4H_2O$	25.7	213
软钾镁矾	$K_2SO_4 \cdot MgSO_4 \cdot 6H_2O$	23.4	194
镁钾钙矾	$K_2SO_4 \cdot MgSO_4 \cdot 4CaSO_4 \cdot 2H_2O$	10.7	89
钾芒硝	$3K_2SO_4 \cdot Na_2SO_4$	42.5	353
钾石膏	$K_2SO_4 \cdot CaSO_4 \cdot H_2O$	28.7	238
纤钾明矾	$K_2SO_4 \cdot Al_2(SO_4)_3 \cdot 24H_2O$	9.9	82
明矾石	$K_2 \cdot Al_6(OH)_{12} \cdot (SO_4)_4$	11.4	95
硝酸盐			
钾硝石	KNO_3	46.5	386
硅酸盐			
白榴石	$K_2O \cdot Al_2O_3 \cdot 4SiO_2$	21.4	257
钾长石	$K_2O \cdot Al_2O_3 \cdot 6SiO_2$	16.8	202
斜长石	$(Na \cdot K)_2O \cdot Al_2O_3 \cdot 6SiO_3$	2.4～12.0	20～100
海绿石	$(K \cdot Na)_2O \cdot (Mg \cdot Fe \cdot Ca)O$	2.3～8.6	27～103
	$(Fe \cdot Al)_2O_3 \cdot XSiO_3 \cdot YH_2O$		
霞石	$(K \cdot Na)_2O \cdot Al_2O_3 \cdot 2SiO$	0.8～7.1	10～85

(一)可溶性钾盐矿

1. 钾盐矿床成因

关于钾盐矿床的成因有几种说法。Ochsenius 提出了堤堰(barrier)学说，他认为在两亿年以前，由于地壳变动，部分海由于堤堰阻挡而与外洋完全隔离。在高温、干燥的气候条件下，海水蒸发，盐类浓缩，多种盐类结晶形成并沉积，于是形成钾盐矿石，在矿床中含有共存的钠盐、镁盐等。按照这种说法，形成数百米厚的盐类矿床需要千米深的海水。在蒸发过程中，被隔离的海可能还未同外洋完全隔离，因而仍有一部分海水不断供给，日积月累形成如今深厚的钾盐矿床。

另一种是沟道(channel)学说，认为在内海海水的蒸发浓缩过程中，其底的一部分下沉，因而很大面积上的海水渐渐汇入并浓缩在这一局部下沉的地方，开始时还有大潮或外洋海水补给，后来完全与外洋分开，从而形成数百米厚的矿床。

总的来说,钾盐矿床是由与海洋分离的陆围海或内陆海(盐湖)中海水不断蒸发浓缩而成。而海水中的盐类则以与其溶解度有关的顺序析出结晶,溶解度越小,析出越早。通常析出顺序为:含盐度7%～10%时析出碳酸钙、碳酸镁;含盐度13%～15%时析出硫酸钙;含盐度25%～27%时析出氯化钠、硫酸镁;含盐度32%～35%时析出氯化镁;最后才析出氯化钾。沉积地层的其他沉积条件如温度变化、各种盐的相对浓度等,也会改变这种析出顺序。

2. 钾盐矿床开采

固态钾盐开采分为普通开采法(包括地下开采和露天开采)和地下溶解开采法两大类。大多数地下开采的钾盐矿深度为400～700 m,个别在1 000 m左右。常用的采矿方法为房柱法,即矿房和矿柱交互布置,矿柱为圆形、矩形或条带形,排列规则。该法具有生产能力大、劳动效率高、回采成本低,便于采用大型设备(如旋转式挖掘机)等优点,但其回采损失率随开采深度和矿层厚度的增加而增大。当钾盐矿山深度超过1 300 m时,必须采用地下溶解开采法。

地下溶解开采法是自地面向矿层内部钻井,然后将水通过管道压入钾盐矿层而使盐类溶解,再将溶解液返回地面送回精制厂。这种方法仅可小范围应用,其主要障碍是能源费用高。

(二)含钾卤水

含钾卤水是液态的含钾资源,它是生产钾肥的第二个重要原料来源,可分为地下卤水、盐湖卤水和海盐卤水三种,其氯化钾含量一般应大于1%才有利用价值。

1. 地下卤水

地下卤水储存于地层深处,其主要成分为$NaCl$ 、KCl、$CaCl_2$和含硼盐类等,含钾量较高,价格低廉,经济效益较高,是制取钾盐的理想资源之一。到目前为止,我国已在四川、江苏、湖南、云南、山东、安徽、广东、河南等十几个省份发现了地下卤水资源,总储量初步估计在6万亿t,其中以四川省自贡市最多。

地下卤水俗称井盐卤水,分为黄卤、黑卤和岩盐卤三种。不同地区地下盐矿开采出来的卤水中元素含量差异较大。即使同一地区,因矿井所在位置及井层深度不同,开采出来的卤水质量差异也较大,如淮阴的朱桥盐矿,其SO_4^{2-}含量高的达到16 g/L以上,低的仅为6 g/L。

2. 盐湖卤水

内陆地区地表水汇集在低洼盆地,气候干燥,蒸发量大,盐分逐渐积累,当湖泊中的盐分浓度超过3.5%时,这种湖泊称为盐湖。盐湖卤水按其化学成分不同,可分为三种类型:氯化物型卤水,主要是以钾石盐和光卤石形体析出钾,如巴勒斯坦地区的死海和我国察尔汗盐湖;硫酸盐卤水,主要为氯化钾、软钾镁矾、钾盐镁矾和光卤石等,如美国的大盐湖和我国的大柴旦湖和罗布泊盐湖;碳酸盐型卤水,主要为氯化钾、芒硝和碳酸钠等,如美国的西尔兹盐湖。

我国的盐湖数量众多,但大多是小型盐湖,其中很多已经干涸,主要分布在青藏高原和新疆地区,较大的是察尔汗和罗布泊。后者属硫酸盐型,近年才发现,尚未全面开发。前者属氯化物型,已于20世纪50年代后期开发,主要生产氯化钾,使用过多种不同的工艺流程,开发技术趋近成熟。

3. 海盐卤水

海水中拥有巨大的钾盐资源,但钾浓度偏低,只有0.05%(K_2O),不能直接利用。自古以来,人们在有条件的海边建设盐田,利用海水通过日晒蒸发生产食盐,每生产1 000 kg食盐可副产0.6～1.0 m^3的母液。这种母液中含有味苦的硫酸镁,故称苦卤,内含氯化钾约1.8%。

每产 1 000 kg 食盐所得副产苦卤可以制得约 10 kg 氯化钾。可是,往往由于海盐生产地区分散,苦卤不易集中,每年能利用的苦卤数量不大。我国沿海地区有采用兑卤法加工苦卤,制得氯化钾。

(三)非水溶性含钾矿物

1. 明矾石

明矾石是一种含结晶水的钾、铝硫酸盐类矿物,一般为块状或土状,它的晶体不明显,是隐晶矿物。纯明矾石矿物的化学式为 $K_2SO_4 \cdot Al_2(SO_4)_3 \cdot 2Al_2O_3 \cdot 6H_2O$,白色,其中含 K_2O 11.4%,含有杂质则呈浅灰、浅红、浅黄或红褐色。部分明矾石中的钾容易被钠所置换,当钠含量超过钾时,将明矾石转化为钠矾石或钠明矾石。

目前开采的明矾石矿石品位大多在 50%左右。明矾石除了生产明矾外,还可综合利用制取钾肥、氧化铝、硫酸、硫酸铝等。拥有明矾石资源的国家,主要有阿塞拜疆、乌克兰、美国、墨西哥、朝鲜、日本、澳大利亚、意大利和阿根廷。我国明矾石矿资源非常丰富,主要分布在浙江、安徽和福建三省,中低品质的矿石占绝大多数。我国最大的明矾石矿山是浙江平阳矾矿和安徽庐江矾矿。

2. 钾长石

钾长石($K_2O \cdot Al_2O_3 \cdot 6SiO_2$)为含钾硅酸盐,具有熔点低、熔融间隔时间长、熔融黏度高等特点,一般含钾(K_2O)10%左右。钾长石分正长石和微斜长石两种:正长石为单斜晶系,而微斜长石为三斜晶系。钾长石广泛应用于陶瓷坯料、陶瓷釉料、玻璃、电瓷、研磨材料等工业部门及制钾肥用。钾长石不溶于水、盐酸、硝酸和硫酸,但可与氢氟酸作用,将钾转变为可溶性钾。

第二节　氯化钾生产与加工工艺

氯化钾资源丰富,加工较为简便,价格低廉,且 K_2O 含量高于其他钾盐,是钾肥的主要品种。

一、钾石盐制取氯化钾

(一)钾石盐开采与预加工

钾石盐的化学成分为 KCl,晶体属等轴晶系的卤化物矿物,也称钾盐。纯净的钾石盐无色透明或白色,含杂质时可染成红、黄、蓝等色。具完全的立方体解理。摩斯硬度 2,相对密度 1.99。易溶于水,味苦涩。钾石盐是氯化钾和氯化钠的混合物,是自然界中最主要的可溶性钾矿。其中主要杂质光卤石($KCl \cdot MgCl_2 \cdot 6H_2O$)、硬石膏($CaSO_4$)和黏土物质,有的还混有硫酸盐。钾石盐由于组成简单、储量大和加工方便等优点,它一直作为钾肥工业的主要原料。迄今为止,除在云南思茅境内有少量低品位钾石盐矿发现外,尚无大型矿发现,成为发展中国钾肥生产的瓶颈,许多学者建议与周边大型钾石盐储量的邻国合作开采,2000 年 10 月中国已与泰国和老挝签订联合开采协议。

钾石盐中氯化钾的含量按矿床形成条件的不同而在 10%～60%范围内波动,一般认为氯化钾含量在 20%以上才有工业开采的价值。钾石盐的开采有旱采和溶采两种。旱采通常与井下采煤相似，用房柱式采掘，回采率只有40%左右。由于地压的限制，旱采时的可采深度一般不超过700 m，当矿床呈波动起伏时，旱采更困难。

溶采是在地面往矿床钻孔，通过注水管注入水或氯化钾稀溶液将矿床溶浸，在矿体中造成人工空穴以容纳溶解盐层的区间。溶解钾石盐后的浓溶液经出口管压出地面，送去冷却结晶，分离出 KCl。所得 KCl 母液加热后重新返回地下矿层中溶采。溶采法的可采深度可达到1000～2000 m，并适用于矿层厚度较小的矿床。一般溶采法的回采率可达60%～70%，远远高出旱采法。由于溶采法可以直接得到溶液，开采、输送和加工都比较方便，且易于实现自动化，劳动生产率可以大幅提高。

由旱采的钾石盐矿应先经过破碎和磨碎。其破碎和磨碎的细度应取决于矿石的结构和随后加工的方法。钾石盐是与其他盐类共生的产物。当采用浮选法等机械方法加工时，经破碎和磨碎后必须达到单体分离的程度。所谓单体分离即不同物质的晶体自称一体，不黏接其他晶体。

钾石盐通常与石膏等一起产于含盐沉积岩层和现代沉积盆地中。少量钾石盐作为火山喷气产物见于火山口附近。世界主要产地有俄罗斯的乌拉尔和白俄罗斯，加拿大的萨斯喀彻温省，德国的马格德堡和汉诺威，美国新墨西哥州的特拉华盆地等。钾石盐绝大部分用于制造钾肥，部分用于提取钾和制造钾的化合物，是钾的主要来源。由钾石盐制取氯化钾主要有溶解结晶法和浮选法。

（二）溶解结晶法制取氯化钾

溶解结晶法是指利用氯化钠和氯化钾在热水和冷水中的溶解度不同，将氯化钾母液加热后与钾石盐混合。此时，氯化钾全部进入溶液，而氯化钠进入溶液较少，冷却后析出氯化钾结晶，经分离、洗涤和干燥，即得产品。

1. 基本原理

KCl 的溶解度随着温度上升而迅速增加，而 NaCl 在高温时的溶解度只略高于低温。若 KCl 存在，NaCl 的溶解度随着温度的升高而略有减少，如图 3-1 所示。

溶解结晶法就是利用 KCl、NaCl 的溶解度在不同温度下的差别，从钾石盐矿中分离出氯化钾。在高温下溶浸钾石盐矿，冷却溶浸液，结晶分离出氯化钾。

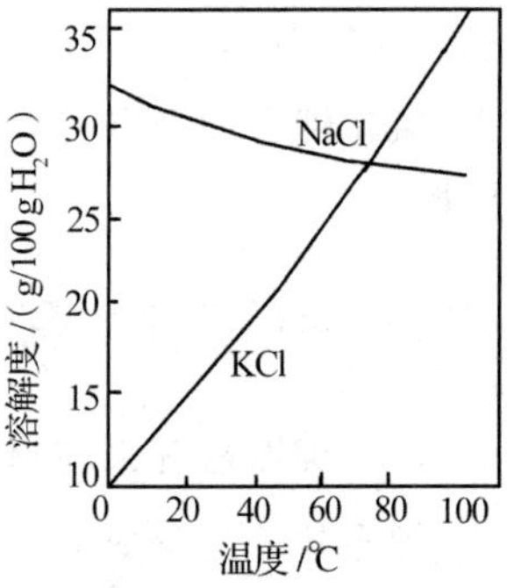

图 3-1 KCl-NaCl-H_2O 体系中 KCl 和 NaCl 的共饱和溶解度变化曲线

2. 工艺流程

其工艺流程可分为4步。

（1）矿石溶浸　破碎到一定程度的钾石盐矿石，用已经加热的氯化钾母液溶浸，使矿石中的 KCl 转入溶液，而 NaCl 几乎全部残留在不溶性残渣中。

（2）残渣分离　将热溶浸液中的食盐、黏土等残渣分离去，并使之澄清。

（3）氯化钾结晶　冷却澄清的热溶浸液，结晶析出氯化钾。

（4）氯化钾分离　分离出氯化钾结晶，经洗净、干燥，即可出售。母液加热后返回，用于溶浸新矿石。

其工艺流程见图 3-2。

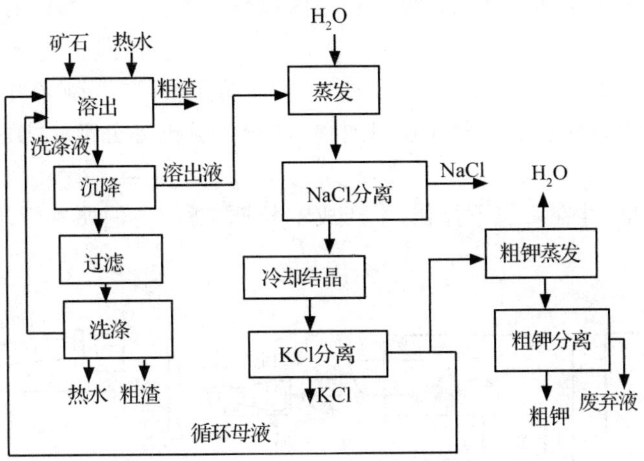

图 3-2　钾石盐溶解结晶法工艺流程

(三)浮选法制取氯化钾

浮选法是应用最广泛和最经济的方法。其过程是以脂肪胺作为浮选剂，进行多次粗选，再进入精选系统进一步精制，底流返回粗选系统。

1. 基本原理

钾石盐中氯化钾和氯化钠的晶体表面具有不同程度被水浸湿的性能。在一般情况下，这种差别对氯化钾和氯化钠来说是不显著的，当加入某种药剂后，就能改变其表面性质，扩大其表面浸润性能的差异。在需要浮选出氯化钾时，可加入以脂肪胺为主的药剂，它能选择性地吸附在氯化钾晶体表面，增加其疏水性。在浮选过程中，药剂中的起泡剂和机械搅拌式浮选机鼓入的空气所形成的小气泡与加药后疏水性变强的氯化钾晶体相遇时，它的表面水层迅速破裂，并和气泡紧密结合形成富含氯化钾的泡沫，上升到矿浆表面，然后将这些泡沫刮出，再经消泡、过滤、洗涤、干燥即得氯化钾产品。而氯化钠和其余少量不溶物，由于加药后的亲水性变强，不能附着于气泡上，仍留在矿浆中作为副产品或残渣处理。

2. 浮选药剂

按作用不同可分为捕收剂、起泡剂、抑制剂、活化剂和介质调整剂。

(1)捕收剂　是一种能与矿物表面发生作用的有机药剂，能增强矿物表面疏水性，有利于矿粒被捕收于气泡上。用于氯化钾浮选的捕收剂是含有16～20个碳原子的脂肪胺，其中以十八脂最好，其分子式为 $C_{18}H_{37}NH_2 \cdot CH_3COOH$ 和 $C_{18}H_{37}NH_2 \cdot HCl$。

(2)起泡剂　是一种异极性的表面活性有机物质。它能使气泡坚韧和稳定，增强泡沫层的稳定性。常用的起泡剂有松油和高级醇类。

(3)抑制剂　是降低矿物可浮性的一种药剂。它能使某些矿物表面形成亲水性薄膜，阻止捕收剂与矿物表面相作用。浮选氯化钾常用的抑制剂有淀粉、羧甲基纤维素、硫酸铝和多聚糖等。

(4)活化剂　是使矿物表面易于吸附捕收的药剂。浮选氯化钾时，一般用铅盐和铋盐做活化剂。

(5)介质调整剂　主要作用是调整矿浆的酸碱度，消除对浮选有害的影响和调整矿泥的分散和凝聚。常用的有碳酸钠、草酸、多糖类和聚丙烯酰胺等。

3. 工艺流程

浮选工艺包括的流程：①原矿石破碎磨细。KCl晶体与存在于矿石中的其他矿物相分离。②洗涤。破碎矿石与循环卤水混合并强烈搅拌，使胶状黏土等分散。③脱除矿泥。④药剂浮选。⑤干燥和筛分。

浮选法流程简单，并在常温下操作，生产成本较低，对设备的腐蚀性小。其工艺流程如图3-3所示。

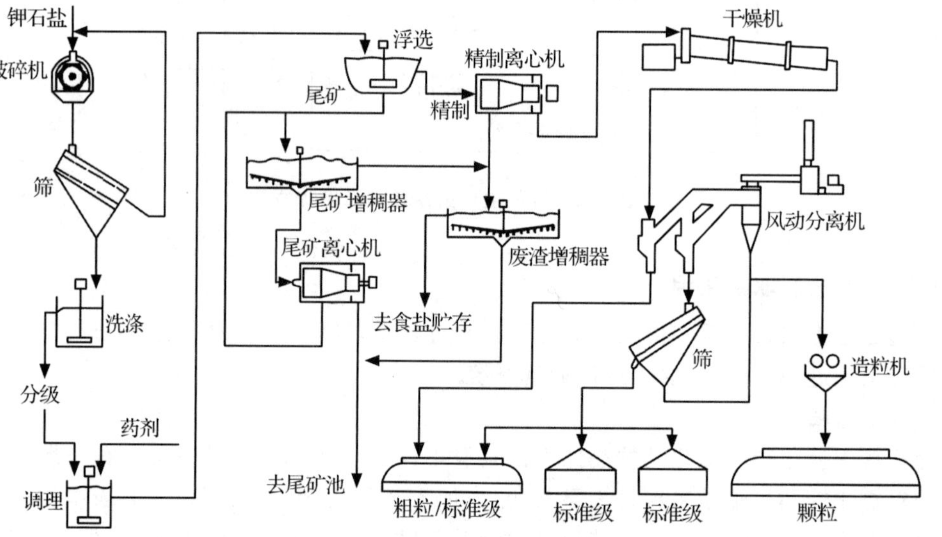

图 3-3 钾石盐浮选法工艺流程

(四)重介质选矿法制取氯化钾

KCl的相对密度为1.98，NaCl的相对密度为2.14，如果采用一种相对密度介于这两者之间的悬浮液作为分离介质，则KCl晶体上浮，而NaCl晶体下沉。工业上先将钾石盐粉碎至粒径介于1～5 mm，用0.1 mm的磁铁矿悬浮液做分离介质，得到的氯化钾精矿含KCl 65%，钾的提取率约为90%。

为了提高分选效率，可以采用旋流分离器进行选矿。此时采用的磁铁矿悬浮介质的相对密度较KCl略小。将细碎的钾石盐悬浮于介质中，高速通过旋液分离器时，由于离心力的作用，相对密度较大的NaCl被抛向外围，从锥底卸出成为尾矿；相对密度较小的钾盐随介质围绕中心管集中，经中心管而从上部排出，即为精矿。精矿和尾矿分别送至沥水筛中，分出大部分磁铁矿悬浮液返回重新使用，然后用饱和溶液洗涤以除去其中所带的磁铁矿粒子。

为了避免来自钾石盐中的黏土沉渣在悬浮液中积累，必须把部分磁铁矿悬浮液导出再生。同时，磁铁矿会被氧化而失去原有的相对密度，致使悬浮液的相对密度下降，故也需再生。再生借助于磁选机，把磁铁矿粒子和泥渣及已氧化了的磁铁矿粒子分开，损失掉的部分用新磁铁矿补充。这种旋流分离器也可以用来筛选由不同相对密度矿物组成的其他矿石。利用重力分离，虽然工艺较简单但分离效果不好，所得精矿的纯度不高，故虽然已在法国的钾肥工业中应用，但迄今未能够推广。

有的钾石盐加工厂采用重介质选矿法和浮选法联合加工。该法将钾石盐粉碎，取其1～5 mm的粒度部分送去重介质选，取其1 mm以下的粒度进行浮选。这样就不需要将全部钾石盐磨细到1 mm以下，因而可以节省磨矿的部分动力；另一方面由重介质选排出的含65% KCl的中矿，使需要浮选的矿石数量大大减少，可大幅地减少进入浮选设备的料浆，从而提高了设备的生产能力。特别是含矿泥较多的钾石盐，单用浮选法将消耗大量药剂，采用联合法生产就显得更为有利。

摇床选矿法也是重介质选矿的一种方法，是按两种成分的相对密度不同而进行筛选的。将粉碎后的钾石盐悬浮在一个略带倾斜的床面上，作左右往复不对称摇动，则较重的NaCl晶体被推到摇床的一边，而较轻的KCl晶体被推到另一边，处于中间状态的中矿返回重新筛选。如果在矿浆中加入捕收剂将KCl晶体表面进行覆盖，再加油使之附聚，就可以增加KCl和NaCl的相对密度之差，从而提高选矿效率。即使采用这种措施，所得到的精矿含KCl也不超过80%，故迄今尚未在工业上应用。

(五)静电分离法制取氯化钾

分离钾石盐也可以采用静电分离法。钾石盐经破碎和过筛后，加热至450 ℃左右而后冷却时，KCl便带负电，而NaCl却带正电。如果将这些带有电荷的矿粒通过高压静电场，氯化钾和氯化钠即向相反的方向移动，从而得到分离。其分离效率与分离器的结构、电压、矿石的组成、粒度、预热温度等因素有关。预热不但能使氯化钾和氯化钠矿粒产生不同的电荷，而且会降低黏土活性。减少在矿粒表面包裹，从而提高分离效率。当矿泥细粒包裹在矿粒表面时，能产生与氯化钾相同的电荷，使分离困难。如果在矿粒中加入氢氧化铝、氢氧化镁、活性氧化铝或熟石灰等表面活性剂进行表面包裹，就可避免被黏土吸附，提高分离效率。用长链的脂肪族胺处理矿粒表面也可达到同样目的。

静电分离法的流程是：钾石盐经两步粉碎到14～100目，在转炉中加热到425～480 ℃。转炉以煤气为燃料，逆流操作，然后将矿粒用空气冷却至120 ℃左右，进行一级分离。在分选时所需的电极间的直流电压约为90 kV，每1cm距离的电位降为2～6 kV。当钾石盐中含KCl 15%～30%时，经一级分离后的精矿中含78%～85% KCl。如果进行二级分离，还需再一次加热和冷却。经二级分离后，可将KCl由85%提高到95%。静电分离法的优点为耗电低，设备简单，矿石不需细磨，设备腐蚀轻微，成品不需要干燥等。

二、光卤石生产氯化钾

(一)光卤石赋存情况

纯光卤石($KCl \cdot MgCl_2 \cdot 6H_2O$)是一种含$MgCl_2$和KCl的非调和性复盐，含氯化钾26.8%，氯化镁34.3%，结晶水38.9%，属于斜方晶系斜方双锥晶类，假六方双锥状，通常呈粒状或致密块状。纯净者为无色或白色，具有强潮解性，易溶于水。

天然光卤石矿是由沉积钾石盐后的母液经进一步自然蒸发浓缩生成的，故一般位于钾石盐矿层的上部。当被地下水分解时，氯化镁被溶解而流失，留下的氯化钾与光卤石中的石盐(氯化钠)形成次生钾石盐矿。光卤石一般都呈粒状块体，它经常和石盐共生，有的还含有硫酸镁、氯化钙、硫酸钙等盐类。天然光卤石由于含有极少量六角镜铁矿鳞片而显红、橙、黄等颜色。有的国家认为有价值开采的光卤石矿的平均组成是KCl 19.3%、NaCl 24.4%、$MgCl_2$ 24.0%、

H_2O 29.9%、不溶物 2.4%。

光卤石是一种在 -24 ℃～+167.5 ℃温度范围内稳定的复盐。工业上利用其不相称溶解性，加适量水使其中的 $MgCl_2$ 全部转入溶液而将大部分 KCl 保留在固相中。由于天然光卤石中都含有固体氯化钠，而氯化钠在饱和氯化镁溶液中的溶解度不大，因此可以认为在加工光卤石时，液相为 NaCl 所饱和，用 $KCl\text{-}MgCl_2\text{-}NaCl\text{-}H_2O$ 四元体系相图来讨论生产条件。

光卤石资源较丰富，因它含钾量不高(纯光卤石仅含氧化钾 17%)，加工能耗较高，且大量副产氯化镁不易处理，故在氯化钾生产中所占的比例不大。利用光卤石生产氯化钾的方法较多，常见的有：冷分解浮选法(正浮选法)、冷分解热溶结晶法、冷分解结晶法、冷分解结晶浮选法、控速结晶法、反浮选-冷结晶法(反浮选法)等。

1. 冷分解浮选法

冷分解浮选工艺(也称正浮选法)是 20 世纪 60 年代后期由中国科学院青海盐湖研究所与当时的察尔汗钾肥厂合作开发，1967 年正式投入工业生产，也是迄今使用时间最长、相对而言也最为成熟的一个工艺流程。

冷分解浮选法的原理是用水溶解光卤石，当加入的水量接近光卤石重量的 50%时，可将其中的氯化镁全部溶解，而仍有 83.6%的氯化钾以固体形式存在。而由于一般光卤石矿中，含有不同数量的氯化钠，所以加水溶去氯化镁后，得到的固相组成与钾石盐相似。

光卤石加水分解的反应式如下：

$$\underset{\text{固相}}{\underline{KCl \cdot MgCl_2 \cdot 6H_2O}} + nH_2O \longrightarrow \underset{\text{固相}}{\underline{KCl + NaCl}} + \underset{\text{液相}}{\underline{MgCl_2 + (n+6)H_2O}}$$

然后将分离氯化镁后得到的固相混合盐(KCl+NaCl)，经筛分除去粗粒 NaCl 后，添加浮选药剂羧甲基纤维素、十八胺和 2 号油进行浮选分离，经过离心、脱水、干燥等过程，得到精钾产品。钾的回收率为 65%～72%，选矿比为 8.17～10.0，精钾的组成为 KCl 92.23%、NaCl 1.15%、$MgCl_2$ 0.63%，游离水 1.74。工艺流程如图 3-4 所示。

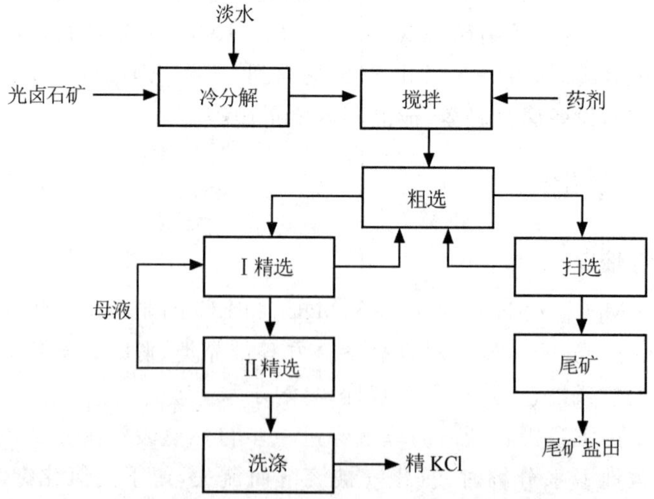

图 3-4 光卤石冷分解浮选法工艺流程

冷分解浮选法的优点是能耗低，成本较低，对原料光卤石质量的适应性较强，耐腐蚀材料用量较少，但产品质量差，KCl 含量在 70%～85%。产品呈粉末状、粒度细、外观效果不好。

2. 冷分解热溶结晶法

冷分解热溶结晶法的加工原理是用水或一定组成的母液在室温下分解光卤石矿使氯化镁转入液相，绝大部分氯化钠和氯化钾留于固相中。由于氯化钾和氯化钠在不同温度条件下的溶解度存在差异，NaCl 的溶解度几乎不随温度变化而变化，而 KCl 的溶解度却随温度升高而显著增大，这种情况在两盐共饱和时更为显著。

在共饱和溶液中，NaCl 的溶解度不但不随温度升高而增大，反而有所降低，而 KCl 的溶解度却明显升高。如将 100 ℃下 100 g 的共饱和溶液冷却到 20 ℃时，将有 19.6 g 的 KCl 结晶析出，而 NaCl 非但不会析出，相反地还需溶入 2 g 左右才能满足 20 ℃时共饱和溶液中的含量要求。因此将一定量 20 ℃的共饱和溶液加热到 100 ℃左右(一般是 105 ℃)去溶解定量的混盐，可将其中的 KCl 全部溶解，进入溶液，而 NaCl 则留在固相，此时进行固液分离可将二者基本分开。分离后的含少量氯化钾的固体作为副产物或废渣处理，而冷却分离后的溶液，通过一定的结晶设备，使其降到常温(20 ℃左右)，可使 KCl 大量析出。再经过滤、洗涤、干燥，即可得到纯度很高的氯化钾产品。

工艺过程分为冷分解、热溶、冷却结晶三个部分。

冷分解分为二段进行。根据图 3-5，光卤石 K 和第二段冷分解得到的中间母液 M 按相图计算的配比混合成体系点 a，在 25 ℃进行第一段分解，这时光卤石绝大部分分解。岩浆的澄清液 E_{25} 返回盐田晒制光卤石以回收钾。增稠的岩浆 S 和冷却结晶循环母液 D_{40} 及清水按相图计算配比，再将混合成体系点 b 进行第二段冷分解，这时光卤石全部分解，液相为中间母液 M 供一段冷分解用，过滤分离出来的滤饼即固相混合盐 G，含氯化钾 45%。

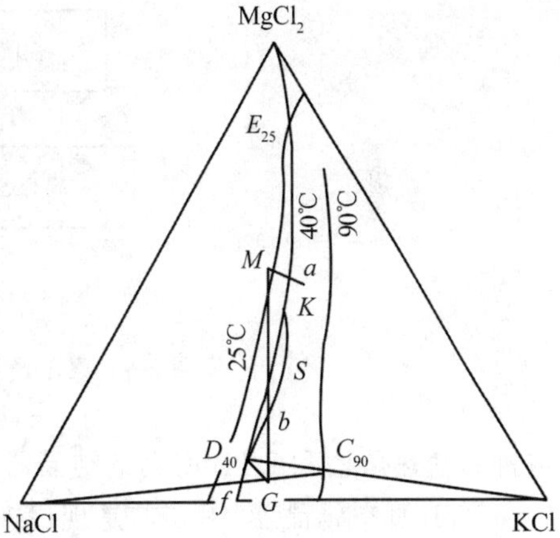

图 3-5　Na^+、K^+、Mg^{2+} // Cl^-—H_2O 相图

固相混合盐 G 与循环母液 D_{40}、清水按相图计算配比混合成体系 f，在 90 ℃温度下进行热溶，KCl 全部溶解于液相中成为氯化钾饱和液 C_{90}，氯化钠离心过滤、洗涤后作为盐渣排弃。

澄清的氯化钾饱和液 C_{90} 蒸发去少量的水，冷却到 40 ℃析出氯化钾结晶，同时得到母液 D_{40}，返回于冷分解和热溶过程循环使用。

我国察尔汗盐湖盐田光卤石冷分解热溶结晶法的生产工艺如图 3-6 所示。

一段冷分解：分解温度 25 ℃，E_{25} 排放液浓度 $MgCl_2$＞25%。

二段冷分解：再浆分解温度 25～35 ℃。

固相混合物热溶：溶出温度(95±2) ℃，清水用量为计算量的 100%～103%，溶出液 C_{90} 含 KCl 18.75%，盐渣经洗涤后残钾量 KCl＜25%。

氯化钾饱和液(溶出液 C_{90})冷却结晶：冷却结晶终点温度(40±0.5) ℃，真空结晶器操作绝对压力 4.67～4.8 kPa。

冷分解热熔结晶法制取氯化钾的主要设备有：光卤石立式分解槽、真空过滤器、离心机、人

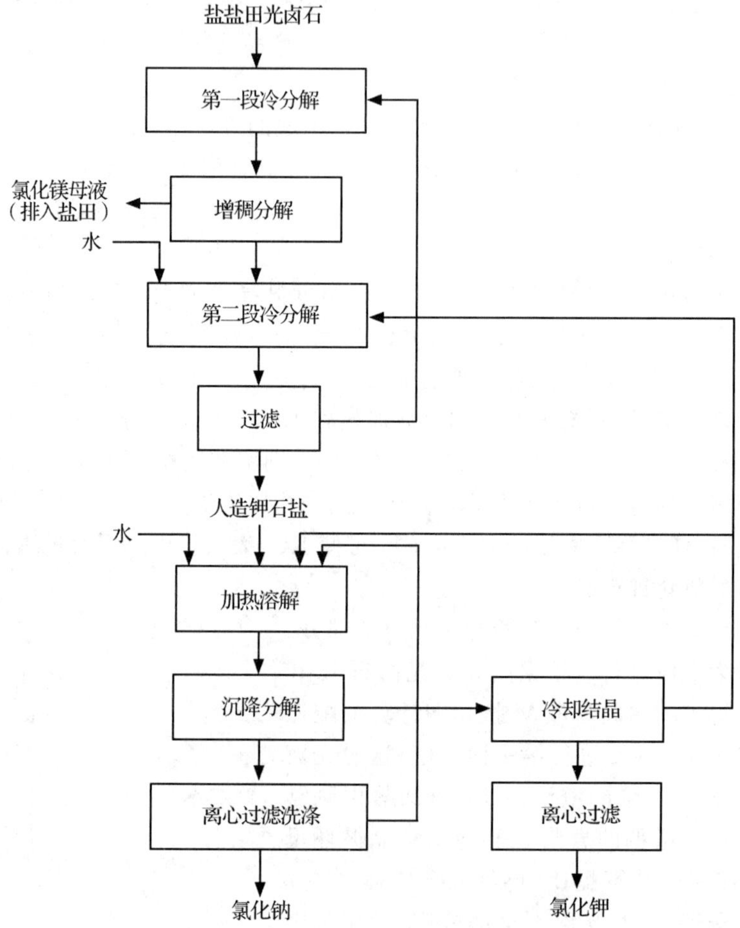

图 3-6　察尔汗盐田光卤石冷分解热溶结晶法流程

造钾石盐热熔槽和 DTB 型真空结晶器，其中以真空结晶器为最主要的专用设备。

DTB 真空结晶器（图 3-7）是现代钾肥工业应用得最广泛的氯化钾结晶设备。这种导流管折流板结晶器能生产出粒度较大的氯化钾结晶，平均粒径可达 1 mm。DTB 结晶器较易操作，清洗周期是 4～6 个月。钾肥工业中应用的 DTB 结晶器直径已经超过 6 m，高度超过 15 m，生产能力达每台 100～400 t/d。该法可以直接得到纯度在 95％以上的氯化钾产品，排出的氯化钠盐渣中氯化钾残留量在 2.5％左右，该法氯化钾回收率较高，达 70％，所得产品（不经过洗涤）的组成：KCl≥95％，NaCl≤2.5％，$MgCl_2$ 0.15％，$CaSO_4$ 0.02％，H_2O 0.5％，产品粒度很好，平均粒度 0.6 mm，达到《氯化钾》（GB/T 6549—2011）。但是该法生产成本高，综合能耗大，设备腐蚀严重，工艺操作也比较复杂。

3. 冷分解结晶法

冷分解结晶法是在常温常压下进行的，其工艺流程如图 3-8 所示。

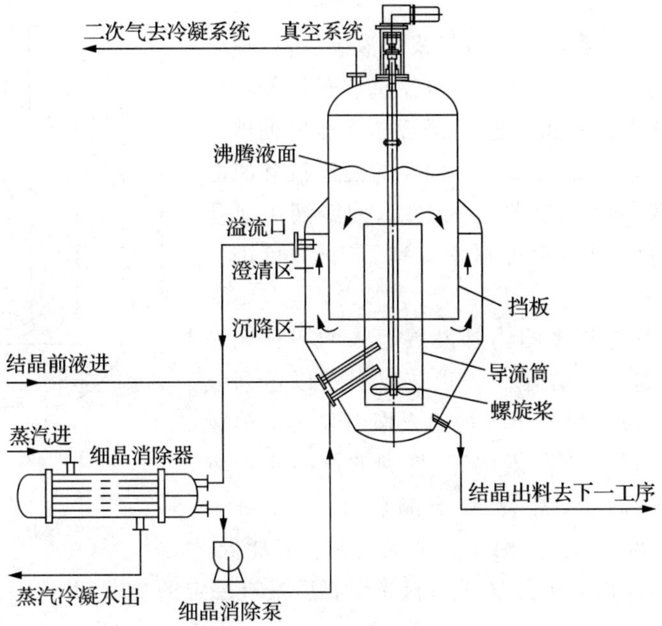

图 3-7　DTB 真空结晶器

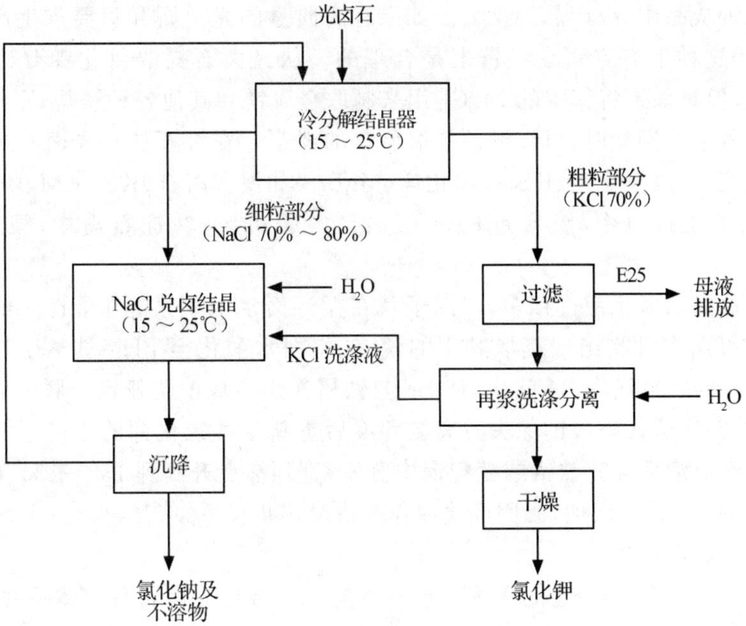

图 3-8　冷分解结晶法流程

冷分解结晶法流程采用的关键设备是敞口带有细晶消除的 DTB 结晶器，如图 3-9 所示。

结晶器装有一螺旋桨，结晶料浆经过导流管在结晶成长区内循环，悬浮液固体含量一般控制在 30%～40%（质量百分比）。折流板与结晶器壁之间形成环形沉降区，不断排出含有细晶的母液以达到消除细晶的目的。

部分粗钾母液用来调整分解后料浆的液固比，以适合于分离氯化钠的操作条件，其他部分送往真空蒸发器中浓缩，以制取人造光卤石。所得人造光卤石晶浆经增稠器增稠和离心机过滤后，加入原料中。增稠器的溢流液和离心机的母液，送往浸没燃烧蒸发器蒸发浓缩，使溶液中氯化镁的浓度提高到46%，冷却后即得水氯镁石固体，可进一步加工利用。

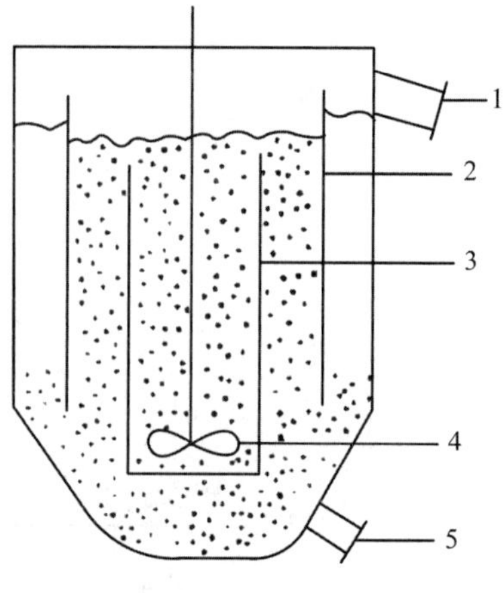

图 3-9 冷结晶器示意图

1.溢流口；2.折流板；3.导流筒；4.搅拌桨；5.出料口

冷分解结晶法是近年来国内外发展起来的一种光卤石制取氯化钾的先进生产方法。该工艺以引进以色列技术为核心，以色列死海工程公司将盐田光卤石除去部分氯化钠后，用冷分解结晶法制取氯化钾，得到的产品质量较好，纯度可达 95%以上，氯化钾结晶粒度为 0.3～0.6 mm，回收率 60%～63%。由于这种工艺方法能耗低，产品质量和回收率都较高，但此法对原料光卤石质量有一定的要求，并且引进技术和设备价格昂贵。

冷分解结晶法的优点为在常温下操作，节省热量，且可减少对设备的腐蚀；过程简单，操作容易，生产成本低。其缺点为氯化钾产品成细泥状，吸附母液多，易结块；大部分水不溶物杂质仍存留于氯化钾成品中，故产品纯度低。如果有高质量的光卤石和只要求生产肥料用的氯化钾产品时，采用这种生产方法在经济上是合理的。从光卤石提取氯化钾要比从钾石盐提取KCl 昂贵的多，但是如果将其中的 $MgCl_2$ 用来制取金属镁和其他各种镁盐，则经济性就大为提高。在加工各种天然钾盐时，可以顺便提取所含的溴素。在钾石盐和光卤石中溴离子同晶取代了一部分氯离子，以溴化钾（KBr）、溴化镁（$MgBr_2$）和溴光卤石（$KBr \cdot MgBr_2 \cdot 6H_2O$）的形式存在。在天然光卤石中，溴含量可达 0.02%～0.03%；在钾石盐中，溴可达 0.02%～0.05%。

在从钾石盐提取氯化钾过程中，溴离子就在循环卤水中积累起来，在 1 m^3 卤液中的浓度可达数百克。可用空气吹出法提取其中的溴，先将卤水酸化至 pH=3～3.5，然后通氯气使 Br^- 氧化成 Br_2，再通空气将 Br_2 吹出，使 Br_2 与铁屑作用生成溴化亚铁。脱溴后的卤液用纯碱中和其中的酸，并用硫代硫酸钠除去游离氯和溴后重新返回氯化钾的生产系统中去。得到的溴化亚铁溶液经澄清后在铸铁锅或搪瓷锅中蒸发，直到沸点升高到 133～134 ℃为止。此时含有 49%～50%溴素，装入铁桶，凝固成块后作为成品出售。

4.冷分解结晶浮选法

冷结晶工艺是近期发展起来的一项新技术，它利用控制光卤石分解体系的过饱和度，达到在常温条件下使氯化钾晶体颗粒长大的目的。

该法的理论基础：在光卤石结晶过程中，如果能很好地控制氯化钾的结晶条件，就可得到较粗的氯化钾颗粒。即当光卤石进行冷分解时存在着两个串联的反应：先是光卤石溶解在溶液中，形成氯化钾的过饱和溶液，再使氯化钾自溶液中析出晶体。故欲得到较粗的氯化钾颗粒，必须控制第一个反应过程，使光卤石的溶解速度不要太快，否则会形成过高的氯化钾饱和度，产生大量的氯化钾细晶。

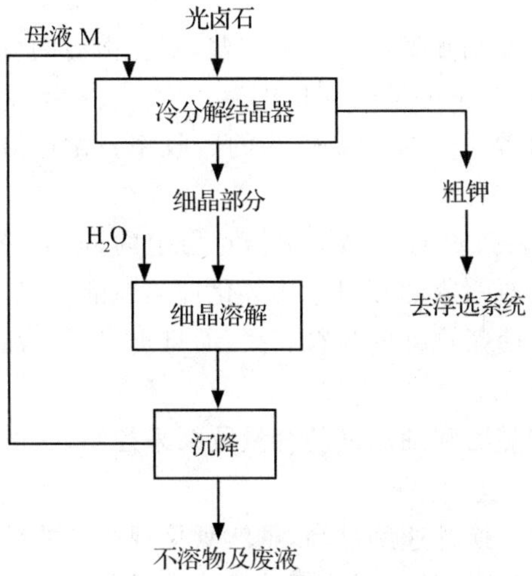

图 3-10　冷分解结晶浮选法流程

该流程(图 3-10)主要由冷分解结晶、细晶溶解、粗钾浮选及精矿洗涤与干燥等四个部分组成,光卤石原料进入冷结晶器,并在其中分解,继而结晶出较大颗粒的氯化钾晶体,从沉降区排出的细晶经洗涤、溶解后,母液返回结晶器作为分解液,粗粒部分即为粗钾。粗钾进入浮选系统,浮选后精矿加淡水洗涤、过滤、干燥后即得氯化钾成品。

冷分解结晶浮选法虽然流程简单,氯化钾的质量和回收率较高,生产的氯化钾粒度可达 0.25～0.5 mm,但工艺流程还不够完善和成熟。

氯化钾产品的质量取决于氯化钾晶体粒度和晶体质量,在一定的晶浆体积中,晶核生成量越少,产品晶体就会长得越大;反之,如果晶核生成量过大,产品粒度必然小,其夹带的杂质含量也就多,从而造成产品质量低。因此,严格控制光卤石的分解条件,减慢光卤石的溶解速度,创造适宜晶体成长的结晶环境,是获得粗颗粒氯化钾的基本条件。

5. 控速结晶法

控速结晶法是在冷分解结晶浮选法的基础上发展起来的,由于光卤石进行冷分解时,先是光卤石溶解在溶液中,形成氯化钾的过饱和溶液,再使氯化钾自溶液中析出晶体。控速结晶法就是利用具有一定组成的循环母液对其进行冷分解结晶,降低光卤石的溶解推动力,从而降低光卤石的溶解速度,防止形成过高的氯化钾过饱和度,产生大量的氯化钾细晶,从而得到较好的氯化钾晶粒。

工艺流程如图 3-11 所示。

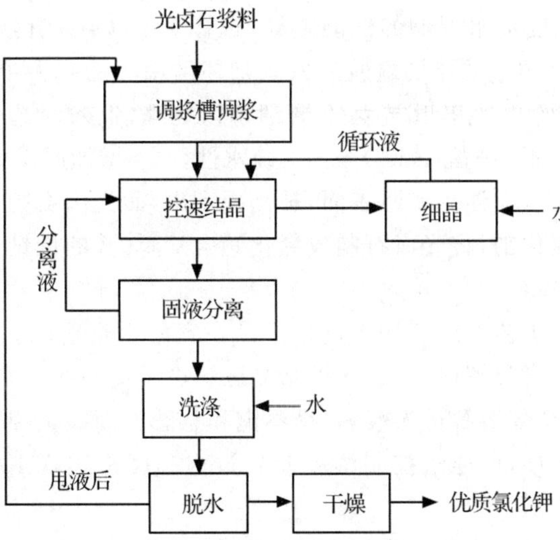

图 3-11　控速结晶制取优质氯化钾的工艺流程(钱礼华,2001)

工艺参数如下：

(1)控速结晶器 50 m^3，细晶槽 25 m^3　控速结晶器及细晶槽的容积大一些，对光卤石的分解、结晶制取氯化钾效果更好，但应严格控制控速结晶器及细晶槽的容积比为 2∶1。

(2)循环液浓度　循环液浓度高低直接影响氯化钾晶粒的成型及产品的回收率。循环液的质量浓度控制在 1.287 2～1.301 2 g/mL 较为适宜。

(3)加水量　为了保证整个工艺的回收率，控速结晶系统的加水量是相对稳定的，通常采用理论加水量的 1.1 倍左右，其中一部分水用于对光卤石的分解和对生成氯化钾粗粒的洗涤，另一部分则消耗在对氯化钾细晶的洗涤与溶解上，不仅使氯化钾的晶粒长大，而且提高了其品位，产品的回收率与纯度都得了保证。

(4)结晶时间　氯化钾晶体的结晶时间通过控速结晶器和细晶槽的容量及泵来控制，一般其结晶时间控制在 4 h 以上。

(5)搅拌速度　要严格控制控速结晶器的搅拌速度。搅拌速度过高，虽然氯化钾产品的结晶粒度较大，但由于其属于强循环，将会使大部分的氯化钾细晶在氯化钾结晶的同时跑至细晶槽，从而造成物料的空循环；反之搅拌速度过低，又将会使产品中夹带大量的氯化钾细晶，从而影响产品的质量。搅拌速度控制在 90 r/min 左右为宜。

用控速结晶制取的氯化钾产品黏度大，产品色度好，不结块，氯化钾的回收率高，生产成本低。

6.反浮选-冷结晶法

反浮选-冷结晶工艺(也称反浮选法)最早出现于中东的死海地区，是目前世界上较先进的加工工艺。我国从 20 世纪 80 年代中期开始从事这方面的研究，90 年代进行工业试验证明此工艺可行，90 年代后期建成 20 万 t 生产装置，后又扩建 10 万 t，运行良好，生产稳定。

其主要原理是先用反浮选法分离光卤石矿中的氯化钠，得到高品位的精光卤石，然后用结晶法制取氯化钾产品。此工艺主要分为两个阶段：

(1)反浮选　光卤石矿是由纯光卤石和一定量的细粒盐粒($d \leqslant 0.4$ mm)组成。根据 NaCl 与 KCl 表面具有不同程度被水湿润的性能差异，选择对 NaCl 具有强选择性的反浮选捕收药剂。该药剂主要以含 C_8～C_{14}的脂肪酰胺或氮氢杂环已烷类物质为主，再辅以相应的起泡剂、调整剂等构成。在反浮选时，将盐田光卤石磨细予以处理，投入浮选槽，加高镁母液调浆后加入反浮选剂，选择性地增加了细盐(NaCl)表面的疏水性，而不增加原矿中光卤石的疏水性，NaCl 黏附在浮选机内的气泡上，上浮到矿浆表面，被刮板刮出，而光卤石则留在矿浆中。经粗选、扫选后，浮选去掉大部分氯化钠，将光卤石制成氯化钠含量≤6%的低钠光卤石，再经脱卤过滤送去冷结晶。

(2)冷结晶　冷结晶工艺的所有操作过程都是在室温下进行的。由反浮选得到低钠光卤石后，控制加水量使光卤石分解，进入氯化钾结晶区。由于此时光卤石中的氯化钠含量已很少(≤6%)，分解时氯化钠全部溶解进入液相，呈不饱和状态。而氯化钾也大部分溶解，这时的氯化钾处于新生态，具有活性，可通过控制浓度差和过饱和度来实现 KCl 的结晶。经过滤并加淡水洗涤后，即得高品位 KCl 产品。

从结晶力学的观点出发，晶粒由溶液中结晶出来，首先要形成一定的过饱和度并要经历成核和生长两个阶段。因此，创造一个适当的过饱和状态，使上述两个阶段协调起来，才能使结晶的粒度和产量得以优化。其关键是通过加料(光卤石、水、母液)和控制结晶器内循环料浆，使结晶的成核生长处在“介稳区”内。溶液的过饱和曲线和饱和曲线之间的区域称为“介稳区”。在该区内，由于溶液的饱和度较小，成核速度较小(成核量不变)，不会瞬间产生大量晶核，而已成晶体容易长大。这就创造了一个能产生粗大结晶，而产量又不低的较理想的工艺环境。然而，由于在化学工程设计和生产上稍不注意，偏离了这个区域，则会发生要么出现成堆的细晶产品，要么很少出现晶核的情况。为了避免这种情况，除了控制各种物料量和微小的温差外，最主要的是靠采用特殊的结晶设备——敞口式 DTB 结晶器，而采用一般的夹套水冷式结晶器无法达到预期目的。

工艺流程如图 3-12 所示。

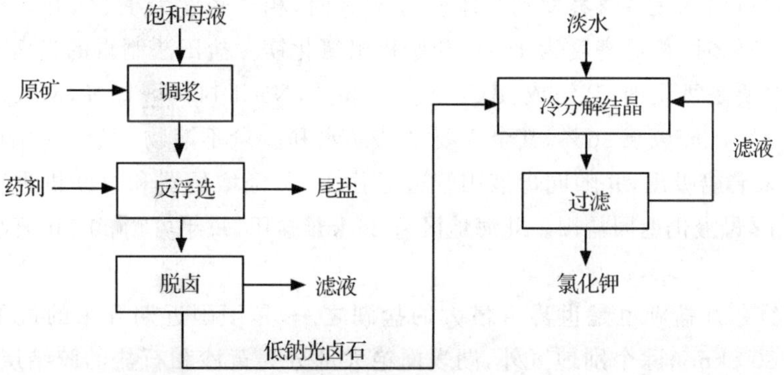

图 3-12 反浮选-冷结晶法工艺流程(方勤升，2001)

具体工艺问题：

①关于调浆的问题。进入浮选系统的光卤石矿浆，流量及浓度将直接影响浮选系统的稳定和效果。光卤石矿浆在实际生产中由两部分组成：一部分来自采收系统经浓密机浓缩后的矿浆；另一部分是由补充光卤石原矿与调浆液混合后的矿浆。在实际生产中经常会出现因矿浆浓度过高而造成调浆槽压槽，使得药剂分散不均匀，浮选操作恶化；而流量太大，浓度太低又会冒槽，使得药剂和矿浆外逸，降低浮选回收率。为了稳定连续生产，光卤石矿浆在调浆后进入浮选槽时浓度应控制在 30%～35%，流量控制在 1 100 m^3/h 以内，这样既可避免调浆槽压槽，药剂能分散充分，浮选系统又达到满负荷正常运转，并可大大降低浮选机橡胶转子的损耗。

②残留泡沫问题。经过浮选作业后，NaCl 泡沫将被刮板刮出。在实际生产中，还残留少量 NaCl 泡沫，随矿浆进入低钠浓密池，残留泡沫随溢流液同光卤石矿浆浓密池的溢流液混合后用来调浆，而再次进入浮选系统，无形中降低了原矿质量。同时低钠光卤石矿浆由管道进入截面积相当大的浓密池时，有一搅动现象发生，起到了一定的消泡作用，NaCl 细粒由光卤石颗粒向下拖曳，而沉降速度加快进入低流，从而影响低钠光卤石质量。当残留泡沫富集后这种现象尤为明显。要进一步提高浮选回收率，残留泡沫在系统中不可循环。低钠光卤石浓密池溢流管道可改为溢流槽，在溢流槽中设置挡沫板，及时将残留泡沫清出，可避免泡沫富集。

以往国内利用盐湖光卤石矿生产氯化钾的工业技术路线主要为冷分解浮选法，但该法生产的氯化钾产品存在含量较低、粒径小，不易干燥等缺点。反浮选-冷结晶法目前已取代冷分解浮选法成为钾盐产业的主要工艺流程，原因在于采用该工艺生产的氯化钾产品含量高，可达 95%左右，产品粒径大、水分低、外观效果好，产品市场前景广阔，经济效益明显。这种工艺的缺点是流程较为复杂，操作不易，尤其是结晶系统，回收率也不是很高。

三、含钾盐湖卤水提取氯化钾

含钾盐湖的组成及当地的气候条件不同，提钾的方法当然也就随之而异。中国察尔汗盐湖的组成与死海极其相似，死海的提钾方法可资借鉴。死海当地年平均降水量为 50 mm，蒸发量为 1 700 mm。冬季气温 10～20 ℃，夏季 25～40 ℃，最高可达 50 ℃。全年日照天数为 300 d。4～9 月的平均湿度为 30%～40%加工是利用自然条件进行的，在湖边浅水区开辟大面积盐田，借日晒蒸发浓缩卤水。原卤水的相对密度为 1.22，当蒸发到原体积 94%时，相对密度为 1.23，开始析出 NaCl；当蒸发到原体积的 51%时，相对密度为 1.30，开始析出光卤石；当蒸发到原体积 35%时，相对密度为 1.34，开始析出氯化镁。盐田法制得的光卤石，最高纯度可达 83%，其他主要是氯化钠，其组成：KCl 19%～20%，NaCl 11%～15%，$MgCl_2$ 28%～30%，$CaCl_2$ 0.5%～1%，$CaSO_4$ 0.26%，其余主要是结晶水和少量不溶物。盐田中晒制的光卤石用具有抽吸管的采矿船吸出，并随同母液用管道送往工厂，经增稠器和过滤机进行液固分离，湿光卤石送去加工，母液仍返回盐田。死海地区每 26 km^2 盐田，每年可晒 30 Mt 卤水，生产 1.2 Mt 光卤石。

中国青海察尔汗盐湖也是世界上最大的盐湖之一，是中国近期开采的最重要的钾资源。全湖面积约 5 800 km^2，除个别地区外，湖表面绝大部分为黄沙和石盐的胶结层所覆盖。湖区各处盐层厚度不一，一般为 30 m，最深处达 60 m。盐层的孔隙度为 20%左右，在盐层下面 30～50 cm 处开始出现晶间卤水，其浓度随深度方向和水平均有明显变化。其晶间卤水是从该盐湖提取钾盐的主要原料。在整个察尔汗盐湖中，南霍布逊湖、北霍布逊湖、达布逊湖和涩聂湖常年积有卤水，在干旱年份，湖水依然一片汪洋，只在达布逊湖沿岸析出光卤石。而每年逢多雨年份，河水纳入湖水中，新生光卤石旋又溶解。现将察尔汗湖的晶间卤水和达布逊湖的湖表卤水的组成列于表 3-3 中。

表 3-3 察尔汗湖和达布逊湖卤水组成

地点	试样编号	溶液组成/%				
		KCl	NaCl	$MgCl_2$	$MgSO_4$	$CaSO_4$
察尔汗湖的晶间卤水	1	1.87	5.30	20.36	0.49	0.18
	2	1～3	4～7	10～18	0.6～0.7	—
	3	1.00	1.50	24.00	—	4.00($CaCl_2$)
达布逊湖的湖表卤水	1	1.10	13～14	8.00	0.2～0.3	0.4～0.5
	2	1.62	12.90	11.20	0.25	0.32
	3	1.91	13.90	10.60	0.24	0.30

盐湖中除钾盐外，其中的 Na^+、Mg^{2+}、Br^-、$B_4O_7{}^{2-}$、Li^+、Cs^+、Rb^+ 等元素都可以分别提取。察尔汗盐湖不仅是中国最大的 NaCl、$MgCl_2$、KCl 资源，也是中国最大的锂资源。察尔汗盐湖的晶间卤水和湖水的组成基本上属于 $KCl-NaCl-MgCl_2-H_2O$ 体系。湖区属大陆性气候，干旱，多风少雨，日照时间长；海拔为 2 760m；年最高温度达 31 ℃，最低为−20 ℃；年降水量为

20～30 mm，蒸发量约为 2 860 mm。由于气候干旱，盐田日晒时，光卤石（$KCl \cdot MgCl_2 \cdot 6H_2O$）也可以直接从卤水中结晶析出。

（一）盐湖卤水中提取光卤石

察尔汗湖海拔高，气候干旱，具有天然蒸发条件，单位盐田的生产能力比死海要高出 2 倍以上。在当地 4—10 月平均气温 25 ℃下蒸发时，其蒸发过程可以用图 3-13 表示。在图 3-13 中，A'为原始卤水的组成，当达到饱和时，首先析出的是 NaCl 固体；析出 NaCl 以后再继续蒸发时，液相组成就沿着 AA'的延长线变化到 B'点，固相停留在 A 点不动：当液相点到达 B'点以后，KCl 也开始析出，液相点就沿着 NaCl 与 KCl 的共饱线移动最终到达 E_{25}，此时固相沿着 AB 边移动，最终到达 C'；液相到达 E_{25}，开始析出光卤石，而原先析出的 KCl 固相又重新溶解，此时液相点停留，在 E_{25} 不动；等到固相 KCl 全部溶解完时，固相点应该落在 $A'E_{25}$ 延长线与 AC_{ar} 连线的交点 D' 上；继续蒸发时，液相点就沿着 NaCl 与 $KCl \cdot MgCl_2 \cdot 6H_2O$ 的共饱线 $E_{25}P_{25}$ 移到 P_{25}，而固相点沿 AC_{ar} 移动到 F'；直到全部水分蒸干为止，液相点停留在 P_{25} 不动，而固相点沿$F'A'$线到达 A'点。

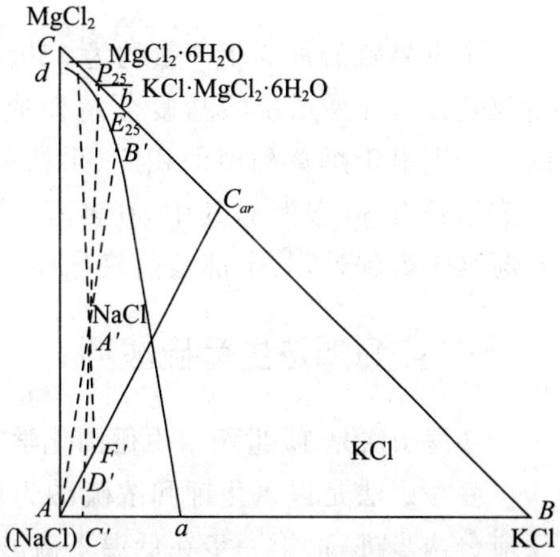

图 3-13　察尔汗湖的日晒法相图分析

（陈五平，2001）

从以上讨论可以看出，初始析出的是氯化钾固体，在平衡条件下应全部转化为光卤石，但在实际操作中仍有少量未转化的氯化钾固体残留在混合盐中。这是由于固相转变很慢，未能达到平衡。

在冬季，当地气候严寒，平均气温在－10 ℃左右，表层冰盖升华，卤水复又结冰，其固相析出的顺序与夏季相同；但由于冰的升华速度较慢，实际结晶路线与理论值的偏差较夏季小。当卤水组成进入氯化镁区域时，析出的固相不是夏季 $MgCl_2 \cdot 6H_2O$，而是 $MgCl_2 \cdot 8H_2O$；当硫酸根含量较高时，则有 $MgSO_4 \cdot 12H_2O$ 析出。在冬季由于结晶慢，前一阶段析出的氯化钾和光卤石的质量均较夏季为高。

在以前，对察尔汗湖采用了盐田法和沟槽法两种不同的方法进行日晒生产。日晒盐田分为氯化钠结晶池、光卤石结晶池和卤水储池三种，各池埝高 60～100 cm，日晒时卤水深度以 35～60 cm 为宜。到达蒸发终点时，排出卤水储池中的饱和氯化镁，分别留下固体 NaCl 和光卤石于各自的结晶池中，灌入新鲜卤水继续晒制，待盐类沉积到一定厚度以后再收集之，一般一年采矿两次。所得光卤石的组成：KCl 17%～20%，$MgCl_2$ 28%～30%，NaCl 10%～17%，$CaSO_4$ 0.75%～0.85%，折合成光卤石纯度是 65%～75%，吸附母液量达 15%～25%，光卤石的粒度大于 60 目的达 90%以上，而氯化钠的粒度主要分布在 40～80 目，石膏主要分布在 100 目以下。

沟槽法是在组成接近于析出光卤石的晶间卤水的湖区内，揭开盐盖，将充填有晶间卤水的盐层挖掘成沟槽，使晶间卤水暴露，利用日晒浓缩析出光卤石。由于沟槽四周是多孔隙的盐层，因此卤水蒸发时，四周的晶间卤水便自动流入补充。此法修池容易，造价低廉，但光卤石的质量较差而且波动大，修建沟槽的地点也受到卤水组成严格限制，不宜应用于大规模工业生产。

(二)光卤石加工制取氯化钾

从日晒法得到含氯化钠的光卤石用冷分解法加工时，只能得到低品位氯化钾。为了制得高品位的氯化钾，详见前述光卤石生产氯化钾的方法。

第三节　硫酸钾生产与加工工艺

全世界硫酸钾的年产量约为 350 万 t，其中 50%来自天然开采的硫酸钾及其复盐，37%是由氯化钾与硫酸或硫酸盐复分解而成，其余的 13%则由天然盐湖和其他含钾资源加工而成的。中国由于烟草种植面积广、果树种类多而产量大，对硫酸钾需求量在 100 万 t 以上，而实际产量只有 60 多万 t，其中 50 多万 t 依赖进口。中国尚未发现硫酸钾矿，目前除少量是由明矾石加工得到外，其余都是由氯化钾加工得来的。

一、曼海姆法生产硫酸钾

曼海姆法是 19 世纪末由德国化学家 Mannheim Verein 开发研制出来的生产硫酸钾的工艺。

曼海姆法是以氯化钾和浓硫酸为原料。用 98%浓硫酸在高温下与氯化钾直接反应。该反应分两步进行，第一步在低温下硫酸分解氯化钾，生成硫酸氢钾；第二步在较高温度下硫酸氢钾与氯化钾反应生产硫酸钾。反应式如下：

$$KCl + H_2SO_4(\text{浓}) \longrightarrow KHSO_4 + HCl + Q$$

$$KHSO_4 + KCl \longrightarrow K_2SO_4 + HCl - Q$$

反应所需的热量来自燃烧重油或煤气。从炉膛反应室出来的产品温度较高，必须冷却，产品中有一部分未反应的 $KHSO_4$ 和 H_2SO_4，故需用 $CaCO_3$ 或 CaO 进行中和。其工艺流程见图 3-14。

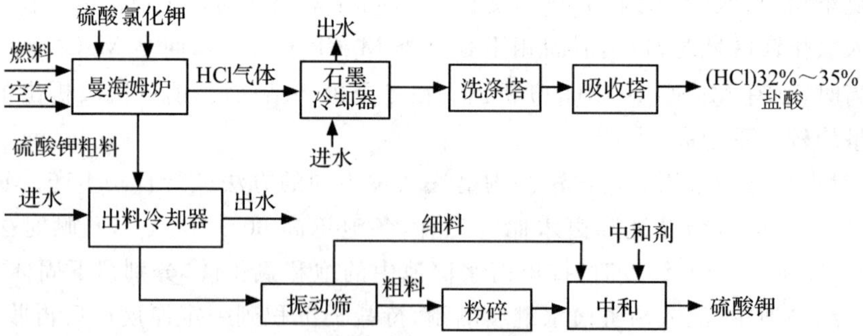

图 3-14　曼海姆法生产硫酸钾工艺流程示意图（胡小云，2000）

曼海姆法的核心装置是反应炉，即曼海姆炉，产品纯度、转化率高低、生产能力和操作难易等均与反应炉有关。

曼海姆炉有四个特点：①炉子直径直接决定生产能力。通常曼海姆生产能力以单台反应炉日生产能力为衡量标准，目前世界上最大的曼海姆炉直径为 6 m。②耙子驱动系统稳定可靠，从而为反应连续稳定进行提供了保证。③材质要求高。炉子反应室所用的耐火材料必须耐高温、抗强酸、传热性好;燃烧室材料须耐高温,保温性能好;耙子材质须耐热、抗腐蚀、耐磨损;耙臂机械承受力大。④有温度自控和安全保护系统等。

曼海姆法是最早投入工业生产的硫酸钾生产方法,工艺成熟,产品品质高,几乎无损失,钾的回收率较高,但设备腐蚀严重,维修量大、投资费用高、扩大单炉生产能力困难,且大量的副产液体盐酸的储存、销路及用户市场是一个不易解决的问题。

曼海姆法生产硫酸钾工艺成熟可靠,产品质量稳定,1992 年由我国云南磷肥厂从日本引进技术设备,建成了 1.2 万 t/年硫酸钾生产装置。最近已全部国产化的曼海姆法硫酸钾生产装置已在山东聊城市钾肥厂、大连瑞泽化工厂等地建成。该法的核心设备——昂贵的曼海姆炉如能得以科学改造,降低造价,将更具有较强的经济性。此外,其副产 HCl 气体加以利用也将会产生较好的经济和社会效益。

二、复分解法生产硫酸钾

20 世纪 30 年代国外就开发了复分解工艺。该法是利用各种含硫酸钾的可溶性盐类与氯化钾进行复分解反应制取硫酸钾的生产方法,按照其中可溶性硫酸盐种类的不同,复分解法又可以分为以下几种类型:

(一)芒硝法

由硫酸钠或天然芒硝与氯化钾复分解制取硫酸钾的理论基础是 Na_2SO_4—KCl—K_2SO_4—H_2O 四元水盐体系相图,根据各种盐在不同温度下的溶解度不同的差别,来进行结晶分离,从而得到硫酸钾产品,副产氯化钠。KCl、NaCl、K_2SO_4、Na_2SO_4 为 4 种盐与水构成四元水盐体系,其中,NaCl 与 K_2SO_4,Na_2SO_4 与 KCl 互为盐对,从相图(图 3-15)看出,在任何温度下,硫酸钾与氯化钠的结晶区互不相邻。因此,氯化钾与硫酸钠必须通过两段转化才能制取硫酸钾。

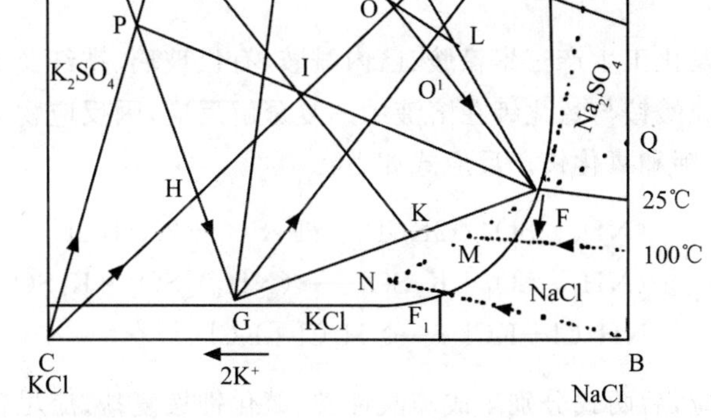

图 3-15 K^+、Na^+ // Cl^-、SO_4^{2-}—H_2O 相图(贺春宝,2000)

反应通过两步来完成，第一步在 25 ℃下反应得到复盐钾芒硝；第二步在 60～100 ℃下钾芒硝与氯化钾反应得到硫酸钾，副产氯化钠。

$$6KCl+4Na_2SO_4 \longrightarrow 3K_2SO_4 \cdot Na_2SO_4+6NaCl$$

$$2KCl+3K_2SO_4 \cdot Na_2SO_4 \longrightarrow 4K_2SO_4+2NaCl$$

工艺流程如图 3-16 所示。

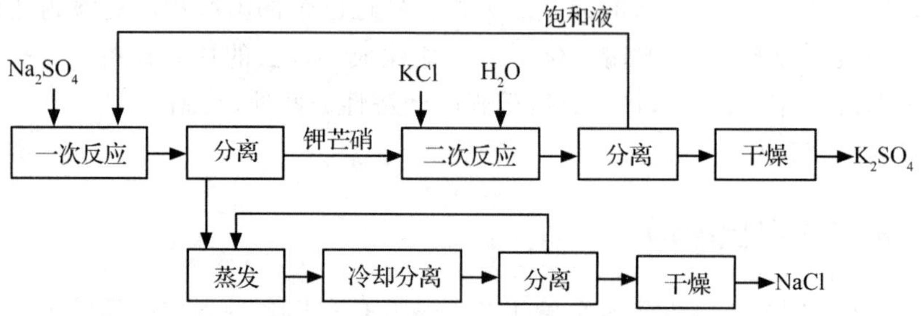

图 3-16 芒硝法生产硫酸钾工艺流程（杨荣华，2008）

该法工艺操作简单，对原料要求不高，投资省，能耗低，无污染，产品回收率可达 92%～96%。还可利用某些厂的副产品硫酸钠或者硫酸钠的废料，成本低，化废为宝。但由于钾芒硝是一种复盐，钾钠比 2.1～2.7，不稳定；钾芒硝母液稍有蒸过就会有钾芒硝共同结晶，盐质也很难纯净，成品质量不容易提高。此外，以该法生产硫酸钾需消耗大量芒硝，生产线选址宜在芒硝资源丰富的地方，以利于降低生产成本。

我国是一个芒硝资源十分丰富的国家，目前有 15 个地区的企业采用芒硝法生产硫酸钾，总生产能力近 800 kt/年。山西运城湖是世界三大硫酸钠盐湖之一，总储量 83 Mt，山西运城盐化局投资 4 900 万元，采用自己开发的"两段转化、一次蒸发"芒硝法工艺，工期 8 个月，于 1996 年 10 月建成了目前国内单系统生产能力最大的 50 kt/年硫酸钾装置，技术和装备全部国产化，一次投料成功，产品优品率达 90%以上。四川眉山芒硝矿 50 kt/年硫酸钾装置正在建设中。江苏洪泽区拥有中国东部地区唯一的特大型高品位芒硝矿，现拟与以色列死海工程公司合资兴建 150 kt/年硫酸钾装置。

（二）硫铵法

在冶炼工业炼焦及化工生产三聚氰胺、己内酰胺、有机玻璃、铁红及 SO_2 尾气治理过程中，都副产硫酸铵。利用硫酸铵与氯化钾在溶液中的复分解反应，因反应物的溶解度有差异，控制浓度和温度，分离硫酸钾和氯化铵。反应式如下：

$$(NH_4)_2SO_4+2KCl \longrightarrow K_2SO_4+2NH_4Cl$$

$$(NH_4)_2SO_4+K_2SO_4 \longrightarrow (NH_4)_2SO_4 \cdot K_2SO_4$$

$$NH_4Cl+KCl \longrightarrow NH_4Cl \cdot KCl$$

第一式为主要反应，后两式分别生成硫酸钾铵、氯化钾铵复盐，应尽量避免。由于 NH_4^+ 与 K^+ 十分接近，它们在固相中可形成固溶体复盐，特别是硫酸盐，其晶体组成中 K^+、NH_4^+ 离子比可连续变动。因此传统的复分解工艺只能生产出 K_2SO_4 含量为 84%～87%（含 K_2O 45%～

47%)的产品,而且产品硫酸钾中 K_2O 回收率只有 70%左右。

以硫酸铵和氯化钾通过两次复分解反应生产硫酸钾的工艺,产品质量达到国标优等品,进一步提高至工业品($K_2O \geq 53\%$,$Cl \leq 0.5\%$),而且产品硫酸钾中的 K_2O 回收率可达 90%以上,其工艺流程见图 3-17。

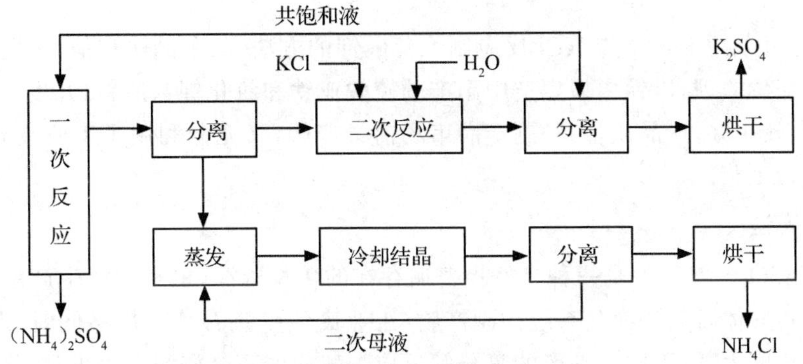

图 3-17　硫铵法生产硫酸钾工艺流程

我国开发了用硫酸铵和氯化钾生产硫酸钾的无水制取方法。根据硫酸钾、氯化铵、硫酸铵和氯化钾的分解温度和熔点的不同,硫酸铵与氯化钾在有机助剂参与下,固相转化生成硫酸钾和氯化铵。该工艺钾元素的回收率可达 98%以上,硫酸钾中氧化钾含量达 51%～53%,氯离子含量小于 1.5%,副产品氯化铵回收率可达 95%左右,且氯化铵中氮含量为 23.0%～25.0%。

采用硫酸铵与氯化钾复分解法生产硫酸钾,固定投资少,工艺流程简单,易于操作,投入的是两种化肥,产出的是两种化肥,不减少化肥总量,基本无三废污染。但生产中还存在一些技术问题,如氯化铵的结晶不理想。硫酸铵转化法适合中小型化工企业开发利用。

(三)硫酸镁法

以硫酸镁和氯化钾为原料,采用两步法复分解反应生产硫酸钾,其反应式如下:

$$2MgSO_4 \cdot 7H_2O + 2KCl \longrightarrow K_2SO_4 \cdot MgSO_4 \cdot 6H_2O + MgCl_2 + H_2O$$

$$K_2SO_4 \cdot MgSO_4 \cdot 6H_2O + 2KCl_2 \longrightarrow 2K_2SO_4 + MgCl_2 + 6H_2O$$

首先得到软钾镁矾,然后软钾镁矾与氯化钾反应得到硫酸钾,副产氯化镁。工艺流程与芒硝法相同。

德国钾盐公司利用含氯化钾及硫酸镁的两种矿石,通过复分解反应生产硫酸钾。美国大盐湖矿物和化学公司采用日晒池收集的钾盐镁矾与氯化钾反应,每年生产硫酸钾 35 万 t。

(四)硫酸氢钾法

硫酸氢钾法是指加碱中和硫酸氢钾的方法,即通过在氯化钾和硫酸反应的过程中移走生成的氯化氢气体的同时,加入一种碱性物质以破坏 $KHSO_4$ 结构的方法直接制得硫酸钾。该反应在常温常压下水体系中进行,一般以氨为最佳的碱性物质,并且氨还能使硫酸钾在水中的溶解度急剧降低而以较纯的结晶态析出。反应式为:

$$KCl + H_2SO_4 \longrightarrow KHSO_4 + HCl\uparrow$$

$$KHSO_4 + KCl + NH_3 \cdot H_2O \longrightarrow K_2SO_4 + NH_4Cl + H_2O$$

硫酸氢钾法反应温度低、能耗小，对设备腐蚀小，设备使用寿命得以延长；反应完全、快速、工艺简单，成本低；钾的回收率高，产品纯度高，质量好，可适于各种规模、不同规格的硫酸钾生产。

此外，还可采用 $FeSO_4$ 与 KCl 反应制取硫酸钾的方法，与芒硝法相似，中国农业科学院根据固相化学配位原理，以钛白粉生产中副产的硫酸亚铁和氯化钾为原料，开发成功固相法生产硫酸钾，生产效果好，产品质量高，副产品市场前景广阔，又充分利用了工业废弃原料，是一种很有前途的新工艺。

(五)石膏法

石膏($CaSO_4 \cdot 2H_2O$)是一种自然界普遍存在的矿物资源，也是工业生产湿法磷酸的副产物(磷石膏)和气体石灰法净化系统的副产物(工业废气脱硫石膏)，价格低廉，来源丰富，但由于 $CaSO_4$ 溶解度太低，不同于一般的复分解反应。我国的石膏资源尤为丰富，已探明的储量达 437 亿 t。目前，采用磷石膏生产硫酸钾的企业较多，但总生产能力不足 200 kt/年。

天然硫酸盐中以石膏($CaSO_4 \cdot 2H_2O$)最为丰富和最便宜，而且在磷酸生产中产出大量磷石膏，海水晒盐时又产出大量盐田石膏；在用石灰石脱除烟道中的 SO_2 时也产出石膏。这些副产品石膏影响环境，亟待加以利用。因此，石膏是生产硫酸钾的最大潜在资源。用石膏和氯化钾制造硫酸钾有间接法和直接法。

1. 间接法

间接法的第一步是用碳酸氢铵与石膏(天然石膏、脱硫石膏或磷石膏)，在一定介质中反应，生成硫酸铵与碳酸钙(副产物)：

$$CaSO_4 \cdot 2H_2O + NH_4HCO_3 \xrightarrow{\text{介质溶液}} (NH_4)_2SO_4 + CaCO_3 + H_2O + CO_2$$

第二步将得到的硫酸铵与氯化钾反应，转化为硫酸钾以及副产物氯化铵：

$$(NH_4)_2SO_4 + 2KCl \longrightarrow K_2SO_4 + 2NH_4Cl$$

从以上反应式可知：

(1)由于碳酸钙的溶解度比石膏小得多，随着碳酸钙结晶的生成，溶液中 Ca^{2+} 浓度降低，石膏不断溶解。因此，只要有足够量的铵盐存在，就能促使石膏比较完全地转化为碳酸钙结晶。如果石膏过量而铵盐不足，则有可能生成 $CaSO_4 \cdot (NH_4)_2SO_4 \cdot H_2O$ 复盐，不仅会降低石膏转化率，导致硫酸铵损失，而且细针状晶体会在过滤时堵塞滤布。

(2)硫酸铵与氯化钾的反应是在水性介质中进行的复分解反应，其溶解、反应和结晶过程同时进行，这一复杂的四元水盐体系中，有反应式中 4 种盐的固溶体存在。实验与生产表明，只要控制适当的初始条件与反应终点，完全可以得到符合《农业用硫酸钾》(HG-T 3279—1990)农用一等品指标要求的硫酸钾产品。

(3)在获得合格硫酸钾产品的同时，还能得到一定数量的氯化铵钾二元复合肥，即反应生成的氯化铵和一部分残留的尚未反应的氯化钾的混合物，还可进一步加工成三元复合肥。

德国 Chemie anlagenbau Stassfurt 公司即以磷石膏为原料采用间接法生产硫酸钾。图 3-18

为其工艺流程。

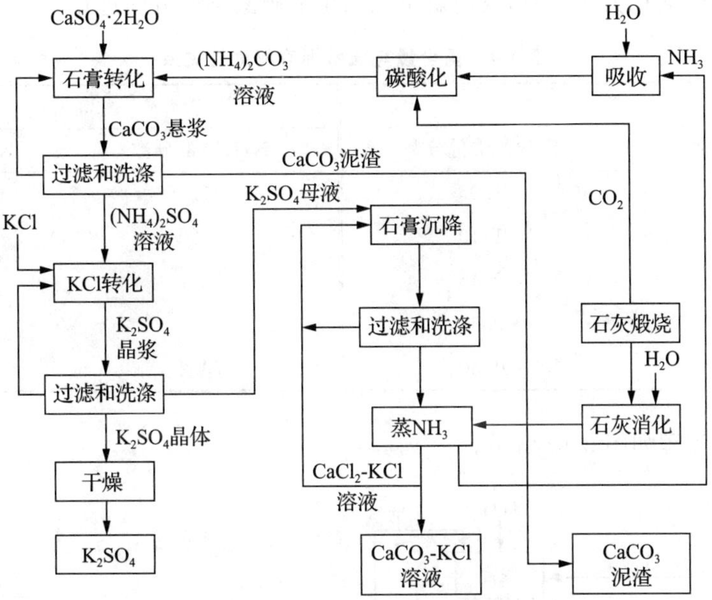

图 3-18　磷石膏间接法生产硫酸钾工艺流程

从蒸氨塔回收的 NH_3 在吸收塔中被水吸收，吸氨时放出的热量在塔下部用冷却水取走。氨水送入碳酸化塔中用石灰窑气碳酸化成为 $(NH_4)_2CO_3$ 溶液。在石膏转化器中，碳酸铵溶液和磷石膏在室温下反应生成碳酸钙沉淀和硫酸铵溶液；经压滤机分离后，硫酸铵溶液送至 KCl 转化器中与 KCl 复分解生成 K_2SO_4，经压滤和洗涤后，硫酸钾母液含 NH_4Cl，KCl 和 K_2SO_4，加入少量 $CaCl_2$ 蒸馏废液与 SO_4^{2-} 反应生成石膏沉淀以减轻蒸馏塔的结疤。经压滤和洗涤后溶液主要含 NH_4Cl 和少量 KCl，送至蒸氨塔、加入石灰乳将 NH_3 蒸出，循环使用。

间接法的优点：①反应条件温和，对设备无苛刻要求，物料腐蚀性小。②石膏利用率高。反应过程中石膏转化率可达 97%左右。③基本无“三废”排放，有利于生态与环境保护。反应生成物除主产品硫酸钾和副产品氯化铵钾二元复合肥外，副产品碳酸钙还可用于工业废气脱硫，或直接用作水泥生产辅料。工业废气脱硫所生成的脱硫石膏又可作为本生产的原料。④操作稳定，容易控制产品质量与回收率。⑤效率稳定，所生产的硫酸钾产品，符合农用硫酸钾一等品标准等优点。

该法的缺点是技术要求高，操作困难，物料易成糊状。随着复混肥工业的发展，农业复混肥使用量越来越大，因此一步合成钾石膏可不必进行分离，将糊状钾石膏作钾肥直接用于生产复合肥，这在技术和经济上更为合理。

2. 直接法

利用硫酸钾在浓氨水中溶解度很低的特点，将石膏与氯化钾在浓氨水中反应，从而析出硫酸钾，并副产氯化钙，氨蒸发回收循环使用：

$$CaSO_4 \cdot 2H_2O + 2KCl \longrightarrow K_2SO_4 + CaCl_2 + 2H_2O$$

如果在反应体系中加入大量 NH_3，KCl 和 $CaSO_4$ 转化生成 K_2SO_4 就成为可能。究其原因，提高溶液中的氨浓度后，硫酸钾的溶解度急剧下降。这可从表 3-4 数据看出，当石膏溶解度与硫酸钾溶解度之比大于 1 时，反应就可以向生成硫酸钾的方向进行。

表 3-4 氨含量与硫酸钾溶解度的关系 %

0 ℃		23 ℃	
NH_3质量分数	K_2SO_4质量分数	NH_3质量分数	K_2SO_4质量分数
7.35	1.96	37.0	5.40
8.20	1.10	8.20	2.80
16.0	0.45	18.7	0.60
38.3	0.30	54.3	0.41
66.8	0.30	70.2	0.37

直接法工艺流程如图 3-19 所示。

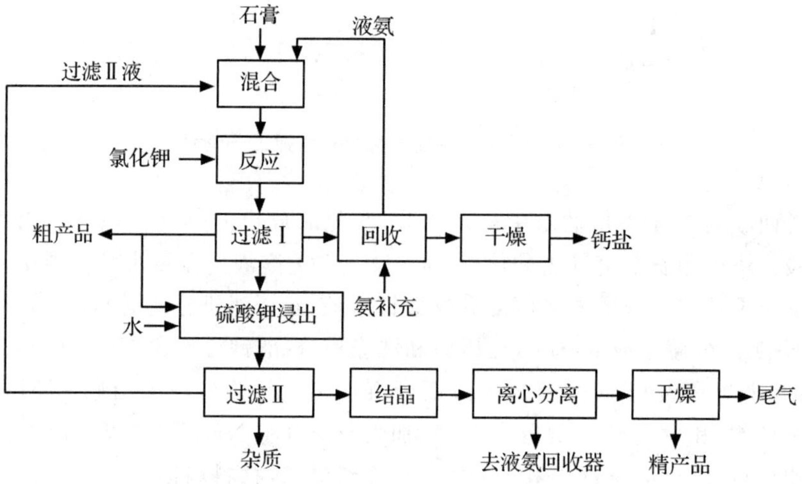

图 3-19 石膏一步转化法生产硫酸钾工艺流程（杨荣华，2008）

直接法生产硫酸钾要求硫酸钙粒径在 150 μm 以下，氨水浓度 38%～45%，反应温度 8 ℃，反应时间 2 h，硫酸钾含量可达 95%。

该法工艺简单、流程短，但反应过程必须在低温条件下进行，而且副产的废氯化钙溶液难于回收利用，因而很容易导致环境污染。加之其对反应温度要求低，势必增加冷冻水工程装置，致使设备与投资费用增高。

三、综合利用明矾石制取硫酸钾

明矾石是一种不溶性钾盐矿物。自然界中存在的明矾石矿常伴有石英(SiO_2)、黄铁矿及高岭土等杂质，随产地不同还含有微量钛、钒、镓、锶等稀有元素。明矾石分子式为 $KAl_3(SO_4)_2(OH)$。或写成 $K_2O \cdot 3Al_2O_3 \cdot 4SO_3 \cdot 6H_2O$，其理论组成：$K_2O$ 11.40%，Al_2O_3 36.9%，SO_3 38.7%，H_2O 13.0%，纯品的硬度为 3.5～4，相对密度为 2.58～2.75。一般明矾石矿由于所含脉石和结构不同，硬度的差异很大，高的可达 8～9，通常为 7 左右。

利用明矾石生产硫酸钾、氧化铝等产品，是提高资源综合利用率、缓解无氯钾肥供需矛盾的有效途径。明矾石矿经磨细后，进行煅烧还原，分解出二氧化硫，用以生产硫酸。还原物料用碱液浸取，溶出硫酸钾和氧化铝，按铝矾土加工的拜耳法制氧化铝。溶液进一步蒸发、结晶和干燥，得到硫酸钾产品。此法在有明矾石资源而缺少铝矾土资源的地方有经济价值。本章主要介绍还原热解法、水化学法和氨浸法。

(一)制造原理

明矾石是非水溶性矿物，它的化学反应性能差，不溶于水和盐酸、硝酸、氢氟酸和氨水。但它可溶于氢氧化钠、氢氧化钾和热的浓硫酸和高氯酸。在对它进行化学加工之前必须对矿石加以焙烧，使之分解出水分，以提高其反应性能，然后才能用各种溶剂进行湿加工。

用差热分析曲线和热重曲线研究明矾石的加热过程表明，由于明矾石的脱水反应，在 520～550 ℃有强烈的吸热反应；但用岩相显微镜不能发现在这一温度区间的脱水明矾石有氧化铝相，且在 500～700 ℃脱水的明矾石，在 170 ℃下用饱和热水处理时，可以重新变为明矾石。因此，在这一温度区间明矾石的脱水反应式：

$$2KAl_3(SO_4)_2(OH)_6 \longrightarrow K_2SO_4 \cdot Al_2(SO_4)_3 \cdot 2Al_2O_3 + 6H_2O$$

当温度继续升高，在 770～820 ℃又出现一个吸热反应，这是其中的 $Al_2(SO_4)_3$ 分解，放出 SO_3 的缘故：

$$K_2SO_4 \cdot Al_2(SO_4)_3 \longrightarrow Al_2O_3 + K_2SO_4 + 3SO_3 \uparrow$$

由于在 770～820 ℃直接生成 Al_2O_3，所以焙烧产品的 Al_2O_3 活性大为下降，不能被 NaOH 溶液浸取。但是如果明矾石在还原性气氛中进行焙烧，就可以使反应温度降低到 520～580 ℃。

$$K_2SO_4 \cdot Al_2(SO_4)_3 \cdot 2Al_2O_3 + 3CO \longrightarrow K_2SO_4 + 3Al_2O_3 + 3SO_2 \uparrow + 3CO_2 \uparrow$$

由此可以看出，在还原性气氛中，硫酸铝的分解温度要低得多，所得 Al_2O_3 具有高的反应活性，容易被 NaOH 溶液浸取。

(二)工艺流程

1. 还原热解法

明矾石的化学性能较差，经焙烧脱除结合水后，结构才发生变化，其中的硫酸钾和硫酸铝变为可溶，能与氨水、盐酸等反应。因此，在许多加工方法中，大多先将其焙烧脱水，再用各种溶剂进行湿法处理。

还原热解法的理论基础是：明矾石中的硫酸铝在还原剂存在时，不需过高的温度就接近完全分解，而矿石中氧化铝的活性得以保持，有利于碱液提取。在反应过程开始就从硫酸铝中排除 SO_2，再用碱液处理还原后的明矾石，得到硫酸钾、硫酸和氧化铝。

$$K_2SO_4 \cdot Al_2(SO_4)_3 \cdot 2Al_2O_3 \cdot 6H_2O \longrightarrow K_2SO_4 \cdot Al_2(SO_4)_3 \cdot 2AlO_3 + 6H_2O \uparrow$$

$$K_2SO_4 \cdot Al_2(SO_4)_3 \cdot 2AlO_3 + 3CO(H_2) \longrightarrow K_2SO_4 \cdot 3Al_2O_3 + 3SO_2 \uparrow + 3CO_2(H_2O)$$

$$K_2SO_4 \cdot 3Al_2O_3 + 6NaOH \longrightarrow K_2SO_4 + 6NaAlO_2 + 3H_2O$$

其工艺流程如图 3-20 所示。

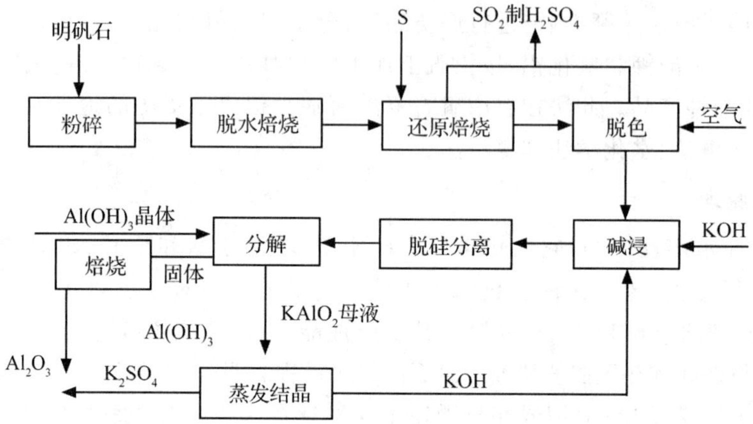

图 3-20 明矾石还原热解法生产硫酸钾工艺流程

明矾石经粉碎(95%通过 60 目筛),焙烧脱水后,以水煤气或半水煤气($CO+H_2$为主要组分)作为还原剂进行还原热解焙烧。明矾石中的硫酸铝即被还原热解,放出 SO_2(可作为制硫酸之用)。然后将还原热解后的明矾石进行脱色(用空气将其中硫化物转化成硫酸盐),碱浸(烧碱浸取)、脱硅、分解(用空气搅拌水解)蒸发,分离等步骤,即得粗硫酸钾,在脱硅、分解后还可获得氢氧化铝(用以制取氧化铝)。粗硫酸钾经过提纯即得到硫酸钾成品。

2. 水化学法

水化学法的工艺原理是:矿石经粗碎、细碎,筛选后进入浸出器,在一定温度下用烧碱溶液循环浸出。浸出液经蒸发浓缩、结晶后,分离出含硫酸钾和硫酸钠的粗钾盐,并用氯化钾以三级置换提纯、结晶、分离、干燥获得产品硫酸钾。母液经冷却析盐后,通过蒸发浓缩、结晶、分离提取氯化钠。分离出粗钾盐的蒸发母液经脱硅、分解制得氢氧化铝,再经焙烧获得氧化铝。分解母液返回浸出工序循环使用。碱浸矿渣可作为建材辅料使用。

水化学法浸出反应式为:

$$K_2SO_4 \cdot Al_2(SO_4)_3 \cdot 2Al_2O_3 \cdot 6H_2O+12NaOH \longrightarrow K_2SO_4+3Na_2SO_4+6NaAlO_2+12H_2O$$

由上式可见,采用水化学法工艺时,明矾石中的硫酸根不用来制取硫酸,而与烧碱反应生成 Na_2SO_4,并和 K_2SO_4一起在蒸发浓缩中结晶析出粗钾盐,然后经提纯得到 K_2SO_4。

水化学法-氯化钾提纯粗钾盐工艺,具有流程短、投资省、能耗低、产率高、污染小、专用设备简单等优点。水化学法与还原热解法相比,如表 3-5 所示。

表 3-5 水化学法与还原热解法的对比

项目	还原热解法	水化学法
有效成分回收率/%	钾 75.1,铝 65.5,硫 63.6	钾 85.8,铝 86.8,硫 88.3
工艺流程	矿石破碎、球磨、脱水、还原、制酸、赤泥洗涤、浸出、蒸发、分解	矿石破碎、浸出、蒸发、分解

续表 3-5

项目	还原热解法	水化学法
产品结构	氧化铝、硫酸钾及硫酸	硫酸钾、氧化铝及氢氧化铝、氯化钠
能源消耗*	100	13.5
环境污染	球磨、矿粉输送及脱水还原过程中细矿、SO_2及SO_3对空气污染严重；细粒的废渣赤泥尚未利用，难以堆放和运输，并造成二次污染	物料处于闭路循环中，污染大大减少，只需解决矿石破碎中少量粉尘及矿渣堆放或利用问题

注：* 以 1 吨硫酸钾为基准，数据仅表明比例关系。

3. 氨浸法

明矾石的氮浸法加工可以分为氨碱法和氨酸法两种，两者都是明矾石的脱水熟料先用氨水进行浸取的：

首先明矾石在 550～600 ℃下焙烧脱水生成熟矾石：

$$K_2SO_4 \cdot Al_2(SO_4)_3 \cdot 2Al_2O_3 \cdot 6H_2O \longrightarrow K_2SO_4 \cdot Al_2(SO_4)_3 \cdot 2Al_2O_3 + 6H_2O\uparrow$$

生成的熟矾石用氨水浸取生成硫酸钾和硫酸铵：

$$K_2SO_4 \cdot Al_2(SO_4)_3 \cdot 2Al_2O_3 + 6NH_4OH \longrightarrow K_2SO_4 + 3(NH_4)_2SO_4 + 2Al(OH)_3\downarrow + 2Al_2O_3\downarrow$$

溶液中为 K_2SO_4 和 $(NH_4)_2SO_4$，送去加工以制取氮钾混合肥料，过滤得到的残渣称为氨渣，含 $Al(OH)_3$ 和 Al_2O_3，以及明矾石原矿中的 SiO_2、TiO_2 和 Fe_2O_3 等杂质。

氨碱法是用烧碱溶液提取氨渣中的 Al_2O_3 和 $Al(OH)_3$，以 $NaAlO_2$ 形式进入溶液。

$$Al(OH)_3 + Al_2O_3 + 3NaOH^- \longrightarrow 3NaA1O_2 + 3H_2O$$

残渣称为碱渣，也称赤泥，一般予以排弃。

氨酸法是用硫酸溶液提取氨渣中的 Al_2O_3 和 $Al(OH)_3$，以硫酸铝形式进入溶液。

$$2Al(OH)_3 + 2Al_2O_3 + 9H_2SO_4 \longrightarrow 3\ Al_2(SO_4)_3 + 12H_2O$$

硫酸铝是造纸、印染、净水的化工原料。用氨酸法加工适宜于中小型规模的工厂生产。由于联产硫酸铝，成本降低较多。

明矾石氨浸法的工艺流程如下：

(1)明矾石破碎装窑。装窑用的明矾石一般需破碎至 15～20 cm，小于 1 cm 的碎矿和粉矿应作他用，否则易堵塞风道，以一层煤一层明矾石装入立窑。

(2)焙烧。温度控制在 700 ℃左右，放出的 SO_2 和 SO_3 气体用水吸收成为稀硫酸或亚硫酸。

(3)熟明矾石破碎轧细至 0.8～1.8 mm。

(4)串联氨浸。氨浸槽一般 9 只，其中 1 只进料，1 只洗涤，1 只排渣，其余 6 只串联氨浸。所用氨水浓度为 60 g/L。当氨浸液 pH 7 左右时，放出浸出液澄清送入过滤设备。其渣用前次的洗涤液由浓到稀及清水洗涤 4 次。洗涤液排放后可供配氨或下次洗涤用，其渣由氨浸槽底部排出，即为 $Al(OH)_3$ 和 Al_2O_3，可制硫酸铝或电解铝。

(5)氨浸液浓缩分步结晶。氨浸液中主要含 K_2SO_4 和 $(NH_4)_2SO_4$。此外，尚含有少量的

Na_2SO_4和微量的铁、钙杂质。当氨浸液为20～23 * Bé① 时，每升溶液含$(NH_4)_2SO_4$ 200～220 g，K_2SO_4约70 g，Na_2SO_4约28 g，过滤后得到的氨浸液用硫酸中和使成微酸性，以防氨挥发损失，送去蒸发得到氮钾混合肥料，经干燥后就为成品，其中K_2SO_4与$(NH_4)_2SO_4$的质量比为3∶7。分离K_2SO_4和$(NH_4)_2SO_4$，再离心甩干。但经济有效的办法是氨浸液过滤后喷雾干燥得到氮、钾混合肥，含N约15%，含K_2O约10%。

氨浸法的优点在于可以获得氮、钾混合肥，可显著提高肥料的综合利用率。

第四节 硝酸钾生产与加工工艺

一、硝酸钠与氯化钾复分解制造硝酸钾

虽然用苛性钾(氢氧化钾)或碳酸钾与硝酸或硝酸生产中的含硝物质反应可以生成硝酸钾，但由于原料昂贵，制造成本过高，不为工业所采用。现在世界上制造硝酸钾主要是用氯化钾和硝酸钠复分解生产。

100 ℃时的相图示于图3-21。从该图中可以看出，随着温度的升高，KNO_3结晶区缩小，而NaCl的结晶区扩大。故在高温时可以析出NaCl，而在低温下有利于析出KNO_3。例如，将KCl和$NaNO_3$按等摩尔配成溶液a，在100 ℃下蒸发，即可析出NaCl固体，直至液相达到b。过滤除去NaCl固体后，将b溶液冷却到25 ℃，由于落在KNO_3结晶区之内，即析出KNO_3固体，而液相达到E_2^{25}。固液分离后，E_2^{25}溶液又可加入KCl和$NaNO_3$的混合物使之回到a，进行下一循环。但是在这样配料下，每一循环得到的NaCl和KNO_3产量都不大。

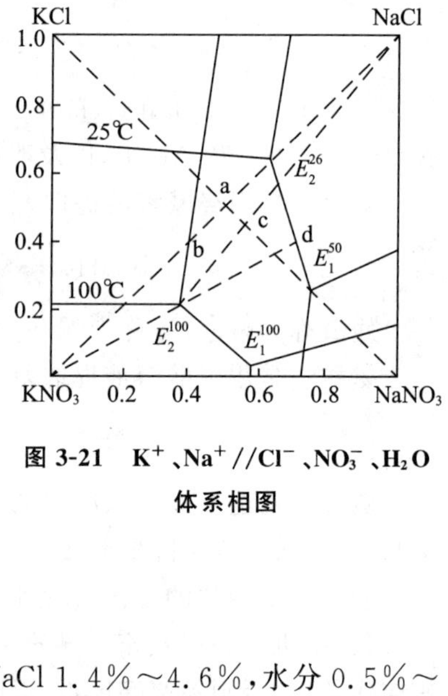

图3-21 K^+、Na^+//Cl^-、NO_3^-、H_2O体系相图

为了提高每一循环的产率，可以将KCl和$NaNO_3$的混合溶液调节到c，在100 ℃蒸发，析出NaCl而得母液E_2^{100}，过滤除去NaCl固体后冷却到25 ℃，就析出KNO_3而其母液达到d。过滤除去KNO_3以后，再加入$NaNO_3$和KCl的混合物使之回到c，开始下一循环。由于dE_2^{100}的线段大于bE_2^{25}的线段，可以看出循环产量显著提高。

复分解所用的氯化钾成分大致如下：KCl 95%～98%，NaCl 1.4%～4.6%，水分0.5%～1.0%，$SO_3$0.03%，钙、镁盐(以CaO+MgO计)0.03%，水不溶物0.025%。所用的$NaNO_3$原料可以是固体，但比较经济合理的是直接用以纯碱溶液吸收硝酸生产中的含硝尾气所得的$NaNO_3$溶液。

纯碱溶液吸收含硝尾气的过程是在1～2个碱吸收塔内进行的，新鲜的纯碱液配制成浓度为200～250 g/L，吸收了氮氧化物以后，每升含$NaNO_2$ 200～250 g，$NaNO_3$60 g，$Na_2CO_3$10 g和$NaHCO_3$ 5 g。送至转化器中用硝酸将$NaNO_2$转化为$NaNO_3$。转化器为钢制，在85～

① * Bé：波美度，可间接给出液体的密度

90 ℃和 15～20 g/L 过量硝酸下反应，并启用搅拌浆和通入空气不断搅拌，使生成的 NO、NO_2 从液相逸出，送往稀硝酸吸收塔制造稀硝酸。

转化后的溶液含 $NaNO_3$ 300～350 g/L，$NaNO_2$ 0.5 g/L 和 $NaHCO_3$ 0.3 g/L 以下。过滤除去其中的悬浮物质，如硅酸盐和 $Fe(OH)_3$，然后浓缩到 600～700 g/L 的 $NaNO_3$，再送入反应器中，并徐徐加入 KCl 粉末或 KCl 溶于含少量 $NaNO_3$ 的溶液。$NaNO_3$ 用量应超过理论量 90～120 g/L，以提高循环产量。为了加速反应和预防析出的 NaCl 将反应器堵塞，在反应器的下部通入压缩空气和直接蒸汽加以搅拌。

在加完规定数量的 KCl 以后，开启反应器中的所有蒸汽盘管蒸发 3～4 h。为了减少泡沫的生成，要加入少量矿物油做消泡剂。在温度达到 119～122 ℃时，复分解反应即告结束，约有 70%以上的 NaCl 呈泥浆状析出。由于溶液被空气和直接蒸汽强烈搅拌，生成的氯化钠几乎全部处于悬浮状态。

复分解结束后，将反应器内的物料装入过滤器，用 0.4 MPa 的空气进行压滤，将 NaCl 滤出。然后用蒸汽冷凝液洗涤滤饼，洗液送去与粗 KNO_3 母液混合，返回反应器，继续蒸发。洗涤后的 NaCl 中允许 KNO_3 的含量 1%～3%，就直接排放或作为工业用。

硝酸钾溶液送至储槽，在 90～105 ℃加入 NH_4NO_3 以破坏 $NaNO_2$、Na_2CO_3 和 $NaHCO_3$ 等杂质。

$$NaNO_2 + NH_4NO_3 \longrightarrow NaNO_3 + N_2\uparrow + H_2O$$

$$Na_2CO_3 + 2NH_4NO_3 \longrightarrow 2NaNO_3 + 2NH_3\uparrow + CO_2\uparrow + H_2O$$

$$NaHCO_3 + NH_4NO_3 \longrightarrow NaNO_3 + NH_3\uparrow + CO_2\uparrow + H_2O$$

溶液送至高位槽再流入结晶机，在此冷却到 25～30 ℃，析出 KNO_3 的第一次结晶，在离心机上分离掉母液后，硝酸钾产品含 88%～90% KNO_3，1.5%～3% NaCl，0.1%～0.3% $NaNO_3$，6.5% H_2O 和 0.3%其他杂质。

为了制得纯度高的硝酸钾一级品，要将第一次结晶所得的 KNO_3 用冷水洗涤后，投入熔化器中用蒸汽冷凝水和蒸汽重新溶解。经板框压滤机过滤，再流入结晶机中进行第二次结晶。第二次结晶前溶液中 NaCl 含量不得超过 1%～2%，KNO_3 结晶在离心机中与母液分离，然后在转筒干燥机中用 105～110 ℃的热空气干燥。第二次结晶后所得的 KNO_3 母液用来制取二级品。

每吨硝酸钾的平均消耗定额：硝酸钠 0.93 t；氯化钾 0.92 t；硝酸铵 0.05 t；电 50 kWh，蒸汽 11 t；水 20 m^3。

我国也用 NH_4NO_3 和 KCl 复分解法制造 KNO_3 和 NH_4Cl。NH_4NO_3 比 $NaNO_3$ 便宜，而且复分解的副产物 NH_4Cl 又可以作为工业原料和农业肥料。但蒸发 NH_4Cl 溶液会使设备受到严重腐蚀，增加了工业生产的困难。

二、杂硝矿中提取硝酸钾

新疆罗布泊大洼地和乌勇布拉克盐湖小横山等地有小型的杂硝矿。大洼地合计地质储量为 35～45 万 t。其成分大致如下：K^+ 4.49%～4.84%，Na^+ 23.43%～24.77%，NO_3^- 4.19%～4.35%，Cl^- 31.45%～33.70%，SO_4^{2-} 11.13%～11.65%，$Ca^{2+}+Mg^{2+}$ 0.81%～1.00%，水不

溶物 19.91%～23.42%。

可溶物盐类中以 NaCl 为最高，KNO_3 虽然在 8%左右，但经济价值极高。

矿区属典型的荒漠气候，夏季高温酷热，冬季干冷，昼夜温差较大，一年降水稀少，自然蒸发量大。四季多风，风向以西北风居多，风力一般 4～5 级，有时可达 8～9 级，这种气候条件正适宜于盐田蒸发。

杂硝石矿中的主要盐类为 KNO_3、$NaNO_3$、KCl、NaCl 和 Na_2SO_4 5 种，它们各自在水中的溶解度如图 3-22 所示。由该图可以看出，这 5 种盐在一定的温度范围内都具有良好的水溶性。其中 NaCl 的溶解度最小，且不随温度变化，因而可采用堆浸：以饱和 NaCl 卤水喷淋矿石，KNO_3 溶于水中而 NaCl 不会溶出，能保持矿堆结构完整，不会崩解散架。堆浸时，浸出液的组成(g/L)(中间样)：K^+ 9.22，Na^+ 129.09，NO_3^- 7.55，Cl^- 178.3，SO_4^{2-} 33.84。

然后将浸取液送至盐田分两池日晒，在第一池中析出 NaCl，在第二池中析出 $NaNO_3$ 不纯固体。

将盐田日晒得到的硝酸钾半成品收集后送至工厂加水溶解，澄清后除含有 KNO_3、$NaNO_3$ 等有用成分外，还含有 NaCl、Na_2SO_4 及钙镁盐，它们可以在高温蒸发过程中一一除去。

在 25 ℃ 和 75 ℃ 下，K^+，Na^+/NO_3^-，Cl^-，SO_4^{2-}，H_2O 五元体系中，高温有利于 NaCl 析出，低温有利于 KNO_3 析出。

由于液相中 K^+ 的摩尔数小于 NO_3^- 摩尔数，故在浓缩液中按相图需要加入适当 KCl，然后冷却至常温，即可析出纯 KNO_3 晶体，其纯度可达 99.6%以上。

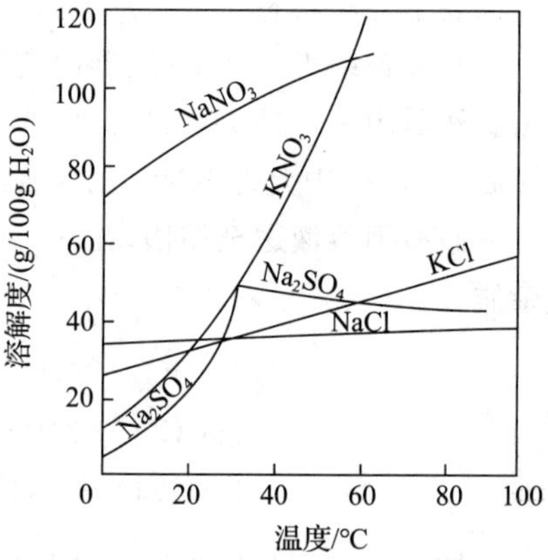

图 3-22　杂硝石中各种组分的溶解度

第五节　颗粒钾肥加工工艺

一、颗粒钾肥特点

近 20 年来，世界上大颗粒尿素、磷铵、复合肥、颗粒钾肥等产品发展迅速，肥料颗粒化是当今化肥的重要发展趋势。与粉状肥料相比，颗粒肥料物理性能好，装卸时不起尘、长期存放不结块、流动性好，施肥时易撒布，并可实现飞机播肥，同时还可起到缓释作用，提高肥料的利用率。此外，品种不同但大小相近的颗粒肥料可实现直接掺混，得到低成本的混配肥(BB 肥)，具有和复合肥同样的肥效。

我国复混肥产量统计，约有 40%的钾肥进入复混肥，其余 60%仍作为单一肥料直接施用。作为复混肥的原料，粉状产品合适，但作为直接施用的肥料，颗粒肥料优于粉状产品。

美国是世界上化肥生产比较先进的国家，颗粒钾肥在生产中占有较大的比例。目前美国颗粒钾肥产量占钾肥总产量的 40%～45%。2000 年，我国进口颗粒钾肥 6 万～8 万 t，主要作为 BB 肥的原料，配套 BB 肥的产量约 50 万 t，这与国内的数家 BB 肥生产企业的产量基本相符。2007 年，我国青海盐湖集团公司从世界上最大的钾肥造粒设备提供商德国魁珀恩公司购进年产 20 万 t 大颗粒钾肥生产线，该生产线的引进填补了我国大颗粒钾肥生产的空白。

目前，颗粒钾肥的生产均采用粉状钾肥为原料，其生产方法主要有以下几种。

(1)挤压造粒　采用压片机或挤粒机将粉体钾肥强行挤压成片，经过切片、整粒、筛分等过程制成颗粒。挤压造粒的形式可以有对辊式和轮辗式两种，对辊式挤压是先压成大块，再破碎成颗粒，装置能力大、颗粒强度高、能耗低。轮辗式是将物料在压模盘中直接挤压成圆柱条形，再切断成柱形颗粒。国内目前采用的挤压造粒方法多是轮辗造粒法，存在生产规模小，单台机器最大只能达 3～5 t/h，且造粒强度有限、模具易损坏，生产的是圆柱形颗粒，流动性差等特点。

(2)转动法造粒　转动法又可分团聚和包裹两种。团聚造粒是将符合配比要求的液相以及其他黏结剂与物料一起进行搅拌转动，主要靠分子引力成粒；包裹造粒以液体涂敷在固体颗粒上，冷却时固化，或将包涂颗粒料浆中的水分蒸发后成粒。

(3) 重结晶法　将粉状钾肥溶于水、冷却、结晶并分离制成晶体再破碎筛分，本方法工艺较复杂，成本高，消耗大，市场竞争力低。

二、颗粒钾肥加工工艺

(一)挤压造粒法

目前，颗粒钾肥生产加工使用得较普遍、工艺较成熟，且成本较低的为辊式挤压法，据统计，世界上 90%的颗粒钾肥就是采用辊式挤压法生产的。

1. 辊式挤压造粒工艺原理

干物料在压力作用下团聚成致密坚硬的大块(饼料)，称为挤压过程；饼料再被破碎筛分后成为颗粒料，称为造粒过程。挤压的作用一是将颗粒间的空气排挤掉，另外是使颗粒间距离达到足够近，以产生如范德华力、吸附力、晶桥及内嵌连接等吸引力。挤压造粒的颗粒主要是靠分子之间的作用力形成的颗粒强度。

2. 辊式挤压造粒工艺流程

辊式挤压法生产颗粒钾肥的工艺流程如图 3-23 所示。

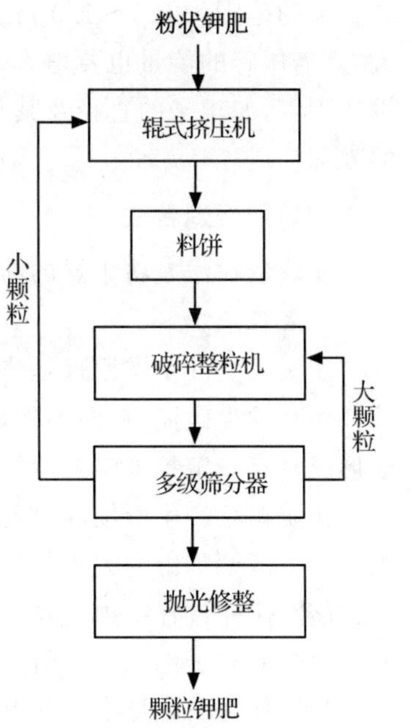

图 3-23　辊式挤压法生产颗粒钾肥的工艺流程(厉明川，2006)

化肥原料经辊轴式挤压机挤压的原理是通过挤压，物料能成形。挤压后的产物一般是一块厚 5～20 mm 的平板(大块)。辊轴挤压机的结构和尺寸是由许多参数来确定的，这些参数一般根据物料性质和实验来确定。在辊轴挤压机中形成的板块要进一步破碎，并通过分级才能得到需要的颗粒规格。在通常情况下，最终产品需经过一到两步的抛光修整。修整时，一般还要加入防结块剂。装置的最终产品是在一定粒度范围内的颗粒状化肥(1～4 mm)。

3. 辊式挤压造粒工艺特点

(1)低能耗　挤压造粒是物料在常温下进行造粒，与其他的造粒方法相比，不需要燃油、燃气等干燥措施。生产仅需耗电和极少量的冷却水(用于辊轴冷却)，每吨产品仅耗电约 30 kWh。

(2)无须另外添加黏合剂　其他的造粒工艺基本都为湿法工艺，必须有干燥过程，相应能耗高，产品水分高。而干法造粒不需另外的添加剂，只需利用物料本身的分子间力，简化了流程、降低了能耗。

(3)投资较低　由于省去了干燥过程，同时返料比低(占挤压机总进料量的35%左右)，工艺流程简单，投资较低。

(4)适用的原料颗粒规格范围大　挤压造粒对原料的粒度无特殊的要求，1～4 mm颗粒状物料和细粉状物料都可用，粒度不合格粉状物料和粉状产品更好用，用粉状物料可以降低成本。

(5)能力范围宽　对于挤压造粒装置，经济规模的效应不明显，装置能力为1～50 t/(h·台)都可以进行较经济的设计，因此适用的能力范围广。用挤压造粒生产的化肥有足够的强度、粉尘少、不结块、颗粒规格分布范围窄、流动性好，所以有较好的经济效益。

4.影响成粒的因素

物料的硬度或塑性影响挤压过程所需采用的压力。在挤压造粒时，物料的含水量是影响坏料脱模、颗粒强度和生产能力的一个重要因素，如果物料含水过高，流动性变差，常易黏辊而不能脱模，即使能够脱模，粒子的强度也不高；如果含水量过低，则成粒率也不高，粉料较多。一般控制物料的含水量为2%～3%。被挤压物料的颗粒最好大小不一，以利粒子镶嵌重排，其合适的范围为0.1～1.0 mm。如物料太细(<0.1 mm)，粒间间隙增大，含气增多；粒子过大，则需压碎的能量也要增大。物料的温度一般不应高于70～80 ℃，否则易发生黏辊现象。设备因素，如辊子的直径及其圆周线速度、辊子间的间隙、操作压力、咬入区的几何形状及辊子的表面构造。

(二)团聚造粒法

团聚造粒法是将干燥的粉状原料，加入一定量的液体制成有一定强度、大致圆形的凝聚。

1.成粒原理

团聚成粒的基本原理是将具有一定液相量的粉状物料，在机械力的作用下，使粉状粒子滚动并相互发生碰撞，在同种物料粒子之间的凝集作用和不同种物料粒子之间的附着作用下，逐渐形成具有一定抗破碎强度的球状颗粒。

物质颗粒产生凝集和附着的原因是范德华力、静电引力(在个别场合下还存在磁力)的作用。产生范德华力的大小与颗粒直径、颗粒接触状态及粒子的物质种类有关。粉状物料在输送、混合、搅拌过程中由于粒子之间发生碰撞和摩擦，甚至粒子破裂，从而使粒子带上静电，带相反电荷的粒子由于静电引力而发生相互的凝集作用。

当一种物质颗粒之间存有另一种物质的颗粒时，由于物质之间发生了化学反应，产生的液体架桥力、黏性物质的黏着力、固体架桥力、化学结合力和网络力等使颗粒团聚成球状。

2.成粒过程

表面湿润的粉粒在圆盘(或转鼓)内由于滚动或翻动，发生粉粒之间的碰撞和挤压而相互接近，并藉液相的表面张力作用发生凝集和附着作用，经过球核形成、球核长大和球化整粒三个过程，由小到大，强度也逐渐提高，达到成品粒度后由圆盘边缘溢出进入下一道工序。

3.影响团聚造粒的因素

(1)液相量　液相量的大小与体系中的用水量、含盐量、盐溶解度，溶液的饱和度以及温度有关。混合盐类的溶解度与它们各自的溶解度不同。

(2)温度 粒化温度主要影响物料的溶解度，通常提高温度就可提高物料的溶解度，从而也增加了液相的体积。

(3)返料量 造粒过程中返料的多少对造粒也有一定影响。加入返粒的目的是：①调节物料的液相，使其恰好符合成粒的要求；②返料的温度通常总是高于原料的温度，因此可使造粒温度上升。在造粒过程中也总有一部分不合格的颗粒需要返回系统，这就为造粒加入返料提供了可能。如果物料含水量较低，所需返料量较少；反之，则高。

(4)成品干燥温度 造粒机出口成品水分比较低，因此干燥比较容易。适宜烘干温度为65～75 ℃，可根据产品含水量要求控制干燥时间。

上述样品于塑料袋中密封保存 9 个月后，样品流动性保持初始状态，粒肥强度良好。

三、生产颗粒钾肥的主要设备

生产颗粒钾肥从进料开始到成品包装的一系列过程需原料粉碎机、计量装置、混料机、加料机、造粒机、干燥设备、冷却设备、筛分设备和计量包装设备等，如采用无烘干工艺，可省去干燥设备和冷却设备。其中造粒设备是颗粒钾肥生产中的关键设备。

(一)干粉造粒机

干粉造粒机主要配置包括强制喂料器(主料斗)、对辊轧片机组、机架平台、破碎整粒机、多级筛分器、斗式提升机、电气控制柜。

(二)圆盘造粒机

圆盘造粒机是由圆盘、主轴轴筒、电机、减速器、刮刀、机架和调整装置等组成。盘式造粒机具有以下特点：①具有良好的分级作用。全部操作过程均能观察到，能及时发现操作中的问题，及时调节。②生产有较大的灵活性，粒度控制范围较宽。③投资省。圆盘造粒机的缺点是操作时物料温度低，物料停留时间短。

(三)转鼓造粒机

转鼓造粒机为略倾斜的卧式滚筒，其倾角为 2°～3.5°，直径为 1～3 m，其长度与直径之比为 2～3，以托轮和滚圈支撑，用电动机、减速箱和齿轮传动。转鼓造粒机结构简单，适用于多种配料和广泛的造粒条件。反应热的利用率高，并可以利用蒸汽等措施，以提高造粒质量。转鼓造粒机工艺控制简单易操作，既可以起到混合作用，又可以进行造粒，适用于规模较大的生产。

(四)对辊式造粒机

对辊式造粒机的主要部件是一对半径相等、两者外圆相互接触的转辊。两转辊以相同转速、相反方向旋转，轮面上有规则排列着形状和大小一致的穴孔，两转辊呈水平布置。

对辊式造粒机通常是两辊并列安装，间距很小，一根辊子固定，另一个可相对移动，使两辊之间的间隙和压力根据挤压物料的要求进行调节。

(五)配套设备

(1)破碎机 用于颗粒态物料的破碎，以便混合均匀，并能制成一定粒度的颗粒钾肥。

(2)混合机 该机主要结构由料盘、三角支架、搅拌浆，中心主轴、摆线针轮行星减速机和电机等组成。

(3)加料机　主要用于混合肥挤压造粒时定量给料,其特点为结构紧凑、重量轻、能耗少、噪声低,占地面积小,安装维修简便,使用稳定可靠。

(4)干燥设备　团聚法造粒工艺,肥料出造粒机时含水量较高,需要通过干燥设备除去多余的水分,同时也可以提高颗粒的抗压强度。

四、颗粒钾肥生产实例

制备颗粒钾肥的原料:粉状氯化钾(0-0-60)或粉状硫酸钾(0-0-50);黏结剂,包括氯化镁、硫酸镁、氧化镁、苦土粉;填充料,包括黏土、膨润土、石膏等。

颗粒钾肥的生产工艺流程如图3-24所示。

(1)在反应釜中按比例加入水、氯化镁(或硫酸镁),搅拌溶解形成溶液,再按一定配比加入粉状氧化镁,进一步搅拌均匀,形成所需的氯氧镁水合物(或硫氧镁水合物)。

(2)将粉状氯化钾或硫酸钾加入转鼓造粒机或圆盘造粒机,按比例喷洒以干基计的质量分数为0.5%～10.0%的造粒添加剂——氯氧镁水合物(或硫氧镁水合物),同时通入蒸汽连续造粒成球,再经干燥、冷却、筛分,即可获得颗粒钾肥成品。

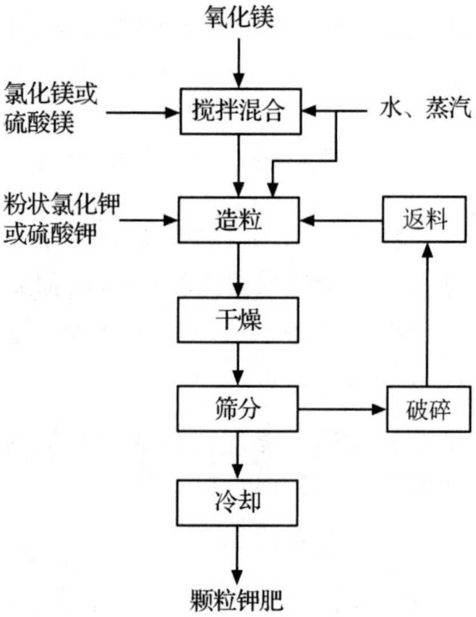

图3-24　颗粒钾肥的生产工艺流程

【本章小结】

钾肥最基本的品种为氯化钾,资源丰富,加工较简便,钾含量较高,是使用最广泛的钾肥,也是硫酸钾、硝酸钾的基本钾源,约占总量的90%。硫酸钾主要适宜在忌氯作物上使用,能提高作物产量和质量。硝酸钾不仅能为作物提供钾素,还能提供氮素,是生产复混肥的重要原料,属生理中性肥料。

生产钾肥的原料主要有可溶性钾盐矿、含钾卤水和一部分非水溶性钾盐矿物。其中钾石盐、光卤石、钾盐镁矾和钾镁矾等可溶性含钾矿物是当今世界生产钾肥的主要原料。含钾卤水包括地下卤水、盐湖卤水和海盐卤水,盐湖卤水的含钾量高,是较理想的钾肥生产原料。非水溶性含钾矿物的含钾量低,制取钾肥困难,生产成本较高。

氯化钾的生产原料主要有钾石盐和光卤石。用钾石盐制取氯化钾的方法有溶解结晶法和浮选法。用光卤石生产氯化钾的方法从最初使用的冷分解浮选法(正浮选法)、冷分解热溶结晶法、冷分解结晶法、冷分解结晶浮选法逐步发展到现在的控速结晶法、反浮选-冷结晶法(反浮选法)。

硫酸钾的生产主要有复分解法和用明矾石生产硫酸钾。复分解法的生产原理是根据芒硝或硫酸铵等硫酸盐与氯化钾反应生成的盐在不同温度下溶解度的差异,控制浓度和温度,进行结晶分离，从而得到硫酸钾。用明矾石生产硫酸钾有还原热解法、水化学法和氨浸法。还原热解法得到的粗钾产品纯度较高，但烧碱、蒸汽消耗量大，经济效益较差。水化学法具有流程短、投资省、能耗低、产率高、污染小、专用设备简单等优点，是目前较先进的明矾石加工方法。氨浸法的工艺过程较复杂，但反应生成的硫酸钾和硫酸铵可以不分离而成为氮钾肥，因此，从肥料角度考虑，采用氨浸法生产硫酸钾较为有利。

颗粒钾肥市场需求大，开发利用前景广阔。颗粒钾肥物理性能好，装卸时不起尘、长期存放不结块，施肥时易撒布，还可起到缓释作用，提高肥料的利用率，它的生产满足了市场需要。挤压造粒是目前世界上最可行的颗粒钾肥制造方法。目前，世界上最先进的挤压造粒技术是辊式挤压造粒，具有低能耗、投资较低、无须另外添加黏合剂、适用的原料颗粒尺寸范围大、能力范围宽等特点，经济效益较好。

我国是一个严重缺乏钾资源的国家，钾肥供需矛盾非常突出，已严重制约了我国高效农业的发展。因此，要立足我国钾矿资源特点，扬长避短，加强钾肥生产技术的研发，尽可能发挥资源优势，以较少投资获得更好的效益。

复习思考题

1. 简述钾肥主要品种及特点。
2. 生产钾肥的原料有哪些？
3. 用钾石盐制氯化钾主要有哪些方法？其生产原理是什么？
4. 用光卤石冷分解制取氯化钾的原理是什么？
5. 比较正浮选法和反浮选法制取氯化钾的差异。
6. 复分解法生产硫酸钾的生产原理是什么？有何特点？
7. 石膏一步转化法和二步转化法生产硫酸钾的原理是什么？
8. 简述利用石膏生产硫酸钾的特点。
9. 简述颗粒钾肥的特点。
10. 挤压法生产颗粒钾肥的原理是什么？

本章推荐阅读书目

高祥照，李贵宝，李新慧. 2000. 化肥手册. 北京：中国农业出版社.

奚振邦. 2003. 现代化学肥料学. 北京：中国农业出版社.

张福锁，张卫峰，马文奇，等. 2007. 中国化肥产业技术与展望. 北京：化学工业出版社.

张福锁. 2008. 我国肥料产业与科学施肥战略研究报告. 北京：中国农业大学出版社.

张卫峰，张福锁. 2017. 中国肥料发展研究报告. 北京：中国农业大学出版社.

中国化肥手册编写组. 1992. 中国化肥手册. 南京：化学工业部科技情报所、南京化学工业公司.

中国无机盐工业协会钾盐钾肥行业分会. 2020. 峥嵘岁月：中国钾盐钾肥 70 年发展史. 北京：化学工业出版社.

参考文献

陈五平. 2001. 无机化工工艺学(中册)硫酸、磷肥、钾肥. 3 版. 北京. 化学工业出版社.

方勤升, 王庆生, 钱晓杨, 等. 2001. 反浮选-冷结晶生产氯化钾工艺过程的优化. 无机盐工业, 33(5): 32-34.

贺春宝, 张喜荣. 2000. 氯化钾与芒硝复分解制取硫酸钾的研究. 海湖盐与化工, 29(6): 30-33.

洪自强, 张正珍, 周甜, 等. 2024. 水肥一体化下钾肥用量对春玉米光合荧光参数的影响. 植物营养与肥料学报, 30(8): 1461-1476.

胡小云. 2000. 硫酸钾生产现状及展望. 硫酸工业(5): 16-22.

李冬雪, 刘新源, 宋正熊, 等. 2024. 矿物钾肥在中国典型植烟土壤中钾素转化特性及对烟叶提钾效果的初步评估. 中国农学通报, 40(21): 84-90.

厉明川, 陈迪荣. 2006. 颗粒硫酸钾生产新工艺. 无机盐工业, 38(2): 34-35.

刘义, 朱磊, 丁海, 等. 2023. 钾肥生产技术及生产中尾盐水的有效利用. 中国石油和化工标准与质量, 43(24): 145-147.

孟浩, 钟定勇, 张强, 等. 2023. 钾肥生产工艺的现状及发展分析. 化工管理(35): 119-122.

钱礼华. 2001. 光卤石控速结晶制取氯化钾工艺探讨. 海湖盐与化工, 30(5): 22-23.

王雨, 李永红, 李杰, 等. 2024. 不同钾肥水平对设施桃品质、养分积累及产量的影响. 中国农业大学学报, 29(7): 89-102.

杨荣华, 张恭孝. 2008. 硫酸钾的生产方法研究进展及方向. 无机盐工业, 40(9): 8-12.

张福锁, 张卫峰, 马文奇, 等. 2007. 中国化肥产业技术与展望. 北京: 化学工业出版社.

张千丰, 王光华. 2012. 生物炭理化性质及对土壤改良效果的研究进展. 土壤与作物, 1(4): 219-226.

张伟. 2023. 钾肥生产工艺中结晶器加水方式分析. 中国石油和化工标准与质量, 43(11): 36-38.

Schmidt M W I, Noack A G. 2000. Black carbon in soils and sediments: analysis, distribution implications and current challenges. Global Biogeochemical Cycles, 14(3): 777-793.

第四章　复合肥料生产与加工工艺

复合肥料是指氮、磷、钾三种养分中，至少有两种养分标明量的由化学方法和(或)掺混方法制成的肥料。由于能够提高肥效、简化施肥技术、减少施肥次数，提高作物产量和品质，避免单质肥料不合理施用造成的环境污染等问题，其生产和使用越来越受到人们的重视，是中国用量最大的肥料品种。国际上常将复合肥料作为肥料复合化和肥料工业发展水平的评价标准之一。20 世纪 90 年代美国氮、磷和钾养分复合化率分别为 19%、94%和 33%，西欧为 28%、87%和 69%；21 世纪初，日本肥料复合化率达 89.8%。我国复合肥料生产起步较晚，但发展较快。近年来我国复合肥料企业达 4 000 余家，产品 3 万余个，肥料复合化率达 30%以上。随着经济的快速增长、科技水平的提高和现代农业发展的加快，我国复合肥料产业呈现高浓度、液体化、缓控释、多功能、专用化的发展趋势。

第一节　复合肥料概述

一、复合肥料种类及特点

(一)按养分组成分类

含有氮、磷和钾有效成分两种的，称为二元复合肥；含氮、磷和钾三元素的称三元复合肥；除三种养分外，同时还含有微量营养元素的叫多元复合肥料；除养分外，还含有农药或生长素类物质的叫作多功能复合肥料。

(二)按植物营养功能和吸收性能分类

1. 离子型肥料

各种肥料成分呈水溶性，以离子态被植物吸收利用。如以 K^+、NH_4^+、NO_3^- 和 Ca^{2+} 等存在的化肥，主要供给无机态离子养分，容易溶在水中的，易被植物吸收，肥效快。

2. 离子＋载体型肥料

各种离子型肥料与各种离子载体组成的肥料(包括天然载体、有机载体、化学合成载体等)，这些载体可为植物直接吸收，促进植物对养分的吸收和代谢。常见的天然载体如蒙脱石、膨润土、珍珠岩和凹凸棒等，有机载体，如氨基酸及其衍生物、柠檬酸、黄腐酸等，化学合成载体如 DTPA、EDTA 等。

3. 离子＋载体＋生物制剂型肥料

肥料添加剂为生物制剂，有利于植物的代谢吸收，刺激植物生长发育，如菌肥、各种激素性肥料等。

(三)按生产方法(或制造工艺)分类

1. 掺混复合肥料

掺混复合肥料是将几种颗粒状比较一致的单质肥料，按一定的比例机械掺混而成的复混肥料。掺混复合肥料的主要特点：①养分全面，配比合理。②降低成本，减少污染。③配方灵活，针对性强。④按需生产，满足不同需求。⑤掺混复合肥料具有分离与不均匀性。⑥掺混复合肥料易吸潮结块。

2. 颗粒复合肥料

其为各种单质经一定工艺加工而成的肥料。在混合过程中可通过加热和添加酸、含氨溶液或水蒸气提供少量液相，在滚动的条件下进行造粒。产品多为三元复合肥，常含有副成分。如尿素磷铵钾、硫磷铵钾、氯磷铵钾和硝磷铵钾等。

3. 化成复合肥料

原料按一定化学反应原理和经化学合成一种新的化合物和复盐所制成的肥料。化成复合肥料主要特点：①养分浓度高，肥效显著。②肥料均质，使用安全。③营养成分比例固定。

(四)按养分含量分类

复合肥料按氮、磷、钾等有效养分含量总和分为：①低浓度复合肥，总养分含量为20%～30%；②中浓度复合肥，总养分含量为30%～40%；③高浓度复合肥，总养分含量为40%～100%；④超高浓度复合肥，总养分含量>100%(如聚磷酸铵等)。

(五)按产品用途分类

1. 通用型复合肥

在我国将氮、磷、钾养分含量相等的复合肥料称为通用型肥料，如15-15-15、16-16-16等。由于这种肥料在各种土壤和作物上均可使用，因此也被称为“傻瓜肥”。通用型复合肥的突出缺点是对土壤和作物的针对性较差。

2. 专用型复合肥

专业型复合肥主要依据作物营养特点和土壤养分状况确定配方，仅适用于某一地域的某种作物或阶段，如烟草、苹果专用肥等，在类与类之间有一定专一性，在同类之间又有一定通用性。

3. 多功能复合肥

在传统的复合肥中加入农药或植物生长调节剂，被称为多功能复合肥料。多功能复合肥能提高作物品质，增强作物抗病能力，改良土壤，增产增效明显。

(六)按肥料剂型分类

复合肥料分为固体复合肥和液体复合肥，固体复合肥又可分为粒状、粉状和结晶形态等。液体复合肥分清液和悬浮两种。

二、复合肥料的理化性质

表征复合肥料性质的基本指标包括：吸水性、分散性、颗粒强度、湿容量、堆密度、休止角、临界相对湿度和结块性等。

1. 吸水性

吸水性是指物质从空气中吸收水分的能力。评价吸水性的常用方法是测定吸湿点(h)，单位以%表示。水溶性的吸湿点(h)是由给定温度下饱和盐溶液的水蒸气分压(p_a)与同样温度下空气的饱和水蒸气分压(p)之比求得的：

$$h=\frac{p_a}{p}\times 100\%$$

吸湿点相当于物质既不吸收水分又不失去水分时的相对湿度，即所谓平衡相对湿度，或称为临界相对湿度。当空气中水汽压大于肥料体系内的吸水气压时，肥料则吸收空气中的水分，反之，肥料中的水汽将会被空气抽去。在最大容许含量的条件下，肥料吸湿点不得高于空气的全年平均相对湿度。吸湿点与吸水程度密切相关，见表 4-1。

表 4-1　吸湿点与吸水程度的关系

吸湿点/%	吸水程度	储存时所需包装形式
40～50 或更低	极强烈吸水	全封闭包装
45～50	极强烈吸水	全封闭包装
50～55	强烈吸水	全封闭包装
55～60	强烈吸水	全封闭包装
60～65	吸水	封闭包装
65～70	吸水	封闭包装
70～75	少量吸水	封闭包装
75～80	轻度吸水	包装或散装
80～85	基本不吸水	允许散装
85～90 或更高	几乎不吸水	允许散装

物质的吸水性也可以利用吸水系数 $K_{吸水}$ 来评价。它是在给定温度和相对湿度下，K_1 与 W_m 的乘积，其中 K_1 为由实验求得的动力学常数，W_m 为样品的最大临界含水率。当 $Q_{相对}=81\%$ 时，吸水等级与吸水系数($K_{吸水}$)之间存在如下关系(表 4-2)。

表 4-2　吸水等级与吸水系数($K_{吸水}$)之间的关系

$K_{吸水}$/[10^{-3} mol/(g·h)]	吸水程度	$K_{吸水}$/[10^{-3} mol/(g·h)]	吸水程度
≤1	基本不吸水	3～5	吸水
1～3	少量吸水	5～10	强烈吸水

不同种类的肥料吸收水分后，有不同的反应，不过一般而言，吸收大量的水分后将会产生下列后果：颗粒逐渐软化和变得黏稠，导致结块形成，仓库地板变得湿滑，并影响施肥操作。

2. 分散性

分散性是指肥料施用时，或装入施肥机内能均匀分布在土壤中(表面)的能力。分散的均匀程度取决于肥料的松散性(流动性)，即结块性影响分散性。

分散性与肥料颗粒大小直接有关，颗粒小的分散性好，颗粒大的分散性差。因此肥料颗粒一般要求有一定的粒度，以平均粒径表示：

$$D=\frac{D_1+D_2}{2}$$

式中：D 为平均粒径；D_1 为能通过一定筛孔直径的颗粒物料粒径；D_2 为不能通过一定筛孔直径的颗粒物料粒径。

分散性主要决定于颗粒粒度分布。可用一套标准化的试验筛从小到大重叠起来，振动数分钟，分别称筛上的物料，以测定样品的粒度分布。

3. 颗粒强度

颗粒强度是影响运输、储存和施用时保存粒度组成完整的性质。它取决于含水量、粒度大小、形状、结晶密度以及双晶接触特性等。颗粒强度可用动态强度 P_m，耐磨强度 P_n 和静态强度 P_c 表示。动态强度以肥料颗粒从一定高度落到坚硬表面上时碎裂程度表示；耐磨强度使用试验时的粉尘率表示；静态强度用压缩时的平均极限强度表示，单位用牛顿力表示，用颗粒抗压强度仪测定，测定时取 2.0～2.8 mm 的颗粒 30 粒测定，然后取平均值。

4. 湿容量

湿容量是指施用时肥料能达到满意分散性的最大含水量。肥料的吸附湿容量是根据它在一定温度和湿度下由空气中吸收的最大水分量确定的。湿容量指在标准含水量的肥料中，在不损害其分散性条件下所能添加的水分量。

5. 堆密度

堆密度是指单位体积内肥料物质的质量，用 t/m³ 表示。它是物质的密度、粒径、颗粒组成、含水量和上层物粒压力等的函数。单位质量体积(V)是堆密度(X)的倒数：

$$V=\frac{1}{X}$$

从 15 cm 高的地方把物料装入内部规格为 30.5 cm×30.5 cm×30.5 cm 的方形箱中至齐口平，并经常移动装料点，然后用直尺刮平箱顶、称重，计算出单位体积的质量，此为松密度。用同一方法并在装料之后将箱中物料摇实，再装满，再摇实，直到不能压缩为止，然后刮平物料并称重，此为摇实密度，后者比前者数据高 6%～12%。表 4-3 列出了几种物料体系不同配比时的主要物化数据。

表 4-3 几种物料体系不同配比时的主要物化数据

物料体系	尿素、磷酸铵、氯化钾系		氯化铵、磷酸铵、氯化钾系		普钙与氯化钾系	氯化铵、普钙系	
N∶P∶K	1∶1∶0	2∶1∶2	1∶1∶0	1∶1∶1	0∶1∶5	1∶1∶0	1∶1∶1
公称品位	27-27-0	21-10-21	20-20-0	15-15-15	0-7-38	10-10-0	9-9-9
松散密度/(kg/m³)	740	850	826	—	1 076	—	—
摇实密度/(kg/m³)	780	940	—	—	1 289	—	—
颗粒硬度/(N/粒)	27.46	25.11	35.31	35.31	15.59	31.19	15.98
休止角度/(°)	30	31	31.7	65	35	—	—

续表 4-3

物料体系		尿素、磷酸铵、氯化钾系		氯化铵、磷酸铵、氯化钾系		普钙与氯化钾系	氯化铵、普钙系	
临界相对湿度(30 ℃)/%		54	41	65	—	60	63.5	72.5
吸水速率/(mg/cm^2)		14.27	30.27	—	—	221.62		
水分渗透深度/mm		2.0	4.75	—	—	16	—	—
熔点/℃		128	—	—	14.62	—	—	—
主要化学组成质量/%	N	26.92	21.04	20.86	15.15	0.35	9.78	10.38
	总 P_2O_5	28.06	10.11	21.87	12.90	7.15	11.98	9.17
	水溶 P_2O_5	25.75	9.05	19.77	1.92	5.56	7.21	6.62
	枸溶 P_2O_5	2.12	0.94	2.04	15.56	1.56	3.93	2.52
	K_2O	—	20.97	—	2.60	38.26	—	9.06
	H_2O	0.93	1.42	2.55	6.05	1.01	2.99	2.07
pH(0.1%溶液)		6.00	5.60	5.90	2.3	4.04	—	—
筛分析/%	+4 mm	6.5	8.5	1.1	96.2	5.0	—	—
	−4+2 mm	93.0	90.6	95.8	1.5	90.0	95	97
	−2 mm	0.5	1.5	3.0		5.0	5	3

6. 休止角

休止角是把肥料从一个固定的高度自由落下堆成圆锥堆时，堆与地面所形成的夹角。它是设计散装储存库的斜顶、储存设备、溜槽和输送机的重要参数。用几十千克肥料慢慢倾下形成一个小的圆锥堆，并且将倾注点保持在形成的圆锥体顶点上方只有几厘米处，堆表面与地面之间的角度可以直接测定，也可用一种合适的光源，令肥料堆投影在垂直于地平面的幕布上，从幕布上测得。大部分颗粒肥料的休止角在 30°～40°的范围内。

7. 临界相对湿度

肥料的临界相对湿度是指在一定温度下，肥料暴露在空气中时向空气吸收或失去水分平衡的大气湿度。若空气的相对湿度高于这一湿度，肥料会自然吸收水分，低于这一湿度，肥料就会自然地失去其中的水分。肥料的临界相对湿度高，意味着不易吸收水分。临界相对湿度一般情况下在很大程度上决定了包装袋的类型(防湿度)和是否可以散装储运。但是不能完全用临界相对湿度作为区别肥料吸湿结块的唯一方法。事实上，肥料储存在防潮袋中或者储存在有防护的(塑料膜覆盖的)散装储存堆上时，大气湿度实际上影响就很小。它只能确定在给定条件下是否吸收水分，但不能说明其吸收水分的程度。对复合肥料吸湿性能的完整评价还要根据其他试验(如吸水速度、渗透深度和流动性等)一起进行。

可将一定数量的肥料样品放在恒温恒湿箱里，通入一定湿度的空气流来测定临界相对湿度。表 4-4 列出了各种盐及其混合物的临界相对湿度，可供参考。

一般来说，由两种以上肥料盐组成的混合物的临界相对湿度比其单一肥料盐的低，也就是说，复合肥料的临界相对湿度比单一肥料低，比较容易吸水。因此，在复合肥料配料选择时，既要考虑各单一基础肥料，又要考虑混合物最终组分的吸湿性，力求临界相对湿度尽可能高。

表 4-4 肥料混合物的相对湿度(30 ℃) %

	硝酸钙	硝酸铵	硝酸钠	尿素	氯化铵	硫酸铵	磷酸氢二铵	氯化钾	硝酸钾	磷酸二氢铵	磷酸一钙	硫酸钾	29-29-0 尿素-磷酸铵	20-20-0 硝酸磷肥	15-60-0 多磷酸铵
硝酸钙	46.7	23.5	37.7	—	—	—	—	22.0	31.4	52.8	46.2	76.1	—	—	—
硝酸铵		59.1	46.3	18.1	51.4	62.3	59	67.9	59.9	58	52.8	69.2	—	—	—
硝酸钠			72.4	45.6	51.9	—	—	66.9	64.5	63.8	68.1	73.3	—	—	—
尿素				75.2	57.9	56.4	62	66.9	65.2	65.5	65.1	71.5	—	—	—
氯化铵					77.2	71.3	—	73.5	67.9	—	73.9	71.3	—	—	—
硫酸铵						79.2	72	71.3	69.2	75.8	87.7	81.4	—	—	—
磷酸氢二铵							82.8	70	—	78	78	77	—	—	—
氯化钾								84	78.6	72.8	—	—	45	50	
硝酸钾									90.5	59.8	87.8	87.8	—	—	—
磷酸二氢铵										91.6	88.8	79.0	—	—	—
磷酸一钙											93.7		—	—	—
硫酸钾												96.3	—	—	—
29-29-0 尿素-磷酸铵													57	—	—
20-20-0 硝酸磷肥														57	—
15-60-0 多磷酸铵															63

注：表中数字是肥料单独储藏以及肥料混合后的相对湿度。如 23.5 就是硝酸钙与硝酸铵混合后的相对湿度，59.1 为硝酸铵单独储藏的相对湿度。

8. 结块性

复合肥料在储存期间如果发生严重的结块，将影响其装卸和施用。大部分肥料结块是由肥料颗粒晶体间的结合键增长所引起的。由于颗粒肥料不可能绝对干燥，存在少量水分，并形成肥料溶液，因温度变化而促成了盐类的结晶-溶解交替变更过程，产生颗粒之间的“盐桥”作用，从而导致肥料结块。可见复合肥料产品的游离水含量、包装时的产品温度以及包装储存过程中继续发生的化学反应等因素均会促使肥料的结块。

为了掌握肥料的结块性，可以进行实验室加速结块试验、小袋试验和大袋试验，大袋试验更接近生产实际。还可以试验不同类型的包装袋以及对有发展前途的产品进行最终评价。大袋试验方法是使用普通的包装袋，将肥料袋放在 10 个 45 kg 的沙袋子下面，所加的压力相当于 20 个 2.5 kg 袋子的压力。储存 1、3、6、9 和 12 个月，观察结块情况。

使用恰当的调理剂可以改善复合肥料在储存、装卸、运输过程中的结块性。

三、复合肥料生产中的基本化学原理

(一)磷酸为基础的反应原理

1. 正磷酸、偏磷酸的反应机制

正磷酸和偏磷酸都含有一磷原子的磷酸，主要是通过中和反应。偏磷酸阴离子中含有一个氢原子不能被碱中和，正磷酸可全被碱中和，故可生产偏磷酸铵(钙)，磷酸一、二铵(钙)等N、P复合肥料。过一磷酸(H_3PO_5)也是含一个磷原子的磷酸，其中第五个氧原子的电荷作用只能由阴离子中的四个氧中的一个来进行，因为阴离子中磷没有更多的游离电子对可以利用。

2. 含两个磷原子以上的含氧磷酸聚合物

(1)类似于亚磷酸(H_3PO_3)的有二亚磷酸($H_4P_2O_5$)、连二磷酸($H_4P_2O_6$)等。

(2)类似于正磷酸的有二磷酸($H_4P_2O_7$)、三磷酸($H_5P_3O_{10}$)或称焦磷酸、三聚磷酸等。

(3)类似于过一磷酸的有过二磷酸($H_4P_2O_8$)。

由上可知，磷酸聚合可由两个磷原子间有一个直接相连的键，或两个磷原子间有一个氧桥相连，形成聚合物，表明磷是形成聚合物能力很强的一种元素，利用这一性质可制得高浓度的磷酸盐复合肥料。

聚磷酸盐有同系物，每一个阴离子中含有磷原子，从一个可增加到几百、几千个磷原子。任何一个同系物的磷酸盐都是靠PO_4根(单位结构)间、综合氧原子的方法构成的，均由4个氧原子包围中央磷的四面体组成。聚磷酸盐的盐类同系物，氧原子间是以不同长度、不同价键结合的，其盐类通式表示如下：

正磷酸聚合磷酸盐：$Me_{n+2}P_nO_{3n+1}$的直链结构聚合物。其中n表示缩合程度($1\sim10^6$)，Me表示金属阳离子。

偏磷酸聚合磷酸盐：$(MePO_3)_n$或$Me_nP_nO_{3n}$，其阴离子具有环状结构。聚磷酸盐肥料常见的种类见表4-5。

表4-5　聚磷酸盐肥料常见的种类

名称	分子式	N/%	P_2O_5/%	$(N+P_2O_5)$/%	$N:P_2O_5$
焦磷酸二铵	$(NH_4)_2H_2P_2O_7$	13.2	66.7	79.9	0.20
焦磷酸三铵	$(NH_4)_3HP_2O_7$	18.3	62.0	80.3	0.30
焦磷酸四铵	$(NH_4)_4P_2O_7$	22.7	57.7	80.4	0.39
二水合三聚磷酸五铵	$(NH_4)_5P_3O_{10}\cdot 2H_2O$	18.4	56.2	74.6	0.33
六水合四聚磷酸六铵	$(NH_4)_6P_4O_{13}\cdot 6H_2O$	15.4	26.1	14.5	0.59

3. 磷氮结构化合物

(1)磷亚氨基结构及其衍生物：三聚磷酰胺$[PO(NH_2)_2]_3$、磷酰二胺铵$[NH_4PO_2(NH_2)_2]$、磷酰二胺酸$[H_9O_4(NH_2)_2]$。这类化合物，含N达30%～40%，含P_2O_5达62%～84%。

(2)磷次氨基结构：如三聚环二胺基氮化磷$[PN(NH_2)_2]_3$、四聚环二胺基氮化磷等，其中N为25%～54%、P_2O_5为60%～90%、(N+P)为140%以上。磷氮结构化合物，以氮、磷间具有共价键，生成的各种盐类化合物，盐的离子间彼此是电子结合的，两种元素各分出一个或更多的电子，形成更牢固的共价键。施入土壤后，经水解作用释放出 NH_4^+-N 和磷。

(3)以磷酸铵为主的，经化学合成，造粒、干燥的磷铵系列复合肥料，其主要类型如表4-6所示。这类复合肥均以成盐反应为基础，最后组成多种盐的混合物。

表 4-6 磷铵系列复合肥料

复合肥种类	原 料
硫磷铵类	氨、湿法磷酸、硫酸、硫铵等
尿磷铵类	氨、湿法磷酸、硫铵、尿素
氯磷铵类	氨、湿法磷酸、氯化铵等
硝磷铵类	氨、湿法磷酸或磷矿石与硝酸、硝铵、智利硝石等
含镁磷铵类	氨、湿法磷酸、硫酸镁等

(二)复分解反应

复分解反应是指肥料与肥料盐重新结合成稳定的(交换的)盐类。它解释了大量相互作用合成肥料的机理。通常以一种不可逆的方式下进行反应合成，可表示为：

$$AB+CD=AD+BC$$

例如：

$$MeSO_4+(NH_4)_2HPO_4 \longrightarrow MeNH_4PO_4+NH_4HSO_4$$

$$MeSO_4+(NH_4)_4P_2O_7+H_2O \longrightarrow Me(NH_4)_2P_2O_7 \cdot H_2O+(NH_4)_2SO_4$$

Me 为微量元素金属，如 Fe、Cu、Mn 和 Zn 等，它是一种比原来化合物溶解度低得多的重新结合的化合物。

1. 固溶体

固溶体或称固体溶液是两种或多种物质在一固体内形成的均匀或规则的混合物。固溶体在自然界是普遍存在的，例如，玻璃、橄榄石[$(Mg,Fe)_2SiO_4$]、高岭石[$Al(OH)_3AlOOH \cdot 2SiO_2$ 或 $Al_2Si_2O_5(OH)_3$]、斜长石、共沉物、同晶置换矿物、过渡金属离子替代的 Fe 和 Mn 羟基氧化物等。

发生复分解反应而生成固溶体的两种或多种物质，由于结晶构造相同，离子半径相近，在转化反应中相互置换生成一种能溶于水的新盐(固溶体)。例如，NH_4Cl 和 KCl 中的 NH_4^+ 半径为 1.43 Å(1 Å$=10^{-3}$ cm)，K^+ 半径为 1.33 Å，K^+ 部分取代 NH_4^+，生成 $(NH_4 \cdot K)Cl$ 固溶体。固溶体是目前化成复合肥料中的重要组成部分，主要的固溶体有：

(1) $(NH_4 \cdot K)NO_3$ 固溶体

$$NH_4NO_3+2KNO_3 \longrightarrow K_2NH_4(NO_3)_3$$

$$2NH_4NO_3+(NH_4)_2SO_4 \longrightarrow (NH_4)_4(NO_3)_2SO_4$$

$$(NH_4)_4(NO_3)_2SO_4 \xrightarrow{+K^+} (NH_4 \cdot K)_4(NO_3)_2SO_4$$

(2)铵盐和钾盐固溶体

$$(NH_4)_2SO_4+K_2SO_4 \longrightarrow 2(NH_4 \cdot K)SO_4$$

$$NH_4H_2PO_4+KH_2PO_4 \longrightarrow (NH_4 \cdot K)(H_2PO_4)_2$$

$$(NH_4)_2Ca(SO_4)_2 \cdot H_2O+K_2Ca(SO_4)_2 \cdot H_2O \longrightarrow 2(NH_4 \cdot K)Ca(SO_4)_2 \cdot H_2O$$

2.双盐及新盐的稳定化合物反应

几种肥料在复杂的物相中经反应构成稳定低溶解度的双盐或复盐。

(1)双盐反应

$$AB+CD \longrightarrow AB\cdot CD \text{或} AB\cdot CD\cdot nH_2O$$

例如：

$$(NH_4)_2SO_4+CaSO_4\cdot H_2O \longrightarrow (NH_4)_2\cdot Ca(SO_4)_2\cdot H_2O$$

(2)低溶解度稳定化合物

$$AB+(C) \longrightarrow ABC$$

例如：

$$2CuCO_3+NH_4OH \longrightarrow Cu_2CO_3(OH)_2+(NH_4)_2CO_3$$

孔雀石

(3)沉淀酸式盐反应(如与尿素作为添加物的反应)

$$A^++B^-+CO(NH_2)_2 \longrightarrow AB\cdot CO(NH_2)_2\text{或} ABCO(NH_2)_2\cdot nH_2O$$

例如：

$$ZnSO_4+6CO(NH_2)_2 \longrightarrow ZnSO_4\cdot 6CO(NH_2)_2$$

$$ZnSO_4+2CO(NH_2)_2+2H_2O \longrightarrow ZnSO_4\cdot 2CO(NH_2)_2\cdot 2H_2O$$

(三)络合反应

可溶性金属离子与络合剂(如聚磷酸)、合成络合剂(EDTA)、天然有机络合剂等作用下，生成离子络合物和分子螯合物，组成液体或固体复合肥料。

1.离子和分子络合物

在一般络合反应中的化学平衡式为：

离子类型：$(Me)^X+(P\text{-}anion)^Y \longrightarrow [(Me)(P\text{-}anion)]^{Y-X}$

分子类型：$(Me)^X+EDTA \longrightarrow Me\text{-}EDTA^{2-X}$

反应是在相应水溶液的特定条件下，每个金属配位络合物或离子种类特有的稳定性常数所控制的条件下进行的。

肥料系统中的络合反应例子：

①离子型：如可溶性焦磷酸盐络合物：

$$Me^{2+}+2(P_2O_7)^{4-} \longrightarrow [Me(P_2O_7)_2]^{2-}$$

②其他：如焦磷酸盐：$[Me^{2+}(HP_2O_7)]^-$，$Me(P_2O_7)^{2-}$；正磷酸盐：$[Me^{2+}(HPO_4)]^+$；三聚磷酸盐：$[Me^{3+}(P_3O_{10})]^{2-}$；水合金属络合物：$[Zn(OH)_3]^-$，$[HZnO_2]^-$，$[Cu(OH)_4]^{2+}$；铵络合物：$[Me(NH_3)_n]^{2+}$等。

③分子型：可用高浓度可溶的分子螯合物形成来说明，如EDTA或EDDHA形成的螯合物。

$$Me^{2+} + EDTA \longrightarrow Me—EDTA$$
$$Me^{2+} + EDDHA \longrightarrow Me—EDDHA$$

2.配位反应

离子平衡只能临时控制化学反应,它们必须与其他反应条件,不平衡与平衡反应竞争。这些相反的反应涉及系统中稳定固相及溶质离子之间,严格按浓度的溶度积原理,离子活度和质量作用效应而建立起来的平衡。如下式:

$$[A]^{+} + [B]^{-} \longrightarrow [AB]$$

以上说明,离子平衡后,必须建立第二次平衡,即需要形成一个稳定的结晶核群,以使饱和固相和它的溶解成分之间建立平衡,如果有利于产生大结晶,就出现沉降作用,与反应剂紧密结合,形成悬浮固相平衡,如$(Me)^{2+}$的聚磷酸盐多阶螯合作用,很快就会由以下反应确定络合物平衡浓度。

$$Me^{2+} + (HP_2O_7)^{3-} \longrightarrow [Me(HP_2O_7)]^{-}$$
$$Me^{2+} + (P_2O_7)^{4-} \longrightarrow [Me(P_2O_7)]^{2-}$$
$$Me^{2+} + 2(P_2O_7)^{4-} \longrightarrow [Me(P_2O_7)_2]^{6-}$$

这种半平衡、受聚磷酸多价螯合作用的结果持续至结晶核达到稳定相超过某种特定的最低数目为止,络合平衡可能终止。如:

$$Me^{2+} + (NH_4{}^{+})(PO_4)^{3-} \longrightarrow MeNH_4PO_4$$
$$[Me(P_2O_7)_2]^{6-} + 6(NH_4)^{+} + nH_2O \longrightarrow (NH_4)_6[Me(P_2O_7)] \cdot nH_2O$$

(四)水合和脱水反应

水合反应是指物质溶解在水里时,与水发生的化学作用,一般是指溶质分子(或离子)和水分子发生作用,形成水合分子(或水合离子)的过程。水合反应在复合肥生产中是一种重要反应,某些无水盐结合自由水并在熟化仓中引起化学干燥,在 50 ℃或更低温度下反应最快。脱水反应是水合反应的逆过程,通常为吸热反应,一般在高温低压下有利于反应进行。因此,工业上脱水反应过程都比相应的逆过程即水合反应在更高的温度下进行。

水合和脱水反应可用下式表示:

$$AB \cdot nH_2O \longrightarrow H_2OAB + nH_2O$$

水合和脱水反应在多种肥料组成时有作用,例如,硼砂容易产生脱水。

$$Na_2B_4O_7 \cdot 10H_2O \longrightarrow Na_2B_4O_7 \cdot 5H_2O \longrightarrow Na_2B_2O_7$$

硼砂虽经脱水对硼的有效性无影响,但在多种成分组分中,放出的水分易引起其他物质的性质及溶解度的改变。

水合反应在大量元素组合是常见的,但加入微量元素成分,单一水合作用的反应则很少。如果水合反应出现在这种固体混合物组合中,能通过自由水分的流动而使混合物趋于稳定。

在液体肥料中加入微量元素,水合作用可降低微量元素的溶解度。如

$$ZnSO_4 \cdot H_2O \longrightarrow ZnSO_4 \cdot 7H_2O$$

上述反应降低了锌的浓度。在外界环境条件下,水合反应按着一般溶解和再结晶的步骤形成稳定的水合物。

四、复合肥的基础原料

(一)主要养分

氮、磷、钾养分是复混肥料的主要养分。常用于复合肥基础原料的氮磷钾肥料包括硫酸铵、尿素、液氨、硝酸铵、碳酸氢铵、氯化铵、氰氨化钙、过磷酸钙、重过磷酸钙、硝酸钙、钙镁磷钾肥、钙镁磷肥、硫酸钾、氯化钾、磷酸一铵、磷酸二铵、硝酸磷肥、磷酸二氢钾等。

(二)次要养分

次要养分包括硫、钙和镁。目前,除少数情况将单体硫直接用作肥料外,硫大都作为普通肥料的副成分或添加物一起施用。当前也没有专用作补充钙的钙肥,一般都用含钙较多的物料,如含钙氮肥、磷肥或石灰、石膏等,不但起到增加土壤肥力的作用,而且能够改善土壤物理性质。镁肥的施用也并不普遍,市场上以补充作物镁营养为目的的镁肥品种较少,通常用作镁肥的是一些镁盐粗制品、含镁矿物、工业副产品或由大量元素肥料带入的副成分。

(三)微量元素

微量养分包括锌、硼、锰、铜、钼和铁。常用于复合肥基础原料的微量元素肥料包括七水硫酸锌($ZnSO_4 \cdot 7H_2O$)、硼砂和硼酸、硫酸亚锰、七水硫酸亚铁、五水硫酸铜和钼酸铵等。

(四)有益养分

硅已被公认为使许多作物获得高产的元素之一。除水稻、大麦、小米及玉米外,已经证实硅在番茄、黄瓜等双子叶作物的生理功能上起着重要作用。钙镁磷肥中含有大量有效二氧化硅。

五、复合肥的主要辅料

复混肥料生产的主要辅助原料有调理剂和黏结剂两种。

(一)调理剂

调理剂(包裹剂)是加到复混肥料中,以利于在储运过程中维持良好物理性能的一种物质。调理剂的使用对于某些高氮产品和某些氮磷钾复混肥料产品是必不可少的,但不是所有复混肥料都需使用调理剂。

对颗粒肥料产品最有效的调理剂是黏附在颗粒表面上的涂覆介质。现在用于颗粒肥料上的大多数调理剂有两大类:一类是非常细的粉末,将它黏附在颗粒表面上;另一类是液态的,把它喷涂到颗粒表面上。

1. 粉末型调理剂

通用的粉末型固体调理剂有膨润土、硅藻土、高岭土和滑石等。调理剂的用量通常为颗粒复混肥料产品的1%～4%(质量分数)。

(1)膨润土 以蒙脱石为主要成分的层状硅酸盐矿物。它的层间吸附有Ca^{2+}、Na^{+}等阳离子,根据阳离子种类及相对湿度的不同,层间能吸附一层或两层水分子。膨润土的结构决定了膨润土具有阳离子交换性、吸附性、可塑性、膨胀性、分散性、流变性、黏结性、触变性、润滑性、胶体性以及耐火性等一系列重要性质。

在肥料的生产中，根据肥料本身的性质不同，加入少量的膨润土，可以降低肥料的含水量，防止肥料结块，使其保持良好的松散性，并提高肥料的颗粒度，有利于肥料的运输、保存和使用。

(2)硅藻土　硅藻土有良好的吸水性能，适用于硝铵或硝基 NPK 复混肥料的生产过程，使用硅藻土即使没有有机添加剂的加入，也是非常有效的调理剂。

(3)高岭土　单独使用时，对大多数氮磷(NP)或氮磷钾(NPK)颗粒肥料一般都有效。但用于硝铵或某些高硝铵颗粒复混肥料，通常效果不佳，而某些有机添加剂，如表面活性剂或憎水性的胺类，与高岭土配合使用，可以充分改善高岭土的性能。用有机物处理的高岭土，目前对硝酸铵肥料是一种通用的调理剂。对高岭土的要求通常与硅藻土类似。

2. 液态调理剂

常用的液态调理剂有石蜡和包裹油。对硝铵或高氮复混肥料产品，一般不允许使用油品喷涂，因为它有爆炸或燃烧危险。由 TVA 所做的一些试验表明，氮磷颗粒肥料中如含有 60% 以下的硝酸铵可使用油品为液态调理剂。

调理剂的涂覆通常在转筒包裹机内进行。包裹油喷涂在肥料表面上加入的固体粉末黏结在包裹油上，通过在转鼓内滚动到一定滚程，才可达到良好的黏结效果。调理剂的用量，粉剂通常为颗粒复混肥料产品的 1%～4%(质量分数)，液剂为肥料产品的 0.2%～0.5%(质量分数)。

(二)黏结剂

黏结剂是加到复混肥料中有助于减少造粒难度，在干燥后得到比较紧实通常也比较坚硬的复混肥料产品的一类具有黏结性的物质。黏结性物质大致可以划分为以下几种类型：

1. 黏结性的溶液

部分工厂利用副产品硫铵母液喷洒在粉粒状混合料中，既提供了部分氮养分，又改善了造粒性能。另外，将尿素或硝铵添加在硫铵母液中形成溶液(或浆状)也具有较好的黏结性。

2. 能起化学反应的物质

在尿素-钙镁磷肥-氯化钾系列产品中添加 25%～45%(浓度)的硫酸或 25%～45% P_2O_5 的湿法磷酸，使之与钙镁磷肥反应，生成一部分磷酸一钙和磷酸二钙，并产生反应热，所得产品的抗破碎强度可达到产品质量标准。

在磷铵-尿素-氯化钾系列的产品生产过程中，当尿素含量达到 10%(质量分数)时，几乎无法进行造粒，而水溶性铁盐具有显著的促进成粒的作用，即使尿素含量达到 30%(质量分数)，也能达到良好的成粒效果。水溶性铁盐包括硫酸亚铁、硫酸铁、硝酸铁和氯化铁等，其中尤以硫酸亚铁的效果最好。

3. 添加填充剂类型的黏结剂

黏结性较强的复混肥料填充剂通常有沸石、海泡石、凹凸棒粉、膨润土等。它们除了促进成粒外，通常也能提高产品的储存性能，起到调理剂的作用。

(1)沸石　沸石是一族架状构造的含水铝硅酸盐矿物。天然沸石因具有很强的吸附力，与化肥混施后，可以提高肥效，延长土壤的供肥时间，从而减少氮的损失。

目前应用最多的是沸石与碳铵混合。用沸石粉与碳铵按 1∶4 制成的混合肥，该肥肥效好，性质稳定，既可减少氨的损失，又不易结块，使用方便；既可作基肥，又可作种肥。

(2)海泡石　为含水硅酸镁，是一组链式层状结构的纤维状富镁硅酸盐的黏土矿物。

自然状态下的海泡石具有很强的吸附性能，居所有黏土矿物之首，吸附的水可为其本身质量的200%～250%，此外它还有很强的分散性。利用这些特性在农业上可作为化肥，特别是氮肥的缓释剂，化肥和农药等的分散剂（抗结块剂），有助于颗粒肥的造粒，能改良土壤，增强土壤的保水保肥能力。

第二节　掺混复合肥料的生产与加工工艺

掺混复合肥料，又称混配复合肥，它是由两种或两种以上的单质肥料通过机械加工的方法掺混而成的系列复合肥料。它具有成本低、养分浓度高的特点，其养分配比可根据土壤、作物特点灵活调控，能使施肥水平进一步提高，因而在发达国家得到了迅速发展。这种掺混工艺20世纪50年代在美国兴起，目前美国的复合肥料中，70%～80%是等粒级等密度混配复合肥，即BB肥，约有8 000家BB肥厂，占二次加工肥料厂的90%。我国的BB肥起步较晚，但产业发展迅速，目前其生产自动化装置与掺混技术已实现国产化。

一、掺混复合肥料的类型

（一）粉状掺混复合肥

粉状掺混复合肥指将各种掺混的单质肥料，经粉碎成粉末或结晶性粉末掺混而成的肥料。由于粉碎成粉料，克服了粒度不均匀的弊病，又由于增大了肥料间的彼此接触面面积，易于掺混均匀减少分离。增加了比表面积则易于吸潮结块是加工中应注意的。

（二）颗粒状掺混复合肥

颗粒状掺混复合肥指将各种单质肥料保持一定的粒度，即一般为1～4 mm粒度下进行掺混而成的肥料。其特点系单质肥料未经充分粉碎，易保持各种养分的原态、原位，减少了吸湿结块的程度，但易产生分离是这类肥料加工中的主要问题。

（三）等粒级等密度掺混复合肥

等粒级等密度掺混复合肥又称散料混合复合肥（bulk-blending fertilizer），简称“BB”肥料，指将各种单质肥料加工成等粒级等密度后掺混而成的肥料。这种掺混肥料克服了不同密度、不同粒级所产生的分离性，又由于各单质肥料均为单一组成颗粒，养分形态不致变，兼之比表面积减少不易吸潮结块，所以“BB”式掺混可完全保证肥料的质量。散装掺混肥料基本操作工艺见图4-1。

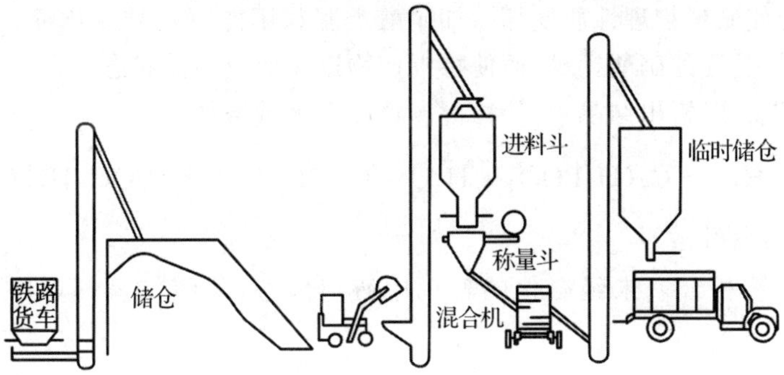

图4-1　散装掺混肥料基本操作工艺

二、掺混复合肥料生产的工艺物化条件

掺混肥料的质量，即化学组成和物理状态，在很大程度上取决于肥料混合过程中所发生的化学反应、有关组分的化学反应性、湿润条件和环境温度。随着气温的升高和水蒸气饱和度的增加，各组分之间的化学反应速度加快，使其质量下降。因此，掺混时应注意肥料的理化性质及其掺混要求的相应条件。

（一）掺混肥料间的相合性

1. 不可相合的肥料

（1）肥料相合造成养分损失　有下列情况时不能直接相合：

铵态氮肥（如硝酸铵、硫酸铵、磷铵等）不应与化学性质活泼的碱性肥料（如钙镁磷肥、草木灰、石灰、干粪块等）混合，以免损失氮素，其反应如下：

$$2HN_4NO_3 + K_2CO_3 = 2KNO_3 + (NH_4)_2CO_3$$
$$(NH_4)_2CO_3 \longrightarrow 2NH_3\uparrow + CO_2\uparrow + H_2O$$

$$2NH_4NO_3 + 2C(\text{有机肥中的碳}) = N_2O\uparrow + (NH_4)_2CO_3 + CO_2\uparrow$$
$$(NH_4)_2CO_3 \longrightarrow 2NH_3\uparrow + CO_2\uparrow + H_2O$$

$$(NH_4)_2SO_4 + CaO = CaSO_4 + 2NH_3\uparrow + H_2O$$
$$(NH_4)_2SO_4 + Ca(OH)_2 = CaSO_4 + 2NH_3\uparrow + H_2O$$

尿素不能与豆饼类有机肥相合，因豆饼和豆叶、秸秆中含有脲酶，相合后引起尿素水解，造成尿素损失氮。

$$CO(NH_2)_2 + H_2O \longrightarrow (NH_4)_2CO_3 \longrightarrow 2NH_3\uparrow + CO_2\uparrow + H_2O$$

尿素和硝铵也不应互相掺混，或同时加到掺混肥料内。

（2）肥料相合导致养分有效性降低　如水溶性磷肥一般不能与碱性肥料相合，特别是含钙的碱性肥料，因易引起有效磷的退化，其反应为：

$$Ca(H_2PO_4)_2 \cdot H_2O + Ca(OH)_2 + H_2O = 2CaHPO_4 \cdot 2H_2O$$
$$Ca(H_2PO_4)_2 \cdot H_2O + 2CaCO_3 \longrightarrow Ca_3(PO_4)_2 + 2CO_2\uparrow + 3H_2O$$
$$Ca(H_2PO_4)_2 \cdot H_2O + NH_3 + H_2O = CaHPO_4 \cdot 2H_2O + NH_4H_2PO_4$$

（3）肥料相合使肥料物理性质变坏　如硝酸类肥料不能直接与氯化钾、过磷酸钙等相合，因为会生成吸湿性更强的硝酸钙等，而使掺混产物迅速变成黏滞状态。

尿素与普钙混合时析出结晶水，使掺混产物的含水量增加。

$$4CO(NH_2)_2 + Ca(H_2PO_4)_2 \cdot H_2O = Ca(H_2PO_4)_2 \cdot 4CO(NH_2)_2 + H_2O$$

2. 有限相合的肥料

（1）尿素与普钙相合　未经氨化的普钙中游离磷酸、磷酸二氢钙均可与尿素发生加合反应。

$$H_3PO_4 + CO(NH_2)_2 \longrightarrow CO(NH_2)_2 \cdot H_3PO_4$$

$$Ca(H_2PO_4)_2 \cdot H_2O + 4CO(NH_2)_2 \longrightarrow Ca(H_2PO_4)_2 \cdot 4CO(NH_2)_2 + H_2O$$

上述反应生成物具有很大溶解度，吸收空气中的水分，形成溶液，使物料变潮，尤其是第二个反应，更为严重。但是如果在与普钙混合前氨化，即可相合。

(2)碳酸氢铵与普钙相合　普钙氨化常用固体碳酸氢铵作为中和剂，效果较好，但过量碳酸氢铵使有效磷退化，并造成氮素损失。

$$NH_4HCO_3 + H_3PO_4 \longrightarrow NH_4H_2PO_4 + CO_2\uparrow + H_2O$$
$$NH_4HCO_3 + Ca(H_2PO_4)_2 \cdot H_2O \longrightarrow NH_4H_2PO_4 + CaHPO_4 \cdot 2H_2O + CO_2\uparrow$$

随着碳酸氢铵用量增加，将发生下列反应：

$$NH_4HCO_3 \longrightarrow NH_3\uparrow + CO_2\uparrow + H_2O$$
$$2CaHPO_4 + CaSO_4 + 2NH_3 \longrightarrow Ca_3(PO_4)_2 + (NH_4)_2SO_4$$

过量碳酸氢铵则会自行分解跑氨，磷由水溶性转为枸溶性，进而转变为难溶性磷，失其有效性。

NH_4HCO_3加入量，在普钙粒度、水分含量相适宜的条件下，一般5%～10%为宜，超过20%，则造成严重的氮损失和磷退化。

(3)磷酸盐、硝酸铵和氯化钾相合　在采用硝酸铵和氯化钾相混合时，应严格控制配比，使其不落在发生无焰燃烧的区域，产生无焰燃烧区域中N∶P_2O_5∶K_2O为1∶1∶1.5，1.5∶1∶2，2∶1∶3，1∶0∶1和3∶0∶2。其次尽量避开燃烧区附近的配比为：1.5∶1∶1，3∶1∶2和1∶1∶1，其他配比是1∶2∶2，2∶2∶1，1∶2∶1，2∶3∶2和2∶1∶1等均属安全范围，不发生无焰燃烧。此外产品入库前，应充分冷却至40 ℃以下。

(4)硝酸盐、磷酸铵盐和硫酸铵相合　这种物料体系造粒时生成$2NH_4NO_3 \cdot (NH_4)_2SO_4$（称B物料），该物料在干燥时发生热分解而成各自的组成分。在冷却时又还原为B物料，很容易引起粒状产品的粉化和结块。为了防止这种现象发生，可控制NO_3^-与SO_4^{2-}的比例。当NO_3^-与SO_4^{2-}的比例在2.5以上时，产品储存性能好。还可采用较低的干燥温度，减少B物料的受热分解，或延长在冷却机中停留时间，让其充分冷却还原成B物料。生成的细粉可过筛处理，减少产品结块。

常见肥料配混情况见表4-7。

表4-7　不同肥料混配关系

项目	硫铵	硝铵	氯化铵	石灰黑	尿素	普钙	钙镁磷肥	重钙	氯化钾	硫酸钾	磷酸一铵	磷酸二铵	消石灰	碳酸钙
硫铵		△	○	×	○	○	△	○	○	○	○	○	×	△
硝铵	△		△	×	×	○	×	○	△	○	○	○	×	△
氯化铵	○	△		×	△	○	○	○	○	○	○	○	×	△
石灰氯	×	×	×		△	×	○	○	○	○	○	○	○	○
尿素	○	×	△	△		△	○	△	○	○	○	○	△	○
普钙	○	○	○	×	△		△	○	○	○	○	△	×	×

续表 4-7

项目	硫铵	硝铵	氯化铵	石灰黑	尿素	普钙	钙镁磷肥	重钙	氯化钾	硫酸钾	磷酸一铵	磷酸二铵	消石灰	碳酸钙
钙镁磷肥	△	×	○	○	○	△		△	○	○	○	○	○	○
重钙	○	○	○	○	△	○	△		○	○	○	△	×	×
氯化钾	○	△	○	○	○	○	○	○		○	○	○	○	○
硫酸钾	○	○	○	○	○	○	○	○	○		○	○	○	○
磷酸一铵	○	○	○	○	○	○	○	○	○	○		○	○	○
磷酸二铵	○	○	○	○	○	△	○	△	○	○	○		×	○
消石灰	×	×	×	○	△	×	○	×	○	○	○	×		○
碳酸钙	△	△	△	○	○	×	○	×	○	○	○	○	○	

注：○表示可配混；△表示有限配混；×表示不可配混。

(二)掺混肥料物化性质的改善

掺混肥料的流动性和分散性是掺混复合肥的重要性质，局部或完全丧失流动性和分散性将影响肥料施用效果。

1. 添加中和剂

加中和剂可使组分之间不发生交换反应，中和肥料颗粒的表面酸度，延缓肥料颗粒从空气中吸湿过程等作用，从而增加肥料的流动性和分散性。例如，干混时碱性添加剂可中和过磷酸钙所含的游离酸，同时水溶性磷部分转化成枸溶性磷，其反应式为：

$$H_3PO_4+CaCO_3 = Ca(H_2PO_4)_2 \cdot H_2O+CO_2\uparrow$$

$$Ca(H_2PO_4) \cdot H_2O+NH_4HCO_3 = CaHPO_4 \cdot H_2O+NH_4H_2PO_4+CO_2\uparrow$$

2. 由颗粒原料制造掺混肥料

这种方式比由粉状原料制造掺混肥料具有较好的流动性和分散性。因颗粒原料掺混含氮组分与过磷酸钙之间的作用比较缓慢，释放的结晶水和生成吸水性化合物较少。

3. 含氮组分的选择

吸水性小的氮肥与普通过磷酸钙混合时也能获得质量合格的掺混肥料，磷钾含量高于氮的混肥通常比氮磷钾配比相等或者氮含量高于磷钾的混肥干燥，使其具有较好的流动性。

尿素的反应性很强，在掺混时很快与混肥中的其他组分作用，在氯化钾存在下这种情况更加明显。此时由于生成的氯化钙($CaCl_2$)和氯化铵(NH_4Cl)，将使混肥的含水量比不加氯化钾时增加 2.5～3 倍。为了降低含尿素混肥的吸水性，一般不宜添加氯化钾。另外添加 15%以上中和剂，以增大混肥的分散性。

硝酸铵不宜与普钙或重钙和氯化钾掺混，因它比尿素制成的混肥潮解更严重，流动性和分散性更差。氨化过磷酸钙与硝酸铵或尿素混合并添加氯化钾时，所得产品比普通过磷酸钙制得的掺混肥料干燥，并具有较好的流动性。用磷铵制得的掺混肥料比较干燥和有较好的流动性，并且保证营养物质的浓度高达 40%～50%及以上。

4. 含水量与结块性

掺混肥料不适宜的含水量和吸湿性往往造成肥料结块，以致造成有效成分降低或损失有效成分，影响肥料质量。

(1)由不同含水量的原料组分制得的混肥结块性不同。

(2)不同钾组分对掺混肥料吸水性影响。当氮、磷组分一致改变钾组分，将影响掺混肥料的吸水性，一般 $KCl > KNO_3 > K_2SO_4$。

(3)温度和湿度对掺混肥料吸水性的影响。一般是温度高相对湿度大时掺混肥料吸湿愈严重，尤其是氯化钾、硝铵加普钙或重钙的掺混型吸湿结块最明显，其次为氯化钾、尿素加普钙，磷铵型吸湿结块现象轻。

三、掺混复合肥料生产工艺

(一)掺混复合肥料生产工艺条件

1. 掺混复合肥料组成

按肥料相合性及相合后的理化性质和条件，配比掺混复合肥料的组成；按作物和土壤类型决定掺混复合肥料的配方。

2. 掺混复合肥料原料粒度

原料粒度是保持掺混复合肥均一性的重要条件，同时为了保持肥料的流动性，便于制造和储存，也要求原料有一定的粒度参数。

3. 掺混时使用添加剂

常用的添加剂有石灰石粉、磷矿粉、膨润土等。它有助于提高掺混复合肥料的物理性质，使肥料组分颗粒相互隔离，碱性添加剂还可中和酸度和降低掺混复合肥料的吸水性等作用。添加剂用量取决于掺混复合肥料的组成、土壤类型和肥料产品的储存期。如尿素与氯化钾掺混时常用15%的中和剂，尿素+普钙使用5%～10%碳酸氢铵中和剂。磷矿粉作添加剂用量为10%～20%，白云石粉作添加剂用量为5%～15%等。

(二)掺混肥料生产工艺

1. 连续法掺混形式

(1)由料斗、回转下料机，调速计量螺旋输送机及称量指示秤组成计量配料系统。调速计量螺旋的进出料端应柔性连续(否则无法显示称量)，并在进出料端安有可快启闭的校量口以经常监测计量是否精确。计量螺旋一般为管螺旋，也可利用“U”形外壳的定型螺旋输送机加弧形内盖改造以便于快速清理。

(2)混合过程可由变速的平面胶带机和带状叶片的螺旋输送机组成。先使各种配料在胶带机面上呈层状叠铺，为下阶段混合创造均布条件。计量螺旋机(必要时改用胶带机也可)的下料要设计沿受料带宽均匀布料，避免起尘和冲击料面。

(3)调速胶带机承接层状铺后卸入一调速螺旋混合机，经上下翻动混匀并推进使物料落入下面带自动计量秤的料斗。

(4)包装系统最好使用带分格塑料内套袋的广口编织袋，缝口后送至小型落包机码垛，用小车转运入库堆存或直接装车出厂；也可使用带内分格塑膜的自封式包装纸袋。

2. 机械掺混形式

机械干掺混是掺混肥料生产的主要形式：一种是采用结构简单的粉碎-搅拌装置，生产量为30～50 t，适于农村就地生产使用；另一种是采用比较定型机械掺混装置，生产量较大，可在

50 km 左右范围内使用。

(三)掺混复合肥料中添加微量元素

随着微量营养元素的需要日益增加,如何把少量的微肥满意地添加到肥料中去是十分重要的,在添加微量营养元素时,应考虑混合物成分的化学相合性,混合物的分离特征,在系统中的溶解度,以及田间施用微量元素分布点的均匀性和密度等。在掺混时微量元素的细度一般要求在 100 目以上,是保证均匀度、防止分离的首要条件。

掺混复合肥料中添微量元素,由于加入的微量元素量比例较小,因而做到均匀一致仍然是加工过程中的重要问题,如果分布不均,有些微量元素(如钼、硼)是有毒的物质,当施用过量时,在田间局部地点会发生毒害。因此,加工过程应注意以下两点。

(1)尽可能配制一种各成分间物理特性接近的不分离的混合物,其中颗粒大小相称是最重要的特性,其次则是相对密度大小的选择。

对于肥料颗粒大小相称来说,实际上很难办到的,一般是将微量元素粉碎以增大接触面,另一方面则是尽可能地使用低浓度的微量元素肥,例如,含 Zn 10%的原料比含 Zn 30%的原料,颗粒要多两倍,这样随着浓度的变稀而增大均匀度。

在用量固定时,微量元素相对密度也影响到分布点数目。因为颗粒的数目随相对密度增加而减少。某种材料(如 $ZnSO_4$)的相对密度如果是 3 左右,这种材料分布点的数目只有颗粒大小一样相对密度为 2 原料的 2 倍,即减少了 2/3 的数目。

(2)减少掺入微肥后肥料的搬运和装卸次数,由于搬运、振动,大量元素和微量元素颗粒(粉末)大小不尽完全一致,小的下沉,大粒集中于上部,造成分离。同样相对密度不一致,也是搬运中分离的原因之一。

掺入微肥的掺混复合肥在施用时要注意施用方法。如果撒施会使大粒、相对密度大的施用距离远,反之则近,造成田间分布不均的现象。如果是机械施肥,也必须使用专用工具。

四、生产掺混复合肥料的主要设备

(一)粉碎设备

在掺混复合肥料的生产中,根据生产工艺的不同,对原料有不同的粒度要求。为了加快反应速度,提高原料混合的均匀性以及有利于造粒,常需要将原料进一步粉碎。在生产过程中,形成的不合格大颗粒或块装物料也需粉碎后返回造粒系统,因此需要不同类型的粉碎设备。粉碎设备的主要类型有:链式粉碎机、笼式粉碎机和双辊粉碎机等。

(二)混合设备

原料肥混合是指在外力作用下原料在搅拌机中从最初的整体掺和达到全部的混匀状态。在复合肥料的生产中,物料混合得是否均匀,直接影响到粒肥和液肥产品的质量和应用效果。固体原料肥在搅拌机中的混合主要有 3 种形式:

(1)对流混合　原料肥在搅拌机的作用下,粒子群发生位移形成循环流动并进行混合。

(2)扩散混合　相近粒子间相互改变位置,使其在局部范围内扩散,最终达到均匀混合。与对流混合相比,混合速度较低。

(3)剪切混合　粉体中各粒子之间相互滑动或碰撞以及混合机构件对粉体凝集团的压迫、

剪切作用，引起局部混合。

上述三种形式对肥料的混合作用方式不同，混合效果也不同，因此，不同复合肥料生产过程应用的混合形式也不相同。在混配肥料厂普遍采用的叶轮搅拌机或悬链混合机中，剪切混合机中，剪切混合就比较突出，而在掺混肥料生产中，颗粒度相近的粒子混合以对流混合为主。为了确保混合的均匀度，防止发生混合原料的“分料”“偏析”现象，必须综合考虑影响混合效果的多种因素。一般应该根据实际生产的需要选择适宜的混料设备，主要的混合设备有：螺带式锥形混合机、双螺旋锥形混合机、转鼓混合机、卧式螺旋带混合机、槽式预中和器、管式反应器。

第三节　颗粒复合肥料的生产与加工工艺

颗粒复合肥料主要是指粒状复合肥，它是将粉状、或浆状、或熔融状基础肥料，通过粒化工艺制造而成。混合肥料是我国当前主要的复合肥料品种，随着农化服务和科学施肥的示范、推广，各地已建立了不少的复合肥生产装置。为此，了解混合肥料生产的一般原理及生产工艺，对指导生产具有一定的参考价值。

目前我国尿素已成为主要的氮肥品种之一，含氮量高、性能稳定，与其他肥料的相合性好。普钙、磷铵是主要的磷肥品种。鉴于我国原料肥的性状，生产混合肥料主要有两种类型：一是尿素-普钙（磷铵）系列；二是氯磷铵系列。其生产工艺均采用粉状原料混合，并造粒成型的工艺路线。尿素-普钙复合肥料生产工艺，首先由美国杜邦公司和英国 Fisons 公司进行研究，并投入生产，目前英国、日本、西班牙、印度和我国均有生产。氯磷铵系列现为我国主要生产方式之一，尿素-钙镁磷肥系列由包裹型复合型肥料发展而来。

一、颗粒复合肥料生产过程的物化条件

混合肥料生产工艺关键在于造粒。造粒过程基本上可分成物粒混合、成粒、成长和稳定四个阶段，随着物料混合过程的进行，成粒过程也即开始，粉状尿素与粉状磷肥相互结成小粒，表面湿润的小粒被沾上粉料和小粒，使粒度不断增大，随即进入成长阶段。物料在干燥和存放期间，只要条件控制好，产品是稳定的，从而保证了肥料的物理性能。

当混合肥料生产时，所含有营养元素的比例是多样化的；当两种以上的物料相混合时，所含有营养元素往往发生化学反应，有的化学反应会使营养物质损失（包括挥发）和退化为植物不能吸收利用的养分，从而降低了肥效。

（一）生产中的主要化学反应

1. 氨加入的主要反应

$$Ca(H_2PO_4)_2 \cdot H_2O + NH_3 = CaHPO_4 + NH_4H_2PO_4 + H_2O$$

$$NH_4H_2PO_4 + NH_3 = (NH_4)_2HPO_4$$

$$NH_4H_2PO_4 + CaSO_4 + NH_3 = CaHPO_4 + (NH_4)_2SO_4$$

$$3CaHPO_4 + 2NH_3 = (NH_4)_2HPO_4 + Ca_3(PO_4)_2$$

$$2CaHPO_4 + 2NH_3 + CaSO_4 = Ca_3(PO_4)_2 + (NH_4)_2SO_4$$

$$H_3PO_4 + NH_3 = NH_4H_2PO_4$$

$$H_3PO_4 + 2NH_3 = (NH_4)_2HPO_4$$

2. 尿素参加的主要反应

尿素属有机物质，其结构中 C—N＝0.137 nm(1.37 Å)，C—O＝0.125 nm(1.25 Å)，∠NCN＝110°，∠NCO＝125°，以分子与分子结合形成的结晶，结合力弱，熔点低(133 ℃)，故易溶于水，吸湿性强，因而商品为了防潮进行包膜和粒化。当尿素粉碎后，混合时，尿素和氯化铵作用生成尿素氯化铵复盐，与石膏、普钙反应生成尿石膏，其反应为：

$$CO(NH_2)_2+NH_4Cl = CO(NH_2)_2 \cdot NH_4Cl$$

$$4CO(NH_2)_2+CaSO_4 = 4CO(NH_2)_2 \cdot CaSO_4$$

$$4CO(NH_2)_2+Ca(H_2PO_4)_2 \cdot H_2O = 4CO(NH_2)_2 \cdot Ca(H_2PO_4)_2 \cdot H_2O$$

上述产物对造粒干燥是有利的。

尿素在复混过程中，特别是在不干燥条件的存放期中，能发生水解反应：

$$CO(NH_2)_2+H_2O = 2NH_3\uparrow+CO_2\uparrow$$

$$Ca(H_2PO_4)_2 \cdot H_2O+NH_3 = CaHPO_4+NH_4H_2PO_4+H_2O$$

$$NH_4H_2PO_4+NH_3 = (NH_4)_2HPO_4$$

上述反应对肥效无影响，且多是放热反应，有利于成粒和稳定。在生产过程中，应严格控制尿素水解反应的发生，因过量反应不但会损失氮素，而且还会产生下列反应：

$$NH_4H_2PO_4+CaSO_4+NH_3 = CaHPO_4+(NH_4)_2SO_4$$

$$3CaHPO_4+2NH_3 = (NH_4)_2HPO_4+Ca_3(PO_4)_2$$

$$2CaHPO_4+2NH_3+CaSO_4 = Ca_3(PO_4)_2+(NH_4)_2SO_4$$

$$(NH_4)_2HPO_4+Ca(H_2PO_4)_2 \cdot H_2O = CaHPO_4+2NH_4H_2PO_4+H_2O$$

$$H_3PO_4+CO(NH_2)_2 = CO(NH_2)_2 \cdot H_3PO_4$$

由上可知，过量水解反应会导致水溶性磷退化，是生产中应加以注意的。

3. 尿素和普钙相合的反应

普钙中的磷酸一钙和游离酸与尿素相合，发生下列反应：

$$Ca(H_2PO_4)_2 \cdot H_2O+4CO(NH_2)_2 = Ca(H_2PO_4)_2 \cdot 4CO(NH_2)_2+H_2O$$

$$H_3PO_4+CO(NH_2)_2 = CO(NH_2)_2 \cdot H_3PO_4$$

反应生成的结晶物，吸收水分或放出的水分，导致物料潮湿，有利于黏结成粒，但另一方面生成的磷酸二氢钙-尿素加水物和尿磷酸以及放出的水分，使混合液相增加，很快形成饱和溶液，呈泥浆状，而且均具有很大的溶解度，能溶解于过磷酸钙的液相中，使物料的液相增多，无法进行造粒和干燥。由此可见，如以普钙为原料肥，必须进行预处理，其中主要方法是添加中和剂，但要防止水溶性成分退化。

尿素和钙镁磷肥相合时无上述反应，而且钙镁磷肥的弱碱性反应也不会导致尿素的分解，如果以硫酸铵代替尿素作原料肥，反应结果生成铵石膏，也不致增大物料的湿度，是有利于二次加工的。其反应如下：

$$(NH_4)_2SO_4+Ca(H_2PO_4)_2 \cdot H_2O+H_2O = CaSO_4 \cdot 2H_2O+2NH_4H_2PO_4$$

$$2(NH_4)_2SO_4+Ca(H_2PO_4)_2 \cdot H_2O = 2NH_4H_2PO_4+(NH_4)_2SO_4 \cdot CaSO_4 \cdot H_2O$$

上述反应不发生有害的副反应，而是发生有效的相合，产生增效作用。反应生成石膏、铵石膏等，使肥料混合物变得干燥、坚硬，且具有低的吸湿性，便于造粒、干燥和储存，其副成分对改良土壤也是有利的。

4. 以氯化钾为原料的相合反应

近年来多以氯化钾为原料肥，制成二元复合肥料，其反应如下：

$$KCl + H_3PO_4 = KH_2PO_4 + HCl$$

反应生成的盐酸有较大的挥发性，少量成为气体被肥料粒子的水分吸附，富集于粒子表面；盐酸本身的吸水性，使粒子中的水分向表面移动，若空气湿度大时，还能吸附空气中的一部分水分，结果使肥料颗粒表面逐渐湿润，形成水膜，起到黏结作用。

氯化钾与过磷酸钙中的主要成分 $CaSO_4$ 和 $Ca(H_2PO_4)_2 \cdot H_2O$ 不直接起反应，但加入硫铵时，则发生下列反应：

$$CaSO_4 + (NH_4)_2SO_4 + H_2O = (NH_4)_2SO_4 \cdot CaSO_4 \cdot H_2O$$

$$Ca(H_2PO_4)_2 \cdot H_2O + (NH_4)_2SO_4 + H_2O = CaSO_4 \cdot 2H_2O + 2NH_4H_2PO_4$$

$$Ca(H_2PO_4)_2 \cdot H_2O + 2(NH_4)_2SO_4 = 2NH_4H_2PO_4 + (NH_4)SO_4 \cdot CaSO_4 \cdot H_2O$$

$$2KCl + \begin{bmatrix}(NH_4)_2SO_4 + CaSO_4 + H_2O \\ (NH_4)_2SO_4 \cdot CaSO_4 \cdot H_2O\end{bmatrix} = K_2SO_4 \cdot CaSO_4 \cdot H_2O + 2NH_4Cl$$

$$2KCl + (NH_4)_2SO_4 = K_2SO_4 + 2NH_4Cl$$

上述反应结果生成的氯化铵和各种盐类，性质稳定，不增加反应残留存于物料中，并和氯化铵生成固溶体而留在产品中，有利于造粒和干燥，提高产品质量。

5. 混合肥料中的固溶体生成反应

复合肥料生产时产生的各种物质，如硫酸铵、硫酸钾、磷酸二氢钾、磷酸二氢铵、铵石膏和钾石膏等，这些物质分别相互置换产生固溶体。反应生成硫酸钾铵、磷酸钾铵、铵钾石膏、氯化钾铵等固溶体，有利于提高肥料品质，同时为生产不同含量比例的复合肥料奠定了理论基础。

（二）颗粒复合肥料生产时的肥料配伍

复合肥料生产时通常是两种和两种以上的物质配伍，在混合造粒干燥过程中相继发生一系列变化产生一些新物质，因而各种成分的不同相对密度和溶解情况影响着肥料间的组合配伍。

1. 肥料相对密度与配伍

不等相对密度原料常在造粒时产生分离，达不到养分均匀和造粒的要求，因而粉碎造粒是必须的工艺措施，但不等相对密度的肥料，经合理配伍粉碎后，可调节相对密度，满足加工工艺参数。常用物质相对密度见表4-8，其中有些物质不属肥料，常常作肥料配

表 4-8　不同物质的相对密度

物质名称	相对密度
尿素	1.3
普钙	2.6
硫酸钾	2.5
膨润土	1.87
泥炭	1.88
氯化钾	2.0
钙镁磷肥	2.8～2.9
黏土	1.8～2.5
锯木屑	0.5～1.0
骨粉	1.9～2.2

伍中的相对密度调节剂。

2. 肥料吸湿性与配伍

单质肥料相互混合，往往增大吸湿度，以致影响造粒，因此必须注意盐类相合时的吸湿性质，在造粒过程中，加入水分，形成不同盐的饱和溶液。其不同盐类混合饱和溶液的水蒸气压和临界湿度是选择配伍的又一重要参数。

3. 单质肥料间的相合性

混合肥料生产中，由于相对密度不同，相混后的吸湿度和溶解情况，要能具备工艺加工或成型的条件，以保证生产和产品质量。如果肥料间不能相混合时，在生产前对肥料必须进行预处理或补充化学处理，使肥料改性便于加工，但改性时不要影响有效成分或损失有效成分。

(三)颗粒复合肥料的配伍选择条件

颗粒复合肥料配伍时主要根据土壤肥力特性、养分供应状况和植物生长发育对养分需求的特点，提供针对性配方。在生产技术上综合考虑混合及造粒方法、工艺生产规律和原辅料的配伍性，以及工厂成本选定配方。用这种方法选定配方，既具有科学性，又有实用性。颗粒复合肥料的配伍选择条件见图 4-2。

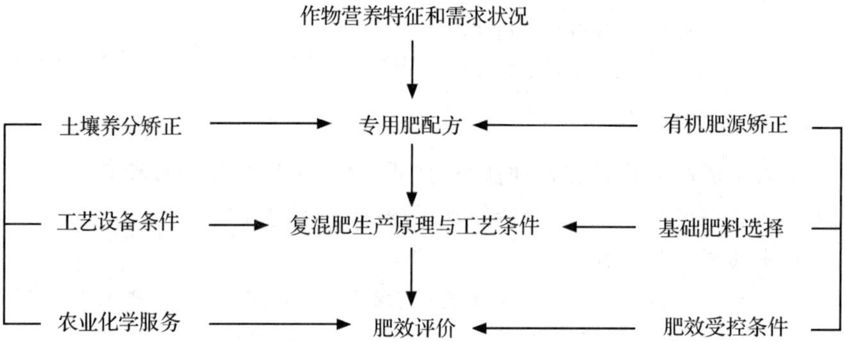

图 4-2 复合肥料配伍的选择条件

二、颗粒复合肥料生产工艺及其条件

(一)生产工艺流程及相关条件

1. 生产工艺流程

生产工艺流程包括原料预处理、混合、造粒、干燥、筛分和包装等程序，见图 4-3。

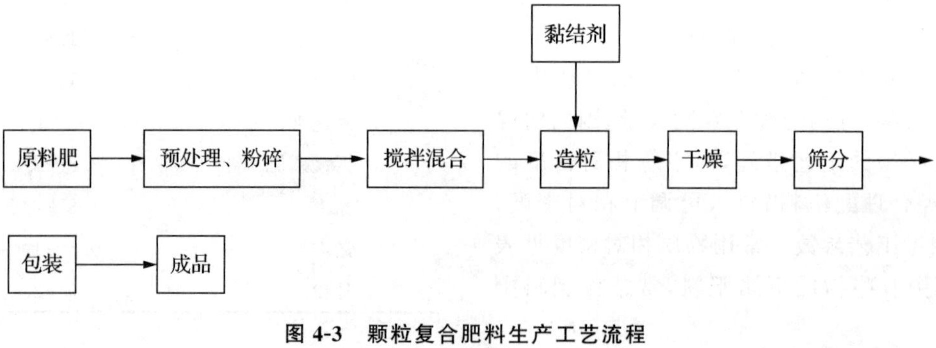

图 4-3 颗粒复合肥料生产工艺流程

2. 相关条件

(1)原料预处理　原料肥要求含游离水在5%以下使能破碎至1～2 mm的粒径，如普钙一般含游离水10%～15%，游离酸5%左右，如不进行预处理，则不能进行粉碎。普钙干燥时，控制物料温度在85～100 ℃，温度过高会引起普钙中的水溶性磷退化。钙镁磷肥则无须干燥和粉碎。

(2)粉碎　为了适应原料肥无规则的粒度变化，生产流程中将几种原料需先进行粉碎，方能搅拌均匀，养分一致，不易分离以及适合造粒的需要，是保证产品质量的必要手段。粉碎机有垂片式、爪式、链条式等类型可选用。为达预期粉碎粒度的目的，应注意调节粉碎机的速度，粉碎粒度过大，搅拌不均匀，易分离，不易造粒；粒度过小，粒子间的相互吸附作用导致不易搅拌均匀，给造粒带来困难。

(3)造粒　从广义上讲，"造粒"可包括将原料或固体混合物加工成期望的形状和粒度的任何工艺过程。一般来讲，肥料造粒可分为喷淋粒化和附聚造粒两大类。从成粒的方法可分为挤压造粒、沸腾造粒和返料造粒等。而以固体肥料为基质的混合肥料造粒方法又多采用盘式造粒和转鼓造粒，即固体物料间的团聚成粒、料浆的涂布造粒以及挤压造粒。为了获得良好的造粒，必须提供适宜的液相量，液相量太多，容易产生过度粒化，形成大粒，液相量不足，颗粒成长不良，成粒率低，返料率高，所以液相量是确定造粒率高低的主要因素，它又是造粒条件和物料理化性质的综合反映。如果是喷淋粒化和附聚造粒，则液相量的多少是决定颗粒大小的关键因素。

(二)造粒机理(团聚成粒机理)

1. 液相量

以粉状、结晶状或细粒物料为原料的团聚型复合肥的造粒方法是在造粒过程中加入辅助的水、添加剂以及硫酸、磷酸、含氮溶液或氨，有时还导入蒸汽，以提高造粒过程所必需的热量和水分，以期达到所需温度、适量液相，使之团聚成粒。

在团聚过程中，液相量十分重要，液相指肥料盐的溶液。成粒作用最初由进程颗粒间以及返料细粒间，靠液相使固体物料单个的粉粒变湿，变湿物料在造粒机的滚动或其他机械力的作用下，彼此相互碰撞接触，在液相表面张力造成的毛细管力的作用下，使彼此黏结在一起。相对来说，粒度愈小，毛细管的力的强度愈大，黏结作用愈易发生，颗粒间黏合得更紧。当黏结作用存在时，液相和固相间的容积比是控制因素。颗粒黏结所需液相量取决于颗粒料的堆密度(即孔隙度)。研究表明，造粒所需的液相量小于涂布于颗粒表面和填满颗粒间隙所需量。这是因为张力有把液体从颗粒外部抽吸到颗粒内部孔隙的倾向，致使外部的粉粒只有靠里面的一边被液体湿润着。

从液相对固相容积比来考察，在造粒过程中，液相对固相的体积比越大，所得颗粒平均直径越大，在高溶解度的物料中，液相对固相的容积比超过16%～18%，颗粒平均直径增长速度很快。造粒过程的液固相容积比与黏度之间的关系可用下列方程表示：

$$Y=k(1-3tB)$$

式中：Y为液固相容积比；k为空隙容积与固体容积比；t为颗粒空隙内所含液相，也称为孔隙参数；B为进料颗粒与成品颗粒平均大小之比。

在转鼓形造粒机中所做的液相理论试验表明，当液相与固相容积比超过16%时，颗粒的平均直径迅速增加，当液固相容积比为28%左右时，1.5～3.5 mm颗粒比率最大，若再增大容积比，颗粒增大，所以必须严格控制液相量。

(1)液相　指造粒过程中肥料盐的溶液。

(2)团聚力　指液相表面张力造成的毛细管力作用下彼此黏结。

(3)液相量　决定于液固相的容积比，即：①取决于颗粒物料的堆积密度(即孔隙度)，其量小于涂布于颗粒表面和填满颗粒间隙所需量。②从液固相容积比分析，容积比越大，颗粒直径越大，在高溶解度物料中，容积比超过16%～18%时，颗粒直径增长量快，符合上述公式。

2.造粒条件的选择

(1)造粒过程中的水分-温度关系　当物料组成一定时，造粒所需液相量与固相量的关系，只受温度和水分含量的影响，因液相是肥料盐溶液，所需水分与这些盐的溶解度与温度有很大关系，所以造粒过程中温度和水分含量与造粒率相关。固体组分配比一定时，对应于某一水分总含量存在着一个最佳造粒温度，以温度为纵坐标，水分含量为横坐标，对应不同水分含量可以在坐标上描绘出一系列对应的最佳造粒温度，连线得“造粒曲线”。从图4-4可知，存在一个合理成粒区。液相量多时，为大料、料浆；液相量过少时，为小粒、粉状。表明液量大时，体系需要经过干燥或加入相应量的细粉返料。

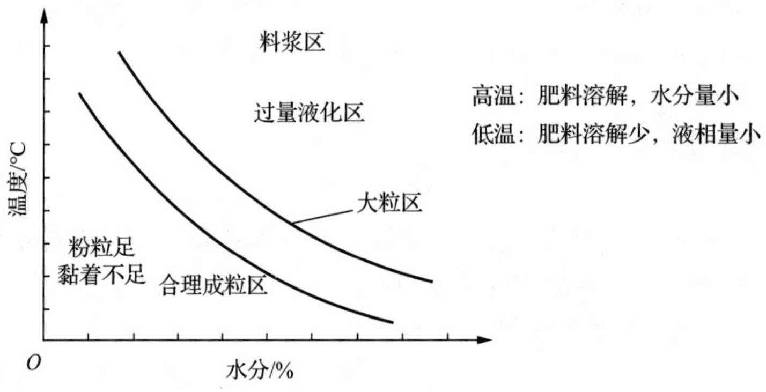

图4-4　造粒曲线

由上可知，造粒条件设计时必须考虑两个限制条件：

①原料带进的水分含量影响造粒所需水分，水分含量大时，造粒过程由系统的水平衡控制，就要把部分颗粒破碎(干燥)，维持适宜水分再造粒。如以硝铵、尿素为基础溶解度高的肥料，造粒时只需加入少量水分。如果体系溶解度是90 g/100 g溶液时，占质量比1.3%的水分即可形成18%的体积比液相。在造粒过程中要达到这样低的含水量，就要求有较高的返料比，或尽量减少带入的水分。

原料带入液相量小时，可安装一个简单的控制系统，调节控制造粒机的加水量，此时返料量就取决于达到的造粒率，这种情况通常出现在溶解较低的原料肥。如某些以硫铵为基础的肥料，通常加入饱和水蒸气比加水更为有效，因为它可以冷凝成水并带入大量潜热，对造粒有利。

②复(混)肥生产时，至少包括三种以上可溶性盐，在多种组分情况下，测定造粒条件下肥料组合的溶解度是困难的。因为N、P、K物料组成复杂，互相交叉在一起，并生成络合盐，所以一般最大溶解度不是唯一值。

(2)评价造粒过程质量优劣的指标

①造粒率高，造粒率指合格颗粒占出造粒机物料总量百分比(%)。

②造粒条件控制稳定，造粒容易清理。

③生产能力大，操作费用低，投资省。

④对各种原料、配料比适应性强，能制得光滑、圆润、抗压强大的合格产品。要达到上述效果，必须对造粒过程加以控制，其控制分为基本控制和操作控制。

基本控制：预先设定，不受变量支配。如造粒参数、配料比、造粒机型。

操作控制：如蒸汽加入量、返料量、硫酸和氨的小范围变动等。

(3)造粒机操作点的选择　根据体系的物料和热量平衡计算，可以在“造粒曲线”上找到最佳造粒点，但实际上是难于掌握的。一般在造粒曲线稍低的位置造粒，如在造粒点上操作，稍有不慎即出现过度粒化。在造粒曲线下，可通过干燥再造粒完成，弥补造粒率低的不足。

①加水量：操作结果变化方向几乎平行于水分含量的轴线。

②添加蒸汽：操作结果为既提高温度，又增加了水分含量，使其变化指向造粒曲线右上角，这是控制造粒操作的最敏感手段。

③增加返料量：既降低造粒温度，又减少水分含量，是减少大粒较敏感的方法。因此，在操作造粒机时经常用调节蒸汽量和返料量的手段来调节造粒机的造粒效果。

造粒的作用主要在于防止肥料吸潮结块和进一步发生化学反应，引起肥料变质。而原料肥的性质又决定了造粒性，因造粒方式不同，应考虑粉体性质、水分、流动性等条件，当然这些条件均与调节液相量有关，一般具有适当溶解度的易造粒，难溶的不易造粒。如尿素+硝铵，要求含水量变化率窄，难以造粒，常采用加热增加溶解度而造粒，即在造粒过程中干燥升温条件下成粒，因此在低温条件下，升温时盐分溶解，生成浓度大的饱和溶液，可塑性大，有利造粒。普钙为多孔物质，水分成为缓冲剂，使其保持黏性，石膏的存在增大了造粒性，所以用普钙生产低浓度复合肥易于造粒成型。

造粒方式的选择与颗粒的形成密切相关。附聚造粒是由粉末在黏结剂添加下逐渐附聚增大，细粒间相互黏结而成，或由粒核包膜黏附而成，可选用盘式造粒法。喷淋粒化采用黏结剂喷雾或共熔雾化条件下造粒，一般适用于低熔点的物质，经熔化、喷雾和干燥成粒。

(三)造粒相关条件

1. 造粒剂

根据原料肥和造粒方式，选择适宜的黏结剂。黏结剂常用的有油和石蜡型、水和聚磷酸铵型、硫酸尿素型、湿法磷酸型等。例如，湿法磷酸常用作高浓度复合肥料造粒剂。湿法磷酸的不溶物可起到造粒促进剂的作用，加之在一定水分、温度条件下所发生的化学变化有利于造粒，可在造粒中加入颗粒硬度强化剂，以增强硬度。

2. 干燥

每一种肥料(盐)都具有一个临界相对湿度，但肥料的临界相对湿度只能确定在给定条件下，是否吸收水分，不能说明肥料的吸湿程度，因此防止吸潮结块，需要干燥。

肥料结块性的原因大部分是肥料颗粒间晶体的结合键增长。在肥料储存期间，晶体有所发展是由内部连续地发生化学反应或者由热效应影响等引起的，从而导致肥料吸潮结块。其主要影响因素是水分，高浓度复合肥不能超过1%～2%，低浓度适宜2%～3%，最大值不超过

5%，所以干燥成为必备的工艺条件。干燥后冷却也是十分重要的，由于造粒时温度升高，颗粒软化，一经冷却内部水分蒸发，表面冷却凝缩，以致结块，是应当注意的；黏度和粒形也是影响因素之一。因此肥料一经干燥冷却后，必须包装，或在包装前加调理剂，防止吸湿结块。

3. 粒度和抗压强度

(1)粒度 按复合肥料标准为 1～6 mm 颗粒，高、中浓度复合肥占 90%，低浓度复合肥占 80%，但按肥效试验材料，大于 7 mm 粒度，对肥效无什么影响。如果粒度过大，第二季作物则有后效。为保证粒度均一，一般用双层振动筛筛分即可。

(2)抗压强度 肥料颗粒状必须具有足够的机械强度，以便经得搬动而不破碎成粉末。颗料硬度包括抗压强度、耐磨性、抗冲击强度，但一般只测定一项指标，其他即符合规定。

(四)颗粒复合肥料中添加微肥

当微量元素与混合肥料的一定配方紧密结合时，在造粒过程中的一定温度和 pH 条件下，微量元素的溶解会发生变化，由此造成农艺上有效性的改变。一方面水溶性在制成复合肥后不一定呈水溶性。如 $ZnSO_4$ 添加到 $(NH_4)_2HPO_4$ 配方后，由于产生的反应使肥料基本上变为不溶；另一方面不溶性则可能变成可溶性，如 ZnO 在聚磷酸配方中变成可溶物。微量元素螯合物有效性高，但在磷酸盐配方中，pH 低时，变成无效物，因而必须保证高 pH 条件下，使其产生一种稳定的有效物，如将螯合物加到含氨液体中后，再掺入制造即可得到满意的结果。

微量元素添加到复合肥料中的另一问题，添加量、种类和比例不一定能适合专用作物和土壤条件的需要，因而一般只能添加常用的微肥品种，事实上添加一种或几种微肥在复合肥料中已有大量实践，并取得了良好效果。

在颗粒复合肥料中添加微量元素，一是注意有效性，二是均匀性。因此加工制造中主要采用以下两种方法：

1. 造粒添加

一是将微肥粉碎到一定细度，与原料肥混合均匀后造粒，其中要注意粒度、相对密度和微肥形态的选择，以免分布不均和失去有效性。二是将微肥溶解于水合黏结剂中，喷雾造粒。这样比较能做到均匀，但要选择适当的溶剂。

2. 包衣造粒

在颗粒肥加工完后，采用适当工艺用微肥作包衣造粒，是复合肥料添加微肥的主要的加工方法，依据黏合剂不同有以下几种方法：

(1)油和石蜡作黏合剂包衣 用油作黏合调节剂，把微量元素黏附到颗粒上。油属有机溶剂，不宜用于 NH_4NO_3 或者含 NH_4NO_3 比例大的肥料，因有增加爆炸的危险。如美国 TVA 公司提出 NH_4NO_3 含量不能大于 60%。使用的机油有 2 号重油、6 号重油，或 2 号重油∶6 号重油＝1∶2，用量为 2%～3%，或用 2 号重油∶微结晶石蜡＝2∶1。用油作黏结剂的特点是能被多孔的肥料吸收，黏着效果好，因这类轻质油能通过锦袋渗出，并软化聚乙烯袋，有利于包装。适用于硼、锌等微量元素肥料。

(2)磷铵-水-黏土合剂包衣 主要适合于 $CO(NH_2)_2$ 和 NH_4NO_3 含量低的肥料品种，但要注意湿度，因水分过量引起变湿结块。带磷铵溶液的球状黏土易形成一层薄薄的包衣，这种包衣能使颗粒肥上附着更多的玻璃肥料，可用于 ZnO、MnO 及 Zn-EDTA 的黏合。为了装袋或保存，水的应用只适合少数微肥如硼、锌等，且最后需再用高岭土和硅藻土等调节剂包衣，以防止结块。

(3)聚磷酸铵溶液作黏合剂包衣　聚磷酸铵的作用是促进肥料表面和某些元素物质之间产生一种反应，引起微量元素与肥料的黏合。为保证良好的长期储藏效果，产品最后用2%的硅藻土调理最好，这种方法适用于多种微肥包衣造粒。

三、颗粒复合肥料生产工艺及操作技术

(一)干态物料混合造粒法

工艺流程是粉状物混合→造粒→干燥→成品，不合格产品返料再造粒。在工艺中加水、喷热水或者直通蒸汽，增加物料温度和液相量。过程中基本不发生反应或部分反应，如尿素-普钙-氯化钾系列复合肥。

(二)添加部分液体原料的干(粉)混合造粒法

固体物料粉状混合物→造粒：①造粒时导入硫酸或磷酸、硝酸，并且辅以一定量的蒸汽。②通入氨和加入酸液以中和固体物料的酸碱性，依靠中和反应热、饱和水蒸气带入的热焓，导入液相(包括反应生成的盐溶液和水分)，使之成粒。如尿素-磷铵-氯化钾系、氯化铵-磷铵-氯化钾系。

(三)挤压造粒法

挤压造粒法是指对固体物料施加压力而团聚的干法造粒工艺。挤压造粒实用于结晶品、粉状物、有机原料生产，最适用于热敏性物料。

挤压造粒工序：原料粉碎→搅拌混合→挤压成形→包装。

优点：节省能源，省去干燥、冷却工序，环境无污染，投入少，操作简单易行。

缺点：颗粒含水量高，偏大，颗粒强度不够、易破碎，且孔板易损坏。

挤压造粒法可生产碳酸氢铵系、氯铵系等复合肥料。前者由于碳酸氢铵稳定性差，养分含量低，难于将产品质量提高。挤压造粒质量取决于原料的热敏性和添加剂的选择。稳定氮素不致挥发是工艺技术中的首要问题。挤压造粒工艺流程见图4-5。

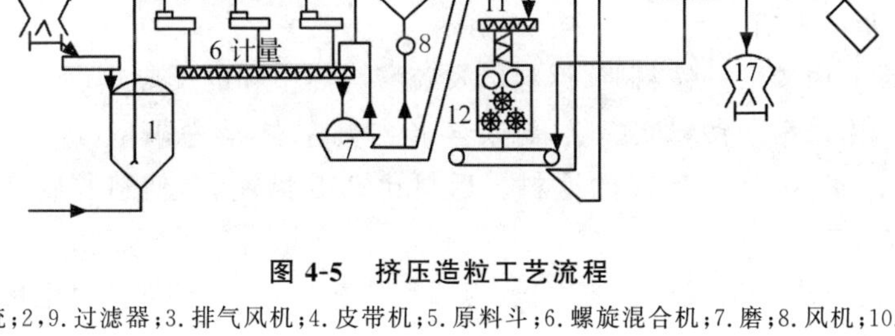

图4-5　挤压造粒工艺流程

1.气动系统；2,9.过滤器；3.排气风机；4.皮带机；5.原料斗；6.螺旋混合机；7.磨；8.风机；10.双层筛；11.螺旋给料机；12.挤压机和粗碎机；13.斗提机；14.粉尘黏结鼓；15.破碎器；16.袋装料斗；17.散料装载

(四)料浆造粒法

料浆造粒是20世纪60年代初由美国国家肥料开发中心(NFDC)研发出来的颗粒复合(混)肥料生产工艺。拥有该种生产技术的外国公司主要有挪威的Norsk hydro,西班牙的Incro、Espindsea,法国的AZF、KT,美国的Davy/TVA等。国内拥有该种生产技术的有中阿化肥有限公司、云南云峰化工公司、金昌化工公司等。

料浆造粒是将反应物料生成的料浆涂布在返粒颗粒表面上,通过连续的料浆涂层而使颗粒增大,然后烘干,除去水分得成品。在实际生产中,由于返料粒度分布范围较宽,所以涂布和黏结作用总是同时发生,只不过对一定的物料和造粒机型而言,总是以一种造粒作用为主导。对料浆型造粒工艺来说,是涂布为主;磷铵造粒或以磷铵料浆为基础的N、P和K复合肥造粒,或其中的磷素则主要由磷铵料浆提供等均属这一工艺。

我国目前主要采用磷铵料浆法,使用含P_2O_5 28%～30%的稀磷酸,但返料比达10～12倍;如采用含P_2O_5 40%的磷酸,预中和转鼓氨化造粒,返料倍数为3～4倍,即可平衡生产。

磷酸一铵料浆浓缩至水分含量达28%有一定的困难,如加上固体物料,在造粒中加经浓缩的料浆,即可制得尿素-磷酸一铵-氯化钾三元复合肥料。

1. 工艺流程

尿素-磷酸一铵-氯化钾三元复合肥料生产工艺流程见图4-6。

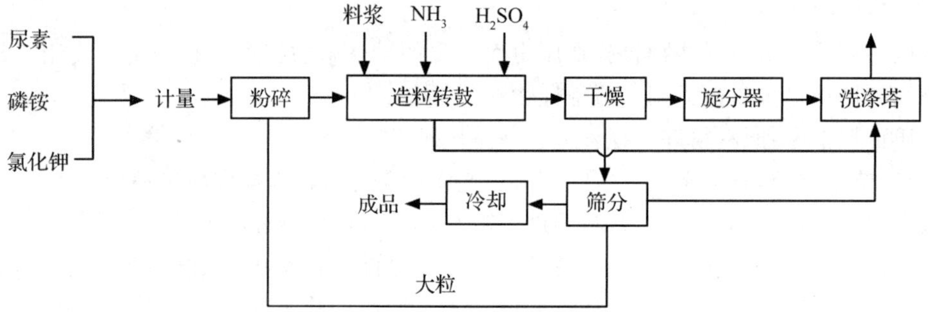

图4-6 尿素-磷酸一铵-氯化钾三元复合肥料生产工艺流程

2. 主要工艺操作参数

(1)转鼓造粒机操作参数 造粒物料温度,80～85 ℃;造粒物料含水量,2%～2.5%;返料倍数,2.5倍。

(2)干燥机操作参数 热空气进口温度,165～175 ℃;物料出口温度,70～75 ℃;出口物料含水,1%。

3. 主要工艺指标说明

(1)造粒温度 由磷酸一铵料浆、返料以及硫酸与热中和的反应热供热。

(2)液相量 由磷酸一铵料浆提供,料浆含水27%左右,含总磷量(P_2O_5)30%左右。为了控制造粒物的含水量,需加入较多的返料。返料比2.5倍左右,使造粒物含水量2.0%～2.5%,干燥后成品率50%。

提高造粒温度可降低硫酸和氨的用量,与团粒法相比,无须外加蒸汽造粒,降低了成本,操作容易,成品质量好。

(五)熔融造粒法

将肥料颗粒或返料颗粒加入熔融体，生成含有固体悬浮物且具有流动性的共熔体料浆，再使其通过喷头喷入空气或熔体料浆不溶解的液体如矿物油等冷媒体中，经空气或矿物油冷却固化成养分分布均匀的球状颗粒产品。如浓缩后尿素熔融体的喷洒造粒，硝酸铵熔融体的造粒即属于这一类。

复合肥料通常采用第三种工艺，在生产流程中除因原料、产品和使用设备有差异外，一般均具备以下七个工序：

原料→配料→混合造粒→干燥→筛分、返料
↓
尾气处理←冷却、包装、储运

(六)尿素-磷酸铵-氯化钾系复合肥生产工艺及操作技术

1. 工艺流程

尿素-磷酸铵-氯化钾系复合肥生产适宜采用转鼓造粒机造粒，全生产系统由供料、配料、造粒、烘干、筛分返料、成品冷却、包装和尾气处理等工序组成。

原料尿素、磷酸一铵和氯化钾等固体原料经斗式提升机、振动输送机分别进入各自原料储斗，经储斗底部的电磁振动给料器、称量料斗、电子秤与电子秤连锁的下料门组成的间断式质量称量系统计量后，输送至原料输送皮带上，进入搅拌混合机，搅拌后与筛分大于 4.6 mm 的干物料一起进入立式链磨机粉碎，输送进入提升机，再进入转鼓造粒。

由 H_2SO_4(98%)储槽用隔膜式计量泵输送至喷酸器，使硫酸均匀地淋洒在滚动着的料床上。由液氨槽、汽化器和氨气缓冲缸组成的供氨系统供氨，经电远位转子流量计计量后进入有小孔的氨分布器，以一定速度喷出(转鼓)，通入的氨量完全中和硫酸，使磷酸一铵转化成磷酸二铵，同时向料床通入一定数量的蒸汽，使之成粒，再进入有热气流的烘干机。

烘干物料送入筛分，第一层振动筛物料经螺旋输送至链磨机破碎返料造粒，第二层振动筛为合格品，第三层为细粉料返料处理。

造粒尾气含有少量氨、粉尘，经扩散除尘器回收大部分粉尘后的干燥尾气，一并经湿洗涤后排入大气。洗液多次循环洗涤，然后进入污水处理系统处理。

2. 原料及其要求

硫酸，浓度 93%；氨，通常由液氨经减压、加热汽化成氨后使用，进入造粒系统的气氨压力 0.4 MPa(表压)；尿素，小丸固体破碎，小于 1 mm 达 50%以上，或用熔融尿素液；磷铵，磷酸一、二铵粉状或粒状均可用，粒状需破碎小于 1 mm 达 50%以上；氯化钾，采用标准级(小于 0.8 mm)。

3. 工艺和设备条件的选择

(1)原料系统　所有原料进入造粒系统小于 1 mm 物料应占 60%左右。为调节粒径可加一控制筛(孔径为 1.6 mm)。尿素破碎时易吸潮，故不宜加筛，且应及时进出料，以免阻塞。

原料温度条件，固体原料为室温，硫酸维持在冰点以上不加热，气氨温度保持在 5 ℃左右为宜，返料为 60 ℃，不必加以控制。

物料在造粒中由于料层的挤压和温度升高，其中的固体盐类向液相中溶解而达到该温度下的饱和溶液状态。为了加快固体物料的溶解速率，增加原料的比表面积也是成粒的一个因素，所以要物粒必须破碎到一定的粒度。

（2）配料系统　计量宜采用重量式计量装置，按产品要求N、P和K配比及养分含量要求计算各种原料流量，并定期分析原料组成加以调整。间歇称重计量。宜采用小重量、短周期方式，并经常调整零点。

（3）造粒系统　返料是由于在干燥过程中，物料不断地起落、碰撞，物料破碎以及颗粒间的摩擦等而形成粉粒，如平均颗粒径为2.98 mm，出料时仅为2.57 mm，所以返料是存在的，返料与成品配比可达1∶(1.2～1.5)。

①造粒温度的选择：造粒温度是造粒过程中的主要控制指标。从各种固体原料盐的溶解度数据可知，溶解度随温度的提高而增大，为了减轻后续干燥过程的负荷，造粒要求在较高的液相量而又相对地在含水量较低的条件下操作，显然较高的造粒温度是十分必要的。

造粒温度常取决于硫酸的稀释热、硫酸与氨反应的中和反应热、气氨与磷酸一铵的反应热、导入饱和水蒸气的热焓和较高温度的返料带入的热量。

根据造粒曲线，本体系的物料温度与水分含量之间的总趋势是：适当提高造粒物料温度时，造粒物料的水分含量可以降低。工业性试验表明，65～80 ℃均能较好地成粒，最适宜的造粒温度控制在75 ℃左右。

为使造粒工艺具有更大的适应性和推广价值，在本体系物料中加浓磷酸（$P_2O_5\geqslant50\%$）和硫酸氨化提供的热量进行比较，不管采用哪种方式供应，只要维持适宜的温度和湿度，都能很好地成粒。但用浓磷酸，由于生成的磷铵料浆有较强的黏结力，成粒好，即使造粒温度偏低，仍比用硫酸时的成粒率高15%，且磷酸供给了外加磷源，可制得$N+P_2O_5\geqslant56\%$的产品，而用硫酸只能生产$N+P_2O_5\geqslant54\%$的产品。虽然饱和水蒸气提供热量，但同时冷凝出大量水分，使物料湿度增大，增大干燥负荷，一般不适宜此体系。

②造粒物料pH的选择：尿素与硫酸一铵中存在的游离磷酸反应生成尿素硫酸盐和尿素磷酸盐，两种物质均具有很大的溶解性，大量溶解于造粒物料的水中成盐溶液，物料pH为4～4.2，致使造粒机出口呈黏性，在干燥过程中黏结于抄板和筒壁上，使操作情况恶化。因此只有加大通氨量，升高pH，将硫酸、游离磷酸以及一部分磷酸一铵继续氨化，即可解决。

造粒物pH与原料种类、体系溶解度、物料温度和水分含量等有关，也与氨被吸收的程度有关。一般控制在pH5.6～5.8，过高pH，氨吸收不完全，造成氨损失，控制总氨损失量为1%。

（4）造粒机系统

①造粒机筒体转速：转速太慢，料层滚动不起来或滚动缓慢，物料不能顺利地克服氨分布管等构件的阻力，不能均衡地、充分地吸收加入的液相，以及物量和热量的传递对造粒不利。转速太高，湿物料会因惯性作用被带过顶点而落在另一侧的非造粒区，形成不了一个良好的流化床，也对造粒不利。

造粒机的临界速度为$42.2/\sqrt{D}$（D为造粒机直径），常用的实际转速在临界转速的25%～45%间选择。筒体端点线速度为0.9 m/s，造粒效果好。一般以筒体端点线速度为1 m/s作为核对指标。

②造粒机通氨管的安装位置和形式：造粒筒体内装有氨分布管、蒸汽管、酸分布管和支撑这些管子的支撑杆，其中氨管和蒸汽管是埋入料层的，为减少对料层的阻力，试验研究结果表明，以氨管的径向分支结构管子为宜。大直径的转鼓造粒机，埋入料层的管子一般沿轴线装没在距离壁 1/3 层厚的地方，并固定，以免因物料滚动抬起管子影响氨的吸收。

③造粒机中档圈设置问题：为提高造粒机强度，有在造粒机中安装一个挡圈，把筒体分成前后两个区域，前区分布有氨管、酸管，称为氨化区；后区为造粒区。但经实践证明，在氨化区内就能很好地造粒，如为了提高造粒机的生产强度，只需把氨管、酸管延长，造粒区扩大即可，没有必要设置挡圈。

④造粒机的装载系数和停留时间：用测定装载系数和物料通过量的办法，计算停留时间。在获得的和物料通量并有较高成粒率时，测得物料停留时间一般为 6.5 min 左右，机内物料装载量约达 20%。

⑤造粒机尾气及尾气处理：造粒机尾气主要为过湿的空气，含有少量粉尘和氨气，易使尾气导管被黏结和形成浆状物阻塞管道。因此应尽量缩短管线，并在造粒机尾气箱与洗涤器之间的连接管线有一个大的斜度，装设喷水管以便及时清理疏通。

尾气中不含有毒物质，只需用循环水清洗后即可排入大气，经充分洗涤后洗液可用为肥料或排放污水处理系统处理。

⑥造粒机出料皮带输送机：造粒出的湿料与烘干机间最好安一台慢速移动皮带输送机，使物料慢慢地进入烘干机，以免造成堵塞和倒料，减少烘干机由于进料不均而造成的烘干质量不佳、黏壁等问题，且还能发生部分化成作用。带速宜采用＞0.5 m/s。

(5)烘干系统

①温度：尿素-磷铵-氯化钾体系因尿素、氯化钾等物料的理化特性，尿素熔点 132.7 ℃，低于此温度已经出现软化，尿素与磷酸形成的低共熔物的熔点为 115 ℃左右。尿素的溶解性降低了以它为基础的复合肥的平衡蒸气压，增大了产品的吸湿性。尿素在 80 ℃左右开始水解，从而造成氨损失，故需限制干燥温度，以防止水解和硬化。

②造粒中固体物料聚集作用形成的颗粒：液相吸入颗粒的内部深度达 1.5～4 mm，因此需要干燥的时间较长，必须维持较低的炉气温度和物料温度，故常用并流干燥法，以防止物料在干燥机内熔融和尿素水解，以及生成缩二脲等。温度过低，物料不干燥，影响后续处理和储存性能，同时增加耗能。

③烘干相控制指标：a. 烘干机进口气温。一般为 180 ℃，即使成品含水达 1.5%；高于 200 ℃，对提高热效率、水分蒸发有利，但对于进口物料含湿量在 2.2% 的尿素、磷铵已有氨损失，且发生严重的熔料现象。b. 烘干机尾气温度。干燥尾气温度比干燥机出口物料温度约高 5 ℃左右，一般二元复合肥尾气温度为 90 ℃较为适宜，三元复合肥为 88 ℃较为适宜。

④烘干机粒度组成变化：研究测试表明，在烘干机总长度 10% 处，存在着良好的成粒温度和水分条件，其粒度呈增大趋热；总长度 36.7% 处，平均粒度没有多大变化；总长度 88.7% 处，粒度下降，因此进料粒度 2～4 mm 占 40%～50% 为宜。

⑤物料停留时间：示踪法测定为 20 min，以烘干机装载量和进料流量推算，停留时间为 12～20 min，两者相吻合。停留时间在 18～22 min 即可。

⑥烘干机水分蒸发强度：烘干机全容积蒸发强度，二元复合肥为 5 kg/(m^2·h)，三元复合肥为 3 kg/(m^3·h)；烘干机装载系数，13%～14%；容积传热系数，540～580 kJ/(m^3·h)。

⑦缩二脲：烘干物料在 83～85 ℃，进入 80 ℃时尿素水解的量仅为 0.4%，尿素氮量占总氮量的 80%，也不致产生缩二脲。

⑧烘干热风炉气温控制设备：液体或气体燃料可通过温度检测和薄膜调节阀组成自调系统。对于煤燃料的热风炉可采用喷射引风器，当调节用的冲淡空气以高速（大于 60 m/s）经过喉管时，在器内造成一定负压而吸引热风炉气进入引风器的温合室，然后进入干燥机。这种方法灵活即使频频加煤，对烘干机不会产生大的影响，确保正常温度。

⑨干燥尾气：先进一级旋风除尘，回收粉尘进入返料，气体再进入湿洗系统，以循环水洗涤处理后放空，循环水进入污水处理系统。冷却采用振动流化床即可。

⑩成品温度：45 ℃以上装袋储存，过高结块程度加剧。

（6）筛分、破碎

①筛分：双层筛的上层净孔径为 4.5 mm，下层为 2.0 mm，长方形孔比正方形孔好。单层筛孔径为 2.0 mm。筛分强度为 4～5 t/(m^2 · h)，筛分率达 90%以上。

②破碎机：链条式破碎机对大颗粒破碎好。链条端点线速宜选用大于 35 m/s，便于清理。卧式链条破碎机适用于干燥后的复合肥系统。转鼓造粒工艺流程见图 4-7。

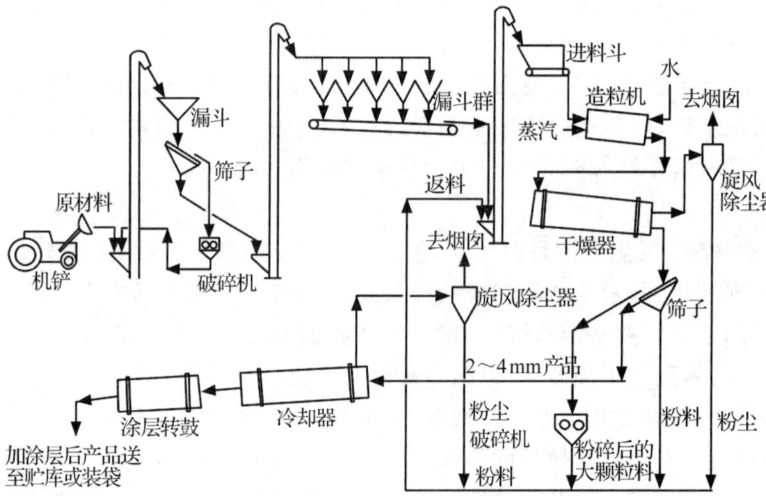

图 4-7　转鼓造粒工艺流程

（七）氯化铵-磷铵-氯化钾系列复合肥

氯化铵-磷铵-氯化钾系统复合肥主要采用盘式造粒，可减少投资，其工艺中主要注意之点如下。

1. 造粒

由于氯化铵对磷酸铵有很大的盐析作用，生产时由于对产品 N：P_2O_5 比例要求增加（即氯化铵与磷酸铵比例增加），造粒愈加困难。一般宜选择 N/P_2O_5 摩尔比为 1 左右较适合。

（1）温度　物料出口温度 80 ℃，pH 5.9 左右为宜。

（2）造粒添加剂　对本系统十分重要，因氯化铵、氯化钾不能按常规方法使之单独成粒，故必须加入黏性较强的添加剂。

2. 烘干温度

氯化铵在 100 ℃时开始升华，进口温度 190 ℃时，约有 0.45%的氯化铵升华，并造成少量氯化铵雾。一般进口炉气温度为 165 ℃，干燥尾气温度为 85～90 ℃，出口物料温度 80～85 ℃，水分含量也小于 1.5%。由于低品位复合肥品种，标准要求含水量 5%，故造粒液相量相对增加，烘干温度也应相对提高。

其他条件与尿素-磷铵-氯化钾系基本相似。

(八)管式反应器制粒工艺

以上海化工研究所、上海青浦化工厂生产为例。氨反应被限制在体积很小的反应管内，其管为 ϕ33/38 mm 316 L 不锈钢管或高铬钢材质制作，并配有喷头。

(1)设备　转鼓造粒机，直径 1 600 mm×3 200 mm；烘干机，直径 1 800 mm×1 400 mm。

(2)原料　含 P_2O_5 40%、H_2SO_4 4%～5%的磷酸和尿素、结晶氯化钾为原料，养分比为 17-17-17 或 15-15-15 等。

(3)工艺操作　在 0.2 MPa 压力下，用气氨中和至 pH 为 4，相应中和度 0.9～1。用水量调节反应温度和料浆的造粒性能。返料倍数 1～3 倍。造粒机出口物料含水 1%～2%。

该法的优点：氨反应热能更有效地利用蒸发物料中的水分；易于在较高温度和压力下操作，从而可利用浓度更适合的磷酸，获得含水量低的浓料浆或熔融体(含水率为 18%～20%)，利于造粒水分平衡，实现无干燥生产流程，同时配尾气洗涤，返料率低等；造粒机内不必加入硫酸，减少造粒机的清洗和氯化铵烟尘的生成；不需输送料浆，即无料浆输送泵、管道、计量装置等，因而比预中和转鼓造粒法投资少。能节省 20%投资，成本少 20%。管式反应器-转鼓造粒机的工艺流程见图 4-8。

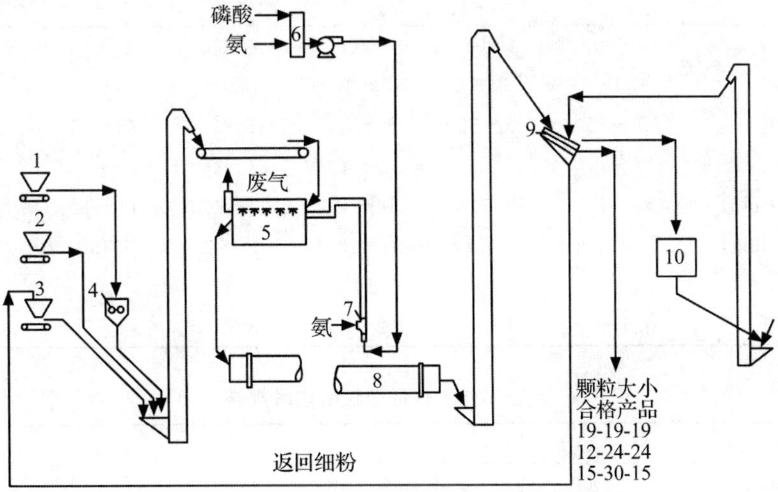

图 4-8　管式反应器-转鼓造粒机的生产工艺流程

1，2，3. 加料器；4. 双辊破碎机；5. 转鼓造粒机；6. 预中和器；
7. 管式反应器；8. 冷却器；9. 筛子；10. 链式碾磨机

该法可同时生产磷酸一铵、二铵和三元复合肥，其肥料各项指标见表 4-9。

表 4-9 肥料的各项指标

项目	磷酸一铵	磷酸二铵	三元复合肥料
磷收得率/%	≥98.5	98.5	98.5
氮收得率/%	≥98.0	97.0	97.5
钾收得率/%			99.0
返料倍数	(3.5～4)∶1	(3.5～4)∶1	(1.5～2)∶1
产品分析 N、P_2O_5 含率/%	11.50、～51	－17、～47	－15、～15
有效 P_2O_5 含率/%	≥91	≥99	
水溶 P_2O_5 含率/%	≥92	≥91	
H_2O 含率/%	～2	～2	≤2.0
粒度		1.6～4.0 mm 占 90%	

四、生产颗粒复合肥料的设备

(一)造粒设备

混合肥料的粒化是干粉造粒法工艺的重要工序，它不仅关系到产品的内外在质量，还关系到产量的大小和成本的高低，而粒化生产过程除与物料本身的物化性质有关外，还与粒化设备的形式和机械性能关系密切。造粒设备的主要类型有盘式造粒机、转鼓造粒机、双轴造粒机、挤压造粒机和喷浆造粒干燥机等。圆盘造粒机技术、转鼓造粒机规范见表 4-10 和表 4-11。

表 4-10 圆盘造粒机技术规范

名称	规格					
圆盘直径/mm	1 600	2 000	2 200	2 500	2 800	3 200
圆盘边高/mm	300	360	360	500	560	640
倾斜角度/(°)	35～55	35～55	35～55	35～55	35～55	35～55
物料粒度/mm	1～4	1～4	1～4	1～4	1～4	1～4
圆盘转速/(r/min)	14～15	14～15	14～15	11～12	11～12	10～11
电机转速/(r/min)	1 460	1 460	1 460	1 460	1 460	1 460
电机功率/kW	4	7.5	10	13	17	22
生产能力/(t/h)	0.5～1	1～2	2～3	3～4	4～5	5～6

表 4-11 转鼓造粒机技术规格

名称	规格				
转鼓直径/mm	1 000	1 200	1 500	1 800	2 400
转鼓长度/mm	2 000	2 760	4 500	7 500	4 800
倾斜角度/(°)	2～3.5	3～3.5	2～3.5	3.5	1～4
转鼓转速/(r/min)	16～18	16	15	12	7
电机功率/kW	5.5	11	13	22	30
生产能力/(t/h)	1～1.5	1.5～2	3～4	5～7	6～8

(二)干燥设备

由造粒机出来的颗粒肥料，一般含有6%～16%的水分，通常需要进行干燥，以使肥料含水率达到国家肥料标准，从而满足储运和施用的要求。目前，国内常用的干燥设备为直接传热的回转干燥机(表4-12)和喷雾干燥塔。

表4-12 回转干燥机技术规格

名称	规格					
圆筒直径/mm	1 500	1 800	2 200	2 200	2 800	2 800
筒长/mm	8 000	12 000	12 000	14 000	12 000	24 000
筒壁厚/mm	10	12	14	14	14	14
干燥窑容积/m^3	14.1	30.5	45.6	53.2	74.0	88.2
筒转速/(r/min)	3～8	3～8	3～8	3～8	3～8	3～8
电机功率/kW	8	14	17	20	28	36

(三)冷却设备

混合肥料经干燥后，温度仍然较高，如果不经过冷却而直接包装就会引起吸湿结块，影响产品质量。在实际生产中必须设置冷却设备，采取通风措施，强制降温。目前常用的冷却设备有回转式冷却机、沸腾冷却器和振动流化床冷却机(表4-13)等，其中回转式冷却机应用最为普遍。

表4-13 GZQ型振动流化床冷却机主要技术规格(沸腾冷却机)

名称	规格			
	GZQ3×30	GZQ6×45	GZQ3×45	GZQ6×75
热风温度/℃	110～130	110～130	110～130	110～130
物料停留时间/min	4～5	3～4	4.5～5.5	4.2～5.2
振幅/mm	1.4～3.2	1.4～3.2	1.4～3.2	1.4～3.2
激振角/(°)	0～82.5	0～90	0～82.5	0～90
电机功率/kW	0.75	1.50	0.75	2.20
电机转速/(r/min)	1 000	1 000	1 000	1 000
流化床面尺寸/mm	2 990×280	4 500×550	4 550×280	6 000×876
外形尺寸/mm	3 505×890×187	5 005×1 286×1 936	5 005×1 116×1 827	6 510×1 830×2 110

第四节 化成复合肥料的生产与加工工艺

一、二元化成复合肥料

(一)磷酸铵

磷酸铵有磷酸氢铵、磷酸氢二铵或为磷酸一铵、磷酸二铵的混合物和多磷酸铵等。纯净的磷酸铵为白色结晶状，其他磷酸铵因磷酸中往往含有铁、铝和镁等杂质，在氨化过程中，生成相应的磷酸盐等复杂化合物，故成品呈灰白色、深灰色或灰黑色粒状或粉末状。磷酸铵含水量1%～2%，物理性好，一般不吸湿结块，便于储存、运输和使用。

1. 磷酸铵系列正磷酸盐的性质

用作肥料的磷酸铵系正磷酸盐，其主要性质见表 4-14。

表 4-14 磷酸铵盐性质

项目	$NH_4H_2PO_4$	$(NH_4)_2HPO_4$	$(NH_4)_3PO_4$
结晶形态	正方晶系	单斜晶系	斜方晶系
含 N/%	12.2	21.2	28.6
含 P_2O_5/%	61.8	53.8	48.3
N ∶ P_2O_5	1∶5.1	1∶2.5	1∶1.7
密度(19 ℃)/(kg/m³)	1 083	1 619	—
热度(25 ℃)/[kJ/(mol·k)]	0.142 4	0.182 1	0.230 1
熔融温度/℃	190.5	分解	分解
生成热/(kJ/mol)	1 451	1 574	1 673
熔融热/(kJ/mol)	35.6	—	—
临界相对湿度(30 ℃)/%	91.6	82.6	—
0.1 mol/L 溶液 pH	4.4	8.0	9.0

2. 磷酸铵生产原理

磷酸铵生产方法通常采用料浆生产法。使用湿法磷酸的 P_2O_5 平均浓度为 40%，大部分使用含 P_2O_5 54%的磷酸，少量用含 P_2O_5 30%的磷酸。由于磷酸为萃取磷酸，未经浓缩去杂，因而杂质和反应较复杂。

湿法磷酸氨化反应磷酸中含有较多的杂质，氨化过程生成一系列的复杂化合物。不同条件下可能发生的反应如下：

(1)$NH_3+H_3PO_4=NH_4H_2PO_4$

(2)$H_2SO_4+NH_3+NH_4H_2PO_4=NH_4HSO_4\cdot NH_4H_2PO_4$

(3)$H_2SiF_6+2NH_3=(NH_4)_2SiF_6$

(4)$(Fe\cdot Al)_3(H_3O)H_8(PO_4)_6\cdot 6H_2O+NH_3=(Fe\cdot Al)_3NH_4H_8(PO_4)_6\cdot 6H_2O+H_2O$

(5)$(Fe\cdot Al)_3(H_3O)(PO_4)_6\cdot 6H_2O+3Mg(H_2PO_4)_2+9NH_3+H_2SiF_6=3(Fe\cdot Al)MgNH_4(HPO_4)_2F_2+6NH_4H_2PO_4+SiO_2+5H_2O$

(6)$NH_4HSO_4\cdot NH_4H_2PO_4+NH_3=(NH_4)_2SO_4+NH_4H_2PO_4$

(7)$6(Fe\cdot Al)MgNH_4(HPO_4)_2F_2+(NH_4)_2SIF_6+4NH_3+2H_2O=6(Fe\cdot Al)Mg(NH_4)_2(HPO_4)_2F_3+SiO_2$

(8)$Mg(H_2PO_4)_2+NH_3=MgHPO_4+NH_4H_2PO_4$

(9)$(Fe\cdot Al)_3NH_4H_8(PO_4)_6\cdot 6H_2O+2NH_3=3(Fe\cdot Al)NH_4(HPO_4)_2\cdot 0.5H_2O+4.5H_2O$

(10)$NH_4H_2PO_4+NH_3=(NH_4)_2HPO_4$

(11) $MgHPO_4+(NH_4)_2HPO_4+4H_2O=Mg(NH_4)_2(HPO_4)_2\cdot 4H_2O$

(12) $Mg(NH_4)_2(HPO_4)_2\cdot 4H_2O=MgNH_4PO_4\cdot H_2O+NH_4H_2PO_4+3H_2O$

(13) $CaSO_4\cdot 2H_2O+2NH_3+H_3PO_4=CaHPO_4+(NH_4)_2SO_4+2H_2O$

(14) $5CaHPO_4+2NH_3+H_2O=Ca_5(PO_4)_3\cdot OH+2NH_4H_2PO_4$

上述反应都与生成一铵和二铵的反应平等进行。在 pH 较低时(pH=2.5)形成水溶性化合物[反应(1)～(3)]和枸溶性复合物[反应(4)～(5)]。当 pH 升高到 4.35 则生成铁、铝复合物[反应(7)和(9)],同时析出磷酸氢钙和磷酸氢镁盐[反应(8)和(13)],它们都属枸溶性,进一步氨化到 pH>5.6 则生成磷酸钙、磷酸铵镁和不溶性羟基磷灰石,所生成沉淀的组成和含量,都随着氨化的进行而不断变化。

如果磷酸中不含镁,则涉及镁的反应便不会发生。含氟复合物的生成还与溶液中的 F/(Fe+Al)原子比有关,因而湿法磷酸中的氟受下列平衡所制约:

$$SiO_2\cdot nH_2O+6F^-=SiF_6^{2-}+4OH^-+(n-2)H_2O$$

在酸性溶液中上式平衡向右移动,故在酸中的氟主要以 SiF_6^{2-} 的形式存在,游离的 F^- 很少,这时不易生成含氟的复合物。随着中和的进行,OH^- 的含量增多,上式平衡向左移动,游离的 F^- 增加,这时便有利于含氟复合物的生成。

各种湿法磷酸的杂质种类和含量不同,不同研究者所得氨化后沉淀物组成也不一样,但主要结果基本上是一致的。由表 4-15 列出的湿法磷酸氨化至不同 pH 时沉淀物的组成,可得出共同的结论:氨化至 pH=2.0 形成 $(Fe\cdot Al)_3NH_4H_8(PO_4)_6\cdot 6H_2O$,不溶于水,但属有效磷;氨化至 pH=2.3,形成复合物 $(Fe\cdot Al)NH_4(HPO_4)_2\cdot 0.5H_2O$、$(Fe\cdot Al)NH_4(HPO_4)_2\cdot H_2O$ 及 $(Fe\cdot Al)NH_4HPO_4F_2$,它们均属有效磷;氨化至 pH=4.3～5.6,则生成含镁复合物,溶于中性柠檬酸盐溶液;氨化到 pH>6.0 则生成枸不溶液,酸中溶解的硅,在中和过程中可能形成氟化硅凝胶。

氨化湿法磷酸在各 pH 下达到平衡后,各组分沉淀析出可以看出,在 pH>3.0 时,铁、铝杂质即基本上全部析出(表 4-15 和图 4-9)。

表 4-15　湿法磷酸氨化至不同 pH 时的沉淀物

介质	pH	沉淀物
磷酸沉淀物		$(Fe\cdot Al)_3(H_3O)H_8(PO_4)_6\cdot 6H_2O$
		$(CaSO_4\cdot AlF_6SiOH)\cdot 12H_2O$
		$(Ca\cdot Mg)NaAlF_6\cdot 2H_2O$
		$Fe(H_2PO_4)_3$;$Al(H_2PO_4)_3$
氨化磷酸料浆	1.0～1.6	$(Fe\cdot Al)_3NH_4H_8(PO_4)_6\cdot 6H_2O$
	1.6～2.2	$(Fe\cdot Al)NH_4(HPO_4)_2\cdot H_2O$
	2.3	$(Fe\cdot Al)NH_4(HPO_4)_2\cdot 0.5H_2O$
	>2.3	$(Fe\cdot Al)NH_4HPO_4F_2$
	3.5	$(Fe\cdot Al)_3NH_4H_8(PO_4)_6\cdot 6H_2O$
	3.5	$(Fe\cdot Al)NH_4(HPO_4)_2\cdot 0.5H_2O$
	3.5	$(Fe\cdot Al)Mg(NH_4)_2(HPO_4)_2F_3$

续表 4-15

介质	pH	沉淀物
氨化磷酸料浆	4.3	$(Fe\cdot Al)NH_4(HPO_4)_2\cdot 0.5H_2O$
	5.6	$(Fe\cdot Al)Mg(NH_4)_2(HPO_4)_2F_3$
	5.6	$(Fe\cdot Al)NH_4(HPO_4)_2\cdot 0.5H_2O$
	5.6	$(Fe\cdot Al)Mg(NH_4)_2(HPO_4)_2F_3$
	>6.0	$(Fe\cdot Al)_2NH_4(PO_4)_2OH\cdot 2H_2O$
	>6.0	$(Fe\cdot Al)(NH_4)_2H_2(PO_4)_2F\cdot nH_2O$

日本安藤平淳和秋山尧研究了湿法磷酸氨化后，认为随着氨化反应的进行，磷酸中的杂质将生成所谓“S”“Q”“R”“T”和“U”等非水溶性复杂合物，其生成条件主要取决于中和料浆的 pH 及湿法磷酸中的 F/(Fe+Al) 原子比。其化合物形成时 pH 和溶解性质列于表 4-16。

从表 4-16 可以看出，除“U”化合物外，这些水不溶性盐类都属枸溶性有效磷，湿法磷酸中杂质的存在不仅影响料浆的黏度和产品中 P_2O_5 的溶解性，对产品的组成也有较大影响，SO_4^{2-}、SiF_6^{2-} 等阴离子会使 $N:P_2O_5$ 的值增高；Ca^{2+}、Fe^{3+}、Al^{3+} 和 Mg^{2+} 等阴离子会使 $N:P_2O_5$ 的值降低。镁含量高时还会增大产品的吸湿性。

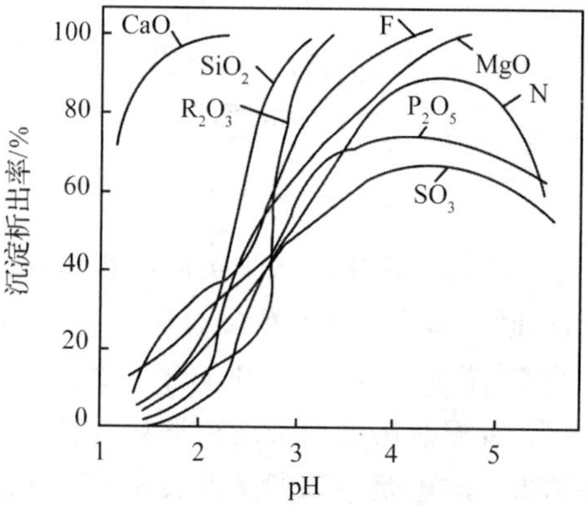

图 4-9　湿法磷酸氨化料浆中各组分析出率与 pH 的关系

表 4-16　湿法磷酸氨化过程产生的非水溶性盐类

盐类名称	化学式	生成时 pH	溶解性		
			中性柠檬酸铵	碱性柠檬酸铵	2%柠檬酸
“S”化合物	$(Fe\cdot Al)NH_4HPO_4F_2$	2～8	易溶	易溶	易溶
“Q”化合物	$(Fe\cdot Al)NH_4(HPO_4)_2\cdot 0.5H_2O$	2.5	易溶	易溶	难溶
“R”化合物	$(Fe\cdot Al)_3NH_4H_8(PO_4)_6\cdot 6H_2O$	约 2	易溶	易溶	难溶
“T”化合物	$(Fe\cdot Al)(NH_4)_2H_2(PO_4)_2F\cdot nH_2O$	约 6.0	难溶	难溶	易溶
“U”化合物	$(Fe\cdot Al)_2NH_4(PO_4)_2OH\cdot 2H_2O$	6～9	难溶	难溶	难溶

磷铵生产流程如图 4-10 所示。

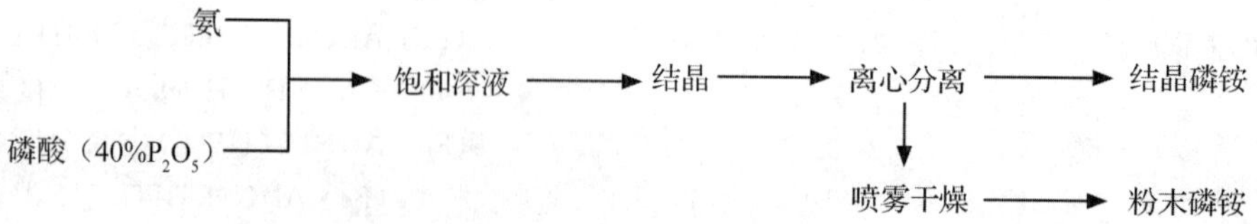

图 4-10　磷铵生产流程

(二)脲磷铵

1. 磷酸脲

磷酸脲是磷酸与尿素的反应产物，易溶于水，在水溶液中几乎完全解离为尿素和磷酸，随着溶液变稀，解离度增加。磷酸脲在空气中以及加热到熔点 117.5 ℃以前是稳定的，磷酸脲具有很好的农化效果，可作追肥和基肥施用。

磷酸脲生产过程的物理-化学基础：磷酸脲是由尿素和同成分溶解的正磷酸脲[$CO(NH_2)_2 \cdot H_3PO_4$]这两个物质的结晶面所限定的，随着温度升高尿素的结晶面十分宽，磷酸脲的结晶面变窄。在较低温度的等温线上，尿素的溶解度随着磷酸含量的提高而增加。在较高温度时(40～60 ℃)尿素溶解度减小。随着温度升高，磷酸脲在水中的溶解度显著增加，但在磷酸溶液中的溶解度却急剧下降。

磷酸脲在 80～117 ℃内热稳定性变差，加热过程中生成缩聚磷酸盐，从而促使液化物产生。液化物在冷却到室温时变成一种树脂状的黏稠料，在数小时至 48 h 几乎不结晶。同时在不同温度下由于磷酸脲分解，开始释放出氨，这些反应是必须注意的。

尿素与正磷酸和多磷酸在 40～75 ℃下，在无水体系中反应时尿素无明显的分解，超过 75 ℃时，出现一个新的磷酸铵相，反应放热。在 H_3PO_4-$CO(NH_2)_2$ 体系中生成一个物质的量之比为 1∶1 的化合物[$2CO(NH_2)_2 \cdot 3H_2O \cdot P_2O_5$]，其熔点为 117.8 ℃。它与尿素形成一种简单的低共熔物(熔点 72 ℃)，含尿素 71.5％(摩尔)。当正磷酸过量时，磷酸脲生成低共熔点为 10 ℃的固液体。当尿素含量接近低共熔点范围，即 10％～15％(摩尔)时，存在着一个非结晶的熔体区，这些熔体在冷却时发生玻璃化。

H_2O 与 P_2O_5 质量比也是生产中的一个重要条件，$H_2O : P_2O_5 = 2.67$ 时，尿素与多磷酸反应得到的产物吸湿性最小。无论多磷酸 P_2O_5 浓度增加还是减少都会提高吸湿性。在这种肥料中，最有发展前途的是由 P_2O_5 浓度为 74％～75％的多磷酸制得的尿多磷铵，含 N13.5％～33.5％，P_2O_5 17.9％～48％，且物理性质良好。

2. 尿磷铵

尿磷铵是由液体或固体磷铵和尿素制成的复合肥料。在 $CO(NH_2)_2$-$NH_4H_2PO_4$-H_2O 体系中，N∶P_2O_5 不同，反应条件也不同。只要条件控制得当，就没有固相尿素析出，由 $CO(NH_2)_2$-$NH_4H_2PO_4$-H_2O 体系的相图可知，有以下几种情况：

(1)[80.8％$CO(NH_2)_2$+19.2％$NH_4H_2PO_4$]$\longrightarrow$$H_2O$(N∶$P_2O_5$)=3.37∶1

(2)[78.7％$CO(NH_2)_2$+21.3％$NH_4H_2PO_4$]$\longrightarrow$$H_2O$(N∶$P_2O_5$)=3∶1

(3)[70.3％$CO(NH_2)_2$+29.7％$NH_4H_2PO_4$]$\longrightarrow$$H_2O$(N∶$P_2O_5$)=2∶1

(4)[51.4％$CO(NH_2)_2$+48.6％$NH_2H_2PO_4$]$\longrightarrow$$H_2O$(N∶$P_2O_5$)=1∶1

(5)[39.7％$CO(NH_2)_2$+60.3％$NH_4H_2PO_4$]$\longrightarrow$$H_2O$(N∶$P_2O_5$)=1∶1.5

(6)[28.6％$CO(NH_2)_2$+71.4％$NH_4H_2PO_4$]$\longrightarrow$$H_2O$(N∶$P_2O_5$)=1∶2

(7)[15.2％$CO(NH_2)_2$+84.8％$NH_4H_2OP_4$]$\longrightarrow$$H_2O$(N∶$P_2O_5$)=1∶3

$CO(NH_2)_2$-$NH_4H_2PO_4$-H_2O 体系在温度 20～120 ℃下的溶解度不是平衡值。在该体系于 5～90 ℃范围内保持 30 min 以内的条件下适用。当温度超过 90 ℃时，就要考虑尿素的分解。基本体系的结晶温度见表 4-17。

表 4-17 $CO(NH_2)_2$-$NH_4H_2PO_4$-H_2O 体系的结晶温度

盐的总浓度/%	温度/℃						
	1*	2	3	4	5	6	7
40	−10.0	−11.4	14.9	14.4	27.4	35.8	43.0
50	5.5	4.1	9.6	43.0	53.2	60.0	65.1
60	22.8	21.1	37.2	67.1	73.0	81.6	84.8
70	43.8	41.6	63.0	83.8	91.0	99.0	104.0
80	68.3	72.6	86.9	97.0	111.0	113.0	124.0
90	96.0	99.0	110.0	110.0	—	124.0	145.0

注：* 数字 1～7 表示 $CO(NH_2)_2$-$NH_4H_2PO_4$-H_2O 体系的 N∶P_2O_5分别为 3.37∶1、3∶1、2∶1、1∶1、1∶1.5、1∶2 和 1∶3。

反应中由于生成$(NH_4)_2HPO_4$和$CO(NH_2)_2 \cdot H_3PO_4$，因此反应中实际存在$CO(NH_2)_2$-$NH_2H_2PO_4$-$(NH_4)_2HPO_4$-H_2O和$CO(NH_2)_2$-$NH_4H_2PO_4$-$CO(NH_2)_2H_3PO_4$-H_2O四元体系，使反应条件趋于复杂。

二、三元化成复合肥料

(一)硫磷钾铵、尿磷钾铵

1. 生产方法

硫磷钾铵、尿磷钾铵是指针对单一磷铵氮素比率低，缺钾的缺点生产制造的三元化成复合肥料，原料采用磷酸、硫酸、氨、尿素、钾盐，生产工艺可采用直接法、配合法、干洗生产等工艺。直接法是指将原料经计量送入四个连续反应器合成的硫酸钾铵；配合式是指分别合成磷酸铵、硫酸铵、磷酸脲，再与钾盐反应合成尿磷钾铵；干法生产工艺是指先将磷酸、硫酸从反应塔上部输入，氨从反应塔下部输入，两者在塔内反应，再氨化合成硫磷铵，其生产流程简式如图 4-11 所示。

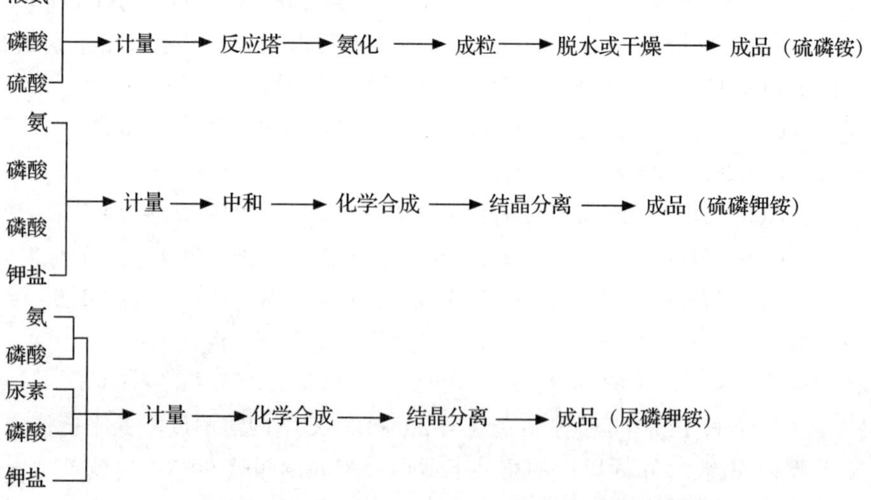

图 4-11 硫磷钾铵、尿磷钾铵生产流程

2. 尿磷钾铵

由磷酸脲、尿磷铵或液体(含固体磷铵)尿素再和氨化钾或硫酸钾作用制成尿磷钾铵。在以湿法磷酸作原料的工艺条件下,研究了 70~80 ℃时的 $CO(NH_2)_2$-$NH_4H_2PO_4$-KCl-H_2O 体系。证明生成了下列各相:$CO(NH_2)_2\cdot NH_4Cl$ 复盐,$(nK、mNH_4)H_2PO_4\cdot KCl$ 固溶体和 $CO(NH_2)_2\cdot (NH_4)_2HPO_4\cdot K_2HPO_4$ 等盐类,$CO(NH_2)_2\cdot NH_4Cl$ 复盐由以下反应生成:

$$KCl+NH_4H_2PO_4 = NH_4Cl+KH_2PO_4$$

$$NH_4Cl+CO(NH_2)_2 = CO(NH_2)_2\cdot NH_4Cl$$

氯化钾+磷铵+尿素组成的反应物,其肥料养分组成见表 4-18。

表 4-18 氯化钾+磷铵+尿素组成的反应物合成的养分组成 %

肥料组成	N	P_2O_5	K_2O	总养分
$KCl+NH_4H_2PO_4+10\%CO(NH_2)_2$	10.6	30.7	21.0	62.3
$KCl+NH_4H_2PO_4+20\%CO(NH_2)_2$	16.0	20.0	20.0	56.0
$KCl+NH_4H_2PO_4+30\%CO(NH_2)_2$	19.0	20.0	13.5	52.5

硫酸钾+磷铵+尿素组成的反应物,其肥料养分组成见表 4-19。

表 4-19 硫酸钾+磷铵+尿素组成的反应物合成的养分组成 %

$N:P_2O_5:K_2O$	产品组成			酰胺态 N	铵态 N	总养分
	$CO(NH_2)_2$	$NH_4H_2PO_4$	K_2SO_4			
1∶1∶1	33.14	31.22	35.64	80	20	57.8
2∶1∶4	28.61	6.51	57.82	85	20	62.9
3∶1∶3	44.34	6.37	42.39	90	10	53.5

上述产品中尚有部分 $CO(NH_2)_2$、H_3PO_4 和 $(NH_4)_2HPO_4$。

尿磷铵钾是利用其物质在软化点下熔融造粒而成的。软化点与混合物的含水量和组成有关,如 $NH_4H_2PO_4$、$CO(NH_2)_2\cdot KCl$ 的混合物由 25 ℃加热至 120~130 ℃时,发生下列变化。

在 95~100 ℃下:$CO(NH_2)_2$-$COP(NH_2)_2\cdot NH_4Cl$ 体系的低共熔物熔化;

在 116 ℃下:$NH_4H_2PO_4$-KCl 体系的复盐和低共熔物熔化;

在 113~117 ℃下:$CO(NH_2)_2$-KCl 体系的低共熔物熔化。

工艺上可采用氨化粒和辊压造粒流程,其工艺流程为:

磷酸中和⟶造粒⟶干燥⟶筛分⟶冷却⟶成品

这一生产流程为改变复合肥料比例创造了条件,因而可生产不同养分组合的肥料产品。这类肥料由于氮、磷、钾养分比较平衡,可作基肥、追肥施用,且适用于各类作物和不同土壤条件下使用。

(二)氯磷钾铵、硝磷钾铵

1. 氯磷钾铵

氯磷钾铵对禾谷类作物有较好的效果,且成本低于尿磷钾铵和硫磷钾铵,因而占有一定的市场，其工艺流程简式如图 4-12 所示。

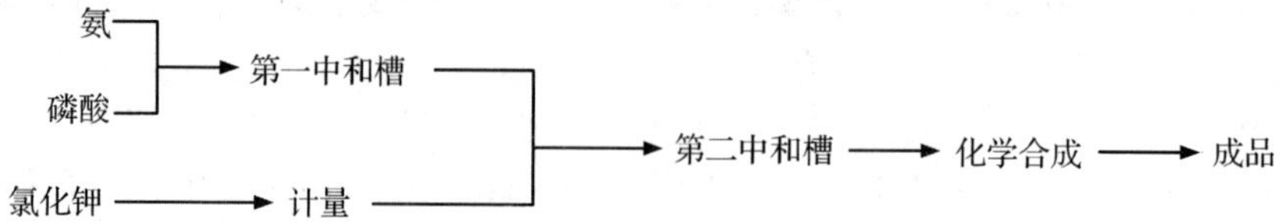

图 4-12 氯磷钾铵生产工艺流程

2. 硝磷钾铵

用硫酸、硝酸和硫酸分解磷矿石，钙以石膏形态分离，用氨氨化，得硝磷钾铵复合肥料。生产流程简示如图 4-13 所示。

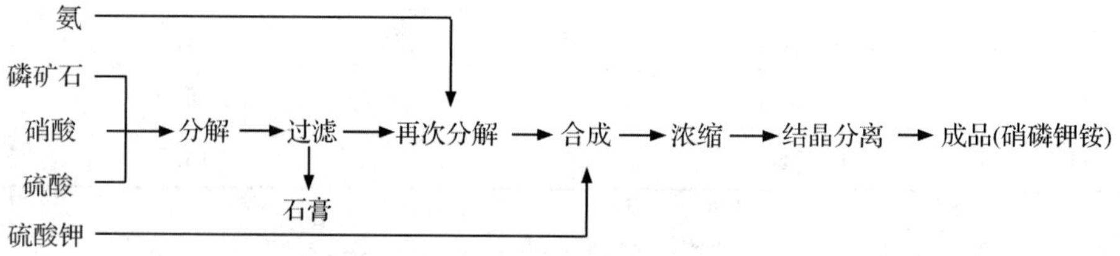

图 4-13 硝磷钾铵生产流程

(三)磷铵钾镁肥

镁作为叶绿素的组成元素是很重要的，镁不足叶片变黄，作物生长不良。制造含镁的高浓度化成肥料有多种方法，最实用的是以磷铵与氢氧化镁作原料，或以蛇纹石（$Mg_3Si_2O_7 \cdot 2H_2O$）作原料的制造方法。蛇纹石作为原料含有副成分硅，对作物、土壤都是有益的。其生产流程见图 4-14。

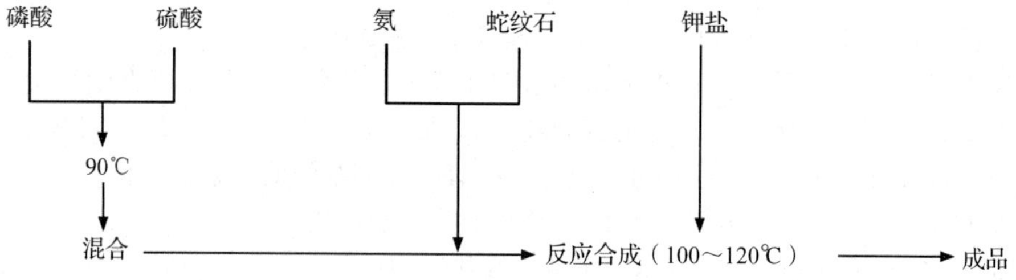

图 4-14 磷铵钾镁肥生产流程

生产中的主要反应如下：

$$2H_3PO_4 + NH_3 = NH_4H_2PO_4 + H_3PO_4$$

$$Mg_3Si_2O_7 \cdot 2H_2O + 6H_3PO_4 = 3Mg(H_2PO_4)_2 + 2SiO_2 + 5H_2O$$

$$Mg_3Si_2O_7 \cdot 2H_2O + 3Mg(H_2PO_4)_2 = 6MgHPO_4 + 2SiO_2 + 5H_2O$$

$$Mg_3Si_2O_7 \cdot 2H_2O + 3NH_4H_2PO_4 = 3MgNH_4PO_4 + 2SiO_2 + 5H_2O$$

$$Mg_3SiO_7 \cdot 2H_2O + 3H_2SO_4 = 3MgSO_4 + 2SiO_2 + 5H_2O$$

(四)磷酸钾铵

磷酸钾铵[$(NH_4 \cdot K)H_2PO_4$]是一种含氮、磷、钾有效成分较高的系列化成复合肥料。主要用于基肥、追肥、根外追肥,也可作种肥和其他复合肥料的基础材料,由于应用广泛,效果好,已日益受人们的重视。从原理上阐述这种肥料生产的科学性和实践性,为进一步生产、推广这类肥料提供理论依据是必要的。

磷酸钾铵生产的基本原理——"固溶体"学说,早在1938年由苏联的阿·雅·兹沃尔克等提出,但在生产实践中影响较大的工艺生产路线系由1968年爱尔兰的哥尔丁(Coulding)公司和1970年美国的本族依尔(Pennzoil)公司开发的用磷矿粉直接生产磷酸钾铵的工艺,由于成分复杂未实现工业化生产。近年来,我国生产磷酸钾铵则采用磷酸为原料生产,比较适合我国的国情,有助于复合肥料的生产发展。

1. 生产工艺原理

磷铵和氯化钾间的转化反应如下:

$$(m+n)\underset{\text{磷铵}}{NH_4H_2PO_4}+pKCl=\underset{\text{磷酸钾铵}}{mNH_4H_2PO_4 \cdot nKH_2PO_4}+nNH_4Cl+(p-n)KCl$$

转化溶液经不同温度结晶,得同晶盐 $NH_4H_2PO_4 \cdot KH_2PO_4$,当 $NH_4H_2PO_4$ 与 KH_2PO_4 的摩尔比为1∶1时,可再结晶得固溶体磷酸钾铵[$(NH_4 \cdot K)H_2PO_4$]复合肥料。

当两种结晶盐由于结晶构造相同,离子半径相近,在转化反应中相互置换生成一种能溶于水的结晶盐,即固溶体物质。例如,NH_4Cl 和 KCl 中的铵离子(NH_4^+)半径=1.43 Å(1 Å=10^{-8} cm),钾离子(K^+)半径=1.33 Å,在转化反应中 K^+ 的30%可被 NH_4^- 取代生成固溶体氯化钾铵($NH_4 \cdot K$)Cl。其他如硫酸铵和硫酸钾结晶盐中的 K^+ 和 NH 也可按任意比例置换生成硫酸钾铵固溶体$(NH_4 \cdot K)_2SO_4$,$NH_4H_2PO_4$ 和 KH_2PO_4 同晶盐置换得磷酸钾铵固溶体。

磷酸钾铵固溶体$(NH_4 \cdot K)H_2PO_4$经X射线衍射分析,证实 $mNH_4H_2PO_4 \cdot nKH_2PO_4$ 晶体为混晶的固溶体。由于 KH_2PO_4 和 $NH_4H_2PO_4$ 无论离子半径或半径比都很相近,故可以在转化反应中生成磷酸钾铵固溶体。

磷酸钾铵固溶体因磷酸二氢钾加入量的不同所形成的固溶体也不相同,因而根据固溶体的组成不同便可生产一系列含氮、磷、钾量不同的磷酸钾铵复合肥料。固溶体磷酸钾铵复合化由磷酸二氢钾和磷酸二氢铵的组分不同所形成的固溶体的晶格参数变化也不相同。根据这种变化,在理论上磷酸钾铵固溶体复合比列入表4-20。

表4-20　磷酸钾铵复合比值(固溶体)

项目	KH_2PO_4(质量)	$NH_4H_2PO_4$(质量)	理论值($N+P_2O_5+K_2O$)
1	87.05	12.95	0.79+52.55+30.07=84.41
2	66.52	33.48	2.05+55.61+22.98=80.64
3	25.50	74.50	4.57+59.71+8.81=73.11
4	11.70	88.30	5.42+61.10+4.04=70.56

注:KH_2PO_4:含 K_2O 34.55%,P_2O_5=52.26%;$NH_4H_2PO_4$:含N6.14%,P_2O_5=62.28%。

由上说明,磷酸钾铵固溶体形成所需的 KH_2PO_4 质量分百比为11.70%~87.05%,NH_4

H_2PO_4的质量百分比相应为 12.95%～88.30%。磷酸钾铵总养分含量介于 70.56%～84.41%,以磷酸二氢钾为主的磷酸钾铵理论总养分不超过 84.41%,以磷酸二氢铵为主的磷酸钾铵,理论总养分值不低于 70.56%。

2. 工艺流程

用热制磷酸、氨和氯化钾或硫酸钾,或用磷铵和氯化钾为原料,经转化法生产磷酸钾铵的工艺流程见图 4-15。以磷铵和氯化钾为原料生产的磷酸钾铵工艺可获三种产品。如以热制磷酸为原料,一般可获二种产品。

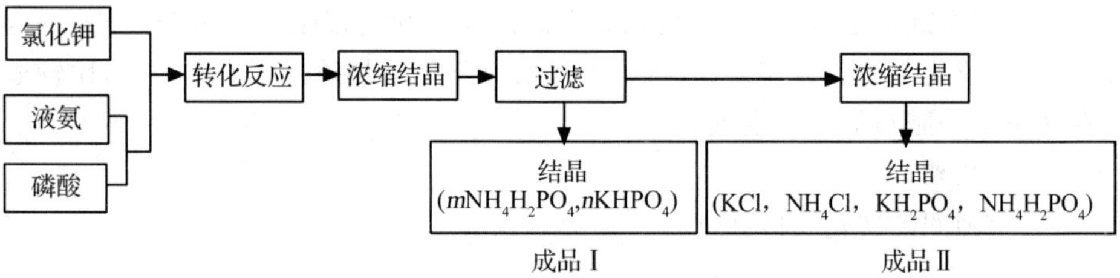

图 4-15 转化法生产磷酸钾铵工艺流程

磷酸二氢铵和氯化钾在适当条件下可进行转化、结晶、过滤、分离得磷酸钾铵固溶体[$(NH_4\cdot K)H_2PO_4$]和滤液,滤液中尚有 NH_4Cl、KCl、KH_2PO_4 和 $NH_4H_2PO_4$ 等成分,经浓缩结晶得成品 II。按反应原理:

$$(m+n)NH_4H_2PO_4+pKCl=\underset{\text{磷酸钾铵}}{mNH_4H_2PO_4\cdot nKH_2PO_4}+nNH_4Cl+(p-n)KCl$$

在转化方程式中:

令 $m=n=1$,在饱和溶液中摩尔数为 KCl : $NH_4H_2PO_4=1.1:1$

则 $\frac{p}{m+n}=1.1$,所以 $p=2.2$

当在某一温度条件下饱和后冷却结晶,上反应式为:

$$2NH_4H_2PO_4+2.2KCl=NH_4H_2PO_4\cdot KH_2PO_4+NH_4Cl+1.2KCl$$

经试验研究,在 KCl-$NH_4H_2PO_4$ 转化物料平衡的 KCl-$NH_4H_2PO_4$-H_2O 系统中,饱和溶液冷却结晶制取磷酸钾铵的最佳条件是摩尔数比为 KCl : $NH_4H_2PO_4=1.2$,饱和溶液温度为 50 ℃,结晶温度为 0 ℃,冷却速度约为 1.5 ℃/min,在结晶温度下的停留时间为 0.5～1.0 h,在这样最佳条件下操作,转化率近 50%。

3. 产品质量

磷酸钾铵生成数量的多少取决于转化率(KH_2PO_4 与 KCl 摩尔数之比)和结晶温度,并且由于结晶方法不同,固体中的氯化物含量也不同,冷却结晶的氯含量为 1.5%～2%(以蒸发浓缩结晶的氯含量达 5%～7%)。一般肥料中氯含量小于 2.5%的可视为"无氯肥料"。所以用磷铵和氯化钾为原料经转化反应,可生产优质高效的无氯肥料。

为保证质量,在生产中加入过量氯化钾以提高转化率,但必须注意 KCl-$NH_4H_2PO_4$-H_2O 体系中一定的溶解度才能取得较高的转化率,生产出磷酸钾铵。固溶体[$(NH_4\cdot K)H_2PO_4$]

组成与母液组成的关系，转化溶液在达到什么饱和程度下冷却结晶，是保肥质量的另一个重要方面。在 KH_2PO_4-$NH_4H_2PO_4$-H_2O 转化溶液体系中，物料平衡与饱和溶液浓度和在 KH_2PO_4 + $NH_4H_2PO_4$ 溶液中的 KH_2PO_4 含量等条件有关，即固溶体的组成与母液组成有直接关系（表 4-21）。

表 4-21　KH_2PO_4-$NH_4H_2PO_4$-H_2O 体系平衡表(10 ℃)　%

饱和溶液浓度	100 mol KH_2PO_4+$NH_4H_2PO_4$ 溶液中的 KH_2PO_4 摩尔含量	溶解 100 mol KH_2PO_4+$NH_4H_2PO_4$ 的 H_2O 摩尔数	在固体混合物中 KH_2PO_4 的摩尔含量
1.104 3	0.0	2 815	0.0
1.131 2	12.4	2 450	6.5
1.135 0	15.3	2 350	9.0
1.441 7	18.2	2 280	13.2
1.156 8	26.4	2 200	23.2
1.157 4	31.2	2 130	30.7
1.161 1	35.2	2 105	35.9
1.160 4	36.4	2 120	42.4
1.160 3	38.1	2 130	48.8
1.157 1	44.2	2 240	71.1
1.157 7	49.3	2 325	81.9
1.147 2	54.7	2 540	87.8
1.139 3	67.4	2 950	94.5
1.110 9	80.6	3 400	96.7
1.115 1	100.0	4 125	100.0

在生产中按不同比重了解溶液饱和度，再按固相 KH_2PO_4 摩尔数 50% 的液相料比进行结晶，即可制得磷酸钾铵固溶体。分离固体后的滤液可部分循环使用，或通过一定工艺加工，可制得另一种无氯三元复合肥料，即 $(NH_4 \cdot K)H_2PO_4 \cdot (NH_4 \cdot K)_2SO_4$ 固溶体。

【本章小结】

复合肥料可以按照养分组成成分、植物营养功能和吸收性能以及制作工艺、养分含量和产品用途、肥料剂型进行分类。表征复合肥料以及掺混肥料性质的基本指标包括吸水性、分散性、颗粒强度、自然休止角、真密度、临界相对湿度和结块性等。复合肥料的生产主要包括磷酸为基础的各种化学反应，复分解反应以及络合反应和水合、脱水反应。

掺混复合肥是由两种或两种以上的单质肥料通过机械加工的方法掺混而成的系列复合肥料。它具有成本低、养分浓度高的特点，主要包括粉状掺混复合肥和颗粒状掺混复合肥(BB肥)。掺混复合肥是按肥料相合性及相合后的理化性质和条件，配比掺混肥料的组成，按作物和土壤类型决定掺混肥料的配方。

颗粒复合肥料主要是指粒状复合肥，它是将粉状、或浆状、或熔融状基础肥料，通过粒化工艺制造而成。其过程基本上可分成物粒混合、成粒、成长和稳定四个阶段，生产方法主要有干态物料混合造粒法、添加部分液体原料的干(粉)混合造粒法、料浆造粒工艺、熔融造粒工艺。

化成复合肥料主要有二元化和三元化成复合肥。二元复合肥主要有磷酸铵、尿磷铵等;三元复合肥主要有硫磷钾铵、尿磷钾铵、氯磷钾铵、硝磷钾铵、磷铵钾镁肥和磷酸钾铵等。

复合肥料的生产与加工不仅满足了现代农业生产发展的需要,还有效地改善了化肥资源的配置,使我国的施肥水平逐步趋于合理化,符合当前世界化学肥料生产和发展的方向。

复习思考题

1. 复合肥料的种类和特点有哪些?
2. 简述复合肥料生产的基本化学原理。
3. 简述掺混复合肥料的生产工艺和主要设备。
4. 颗粒复合肥料的生产工艺有何特点?其条件有哪些?
5. 简述主要化成复合肥料的生产和加工工艺技术。

本章推荐阅读书目

陈隆隆,潘振玉. 2008. 复混肥料和功能性肥料技术与装备. 北京:化学工业出版社.
高飞,赵青春. 2022. 复合肥料生产指南. 北京:中国农业科学技术出版社.
张卫峰,张福锁. 2017. 中国肥料发展研究报告. 北京:中国农业大学出版社.
赵秉强,车升国,袁亮,等. 2021. 复合肥料配方制定的原理与应用—农田养分综合平衡法. 北京:科学出版社.

参考文献

蔡英强,王静,王志强,等. 2017. 一种颗粒脲甲醛缓释复合肥的生产方法. 磷肥与复肥,32(10):18-19,46.
陈隆隆,潘振玉. 2008. 复混肥料和功能性肥料技术与装备. 北京:化学工业出版社.
方爽. 2023. 不同造粒工艺复合肥料理化性质及其作物效应. 昆明:云南农业大学.
方天翰. 2003. 复混肥料生产技术手册. 北京:化学工业出版社.
高飞,赵青春. 2022. 复合肥料生产指南. 北京:中国农业科学技术出版社.
侯占涵. 2023. 纯天然植物源聚氨酯包膜尿素的制备及控释性能研究. 沈阳:沈阳农业大学.
李春花,梁国庆. 2001. 专用复混肥料配方设计与生产. 北京:化学工业出版社.
李天娇,李杰,卢宗云,等. 2024. 新型大颗粒复合型肥特性及对艳红桃产量的影响. 中国土壤与肥料(4):159-164.
李云利,宋天月,刘保福,等. 2024. 提高硫酸钾复合肥颗粒圆整度的措施. 磷肥与复肥,39(4):15-18.
刘丹,胡睿,胡连弟,等. 2017. 塔式熔体造粒腐殖酸长效复合肥料生产技术. 磷肥与复肥,32(10):24-26.
刘杰华,陆盛涛.,2023. 复合肥装置生产 60%粒状磷酸一铵技术改进. 磷肥与复肥,38(9):19-21.
刘阳,徐勤政,王州,等. 2022. 硫酸脲制备酸性复合肥. 磷肥与复肥,37(8):14-15.

刘永红,郑文涛,张晋天,等. 2023. 缓/控释肥研究进展及其应用. 华中农业大学学报,42(4):167-176.
马子华,刘晓波,程希兰,等. 2023. 高塔复合肥生产操作中温度控制. 磷肥与复肥,38(8):17-19.
潘芹,张广忠,高进华,等. 2018. 复合肥料常见外观质量问题分析及改进措施. 磷肥与复肥,33(1):18-19,22.
潘晓明,李宜平. 2024. 硫基复合肥生产优化与提质增效. 磷肥与复肥,39(5):20-21.
沈兵. 2013. 复合肥料配方制订原理与实践. 北京:中国农业出版社.
盛定红,李小军,张景宁,等. 2023.,一株新型解磷菌的筛选鉴定及其制备煤矸石烟草复合肥料. 中国土壤与肥料(11):241-247.
宋一涵,李洪枚,马淑花,等. 2018. 钾长石提钾及制备复合肥料的研究进展. 过程工程学报,18(2):241-257.
孙一鸣,王宁,赵雅琦,等. 2024. 复合肥配施黄腐酸微生物菌剂对小麦产量、土壤理化及微生物性质的影响. 热带农业工程,48(3):111-116.
王菲,李会合,王正银. 2016. 缓释复合肥对不同品种莴笋光合特性和品质性状的影响. 西南大学学报,38(7):56-63
王菲,李银科,王正银,等. 2015. 缓释复合肥对茄子产量和不同采果期品质的影响. 土壤学报,52(2):107-115.
王金刚,杨振军,刘洪涛,等. 2023. 不同因素对高氮复合肥结块的影响. 磷肥与复肥,38(4):14-15.
武广伟,武号洋,王沛佩. 2019. 塔式熔体造粒双向调控长效复合肥生产技术. 磷肥与复肥,34(8):17-18.
奚振邦. 2003. 现代化学肥料学. 北京:中国农业出版社.
席瑶瑶. 2022. 磷酸盐改性尿素醛缓控释肥料制备以及性能研究. 太原:中北大学.
谢晋. 2024. 高塔复合肥生产换配方时降低返料量的方法. 磷肥与复肥,39(2):26-27.
杨修一,张清行,卢晓峰,等. 2023. 控释复合肥对坡耕地花生产量及氮素流失的影响. 植物营养与肥料学报,29(9):1751-1760.
叶坤国,王德兵,王刚,等. 2017. 不同工艺硫酸钾对高塔硝硫基复合肥料质量的影响. 磷肥与复肥,32(7):17-18,21.
袁新,周少华. 2023. 复合肥生产中粉体流冷却器自动控制技术改造. 磷肥与复肥,38(12):47-48.
曾锐,叶坤国,王刚,等. 2018. 水溶性硝硫基复合肥生产中存在的问题及对策. 化肥工业,45(4):17-19.
张宝林. 2003. 功能性复混肥料生产工艺技术. 郑州:河南科学技术出版社.
张福锁,张卫峰,马文奇,等. 2007. 中国化肥产业技术与展望. 北京:化学工业出版社.
张洪影. 2020. 高塔硝基复合肥生产工艺及发展探讨. 中国化工贸易,12(23):122-123.
张勇松. 2023. 改进型单辊破碎机在复合肥装置上的应用. 磷肥与复肥,38(3):42-43.
张允湘. 2008. 磷肥及复合肥料工艺学. 北京:化学工业出版社.
张志明. 2000. 复混肥料生产与利用. 北京:中国农业出版社.

赵秉强，车升国，袁亮，等. 2021. 复合肥料配方制定的原理与应用：农田养分综合平衡法. 北京：科学出版社.

赵德松. 2024. 水溶磷酸一铵副产渣生产含硫低氮高磷复合肥. 磷肥与复肥，39(3)：24-25.

郑秀兴. 2021. 复合肥料生产工艺的创新发展. 磷肥与复肥，36(11)：1-6.

郑秀兴. 2018. 复混肥料(复合肥料)质量提升探讨. 磷肥与复肥，33(9)：1-5.

周连仁，姜伯文. 2007. 肥料加工技术. 北京：化学工业出版社，1-88，206-253.

周少华，孙睿，杨兵. 2023. 复合肥主流生产工艺优缺点综述. 磷肥与复肥，38(11)：16-19.

Li T, Chen X G, Xu W H, et al. 2018. Effects of coated slow-release fertilizer with urease and nitrification inhibitors on nitrogen release characteristic and uptake and utilization of nitrogen, phosphorus and potassium in cabbage. International Journal of Agriculture & Biology, 20(2): 422-430.

第五章　钙、镁、硫和微量元素肥料生产与加工工艺

推动工业与农业生产绿色低碳是实现绿色发展的关键环节，在工业生产过程中产生的钙、镁等养分资源是农业生产的必需营养元素，工农业融合发展能够有效推进养分资源节约利用与循环利用。长期以来，集约化农业生产重视作物高产，大量甚至过量施用氮、磷、钾等肥料，忽视钙、镁、硫和微量元素肥料投入，已成为限制种植业绿色生产的关键因素。在我国绿色发展大背景下，钙、镁、硫和微量元素肥料在种植业上的增产、提质、抗逆、增效等方面的重要性日益突显，可持续利用好钙、镁、硫和微量元素养分资源，因地制宜选择生产与加工技术，创制适应农业植物生产需求的新型肥料产品，对于推动工业资源高效利用和种植业绿色发展，助力农业绿色高效可持续发展具有重要的意义。

第一节　钙、镁、硫和微量元素肥料概述

一、钙、镁、硫及微量元素肥料的种类

(一)钙肥主要品种及性质

1.石灰类钙肥

石灰类钙肥具有补充钙养分，改良土壤酸化的功能，是主要的钙肥品种。由于生石灰、熟石灰具有较强的腐蚀性，在农业生产中应用较少。

(1)碳酸钙　又称碳酸石灰、石灰石粉等，主要成分是碳酸钙($CaCO_3$)，含钙(Ca，下同)35%～38%，难溶于水，但在土壤中能缓慢溶于含 CO_2 的水中。由于其成本低、腐蚀性弱是目前较为理想的土壤酸化的石灰类改良剂，但其中和能力弱于生石灰和熟石灰。

(2)生石灰　又称石灰、烧石灰等，主要成分氧化钙(CaO)的含量为 90%～96%，含钙 64%～69%。白色结晶粉末或块状物，由石灰石煅烧制得，生石灰具有较强的腐蚀性，强碱性，中和酸的能力很强。生石灰吸水后能转化为熟石灰，并且长期暴露于空气中吸收 CO_2 后能转化为 $CaCO_3$。因此，长期储存的石灰肥料，通常是熟石灰和碳酸钙的混合物。

(3)熟石灰　又称消石灰，白色粉状物质，主要成分是氢氧化钙[$Ca(OH)_2$]，含钙约 50%，难溶于水，呈强碱性，中和酸的能力强。

(4)白云石粉　主要成分是碳酸钙镁($CaCO_3 \cdot MgCO_3$)，是碳酸钙与碳酸镁的复盐。由白云石制得的白色粉状产物，含钙 22%～24%，含镁(Mg，下同)约 6%，其性质、用途与碳酸钙相似，主要用作补充土壤钙镁养分，改良酸性土壤。

2.氯化钙

氯化钙主要有两种：无水氯化钙($CaCl_2$)和二水氯化钙($CaCl_2 \cdot 2H_2O$)，具有吸湿性强、易

溶于水的性质。目前暂无农用氯化钙的肥料标准，相对而言，在农业上的应用较少。工业级无水氯化钙和二水氯化钙要求 $CaCl_2$ 含量分别在 90%和 74%以上，液体型氯化钙则要求在 12%～40%，可以是白色颗粒状、粉状、片状、液体等形态。

3. 农业用硝酸钙

一般为四水硝酸钙[$Ca(NO_3)_2 \cdot 4H_2O$]，无色透明结晶或粉末，含钙量 16%，含硝态氮（以 N 计）11%以上，性质稳定，易溶于水，其水溶液呈弱酸性（pH＝5.0～7.0），极易吸湿，储运时注意密闭防潮。

4. 石膏

农用石膏为二水硫酸钙（$CaSO_4 \cdot 2H_2O$），含钙量 23%以上，含硫（S）18%以上，微溶于水，水溶液呈中性。除此之外，生产磷肥得到的副产物—磷石膏，其中硫酸钙含量约 65%，含钙量约 19%，含硫量约 10%，以及少量磷酸为 2%～3%（以 P_2O_5 计）。

5. 硫酸钾钙镁

一类含有硫、钾、钙和镁 4 种营养元素的肥料，也是重要的含钾中量元素肥料，其由杂卤石矿物直接破碎制得，无须复杂的化学反应工艺，因此，其养分含量与杂卤石纯度有关，一般而言含钙、镁、硫（S）和钾（K）量分别为 12.2%、3.6%、19.2%和 11.6%。硫酸钾钙镁水溶性较好，但溶解速率较慢，产品形态包括不规则颗粒状和粉末状。

6. 硝酸铵钙

农业用硝酸铵钙是硝酸铵的改性产品，主要成分是 $5Ca(NO_3)_2 \cdot NH_4NO_3 \cdot 10H_2O$，呈白色或灰白色的均匀颗粒状，含有大量的钙养分，是目前农业生产上应用较多的一类钙肥。其由硝酸铵与硝酸钙反应制得，含氮量 15%，其中硝态氮 14%，含钙量 18%。硝酸铵钙具有良好的水溶性，水溶液 pH（1∶50 倍稀释）为 5.5～8.5。

7. 糖醇钙

糖醇钙就是糖醇物质与钙肥（主要是硝酸钙、氯化钙等）螯合形成的新型高效钙肥，糖醇是醛糖或酮糖的羰基被还原成羟基的衍生物，广泛存在于植物以及微生物体内。工业化生产较多的有山梨糖醇、木糖醇和甘露醇，只有甘露醇从棕褐色海藻提取，其余的均由糖加氢还原或生物工程技术转化而得。通过独特的生产工艺，糖醇能成为钙养分的载体并能够在植物韧皮部转运和吸收利用。由于糖醇螯合官能团数量的影响，糖醇钙的钙含量较低，一般为 5%左右，但其能够在韧皮部运输，有效提高了钙养分的吸收利用效率，成为经济作物叶面喷施钙肥的重要产品。糖醇钙也可添加镁、硼等养分，制成多种营养元素的肥料产品。

8. 牡蛎壳钙肥

牡蛎壳钙肥是牡蛎壳经过高温煅烧，形成的一类以钙为主的肥料，钙含量可达 32%以上，同时含有少量的 MgO、SiO_2、微量元素、氨基酸等养分。其 pH 可达 8.0～10.5，具有很好的改良酸性土壤的效果，同时丰富的孔隙结构有利于保持土壤养分与水分。

（二）镁肥主要品种及性质

1. 速效镁肥

速效镁肥主要有硫酸镁、硫酸钾镁肥、氯化镁、硝酸镁等盐类，属于水溶性镁肥，溶解度大，易被作物吸收利用，但在高降水量、大水漫灌条件下易产生镁养分淋失。

农业用硫酸镁主要有一水硫酸镁（$MgSO_4 \cdot H_2O$，粉状、粒状）和七水硫酸镁（$MgSO_4$ ·

$7H_2O$)，水溶镁(Mg)的含量要求在13.5%(其中粉状要求15.0%以上)和9.5%以上，水溶硫(S)的含量要求在17.5%(其中粉状要求19.5%以上)和12.5%以上，氯离子含量低于2.5%，水溶液pH为5.0～9.0。天然硫酸镁肥，主要成分为$MgSO_4 \cdot H_2O$，是用天然硫酸镁矿生产制得的硫酸镁肥料，分为粉状和粒状两类，水溶性镁含量为15%～16%，水溶性硫含量为20%～22%，同时含量少量的硫酸钾、硫酸钙、氯化钾等，以及一定量的结晶水。

硫酸钾镁肥通过物理方法从盐湖卤水或固体钾镁盐矿中提取并除去杂质制得，其主要成分为$K_2SO_4 \cdot (MgSO_4)_m \cdot nH_2O$，其中$m=1\sim2$，$n=0\sim6$。外观呈粉状结晶或颗粒状。一般分为合格品、一等品和优等品，随产品等级升高，其养分含量越来越高，含钾量17%～25%，含镁量5%～7%，含硫量14%～18%，水溶液pH为7.0～9.0。

硝酸铵钙镁是由硝酸铵浓溶液与白云石(或者硝酸铵与碳酸镁)反应制得的含有钙、镁的肥料产品，典型的产品中含钙量为9%，含镁量为5.3%，铵态氮和硝态氮分别在0.5%和10.25%以上。

2.缓效镁肥

缓效镁肥主要是以菱镁矿、白云石、蛇纹石等含镁矿石为基础生产的镁肥，包括氧化镁、氢氧化镁、碳酸钙镁、硅酸镁等溶解度较差的肥料，在较低的pH条件下易发生溶解释放镁养分，适用于酸性土壤地区。

常见的缓效镁肥包括磷酸铵镁(俗称鸟粪石)，主要成分为六水磷酸铵镁($NH_4MgPO_4 \cdot 6H_2O$)，属于氮、磷、镁养分丰富的一类肥料，含量分别为7% N、14% P和9% Mg，微溶于水，易溶于弱酸，pH一般呈微碱性。其来源可分为天然鸟粪石和人工合成的磷酸铵镁，其中后者目前主要从氮磷营养丰富的水体环境中利用镁盐回收氮、磷养分所制得，比如富氮磷营养的废水。

(三)硫肥的主要品种及性质

常见的硫肥主要有含硫和加硫肥料、石膏、硫黄等。

1.含硫和加硫肥料

含硫化学肥料主要有硫酸铵、普通过磷酸钙、硫酸钾、硫基复合肥、硫酸镁等。加硫肥料是指在氮肥或磷肥中加入硫黄和(或)硫酸盐(比如硫酸铵等)，经混合、熔融(或熔融包膜)、造粒而成，可改善氮、磷肥的物理与化学性质，适用于缺硫土壤上。代表性产品有硫包衣尿素(40-0-0-10S)、加硫磷铵(10-46-0-3S)、加硫重过磷酸钙(0-38-0-15S)等。

2.硫黄

硫黄主要成分为元素硫或单质硫，农用硫黄一般含硫(S)90%～99%，难溶于水，故不易从土壤耕层淋失，肥效较长。硫黄施入土壤后，经硫化细菌作用转化为硫酸盐供作物吸收；其氧化速率受颗粒细度、土壤温度和硫化细菌活性等因素影响，颗粒越细、温度适宜、硫化细菌活性越大，硫黄氧化速率越高，肥效越快。一般硫黄作为硫肥必须100%通过16目筛并且50%应通过100目筛。在肥料生产上，为加快硫黄氧化，一般会加入膨润土提高硫黄的分散性以促进硫黄转化。目前在生产上，硫黄可与微量元素，如锌、铜等结合，制得含有微量元素的硫黄肥料。

3.石膏

石膏可分为生石膏(即普通石膏，俗称白石膏，主要成分为$CaSO_4 \cdot 2H_2O$)、熟石膏(又称雪花石膏，主要成分为 $CaSO_4 \cdot 1/2H_2O$，易粉碎，吸湿性强，吸水后又变为生石膏）和磷石膏（是生产磷铵的副产品，主要成分为 $CaSO_4 \cdot 2H_2O$ 和少量的 H_3PO_4，呈酸性，且易吸潮，宜施在缺硫、钙及磷的土壤上）。

4. 硫代硫酸铵

硫代硫酸铵为还原性硫化合物，主要成分为 $(NH_4)_2S_2O_3$，通常是制成含氮 12%、含硫 26%的溶液作为商品出售，是液体肥料。可与中性、碱性磷酸盐溶液、氨水以及氮溶液以任何比例混合，也可加入灌溉系统中施用。硫代硫酸铵施入土壤后被分解为 SO_4^{2-} 和 S^{2-}。

（四）微量元素肥料的主要品种及性质

1. 微量元素肥料的类型

（1）按元素的种类划分　微量元素肥料，简称微肥，根据微量营养元素的种类可分为单质与复合微肥。

单质微肥是单一的微量营养元素存在的微肥，具体又可分为硼肥、锌肥、钼肥、锰肥、铜肥和铁肥等，其中的硼肥和钼肥是以其酸根阴离子的形态存在，硼肥主要有硼砂（十水四硼酸钠）、硼酸、硬硼钙石制得的硼肥等，钼肥主要有钼酸铵、钼酸钠等；锌肥、锰肥、铜肥和铁肥则以阳离子的硫酸盐形态存在，锌肥主要有一水硫酸锌、七水硫酸锌、氧化锌、碳酸锌、硝酸锌、氯化锌等，锰肥主要有硫酸锰、硫酸铵锰等，铜肥主要有五水硫酸铜和一水硫酸铜等，铁肥主要有七水硫酸亚铁、硫酸亚铁铵等。

复合微肥是两种及两种以上的单质微肥以物理混合或经过一定的化学反应制得的含有两种或多种微量营养元素的肥料。根据《微量元素水溶肥料》（NY 1428—2010）标准要求，其中某一单一微量元素肥料的含量不得低于 0.05%（液体要求不得低于 0.5 g/L）才可计入微量元素含量中，钼元素含量不得高于 1.0%（液体不得高于 10 g/L）。

（2）按化合物类型划分　微肥主要分为以下 3 类。

①无机盐。易溶的无机盐主要是铁、锌、锰、铜等金属元素的硫酸盐、硝酸盐、氯化物以及硼酸盐和钼酸盐，均属速效性肥料，是常用的微量元素单质肥料。难溶的无机盐含微量元素的碳酸盐、氧化物等都是溶解度较小的无机盐，如碳酸锌、氧化锌等，都是属于缓效肥料。

②螯合态。螯合态微肥是由螯合剂与微量元素（金属离子）通过配位键结合形成稳定的环状化合物。螯合剂保护了微量元素金属离子避免与磷酸盐发生反应形成沉淀，使得螯合态微肥化学性质稳定，易溶于水，并可与其他肥料以及许多农药混合施用而不发生化学反应，不降低肥效。

常用的螯合剂有 EDTA（乙二胺四乙酸）、HEDTA（羟乙基乙二胺三乙酸）、DTPA（二乙烯三胺五乙酸）、EDDHA（乙二胺二羟基苯乙酸）、IDHA（亚氨基二琥珀酸）、HBED[N，N′-二(2-羟苄基)乙二氨-N，N′-二乙酸]等。

EDTA 在较宽的 pH 范围内与金属阳离子结合，在中性和碱性土壤中不稳定，适用于酸性土壤，具有良好的螯合性能，生产工艺简单，是使用最为广泛的微量元素肥料螯合剂，在我国和美国应用最多。但 EDTA 在自然环境下易转化为持久性的有机污染物在环境中积累，对作物和环境易造成伤害。HEDTA 是 EDTA 的衍生物，二者结构相似，HEDTA 的螯合能力要弱于 EDTA，但是其添加了羟基，使 HEDTA 对钙、镁离子的螯合能力更强。DTPA 与 EDTA 类似，非生物降解型螯合剂主要应用于中性和石灰性土壤。由于降解性能较差，目前 EDTA 和

DTPA已经被欧盟在农业生产中限制使用。DTPA和EDTA螯合物分别在pH<7.5和pH<6.5情况下稳定，因此在碱性土壤和石灰性土壤上施用EDDHA螯合态肥料效果比其他两种螯合剂合成的肥料更好。

EDDHA、IDHA和HBED属于新型绿色螯合剂，具有良好的螯合性能、适应性广（pH范围分别为3～12、5～9和2～12）等特点，同时有着较好的生物降解性能，尤其是IDHA可转化为氨基酸等营养物质被植物吸收利用，使得它们在农业生产中应用前景广阔。

③熔融玻璃肥料。一种特殊形态的微量元素肥料，是玻璃体（硅酸盐）和微量元素肥料混合，在1 300～1 600 ℃高温下熔融处理，经过水淬、破碎、研磨而成的肥料，一般有硼、锌、锰、铜、钼等微量元素肥料。熔融玻璃肥料中可含有多种微量元素，在土壤中缓慢溶解，不易淋失，肥效期较长，属于缓效性微量元素肥料。玻璃肥料溶解性取决于玻璃的组成，一般有硅酸盐玻璃、磷酸盐玻璃和磷硅酸盐玻璃。硅酸盐玻璃受水侵蚀时发生水解，可在其表面形成硅胶保护膜，防止其进一步溶解，而磷酸盐玻璃受水侵蚀后以一定的溶解速度持续不断的溶解，因此溶解度比较高，加上熔化温度或烧结温度都比较低，而且磷本身就是植物营养三要素之一，并且磷酸盐玻璃可以利用磷矿石等资源生产，成本较低，所以磷酸盐玻璃适宜制造玻璃肥料。据研究发现磷酸盐玻璃溶解的速率又取决于玻璃中金属氧化物的种类及数量，如在其中引入一价碱金属氧化物K_2O、Na_2O时，会使磷酸盐玻璃结构更加松散，玻璃化学稳定性降低，因而增大了其在水中的溶解速率；另外一些金属氧化物（如Al_2O_3、CaO等）的引入则使玻璃结构更加稳定，溶解速率降低。因此可以根据实际需要，通过调整玻璃中金属氧化物的数量及种类来调节磷酸盐玻璃在水中的溶解速率。

玻璃肥料具有的优点：a. 肥效缓慢持久，且可通过改变玻璃成分和肥料颗粒度来控制玻璃肥料的溶解速率，实现肥料养分释放与作物养需求更好地匹配；b. 养分种类匹配性强，可根据土壤养分状况和作物养分需求规律，制备不同种类和不同含量的微量元素玻璃肥料；c. 肥料兼容性强，其中微量元素养分几乎不与其他化合物起化学反应，可与磷肥等肥料混合施用不会降低肥效；d. 生产简单成本低，玻璃肥料大部分以矿石或矿渣为原料，资源丰富，价格低廉，且生产工艺简单。

此外，在复合肥料（包括水溶性肥料）和中量元素肥料生产中加入一种或多种微量元素肥料，生产含有微量元素的复合肥料或中量元素肥料，如含锌的氮磷钾复合肥料、含锌硼铁等复合微量元素肥料的水溶性肥料、含硼的氯化钾等。还可以用中量元素肥料、有机肥、硅肥等作为肥料载体，与微量元素肥料一起造粒。

2. 主要微量元素肥料品种及性质

（1）硼肥　目前常用的硼肥主要有硼砂、硼酸、硬硼钙石和硼钠钙石，以硼砂居多，前两者属于易溶性速效硼肥，后两者属于难溶性缓效硼肥。

硼砂，又称月石砂，主要成分是含有结晶水的四硼酸钠，通常是十水四硼酸钠（$Na_2B_4O_7\cdot10H_2O$）和五水四硼酸钠（$Na_2B_4O_7\cdot5H_2O$），含硼（以B计）量通常为10%～11%和14%～15%。硼砂一般在常温下水溶性较差，但溶于40 ℃以上的水，水溶液呈弱碱性。另外，四水八硼酸钠（$Na_2B_8O_{13}\cdot4H_2O$）也是一种硼肥，由硼砂聚合而成，含硼量可达20.8%，具有水溶性好、用量少、植物吸收利用率高等特点，产品呈中性。

硼酸的主要成分是H_3BO_3，含硼量17%～20%，易溶于水，水溶液呈弱酸性。

硬硼钙石的主要成分是$Ca_2B_6O_{11}\cdot5H_2O$，含硼量10%～16%，微溶于水，适合做基肥。

硼钠钙石的主要成分是 $NaCaB_5O_6 \cdot 8H_2O$，含硼量 9%～13%，微溶于水，但溶解度大于硬硼钙石，适合做基肥。

此外，玻璃状硼肥是粉状硼酸钠盐与硅酸盐混合后熔融、水淬、干燥、粉碎而成的一类含硼肥料，含硼量 2%～11%，水溶性极低，一般用于高降水量地区的沙质土壤，用于降低硼养分淋失和矫正作物硼营养缺乏。在现代农业生产中，较常用的硼肥还有螯合型硼肥，可用的螯合剂有 EDTA、EDDHA、糖醇等。

(2)锌肥　常用的水溶性锌肥主要有一水硫酸锌和七水硫酸锌，含锌(以 Zn 计)量 32%～35%和 20%～22%，易溶于水，可用于基肥、追肥和种肥；难溶性锌肥主要有氧化锌和碳酸锌，含锌量为 60%～78%和 52%～56%，难溶于水，但溶于稀酸，其中氧化锌在空气中能缓慢吸收二氧化碳和水分生成碳酸锌，可做基肥。

常用的螯合型锌肥有 DTPA、EDTA(含锌量 6%～14%)、HEDTA、糖醇螯合后的锌肥。

(3)钼肥　钼酸铵是常用的钼肥，主要成分为 $(NH_4)_6Mo_7O_{24} \cdot 4H_2O$、$(NH_4)_6Mo_7O_{24} \cdot 2H_2O$，含钼(以 Mo 计)量 49%～54%，易溶于水，同时含有一定量的氮素。钼酸和钼酸钠也作为钼肥，主要成分分别是 $H_2MoO_4 \cdot H_2O$ 和 $Na_2MoO_4 \cdot 2H_2O$，含钼量为 53%和 39%，均易溶于水。另外还有玻璃状钼肥，含钼量 1%～30%，微溶于水。

(4)锰肥　常见的锰肥是含有结晶水的硫酸锰($MnSO_4 \cdot xH_2O$)，作为肥料的锰肥一般含有 1 个或 3 个结晶水，含锰(以 Mn 计)量 25%～30%，易溶于水，水溶液 pH 为 5.0～6.5，产品易吸湿，具有刺激性；硫酸铵锰主要成分为 $3MnSO_4 \cdot (NH_4)_2SO_4$，含锰量 26%，同时含有 4%的氮素，可溶于水，具有一定的吸湿性。氧化锰也可作为锰肥，主要成分为 MnO，含锰量 41%～68%，微溶于水，肥效缓慢持久。

(5)铜肥　常见的铜肥是硫酸铜，主要成分为 $CuSO_4 \cdot 5H_2O$、$CuSO_4 \cdot H_2O$，农用硫酸铜一般为 $CuSO_4 \cdot 5H_2O$，含铜(以 Cu 计)量 23%～25%，呈蓝色结晶状，易溶于水，具有一定的毒性。氧化铜主要成分为 CuO，含铜量 75%～79%，微溶于水，肥效缓慢持久。

(6)铁肥　常用的铁肥有硫酸亚铁，又称绿矾、铁矾，一般为七水硫酸亚铁，含铁(以 Fe 计)量 19%～20%，易溶于水，具有一定的腐蚀性，由于其是以+2 价态存在，在空气中易氧化形成+3 价态铁，在农业生产中一般配制成 2%的水溶液用于叶面喷施。硫酸亚铁铵，俗称莫尔盐，主要成分是 $FeSO_4 \cdot (NH_4)_2SO_4 \cdot 6H_2O$，含铁量 14%，含氮量 7%，可溶于水，在农业生产上有不少螯合型铁肥，主要有 EDTA(含铁量 5%～14%)、DTPA(含铁量 10%)、EDDHA(含铁量 6%)螯合型铁肥，在碱性土壤上一般用稳定性强的 DTPA、EDDHA 螯合型铁肥。

二、生产钙、镁、硫和微量元素肥料的原料

生产钙、镁、硫和微量元素肥料的原料主要来自矿产及其副产养分资源。

(一)钙肥资源

常用的钙肥资源有石灰石、白云石、石膏、杂卤石等。

石灰石主要成分为碳酸钙($CaCO_3$)，同时可能含有钙镁碳酸盐、碳酸镁等，包括有方解石、大理石等矿物。我国石灰石矿产资源丰富，占全球总储量的 60%以上，分布较为广泛，主要分布在山东、云南、湖南、新疆、山西、河北、内蒙古等地区。

白云石是一种重要的钙镁资源，主要成分为钙镁碳酸盐($CaCO_3 \cdot MgCO_3$)，属于三方晶

系的碳酸盐矿物，晶体结构与方解石类似。我国白云石矿产资源分布广泛，几乎各地都有分布，目前已探明可开采的储量超过了 200 亿 t，主要分布在山西、河北、宁夏、吉林等地区。其中磷矿浮选后产生的副产物磷尾矿，属于磷矿伴生资源，其主要成分为白云石，由于其颗粒细腻(75 μm 以下)，农业应用效果好，已成为重要的钙镁养分资源。

石膏主要成分为无水硫酸钙($CaSO_4$)和二水硫酸钙($CaSO_4 \cdot 2H_2O$)，是一种单斜晶系的矿物。石膏矿物的分布广泛，主要来源于天然石膏矿和工业副产，其中前者包括了纤维状石膏矿(主要成分为 $CaSO_4 \cdot 2H_2O$)和层状石膏矿(主要成分为 $CaSO_4 \cdot 2H_2O$ 和 $CaSO_4$)。我国各类石膏矿产资源储量可达 700 亿 t 以上，位居全球第一，主要分布在山东、内蒙古、青海、湖南等地；工业副产主要有磷石膏(主要成分为二水硫酸钙和少量的磷酸)，是磷化工行业的主要副产物，每年产量可达 7 000 万 t，主要分布在湖北、云南、贵州等磷矿资源储量丰富的地区。我国是全球最大的石膏生产国和出口国之一，为产业可持续发展提供了强劲动力。

杂卤石主要成分为硫酸钾钙镁[$K_2Ca_2Mg(SO_4)_4 \cdot 2H_2O$]，是一种钾、钙、镁的含水硫酸盐矿物，其本身具有较好可溶性，主要来源于矿石和盐湖沉积。杂卤石在我国储量大，分布广泛，开采潜力大，可直接作为肥料使用。目前我国四川盆地储量接近 100 亿 t，英国探明储量有 26.6 亿 t。

此外，重要的钙肥资源有牡蛎壳，其来源于养殖牡蛎消费后产生的外壳，含有丰富的碳酸钙养分资源，同时兼有硅、镁、微量元素、氨基酸等养分资源。2022 年，我国牡蛎产量达到了 620 万 t，且近年来呈现逐年增长的趋势，初步估算每年可生产的牡蛎壳在 350 万～400 万 t 之间，利用牡蛎壳生产钙肥，既能解决牡蛎壳堆弃产生的环境问题，又可实现废弃资源的肥料化循环利用，目前已成为行业发展的重点领域。

(二)镁肥资源

常用的镁肥资源有来自固体矿的菱镁矿、白云石等，液体矿的海水、天然盐湖水、地下卤水等也是重要的镁资源。

菱镁矿主要成分为 $MgCO_3$，最具典型的含镁矿石，属三方晶系的碳酸盐矿物。全球已探明菱镁矿储量为 126 亿 t，其中我国不仅储量丰富，而且资源种类齐全、矿石品质优良，已探明储量可达 36 亿 t，占世界总储量的 29%。菱镁矿矿石品位高，含 $MgO \geqslant 43\%$ 的占总储量的一半左右，其中辽宁和山东两省储量占全国总储量的 95%以上，辽宁海城地区是我国乃至世界上菱镁矿资源量最大的地区，被誉为“世界镁都”。

在液体矿方面，其镁资源储量远超固体矿，主要成分为氯化镁，兼有少量的硫酸镁。海水中的镁含量仅次于氯和钠，是重要的镁资源，我国拥有漫长的海岸线，海水中氯化镁、硫酸镁储量分别达 4 493 万亿 t 和 3 570 万亿 t。丰富的盐湖资源也是镁资源的重要来源，目前我国盐湖氯化镁储量约为 41 亿 t，硫酸镁约为 17 亿 t。

此外，天然硫酸镁矿是一种重要的镁肥资源，主要成分为 $MgSO_4 \cdot H_2O$，是属于硫酸镁盐，含有镁、硫养分，是海洋蒸发后形成的埋藏在地下深处的以镁为主的矿产资源，直接用于生产天然硫酸镁肥。

(三)硫肥资源

硫铁矿、硫黄，以及从石油、天然气、有色金属硫化物中回收的硫是硫肥的主要资源，这三类硫资源总量约为 50 亿 t。

硫铁矿主要成分为 FeS_2，是重要的硫铁矿产资源，2021 年我国矿产储量为 13.2 亿 t。硫铁矿主要分布在四川、安徽、内蒙古、广东、云南、贵州、山东和江西等地，以煤系沉积型为主，其次是沉积变质型，火山岩型等的比重较小。这些矿的平均品位为含硫 18%，约占硫铁矿总储量的 95%。这些矿大都在地下开采，约占 65%。伴生硫矿主要分布在陕西、甘肃、青海、江西、安徽和辽宁等省，露天和地下开采各占 1/2 左右。

硫黄主要成分为 S，其主要来源是由天然硫矿或从硫铁矿焙烧制成，天然硫矿常含有杂质，比如砷、有机质、泥质等。我国天然硫矿储量约为 78.6 万 t(以 S 计)。我国硫资源相对短缺，硫黄进口超过世界贸易量的 30%，2022 年硫资源对外依存度约为 45%。

此外，石膏($CaSO_4 \cdot 2H_2O$)与硬石膏($CaSO_4$)也是全球重要的硫资源，其资源储量非常丰富，也成为全球很多国家补充硫肥的重要资源。

(四)微量元素肥料资源

微量元素肥料资源主要来源于矿产资源。

1. 硼肥资源

常用的硼肥资源主要有硼镁矿、硬硼钙石、天然硼砂等。土耳其是全球硼资源储量最多的国家，种类丰富。我国硼资源较为丰富，居全球第四位，主要是富硼矿石和盐湖卤水，矿产储量约为 1 119 万 t(以 B_2O_3 计)，主要位于西藏、辽宁、青海和湖北。

硼镁矿的主要成分是硼酸盐，其化学式为 $Mg_2B_2O_4(OH)$。我国硼镁矿资源储量约为 1 800 万 t，占全国硼资源总量的 36%，其中青海、西藏是主要分布地。

硬硼钙石，主要成分是硼酸钙盐，其化学式为 $CaB_3O_4(OH)_3 \cdot H_2O$，属于难溶性硼肥资源。

天然硼砂主要成分是硼酸钠盐，其化学式为 $Na_2B_4O_7 \cdot 10H_2O$，是四硼酸钠，含有 10 个结晶水，也被称为硼砂，易溶于水。

2. 锌肥资源

锌肥矿产资源主要是铅锌矿，其主要成分为金属元素铅和锌。全球资源丰富，主要分布在澳大利亚、中国、秘鲁等国家。2021 年我国锌金属矿产储量 4423 万 t，主要分布在内蒙古、云南、甘肃等地。矿床类型有接触交代型铅锌矿床(又名矽卡岩型多金属矿床)和热液层状铅锌矿床，主要成分有闪锌矿(ZnS)、方铅矿(PbS)，伴生矿物有黄铁矿、黄铜矿等。

3. 钼肥资源

钼肥矿产资源主要是辉钼矿，是一种硫化物矿物，主要是 MoS_2，含钼量高。2021 年我国钼金属矿产储量 585 万 t，主要分布在吉林、陕西、辽宁、河南等地。钼矿床类型主要有两类，一类是斑岩型，多分布在吉林中部、河南西部和陕西南部一带，为铜钨矿伴生；另一类为矽卡岩类型，如辽宁锦西钼矿。

4. 锰肥资源

锰肥矿产资源主要是软锰矿(MnO_2)和硬锰矿($m MnO \cdot MnO_2 \cdot n H_2O$)，含锰量高。我国以低品位(低于 30%)的锰资源为主，2021 年，我国锰矿石储量达到了 2.8 亿 t，主要分布在广西、贵州、云南等地。锰矿类型主要为沉积型和堆积型两大类，而且南方多于北方，北方辽宁有较大锰矿，近海海底也蕴藏有丰富的锰结核，其是一种沉积于大洋、富含铁锰氧化物的集合体，锰含量可达 25%，有望成为重要的锰资源。

5. 铜肥资源

铜肥矿产资源主要是黄铜矿($CuFeS_2$)、辉铜矿等(Cu_2S)，含铜量高。2021年我国铜矿石金属储量达到了3 495万t，主要分布在西藏、江西、云南等地。我国总体资源储量较大，但是规模较小、贫矿多、共伴生资源占比较大，限制了产业的快速发展。

6. 铁肥资源

铁肥矿产资源主要是赤铁矿(Fe_2O_3)、磁铁矿(Fe_3O_4)等，含铁量高。2021年我国铁矿石储量达到了161亿t，主要分布在辽宁、四川、内蒙古等地。我国总体资源储量较大，但是规模较小、贫矿多、共伴生资源占比较大，限制了产业的快速发展。铁矿类型主要有沉淀变质型铁矿和岩浆型铁矿两种。沉淀变质型铁矿主要分布在北京密云、河北冀东、山西五台山、辽宁鞍山、本溪等地区，储量约占全国的1/2，岩浆型铁矿主要在四川西昌及攀枝花市等地。

第二节　钙肥生产与加工工艺

一、钙肥生产的基本原理

(一)石灰类钙肥

利用石灰石、白云石直接经过粉碎、磨细可以制得石灰石粉、白云石粉，经过振动筛分产生不同粒径的粉状钙肥产品。

在高温煅烧条件下，石灰石、牡蛎壳、白云石等可生成生石灰，其纯度分别为90%～96%、45%和55%～85%，其中石灰石直接煅烧需要在900～1 100 ℃，而牡蛎壳则需要在650～800 ℃范围内。

$$CaCO_3 \xrightarrow{900\sim1\,100\ ℃\text{或}650\sim800\ ℃} CaO + CO_2\uparrow$$

$$CaCO_3 \cdot MgCO_3 \xrightarrow{1\,150\sim1\,250\ ℃} CaO + MgO + 2CO_2\uparrow$$

生石灰与水结合，在常温条件下不断搅拌直接反应生成熟石灰。

$$CaO + H_2O \longrightarrow Ca(OH)_2$$

熟石灰吸收空气中的二氧化碳即可转化为石灰石。

$$Ca(OH)_2 + CO_2 \longrightarrow CaCO_3 + H_2O$$

(二)氯化钙

氯化钙可由盐酸中和石灰石产生，但生产成本较高，在钙肥生产中应较少。

$$CaCO_3 + 2HCl \longrightarrow CaCl_2 + H_2O + CO_2\uparrow$$

氯化钙通常采用纯碱废液回收法。氨碱法生产纯碱的废液(俗称盐钙卤)，含有NaCl 43～50 g/L，$CaCl_2$ 100 g/L左右，分离出NaCl后，蒸发浓缩其余废液，冷凝即得氯化钙。

(三)硝酸钙

一般可由生石灰、熟石灰或石灰石与硝酸反应生成，但较多是冷冻法生成硝酸磷肥的副产品。

生石灰：$CaO + 2HNO_3 \longrightarrow Ca(NO_3)_2 + H_2O$

熟石灰：$Ca(OH)_2 + 2HNO_3 \longrightarrow Ca(NO_3)_2 + 2H_2O$

生石灰：$CaCO_3 + 2HNO_3 \longrightarrow Ca(NO_3)_2 + H_2O + CO_2\uparrow$

硝酸分解磷矿的过程中，硝酸与 $Ca_5F(PO_4)_3$ 发生反应生成磷酸和硝酸钙，其中硝酸钙是副产品，通过结晶的方式制得农业用硝酸钙产品。

$$Ca_5F(PO_4)_3 + 10HNO_3 \longrightarrow 5Ca(NO_3)_2 + 3H_3PO_4 + HF\uparrow$$

(四)硝酸铵钙

硝酸铵钙的生产原理是石灰石与硝酸、气氨反应制得，也可通过石灰石与硝酸铵反应直接制得。

$$CaCO_3 + 3HNO_3 + NH_3 \longrightarrow Ca(NO_3)_2 + NH_4NO_3 + H_2O + CO_2\uparrow$$

二、石灰类钙肥生产与加工工艺

石灰类钙肥制造的生产工艺流程见图 5-1。

(一)石灰类

农用碳酸钙(即石灰石粉)，一般由天然碳酸盐矿石经机械粉碎方法制得，也称为重质碳酸钙，其加工容易、价格低廉。其生产工艺流程主要包括：①破碎，通过工业破碎机将大块石灰石破碎至适合磨粉的细度，为后续研磨提供基础；②磨粉，是实现小块变粉的过程，小块物料被提升至料仓，由振动给料机送入磨粉机进行研磨，可选择不同粒级的磨粉机，以生产不同粒级的石灰石粉；③过筛分级，经由分级筛过筛，获得不同粒级的石灰石粉，不合格的石灰石粉再返回重新研磨；④收集成品，过筛分级后的合格品随气流进入收尘器分离收集，再通过传输装置送到成品料仓完成包装。

生石灰是由破碎后的石灰石块(一般大小为 50～150 mm)和焦炭(30～50 mm)以 1∶10 的质量比在石灰窑中煅烧，温度一般控制在 900～1 100 ℃，生成的生石灰由石灰窑底部排出，再经粉碎成粉和分级过筛制得生石灰成品。

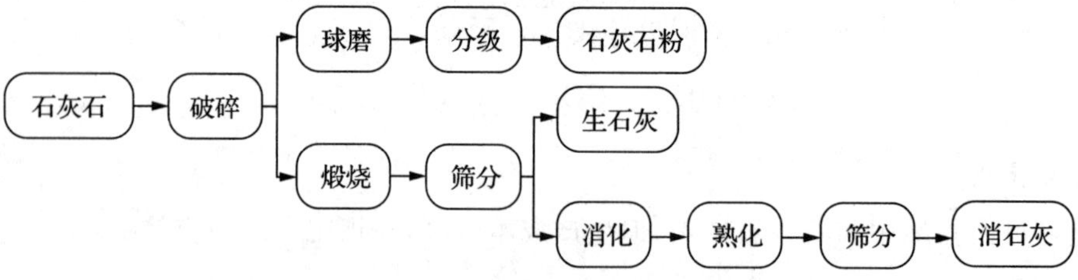

图 5-1 石灰类钙肥的生产工艺流程

熟石灰是由生石灰与水按摩尔比 1∶1 混合，在不断搅拌条件下进行消化反应，料液经过旋液分离器除去石灰渣，再离心分离脱水，后在 150～300 ℃条件下烘干，经分级过筛制得成品熟石灰。

(二)牡蛎壳钙肥

牡蛎壳钙肥的生产需经过收集、清洗、去杂、破碎、煅烧和造粒等关键步骤；一般煅烧需要经过逐步升温的过程，开始温度为 220 ℃左右，壳中的有机物开始发生热分解反应，到 800 ℃时，热分解反应结束；由于生产过程中不同阶段的温度差异较大，使得牡蛎壳钙肥成品中的成分具有石灰石、生石灰和熟石灰 3 种钙肥。牡蛎壳在热分解过程中释放出大量的 CO_2，有利于形成复杂的多孔结构，使得牡蛎壳钙肥具有良好的吸附性能，有利于保持土壤水分和养分。其生产工艺见图 5-2。

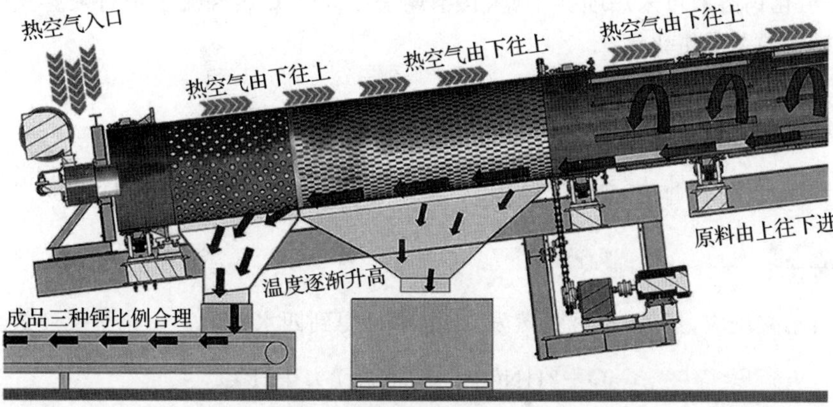

图 5-2　牡蛎壳钙肥的生产工艺

(图片来源：厦门玛塔生态股份有限公司)

三、氯化钙生产与加工工艺

(一)二水氯化钙

二水氯化钙的生产方法有三种：盐酸石粉法、氨碱废液回收法和氯酸钾废液回收法。

1. 盐酸石粉法

用 31%左右的盐酸和石灰粉按照 2.2∶1 的比例进行酸解反应生成酸性氯化钙溶液，后加入一定量的石灰乳(氧化钙与水生成的氢氧化钙悬浊液)并调节溶液 pH 为 8.5～9.0，用于沉淀镁、铁、铝等杂质，再经澄清、过滤、净化后预热，蒸发、干燥、冷却得二水氯化钙，需控制蒸发浓度和温度，当 $CaCl_2$ 浓度为 70%时，在 200 ℃条件下结晶析出二水氯化钙。

2. 氨碱废液回收法

这是目前工业生产二水氯化钙的常用方法，原料来源充足，生产成本低。氨碱法生产纯碱中的蒸馏废液主要含有氯化钙和氯化钠，经净化、澄清后，在多效蒸发器中蒸发，当氯化钙含量达 40%左右时，溶液中的氯化钙几乎全部沉淀，经离心分离后，分离出氯化钠后的母液继续蒸发浓度，使得氯化钙含量达到 70%左右，注入包装桶冷凝得到二水氯化钙成品。

3. 氯酸钾废液回收法

这是一种可行的制备二水氯化钙的方法，产品纯度较高，但是资源有限。首先，对氯酸钾母液进行预处理，以去除杂质和提高母液纯度；其次，去杂后的氯酸钾废液与石灰石(或碳酸钙)反应,生成氯化钙溶液;最后,通过调整 pH、澄清和过滤等步骤,去除不溶性杂质;经蒸发浓缩形成氯化钙结晶,通过干燥和后处理获得二水氯化钙成品,产品中常混有四水氯化钙。

(二)无水氯化钙

无水氯化钙的生产方法有两种:脱水法和盐酸石粉法。

1. 脱水法

即将二水氯化钙干燥脱水而制得无水氯化钙,其化学反应方程式为:$CaCl_2 \cdot 2H_2O = CaCl_2 + 2H_2O$。将二水氯化钙在 200~300 ℃的温度范围内进行干燥脱水,最终得到无水氯化钙成品;中性氯化钙溶液可采用喷雾干燥,在干燥塔中 300 ℃热气流下进行喷雾干燥脱水,同样可以获得粉状的无水氯化钙。

2. 盐酸石粉法

同二水氯化钙的生产过程。一般控制蒸发温度在 300 ℃以上。

四、硝酸钙生产与加工工艺

(一)石灰法

生石灰与硝酸反应,然后经过滤、蒸发,结晶即可得到四水硝酸钙。化学反应式如下:

$$CaO + 2HNO_3 \longrightarrow Ca(NO_3)_2 + H_2O$$

由于该反应是放热反应,反应剧烈会使温度升得过高,导致 HNO_3 分解逸出 NO_2。因此可在反应桶外加一个充冷却水的夹套,根据反应进行的情况,调节冷却水用量,降低反应的剧烈程度。为了使反应比较完全和避免反应局部过于剧烈,块状生石灰应粉碎成颗粒状,均匀地加入反应桶,不断测定混合液的酸碱性,当 pH 等于 7 时,停止加生石灰,反应即可停止。

除生石灰外,也可用熟石灰、石灰石与硝酸进行中和反应,生成硝酸钙溶液,过滤去除不溶物和杂质,利用蒸发器对溶液进行蒸发浓缩,提高硝酸钙浓度,冷却结晶,与母液分离干燥,制得四水硝酸钙成品。

(二)硝酸磷肥副产法

在冷冻法生产硝酸磷肥的生产过程中,利用硝酸分解磷矿获得磷酸和硝酸钙的溶液,硝酸分解液通过间接冷冻的方式降温至 −5~10 ℃,使得 60%~85%的硝酸钙以四水硝酸钙 $[Ca(NO_3)_2 \cdot 4H_2O]$ 结晶形式析出,再进行分离。

五、硝酸铵钙生产与加工工艺

目前国内外常用的生产农用硝酸铵钙的方法有两种。

(一)硝酸磷肥副产物法

利用冷冻法生产硝酸磷肥的副产品——四水硝酸钙,经过通氨与副产品中过量的硝酸反应,得到硝酸铵与硝酸钙的混合物,蒸发浓缩混合物后得到硝酸铵钙产品,最后造粒、筛分、包装,制得成品。

国内目前采用较多的是利用硝酸磷肥装置副产的粗硝酸钙溶液,去除酸不溶物后,进入中和反应器,加入石灰石、氨与过量的硝酸反应至 $n[Ca(NO_3)_2] : n(NH_4NO_3) = 5 : 1$,然后通氨与剩余的硝酸反应，得到硝酸铵钙混合液，蒸发至 $n[Ca(NO_3)_2]:n(NH_4NO_3):n(H_2O)=5:1:10$，即为硝酸铵钙产物，造粒、冷却、包装即得硝酸铵钙肥料(图 5-3)。

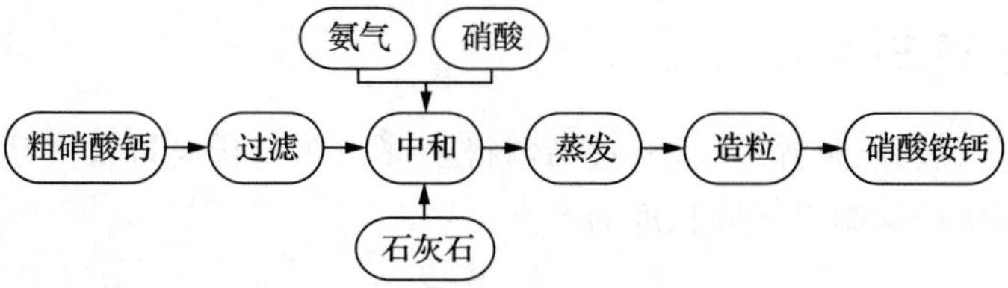

图 5-3　硝酸磷肥副产物法生产硝酸铵钙工艺流程

(二)硝酸钙与硝酸铵混合法

用硝酸与石灰石反应得到粗硝酸钙溶液，去除酸不溶物，通氨与滤液中过量的硝酸反应得到的硝酸铵(或来自成品的硝酸铵溶液)按一定的比例混合，进入蒸发装置将其蒸发到适宜浓度，最后经过造粒、筛分、包装即得硝酸铵钙肥料(图 5-4)。

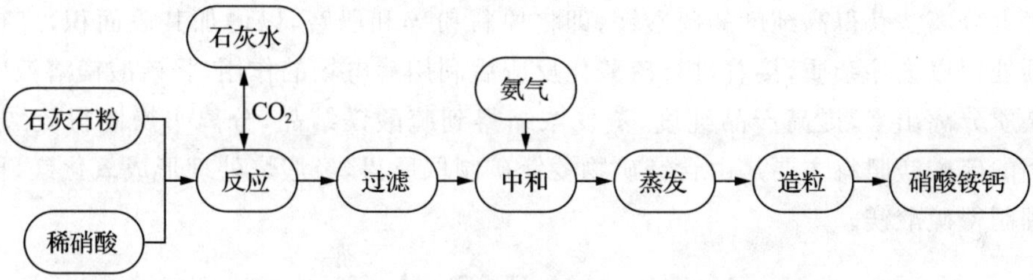

图 5-4　硝酸钙与硝酸铵混合法生产硝酸铵钙工艺流程

六、石膏生产与加工工艺

利用石膏矿石原料经过破碎、研磨，以达到合适的粒度要求，去除杂质，提高产品纯度，去除多余水分，包装制得成品。

农用硫酸钙一般选用石膏矿，通过开采、破碎和粉碎等工艺过程制成，要求 $CaSO_4 \geqslant 80\%$，细度全部通过 0.25 mm 标准筛。

硫酸钙也可由氨碱厂排出的钙废液与盐化工副产的高低温盐反应生成。钙废液与高低温盐主要共含有 5 种成分，即氯化钙、氯化钠、硫酸镁、氯化镁和水，当将高低温盐与钙废液按一定比例匹配时，高低温盐中的硫酸镁与钙废液中的氯化钙能正好完全反应生成硫酸钙沉淀，离心脱水、干燥即得硫酸钙。化学反应式如下：

$$CaCl_2 + MgSO_4 \longrightarrow CaSO_4 \downarrow + MgCl_2$$

利用磷石膏生产石膏肥料需要经过预处理，去除氟、有机物等杂质，再制得石膏肥料。

七、糖醇钙生产与加工工艺

利用无机钙源(如硝酸钙)与有机醇类(山梨醇等)按一定比例混合，在适宜的温度和 pH

条件下进行反应，确保螯合反应充分进行制得稳定的螯合物，结晶处理控制收率，过滤干燥，即得糖醇钙肥料。

八、硫酸钾钙镁生产与加工工艺

利用杂卤石矿石破碎、粉碎或研磨、过筛制得不规则颗粒状或粉状产品，即为硫酸钾钙镁肥料。可通过研磨机研磨制得不同粒度的产品。

第三节　镁肥生产与加工工艺

一、镁肥生产的基本原理

农用硫酸镁的生产原理是依据其镁肥资源而确定的。来自盐湖或地下卤水、海水中含有硫酸镁，相当于是含有硫酸镁的溶液，通过蒸发、浓缩、结晶、分离制得硫酸镁。天然的硫镁钒矿通过静电分离法获得高纯度的硫酸镁，即将原料粉碎和研磨，以增加其表面积，进行洗涤或浮选的预处理以去除杂质，接着进行硫酸化反应后利用静电场的作用，将硫酸镁溶液中的固体颗粒或杂质分离出来，提高产品纯度，蒸发浓缩得到硫酸镁结晶，分离干燥制得硫酸镁成品。目前常用的硫酸镁肥料主要是由含镁矿物菱镁矿制取所得，经煅烧处理形成氧化镁，再用硫酸酸化处理制得硫酸镁。

$$MgCO_3 \longrightarrow MgO + CO_2 \uparrow$$
$$MgO + H_2SO_4 \longrightarrow MgSO_4 + H_2O$$

缓效镁肥一方面来自含镁矿物制取所得，经菱镁矿煅烧形成轻质氧化镁，再加工制得氧化镁、氢氧化镁等；另一方面是通过含氮磷丰富的废水中利用镁盐回收制得磷酸镁铵等，其化学反应：$Mg^{2+} + NH_4^+ + HPO_4^{2-} + 6H_2O \longrightarrow MgNH_4PO_4 \cdot 6H_2O \downarrow + H^+$。

二、主要镁肥品种生产与加工工艺技术

(一)七水硫酸镁

1. 硫酸法

将硫酸与含镁化合物(如氧化镁、氢氧化镁，碳酸镁或硼镁渣泥等)，其中主要是菱镁矿煅烧后的氧化镁，进行中和反应后，经过滤、结晶、分离、干燥后即得(图 5-5)。其化学反应式如下：

$$MgO + H_2SO_4 + 6H_2O \longrightarrow MgSO_4 \cdot 7H_2O$$
$$Mg(OH)_2 + H_2SO_4 + 5H_2O \longrightarrow MgSO_4 \cdot 7H_2O$$
$$MgCO_3 + H_2SO_4 + 6H_2O \longrightarrow MgSO_4 \cdot 7H_2O + CO_2 \uparrow$$

工艺条件要求控制浆液 pH 为 5，密度为 1.370～1.384 g/cm³，温度为 80 ℃，反应后过滤、再冷却至 30 ℃以下结晶，离心分离，并在 50～55 ℃干燥即得七水硫酸镁。

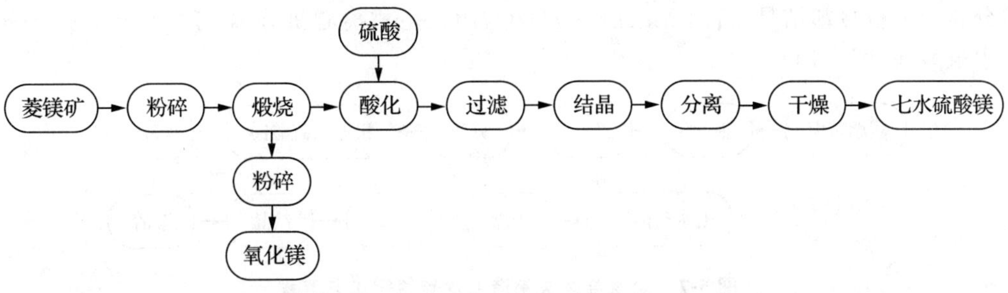

图 5-5 硫酸法制造七水硫酸镁工艺流程(李国英等,2008)

2. 气相法

将 SO_2 通入 $Mg(OH)_2$ 浆液,在催化剂作用下于 50～60 ℃通入空气进行氧化,分离后得到七水硫酸镁。其化学反应式如下:

$$Mg(OH)_2 + SO_2 \longrightarrow MgSO_3 + H_2O$$
$$MgSO_3 + O_2 + 7H_2O \longrightarrow MgSO_4 \cdot 7H_2O$$

3. 碳化法

二氧化碳碳化氧化镁及石膏的水悬浮液,同时还生成碳酸钙沉淀,过滤后进一步加工制得。其化学反应式如下:

$$MgO + CO_2 + CaSO_4 \cdot 2H_2O \longrightarrow MgSO_4 + 2H_2O + CaCO_3 \downarrow$$
$$MgSO_4 + 7H_2O \longrightarrow MgSO_4 \cdot 7H_2O$$

4. 振荡转化法

用硫酸镁饱和溶液(结晶母液)与高低温盐配成悬浊液,然后在振荡槽中振荡。氯化钠颗粒大,迅速沉降;一水硫酸镁细小,不易沉降。振荡后分离出沉降盐,给清液中加入一定量的淡水,在 25 ℃下搅拌,一水硫酸镁转化成七水硫酸镁,离心脱水即得七水硫酸镁(图 5-6)。

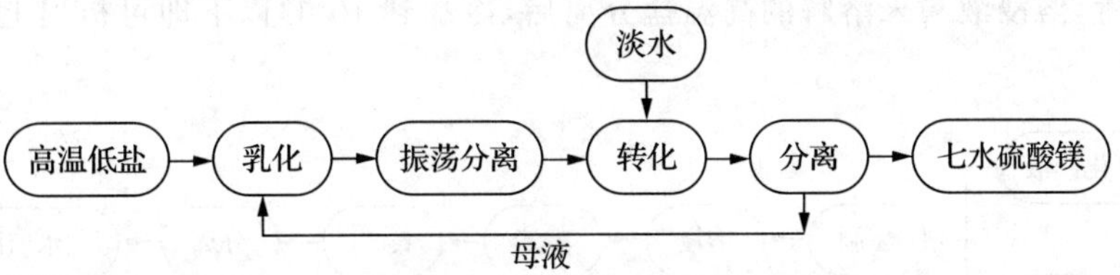

图 5-6 振荡转化法生产七水硫酸镁工艺流程(李国英等,2008)

5. 盐湖苦卤法

山西运城盐湖卤水属 Na^+、Mg^{2+}、Cl^-、SO_4^{2-} 四元体系,生产芒硝后含 $MgSO_4$ 150～200 g/L,NaCl 65～80 g/L,$MgCl_2$ 25～45 g/L 的苦卤,经夏秋两季自然蒸发浓缩后,放入结晶池至冬季卤温降至 5～15 ℃时,排出上层母液即得粗制七水硫酸镁,其反应式如下:

$$Na_2SO_4 + MgCl_2 + 7H_2O \longrightarrow MgSO_4 \cdot 7H_2O + 2NaCl$$

将粗七水硫酸镁于 80～90 ℃下溶化为 1.370～1.384 g/cm³ 溶液,经板框压滤机过滤或澄清分离后进行冷却结晶，析出 $MgSO_4 \cdot 7H_2O$，用三足式离心机分离，于 50～55 ℃干燥，即得七水硫酸镁(图 5-7)。

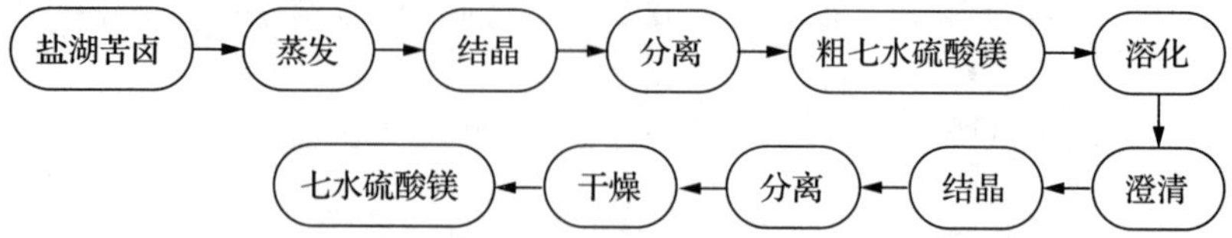

图 5-7 盐湖苦卤法制造七水硫酸镁工艺流程

6. 苦卤复晒法

盐田苦卤法生产的氯化钠是饱和的，硫酸镁是不饱和的，当温度降低到 5 ℃时，便开始有 $MgSO_4 \cdot 7H_2O$ 和 NaCl 一起析出。在工业上，先将苦卤在复晒池中复晒到相对密度为 1.26～1.296，析出 NaCl，再将上部苦卤排入卤坑，借助冬季严寒使 $MgSO_4 \cdot 7H_2O$ 析出，得到粗七水硫酸镁。其产品杂盐(NaCl)含量较高，产品质量差，采用水洗法或重结晶法提纯，可制得精制的七水硫酸镁(图 5-8)。

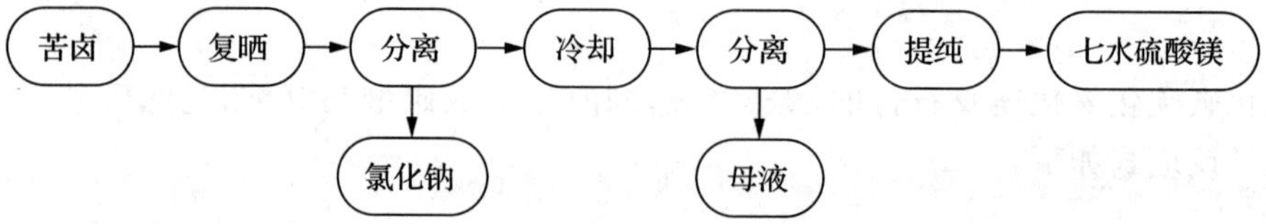

图 5-8 苦卤复晒法制造七水硫酸镁工艺流程

7. 高温盐溶浸法

海水日晒苦卤用兑卤法蒸发时可产出高温盐，其组成为 $w(MgSO_4)>30\%$，$w(NaCl)<35\%$，$w(MgCl_2)\approx7\%$，$w(KCl)\approx0.5\%$。用 360～380 g/L $MgCl_2$ 和淡水按质量比 1∶1 混合配制成 200 g/L $MgCl_2$ 溶液，在 48 ℃左右溶浸。由于 NaCl 溶解得很少，而 $MgSO_4$ 溶解得较多，保温澄清后，溶浸液与未溶解的高温盐分离后，冷却到 10 ℃以下即可析出七水硫酸镁(图 5-9)。

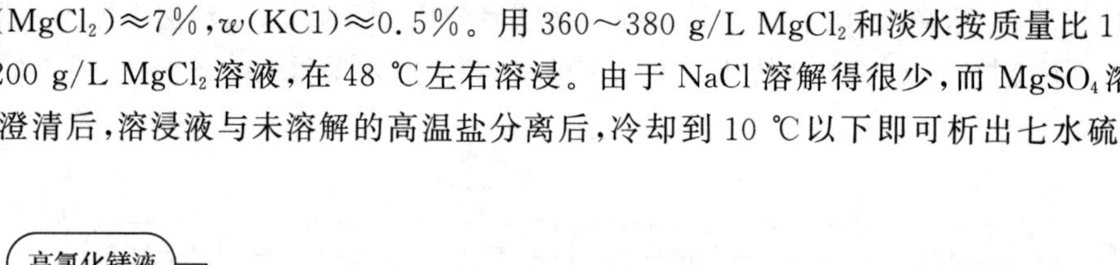

图 5-9 高温盐溶浸法生产七水硫酸镁工艺流程

(二)一水硫酸镁

1. 硫酸法

浓硫酸与轻烧粉(又叫苦土粉，主要成分是氧化镁)或经粉碎的菱镁矿原矿直接反应，经冷却、粉碎、筛分、包装得一水硫酸镁成品，即得肥料级一水硫酸镁。其化学反应式为：

$$MgO + H_2SO_4 \longrightarrow MgSO_4 \cdot H_2O$$
$$MgCO_3 + H_2SO_4 \longrightarrow MgSO_4 \cdot H_2O + CO_2 \uparrow$$

也可由氧化镁(氢氧化镁或碳酸镁)与硫酸反应,结晶分离得到的七水硫酸镁,再经高温脱水得一水硫酸镁。以氧化镁为例,其化学反应式如下:

$$MgO + H_2SO_4 \longrightarrow MgSO_4 + H_2O$$
$$MgSO_4 \cdot 7H_2O \longrightarrow MgSO_4 \cdot H_2O + 6H_2O \uparrow$$

工艺条件与加工七水硫酸镁相似,但是由于要脱掉其中的6个水分子,应在200 ℃以上干燥即可得一水硫酸镁。该法生产的一水硫酸镁质量较好,但成本较高。

2.以盐湖粗七水硫酸镁为原料制取一水硫酸镁

如前所述的盐湖苦卤法制得的粗七水硫酸镁制取一水硫酸镁。

(1)直接脱水法　将粗七水硫酸镁粉碎,直接在200 ℃以上高温脱水,即得到粗一水硫酸镁。

(2)重结晶脱水法　将粗七水硫酸镁溶于水,澄清分离水不溶物,重结晶 $MgSO_4 \cdot 7H_2O$,再将其高温脱水,即得一水硫酸镁。母液返回系统循环使用。

(3)蒸发法　将粗七水硫酸镁溶于水,沉降去除不溶物,再蒸发、离心分离、干燥即得一水硫酸镁。

(4)升温结晶法　将水或母液加入溶化锅,加热至其温度为80～90 ℃时再加入粗镁,边加热边搅拌,料液密度达到1.370～1.384 g/cm^3 时,停止加料。趁热将料液放入保温澄清罐进行自然沉降8 h,然后将清液打入高温高压结晶釜,封闭,缓慢加热升温。升温至180 ℃,保温3 h后,排气。浆料立即排入离心机分离,湿料干燥即得精制一水硫酸镁产品,母液返回系统循环利用。

3.以高温盐为原料制取一水硫酸镁

如前所述的苦卤复晒法、高温盐溶浸法和振荡转化法制得粗七水硫酸镁,由粗七水硫酸镁制取一水硫酸镁的方法同盐湖粗七水硫酸镁为原料制取一水硫酸镁。

(三)天然硫酸镁

将开采的镁钒矿经破碎、研磨、过筛后制得天然硫酸镁肥料成品。若是含有钾镁的矿物,其中含有氯化钾、氯化钠等杂质,需要在粉碎后通过静电分离技术实现去杂,再制造获得粉状或颗粒状天然硫酸镁肥料。

(四)硫酸钾镁肥

硫酸钾镁肥可采用天然提取法,包括采用盐湖卤水生产和钾镁钒矿生产两种工艺,后者较简单,无水钾镁矾矿存在于地表300 m以下,开采后通过转运带送至矿井上,然后进一步粉碎并剔除杂质,包括用盐水溶解氯化钠、洗去泥土和不溶性物质,并进行干燥、过筛,再根据需要制成不同颗粒的硫酸钾镁产品。

以盐湖卤水为原料生产硫酸钾镁肥,其生产工艺也可分为两个阶段:由于盐湖卤水中氯化钠粒度明显大于新生产软钾镁钒盐矿物粒度的特征,采用机械方法脱氯化钠先得到低钠光卤石,运用反浮选技术,通过泡沫浮选将杂质氯化钠和精光卤石有效分离,制得高品质低钠光卤石;再通过冷结晶搅拌分离杂质,这时必须控制光卤石溶解速度,溶解过快,易使过饱和度偏高，从而产生大量细晶影响结晶收率。该工艺产品质量好、产量高、连续性强、回收率高、粒度大，具有很强的市场竞争力。缺点是工艺流程较为复杂，操作控制不方便，在浮选及结晶操作过程中精度要求较高。

(五)硝酸铵钙镁

硝酸铵钙镁实际上是基于硝酸铵钙肥料的生产工艺，在生产过程中添加了硝酸镁，或者利用了磷矿中的镁养分，硝酸与其发生反应，形成了硝酸镁产物，形成含有钙、镁的硝基肥料，最后造粒制得成品。

(六)氧化镁

氧化镁肥料可通过高温煅烧菱镁矿或白云石(含碳酸镁)去除碳元素，形成氧化镁产品，其中白云石煅烧后主要成分是氧化镁与氧化钙的混合物。煅烧后适当粉碎、过筛，形成粉状、颗粒状产品在农田施用。

(七)氢氧化镁

氢氧化镁作为农用镁肥，具有含镁量高，肥效长，不易淋失的优点，适宜施在缺镁的酸性土壤上。生产氢氧化镁的原料不同，其加工工艺也不同。

1. 以卤水为原料

含镁卤水与氨水反应形成氢氧化镁。化学反应式如下：

$$Mg^{2+} + 2NH_4OH \longrightarrow 2NH_4^{+} + Mg(OH)_2 \downarrow$$

工艺流程见图 5-10。

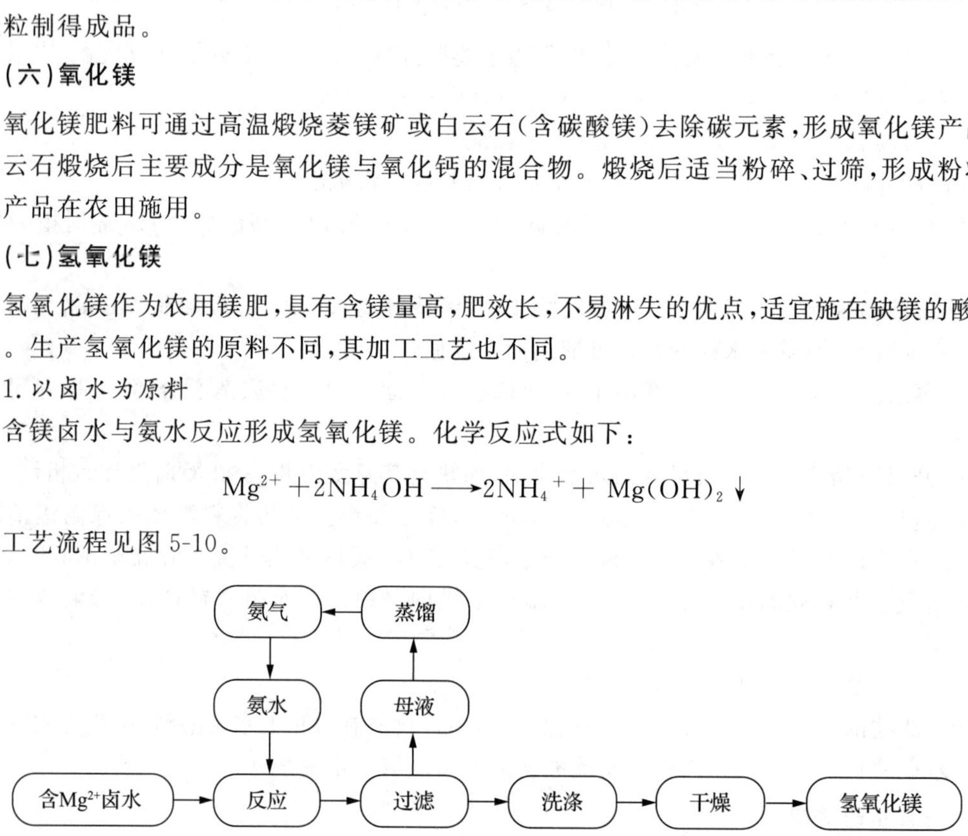

图 5-10 以卤水为原料生产氢氧化镁工艺流程

其中关键工艺条件要求氨和镁的摩尔比为(3.2～3.6)：1，烘干温度 104～106 ℃。

2. 以盐湖水制备的氧化镁为原料

盐湖水富含镁元素，以盐湖水制备的氧化镁为原料，通过液相沉淀法制备氢氧化镁。化学反应式如下：

$$MgO + 2HCl \longrightarrow MgCl_2 + H_2O$$

$$MgCl_2 + 2NaOH \longrightarrow Mg(OH)_2 + 2NaCl$$

工艺流程见图 5-11。

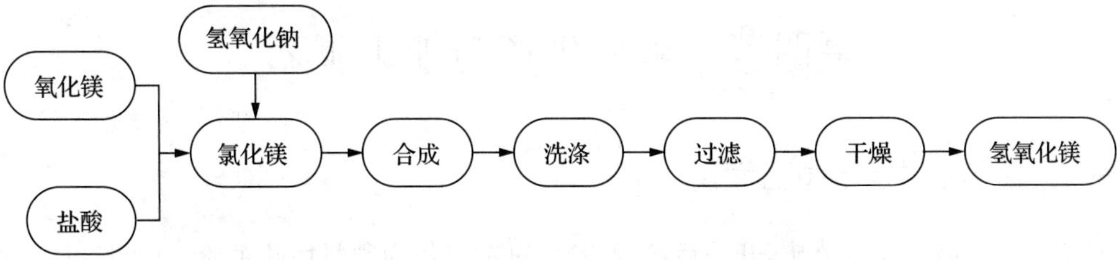

图 5-11　以盐湖水为原料生产氢氧化镁工艺流程

最佳反应条件是 Mg^{2+} 的初始浓度为 0.5 mol/L，Mg^{2+} 与 OH^- 的摩尔比为 1∶3，反应时间 30 min，反应温度 70 ℃。

3. *以白云石为原料*

白云石通过煅烧生产氧化钙和氧化镁，再水化生产氢氧化钙和氢氧化镁，加入一定量的氯化镁，其中的氢氧化钙也转化为氢氧化镁。其反应原理如下：

$$CaCO_3 \cdot MgCO_3 \xrightarrow{\text{煅烧}} CaO \cdot MgO + CO_2 \uparrow$$

$$CaO \cdot MgO + 2H_2O \longrightarrow Ca(OH)_2 + Mg(OH)_2$$

$$Ca(OH)_2 + MgCl_2 \longrightarrow Mg(OH)_2 + CaCl_2$$

工艺流程见图 5-12。

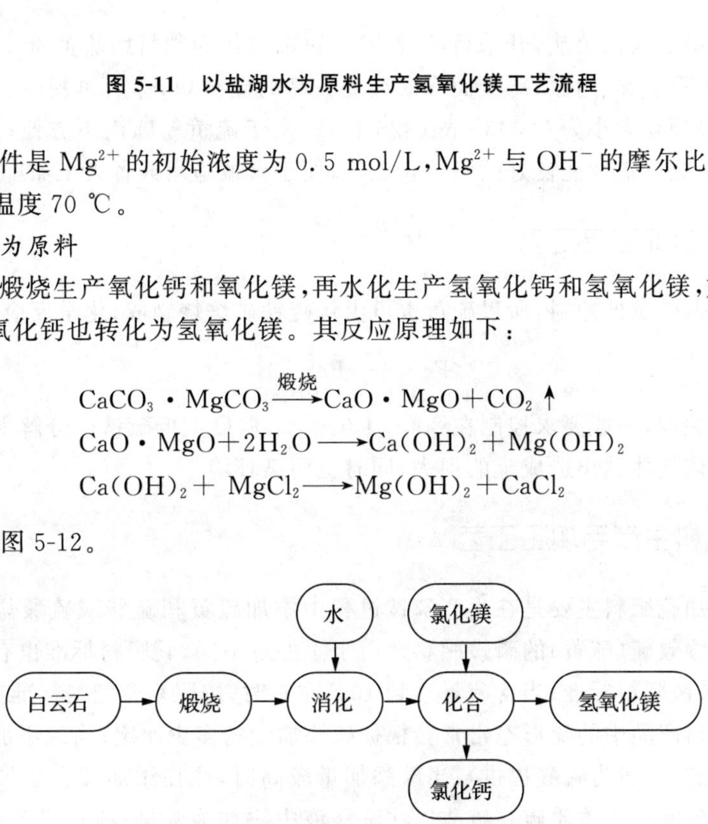

图 5-12　以白云石为原料生产氢氧化镁工艺流程

(八)磷酸铵镁

磷酸铵镁最早是由鸟粪石而来的。在自然条件下，由海岛上的鸟兽积粪经过漫长时间的反应所形成的含有丰富镁养分的磷酸盐矿物，属于生物体的自然形成过程。矿石开采后粉碎成粉末状，或造粒即为磷酸铵镁肥料。但是资源有限，目前生产上应用较少。

目前生产中常见的磷酸铵镁主要来源于含氮和磷的废水中回收，采用的是结晶法，首先通过分阶段调控反应 pH 范围，用于除去杂质(如钙、硅等)；接着添加镁盐(通常用氯化镁)，形成可回收利用的磷酸铵镁，并制得磷酸铵镁肥料产品。

(九)碳酸钙镁

缓效镁肥——碳酸钙镁可由白云石直接破碎、粉碎、过筛，制成碳酸钙镁肥料产品。

第四节　硫肥生产与加工工艺

一、天然硫矿生产硫黄工艺

对于含硫量高的天然硫矿，开采后经过粉碎、过筛可作为肥料用硫黄粉。如果杂质含量过高，需将天然硫矿石破碎、熔融、冷凝而形成纯度较高的硫黄块，然后再粉碎、过筛后即可成为肥料硫黄粉，一般颗粒大小为 0.043 mm(325 目)。由于硫黄粉施用不方便，所以通过添加黏合剂、膨润土等制成分散性能良好的颗粒状硫黄，便于机械施用或者人工撒施。

二、硫铁矿制取硫黄工艺

硫铁矿是提取硫黄的原料，所以硫黄也可由从硫铁矿焙烧制成，化学反应式如下：

$$FeS_2 \longrightarrow FeS + S$$

其中温度是关键，一般要求控制在 800～1 000 ℃，温度太低硫铁矿分解不完全，温度太高容易生成二氧化硫气体逸出造成硫的损失，同时也污染环境。

三、加硫肥料生产与加工工艺

目前主流的加硫肥料主要是在生产磷铵过程中添加硫黄和硫酸或硫酸盐，以制取含有速效硫(硫酸盐)和缓效硫(硫黄)的磷铵肥料。由于添加量不同，其肥料标准也有所不同；当含硫量较低时，执行磷铵肥料标准；当含硫量达到 10%左右时，按照复合肥料标准执行。

含硫磷铵肥料产品中的硫形态常常会根据硫添加量的多少而定；当硫添加量较低时，硫形态常为硫酸根形态(一般为硫酸提供)；当硫添加量较高时，往往添加硫含量较高的硫黄，这时产品中硫形态为硫酸根＋单质硫。硫酸以在洗涤液中添加为常见；硫黄目前存在两种添加方式，一种为硫黄在硫黄槽中熔融后，直接喷涂在造粒机内部的料床上实现硫黄的添加；考虑到硫黄的爆炸风险，也可将洗涤液和硫黄一起进行湿磨，后与湿法磷酸混合后经管式反应器进入造粒机内进行造粒。

第五节　微量元素肥料生产与加工工艺

一、单质微量元素肥料生产与加工工艺

(一)硼肥

1. *硼砂*

硼砂肥料生产多来自矿物原料，例如，天然硼砂矿($Na_2B_4O_7 \cdot 10H_2O$)和斜方硼砂矿($Na_2B_4O_7 \cdot 4H_2O$)，可经过重结晶直接制得硼砂。将含 25%～30%B_2O_3 的天然硼砂矿经破碎、粉碎、筛分，加入水中溶解，设定温度为 120 ℃左右，时间为 3 min，振动筛去大部分不溶

物，后将料液在真空结晶器中冷却结晶分离，62～66 ℃时生成五水硼砂，45 ℃左右时生成十水硼砂。

硼镁矿作为主要的硼矿资源，可通过碳碱法生产硼肥，是我国主要采用的方法。硼镁矿在600～850 ℃温度下焙烧处理后，粉碎至150～200目，加入当量的碳酸钠溶液，通入二氧化碳进行碳解，二氧化碳浓度约为30%，反应压力为500～550 kPa，温度为125～135 ℃，碳解时间为13～15 h，分解率可达85%～90%，矿粉中的B_2O_3以$Na_2B_4O_7$形式转入溶液中，真空过滤除去不溶物，所得滤渣即硼镁肥（俗称硼泥）；所得滤液采用双效蒸发器蒸发，冷却结晶（20～25 ℃），结晶率为92%～95%，分离制得硼砂肥料（图5-13）。

其化学反应式如下：

$$2[2(MgO)\cdot B_2O_3]+Na_2CO_3+2CO_2+xH_2O \longrightarrow Na_2B_4O_7+4MgO\cdot 3CO_2\cdot xH_2O$$

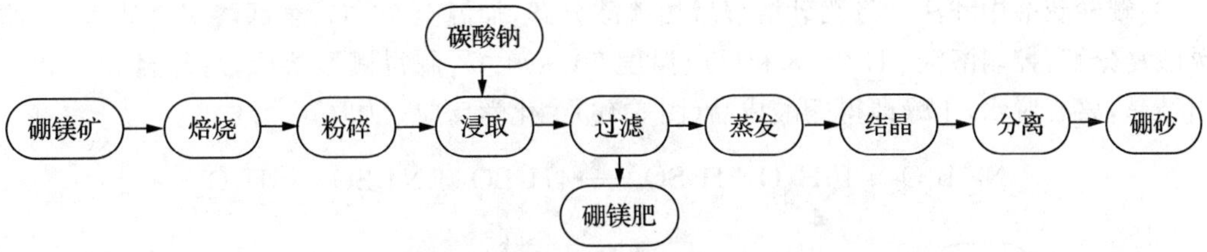

图 5-13　碳碱法生产硼砂工艺流程

2. 硼酸

(1)碳酸氢铵法　以硼镁矿、氨水和二氧化碳为原料，硼镁矿将预处理的硼矿粉（焙烧脱水后矿粉细度控制在90%以上通过160目筛）与碳酸氢铵（氨水与二氧化碳反应制得）混合，在140 ℃左右和1.5～2 MPa压力下进行浸取反应得到含硼酸铵的料液，再经脱氨即得硼酸，将硼酸溶液送入结晶器，温度降到20～25 ℃时离心分离，干燥制得成品（图5-14）。化学反应式如下：

$$2MgO\cdot B_2O_3+2NH_4HCO_3+H_2O \longrightarrow 2NH_4H_2BO_3+2MgCO_3\downarrow$$

$$NH_4H_2BO_3 \longrightarrow H_3BO_3+NH_3\uparrow$$

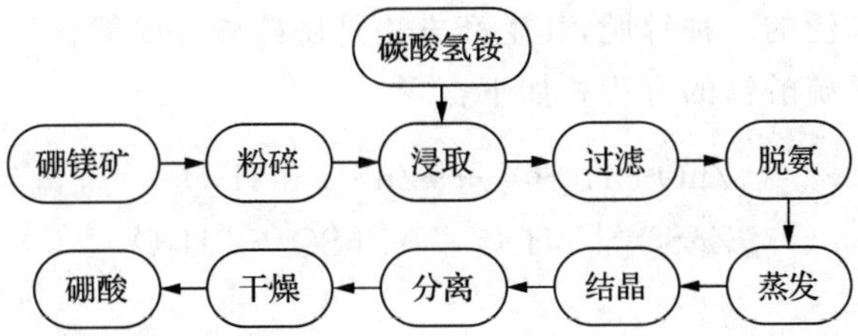

图 5-14　碳酸氢铵法生产硼酸工艺流程

(2)硫酸法　用硫酸直接与硼镁矿粉（也可是硬硼钙石、水方硼石）反应生产硼酸，副产品为晶体硼镁肥。硼镁矿粉细度在30～80目，按照一定配比并经计量依次将清水、洗水、矿粉和硫酸加入酸解反应器中，硫酸用量为理论用量的60%～80%，最佳液固比为2∶1（质量比），反应温度约为95 ℃，反应时间约1 h。趁热过滤，滤液冷却结晶，离心分离干燥即得硼酸产品（图5-15）。本方法生产的硼酸含量≥98.5%，每生产1 t硼酸可副产0.6～0.9 t晶体硼镁肥（含硼酸 5%～10%，七水硫酸镁 65%～85%）。该方法还具有不必经过高温焙烧、工艺流程短、设备简单、投资省、容易生产等优点。由于我国硼矿品位逐年下降，本法基本上已停用。

化学反应式如下：

$$3MgO \cdot B_2O_3 + 3H_2SO_4 \longrightarrow 2H_3BO_3 + 3MgSO_4$$

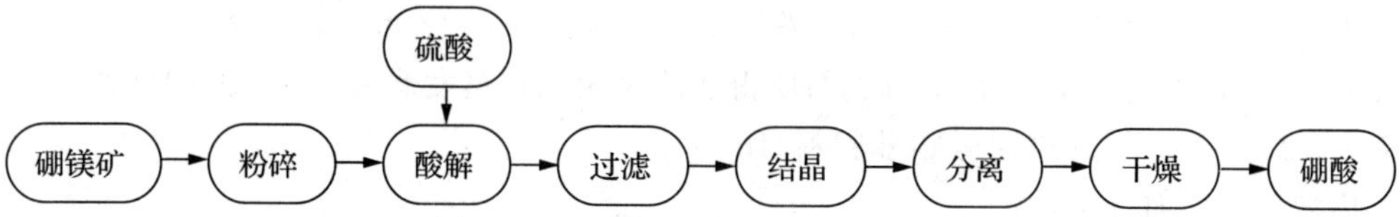

图 5-15 硫酸中和法生产硼酸工艺流程

（3）硼砂硫酸中和法　将硼砂溶解后加硫酸分解，加温至 90 ℃，全部溶解过滤去渣，滤液加硫酸复分解，控制溶液 pH 2～3 和反应温度 70～90 ℃，制得硼酸溶液，冷却至 35～38 ℃，析出结晶，离心脱水，干燥即得硼酸成品（图 5-16）。化学反应式如下：

$$Na_2B_4O_7 \cdot 10H_2O + H_2SO_4 \longrightarrow 4H_3BO_3 + Na_2SO_4 + 5H_2O$$

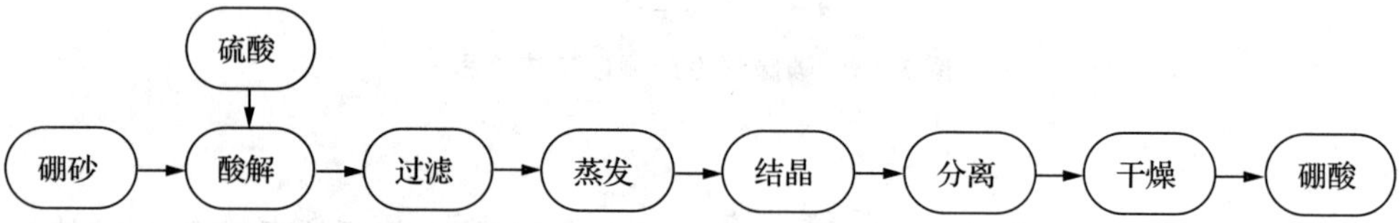

图 5-16 硼砂硫酸中和法生产硼酸工艺流程

多数厂采用该法生产硼酸。该方法虽然要消耗硫酸和原料硼砂，但硼酸的质量好，工艺条件容易控制，操作稳定，副产品硫酸钠，也是一种重要的化工原料。

（二）锌肥

1. 硫酸锌

硫酸锌是应用最广泛的一种锌肥，其生产方法是用硫酸分解氧化锌、氢氧化锌或锌矿。以氧化锌为原料生产七水硫酸锌的方程式如下：

$$ZnO + H_2SO_4 \longrightarrow ZnSO_4 + H_2O$$

$$ZnSO_4 + 7H_2O \longrightarrow ZnSO_4 \cdot 7H_2O$$

工艺流程见图 5-17。

含锌物料经过球磨机粉碎，用 18%～25%的硫酸溶解，酸解是关键工序，先加入稀酸溶液。不断搅拌下加入氧化锌，调成浆状，再加入硫酸，并使反应温度上升到 80 ℃以上，终点 pH 控制在 5.1，反应液密度为 1.35 g/cm^3。反应完成后过滤、浓缩、结晶、分离、干燥，即得成品。也可用锌矿精选后，在 800 ℃焙烧、粉碎，后续工序同上所述。

一水硫酸锌的制造与七水硫酸锌大致相同，仅在氧化过滤后增加二次置换和过滤两道工序。

生产一水硫酸锌的化学反应式如下：

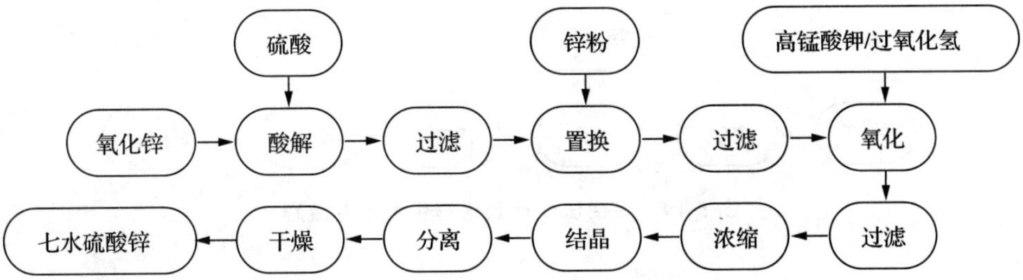

图 5-17 氧化锌生产硫酸锌工艺流程

$$ZnO + H_2SO_4 \longrightarrow ZnSO_4 \cdot H_2O$$

2. 氧化锌

氧化锌是制造硫酸锌的原料，也可直接作为锌肥施用。生产氧化锌的方法主要有直接法、间接法和湿法。

(1)直接法　也叫作锌矿石法，即锌矿粉、无烟煤与石灰按一定比例混合，锌矿粉中的氧化锌被还原为蒸汽，再与空气氧化得到氧化锌(图 5-18)。化学反应式为：

$$2ZnO + C \longrightarrow 2Zn\uparrow + CO_2\uparrow$$
$$2Zn + O_2 \longrightarrow 2ZnO$$

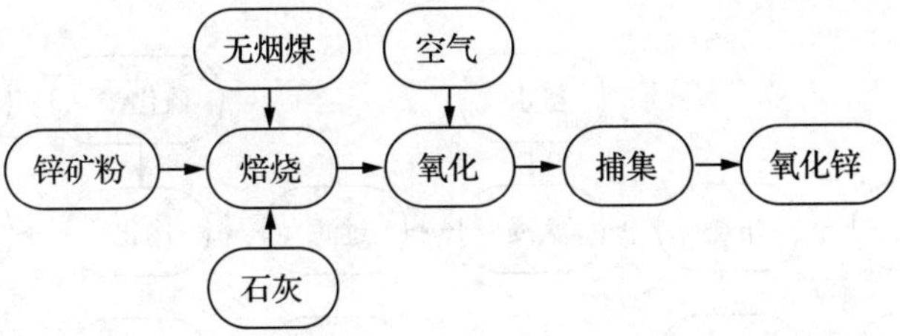

图 5-18 直接法生产氧化锌生产工艺流程

以闪锌矿(主要成分 ZnS)为原料时，矿石经破碎、焙烧后用硫酸浸提，分离去除可溶性盐类，浸渣再与煤等还原剂混合焙烧，利用空气氧化生成氧化锌，再经冷却、捕集即得氧化锌；以菱锌矿(主要成分 $ZnCO_3$)为原料，与煤等还原剂一起焙烧生成锌蒸汽，再用空气氧化成氧化锌。

(2)间接法　以锌锭为原料，加热至约 1000 ℃熔融气化，用热空气氧化生成氧化锌，经冷却即为氧化锌产品(图 5-19)。化学反应式为：

$$2Zn + O_2 \longrightarrow 2ZnO$$

(3)湿法　硫酸锌与碳酸钠或氨水反应得到碳酸锌或氢氧化锌，两者经高温煅烧都可得氧化锌。化学反应式为：

$$ZnCO_3 \longrightarrow ZnO + CO_2\uparrow$$
$$Zn(OH)_2 \longrightarrow ZnO + H_2O$$

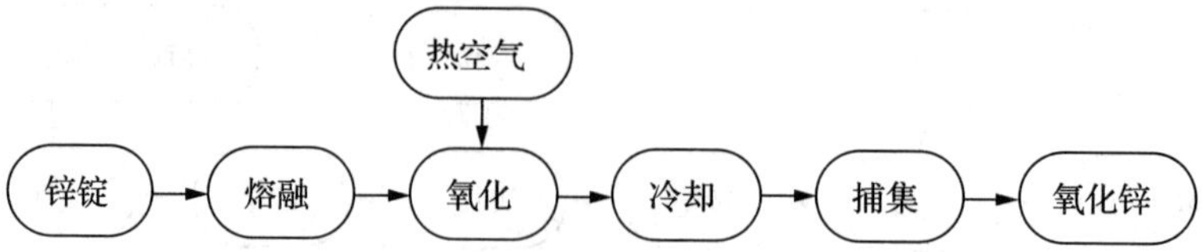

图 5-19 间接法生产氧化锌生产工艺流程

(三)钼肥

1. 钼酸铵

(1)氨浸法 将钼精矿粉碎至 0.18～0.25 mm(60～80 目),并在 600～700 ℃下焙烧生成 MoO_3,再与氨水反应制得钼酸铵溶液,控制 pH 在 8.5～9.0,在搅拌下加入适量硫化铵溶液,使重金属杂质生成硫化物沉淀。净化后的钼酸铵溶液蒸发浓缩,后在酸化沉淀器加入硝酸,在 40～50 ℃下反应,使溶液 pH 达到 1.5 时停止加酸,立即过滤分离多钼酸铵沉淀。用稀氨水溶解多钼酸铵,可转化为四水钼酸铵,滤除杂质,蒸发结晶,干燥后即为成品(图 5-20)。化学反应式如下:

$$2MoS_2+7O_2 \longrightarrow 2MoO_3+4SO_2\uparrow$$

$$4MoO_3+2NH_4OH \longrightarrow (NH_4)_2Mo_4O_{13}+H_2O$$

$$2(NH_4)_2Mo_4O_{13}\cdot 2H_2O+4NH_4OH \longrightarrow (NH_4)_6Mo_7O_{24}\cdot 4H_2O+(NH_4)_2MoO_4$$

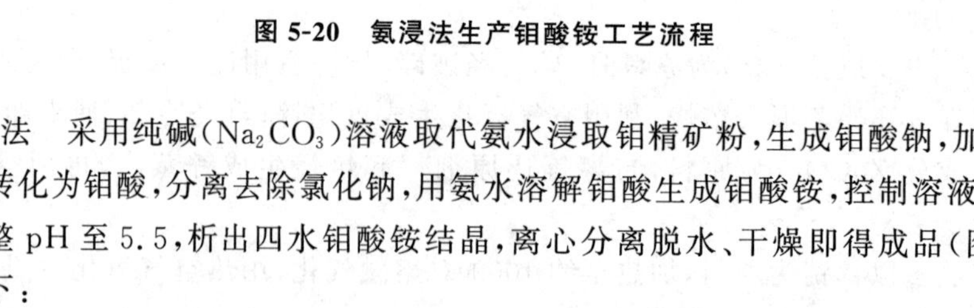

图 5-20 氨浸法生产钼酸铵工艺流程

(2)碱浸法 采用纯碱(Na_2CO_3)溶液取代氨水浸取钼精矿粉,生成钼酸钠,加温后用盐酸中和钼酸钠转化为钼酸,分离去除氯化钠,用氨水溶解钼酸生成钼酸铵,控制溶液 pH 为 7.5,再加盐酸调整 pH 至 5.5,析出四水钼酸铵结晶,离心分离脱水、干燥即得成品(图 5-21)。化学反应式如下:

$$2MoS_2+7O_2 \longrightarrow 2MoO_3+4SO_2\uparrow$$

$$MoO_3+Na_2CO_3 \longrightarrow Na_2MoO_4+CO_2\uparrow+H_2O$$

$$Na_2MoO_4+2HCl \longrightarrow H_2MoO_4+2NaCl$$

$$H_2MoO_4+2NH_4OH \longrightarrow (NH_4)_2MoO_4+2H_2O$$

$$7(NH_4)_2MoO_4+8HCl \longrightarrow (NH_4)_6Mo_7O_{24}\cdot 4H_2O+8NH_4Cl$$

2. 钼酸钠

液碱法以辉钼矿和液碱为原料制备钼酸钠。将钼精矿粉碎至 0.18～0.25 mm(60～80 目),

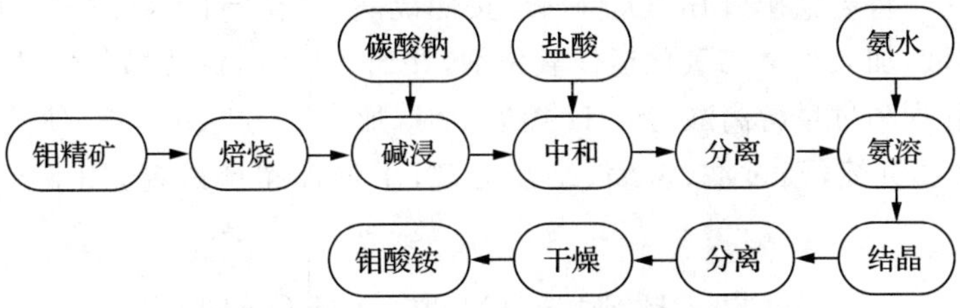

图 5-21　碱浸法生产钼酸铵工艺流程

在 500～550 ℃下氧化焙烧 5～8 h，生成氧化钼（MoO_3），再加入 3%的工业氢氧化钠使 pH 达到 9.5～10，于 80 ℃下搅拌浸取 40 min 左右得到粗钼酸钠溶液，过滤去渣，浓缩结晶，离心，在 70～80 ℃下干燥即得二水钼酸钠（图 5-22）。化学反应式如下：

$$2MoS_2 + 7O_2 \longrightarrow 2MoO_3 + 4SO_2 \uparrow$$

$$MoO_3 + 2NaOH + H_2O \longrightarrow Na_2MoO_4 \cdot 2H_2O$$

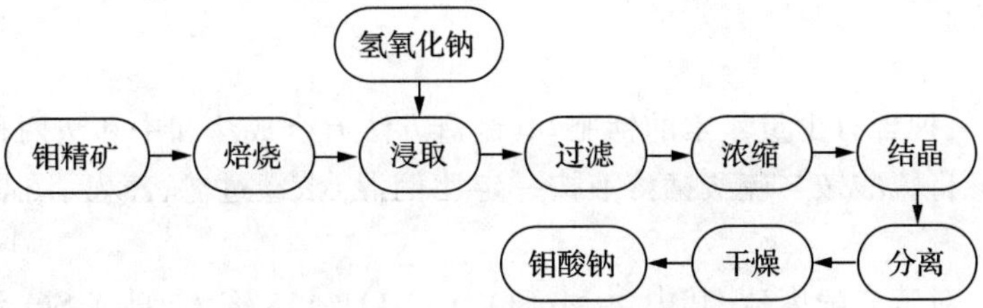

图 5-22　钼酸钠生产工艺流程

（四）锰肥

1. 硫酸锰

常用的锰肥是硫酸锰，生产方法有软锰矿法或菱锰矿法。

（1）软锰矿法　将软锰矿（MnO_2 含量＞60%）粉与煤粉按质量比以 10∶2 混合，在 800～850 ℃还原焙烧制得氧化锰，隔绝空气条件下冷却至室温，后用稀硫酸（浓度为 15%～20%）酸解，控制 pH≤5.2，经压滤净化除去铁、镁、铝及其他酸不溶物，静止沉降除去钙等杂质，清液蒸发、浓缩、冷却结晶、热风干燥即得硫酸锰（图 5-23）。化学反应式如下：

$$2MnO_2 + C \longrightarrow 2MnO + CO_2 \uparrow$$

$$MnO + H_2SO_4 \longrightarrow MnSO_4 + H_2O$$

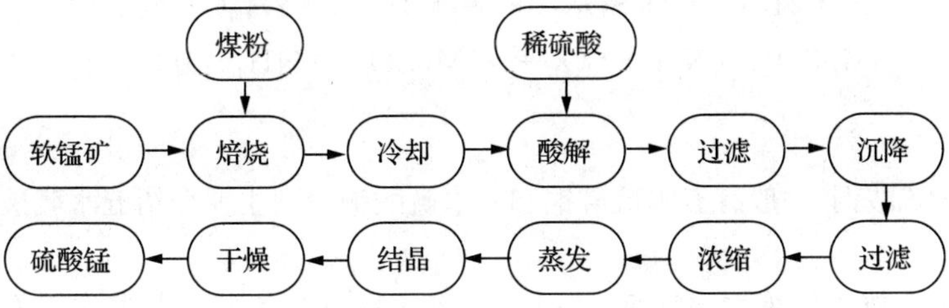

图 5-23　软锰矿法生产硫酸锰工艺流程

(2)菱锰矿法　将菱锰矿($MnCO_3$)粉碎,按照硫酸:矿粉=1:(1.8～2)的比例与硫酸反应生产硫酸锰溶液,加入少量二氧化锰作氧化剂,并通入空气,促使高价锰还原以及低价铁的氧化,可用石灰乳中和过量游离酸,当 pH 接近 7 时,加入 BaS 饱和溶液,使其中的重金属离子生成相应的硫化物沉淀,经过滤、浓缩、结晶分离,干燥即得硫酸锰(图 5-24)。化学反应式如下:

$$MnCO_3 + H_2SO_4 \longrightarrow MnSO_4 \cdot H_2O + CO_2 \uparrow$$

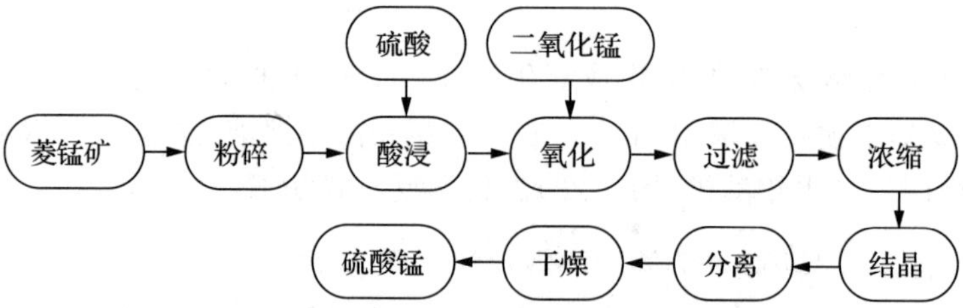

图 5-24　菱锰矿法生产硫酸锰工艺流程

2. 硫酸铵锰

硫酸铵锰是一种含有少量氮素的锰肥,其制造方法有合成法和中和法两种。

(1)合成法　将硫酸铵与硫酸锰溶液按一定比例混合,经过滤、蒸发、结晶、分离、干燥,即可制得硫酸铵锰。

(2)中和法　对苯二酚废液[其中含 $MnSO_4 \cdot H_2O$ 约 15%,$(NH_4)_2SO_4$ 约 8%]与碳酸氢铵反应,其中碳酸氢铵中和至 pH 达到 3.5～4,氨调后 pH 为 6～7。再用活性炭脱色、过滤、结晶、分离、干燥,即可制得硫酸铵锰(图 5-25)。该法虽比合成法复杂,但原料为废液,变废为宝,又有利于环境保护。

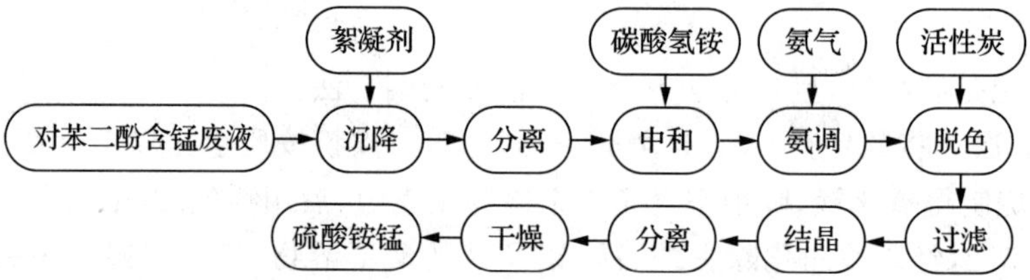

图 5-25　中和法生产硫酸铵锰工艺流程

化学反应式如下:

$$2NH_4HCO_3 + H_2SO_4 \longrightarrow (NH_4)_2SO_4 + 2H_2O + 2CO_2 \uparrow$$

$$3MnSO_4 + (NH_4)_2SO_4 \longrightarrow 3MnSO_4 \cdot (NH_4)_2SO_4$$

(五)铜肥

常用铜肥是硫酸铜,一般有五水硫酸铜和一水硫酸铜。现主要介绍五水硫酸铜的加工工艺。

1. 硫酸法

将废铜或杂铜放入熔炼铜内熔炼 5～15 h,熔融物以细流状放入粒化池的水中固化成铜粒。将铜粒投入分解塔,塔顶喷淋由 12%～19%硫酸和含 20%～30%硫酸铜的母液配成的混合液，控制温度为 55～60 ℃，得到接近饱和的硫酸铜溶液，经澄清、结晶分离即得(图 5-26)。化学反应式如下：

$$2Cu + O_2 \longrightarrow 2CuO$$

$$CuO + H_2SO_4 \longrightarrow CuSO_4 + H_2O$$

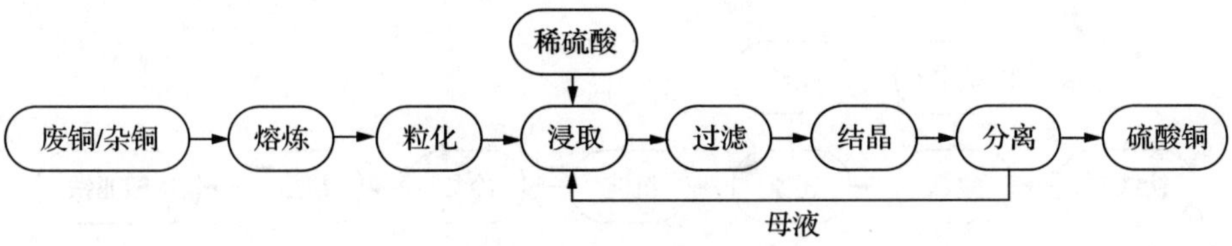

图 5-26　硫酸法制造硫酸铜工艺流程

2. 电解液回收法

铜泥(主要成分是硫化铜)在 600～700 ℃下氧化焙烧 1～2 h 后，制成细铜粉(Cu 65%～70%、CuO 20%～30%，并含少量 Cu_2O)，再与废电解液反应生产硫酸铜，控制分解温度在 80～90 ℃，分解时间 1～2 h，送入结晶器结晶，离心脱水分离，在 100 ℃左右的热风干燥得成品(图 5-27)。

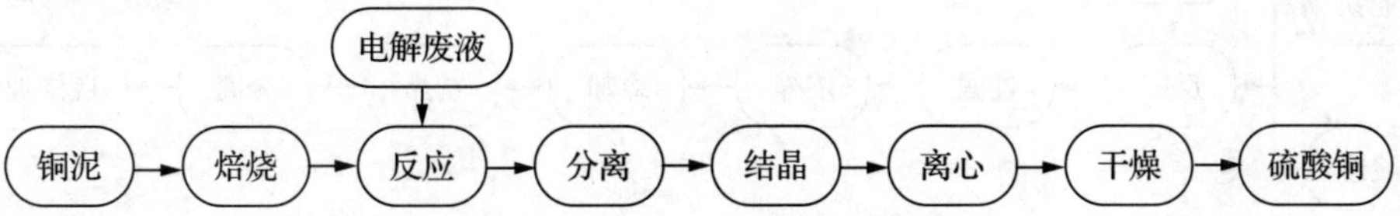

图 5-27　电解液回收法制造硫酸铜工艺流程

3. 铜泥回收法

氮肥厂合成氨工序中排出的铜泥，含铜量达 40%以上，在 700 ℃下焙烧成氧化铜，再与硫酸反应生产硫酸铜。

(六)铁肥

1. 硫酸铁

常用铁肥为硫酸亚铁($FeSO_4 \cdot 7H_2O$)，蓝绿色单斜晶体，密度为 1 898.8 g/cm³(11.4 ℃)。其生产方法有：

(1)硫酸法　废铁(废铁片、铁丝等)与硫酸反应，温度控制在 80 ℃，反应液经澄清除去杂质后，再冷却结晶，离心脱水即得七水硫酸亚铁(图 5-28)。

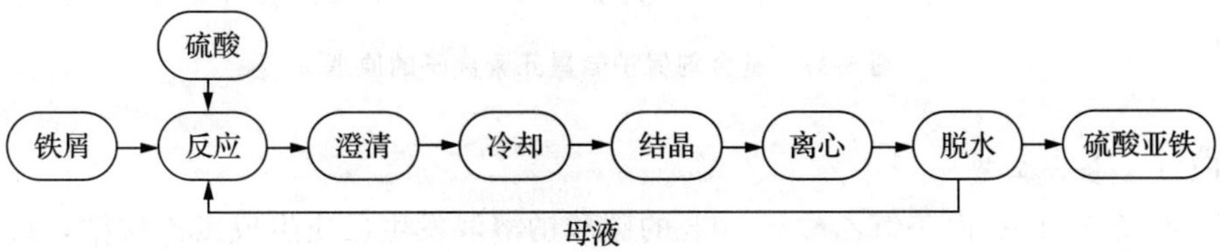

图 5-28　硫酸法制造硫酸亚铁工艺流程

(2)钢铁酸洗回收法　钢铁酸洗液中的硫酸亚铁含量达 20%～25%，先用铁屑中和废液中的游离酸，然后过滤、蒸发浓缩、冷却到室温、结晶、分离即得七水硫酸亚铁。

(3)钛白粉副产物法　用硫酸法生产钛白粉时，硫酸分解钛铁矿($FeTiO_3$)产生硫酸亚铁和硫酸铁，其中用的三价铁用铁丝还原，冷却结晶即得(图 5-29)。化学反应式如下：

$$TiO_2 \cdot FeO + 2H_2SO_4 \longrightarrow TiOSO_4 + FeSO_4 + 2H_2O$$

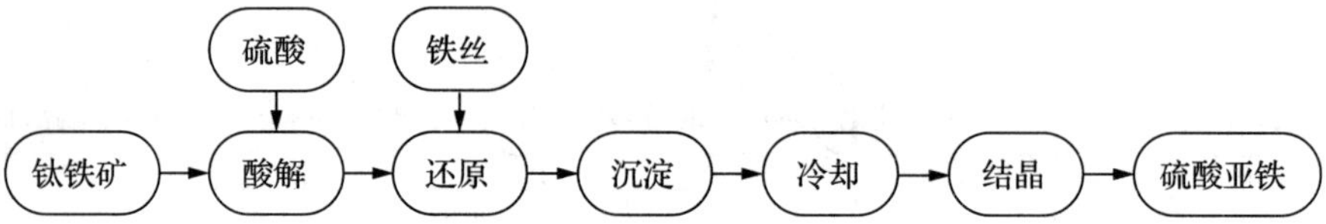

图 5-29　钛白粉副产物法制造硫酸亚铁工艺流程

2. 硫酸亚铁铵

以硫酸亚铁和硫酸铵为原料，用热水溶解，再加入硫酸发生反应，经过滤、浓缩、冷却结晶、分离、干燥得到硫酸亚铁铵(图 5-30)。

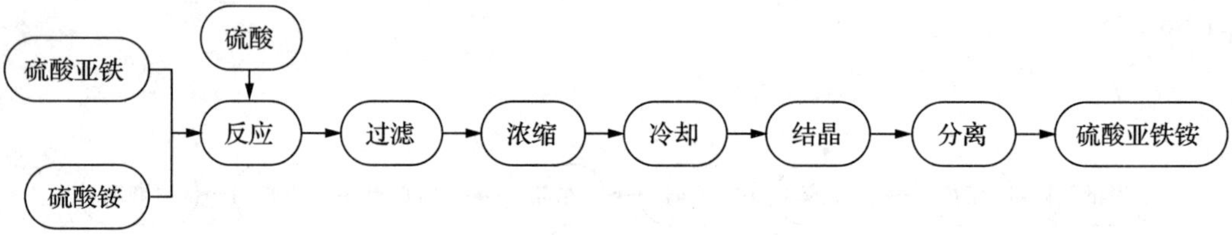

图 5-30　制造硫酸亚铁铵工艺流程

(七)螯合态微量元素肥料

螯合态微量元素肥料的生产原理是使用天然或者人工合成的有机螯合剂与微量元素离子发生化学反应，即螯合剂分子通过其多个配体位点与离子结合，形成稳定的环状结构化合物，这就是通常所说的螯合作用。螯合剂将微量元素离子紧紧“包围”在环状结构中，避免了离子直接与土壤接触所产生的化学反应，长期维持着离子的有效性，不易被土壤所固定(图 5-31)。

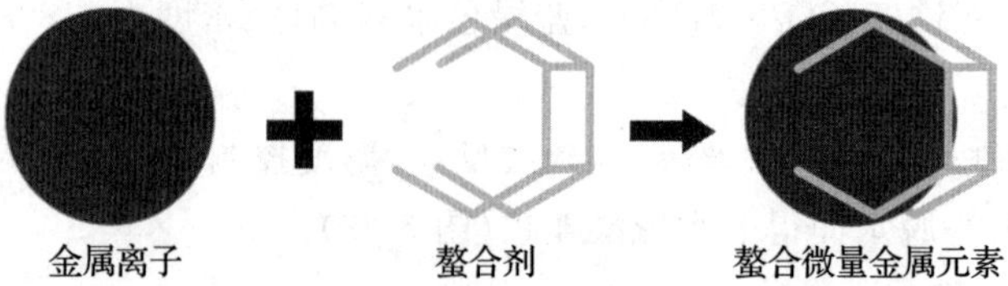

图 5-31　螯合剂保护微量元素离子的原理

1. EDTA 螯合工艺

首先，制备 ETDA，由一氯乙酸与 50%的碳酸钠溶液发生反应生成氯乙酸钠，再加入乙二胺，后加入 40%NaOH 溶液，再在 50 ℃水浴条件下反应 2 h，再于沸水浴上保温 4 h，冷却至室温后用浓盐酸调 pH～1.2，有白色沉淀物生成，抽滤并精制获得 EDTA 成品；也可通过乙二胺与甲醛、氰化钠三种原料混合形成水溶液，进行加热反应，生成碱性乙二胺四乙酸。其次，制备螯合型微量元素肥料，将磨细的微量元素肥料与 EDTA 充分混合均匀在常温下发生反应，也可在较高的温度(如 60～70 ℃)反应；在水溶液中也可直接在反应釜中反应合成，浓缩、结晶、分离、干燥、研磨制得成品。

2. DTPA 螯合工艺

首先，制备 DTPA 可通过氯乙酸法，采用一氯乙酸与碱中和后，再与二乙烯三胺进行反应，该法操作简单，原料成本高，但对设备腐蚀性强，收率在 70%～75%，杂质含量高，环境污染严重；也可通过氰化钠法，以氰化钠或氢氰酸、二乙烯三胺、甲醛等作为原料，通过一步反应合成二乙烯三胺五乙酸钠溶液，酸化、结晶等到 DTPA，该法操作简便，成本低，产品质量好，但使用原料氰化物具有剧毒，生产管理要求高；还可将乙醇胺类的化合物在高温下催化生成多羟基类化合物，再经催化氧化得到 DTPA，此法原料成本低，设备要求高。其次，制备螯合型微量元素肥料，DTPA 分子中的羧酸基团(－COOH)和氮原子可以提供多个配位点，与金属离子形成稳定的配位键。

3. EDDHA 螯合工艺

首先，制备 EDDHA 可由氢氰酸、水杨醛等为主要原料，经过多锅混煮而得邻、对位粗品产物，再经分离、提纯而得成品；或者以苯酚、乙醛酸和乙二胺为原料制得产品，一般以这些原料为主。其次，将 EDDHA 调节溶液 pH 至 8 左右，加入铁的无机盐溶液，并充分反应，浓缩可得固体产品。反应工艺条件：温度 75 ℃，时间 4 h 小时，物料摩尔配比 n(苯酚)∶n(乙醛酸)＝1.2∶1.0，在室温下螯合时，螯合时间以完全生成血红色的可溶性产物为准。

4. IDHA 螯合工艺

合成 IDHA 可通过顺丁烯二酸酐-氨气法生产，以顺丁烯二酸酐、氨气、碱金属氢氧化物和水为原料，反应后减压除去氨气和水，即得 IDHA；也可通过顺丁烯二酸酐和天冬氨酸或其酯化物为原料，在 65～120 ℃，常压下反应 6～30 h，即得 IDHA 原料液，再经浓缩分离制得成品。IDHA 与微量元素肥料进行螯合反应，制得螯合态微量元素肥料。

5. HBED 螯合工艺

合成 HBED 目前可通过 N，N′-双(2-羟基苄基)乙二胺为原料，与甲醇和 HCN 反应得到 HBED 酰胺，再水解得到 HBED；也可通过乙二胺二乙酸为与苯酚、甲醛反应，或者乙二胺和水杨醛制得 HBED。HBED 与微量元素肥料进行螯合反应，制得螯合态微量元素肥料。

6. PDMA 螯合工艺

PDMA(脯氨酸-2-脱氧麦根酸，proline deoxymugineic acid)属于新开发的螯合剂，是麦根酸类物质的衍生物，主要螯合铁营养元素。以 Boc-*L*-烯丙基甘氨酸叔丁酯为原料，经过臭氧氧化，与脯氨酸发生胺化反应，去除 Boc 基团，与醛发生还原性胺化反应等过程。PDMA 与微量元素肥料硫酸亚铁进行螯合反应，制得 PDMA-Fe 肥料。

7. 腐殖酸螯合工艺

从泥炭土和风化煤中提取的腐殖酸，含有芳香基、羧基、羰基、甲氧基等活性基因，可以螯合微量元素，制成螯合态微量元素肥料等。腐殖酸螯合态微肥生产设备简单，工艺流程不复杂，以黄腐酸二胺铁为例，其中草炭粉∶水∶氢氧化钠为 10∶100∶1(质量比)。搅拌下加热沸腾 30 min，静置过滤，滤液加硝酸，调至 pH 为 2。黄腐酸、尿素和硫酸亚铁质量比为 100∶

4∶0.4，先将尿素溶于温度高于 90 ℃的热水中，加入硫酸亚铁反应生成二胺铁溶液，后加入 90 ℃的黄腐酸溶液，充分混合反应后冷却制得成品。

8. 氨基酸螯合工艺

氨基酸是蛋白质的基本组成单位，以其螯合微量元素制成的螯合态微肥，不仅能提升肥效，还可通过氨基酸自身促进植物生长。生产方法是以动物毛发（猪毛、羽毛梗等）等废蛋白质为原料，经水解制得氨基酸，再螯合微量元素制得氨基酸微肥。

氨基酸微量元素肥料主要是采用水体系合成法通过溶解、合成、沉淀、过滤、干燥等步骤，产率较高，是目前氨基酸螯合肥生产较为理想的选择，但是存在工艺周期较长、螯合反应温度和 pH 不易控制、易被废液污染等不足（图 5-32）。

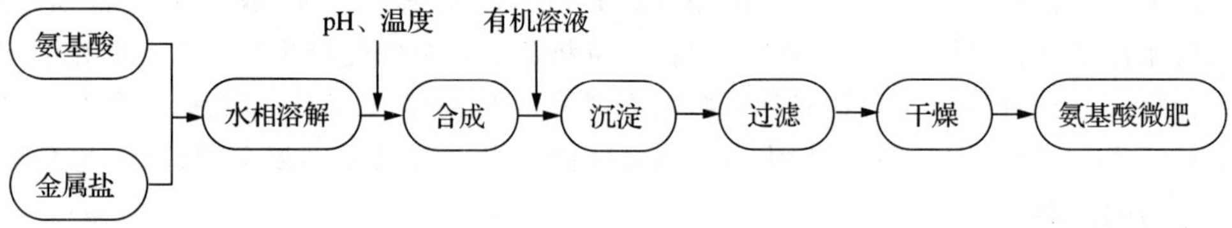

图 5-32 水体系合成法制备氨基酸微量元素肥料的工艺流程（慕康国等，2021）

二、复合微量元素肥料加工工艺技术

随着集约化农业生产的推进，微量营养元素缺乏问题突显，施用微量元素肥料成为农业生产的必要措施。根据农业高产栽培要求平衡供应植物生长所需的营养元素。据全国农技推广服务中心估算数据，全国农田土壤缺乏微量元素的比例很大，具体来讲缺硼占比 84%，铁 31%，锌 14%，锰 48%，铜 25%，钼 59%，这也意味着多种微量元素营养缺乏问题突出，加之单质微量元素肥料由施用少造成均匀施肥的困难，可通过多种微量元素肥料同时施用、与复合肥料共造粒等方式来实现，从而实现一种肥料解决多种营养元素问题。根据剂型复合微肥可分为固体和液体，根据对作物作用速率又分为缓效和速效。

（一）固体复合微肥

1. 掺混法

将几种微量元素肥料掺混，或者与大量营养元素肥料机械混合，实现多种营养元素的复合化。其优点是可根据不同土壤、作物的需要灵活变换配方；其缺点是易产生分离造成养分分布不均。生产时，要求将各基础肥料加工成粒径、比重接近的肥料颗粒，然后再掺混，也可直接以粉末状混合形成复合微肥，这种常见于多种单质微量元素肥料、含微量元素水溶性复合肥料等。

2. 复合造粒法

在生产颗粒复合肥料时，将微量营养元素按照一定配方加入与大量营养元素肥料一起造粒，可有效解决微量元素肥料分布与施用不均匀的问题。但是制成的肥料养分比例固定，添加的微量元素肥料量较少，难以满足不同土壤和不同作物的营养需要。该方法适用于大面积缺乏相同微量元素的情况。

3. 包裹法

包裹法是在大量营养元素肥料颗粒的外表均匀裹上一层微量营养元素肥料，可防止微量元素物料分布不均。一般要求微量元素至少通过100目筛，因而耗能较多，成本相对较高。该法制成的肥料其应用效果与复合肥造粒时加入微量营养元素的相同。该法生产复合微肥需要添加黏合剂，硫酸铵、磷酸铵、聚磷酸铵、氯化钾，以及微量元素螯合物的溶液均可用作黏合剂。包裹油也可用作黏合剂，但其用量不得超过1%。

(二)液体复合微肥

液体复合微肥又分为清液和悬浮液两种形式。

1.清液复合微肥

将微量元素肥料制成直接液体肥料或者加入大量营养元素液体肥料。通常采用的液体肥料有氨、硝酸铵溶液、硝酸铵溶液、尿素硝铵溶液、氨水以及磷酸一铵、磷酸二铵和聚磷酸铵溶液等。配制时必须注意不同肥料溶液中微量元素的溶解度差异。例如，硼砂中的硼及钼酸钠中的钼在磷酸一铵、磷酸二铵和聚磷酸铵中均易溶解，而锌、锰、铜、铁的无机盐类则会与磷酸一铵、磷酸二铵易发生反应形成不易溶解的沉淀物，但在聚磷酸铵溶液则发生螯合反应，使其溶解度较高。

2.悬浮液复合微肥

悬浮肥料是一类悬浮有肥料盐细小结晶的悬浮体的溶液肥料。悬浮液复合微肥对微量元素肥料的溶解度要求较低，可以是易溶的，也可是难溶的，因此可获得浓度比清液微肥高的复混微肥。生产工艺中一般要求微量元素肥料粉末通过60目筛，并充分搅拌，使其既不产生沉淀又不致堵塞喷雾器喷嘴，因而最好使用注射法将粉末直接掺入到悬浮液中。

液体复合微肥相对固体微肥来说，成本较低，养分浓度较低，运输和储藏成本较高，适用于喷灌、滴灌等机械化施肥，是肥料加工的重要发展趋势。

(三)速效复合微肥

典型的速效复合微肥是螯合态微肥。

1.人工螯合微量元素肥料

将各种单质人工螯合微量元素肥料混合形成复合微量元素肥料，或者将多种微量元素肥料按照施肥配比需要，与人工螯合剂通过化学反应形成复合微量元素肥料。这是充分利用了螯合微量元素肥料的稳定性，使一种肥料中含有多种微量元素营养，便于施用同时解决生产中的多种营养需求问题。

2.天然螯合微量元素肥料

生产过程同螯合态单质微量元素肥料，将各种单质微量元素肥料按照配肥需求进行充分混合，并与螯合剂发生螯合反应，形成复合微量元素肥料。

(四)缓效复合微肥

典型的缓效态复合微肥为玻璃肥料。玻璃肥料以玻璃为载体，加入植物所需营养元素，制成缓效肥料。最先研制的玻璃肥料主要是大量元素，如1943年Walthall研制了P_2O_5-CaO-MgO-SiO_2系列的玻璃肥料，20世纪50年代苏联、美国、德国等国在玻璃载体中加入铁、锰、铜、锌、钼和硼等微量元素，制成微量元素玻璃肥料(现在一般玻璃肥料主要是指微量元素玻璃肥料)，还有加入稀土元素，或加入氧化铜或氧化银制成具有杀菌除臭的玻璃肥料。在制取玻璃微量元素肥料中，微量元素可采用各种氧化物或盐类，如CuO、ZnO、MnO_2、H_3BO_3、$(NH_4)_6Mo_7O_{24}\cdot 4H_2O$等。

根据制造过程中温度控制的不同，玻璃肥料制备方法分烧结法和熔融法两种。

（1）烧结法　以碎玻璃为载体，将其磨成 200 目左右的粉状，加入微量元素混合后经 850～950 ℃烧结而成，制得各种玻璃体微量元素肥料。

（2）熔融法　将玻璃体原料和微量元素肥料分别球磨到一定细度，按照产品组成配比并搅拌均匀，将混合料加热到 1 200～1 300 ℃使其熔融，制得玻璃状物质，再粉碎至 70～100 μm（150～200 目）即为成品（图 5-33）。熔融法虽然温度比烧结法要高，但可以利用多种廉价的矿物原料和岩石，玻璃成分范围比较宽，微量元素和稀土元素能以离子状态存在于玻璃骨架间，玻璃与水作用时，这些离子以一定速率释放。

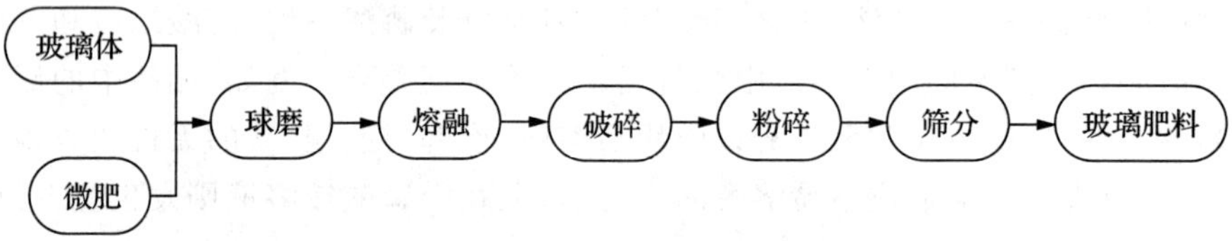

图 5-33　玻璃肥料制造工艺流程

以普通玻璃——钠钙玻璃（其主要成分由 SiO_2、CaO 和 Na_2O 所组成）为例，简单阐述其反应原理。在熔融状态下玻璃、硼酸、钼酸铵等先发生下列分解反应：

$$Na_2O \cdot CaO \cdot SiO_2 \longrightarrow Na_2O + CaO + SiO_2$$
$$H_3BO_3 \longrightarrow B_2O_3 + 3H_2O$$
$$(NH_4)_6Mo_7O_{24} \cdot 4H_2O \longrightarrow 7MoO_3 + 6NH_3\uparrow + 7H_2O$$

反应中生成的 SiO_2 为酸性氧化物，它与碱性氧化物 MoO_3、CuO、MnO_2、ZnO 等发生化学反应，生成硅酸盐即微量元素肥料中的有效成分，同时 B_2O_3 也与玻璃中的 Na_2O 发生化学反应生成硼砂（硼肥）。反应式如下：

$$MoO_3 + SiO_2 \longrightarrow Mo(SiO_3)_3$$
$$CuO + SiO_2 \longrightarrow CuSiO_3$$
$$MnO_2 + SiO_2 \longrightarrow Mn(SiO_3)_2$$
$$ZnO + SiO_2 \longrightarrow ZnSiO_3$$
$$B_2O_3 + Na_2O \longrightarrow Na_2B_4O_7$$

从以上反应式可以看出，除含有微量元素的氧化硼与玻璃中的氧化钠反应生成硼砂（硼肥）外，其余的含有微量元素的氧化物与玻璃中的二氧化硅反应生成硅酸盐肥料，这些肥料在土壤中缓慢溶解，从而可提高肥料利用率。

缓效态复合微肥可直接以矿物原料生产。例如，钾长石除含钾外，还含有钙、镁、铁等中微量元素，可通过煅烧水淬法制备（图 5-34）。但有些矿石除含有所需微量元素外，还含有许多与之共生的重金属元素，这种矿石则必须将重金属通过化学处理进行分离，否则会给土壤带来危害。如铅锌矿生产农用硫酸锌，则需分离去除有害成分，一般采用溶解分离法（图 5-35）。还可以用工业废渣废液生产，如冶金行业的炉渣，粉煤灰，废催化剂，往往含有钙、铁、硫等，去除一些有害重金属元素，可以作为复合微肥施用。

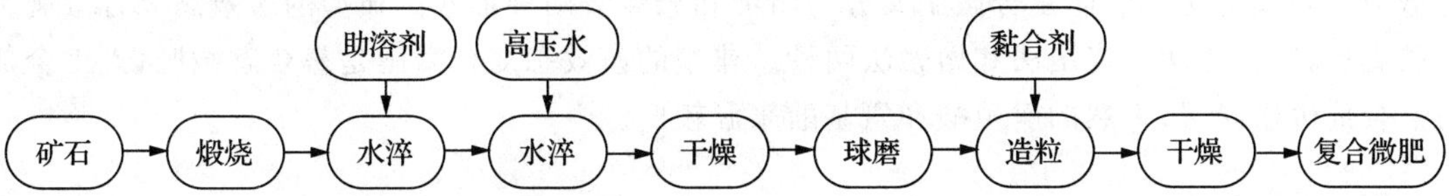

图 5-34 煅烧水淬法生产复合微肥工艺流程(秦征,2011)

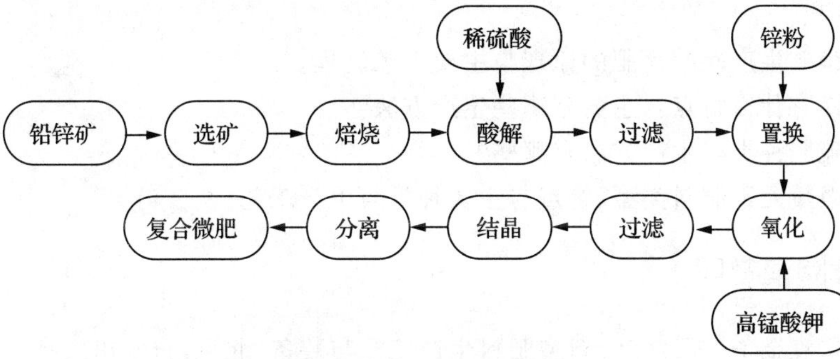

图 5-35 溶解分离法生产复合微肥工艺流程

【本章小结】

常用钙肥资源有石灰石、白云石、石膏、杂卤石等,常见钙肥品种主要有石灰类、农业用硝酸钙、硫酸钾钙镁、硝酸铵钙、糖醇钙、牡蛎壳钙肥等,通过石灰石煅烧、石灰石与盐酸反应(或氨碱液回收、氯酸钾废液反应法)、原矿粉碎、硝酸铵与硝酸钙混合、糖醇螯合、牡蛎壳煅烧等工艺生产而来。

常用镁肥资源有菱镁矿、天然硫酸镁矿、白云石、盐湖或地下卤水等,主要镁肥品种有硫酸镁、硫酸钾镁肥、氢氧化镁等,农用硫酸镁可来自盐化工的副产品,或用硫酸处理含镁矿石制得,也可用天然硫酸镁矿通过静电分离法制得。硫酸钾镁肥可采用盐湖卤水生产和钾镁钒矿生产。氢氧化镁可由含镁的卤水制取或由白云石制取。

常用硫肥资源有硫铁矿、硫黄以及从石油、天然气、有色金属硫化物中回收的硫。常用硫肥主要有含硫和加硫肥料、硫黄和硫代硫酸铵。硫黄可通过天然硫黄矿和硫铁矿制取获得,加硫肥料主要是在磷铵生产过程中加入硫黄和硫酸(或硫酸铵)熔融制得。

常用微肥资源是含有微量元素的矿产资源,如硼镁矿、铅锌矿、辉钼矿、软锰矿、黄铜矿、赤铁矿等,常用硼砂通过硼砂矿直接制得,或者通过硼镁矿以碳碱法生产,硼酸则以碳酸氢铵或硫酸处理硼镁矿获得;硫酸锌则主要通过硫酸分解氧化锌等制得;钼酸铵、钼酸钠是钼精矿与氨水、纯碱、液碱等分别反应制得;硫酸锰主要通过锰矿焙烧后与硫酸反应制得,硫酸铵锰则可通过硫酸铵与硫酸锰混合制得;硫酸铜是采用硫酸与废铜或杂铜反应、或铜泥焙烧再与废电解液反应制得;硫酸铁主要是废铁与硫酸反应制得。螯合态微量元素肥料则利用天然或者人工螯合剂与微量元素离子进行化学螯合反应,形成稳定的环状结构化合物。

微量元素肥料可分为单质微肥与复合微肥,复合微肥是微肥生产的发展趋势;根据剂型可分为固体和液体;根据对作物有效性又分为缓效和速效。固体复合微肥生产方法有掺混法、复合造粒法和包裹法。液体复合微肥又分为清液和悬浮液两种形式。典型的缓效态复合微肥为玻璃肥料，制备方法分烧结法和熔融法两种。典型的速效态复合微肥是螯合态微肥，人工合成的螯合剂价格昂贵，天然的腐殖酸和氨基酸来源较广。

复习思考题

1. 简述常用钙肥的种类与性质、生产原理以及石灰类钙肥、硝酸铵钙、糖醇钙、硫酸钾钙镁的主要工艺流程。

2. 简述菱镁矿生产硫酸镁肥的原理与主要工艺流程。

3. 硫酸钾镁有什么特点？主要有哪些生产方法？

4. 主要的硫肥种类与生产方法有哪些？

5. 常见的微量元素肥料类型、特点与主要种类与生产工艺。

本章推荐阅读书目

车宗贤，冯守疆，袁金华，等. 2020. 新型肥料生产工艺与装备. 北京：科学出版社.

范可正. 2001. 中国肥料手册. 北京：中国化工信息技术中心，中化信深达信息技术有限公司.

徐卫红. 2016. 新型肥料使用技术手册. 北京：化学工业出版社.

周连仁，姜佰文. 2007. 肥料加工技术. 北京：化学工业出版社.

参考文献

丁洪，张玉树，郑祥洲，等. 2017. 玻璃肥料的研究与应用进展. 现代化工，37(3)：14-19，21.

郭然，吕丙航，王新梅. 2020. 硝酸铵钙产品生产技术及市场前景分析. 氮肥技术，41(4)：29-32.

姜存仓，肖思赟. 2023. 增效载体在新型微量元素肥料中的应用现状及前景展望. 华中农业大学学报，42(6)：26-34.

李国英，贺春宝. 2008. 硫酸镁的性质和用途及生产方法. 山西化工，28(1)：49-51.

李红梅，印万忠. 2006. 氢氧化镁的制备工艺研究. 有色矿冶，22(S1)：64-65，68.

凌奇，王琪，魏玉玉，等. 2023. 硫酸镁的制备方法及研究进展. 盐科学与化工，52(5)：18-23.

慕康国，祁瑞，张强，等. 2021. 氨基酸水溶性肥料. 北京：中国农业科学技术出版社.

牛彦超，朱盼盼，马彦平. 2022. 螯合态中微量元素肥料现状分析及前景展望. 肥料与健康，49(5)：6-10.

潘志君，夏鹏，朱清，等. 2021. 中国锌矿资源开发利用形势分析. 地球学报，42(2)：258-264.

秦征，邵建华. 2011. 中微肥的生产及其应用. 广东微量元素科学，18(2)：20-33.

任延鹏. 2022. 硫酸钾镁肥生产工艺探究. 现代盐化工，49(1)：9-10.

孙凯，张起钻，朱清，等. 2022. 全球锰矿资源特征及供需格局. 矿产勘查，13(4)：371-387.

谭慧婷，孙伟，崔玉照，等. 2022. 钾矿资源现状与杂卤石的开发应用分析. 无机盐工业，54(6)：23-30.

魏红珍. 2020. 我国水溶性高钾钾镁肥现状及发展预测. 肥料与健康，47(5)：31-33.

魏明辉. 2023. 我国铜资源开发利用现状及可持续发展策略. 现代矿业，39(10)：9-12.

尤洪星，朱孔杰. 2015. 绿色螯合剂亚氨基二琥珀酸的合成与性能研究进展. 广东化工，42(20)：

15,14.
张福祥,赵莎,刘卓,等. 2019. 全球硼矿资源现状与利用趋势. 矿产保护与利用,39(6):142-151.
张亮,杨卉芃,冯安生,等. 2019. 全球钼矿资源现状及市场分析. 矿产综合利用(3):11-16.
中华人民共和国自然资源部. 2022. 中国矿产资源报告. 北京:地质出版社.
Suzuki M, Urabe A, Sasaki S, et al. 2021. Development of a mugineic acid family phytosiderophore analog as an iron fertilizer. Nature Communications, 12: 1558.

第六章　液体肥料研制与加工工艺

液体肥料问世已有200余年的历史，它的迅速发展则始于20世纪中期，品种也逐渐增多，许多国家使用液体肥料的数量也日益增加。我国的液体复混肥料开始于20世纪50年代，之后各地陆续开发应用。液体肥料适用于多种大田作物和经济作物，既可促使作物提早成熟、提高产量、提高肥料利用率，又能改善作物品质。近年来随着施用普通化肥带来突出的资源、能源、环境问题，我国液体肥料的研制与应用受到更多的关注，液体肥料产业得到进一步发展，正成为肥料工业发展的一个重要分支和新型肥料产业化发展的重要方向。

第一节　液体肥料概述

一、液体肥料主要品种及特点

液体肥料(fluid fertilizer)又称流体肥料，简称液肥，是以含有一种或一种以上作物所需营养元素的液体产品。液体肥料在储运、计量、使用等方面都较固体肥料简便容易。与固体肥料相比，液体肥料能够更精确地进行施肥，同时液体肥料也是微量元素和农药等添加剂良好的载体。在有条件的地区，可以利用灌溉系统进行液体施肥。

(一)液体肥料的主要品种

根据液体肥料中有效养分大致可分为液体氮肥、液体复混肥、含氨基酸类液体肥(液体产品水溶肥)和含腐殖酸类液体肥(液体产品水溶肥)等几大类。

1. 液体氮肥

液体氮肥主要为含氮的液体氮肥，其有效物质有铵态氮、硝态和酰胺态氮。如液氨、氨水、氮溶液、尿素硝铵溶液等。

2. 液体复混肥

液体复混肥主要含有氮、磷、钾中两种或三种营养元素，还可添加中量营养元素(Ca、Mg等)和微量营养元素(Cu、Fe、Zn、Mn、Mo、B等)以及除草剂、杀虫剂、植物激素等。如大量元素水溶肥(液体产品)。

液体复混肥分为清液肥料(clear liquid fertilizer)和悬浮液肥料(suspension fertilizer)两种。清液肥料中的营养元素完全溶解，不含分散性固体颗粒。悬浮液肥料中的液相中分散有不溶性固体肥料微粒或含惰性物质微粒。随着科技和生产的发展，新产品不断涌现，如胶质肥料(gelled fertilizer)，它是液体肥料的一种衍生产品，是将液体肥料添加少量聚合物粉末(约占液体肥料的1%左右)，经搅拌混合直至达到适当的黏度。聚合物一般采用对环境有良好作用的糖类物质。研究认为，这种胶质肥料可以增加土壤中的有效养分含量，使作物增产30%，对作物能增加氮、铁的吸收，减少地下水的氮污染，增加作物产量。目前我国应用普遍的液体复混肥是大量元素水溶肥的液体产品，大致分为两种类型：一是大量元素水溶肥（中量元素型）液体产品；二是大量元素水溶肥（微量元素型）液体产品。

3. 含氨基酸类液体肥

含氨基酸类液体肥是指以游离氨基酸为主体的，按植物生长所需比例，添加适量的钙、镁中量元素或铜、铁、锰、锌、硼、钼微量元素而制成的液体水溶肥料。分为含氨基酸水溶肥料（中量元素型）液体产品和含氨基酸水溶肥料（微量元素型）液体产品。

4. 含腐殖酸（又称腐殖酸）类液体肥

含腐殖酸（又称腐殖酸）类液体肥是指以适合植物生长所需比例的矿物源腐殖酸，添加适量氮、磷、钾大量元素或铜、铁、锰、锌、硼、钼微量元素而制成的液体水溶肥料。分为含腐殖酸水溶肥料（大量元素型）液体产品和含腐殖酸水溶肥料（微量元素型）液体产品。

近年来，我国节水灌溉面积大幅度增加，水肥一体化成效显著，液体态肥料发展已进入了“快车道”，并向安全、绿色、高效发展，由于液态体肥料具备配方精确可控，施用简单方便，特别适用于机械 化施用和规模化生产，将会在实现根层水肥精准调控和前后茬作物养分循环高效利用方面发挥重要作用。同时，作为一类采用大数据智能算法进行有针对性的定向匹配设计，应用先进绿色制造工艺生产的，具有作物根际效应激发、养分精准匹配的一类新型高品质肥料，绿色智能肥料的设计理念和生产工艺在液体肥料生产加工工艺中也得以应用，其同耕层养分激活、养分协同增效、水肥协同调控、绿色高效种植技术等结合起来，精准匹配作物营养需求和积极响应土壤和气候的动态变化。研究表明，MgO、CaO 等材料制成纳米颗粒后，不仅能避免其与大量元素的化学反应，而且能在使用时形成稳定的悬浮液，不需要通过 EDTA 络合等手段保持其稳定性，纳米级的 MgO、CaO 还可以实现跨膜吸收，为新型液体肥料的发展提供了新思路。

（二）液体肥料的特点

液体肥料较固体肥料有很多优点：

（1）生产时不需要蒸发、干燥过程，因而能耗与操作费用低，同时工艺流程简化，生产设备减少，投资省。液体肥料的储运和装卸，施用所需的劳动力较固体肥料少。

（2）在生产、运输和施用时，不会出现粉尘、烟雾等对环境的影响，产品不存在吸湿和结块的问题。

（3）可根据作物特性及当地土壤养分状况，按需配方生产和施用。除主要营养元素（氮、磷、钾）外，还可视农业生产的需要，适当添加中量营养元素（钙、镁，等），微量营养元素（硼、铜、铁、锰、钼）以及杀虫剂、除草剂、植物生长促进剂（植物激素）等。微量营养元素、杀虫剂、除草剂、植物生长促进剂用量少，当根据需要加入液体复混肥料或在生产液体复混液肥料时配合原料加入，均可混合均匀，使液体复混肥料成为多功能的产品，施用时方便，既省工又省时。若将微量营养元素或农药等加入固体肥料中，就难以混合均匀。

（4）土壤中的亚硝化细菌和硝化细菌使施用到土壤中的铵态氮肥硝化而增加损失，在液体复合肥料中添加硝化抑制剂，就可以通过施肥抑制硝化菌的作用，减少氮肥损失、提高利用率，达到节肥增产的目的。因硝化抑制剂的用量通常仅为氮素的百分之几，要求它与氮素均匀分布，以起到抑制的作用。要将少量的硝化抑制剂与肥料混合肥料均匀，液体肥料较固体肥料容易实现。

(5)固体肥料在储运过程中,由于颗粒的形状与密度的差异常产生离析,因而造成质量参差不齐,影响施用后的肥效。液体肥料则不会出现这样的问题。

(6)施用液体复混液的方法较多,既可直接放入灌溉水中,也可放进喷灌水中进行喷施或滴灌,还可以稀释后作为叶面肥喷施,对于大面积的农田则可用飞机喷施。因此施用便捷、省费用、收益快。

液体复混肥料虽有以上许多优点,但也存在以下缺点:

(1)生产液体复混肥料的原料必须是水溶性的,并要求各原料组分之间的化学反应不产生沉淀物,所以液体复混肥料对原料的选择更严格、具有局限性。

(2)液体复混肥料的原料因其不同的组成而有不同的盐析温度,因此在配料是要考虑到能够耐受可能的最低温度,以免复混肥料在低温时产生结晶并沉淀。这一要求同样使其对原料的选择受到一定约束。

(3)液体肥料的储运和运输需要特制的容器和运输车辆,费用较高。如果有条件的地方用管道运输,则既方便又经济。

(4)悬浮液肥料是肥料的饱和溶液,含有多种营养元素,甚至微量元素、农药等,虽加有悬浮剂可使这些微粒能持久悬浮而不絮凝。但储存时间过长,特别是在运输途中不断受到震动时,可能使悬浮液胶体结构减弱,甚至破坏,将导致晶体沉降和絮凝。为此,在悬浮液的储存和运输设备中宜用搅拌装置进行搅拌,以保证悬浮液肥料中的晶体不致沉降和絮凝。

二、液体肥料生产的基本原理

(一)确定液体肥料中营养元素的种类和数量

确定液体肥料中营养元素的种类和数量主要有下述3个因素。

1. 作物种类

作物种类不同,对养分的需求特点各异。一般栽培作物如水稻、小麦、玉米等对氮素的需求量都是很大的,因此肥料中的氮素配比高。而蔬菜对钾的需求量大,在许多情况下均大于氮素。在果树中,香蕉、葡萄等属富钾植物。茶树对氮素的需求量大,而烟草对钾的需求量大大高于氮和磷。作物种类不同,对养分的形态要求也大相径庭。例如,旱地蔬菜大多具有喜硝态氮的特点,茶树则喜铵态氮,烟草既喜硝态氮又喜钾。在针对作物研制液体肥料时,这些都是十分重要的基础,也是提高液体肥料效应和确定液体肥料营养元素种类和数量的关键。

2. 土壤营养特性

土壤营养特性主要涉及土壤的综合营养特性和肥力水平,一般包括土壤有机质含量、有效养分含量及其平衡状况、土壤对养分的缓冲能力、土壤生物和生化特性等。我国东北黑土的综合肥力水平高,而南方地区的红壤、砖红壤则相当贫瘠,不仅磷素、钾素总量低,其有效性也低;在四川盆地的紫色土,则以钾素总量和有效量均高为特色。在针对土壤或区域农业研制液体肥料时,这些内容都应该是考虑液体肥料养分配方的基础。

3. 施肥技术

迄今,针对液体肥料的施用技术主要包括根外施肥、滴灌施肥、喷灌施肥等。

(1)根外施肥 根外施肥作为根部营养的一种辅助手段,主要特点:①直接供给植物养分,可防止养分在土壤中的固定和转化;②根外施肥养分吸收转化比根部快,能及时满足作物需要；③根外施肥直接影响作物体内代谢，有促进根部营养和改善品质的作用；④根外施肥是经济有效的施用微肥的一种方式，对作物需要量大的大量元素难以满足需要。

(2)滴灌施肥　滴灌施肥的优点：①提高化肥利用率；②节水、灌水均匀；③降低棚内温度，减少病虫害，抑制杂草，提高作物品质；④减轻土壤退化(如土壤 pH 降低，土壤次生盐渍化)和地下水污染；⑤节省劳力；⑥提高产量，增加收入。但滴灌施肥要特别注意肥料的配比、用量，以及不同肥料之间的反应，避免反应产生沉淀堵塞管道。这也同时是液体肥料在配置、生产和施用过程中应该注意的问题。

(3)喷灌施肥　喷灌施肥和滴灌施肥均属灌溉施肥。与常规施肥方式相比，喷灌施肥与滴灌施肥一样也具有提高肥料、提高产量等优点。喷灌与滴灌施肥不同的是，喷灌的水利用系数约为 0.75，滴灌的水利用系数为 0.95；滴灌施肥是根据作物需水、需肥量和根系分布进行最精确的供水、供肥，不受风力等外部条件限制。

(二)养分离子间的相互作用

离子间的相互作用，根据它们的特点可分为拮抗作用和协助作用。离子间的拮抗作用指某一种离子的存在会抑制作物对另外一种离子的吸收，拮抗作用主要发生在阳离子和阳离子之间，阴离子和阴离子之间。拮抗作用主要是水合半径相近的离子，如 K^+、NH_4^+ 等可能竞争载体上的相同结合部位而产生的，也可能是影响到原生质膜的通透性(主要是指 Ca^{2+} 对一些离子产生的拮抗作用)。此外还可能有其他一些因素影响，如水稻吸收 K^+ 对 Fe^{2+} 的拮抗作用，因为 K^+ 可增加水稻根系的氧化力：$Fe^{2+} \xrightarrow{\text{被氧化}} Fe^{3+}$，从而减少 Fe^{2+} 的有效性。

植物吸收离子养分间存在着拮抗作用，液体肥料的配置和生产要注意离子间的拮抗作用。NH_4^+ 离子和 K^+ 离子间存在拮抗作用，NH_4^+-N 的比例过大很容易引起作物缺钾症状的产生，尤其是在有效钾含量低的沙质土壤上，不宜施用 $NH_4{}^+$-N 过多的液体肥料。烟草上施用钾素过多的液体肥料会引起缺镁的症状，在烟草用的液体肥料配方中要注意 K^+ 离子和 Mg^{2+} 的比例问题。

离子间的协助作用指一种离子的存在会促进作物对另外一种离子的吸收，离子间的协助作用主要表现在阳离子与阴离子之间。例如，Ca^{2+} 能促进 K^+ 的吸收，溶液中的 Ca^{2+}、Mg^{2+}、Al^{3+} 等二价、三价的阳离子，尤其是 Ca^{2+} 能促进 K^+ 的吸收。NO_3^-、SO_4^{2-}、$H_2PO_4^-$ 能促进阳离子的吸收，这些阴离子被吸收后，通过代谢变成有机形态而消失，从而形成大量的有机化合物比如，有机酸带大量的负电荷，能促进阳离子的吸收。氮和磷之间存在着协助作用，蛋白质的合成需要 ATP、核酸的参与，而 ATP、核酸的合成需要磷的参与，作物体内许多有机化合物，比如核酸、核蛋白是既含氮又含磷的有机化合物，所以氮和磷之间存在着协助作用。

此外，液体肥料的配制过程中还要充分考虑离子间的化学反应，如沉淀反应，以及 pH 对沉淀反应的影响。如 Ca^{2+} 和 $PO_4{}^{3-}$ 会形成沉淀，但是在偏酸的条件下会形成可溶的磷酸二氢钙或磷酸一氢钙。

(三)生产液体肥料的主要原料

生产液体复混肥料的主要原料，如氮肥，磷肥，钾肥，中量元素肥料，微量元素以及调理剂等。生产含氨基酸和含腐殖酸的液体肥料，还需要符合要求的氨基酸和腐殖酸原料。

常用作生产液体肥料的氮、磷、钾肥料品种有尿素、硝铵、磷酸、磷酸二铵、重钙、焦磷酸钾、氯化钾、硅酸钾等。如湿法磷酸生产液体复合肥料就是用过磷酸或湿法正磷酸生产多磷酸铵，制得液体复合肥料。用尿素、硝铵溶液与氯化钾可以制得浓度较高的液体复合肥料。用重钙配置液体肥料采用的是间歇冷混法，重钙、氯化钾和添加剂（如黏土）依次加到水中搅拌混合。

液体氮肥中的含氮溶液除作为液体氮肥施用外，也用来作为液体复混肥料的基础肥料。氮溶液有压力含氮溶液与常压含氮溶液两种。压力含氮溶液又分为含游离氨和尿素的溶液、含游离氨及硝酸铵的溶液。常压含氮溶液则不含游离氨的尿素与硝酸铵的溶液。

含氮溶液的生产方式有间歇式和连续式两种，均系经过计算、混合和冷却工序，生产工艺都不复杂（图 6-1）。

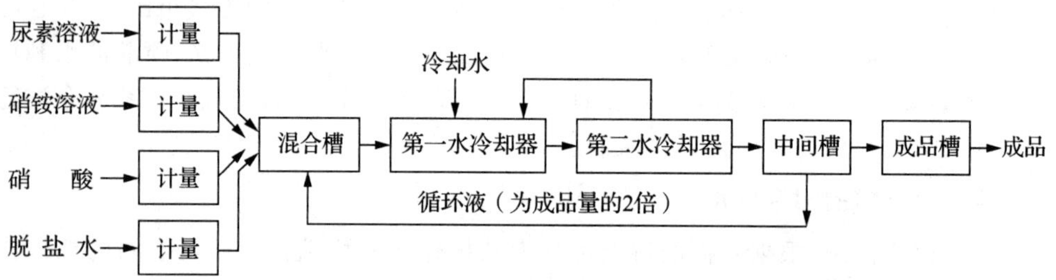

图 6-1 间歇式生产含氮溶液工艺流程（周连仁等，2007）

三、主要液体肥料的生产及工艺

（一）清液肥料

生产清液复（混）肥料的方法很多，但通常先生产 8-24-0、10-34-0 及 11-37-0 三种基础液肥，其中 10-34-0 使用最广泛，11-37-0 次之。当需要施肥时，将基础液肥运到现场，再按配方的要求混配钾肥、氮肥、微量营养元素及适当的水，混合均匀即成清液复合肥料。这三种基础液肥的成分及物理性质见表 6-1。

表 6-1 几种基础肥液的成分与理化性质（方天翰，2008）

项目	品位		
	8-24-0	10-34-0	11-37-0
生产用的原料酸	亚磷酸	过磷酸	过磷酸
含 N 质量百分比/%	8.0～8.5	10.5～10.5	11.0～11.5
含 P_2O_5 质量百分比/%	24.0～25.0	34.0～35.0	37.0～38.0
N 含量/(kg/ L)	0.101～0.107	0.137～0.144	0.155～0.161
P_2O_5 含量/(kg/L)	0.302～0.315	0.464～0.478	0.519～0.533
密度(15.55 ℃)	1.26	1.37	1.40
聚磷酸盐占总 P_2O_5 的%	无	最少	最少
[动力]黏度(23.89 ℃)/(Pa·s)	无	0.073	0.080
最低储藏温度/℃	−11.11	−17.77	−17.77
pH	6.4～6.6	5.8～6.1	5.8～6.2

1. 热法磷酸生产聚磷酸铵清液复合肥料

热法磷酸生产聚磷酸铵清液复合肥料的工艺见图 6-2。

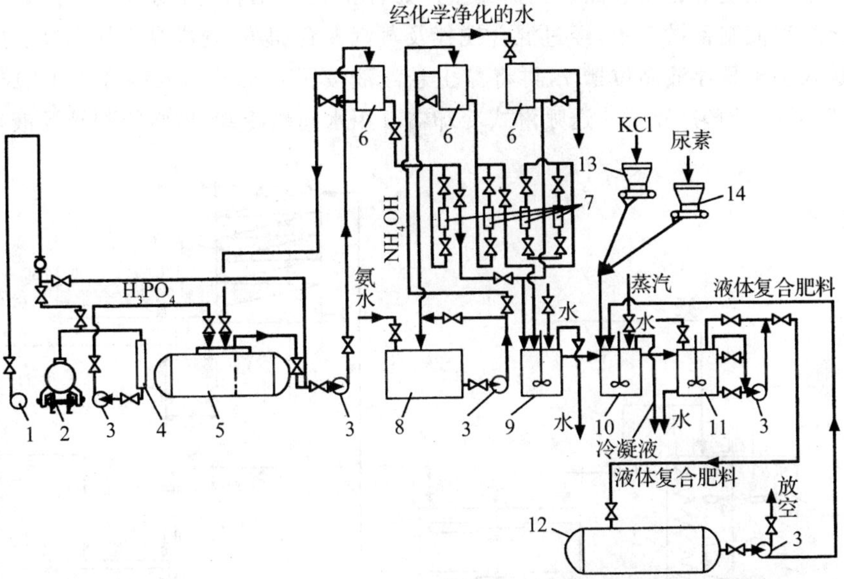

图 6-2　清液复合肥料生产流程

1. 真空泵；2. 铁路槽车；3. 离心泵；4. 虹吸装置；5. 磷酸(储)槽；6. 高位槽；7. 转子流量计；8. 氨水供应槽；9. 磷酸中和器；10. 盐溶槽；11. 最终混合槽；12. 液体复合肥料储槽；13、14. 带加料器的料仓

铁路槽车(2)运来的磷酸经离心泵(3)卸入磷酸储槽(5)，再用泵(3)送至高位槽(6)；氨水由氨水供应槽(8)经泵(3)送入高位槽(6)、磷酸和氨水各自的高位槽(6)流经各自的转子流量计(7)进入磷酸中和器(9)、盐酸解槽(10)、最终混合槽(11)，即制的聚磷酸铵。还可根据配方需要分别从各自的料仓(13 及 14)经计量将氯化钾和尿素加入盐溶解槽(10)，最终混合槽(11)，制的清液复混肥料送入清液复合肥料储藏。

用未分离沉淀的湿法磷酸生产清液复合肥料的工艺流程与此相似。

热法磷酸生产聚磷酸铵清液复合肥料的工艺指标见表 6-2。

表 6-2　热法生产聚磷酸铵清液复合肥料工艺指标

项目	指标	项目	指标
P_2O_5 含量/%		水	15～20
热法磷酸中	53	中和溶液	50～60
中和磷酸中	12.5～13.0	尿素和氯化钾溶液过程	20～50
氨水浓度	20.5	NH_3: H_3PO_4 物质的量比	1.8～1.9
温度/℃		反应器中溶液的 pH	6.5～7.5
热法磷酸	20	溶解时间/min	20～30

2. 聚硝酸生产聚硝酸铵清液复合肥料和悬浮液复合肥料

用湿法和热法聚磷酸生产清液复合肥料和悬浮液复合肥料的工艺流程图如图 6-3。聚磷酸和氨分别送入反应混合器 1。反应混合器 1 内设有水冷却蛇管 2 和搅拌浆,反应物料经 pH 计 3 测定符合要求即进入混合器 4 进行搅拌混合,再经泵 5 送喷淋式冷却器 6 间接用水冷却,即得聚磷酸铵清液复混肥料成品。当需要生产悬浮液复合肥料时,则事先先将黏土与适量的水加入黏土悬浮液制备槽 8 中,经过混合搅拌及蒸汽夹套加热,制成黏土悬浮液。用泵 9 将黏土悬浮液送入黏土悬浮液高位槽 7,再将黏土悬浮液按照需要量加入混合器 4 中与聚磷酸铵清液复混肥料混合均匀,经泵 5 送喷淋式冷却器 6 用水间接冷却,即将得到悬浮液复合肥料。

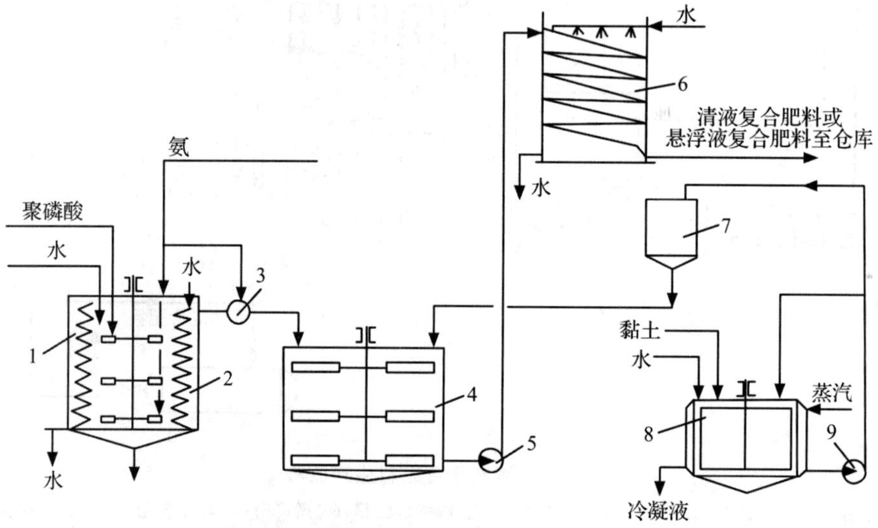

图 6-3 清液复混肥料和悬浮液复混肥料工艺流程(方天翰,2008)

1. 反应混合器;2. 冷却蛇管;3. pH 计;4. 混合器;5、9. 泵;6. 喷淋式冷却器;
7. 黏土悬浮液高位槽;8. 黏土悬浮制备槽

用聚磷酸生产聚磷酸铵清液复混肥料的工艺指标见表 6-3。该法工艺流程简单,但需要较大的冷却面积以移走反应热,导热量损失。如用湿法聚磷酸,其制造设备较庞大,且耗热量多,同时在酸的浓缩过程中将产生氟的损失,导致对环境污染。

表 6-3 用聚磷酸生产聚磷酸铵清液复合肥料工艺指标

项目	指标	项目	指标
聚磷酸的 P_2O_5 含量/%	>72	停留时间/min	
温度/℃		中和反应器内	30
聚磷酸	40～65	混合器内	15～20
中和反应器内溶液	60～80	清液复合肥料组成的控制指标	
混合后的溶液	40～60	密度/(t/m^3)	1.40
冷却器后的清液复合肥料	25～35	pH	6.2～6.8

来源:方天翰,2008。

3. 管式反应器生产聚磷酸铵清液复合肥料

管式反应器生产聚磷酸铵清液复合肥料时以过磷酸与氨为原料,而过磷酸则可用湿法磷酸 54%P_2O_5 经常或真空浓缩而得。通常过磷酸含 68%～70%P_2O_5,其中 20%～35%以聚磷酸存在。典型的过磷酸的物理化学性质见表 6-4。

表 6-4　典型过磷酸物理化学性质(方天翰,2008)　%

化学分析	质量	化学分析	质量
P_2O_5总量	70.0	氟(F)	0.27
聚磷酸,总 P_2O_5的%	30.0	固体(甲醇不溶物)	0.15
硫酸盐(SO_4^{2-})	3.8	固体(水不溶物)	0.01
铝(Al_2O_3)	1.1	相对密度(24 ℃)	1.96
铁(Fe_2O_3)	1.0	黏度(52 ℃)/Pa·s	0.175
镁(MgO)	0.4		

据报道,美国用管式反应器生产 11-34-0 及 11-37-0 聚磷酸铵清液复混肥料的工厂逾 130 家,生产量约 150 万 t。产品可直接施用于小麦和不缺乏钾的地区,而大多数则供作生产氮磷钾复混肥料的原料。生产聚磷酸铵清液复合肥料的典型管式反应器装置见图 6-4。

图 6-4(a)系混合槽、冷却器和洗涤器为一整体的管式反应器装置,布置十分紧凑,占地面积很少。槽的上部有一层塑料鲍尔环填料层,液体再循环到此层填料中,同时空气也通过此层抽出,以部分地冷却液体。从槽底部流出的液体通过换热器将液体进一步冷却后,用泵送入储槽。液氨也通过此换热器气化后进入管式反应器的"T"形部分。过磷酸由泵送入同一个"T"形部分,在此处磷酸和气氨在 316 ℃下反应生成热的熔融物。通常将氨加到再循环系统,以调整液体的 pH 为 6,产出 10-34-0 产品。在再循环管线上加水以控制水含量。

图 6-4(b)所示的工厂,其混合槽与蒸发型冷却器则是分开的。混合槽用来将由管式反应器来的热熔融物与循环液体相混合。因混合槽泵分开设置的,故可维持较高的液体温度(82 ℃),高温度能加强液体中熔融物的混合,并为管式反应器提供了液氨的气化和过热的最好条件。通常将约 60%的氨以高温加入管式反应器,余下的 40%的氨以液氨形式加入混合槽。这样就比用混合槽、冷却器和洗涤器为一整体的管式反应器装置生产出的聚磷酸铵的含量稍高一些。

用此工艺生产的 10-34-0 聚磷酸铵清液复合肥料的理化性质列于表 6-5。

表 6-5　10-34-0 聚磷酸铵清液复合肥料理化性质(方天翰,2008)

项目	指标	项目	指标
N/%	10	黏度(27 ℃)/Pa·s	0.075
P_2O_5/%	34	相对密度(27 ℃)	1.400
聚磷酸/(总 P_2O_5%)	65～70	盐析温度/℃	<0

4. 磷酸脲法制聚磷酸铵清夜复合肥料

上海化工研究院曾以 42%P_2O_5的湿法磷酸与等摩尔(质量)尿素相作用,加热至 120 ℃成为熔体,然后冷却至 0 ℃析出磷酸脲晶体。其主要反应如下:

$$(NH_2)_2CO + H_3PO_4 = (NH_2)_2CO \cdot H_3PO_4$$

然后将磷酸脲晶体加热至 98.9 ℃熔化,再通入气氨进行氨化,并保持温度。氨化后的熔体溢流到第二反应器,升温至 148.9 ℃,其中的磷聚合能达到磷酸脲中 50%的 P_2O_5转化为聚磷酸铵。最后再加水溶解,并通氨以调节溶液 pH 到 6.2,即得到 14-29-0 聚磷酸铵清夜复混肥料，产率为 70％～80％。

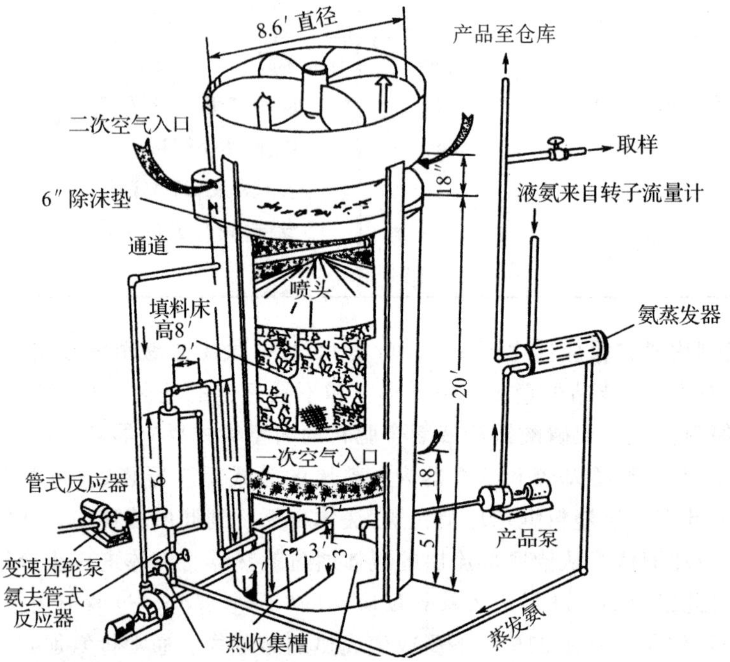

（a）混合槽、冷却器和洗涤器为一整体的管式反应器装置

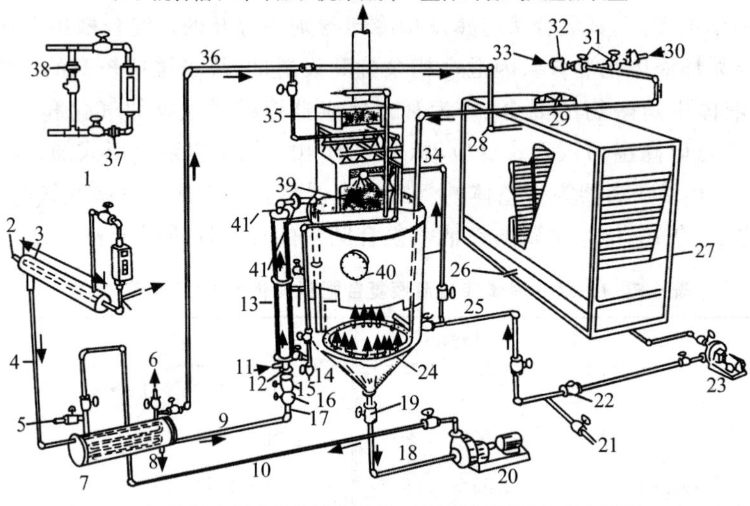

（b）有分开的混合槽和蒸发型冷却器的管式反应器装置

图 6-4　生产聚磷酸铵清液复合肥料的典型管式反应器装置（方天翰，2008）

1. 氨转子流量计副线；2. 氨入口；3. 一段蒸发器；4. 从混合桶来的 10-34-0；5. 水入口；6. 水出口；7. 氨蒸发器（表面积 23.2 m^2）；8. 排出；9. 去管式冷却器；10. 热 10-34-0 至氨蒸发器；11. 过磷酸；12. 活接头；13. 管式反应器；14. 水；15. 球阀；16. 止逆阀；17. 活接头；18. 挠性接管；19. 开启阀；20. 10-34-0 输送泵；21. 成品去仓库；22. 止逆阀；23. 循环泵；24. 10-34-0 分布器；25. 再循环；26. 冷产品；27. 蒸发型冷却器；28. 来自氨蒸发器；29. 氨；30. 分布器洗涤用水；31. 氨阀；32. 止逆阀；33. 无水氨；34. 水；35. 除沫垫；36. 部分冷却的 10-34-0 级品到冷却器；37. 至第二个氨转子流量计；38. 活接头；39. 马鞍形垫料；40. 强制通风孔；41. 温度计

在制取磷酸脲晶体时，产率为80%～85%，母液为15%～20%。母液经过浓缩、干燥、加滑石粉或硅藻土后造粒，可制得粒状磷酸铵(10-20-0)，含水约2%。

上海化工研究院制取14-29-0聚磷酸铵的消耗定额见表6-6。

表6-6　14-29-0聚磷酸铵消耗定额(方天翰，2008)

项目	消耗量	项目	消耗量
湿法磷酸(按100%P_2O_5计)/t	0.408	蒸汽/t	0.400
尿素/t	0.330	水/m^3	0.750
氨/t	0.080	煤(3.14×10^7 J/kg)/t	0.030
电/kW·h	134		

5. 以基础液肥、含氮和含钾组分用冷混法生产清液复混肥料

以基础液肥(10-34-0、11-37-0)、尿素、硝酸铵、氯化钾以及微量元素等为原料，用冷混法生产清液复混肥料的工艺工程见图6-5。

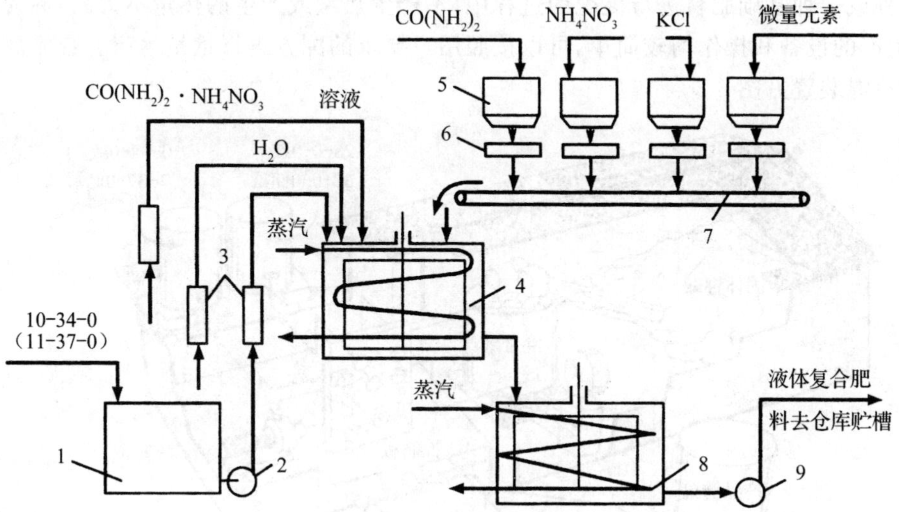

图6-5　冷混清液肥料生产流程(方天翰，2008)

1. 容器；2、9. 泵；3. 转子流量计；4、8. 混合器；5. 料仓；6. 计量器；7. 运输带

冷混法生产清液复合肥料的工艺指标见表6-7。

表6-7　冷混法生产清液复合肥料工艺指标(方天翰，2008)

项目	指标	项目	指标
聚磷酸铵溶液中N含量/%	10～11	混合温度/℃	25～35
聚磷酸铵溶液中P_2O_5含量/%	34～37	混合时间/min	15～20
清液复混肥料中P_2O_5转化率/%	55～70	混合器的生产能力/(t/h)	≥20
含K组分中K_2O含量/%	46～60	混合器装载系数	0.7～0.8
含K组分粒度/mm	≤2.5		

(二)悬浮液复合肥料的生产

悬浮液复合肥料是一种含有营养元素微粒的液体复混肥料,它的营养元素浓度较清液复合肥料高,清液复混肥料的营养元素浓度如要提高到上限,一旦温度下降,就会有晶体析出,输送和施肥时将堵塞管道、泵、喷嘴等。因悬浮液复合肥料的黏度较高,可按照农户需要将微量营养元素、除草剂和杀虫剂加入其中混合后,既能获得均匀而持久不析离的悬浮液复合肥料,即便于使用,又省工、省时、经济。这是固体肥料和清液复合肥料难以做到的。

为了使悬浮液复合肥料呈凝胶状并具有较高的黏度,使不溶解的微粒物质在悬浮液相中保持悬浮状态而不沉降,常要在生产悬浮液复合肥料时加入一定数量的悬浮剂。常用的悬浮剂有纳基膨润土、海泡石、硅镁土、斑脱土等,悬浮液复合肥料需要添加悬浮剂的量要根据悬浮液的品种、肥料组成、产品的储存时间等因素来确定。如储存期在一周以内,悬浮液复合肥料中添加 0.8%黏土,储存期超过一周需加约 2%黏土,为了保证得到稳定的悬浮液复合肥料,要加 2%～5%黏土。

1.冷混生产悬浮液复合肥料

将两种或多种基础肥料进行混配的过程中,不产生热量或产生的热量不大的,称为冷混生产,这种生产的设备和操作均较简单,可以按照用户要求的配方进行批量生产。悬浮液复合肥料生产用冷混装置见图 6-6。

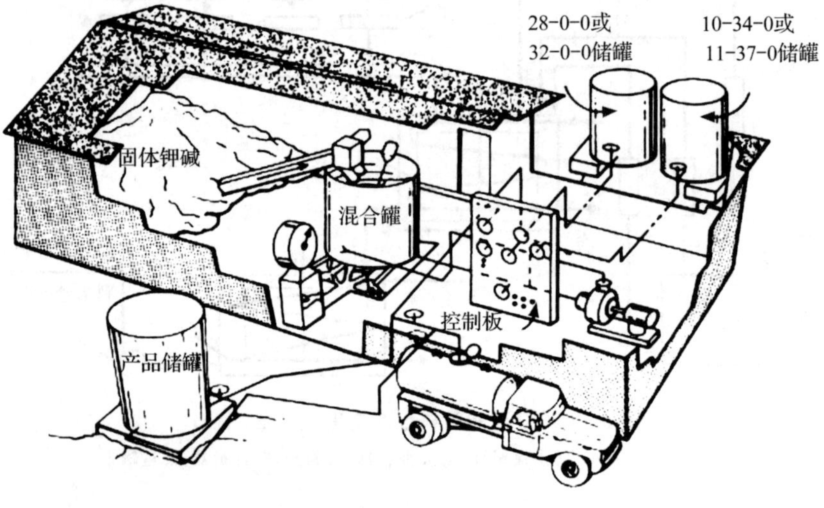

图 6-6 典型液体冷混肥料厂主要设备(方天翰,2008)

2.热混生产悬浮液复合肥料

用磷酸或聚磷酸与氨等作为原料生产悬浮液复合肥料时,在混合时会产生大量化学反应热,故称热混生产。如图 6-3 清液复合肥料和悬浮液复合肥料的生产流程所示,先用黏土和水在具有蒸汽夹套的黏土悬浮液制备槽 8 中配制好黏土悬浮液,再用聚磷酸(或湿法磷酸)与氨在反应混合器 1 中进行反应并经 pH 计 3 控制溶液的 pH,然后进入混合器 4。另外将悬浮液制备槽 8 中的悬浮液经泵送入黏土悬浮液高位槽 7,根据需要量加入混合器 4 与反应混合器 1 来的物料进行混合均匀,最后经泵 5 送至喷淋冷却器 6 冷却后送仓库储存。如有需要,可在 40 ℃以下添加氨溶液和细晶氯化钾。其工艺指标见表 6-8。

表 6-8　热混法生产悬浮液复合肥料工艺指标(方天翰,2008)

项目	指标	项目	指标
氨化(温度/℃)	70	原料组分和悬浮液的混合时间/min	30
悬浮液(温度/℃)	90	斑脱土含量/%	8
送往仓库的成品(温度/℃)	25	美国活性黏土含量/%	13
氨化时间/min	30	黏土与水的质量比(固液比)	1∶(8～10)
氨化溶液 pH	6.0	制备悬浮液时剧烈搅拌时间/h	3～6

3. 冷混/热混生产悬浮液复合肥料

图 6-7 为一简单兼有冷混生产和热混生产的悬浮液复混肥料装置示意图。

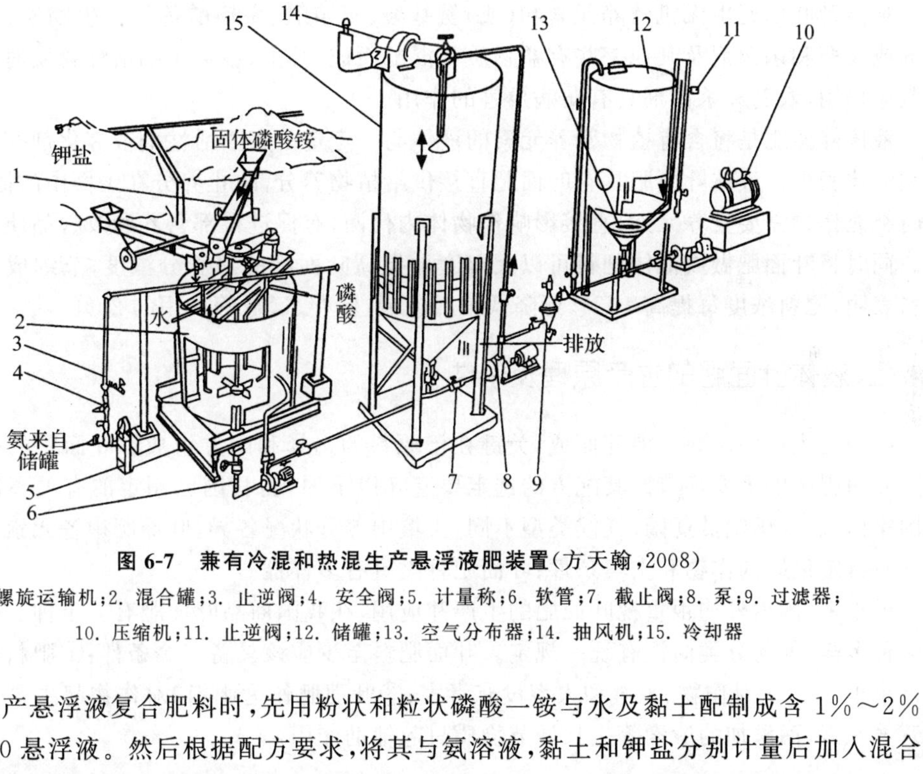

图 6-7　兼有冷混和热混生产悬浮液肥装置(方天翰,2008)

1. 螺旋运输机;2. 混合罐;3. 止逆阀;4. 安全阀;5. 计量称;6. 软管;7. 截止阀;8. 泵;9. 过滤器;10. 压缩机;11. 止逆阀;12. 储罐;13. 空气分布器;14. 抽风机;15. 冷却器

冷混生产悬浮液复合肥料时,先用粉状和粒状磷酸一铵与水及黏土配制成含 1%～2%黏土的 10-30-0 悬浮液。然后根据配方要求,将其与氨溶液,黏土和钾盐分别计量后加入混合罐(2)内,开动混合罐(2)的搅拌器及循环泵促使物料混合均匀。当加入氨时,使循环液中的固体物料部分溶解,粒径减小而均布与液体中,如所用磷酸一铵的杂质少,同时($Al_2O_3+Fe_2O_3$)∶F 在 1.8～2.8,则每天对成品(10-30-0)搅拌一次,可保存数月之久。试验证明,悬浮液复合肥料的黏度应在 0.2～0.8 Pa·s 范围内,这样在储存过程中能保持固体颗粒呈悬浮状态,在装卸和施用过程中,物料均能保持均匀。用此法可生产 3-10-30、4-12-24 及 7-21-21 等品级的悬浮液复合肥料。

如以磷酸为原料则为热混生产。用磷酸与氨的化学反应热可使固体物料的溶解度增加,有利于液体混合物的形成。热的反应物料经间歇式悬浮液冷却后(15)使悬浮液内的小晶体在储存时处于稳定状态。制成品储存于储罐(12)内,储罐(12)中有空气分布器(13),以便定时启动空气压缩机(10),压缩空气通过空气分布器(13)对悬浮液进行搅拌。

优良的悬浮液复合肥料中的结晶粒度不超过 800 μm,并且不产生固体颗粒沉淀。

第二节　液体叶面肥加工工艺

一、液体叶面肥的种类及特点

液体叶面肥按照其作用功能可以分为营养型和功能型两大类;按照组分可分为大量元素、中量元素、微量元素叶面肥和含氨基酸、腐殖酸、海藻酸等叶面肥。

营养型叶面肥由大量、中量和微量营养元素的一种或一种以上配置,其主要作用是针对性地提供和补充作物营养、改善作物的生长情况。

功能型叶面肥由无机营养元素和(或)氨基酸、腐殖酸、海藻酸等活性生物质、植物生长调节剂或农药和杀菌剂及其他一些有益物质等混配而成,其中,各类生物活性物质对植物生长具有刺激作用,农药和杀菌剂具有防病虫害的作用。

液体叶面肥是将含有植物营养元素的液体与一定量的表面活性剂或雾化剂配制成的一种新型液体肥料。液体叶面肥具有叶面肥直接供给植物养分,防止养分在土壤中的固定和转化;及时补充作物需要营养元素;直接影响作物体内代谢,有促进根部营养和改善品质的作用等特点。同时将叶面肥做成液体肥料可以大幅度地提高叶面肥的总养分浓度,节约成本。据有关资料表明,肥料浓度每提高 10%,可降低肥料包装、储存、运输等费用的 20%。

二、液体叶面肥的生产原理及条件

叶面肥生产多用原料混配而成,关键在于原料的选择和配方组成。叶面肥的配方选择是生产叶面肥中的重要环节。其配方的选定要遵守以下原则:我国已制定的有关不同类型叶面肥国家标准;我国幅员辽阔,气候类型不同,土壤中养分状况各异,叶面肥中各元素含量或配比要针对特定地区的作物和土壤条件;叶面肥种类具有多样性。

近年来,国内外均很重视叶面肥的生产和应用,在我国商品叶面肥有上千种。叶面肥的成分多种多样,如何分类尚没有统一规定。叶面肥料至少应该具备三个条件:①肥料中水不溶物应该小于 5%;②对作物、土壤和人畜没有毒害;③叶面肥作为肥料,对作物起主要作用的应该是营养元素,而添加的激素等生长调节物质只起辅助作用。

三、液体叶面肥的生产工艺

叶面肥产品主要有有固体、液体两种。生产上常采用混配工艺制造而成。固体叶面肥生产上较简单些,先将各种原料在粉碎机中粉碎后,按照配方要求正确称量,放进混合槽中,进行搅拌,搅拌均匀后直接称量、分装,即得到成品。

液体叶面肥生产较固体复杂,但是以液体形态混合得到的叶面肥成分较均匀,使用方便。液体叶面肥生产工艺根据原料的物态不同而不同。以固体原料为主的液体叶面肥,依配方要求,将固体原料分别称重、粉碎后,按照一定的顺序加入混合槽中。混合槽中事先加有一定数量的水溶液,或者在溶解槽中溶解,送入储存罐,再从储存罐通入混合槽。以液态原料为主生产液体叶面肥,按配方要求,只需将液体原料分别计量. 投入或从原料储存罐中泵入混合槽。

兼有固态和液态原料的液体叶面肥,先将液态原料按照配方计量投入或泵入混合槽,再将粉碎后固态原料依配方计量后,按一定顺序加入混合槽中混合。在搅拌溶解过程中,有时需要通入蒸汽,以利于某些原料的溶解彻底,同时加入配方所规定氨基酸、展开剂等附加成分,彻底搅拌均匀,待混合液冷却后,过滤,计量包装,可得液体叶面肥产品。

操作者应按配方计算量精确称量,根据严格的加料顺序与反应时间、温度进行操作,在反应过程中,溶液的酸碱度会因原料与水质的不同而发生变化。因此在反应过程中及反应终点要注意抽样检查 pH,以保证反应的顺利进行及产品质量符合要求。由于反应的原料多系农用产品,难免含有杂质,故在反应完成后应将料液放到储液槽,令其沉淀杂质,并使整个复合反应得以免自动继续进行完全为止。营养元素含量的检测是控制产品质量的最可靠的手段,不可忽视。生产用水一定要洁净,透明、无色无臭,不同组分对水质硬度有一定要求,否则会严重影响产品质量。液体叶面肥生产工艺流程如图 6-8 所示。

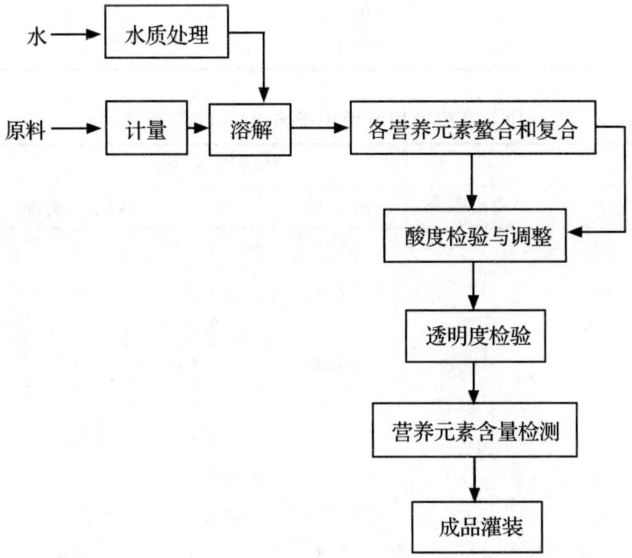

图 6-8 液体叶面肥生产工艺流程(陈隆隆等,2008)

四、液体叶面肥生产的操作技术

液体叶面肥的生产操作过程包括配方设计、原料筛选、微量元素和助剂配入及植物生长调节剂的应用等。

(一)配方设计

配方设计要考虑作物的需肥特性和作物生产的基本要求。以无公害蔬菜生产的要求生产叶面肥为例,无公害蔬菜中对亚硝酸盐、硝酸盐的含量有一定的要求。因此,在配置无公害蔬菜液体叶面肥时,不仅要考虑到氮肥的供应量的问题,还要考虑氮的形态,以降低无公害蔬菜中对亚硝酸盐、硝酸盐的含量的要求。氮肥按其形态来分,可分为铵态氮、硝态氮和酰胺态氮。在确定各种肥料(氮磷钾)的比例的同时,还要充分考虑铵态氮、硝态氮和酰胺态氮的比例,以达到降低无公害蔬菜中对亚硝酸盐、硝酸盐的含量的目的。配方设计的具体样例如表 6-9 和

表 6-10 所示。

表 6-9 蔬菜专用叶面肥配方 A(陈隆隆等,2008)

序号	W(总养分)/%	原料用量/kg						
		硝酸钾	磷酸一铵	硫酸铵	尿素	磷酸二氢钾	硫酸钾	惰性物质
1	35	22.4	19.0	39.5	0	0	0	1.0
2	30	0	16.3	46.9	0	0	22.5	1.6
3	42	0	0	0	34.2	46.0	6.5	0.9
4	33	0	17.9	35.1	607	0	24.8	3.4
5	37	0	20.1	23.1	15.1	0	27.8	1.2
6	37	0	0	17.3	22.6	40.1	5.5	1.8
7	34	23.4	0	0	20.8	37.3	5.0	0.8
8	33	7.0	1.5	37.2	8.3	33.2	0	0.1
9	35	7.4	1.6	29.4	13.2	35.2	0	0.5
10	37	8.0	1.7	20.8	18.9	37.9	0	0

表 6-10 蔬菜专用叶面肥配方 B(陈隆隆等,2008)

序号	W(总养分)/%	原料用量/kg						
		硝酸钾	磷酸一铵	硫酸铵	尿素	磷酸二氢钾	硫酸钾	惰性物质
1	25	0	13.6	39.1	0	0	13.4	1.1
2	27	0	14.7	59.1	0	0	13.5	0
3	27	0	0	0	29.3	42.2	13.5	2.3
4	30	0	16.3	46.9	8.2	0	15.0	0.9
5	34	0	18.5	31.9	18.5	0	17.8	0.6
6	40	0	0	13.2	32.6	22.3	18.7	0.5
7	23	0	0	0	18.3	0	11.5	1.0
8	32	9.1	10.6	43.1	10.7	13.8	0	0
9	34	9.6	11.2	32.8	17.1	14.6	0	2.0
10	38	10.7	12.5	22.0	25.4	16.4	0	0.3

(二)原料筛选

原料的筛选首先要考虑土壤和作物的特性,而且必须要注意到各种养分之间的拮抗和协同作用。因此,原料选择的原则是:各种养分元素间不存在拮抗作用;原料来源丰富、方便、价格低廉;基础肥料品种和数量适合加工。

(三)微量元素和助剂配入

不同的作物对微量元素的需求量不同。以蔬菜为例,蔬菜喷施硼、钼、锌、锰均能有效地降低硝酸盐含量。钼和锰微量元素能激活硝酸还原酶,故施用钼和锰能降低蔬菜中硝酸盐含量。为了进一步的提高叶面肥的效果,可以适当地配入助剂。助剂作为辅助展剂和润滑剂,使喷于叶面的养分可以透过角质层很快被吸收。助剂的加入量一般在 0.1%以下。

(四)植物生长调节剂

目前国内生产生长调节剂不少,常用的品种见表 6-11。

表 6-11　国内常用的植物生长调节剂(陈隆隆等,2008)

名称	剂型	用途
吲哚乙酸(IBB)	粉剂	促进蔬菜、花卉苗木生长,提高成活率等
吲哚丁酸(IBA)	粉剂	促进蔬菜、花卉苗木生长,提高成活率等
萘乙酸(NAA)	粉剂	促进果树、蔬菜、花木、茶、桑作物生长等
2,4-D	粉剂、水剂	防止落花、落果、增加早期产量等
防脱素(PCPA)	粉剂、水剂	防止蔬菜、瓜果落花、落果,提早成熟、增加产量等
生产素	水剂	促进生长、增强抗性、改良品种等
赤霉素(920)(GA)	粉剂	用于杂交水稻制种,促进作物生长等
乙烯利(CEPA)	水剂	用于瓜果、蔬菜催熟等
多效唑	粉剂	控制作物生长、防止稻苗徒长
矮壮素(CCC)	水剂	防止植物徒长
助壮素(缩节胺 PiX)	水剂	控制植株生长
比久(B_9)	粉剂	防止植物徒长,矮化植株
爱多收	水剂	促进作物发芽、生根、生长、增加产量
三十烷醇(TRLA)	水剂	促进植株生长,增加产量

五、生产液体叶面肥的主要设备

(一)混合槽

液体肥料工厂的混合槽主要是竖式混合槽(大多数是敞口的),其容积为 3 800～19 000 L(可储 5～25 t 的物料)。这种类型的混合容器可供生产液体肥料的间歇式或连续式的生产之用。这类设备的制作材料一般采用中碳、低碳钢板(即软钢板),偶尔用不锈钢,以防腐蚀。不锈钢容器价虽昂贵,但比较容易清洗,经久耐用。在容器底部安有排放产品的出口并备有混合时能循环溶液的接口。

在混合容器中,应配备一台搅拌或循环装置。搅拌机可选用单桨或多桨,或涡轮型。循环液可用的循环泵一般采用大容量离心泵。现在这种设备已成为一种标准装置。设备的底部是圆锥形,还备有挡板及喷洒器等设备,以强化混合。

(二)反应器

液体肥料工厂采用的反应器有下列几种形式。

1.“Ⅱ”型反应器

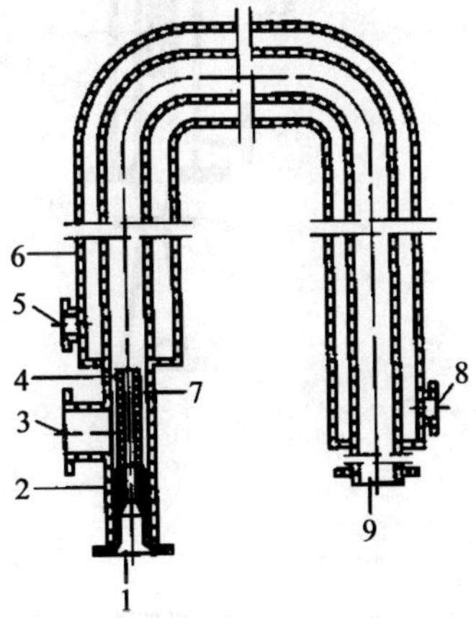

图 6-9　“Ⅱ”型反应器(张宝林,2003)
1. 进氨口;2. 反应器外壳;3. 湿法多磷酸进口;4. 氨分布管;5. 冷却液进口;6. 冷却夹套;7. 分布孔;8. 冷却液出口;9. 多磷酸铵出口

“Ⅱ”型反应器(图 6-9)由若干管段组成,段数为 2～4 段。为了降低温度和减少内壁结垢,第一段甚至第二段都设有水夹套。最后的管段插到混合槽中液体肥料的液面以上或以下,这段管的下端开有很多孔眼，一般孔的直径为 18～26 mm，使气液混合分布更均匀。"Ⅱ"型反应器用不锈钢或耐合金等材料制成，按液肥的生产能力选用规格。

2. 喷射型反应器

喷射型反应器(图 6-10)有加压和常用两种。每小时生产能力相当于 3～4 t P_2O_5 的喷射型反应器，装有一根直径为 102 mm 和长为 1.7～3.2 m 的管子，垂直插入混合槽的液面以下。氨分布管位于反应器的中央，它的下端是氨分布孔，针对反应器的喉孔——熔体出口，两者距离 600～700 mm，氨分布孔共 10 排，有直径为 3.2 mm，每排 4～8 个孔，均匀分布在圆周上。

3. 防结垢型反应器

防结垢型反应器(图 6-11)是喷射型常压反应器的一种结构。反应器装作为冷却夹套的外壳，内部设有若干单独的管段相接，组成为一组反应器，前一段的管径为后一段管径的 0.840～0.990，它们的长度等于或大于直径。各管段的连接处有一条宽为 2～10 mm、长为 50 mm 的垂直向的环形缝隙、用来将溶液由冷却夹套送入反应区。反应器顶部装有末端带有咬嘴的氨分布管、磷酸进口管和清液循环进口管。反应器外壳顶部管段的内表面设有 30°～45°的导向板，使磷酸均匀分布，与来自氨分布管的氨充分接触反应。由于反应区处于多层液流包围之中，而反应区的内表面是形成液体保护层，可以防止无机盐的沉积，并降低壁温、减少腐蚀。由于气液相形成了附加的湍流作用，增强了传热和传质过程。这种反应器制造简单、使用可靠、维护方便。

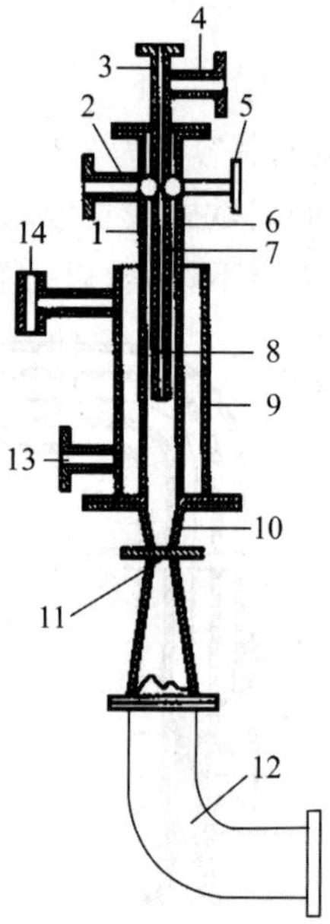

图 6-10 加压喷射型反应器(张宝林，2003)

1. 反应器；2. 水平接管；3. 垂直接管；4. 水进口；5. 冷却液进口；6. 管间空隙；7. 氨分布管；8. 氨分布孔；9. 反应段；10. 喉管部分；11. 溶液出口；12. 管道；13. 冷却水进口；14. 冷却水出口

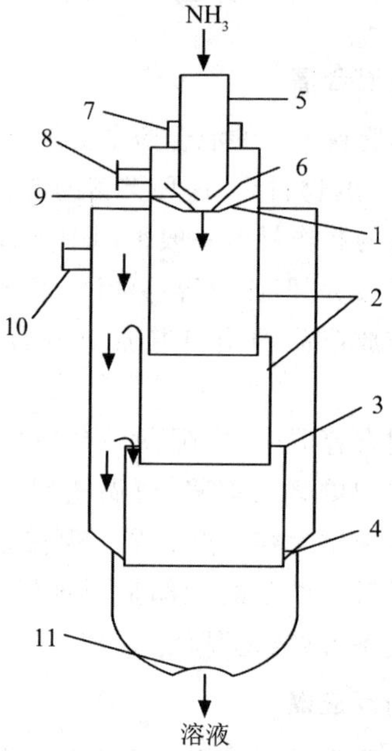

图 6-11 防结垢型反应器(张宝林，2003)

1. 导向板；2. 管段；3. 进液口；4. 管段间导向隙；5. 氨分布管；6. 反应器外壳；7. 密封；8. 磷酸进口；9. 磷酸和氨混合区；10. 循环液进口；11. 溶液出口

第三节 氨基酸液体肥料加工工艺

一、氨基酸液体肥料的主要种类和特点

氨基酸液体肥料的主要种类主要包括氨基酸叶面肥、含氨基酸水溶性肥料等，其中含氨基酸水溶性肥料主要有中量元素型（含有钙、镁）和微量元素型（铜、铁、锰、锌、硼、钼至少1种）。

氨基酸类液体肥料的共同特点是含有多种氨基酸有机养分。它适用于多种植物的灌溉施肥、叶面施肥、浸种和蘸根，易被植物吸收，并能增强作物的抗病能力和防止病虫害，增加作物的抗旱、抗寒能力。施用氨基酸类肥料安全可靠、无毒、无污染，具有明显的优点：

（1）应用对象广 不仅适用于粮、棉、油、瓜、果、菜、烟、茶等常规作物，也适用于药材、香料、桑树、花卉、糖类作物、林木、竹、麻、治沙植物等经济作物。

（2）使用方便 可在各类作物的不同生长阶段使用，使用方法包括拌种、浸种、蘸根、灌根、叶喷、果面喷洒等。

（3）作用效果好 能提供作物需要的养分，促进作物新陈代谢，增产、提质作用大。

（4）无公害 提供有机营养，有利于生产有机和无公害农产品。

二、氨基酸液体肥料的生产原理及条件

氨基酸液体肥料的生产的核心是氨基酸的生产，氨基酸是以各种蛋白含量高的物料（如海鱼加工厂下脚料、菜籽饼等）经微生物发酵、水解处理后产生的。

（一）微生物发酵生产氨基酸原理及条件

所谓氨基酸发酵，就是以糖类和铵盐为主要原料的培养基中培养微生物，积累特定的氨基酸。通过控制微生物细胞代谢的调节机制，或改变细胞膜的通透性，使得目标氨基酸在培养基中大量积累，再运用过滤、萃取等方法加以纯化。

氨基酸发酵的基础是选育具有氨基酸高生物合成能力的菌株。首先，在自然界中筛选有产酸能力的菌株，使其能够单一稳定地生产氨基酸；其次，通过对已有产酸菌株的人工诱变，选育产各种氨基酸的营养缺陷型或抗反馈调节突变株。

氨基酸发酵是氨基酸生物合成的人为调控和放大。微生物体中，氨基酸分解代谢产生的氨基和含氮中间产物往往可用于氨基酸的合成，而合成氨基酸所需要的碳骨架来源则主要是糖酵解途径和三羧酸循环的中间产物（图6-12）。例外的是芳香族氨基酸、组氨酸，前者的生物合成与磷酸戊糖的中间物赤藓糖-4-磷酸有关，后者是由ATP与磷酸核糖焦磷酸合成的。

（二）水解生产氨基酸原理及条件

水解生产氨基酸原理包括酸水解、碱水解、酶水解等方法。水解的催化剂可以用酸（20% HCl或40% H_2SO_4）、碱[20% NaOH或14% $Ba(OH)_2$]或用蛋白酶。但碱水解得到的产物多为光学消旋体，即*DL*-型氨基酸，而酸水解或酶水解得到的主要产物为*L*-型氨基酸。因此，生产上用酸法水解或用酶法水解。

酸水解法是借助于酸在高温和较长时间条件下水解（一般要150 ℃1.5 h或110 ℃24 h

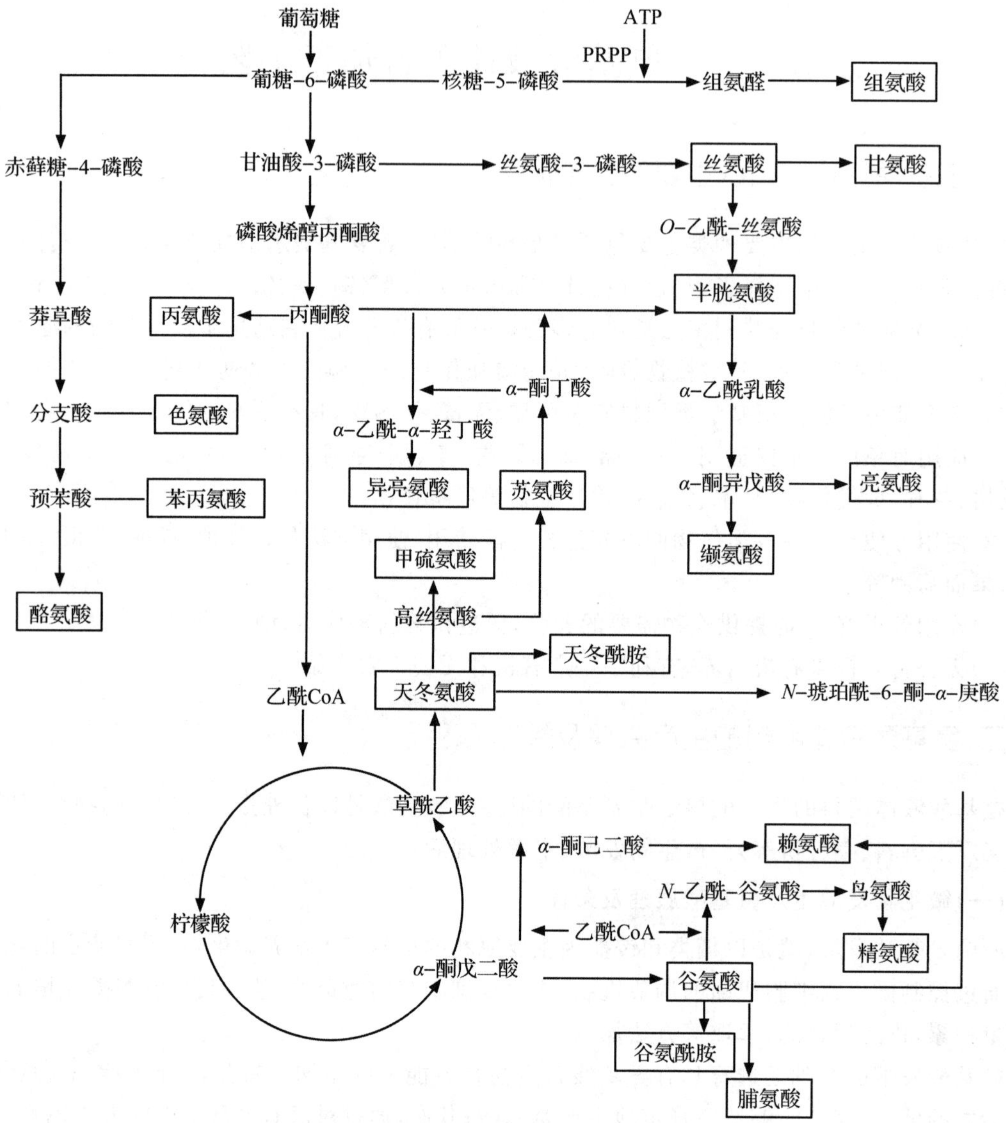

图 6-12　氨基酸生物代谢途径（姚汝华等，2002）

才能水解完全），再通过中和、螯合和浓缩过程，氨基酸能分离或提纯。

三、氨基酸液体肥料的生产工艺

（一）发酵工艺控制

氨基酸发酵是一个复杂的生化反应过程，无论是发酵设备、配套设备以及仪表的配置，还是工艺参数的设定，均需理论与实践相结合，才能达到预期的目的。

发酵培养基的成分与配比是决定产酸菌代谢的主要因素，与氨基酸的产率、转化率及提取收率关系很密切。研究表明，在限氮条件下，支链氨基酸发酵的产酸率和糖转化率都有大幅度的下降，证明了常用的蛋白质水解液是氨基酸发酵的主要氮源。通过对胞内氮元素的代谢流分析，建立起代谢流平衡模型，再结合发酵过程中的检测数据，计算出代谢网络中不同途径以及氨基酸发酵不同时期的代谢流分布，能够对氨基酸发酵的控制进行优化。同时，有机氮源也是氨基酸发酵中生长因子的重要来源。在氨基酸发酵的定向育种中这些生长因子都是对氨基酸合成途径具有重要调控作用的关键因子，对氨基酸发酵具有重要意义。

溶氧是氨基酸发酵等好氧发酵工艺的一个重要参数。氧的供应对菌体的生长和代谢产物的积累都有很大的影响，决定着氨基酸产量的高低。在氨基酸发酵中，供氧量应根据不同菌种、发酵条件和发酵阶段等具体情况决定。近年来，氨基酸发酵研究者开始从溶氧对代谢流量的影响角度研究溶氧对发酵产酸的影响。现发现，对氨基酸发酵过程进行分阶段溶氧控制，可以显著提高目的氨基酸的产量，同时还可降低副产物的量，减轻下游工艺的负担。

氨基酸发酵的最适温度因菌种性质和所生产的氨基酸种类不同而异，其中菌体生长和氨基酸合成的最适温度也是不同的。发酵过程中，由于菌体增殖和合成代谢而产生热量使发酵液温度升高，须及时冷却，以维持适宜的发酵温度，使用温度敏感菌株时尤需注意。

pH 对氨基酸发酵同样重要，主要影响酶的活性和菌的代谢。生产上控制 pH 的方法一般有两种：一种是加尿素；另一种是加氨水。目前已趋向用电子计算机自动控制 pH。

（二）水解工艺控制

氨基酸液体肥料中的氨基酸水解的催化剂可以用酸（20%～30% HCl 或 40% H_2SO_4）、碱［20% NaOH 或 14% $Ba(OH)_2$］或用蛋白酶等。因为碱水解得到的产物多为光学消旋体，即 *DL*-型氨基酸，而酸水解或酶水解得到的主要产物为 *L*-型氨基酸。下面以盐酸为例来说明氨基酸水解工艺控制流程或过程。盐酸水解生产氨基酸的工艺有一步水解法、二步水解法、三步水解法和综合利用法几种工艺方法。

其中，一步水解法的工艺流程为：

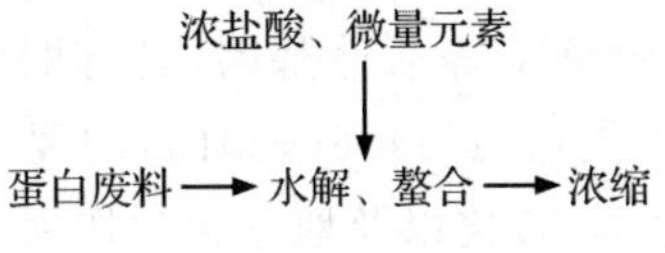

二步水解法的工艺流程为：

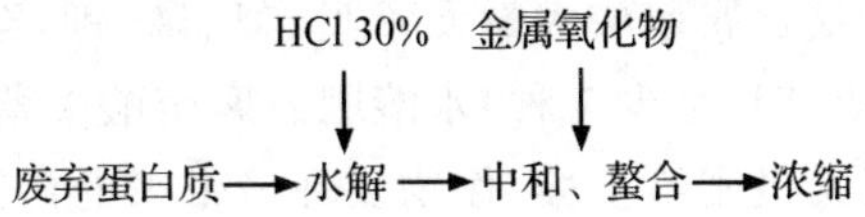

三步水解法的工艺流程为：

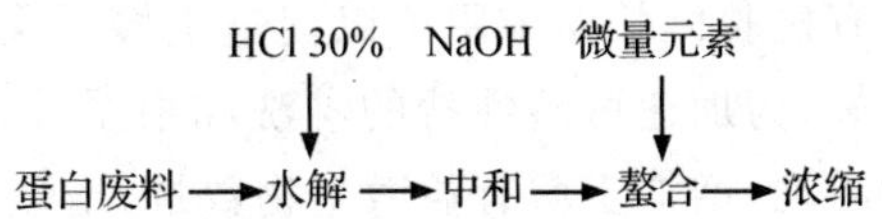

综合利用法工艺流程为：

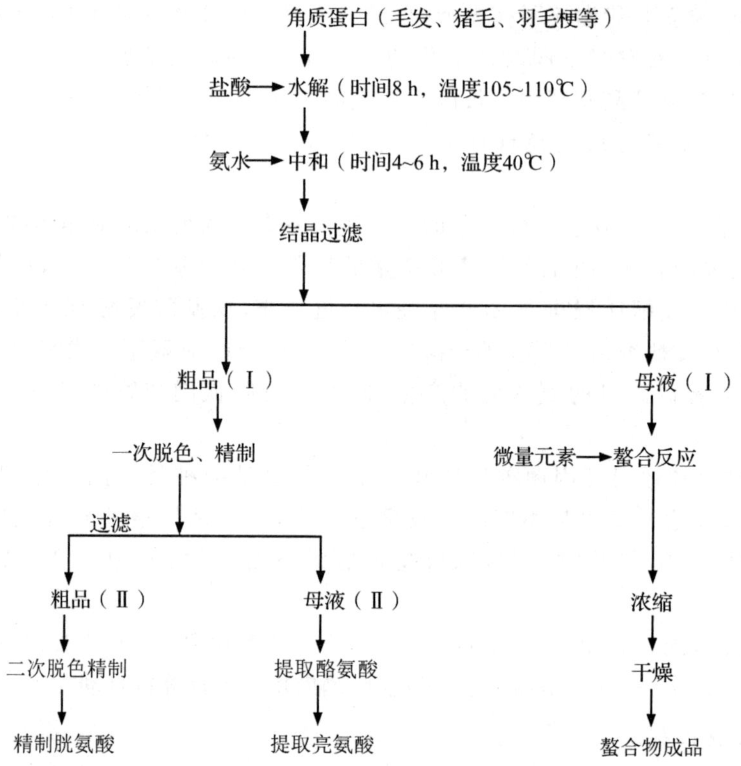

第四节　腐殖酸多营养元素液体肥料加工工艺

一、腐殖酸多营养元素液体肥料的种类、特点和作用

腐殖酸是一种天然的有机高分子化合物，存在于土壤的腐殖质和低级煤物质中，含有碳、氢、氧、氮等元素和芳香核、羟基、甲氧基等活性基因，具有弱酸性、亲水性、离子交换性、综合性、氧化还原性及生理活性等。根据（NY 1106—2010）的要求，腐殖酸应该是矿物源的腐殖酸，是由动植物残体经过微生物分解、转化以及地球化学作用等系列过程形成的，从泥炭、褐煤或风化煤提取而得的，含苯核、羧基和酚羟基等无定型高分子化合物的混合物。腐殖酸多营养元素液体肥料的种类主要包括含腐殖酸大量元素型（氮、磷、钾，至少 2 种）水溶肥和含腐殖酸微量元素型（铜、铁、锰、锌、硼、钼，至少 1 种）水溶肥。腐殖酸多营养元素液体肥料在农业上的应用不仅可以克服大量施用无机肥给土壤、作物及环境带来的污染，而且有很多优良的影响。

（一）腐殖酸对土壤的改良作用

腐殖酸类肥料作为一种有机胶体长期施用可以促进土壤团聚体的形成，改善土壤结构状况，使土壤通气、透水性能良好，为加速可溶性盐的淋洗和根系发育生长，创造了良好的条件。腐殖酸能够促进土壤微生物活动，增加土壤有益微生物数量，增强土壤酶的活性。

（二）腐殖酸改善农产品品质

表现在提高甘蔗、甜菜等的糖分，增加维生素 C 的含量；粮食作物的蛋白质含量增加；烟草、茶叶等经济作物内在品质的改善等。西瓜喷施腐殖酸肥料，可增加西瓜的含糖量和维生素C的含量。化肥中添加泥炭，对提高甜菜含糖量有明显的作用，在烟草中施用腐殖酸肥料可以调节烟叶的化学成分，改善烟叶品质。

(三)腐殖酸肥料对环境无任何污染

腐殖酸本身就是土壤有机体的一部分，喷施这类肥料于土壤中无任何污染。腐殖酸类肥料有对作物生长发育的刺激作用，能增强作物的抗逆性，提高作物对化肥的利用。

(四)腐殖酸多种营养元素的增效作用

腐殖酸能够活化和吸附很多矿质元素，如磷、钾等大量元素和铜、铁、锰、锌、硼等微量元素，使这些元素的有效性大大增加，从而改善作物的营养条件，在化肥中起到增效剂的作用，而且能减轻化肥对土壤理化性状产生的不良影响。此外，黄腐酸对微量元素也具有明显的增效作用。

二、腐殖酸多营养元素液体肥料的生产原理及条件

(一)直接氨化法

这种方法的特点是生产工艺简单，可以土法生产，技术容易掌握，生产成本较低。所使用的原料有泥煤、褐煤和含钙、镁低的风化煤等。氨化时腐殖酸中的活性基团，如羧基、酚羟基等与氨水或其他铵类化合物作用，即得腐殖酸类肥料。

主要控制指标为加氨量。加氨量的确定应以吸氨试验所得数据为基准并根据具体情况，再适当过量一点。也有用测定吸氨物料的pH来确定加氨量的，数据虽不够准确，却是一个简而易行的方法。

(二)酸洗法和复分解法

酸洗法和复分解法适合于原料煤(风化煤)中腐殖酸含量在30%左右、且其结合的钙、镁等物质较高者。按所用的酸和盐类的不同，可分为盐酸法、硫酸法、亚硫酸铵法、磷酸氢二铵法和碳化氨水法等(因除盐酸、硫酸外，其余均属盐类的复分解，所以这里简称复分解法)。

酸法或复分解法的目的都是将风化煤中不溶性的腐殖酸钙和腐殖酸镁，转变成可为植物吸收利用的可溶性的腐殖酸盐而作为肥料施用。其生产原理是利用酸或盐类与风化煤中腐殖酸钙或腐殖酸镁进行酸析或复分解反应而生成可溶性的腐殖酸盐类(铵盐或钠盐)和难溶性钙、镁盐。

1. 盐酸法

在原料煤中，一般水分含量较高，需先经烘干或晒干等方法除去部分水分，方可送入粉碎机中进行粉碎，否则会造成粉碎时的困难。烘干至原煤水分降到20%左右，即用手紧握挤不成团。煤粉细度要求在100目左右，酸浓度15%左右。酸用量应根据耗酸量试验所得数据来确定。

生产时，先将定量的盐酸放入附有搅拌机的耐酸反应器中，待开动搅拌机后，将煤粉分次加入进行反应，反应约40 min后，再加入部分清水并搅拌20 min，以便于过滤。将反应好的物料移入过滤池中，开动真空泵进行过滤。滤毕，需用清水洗涤，并洗至中性，将所形成的钙、镁氯化物和多余的盐酸完全洗净为宜。但是，往往工厂用水硬度较大，洗的次数多则水中的钙、镁等离子将会与腐殖酸结合生成腐殖酸钙、镁盐，效果反而不好。所以工厂中只水洗到pH为

3～4 时即可。水洗完毕后，将物料出池送至干燥机中烘干至物料含水分在 20%以下，则可与氨水或碳酸氢铵一道送入氨化器中进行氨化。加氨量与直接氨化法基本相同。用碳酸氢铵氢化，一般都是在常温下进行，也可在温度 45 ℃左右进行。

2. 硫酸法

该法的工艺原理与盐酸法相同。但是由于加酸反应中生成的硫酸钙溶解度小，不易用水洗掉。这样在氨化过程中，使反应生成的腐殖酸铵和硫酸钙又会起复分解反应，同时因硫酸钙能溶于铵盐就更加速了这个反应的进行，从而生成了腐殖酸钙和硫酸铵。

3. 亚硫酸铵法

对含钙、镁较高的风化煤在缺乏酸的情况下，可采用此法生产腐殖酸铵肥料。方法的工艺原理是先将硫铁矿或煤矿副产的含煤硫铁矿，经燃烧生成二氧化硫气体，再用氨水吸收制成亚硫酸铵溶液，而后按一定比例与原料煤粉反应制得腐殖酸铵肥料。反应中生成的亚硫酸钙溶解度非常小且不溶于铵盐，所以腐殖酸铵和亚硫酸钙的逆反应一般情况下不易进行。

4. 磷酸氢二铵法

是利用工业副产磷酸氢二铵生产腐殖酸氮磷复合肥料的方法，生产中使用的风化煤的要求与亚硫酸铵法一样。磷酸氢二铵溶液系浓度 20%左右的制药厂副产物，或利用工业废磷酸和氨水作用自制。

（三）一步氨化法

这一方法是为了利用含钙、镁等物质较高的风化煤为原料生产腐殖酸铵肥料，特点是革去了酸析过程，用碳化氨水进行一步氨化。在缺酸或无酸地区，可以大量推广，它完全可以利用生产碳酸氢铵的工艺设备进行生产。结合我国小氮肥厂的技术改造，采用这一方法生产腐殖酸铵肥料，更有其有利条件和实际意义。

该法系将原料煤粉与碳化氨水溶液于 80～100 ℃下进行反应制得腐殖酸铵肥料。反应生成的碳酸钙溶解度非常小，从而保证了产品中腐殖酸铵的含量。

（四）碱抽酸析法

这一方法主要是为了从腐殖酸含量比较高的泥煤、褐煤、风化煤中制备纯度较高的腐殖酸和腐殖酸盐类，作为浸种、喷洒的作物生长刺激剂。

生产腐殖酸盐前，须将新采泥煤先经风干，至水分含量 20%左右时进行粉碎，再经 1～2 mm 的筛子去掉泥沙，备用。

碱化提取的腐殖酸钠溶液，呈强碱性（pH 10～11），腐殖酸含量较高。经过碱化提取的腐殖酸盐溶液，其中含有腐殖酸盐和黄腐酸盐。为了制得纯度较高的腐殖酸，一般按 100 kg 溶液，加工业盐酸 0.8～1.0 kg（盐酸浓度 35%～36%）或工业硫酸 0.4～0.5 kg。加酸沉淀后，上层浅黄色的黄腐酸溶液用虹吸管抽取分离，余下的胶状腐殖酸经过滤水洗，得纯度较高的腐殖酸。水洗是酸析提纯的关键，除需使用软化水水洗外，必须洗至无酸根离子为止。制得的纯度较高的腐殖酸，用稀碱溶液配制，即生成腐殖酸盐溶液。

生产中主要控制过滤和水洗两个工序，特别是由于腐殖酸是具有胶体性质的物质，过滤十分困难，为此如何加强过滤效率是提高生产的关键。所以要注意选择过滤设备、滤布的疏密、助滤剂的使用及离心机等。此外，酸析时多加酸及沉淀时稍加热，使沉淀粒子增大，都是提高过滤的有效措施，水洗是提高质量的重要保证，使用蒸馏水或无离子水洗，这样才能洗净杂质。

(五)氧化法

此法是为了更有效地利用腐殖酸含量较低的褐煤,风化煤等自然资源而采用人工氧化处理,以提高其中腐殖酸含量来制取腐殖酸类肥料的生产方法。

根据氧化所采用的方式和氧气来源的不同,有硝酸氧化法、综合氧化法、空气氧化法和空气臭氧氧化法等方法。分述如下:

1. 硝酸氧化法

硝酸氧化法的工艺原理是,硝酸是强氧化剂,加热时易分解出原子态氧,由于原子态氧具有强的氧化能力,所以当原料煤与它作用时,便使煤中的大分子芳香结构发生氧化降解,使羧基、羟基等活性酸性基增加,同时在氧解过程中,也进行硝化反应,使腐殖酸结构中引入硝基,所以称氧解后生成的腐殖酸为硝基腐殖酸。

生产时,先将原料褐煤经颚式破碎机破碎,而后送入球磨机中粉碎。要求粒度小于 0.18 mm,水分小于 15%。煤粉借鼓风机的负压,进入粗粉分离器,其中大于 0.18 mm 的煤粉返回球磨机入料口,合格的煤粉进入组式旋风分离器。未被分离下来的少量煤粉再送入幅式分离器进一步分离,微量的粉尘进入最终除尘器,除尘后放空,粉尘进入球磨机出口。

煤粉由圆盘给料机送入氧化反应器,同时硝酸也由高位槽经转子流量计喷入氧化反应器进行氧化反应。反应后所得的硝基腐殖酸由螺旋输送机送至气流干燥管进行干燥,并经组式旋风分离器,再借圆盘给料机将干燥后的硝基腐殖酸送至氨化反应器。氨水由氨水槽用氨水泵经转子流量计送入氨化反应器进行氨化。

2. 综合氧化法

在工业生产中,用硝酸作为氧化剂常会受到原料的限制。为了减少硝酸用量,提出了"以硫酸代替部分硝酸作为氧化剂并用空气氧化作为原料预处理"的综合氧化法的新生产工艺。该方法是先将原料煤粉在 200～220 ℃下,利用空气进行预氧化,而后再用浓度 20%的硫酸代替原用硝酸总量的一半,与硝酸配制成混酸进行氧化,产品中的硝基腐殖酸可增加 5%左右。这可能是一方面硫酸代替了与煤中灰分相作用的那部分硝酸;另外加入硫酸后,提高了硝酸的利用率。含腐殖酸不高的风化煤先进行预氧比,再用硝酸氧化,可以节省硝酸用量。

生产开始时,原料煤先经粉碎而后借螺旋输送机由反应器上部送入流化床内,由流化床底部进风管送入由热风炉加热的预热空气进行预氧化。预氧化开始时,由加热炉送热空气,至温度达 150 ℃左右时,即可停送热风而改送直接空气进行氧化。预氧化终了后,将物料送入混酸氧解器内,同时加入由配酸器送来的硝酸硫酸混合酸进行氧化反应。生产中煤粉细度要求 100 目以上;空气氧化温度 200～220 ℃;空气氧化时间 5～10 h。煤粉与硝酸、硫酸重量比为 1∶0.1∶0.1;酸浓度为 20%;混酸氧化温度 80～100 ℃;氧解时间 3 min 左右。

3. 空气氧化法

空气是人工氧化法中最便宜易得的一种氧化剂,采用空气氧化,其氧化时间较长,故动力费用大,设备利用率低。因此,为了提高生产能力有采用加压氧化和富氧氧化的方法。加压氧化,可大大缩短氧化时间,氧化产物的腐殖酸含量高且所需氧化温度也较低。

国外也有用煤进行加压空气氧化试验,结果表明:常压下于 170 ℃反应 75 h,所得产品的可溶物为 55%;在 1.5 MPa 下于 150 ℃反应 15 h,其可溶物为 75%。

采用分子筛提高空气中的氧含量进行氧化反应,效果可能是比较好的。

4.空气臭氧氧化法

氧分子(O_2)在高压无声放电电子的激发下,电离成氧原子(O)。氧原子的氧化能力特别强,遂使未解离的氧分子氧化生成臭氧分子(O_3)。臭氧系天蓝色气体,具有鱼腥味,可用蘸有碘化钾溶液的淀粉试纸检验,如变蓝色,表示有臭氧存在。

臭氧是一种强的氧化剂,170 ℃时表现极不稳定,至 200 ℃便立即分解,分解时放出原子态氧(O),原子态氧(O)具有强烈的氧化能力,与原料煤相作用时,煤中大分子的芳香族结构被氧解,生成醌型结构,同时脂肪族结构的活性氢也被氧化生成羧基、羟基,进一步氧化生成腐殖酸。氧化煤的含氧活性酸性基团(如羧基、酚羟基等)的比例显著增加,亲水性能大大增强,碱溶物增多,碱溶液的光密度和凝结限度、腐殖酸以及中和当量等的变化,根据原料煤种类和氧化条件的不同,变化也有差异。

三、腐殖酸多营养元素液体肥料的生产工艺

腐殖酸类液体肥料(包括叶面肥、冲施肥、滴灌肥等)是用 FA(黄腐酸)或 HA(腐殖酸)的一价盐水溶有机基质,同氮、磷、钾及微量元素配制而成的。目前主要参照农业部发布的《含腐殖酸水溶肥料》(NY 1106—2010)的技术标准实行,分为大量元素型和微量元素型两类。

(一)腐殖酸多营养元素液体肥料的生产技术要点

腐殖酸液体肥料目前存在的关键技术问题和难点,一是腐殖酸的活性问题,二是胶体稳定性问题。

1.用物理分散法处理

冲施肥不一定要求完全"溶解",但滴灌时仍对粒子细度和分散性有较高要求。可通过加强研磨、快速搅拌、适当加温、超声波处理等物理手段减小粒子尺寸,并增加粒子间空间排斥作用,提高分散度。

2.选择合适的腐殖酸原料

尽可能用年轻褐煤或高分解度泥炭。有少数特殊的风化褐煤,如美国的 Kozgro 煤腐殖酸、阿塞拜疆某地的褐煤腐殖酸、我国内蒙古武川风化煤腐殖酸(E4/E6 比值都在 6.7 左右),抗硬水性能都很好,应选择此种类型的原料。

3.采用化学活化改性的办法

充分降低腐殖酸的分子量,增加官能团,这是提高化学活性、生物活性以及改善胶体保护和络合性能的关键措施。一般来说,腐殖酸的总酸性基≥10 mmol/g(其中 COOH 占 2/3),E4/E6≥8,凝聚极限≥12 mmol/g,或者能引入$—CH_2SO_3H$、$—SO_3H$ 等亲水基团,均能明显改善叶面肥的稳定性和使用效果。

4.适当添加辅助剂,增加胶体稳定性

悬浮肥料都要添加各种增稠剂、分散剂、润湿(铺展)剂。常用的增稠剂和分散剂有:膨润土、海泡石、硅镁土、黄原胶、改性纤维素和改性淀粉、聚乙烯吡咯烷酮等;常用的铺展剂有:硅系表面活性剂、十二烷基磺酸盐、藻酸、烷基磷酸酯、β-萘磺酸-甲醛缩合物、烷基多糖苷、聚甘油酯等,可以根据具体情况选择使用。

5.添加适量的高效螯合剂

腐殖酸类物质的络合能力毕竟有限,欲多溶解一些金属元素,可添加适量的高效螯合剂,

包括氨羧络合剂(EDTA、二乙烯三胺五乙酸等)、琥珀酸、柠檬酸、水杨酸和某些氨基酸等。廉价的多磷酸铵和多磷酸钾具有很强的溶解和络合高价金属离子的能力,发达国家作为流体肥料的组分已有30多年,可以在腐殖酸类液体肥中试用。

6.发展专用型、功能性腐殖酸流体肥料

是省工省时、互补增效的好办法,也是今后液体肥料发展的一个重要方向。近来针对某种作物的专用肥(如花生肥、葡萄肥、果树肥等)层出不穷,一般都比通用肥料的效果略胜一筹。比如,将生产酒精或味精的有机废水、腐熟发酵后的禽类粪便浸出液、腐殖酸溶液与无机盐复合,制成含腐殖酸、氨基酸、糖类、大量和微量元素的浓缩黏稠液体,作为植物栽培、水产养殖、食用菌培育的多组分营养液;与此同时,将具有抗病、固氮等作用的有益微生物通过掺混等方式与腐殖酸等有机物混合形成的复合微生物液体肥料也逐渐成为近年来的研究热点,其功能性微生物起到了促进作物生长发育,增强作物抗逆性和改良土壤环境等积极作用。但以上研究成果必须以理论指导和科学试验为依据,不应盲目搅混,以免导致制剂相互拮抗甚至失效。

(二)腐殖酸多营养元素液体肥料的生产工艺流程

生产腐殖酸多营养元素液体肥料工艺多种多样,其中价值最高的,应为高活性黄腐酸,腐殖酸多营养元素液体肥料的生产的流程见图6-13。

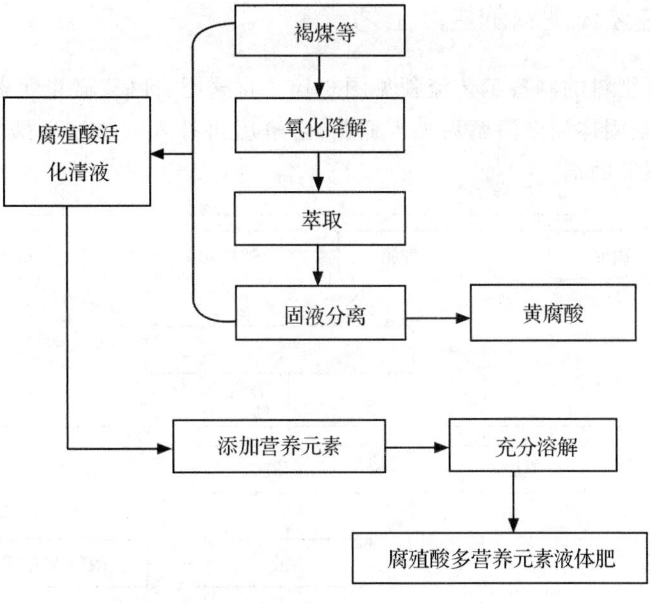

图6-13　腐殖酸多营养元素液体肥料的生产工艺流程

第五节　滴灌酸性液体肥料生产技术

一、滴灌酸性液体肥料的特点

滴灌酸性液体肥料是滴灌农田施肥较好肥料品种,其特有的酸性可以解决滴孔堵塞的难题，并可提高肥料利用率，节约肥料成本，有显著的增产、增收的作用。并大大提高了液体肥料的浓度，使包装和运输成本降低。肥料中含有的促根剂可以刺激作物生根，加强作物自主吸收养料的能力，增强作物的抗旱、抗病、防病能力。

滴灌酸性液体肥料与常规肥料相比有以下几个特点：①滴灌酸性液体肥料酸性较强，可以彻底清除滴孔阻塞的现象。②由于滴灌酸性液体肥料酸性较强，滴灌酸性液体肥料中的养分元素能够100%地被溶解，且无沉淀、无杂质，滴灌时很容易为根部吸收，能够显著地提高肥料的利用率。③该配方肥料呈中强酸性。能增大磷、锌、铁、铜、镁等离子的溶解度，促进植物根系的吸收。④该肥料除含有氮、磷、钾外，还含有多种微量元素和促根剂，功能齐全。其中促根剂可以促进作物根系的形成和增大，进一步提高肥料利用率。

二、滴灌酸性液体肥料的生产原理及条件

酸性液体肥料是一种包括氮肥、磷肥、钾肥、促根剂、促溶剂、微量元素和硫酸成分的应用于农业滴灌的新型液体肥料。由于酸性液体肥料的酸性pH较低，可以大大增强养分元素，特别是磷肥的溶解性，提高溶液的养分浓度，另外，所具有的较强酸性，可解决滴灌技术在应用中出现的滴孔堵塞现象。

三、滴灌酸性液体肥料的生产工艺

滴灌酸性液体肥料的制备工艺流程见图6-14。将磷肥、钾肥、微量元素和促溶剂按配比加入水中，充分搅拌至固体完全溶解后加入氮肥，溶解后再补入硫酸或磷酸等酸性物质，待充分混匀后加入促根剂等助剂。

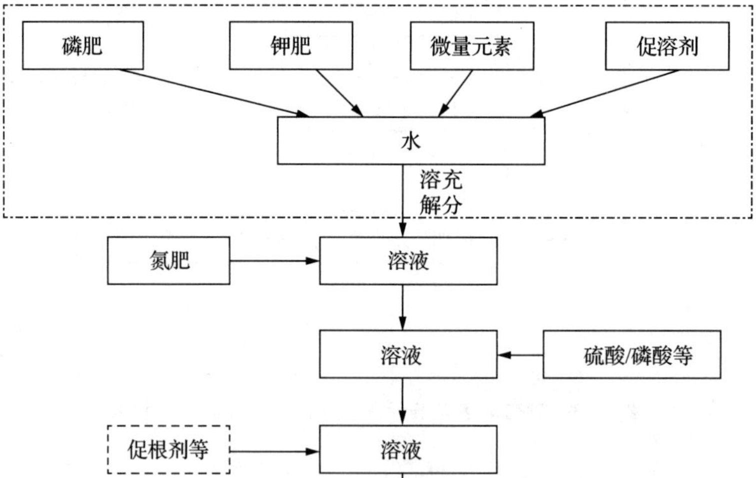

图6-14 滴灌酸性液体肥料的制备工艺流程

【本章小结】

液体肥料是肥料工业发展的重要分支，也是新型肥料的重要组成部分，是今后新型肥料产业化发展的重要方向。在介绍常见液体肥料主要品种、特点、生产基本原理的基础上，重点介绍了液体叶面肥料、氨基酸液体肥料、腐殖酸多营养元素液体肥料、滴灌酸性液体肥料的特点、生产基本原理、主要生产工艺和设备。鉴于相关资料的有限性和液体叶面肥料、氨基酸液体肥料、腐殖酸多营养元素液体肥料、滴灌酸性液体肥料生产工艺的多样性，本章没有对这些肥料相关生产设备做详细介绍。随着液体肥料产业化发展进程的加快，液体肥料行业将会进一步规范，在较稳定的工艺流程、工艺参数的基础上，将形成比较完善、统一的生产、加工设备系统。

复习思考题

1. 简述液体肥料的特点。
2. 简述叶面肥的生产原理和生产工艺。
3. 简述氨基酸液体肥料的生产工艺。
4. 简述腐殖酸多营养元素液体肥料的特点和生产工艺流程。
5. 简述滴灌酸性液体肥料的生产工艺。

本章推荐阅读书目

方天翰. 2003. 复混肥料生产技术手册. 北京：化学工业出版社.
张宝林. 2003. 功能性复混肥料生产工艺技术. 郑州：河南科学技术出版社.
张卫峰，张福锁. 2017. 中国肥料发展研究报告. 北京：中国农业大学出版社.
周连仁，姜佰文. 2007. 肥料加工技术. 北京：化学工业出版社.

参考文献

陈隆隆，潘振玉. 2008. 复混肥料和功能性肥料技术与装备. 北京：化学工业出版社.
崔英德. 1999. 复合肥的生产与施用. 2 版. 北京：化学工业出版社.
方天翰. 2008. 复混肥料生产技术手册. 北京：化学工业出版社.
林明，印华亮. 2014. 聚磷酸铵水溶液在液体肥料发展中的重要作用. 企业科技与发展(5)：12-14.
钱佳，马永刚. 2009. 液体肥料的应用与发展. 安徽化工，35(1)：17-19.
邵建华. 2000. 氨基酸微肥的生产和应用研究进展. 现代化工(4)：18-21.
王连祥. 2008. 液体复混肥料生产技术初步探讨. 化肥工业，35(5)：33-36.
谢天鑪，李玉纯. 1992. 液体肥料. 北京：化学工业出版社.
徐静安. 2000. 复混肥料和功能性肥料生产新工艺及应用技术丛书：生产工艺技术. 北京：化学工业出版社.
于思甜. 2020. 复合微生物液体肥及其施肥伴侣研制和肥效研究. 南京：南京农业大学.

张宝林.2003.功能性复混肥料生产工艺技术.郑州:河南科学技术出版社.
张福锁,申建波,危常州,等.2022.绿色智能肥料:从原理创新到产业化实现.土壤学报,59(4):873-887.
周连仁,姜佰文.2007.肥料加工技术.北京:化学工业出版社.

第七章　有机肥料加工工艺

有机肥料是植物残体、动物粪便、加工业有机副产物等有机物料经微生物发酵且符合国家有关规定，能改善土壤肥力、提供植物营养、提高作物品质为其主要功能的含碳物料。有机肥料可以为植物生长提供全面、稳定、长效的营养元素，可以改善土壤结构，提高土壤的缓冲性能和保水保肥能力，促进土壤养分有效化和减轻农药残留毒害等功效。我国利用有机肥料历史悠久、经验丰富，在世界农业发展的历史长河中长期处于领先地位。20 世纪 60 年代以前我国农业基本属于有机农业，农民将各种农业废弃物通过多种方式加工成有机肥施用，对促进物质循环和培肥地力起到了重要作用。20 世纪 70 年代以后我国有机肥料用量不断减少，主要原因是化学肥料生产量增加，而传统有机肥生产方式落后、费工费时效益低、有机肥有效养分含量低、商品化程度不高、施用数量大，同时农村劳动力缺乏。有机肥料利用量低已明显影响我国优质高效农业的发展和生态环境的优化，因此针对我国有机肥料资源特点，加强新型有机肥料加工工艺、工厂化和商品化生产的研究，是我国现代农业发展的迫切需要。

第一节　有机肥料加工概述

一、有机肥的种类及特点

目前有机肥主要分为四种类型：农家肥料、精制有机肥料、生物有机肥料、有机无机复合肥料。

(一)农家肥料

农家肥料主要是指人粪尿、厩肥、堆肥、沤肥、饼肥、草木灰等。农家肥主要特点是：①数量巨大、来源广泛，可就地取材，降低农业生产成本。②养分主要为有机态，如氮素呈蛋白质状态存在，磷素以植酸、核蛋白和卵磷脂状态存在；而有机养分绝大多数不能直接被植物吸收利用。因此，农家肥的肥效比无机肥料缓慢持久。③含较多有机质。农家肥中的有机质在土壤中被微生物分解成二氧化碳和有机酸，一方面可增强植物二氧化碳营养，另一方面有机酸可促使土壤难溶性养分溶解，提高土壤养分有效性。④能改良土壤。农家肥中的有机质在土壤中经过微生物作用形成腐殖质，腐殖质能促进土壤团粒结构形成，使土壤疏松，易于耕作；同时能改善土壤通透性，有利于土壤微生物活动，促进土壤养分分解，增强土壤保水保肥能力。⑤农家肥是一种全营养肥料。不仅含有氮、磷、钾三种植物大量营养元素，还含有钙、镁、硫等其他元素和微量元素，能较全面地满足作物营养的需要。但农家肥养分含量相对较低，一般只有 2%～6%，肥效慢；有时发酵不彻底，肥料成熟度低，易造成烧苗，而且病虫害去除不净，易传播病虫害；有的含重金属等有毒有害物质；此外，肥料中臭味也导致施用不方便。

(二)精制有机肥料

精制有机肥料是指利用畜禽粪便、秸秆、农副产品和食品加工的固体废弃物、有机垃圾、城市污泥等经高温处理除臭后加工生产而成的不含有特定肥料效应的商品有机肥料。其具有农家肥改良土壤、提高肥效的优点,同时还有自身的特点:①有机质含量高,一般大于30%,有的高达60%。②无害标准高,精制有机肥在生产加工过程中经过了4~5 d的高温处理,能有效杀死原料中的病原微生物、害虫和杂草种子,使肥料卫生标准明显优于农家肥,达到部颁标准。③成本低廉,由于精制有机肥原料多采用农业废弃物和副产物,来源较广,通常采用简单的高温快速处理技术使原料中的大量水分得到蒸发,快速除臭,快速脱水,能耗低,生产成本较低而经济。④精制有机肥料类以提供有机质为主和少量养分,具有有机质的优点,但由于养分含量低,在6%左右,远低于作物生长所需养分,不能满作物生长需求,一般需要和无机肥料配合施用。

(三)生物有机肥料

生物有机肥是有机固体废物(包括有机垃圾、秸秆、畜禽粪便、饼粕、农副产品和食品加工产生的固体废物)经微生物发酵、除臭和完全腐熟后加工而成的含有特定功能微生物的有机肥料。生物有机肥料除含较高的有机质外,还含有一些功能菌,该类肥料的养分含量不高,虽然功能菌具有改善肥料有效性或释放土壤中难溶养分的能力,但其功能受土壤环境影响,稳定性不好。

生物有机肥料与精制有机肥料之间存在明显区别:①是否含有益微生物。生物有机肥内含有多种有益微生物,由于有益菌群的生态占位效应,能减少植物病害发生;而精制有机肥经过高温处理,大多数微生物被杀死,不能为土壤提供有益微生物。②加工过程中养分损失量不同。精制有机肥通过高温处理,养分受高温损失较多;而生物有机肥发酵温度相对较低,养分损失少。③施用效果不同。精制有机肥没有完全腐熟发酵,直接使用容易烧根烧苗;而生物有机肥经过彻底腐熟发酵,不会烧根烧苗。④气味不同。精制有机肥除臭效果不理想,返潮可能发出恶臭味;而生物有机肥已将尿酸变成菌体蛋白,从根本上消除了臭味。⑤生物有机肥经高温腐熟,杀死了大部分病原菌和虫卵,减少病虫害发生;精制有机肥虽然也经过高温处理杀死了大部分病原菌和虫卵,但由于未经腐熟,在土壤中腐熟时会引来地下害虫。

(四)有机无机复合肥料

有机无机复合肥是在充分腐熟、发酵好的有机物中加入一定比例的化肥,充分混匀并经工艺造粒而成的含有一定比例有机质的复合肥料。主要功能成分为有机物、氮、磷、钾养分。一般有机物含量≥20%,腐殖酸含量不高,氮、磷、钾总养分≥15%。由于它能同时提供有机养分和无机养分,肥效速缓相济,优势互补,能根据不同土壤地力条件提供适宜养分,能减少无机养分的固定和淋失,提高化肥利用率,减少环境污染。目前广泛应用于果、菜等经济作物和保护地栽培,效果良好。

二、有机肥料加工的意义

当今世界,环境保护、资源回收和再生利用是21世纪研究的重要课题。如何利用先进工程技术将日益堆积成山的有机废物和有机垃圾转化成高效的有机肥回归自然,以确保人类生活品质，已成为我们目前面临的重大问题。我国长期不合理施用化学肥料，有机肥施用数量不足且分布不均衡，造成部分农田养分比例失调，致使农田生态环境、土壤理化性状和土壤微生物区系受到不同程度的破坏，影响了农产品的质量安全。因此，重视有机肥加工生产对我国农业可持续发展具有重要的战略意义。

(一)实现资源合理利用

我国每年产生数以亿吨的有机废弃物，主要有畜禽粪便、人粪尿、农作物秸秆、蔬菜与园林废弃物、城市生活有机垃圾、城市污泥、肉类加工厂废弃物、饼粕类、其他加工废弃物有机物。这些废弃物大约可以提供氮(N)2 700 万～3 500 万 t、磷(P_2O_5)840 万～1 010 万 t、钾(K_2O) 3 100 万～4 150 万 t、粗有机质 10 亿～13 亿 t、中微量元素 320 万～540 万 t。如果能将这些有机物无害化和养分有效化处理或加工生产成有机肥料返回农田中，不但能改良培肥土壤，补充大量植物营养元素，提高废弃物资源利用效率，还能减少化学肥料的使用，为我国农业绿色可持续发展提供重要物质基础。

(二)有利保护生态环境

有机物料资源弃置或不加工处理利用将会对生态环境构成潜在威胁。养殖场的畜禽粪便、城市生活有机垃圾随意堆放，不处理利用，可溶性养分和有机物质将会随着降雨的径流进入水体，污染水质，导致富营养化。同时有机物质分解释放的臭味物质、氮氧化物、氮氢化物等污染大气，影响人类健康。因地制宜地科学加工和合理利用有机肥料，可以减少过量施用化学肥料对农田造成的面源污染，保护生态环境。

(三)保育农田持续高产

近年来我国农田因长期过量施用化学肥料，已表现出明显的南方农区土壤酸化板结、耕层变薄，北方农田土壤盐渍化凸显，已经构成对我国粮食生产持续高产的潜在威胁。有机肥料是有机碳含量最高的一类肥料，是提高土壤有机质含量重要的物质基础。长期以来我国耕地资源有限，农田土壤普遍有机质含量不高，保肥供肥能力较差，成为发展植物生产的短板。因此，如何充分利用我国巨大的有机肥料资源，因地制宜地开发和研制适合改善土壤肥力、适应新型施肥技术和植物优质产品营养需要的有机肥料新产品，是新时代我国农业发展和粮食安全的一项迫切任务。

三、国内外有机肥生产与加工发展现状

(一)国外有机肥料生产与加工现状

国外发达国家的禽畜粪便处理通常是向工厂化、无害化、资源化、商品化、与植物大量营养元素复合化、作物专用化、多重利用高效化、固液处理并举、工业化技术与生物处理技术并重的方向发展。因此，他们发展畜禽饲养的原则首先是有利于利用和处理粪便，为此，畜禽饲养大都以中小型个体农场方式进行，而且畜禽舍的建筑和设计都是有利于畜禽粪尿的处理，饲养过程中尽可能地减少水分对粪便的稀释，这有利于降低粪便水分处理过程中的能量消耗。根据畜禽粪便的含水量，处理方法主要分为干清粪和水冲清粪两种方式进行。

1. 干清粪处理方式

(1)堆肥　采用刮粪板和传送带将粪便存放于空旷场地，堆沤后使用。美国和俄罗斯采用

褥草或者草炭垫圈，隔一段时间将混有垫料的厩肥运至堆肥场，堆腐后使用。我国广大农村也有这种传统。该方法的优点是畜尿被垫料吸收，避免了养分流失，但氮通过氨的形态挥发损失率较大，可达到氮总量的 30%～50%。为了避免损失，美国采用高笼养鸡，在鸡笼下堆积鸡粪，每天用秸秆或者草炭覆盖，半年清理一次。在美国，有一种叫 BIOTEC120 堆肥生产系统，由 Arrau 博士经过 20 年研究而成，1993 年 6 月获得美国专利，得到联合国国际环保组织认可。该系统由 10 个大型旋转生物反应器组成，通过微生物发酵，在 72 h 内可处理 1 300 t 粪便或者垃圾成为优质有机肥，但处理费用昂贵，并没有得到大面积推广应用。如果能在不旋转的条件下发酵，可能处理费用会降低。

(2)沼气发酵处理　通过沼气发酵，有效去除粪便的臭味，同时产出的沼气用于生活和生产，可达到清洁处理和再生能源。而且沼气发酵后的沼液可生产液体肥料，沼渣也可以继续发酵生产有机肥。

(3)动物转化　通过蚯蚓、蝇蛆等转化为蛋白饲料，余下部分可继续发酵生产有机肥，但这种利用方式处理量不多。

2. 水冲清粪的处理方式

水冲清粪是用水冲畜禽圈舍而来的。欧美很多国家都是将水冲清粪放入储液池中，嫌气发酵或沼气发酵后将液体直接施入土壤。优点是处理率和利用率高，但如果是用车运到田间费用也不低，即使有管道直接输入田间也只能降低运行费用，其初期投入也高。也有一些国家在这些发酵液体中加入一些化肥、农药、除草剂等，生产有机无机多功能液体复合肥。日本多采用固液分离方法，分离后的粪渣腐熟后用作有机肥，分离后的液体部分用砂、土滤床去除液体中的微粒部分，或者用酸化池法促进有机物分解。对于畜禽粪便的臭味，各发达国家均很重视，多采用物理吸附和添加化学物质除臭，日本采用曝气发酵法效果很好，在 20～40 ℃下经过 24 h 臭气可全部消除。韩国采用槽式发酵和油压旋转式搅拌，在国际上属于较先进的粪便发酵技术。德国及东欧一些国家是将畜禽粪水由管道进入城镇污水处理系统统一处理。总体来讲，一些先进设施由于运行成本太高，即使在欧美发达国家应用也不多，主要还是将传统堆肥方法与人工接入一些发酵能力较强的微生物相结合，这样的处理成本较低。

3. 作物秸秆的处理方法

欧美国家的种植制度和我国不同，多为一年一季和休耕轮作制度，收获时在联合收割机后面悬挂秸秆粉碎机，直接翻压还田，或者实行耕地秸秆免耕覆盖还田方式。也有农场将秸秆青储或者发酵作为饲料，形成畜禽粪便进入粪便发酵处理生产有机肥系统。总体来讲，欧美很少用秸秆直接来工业化生产有机肥。

(二)国内有机肥料生产与加工现状

有机肥一直是我国农业生产的重要肥料来源，在 20 世纪 70 年代以前，有机肥几乎是我国农业生产肥料的唯一来源，从 20 世纪 70 年代开始，我国开始有机肥工业化生产的研究。目前，随着现代农业的发展和农业内部产业化结构调整，有机肥料趋于产业化、商品化，出现了工厂化生产的精制有机肥、有机无机复合肥。其采用的有机原料大多为风化煤、草炭、畜禽粪便、作物秸秆、食品和发酵工业下脚料等。据统计，在国内注册的年产 10 万 t 以上的有机肥料厂家有 310 多家，大部分分布在内蒙古、辽宁、吉林、河北、山东、江苏、福建、广东等地。肥料种类大致可分 3 种模式：一是精制有机肥料类，以提供有机质和少量养分为主，是绿色农产品和有机农产品等的主要肥料，生产企业占31%；二是有机无机复合肥料类，既含有一定比例的有机质，又含有较高的速效养分，生产企业占58%；三是生物有机肥料类，产品除含有较高的有机质外，还含有可改善肥料或土壤中养分释放能力的功能菌，生产企业占11%。目前国内主要采用如下方式生产有机肥。

1.国内畜禽粪便及秸秆处理生产有机肥方式

(1)畜禽粪便直接烘干制备有机肥　利用太阳能、风能、煤炭、电能等能源，通过机械和人力对畜禽粪便进行工厂化或者作坊化式处理，或者烘干机直接干燥变成干粪，制成精制有机肥用于作物和园林施肥。我国已自行研制和制造多种能烘干处理畜禽粪便的机械和设备，具备了大批量烘干处理畜禽粪便的能力，各自的性能、处理效果、能耗均不同，各有优缺点。但它们都存在共同的缺点：粪便在高温条件下烘干，一些低分子有机化合物分解产生臭气，造成二次污染。

(2)传统堆肥或仓式发酵　该技术发酵周期长，需3～6个月。一般未建除臭设备。

(3)塔式发酵　发酵周期短，一般7～10 d，并建有除臭设备，但运行成本高，在高温高湿条件下，载料板易腐蚀。

(4)槽式发酵　多为敞口式，发酵菌剂各种各样，但效果不理想。通气搅拌机有翻板式、直走式、园滚耙式等，一般装料厚度在1 m以内，但翻料时易造成空气污染。

(5)沼气发酵后沼渣和沼液再用作肥料。

2.有机肥生产产业化技术工艺

(1)原料选择　畜禽粪便：采用干清粪；秸秆：0.5～1 cm的粉碎细度。

(2)工艺流程　如图7-1。

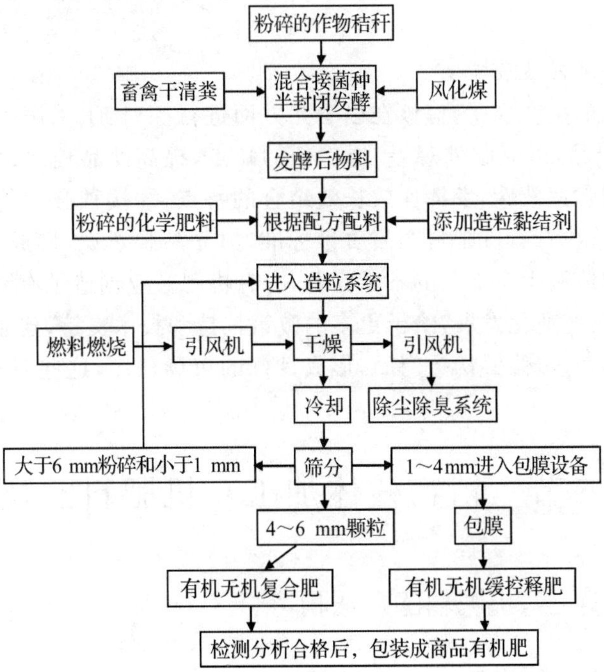

图7-1　有机肥工业化生产的工艺流程

该工艺流程中有机物料发酵的通常条件是:65～70 ℃,水分含量在55%～60%,定时翻堆搅拌或者利用预埋管道通气,接种5%左右的发酵菌剂。造粒黏结剂可以选用酰胺类混聚物造粒黏结剂、腐殖酸类混聚物胶结剂、废弃塑料-淀粉混聚物胶结剂、黏土-聚酯混聚物胶结剂或者磺化木质素混聚物胶结剂,加入物料5%左右的胶结剂。化肥原料粉碎到60～70目之间,用半干物料粉碎机比较好,物料混合在卧式双螺旋混料机中进行。用圆盘或者转鼓式造粒机造粒,造粒后冷却有利于肥料中胶结剂的凝固和强化。筛分时用圆筒筛或者往复式振动筛将颗粒分成小于1 mm、1～4 mm、4～6 mm、大于6 mm几个等级,大于6 mm颗粒粉碎后和小于1 mm的颗粒一起返回到造粒系统继续造粒。

3. 我国有机肥生产存在的问题

第一,我国还没有有机肥产品的国家标准,只有行业标准。有机肥生产不需行政许可,生产门槛低,生产方式五花八门,目前小作坊较多,生产设备简陋,产品质量难以保证。第二,一些厂家片面追求外观,不重视内在品质。目前农民在市场上选用有机肥时大多凭颗粒外观和包装的感性认识来判断有机肥产品品质好坏,认为颗粒外观乌黑发亮、光滑均匀的就是好产品。商品有机肥由于原料的多样性,不同原料做成的有机肥在外观上有一定差距,其内在品质也有较大差异。第三,企业生产忽视发酵过程。国内有机肥的商品化、规模化及规范化发展刚刚起步,一些生产线未进行严格的高温发酵,导致有机肥产品难以达到无害化要求。第四,纯有机肥养分含量低,施用后不如化肥肥效快,推广普及遭遇瓶颈。第五,有机肥包装标识混乱。个别企业标上有机质、腐殖酸、氨基酸、动物蛋白、维生素等含量,并加起来算作养分总含量误导消费者。第六,运输成本高,有机肥通过铁路运输不享受化肥优惠运价,运输成本比较高,使商品有机肥的市场零售价比原料价格高许多。第七,有机肥生产过程中造粒效率低下,特别是那些有机质含量高的有机肥,有50%以上都要返回造粒,大大降低了生产效率,增加了生产成本。

4. 我国有机肥未来发展展望

基于我国有机肥的生产现状,应该在以下几方面进行探讨:①采用先进造粒制肥工艺,生产物理性状良好的产品,以克服外观差、层次低的缺点,提高商品档次;②开发有机无机复合肥,提高养分含量,增强速效性,发挥速效长效结合的特点;③接种微生物制剂,开发新型功能型生物有机肥;④严格执行有机肥料产品质量标准,树立品牌意识,形成规模效应。随着现代高新生物技术发展和造粒生产工艺的不断完善,为有机肥产业创造了有利条件。此外,政府宣传、规划和引导有机肥产业化发展,给予更多的政策扶持和技术支持,建立健全质量监督机制,规范流通和销售市场,打击假冒伪劣产品,形成良好的市场秩序,这些对有机肥产业的健康发展均有促进作用。

第二节　植物残体加工有机肥料的技术

一、植物残体加工有机肥料的方法和特点

(一)植物残体的种类和特点

植物残体主要包括秸秆、饼粕、各种绿肥或肥用绿色植物、蔗渣、甜菜渣、酱油渣、白酒糟、

啤酒糟、木薯渣、榨菜叶、柑橘皮渣等。其中，秸秆是籽实收获后剩下的含纤维成分很高的作物残留物，包括禾谷类、豆类、薯类、油料类、麻类、棉花、甘蔗、烟草、瓜果等多种作物的秸秆。根据残体中水分的含量多少，可将植物残体分为高水分和低水分两大类。高水分含量的如蔬菜植物残体、绿肥和肥用绿色植物、水葫芦、榨菜叶、柑橘皮渣等；低水分含量的如农作物秸秆、饼粕等。目前，全世界农作物秸秆年产量超过 29 亿 t。我国作为农业大国，秸秆资源非常丰富，而且逐年递增，列世界之首。据统计，2009 年秸秆总量达到 6 亿 t 左右，以水稻秸秆最多，其次是玉米和小麦。

饼粕包括大豆粕、花生粕、菜籽粕、芝麻粕、棉籽粕、蓖麻粕、葵花籽粕、胡麻粕、桐籽粕、茶籽粕等，它们都是植物油加工厂生产植物油后的副产物，含蛋白质和纤维素比较多，营养丰富。棉籽粕、菜籽粕、桐籽粕和蓖麻粕中含毒素。

绿肥和肥用绿色植物是指利用植物生长过程中所产生的全部或部分绿色体直接耕翻到土壤中作为肥料的这些绿色植物体。如豆科的绿豆、蚕豆、草木樨、田菁、苜蓿、苕子等。非豆科绿肥有黑麦草、肥田萝卜、小葵子、满江红、水葫芦、水花生等。数量大，含有较高量的蛋白质，但满江红、水葫芦、水花生除外。

蔗渣、甜菜渣、柑橘皮渣、白酒糟、啤酒糟、酱油渣和木薯渣等是食品加工厂的副产物。这些副产物除纤维素含量高外，柑橘皮渣含糖分和维生素较高，蔗渣和甜菜渣含糖分较高，白酒糟、啤酒糟、酱油渣和木薯渣中含蛋白质较高。

榨菜叶是种植榨菜地区在榨菜茎瘤收获后留下的榨菜叶部分，主要分布在涪陵、万州等长江上游地区，这些地区种植面积大，资源丰富，在这些地区榨菜收获时，由于气温较高，榨菜叶极容易腐烂，加之降水量较大，榨菜叶腐烂的物质容易随水流失，一方面流失了养分，另一方面极易对长江形成面源污染。

总之，植物残体种类和数量巨大，是当今世界仅次于煤炭、石油和天然气的第四大资源。

（二）植物残体的一般处理方法

目前人们处置植物残体的方法主要是作为饲料、燃料、肥料、工业原料，或者焚烧、弃置。统计结果表明，植物残体作为肥料占 36.6%；作为燃料占 23.7%；作为饲料占 22.6%；焚烧或者弃置占 17.1%。理论上讲，所有植物残体都可以直接用来生产加工有机肥，但实际上由于不同植物残体其所含的物质不同，最初利用方式也不一样。不论怎么利用，其指导原则是最大限度地发挥这些植物残体的价值，产生最大化的经济效益。因此，对于那些蛋白质含量高的一般都用于加工畜禽饲料或者直接喂养畜禽（如酒糟可以添加在饲料中直接喂牛），然后畜禽粪便用于有机肥加工。

（三）植物残体作为有机肥的方法及特点

植物残体直接用作有机肥的主要是农作物秸秆、榨菜叶、绿肥和肥用绿色植物残体。目前植物残体作为有机肥的方法主要包括以下几种。

(1)植物残体直接还田　直接还田可分为粉碎还田和整秆还田两种。粉碎还田能加速植物残体在土壤中腐解，易被土壤吸收。粉碎秸秆根茬还田机可集粉碎、旋耕和灭茬为一体，减化作业程序。整秆还田是用机械将田间直立的作物秸秆残体整秆翻埋或平铺为覆盖栽培。该技术具有高效、省工、省时的优点。但机械直接还田也存在不少弱点，一是耗能大，成本高；二是山区、丘陵地区机械使用受限；三是我国人多地少，耕地不能实行轮作休耕制，连续耕种，将未发酵腐烂的干枯秸秆埋于农田中非但起不到肥田作用，反而影响作物出苗率，四是直接还田方式把植物病原菌又回到了田间，加上连续耕作，农作物病害会越来越严重。

(2)植物残体覆盖还田　植物残体覆盖栽培还田是将上季植物残体覆盖在种植下季植物的田间，当下季植物收获后将上季已腐烂的植物残体翻压到土壤中。该技术和机械粉碎还田一样，能够增加土壤有机质含量，补充土壤氮、磷、钾和微量元素含量，改善土壤理化性能，促进土壤中物质的生物循环，提高土壤的导水率和蓄水能力，促进植株地上部分生长。同时由于植物残体是热的不良导体，在覆盖情况下，田间能够形成低温时的“高温效应”和高温时的“低温效应”，调节土壤温度，有效缓解气温激变时对作物的伤害。该方法具有成本低、操作直接方便、改良土壤效果显著等优点。目前，覆盖栽培技术已在我国很多地方，如河北、黑龙江、山西等大面积推广应用。但覆盖种植还田技术也存在一些问题。一是在覆盖过程中，植物残体逐渐腐烂，其形成的溶解性物质极易随水流失，一方面造成植物残体中养分大量流失，加剧农业面源污染；二是覆盖还田也会把植物病原菌带回田间，加上连续耕作，农作物病害会越来越严重。

(3)植物残体堆沤腐解还田　堆沤还田是解决我国当前有机肥短缺的主要途径，也是中低产田改良土壤、培肥地力的一项重要措施。一种方法是用传统堆制沤肥还田，但耗时多，损失大；另一种方法是采用快速堆腐剂产生大量纤维素酶，在较短时间内将作物残体沤腐成有机肥，如中国农科院原子能研究所研制开发的‘301’菌剂，四川省农科院土肥所和合力丰实业发展公司联合开发的高温快速堆肥菌剂等。此外，酵素菌技术用于植物残体有机肥制作，具有良好的经济效益、社会效益和生态效益。该技术多采用高温、密闭等条件腐解植物残体，可减轻田间病虫草等危害，但千家万户没有统一生产标准，生产操作工艺千差万别，产品质量不稳定，不利于推广运用。

(4)植物残体过腹还田　过腹还田就是将植物残体作为家畜饲料，通过家畜消化吸收，以粪尿形式归还土壤。目前，普遍推广应用的主要有青储氨化过腹还田技术，实现了植物残体—饲料—牲畜—肥料—粮食的良性循环。该技术能灭杀绝大多数植物病原菌、虫卵、杂草等，但对一些病原菌的孢子、虫卵、部分杂草种子很难去除，也可能会对作物造成危害。

(5)植物残体种植食用菌后菌渣制作有机肥，或者直接还田　菌丝在降解植物残体过程中能分泌出某些激素类或特殊的酶，菌渣作为有机肥还田，能提高肥效，比直接沤制堆肥有更多的可给态养分和更好的增产作用。研究发现，施用菌渣能改善土壤条件和氮、磷的有效性，从而提高青椒果实的产量及糖分和维生素 C 含量。但这种方法消耗的植物残体数量非常有限，在福建等东南局部地区较多，在全国其他地方数量较少。不同菌渣所含植物营养元素的量不同，若直接利用，在不同田块的效果就不一样。同时，有的菌渣由于感染了一些有害病菌，可能会对农作物生产带来危害。

纵观目前植物残体制备有机肥的方法，都存在效果不稳定、可能对农作物带来病害、虫害等问题。如果植物残体用工业化方法来生产加工有机肥，就可以克服这些问题。因为工业化生产有机肥采用统一的生产工艺和方法、统一的产品标准和产品质量检验方法，能够保证产品质量的稳定，保证去除病原菌、虫卵、杂草种子，不会对农作物生产带来副作用，而且还可以根据不同地方肥力状况，配合化学肥料生产出适宜各地的有机无机复合肥料，充分发挥有机肥和化肥的作用，有利于有机肥的推广应用，从而保持土壤地力的持续发展，保证我国粮食生产安全。另一方面，用工业化方法生产有机肥，可以把农民从繁重的体力劳动中解放出来，提高农民使用有机肥的积极性，同时，工业化生产有机肥还能创造一些工作岗位，为一部分人提供就业岗位。因此，利用植物残体加工生产有机肥料具有重要意义和价值。

二、植物残体加工有机肥料的方式

（一）植物残体生产加工精制有机肥

利用植物残体加工精制有机肥是植物源生产有机肥的最简单方法。首先将植物残体用半干粉碎机粉碎成小于 3 cm 的物料，然后根据发酵微生物（一般接种高温菌）的营养要求，将多种植物残体复合配制成培养物料，接种微生物，通过外在辅助加热，可以在 4～5 d 内发酵产生大量的热，使原料中大量水分得到蒸发，快速除臭，快速脱水，能耗低，生产成本较低而经济。但这种有机肥的发酵腐熟程度低，一旦遇水潮湿后容易导致腐败发出臭味或长虫。

（二）利用植物残体发酵后生产加工生物有机肥

生物有机肥是指特定功能微生物（如固氮菌、解磷菌、解钾菌等）与经无害化处理并腐熟的动植物残体（如畜禽粪便、农作物秸秆等）形成的有机物料复合而成的一类兼具微生物肥料和有机肥效应的肥料。生物有机肥的本质特征是含有较高的有机质和具有特定功能的微生物。所含微生物表现出一定肥料效应，如增进土壤肥力、固定空气中的氮素、协助农作物吸收营养、活化土壤中难溶的植物养分供作物吸收利用等，或产生多种活性物质或抗抑病菌物质，对农作物生长有良好刺激与调控作用，减少或降低作物病虫害发生，改善农产品品质。

与普通有机肥相比，生物有机肥的生产技术含量相对较高，除在腐熟过程中加入促进有机物料腐熟、分解的生物菌剂，实现定向腐熟、除臭等目的外，在产品中还加入了具有特定功能的微生物，以提升产品的作用效果。生产该种类型的有机肥首先是要拥有生产特定功能微生物的技术与能力，然后将多种植物残体粉碎后，选择与已有特定微生物生物学特性基本一致的复合发酵微生物，根据复合发酵微生物特性，将粉碎植物残体复配并加入一定数量的无机化合物制成发酵培养物料，采用槽式堆置发酵法、平地堆置发酵法、发酵槽发酵法、密闭仓发酵法或塔式发酵法等，腐熟物料基本实现产品无害化，有利于后处理过程中加入功能菌的存活。在发酵物料的后处理方面，通常是加入功能菌剂进行复配、定形，产品剂型以粉剂为主，也有用造粒技术的，多数用圆盘造粒，滚筒造粒或挤压造粒较少。颗粒产品克服了粉剂产品外观差、层次低的缺点，提高了产品的商品性，同时提高了企业的生产成本，并对有效菌的存活产生了一定的影响。

（三）植物残体种植食用菌后菌渣制造有机肥

食用菌是一种营养丰富、味道鲜美的大众食品，含有较高的蛋白质、碳水化合物、多种氨基酸、维生素以及多糖等营养成分，是世界公认的健康食品。目前，我国食用菌产量占世界总产量的 70％以上，是我国农副产品出口创汇的主要商品，在全国种植业和养殖业中，排行仅次于粮、棉、油、果、菜，居第六位，成为人们生活中不可缺少的重要食品。目前，食用菌在某些地区已经成为经济支柱产业。如福建省，2006 年食用菌产量达 171 万 t（鲜重），产值达 73.7 亿元，占全省农业总产值的 11.7％，出口创汇 3.74 亿美元，占全省农产品出口创汇的 15.4％。实际上，很多植物残体如稻草、玉米秸秆、玉米芯、麦草、菜秆、菜壳、胡豆秆、胡豆壳、豌豆秆、豌豆壳、棉籽壳等都可用来种植鸡腿菇、蘑菇、草菇、姬松茸、阿魏蘑、金福菇、香菇、金针菇、杏鲍菇、秀珍菇、平菇、凤尾菇、白背毛木耳、金顶侧耳等食用菌。

植物残体种植食用菌后产生的废弃物——菌渣，是制造有机肥的优质原料。因为绝大多数植物残体在食用菌菌丝的生长过程中被菌丝分解而腐化，可以减少新鲜植物残体制造有机肥的堆腐发酵的过程，节省发酵时间，同时菌丝可以将植物残体中的一些植物营养元素有效化，但不是形成的无机形态，而是有效的有机形态，使养分形态多样化，有利于植物生长过程的利用。而且菌丝生长过程中会分泌一些激素和酶类，植物残体分解过程中也会分泌一些激素和酶类，这些激素和酶类中有些能刺激植物根系发育，从而促进植物生长。因此，菌渣是制造有机肥很好的原材料，可以生产出与生物有机肥功效相近的有机肥。

在利用食用菌菌渣制造有机肥过程中，既要分析菌渣的有机质、氮、磷、钾等营养元素含量和水分含量，也要分析菌渣中的汞、铬、镉、砷、铅等的含量，从而确定该菌渣的利用价值。一般来讲，菌渣中的重金属不会超标。水分是利用菌渣制造有机肥的重要影响因素。通常，在收获完食用菌的菌渣中水分含量不高，一般在40%以下，在生产有机肥过程中水分就能降低到30%以下，满足有机肥的水分要求。如果菌渣被雨水淋湿，那水分含量可能达到60%以上，必须先采用脱水方法，可以将收回的菌渣放置在避雨的地方堆放一段时间就可以降低水分含量至40%以下。将这些水分在40%以下的菌渣利用半湿粉碎机粉碎至40目以下，用电磁机除去铁、镍等磁性物质，作为有机肥的生产原料，可以生产生物有机肥和有机无机复合肥。

（四）植物残体沼气发酵后沼液和沼渣制造有机肥

将不同植物残体配合调节混合物碳氮比为(25～30)∶1后，利用现代沼气技术，接种甲烷细菌发酵。发酵产物——沼液和沼渣中含有对植物生长有益的有机质、腐殖酸、氮、磷、钾、微量元素等营养成分及刺激植物生长的氨基酸、维生素、酶等生命活性物质，有利于促进农作物的生长和提高农作物的产量与品质，这在农业生产实践中得到广泛的认同。但由于厌氧发酵后产物水分含量很高，养分及其他对植物有益的物质含量都很低，因此极大地限制了沼液和沼渣的高值利用。其限制因子是发酵产物中水分的去除和有益物质的浓缩。

目前液体中物质浓缩的常用方法主要包括蒸发浓缩、中空纤维柱/膜超滤浓缩、离子交换层析浓缩、亲和层析浓缩等。这些方法都不适宜于沼液的浓缩，因为沼液中的水分含量太高、目的物质含量太低。蒸发浓缩的能耗太高，而且浓缩后盐离子浓度很高；中空纤维柱浓缩只能够浓缩那些大分子及细菌等微生物，那些诸如低分子质量腐殖酸、氮、磷、钾、微量元素等营养成分及刺激植物生长的氨基酸、维生素等生命活性物质等都不可能得到浓缩；离子交换层析虽然能浓缩那些在一定pH范围的物质，但洗脱时需要用盐，增加了浓缩后处理的难度，而且离子交换层析介质的价格昂贵，不适宜沼液处理；亲和层析具有专一性，只对某些特殊对象富集浓缩，对其他物质没有作用，因此找不到一种能富集很多种物质的介质，也不适宜沼液浓缩。由于沼液的特殊性，寻找一种适宜的沼液浓缩方法是沼液高值利用的关键。只要采用适宜的浓缩方法，发酵后的沼液经过浓缩就可以生产加工有机液体肥料，沼渣经过接种复合微生物发酵后就可以生产加工有机肥，如图7-2所示。

（五）植物残体加工成饲料，畜禽过腹后制造有机肥

植物残体中的白酒糟、啤酒糟、酱油渣、木薯渣、大豆粕、花生粕、芝麻粕、葵花籽粕、胡麻粕和茶籽粕等都是直接加工生产畜禽饲料或者直接喂养畜禽（比如酒糟就可以添加在饲料中直

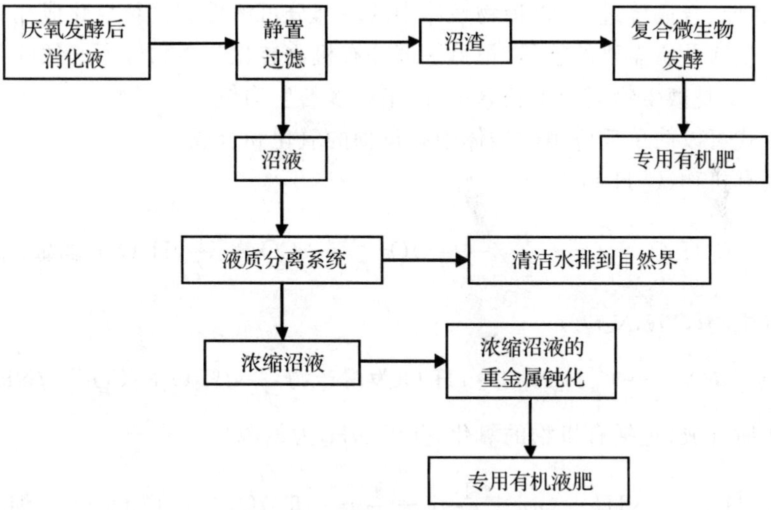

图 7-2　沼气发酵后沼渣和沼液生产有机肥的生产流程

接用来喂牛），然后畜禽粪便用于有机肥加工。虽然棉籽粕、菜籽粕、桐籽粕和蓖麻粕中的蛋白质含量也高，但这些饼粕中有毒素，需要进行前处理后再加工生产成蛋白质饲料，养畜禽后粪便制作有机肥。畜禽粪便生产制造有机肥的方法参照本章第四节。

三、植物残体加工有机肥料的原理

自然界中有很多微生物具有氧化、分解植物残体的能力。实践证明，利用微生物在一定温度、湿度和 pH 条件下使植物残体发生生物化学降解产生热量杀死病原菌、害虫和杂草种子，或者进一步发酵形成一种类似腐殖质的物质，这些发酵产物可以用作生产各种有机肥料的原料。

植物残体中含有丰富的营养物质，包括有机物质（如蛋白质、脂肪、糖等）和无机物质（如钾、磷等），可为微生物提供赖以生存和繁殖的物质条件。当然不同微生物对氧气需求不一样，有的需要，有的不需要。因此，植物残体发酵可分为好氧微生物发酵和厌氧微生物发酵两种。好氧微生物发酵中微生物生长迅速，释放大量的热，一般温度可以达到 50～60 ℃，有的可达到 80～90 ℃，也称为高温发酵。在这种发酵能使物料中，大量水分快速蒸发、快速除臭和快速脱水是生产精制有机肥的理论基础。厌氧微生物发酵中微生物生长相对缓慢，分解有机物的速度较慢，复杂有机物在微生物作用下分解成一些简单有机物，然后这些简单有机物可在微生物作用下合成为一些别的复杂有机物，如腐殖酸等物质。这些发酵物料是生产生物有机肥的基础物料。

（一）微生物发酵的基本原理

1. 好氧微生物发酵

好氧微生物发酵是在有氧条件下，借好氧微生物的作用来进行的。在发酵初期，植物残体中的溶解性有机物质率先为微生物的生长提供基础营养。在微生物生长过程中，微生物会分泌一系列胞外酶（如纤维素酶、半纤维素酶、蛋白磷酸酶、磷酸酶、果胶酶等），这些胞外酶可以将植物残体中的相应物质降解，继续为微生物生长提供营养。微生物通过自身的生命活动——氧化、还原、合成等过程，把植物残体中的一部分可溶性有机物氧化成简单的无机物，并释放出生物生长活动所需要的能量，把另一部分有机物转化为生物体所必须的营养物质，合成新的细胞物质，于是微生物逐渐生长繁殖，产生更多的生物体。

下列方程式可以简单反应植物残体中有机物的氧化和合成：

①不含氮有机物（$C_xH_yO_z$）

$$C_xH_yO_z + (x + \frac{1}{2}y - \frac{1}{2}z)O_2 \longrightarrow xCO_2 + \frac{1}{2}yH_2O + 能量$$

②含氮有机物（$C_sH_tN_uO_v$）

$$C_sH_tN_uO_v + bO_2 \longrightarrow C_wH_xN_yO_z \cdot cH_2O(发酵产物) + dH_2O + eCO_2 + fNH_3 + 能量$$

③细胞物质合成（包括有机物的氧化，并以 NH_3 为氮源）

$$nC_xH_yO_z + NH_3 + (nx + \frac{1}{4}ny - \frac{1}{2}nz - 5x)O_2 \longrightarrow C_5H_7NO_2(细胞质) +$$

$$(nx - 5)CO_2 + \frac{1}{2}(ny - 4)H_2O + 能量$$

④细胞质的氧化

$$C_5H_7NO_2(细胞质) + 5O_2 \longrightarrow 5CO_2 + 2H_2O + NH_3 + 能量$$

以纤维素为例，好氧微生物发酵中纤维素的分解反应如下：

$$(C_6H_{12}O_6)_n \xrightarrow{纤维素酶} n(C_6H_{12}O_6)$$

$$n(C_6H_{12}O_6) + 6nO_2 \xrightarrow{微生物} 6nCO_2 + 6nH_2O + 能量$$

2. 厌氧微生物发酵

厌氧微生物发酵是在无氧条件下，借厌氧微生物的作用来进行的。当植物残体在厌氧分解时，主要经历两个阶段：酸性发酵和碱性发酵阶段。分解初期，微生物活动中的分解产物是有机酸、醇、二氧化碳、氨、硫化氢、磷化氢等。在这一阶段，有机酸大量积累，pH 逐渐下降，另一群统称为甲烷细菌的微生物开始分解有机酸和醇，产物主要是甲烷和二氧化碳。随着甲烷细菌的繁殖，有机酸迅速分解，pH 迅速上升，进入碱性发酵阶段。以纤维素为例，植物残体厌氧发酵分解反应为：

$$(C_6H_{12}O_6)_n \xrightarrow{纤维素酶} n(C_6H_{12}O_6)$$

$$n(C_6H_{12}O_6) \xrightarrow{微生物} 2nC_2H_5OH + 2nCO_2 + 能量$$

$$2nC_2H_5OH + nCO_2 \xrightarrow{微生物} 2nCH_3COOH + nCH_4$$

$$2nCH_3COOH \xrightarrow{微生物} 2nCH_4 + 2nCO_2$$

总反应为：

$$n(C_6H_{12}O_6) \xrightarrow{微生物} 3nCH_4 + 3nCO_2 + 能量$$

(二)微生物发酵的生物学原理

1.发酵微生物的种类

植物残体发酵过程有不同种类微生物参与。由于不同植物残体原料和发酵条件的变化,各种微生物数量也在不断发生变化,所以植物残体发酵过程没有任何微生物始终占据主导地位,每一个环境都有其特定的微生物种群。参与植物残体发酵过程的主要微生物种类是细菌、真菌、放线菌,它们都有中温和高温菌。

(1)细菌 在好氧发酵过程中,存在着大量的细菌。细菌凭借大的比表面可以快速吸收植物残体中可溶性物质,使其快速增长。发酵初期,温度较低,主要以嗜温细菌为主,随着发酵堆温度的提高,嗜温细菌逐渐减少,一些芽孢杆菌成为细菌的主体,在降温阶段,嗜温细菌的数量又有所回升。

(2)放线菌 放线菌是多细胞菌丝的细菌,可以分解纤维素、半纤维素、木质素等。它们没有真菌分解纤维素、半纤维素、木质素的能力强,但比真菌更能耐高温和高 pH,因此在发酵的高温时期是降解纤维素、半纤维素、木质素的优势菌群。

(3)真菌 真菌对植物残体的发酵腐熟具有重要意义,嗜温性真菌地霉菌和嗜热性真菌烟曲霉是发酵过程的优势菌群。温度是影响真菌生长的最重要因素之一,绝大部分真菌是嗜温真菌,在 5~37 ℃的环境中存在,当温度升到 64 ℃时,几乎所有真菌都消失。当发酵后期,温度下降到 60 ℃时,嗜温性真菌和嗜热性真菌又会出现。

总之,在植物残体发酵过程中主要依靠微生物的作用进行,微生物是发酵的主体,其来源一是自然界,二是人工接种。在发酵过程中,高温会将植物残体中的病原菌、虫卵、杂草种子杀死。

2.发酵过程的微生物演替规律

从发酵开始到结束,微生物的种群随温度变化而变化:起初是低、中温菌群,然后转变为中、高温菌群为主,再转为中、低温菌群。随发酵时间延长,细菌逐渐减少,放线菌逐渐增多,霉菌和酵母菌在发酵末期显著减少。

整个发酵过程可分为三个时期:糖分解期、纤维素分解期、木质素分解期。糖分解期是发酵初期,以氨化细菌、糖分解菌等无芽孢细菌为主,主要分解糖分、蛋白质等水溶性物质。当温度升高到 50~70 ℃时,高温性纤维素分解菌占优势,主要分解纤维素和半纤维素等复杂物质,称纤维素分解期。当温度降至 50 ℃以下时,高温菌群受限,中温微生物显著增加,主要分解残留下来的纤维素、半纤维素、木质素等物质,称木质素分解期。

四、植物残体加工有机肥的工艺流程

(一)植物残体加工有机肥工艺流程

通常由前处理、主发酵、后发酵、后处理、脱臭、复配和检测、包装、储藏等工序组成。

1.前处理

主要任务是去除植物源中的泥块、金属、电池等非发酵异物,粉碎植物残体,调节水分和 C/N 值。

去除非发酵异物的原因:减少发酵仓容体积;去除金属、电池等影响发酵的物质,减少重金属污染机会;去除塑料绳等难粉碎物质,有利于后面粉碎、搅拌。

粉碎调整植物残体大小的原因:通常粉碎使原料水分一定程度地均匀化,增加物料的比表面积,增加物料与微生物接触的面积,提高分解速度。理论上讲物料越细越好,但为了保证物料一定的空隙度来通风获得氧气,一般 2～30 mm 比较好。

2. 主发酵

可在露天或者发酵装置内进行,通过翻堆或者强制通风向堆积层或发酵装置内供给氧气。首先是易分解物质如糖、蛋白质等分解,产生 CO_2 和 H_2O,同时产生热量,使发酵温度上升。发酵初期,物质的分解发酵作用是依靠中温菌(30～40 ℃为最适宜生长温度)进行的,随着发酵温度上升,最适宜温度 45～65 ℃的高温菌取代了中温菌,此时,各种病原菌、虫卵和杂草种子被杀死。一般将温度升高到开始降低为止的阶段称为主发酵阶段,为 3～10 d。

3. 后发酵

该程序是将经过主发酵的半成品中尚未分解的易分解有机物和较难分解的有机物进一步分解,使之变成腐殖酸、氨基酸等比较稳定的有机物,得到完全成熟的发酵产品。一般将物料堆积到 1～2 个月进行后发酵,防止雨水淋失,适当翻堆和通风,一般每周翻堆一次。后发酵时间为 20～30 d。

4. 后处理

经过两次发酵后的物料中,几乎所有的有机物都变细碎和变形,数量减少,再次经过一道分选工序,去除塑料、玻璃、陶瓷、金属、小石块等杂物,并根据需要进行再次破碎。

5. 脱臭

部分发酵物在结束发酵后有臭味,必须进行脱臭处理。方法主要有化学除臭剂除臭、碱水和水溶液过滤、活性炭、沸石、特种土壤等作为吸附剂过滤。

6. 复配

根据产品配方需求和发酵后的物料养分含量,在发酵物料中添加尿素、磷肥、钾肥生产有机无机复合肥,或者添加特定功能的微生物生产生物有机肥。

7. 检测、包装、储藏

检测分析养分含量、腐熟程度、水分含量、重金属含量、病原菌含量、有机质含量等指标是否达到产品要求。达到要求后进行称量包装,储藏。

(二)植物残体加工有机肥发酵的影响因素

1. 有机质含量

有机质含量高低会影响堆料温度和通风供氧。有机质含量过低,分解产生的热量不足以促进和维持发酵中嗜热性细菌的增殖,肥堆难于达到高温阶段,影响发酵的卫生无害化效果;而且低含量有机质将影响发酵产品的肥效和使用价值。有机质含量过高,则需要大量供氧,这会给翻堆供氧造成实际困难,有可能因供氧不足,造成部分厌氧条件。一般适宜的有机物含量为 20%～80%。

2. 水分

水分是微生物生长所必需的,一般重量含水量在 50%～60%有利于微生物生长与分解有机物料,高于 70%温度难以上升,分解显著降低,低于 40%微生物生长受限,有机物也难以分解。实际操作中的简便测定方法为:以手紧握物料能成团,有水迹出现,但水不滴出为宜。

3. 温度

温度主要是影响微生物生长,一般高温菌对有机物的降解效率高于中温菌。发酵初期堆体温度一般与环境温度一致，经过中温菌 1～2 d 的作用，温度就能达到高温菌的理想温度 50～65 ℃，在这样的高温下，一般 5～6 d 就达到无害化。过低的温度将大大延长发酵时间，而过高的温度（大于 70 ℃）将对微生物产生有害影响。

4. 碳氮比（C/N）

C/N 值与发酵温度有关，原料 C/N 值高，微生物的生长发育有限，有机物分解速度慢，发酵时间长。若 C/N 值过低（低于 10∶1），可供消耗的碳素少，氮素相对过剩会变成氨态氮挥发，导致氮元素损失，降低肥效。一般 C/N 值在（25～35）∶1 比较好。各发酵原料的 C/N 值通常为：锯末屑 300～1000，秸秆 70～100，原料 50～80，人粪 6～10，牛粪 8～26，猪粪 7～15，鸡粪 5～10，下水污泥 8～15。

堆腐后 C/N 值将比堆腐前明显下降，通常在（10～20）∶1，这种 C/N 值的腐熟发酵，农业利用肥效较好。

5. 颗粒度

发酵所需要的氧气是通过发酵原料颗粒孔隙供给的。孔隙率及孔隙大小取决于颗粒大小及结构强度，像纸张、动植物、纤维织物等，遇水受压时密度会提高，颗粒间孔隙大大缩小，不利于通风供氧。颗粒适宜大小为 12～60 mm。

6. 碳磷比

一般在（75～150）∶1 比较好。

7. pH

一般微生物最适宜的 pH 是中性至微碱性。合适的 pH 为 6～8.5。发酵时通常不需要调整 pH。

（三）植物残体加工有机肥发酵的工艺参数和质量标准

1. 工艺参数

（1）主发酵参数　重量含水率 50%～60%；C/N 值（25～35）∶1；温度 50～65 ℃；发酵时间 3～10 d。

（2）后发酵参数　重量含水率≤40%；温度≤40 ℃；发酵时间 20～30 d。

2. 发酵产物的质量标准

（1）主发酵终止指标　无恶臭；容积减量 25%～30%；水分去除率 10%；C/N 值（15～20）∶1。

（2）后发酵终止指标　充分腐熟，最好种子发芽率在 70%以上；含水率≤35%；C/N≤20∶1；粒度≤10 mm。

3. 发酵产物质量指标分析方法

（1）养分、水分、病原菌、重金属和有机质含量按照国家有关标准方法进行。

（2）腐熟程度　现在没有国家标准方法，可以选用种子发芽率实验或圆形滤纸层析法。种子发芽率实验是直接用发酵产物作为种子萌发基质，加适当水分让种子在适宜温度下萌发，通过计算出苗率来计算种子发芽率。该方法已经被意大利政府用作评价有机废物和粪便发酵产物腐熟度的标准。种子发芽实验具有工作量大和测定时间长等不利因素。圆形滤纸层析法是一种简易方便的快速检测堆肥腐熟度的方法，Hertelendy 研究表明，腐熟度与堆肥浸提液在滤纸上的扩散形状有较好相关性。如果滤纸表面扩散形状呈波纹或锯齿等不规则状态，就表明腐熟度好，相反，如果扩散形状呈圆滑弧状，表明腐熟度不好，如图 7-3 所示。也有报道用红外光谱与核磁共振法测定腐熟度，但结果还不理想，需进一步研究。

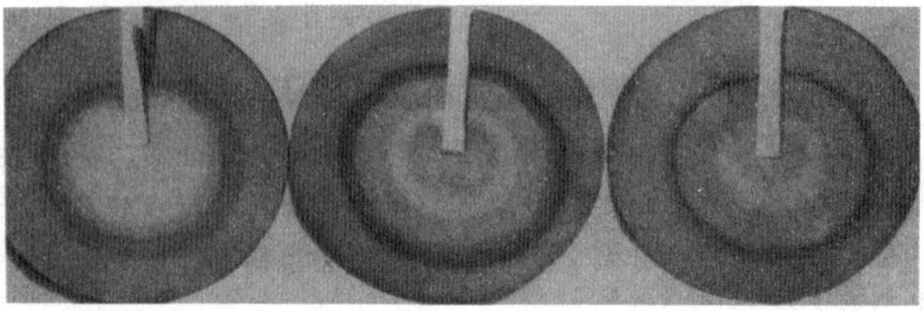

图 7-3 圆形滤纸层析法判断堆肥腐熟度

第三节 禽畜粪便加工有机肥料技术

一、禽畜粪便的种类及其特点

（一）禽畜粪便的种类

禽畜粪便包括鸡粪、鸭粪、鹅粪、猪粪、牛粪、马粪、羊粪、兔粪等。只有集约化养殖的才能进行禽畜粪便加工利用，目前马和羊由于散养，粪便分散，收集困难，一般都是直接回到土壤中；猪、鸡、牛、兔、鹅、鸭由于一般采用集约化圈养方式，其粪便容易收集，可以进行加工获得有机肥。

（二）禽畜粪便的特点

1. 鸡粪

由于鸡的消化道比较短，其长度仅仅为其自身体长的 7 倍，而羊、牛的消化道为其自身体长的 30 倍左右，马为其自身体长的 16 倍左右。饲料在鸡的消化道内时间短，对饲料的消化不完全，吸收率低，这决定了鸡粪中含有很多未消化完全的饲料。鸡粪有如下特点。

（1）养分全，部分养分含量高　如李艾芬和章明奎（2009）对 19 个规模化养鸡场鸡粪的分析结果，鸡粪中粗蛋白质、粗脂肪、粗纤维和灰分含量分别在 150.3～317.4、23.4～51.3、113.2～157.3 和 221.4～356.3 g/kg 之间变化，其平均值分别为 259.6、32.4、146.3 和 308.4 g/kg，与常用饲料原料（如大豆、豆饼、高粱、麦麸和豆秸粉等）中粗蛋白质、粗脂肪、粗纤维和灰分含量比较，鸡粪中含有较高的营养物质，其粗蛋白质高于玉米、高粱和豆秸粉，粗脂肪高于豆秸粉，粗纤维高于除豆秸粉外的其他饲料，矿物质明显高于常用饲料。另有资料表明，鸡粪（鲜基）的粗有机物 23.8%、全氮（N）1.63%、全磷（P_2O_5）1.5%、全钾（K_2O）0.85%、碳氮比为 16∶1、钙1.35%、镁 0.26%、钠 0.17%、硫 0.16%、铜 14.4 mg/kg、锌 65.9 mg/kg、铁 3540 mg/kg、锰 164.0 mg/kg、硼 5.4 mg/kg，其中含蔗糖 868 mg/kg，阿拉伯糖 1695 mg/kg，葡萄糖 716 mg/kg，氨基酸总含量 3995 mg/kg。上述结果表明，鸡粪的养分种类多，部分养分含量高。

(2)盐分含量较高　鸡粪 pH 基本属中性范围，为 6.63～7.93，平均为 7.54。但其可溶性盐分较高，在 17.2～43.6 g/kg，平均为 29.6 g/kg。鸡粪中钙(Ca)、镁(Mg)、磷(P)和钾(K)分别为 54.4～113.6、4.66～10.73、11.3～29.2 和 15.3～31.6，平均值分别为 78.4、7.58、24.4 和 23.8；其钙和磷含量明显高于大豆、豆饼、玉米、高粱、麦麸和豆秸粉等常用饲料中的含量。鸡粪中钙(Ca)、镁(Mg)、磷(P)和钾(K)含量平均值分别为对应饲料中这些元素的 1.67～2.89 倍、0.84～3.13 倍、1.13～3.24 倍和 0.83～2.26 倍，可见饲料经鸡体内消化后钙、镁、磷和钾有相对富集的趋势。特别是磷含量，相对其他禽畜粪便而言，鸡粪的全磷含量分别是猪粪的 1.64 倍、牛粪的 4.1 倍、羊粪的 1.86 倍。

(3)氮以尿酸态氮为主　尿酸盐不能直接被作物吸收利用，它在土壤中分解时消耗大量的氧气，释放出二氧化碳，故意伤害作物根部，因此，鸡粪需经好气性发酵腐熟后应用，效果更好。

(4)微量元素与重金属有富集的趋势　鸡粪中微量元素与重金属含量明显高于相应养殖场饲料中相应元素含量，若根据《农用污泥污染物控制标准》(GB 4284—2018)，鸡粪中砷(As)、镉(Cd)、铬(Cr)、汞(Hg)、镍(Ni)和铅(Pb)含量均没有超标，但铜(Cu)和锌(Zn)含量超标率分别为 68.4%和 47.4%；但按照《有机无机复混肥料》(GB/T 18877—2020)(该标准未对铜和锌含量作限量)，所有元素均未超标。

(5)未腐熟鸡粪或在腐熟过程中产生恶臭气味　这是由粪便里硫化物中的甲硫醇、硫化氢，氮化物中的氨、吲哚和脂肪中的丙烯醛等 10 多种恶臭物质混合气体发出的臭味造成的。鸡粪产生这些恶臭物质的原因，一是鸡肠道中含有一些有害菌，如威尔士菌，对蛋白质进行异化分解产生氨和吲哚等；二是鸡肠道中的益生菌数量少，对饲料中的一些物质分解不完全、不彻底。

2. 鹅、鸭粪

鹅鸭和鸡一样，消化道都短，因此，饲料消化很不完全，在其排出的粪便中未消化物质含量高，而且都没有屎尿之分。但由于鸡、鸭、鹅的饲料组成不一样，因此决定了鸡、鸭、鹅粪便的特点不同。鲜鸭粪含有机质 26.2%、全氮(N)10.52～40.06 g/kg(平均 26.82 g/kg)、全磷(P_2O_5)4.06～35.08 g/kg(平均 17.96 g/kg)、全钾(K_2O)0.85%；总氮与总磷比是 1.75，比植物吸收的氮磷比小(罗春燕等，2008)。因此作为植物有机肥时要补充一定数量的有机氮，以防止磷过量，导致磷流失。鹅的主要饲料是含高碳水化合物的谷类饲料，因而鹅粪具有色黄、纯净、氨气少的特点，晒干的鹅粪含水分 11.3%、粗蛋白质 12.05%、粗脂肪 0.83%、粗纤维 30.05%、无氮浸出物 29.48%、灰分 16.29%、钙 0.18%、磷 0.59%。鹅鸭等禽粪中氮主要以尿酸盐形式存在，这种盐类不易被作物直接吸收利用，而且对作物根系的生长有害，因此应先堆积腐熟方可施用。但禽粪在堆制过程中，易产生高温，造成氮素损失，宜先干燥再堆制。

3. 猪粪

猪的排泄量因体重和不同发育阶段而不同。体重 60 kg 的肉猪每天排泄粪量约 2.3 kg，尿量约 3.5 kg。鲜猪粪含水分 67%～73%、有机质 18%～23%，干物质磷(P)含量为 6.45%、氮(N)为 3.61%、钾(K)和镁(Mg)为 1.5%左右。猪粪干物质中 80%为有机物，易分解性有机碳为 27.3%，半纤维素及纤维素的含量较低，粗脂肪和木质素含量较高，猪粪中能被作物利用的养分约占 70%，作为有机肥料的利用价值较高。

随着猪粪新鲜度的变化猪粪的性质也在改变。新鲜猪粪黏度大，陈猪粪黏度较小，粒度分布试验结果表明新鲜猪粪大于0.45 mm的颗粒占总粒度的83%左右，小于0.45 mm的颗粒占17%，而陈猪粪中大于0.45 mm的颗粒占71%左右，小于0.45 mm的颗粒占29%左右，这说明新鲜猪粪的细颗粒比陈猪粪要少。猪粪沉降速度很快，在6～30 g/L的浓度范围内，基本在15 min后趋于沉降完毕；浓度越稀沉降得越快，沉降对总悬浮物去除率一般可达60%左右，猪粪分离用沉降池沉降是较为经济合理的预处理方法。沉降后的猪粪水的总氮（TN）为1 109 mg/L、总磷（TP）为236 mg/L、总固形物（TS）为8 070 mg/L、固体悬浮物（SS）为5820 mg/L、总碱度3607 mg/L、pH 8.14、NH_3-N(氨态氮)为792 mg/L。由此可知，猪粪水富含植物生长需要的营养元素。

猪尿中含水分97%、有机质2.5%、氮(N)0.3%～0.5%、磷(P_2O_5)0.07%～0.15%、钾(K_2O)0.2%～0.7%。猪尿中以水溶性尿素、尿酸、马尿酸、无机盐为主，氮、磷、钾有效性都很高，猪尿中的氮、钾含量虽不及牛、马、羊尿，但含磷量却高出很多。

4.牛粪

牛属于大牲畜，年排泄量很大，是猪的4倍左右，其排泄量平均每日约25 kg，粪尿比为3∶2。牛是反刍动物，对饲料的消化比较彻底，蛋白质、脂肪等易消化物质含量少，主要是以粗纤维为主。通常鲜牛粪中含水分83%、有机质15%、氮（N）0.32%、磷（P_2O_5）0.25%，钾(K_2O)0.15%。牛尿中含水分94%、有机质3%、氮(N)0.50%、磷(P_2O_5)0.03%、钾(K_2O)0.65%。牛粪质地细密，含水量高，不易通气，发酵温度低。

5.兔粪

家兔的排粪量，与体重、生理状态、饲料组成和饲喂方式等密切相关。通常一只成年兔在日喂精料120 g、青草600 g的情况下，日排粪25 g，一年约可产粪10 kg。不同饲养方法的兔产粪便量不同，多者可年产干粪18 kg。鲜兔粪中粗蛋白质7.56%、粗脂肪1.5%、粗纤维13.5%、粗灰分3.43%、无氮浸出物22.3%、磷(P_2O_5)0.92%、钾(K_2O)0.31%。据美国《实用家兔研究》报道，风干兔粪中含水7.9%、干物质92.1%。无水兔粪中含粗蛋白质20.3%、可消化粗蛋白质5.7%，乙醚抽出物2.6%、粗纤维16.6%、无氮抽出物40.7%、矿物质10.7%。

6.其他畜禽粪便的特点

马属于大牲畜，年排泄量大，其排泄量平均每日约15 kg，粪尿比为2∶1。鲜马粪中含水76%、有机质20%、氮(N)0.55%、磷(P_2O_5)0.3%、钾(K_2O)0.24%。马尿中含水90%、有机质7%、氮(N)1.2%、磷(P_2O_5)0.01%、钾(K_2O)1.5%。马粪中含大量纤维素，分解缓慢，肥效迟，质地疏松、含大量高温纤维素分解菌，因此发酵时能产生高温，有利于杀死有机废物中的病菌虫卵、杂草种子，达到无害化标准。羊属于小牲畜，就羊的排泄量而言，平均每日约2 kg，粪尿比为3∶1。鲜羊粪中含水65%、有机质28%、氮(N)0.65%、磷(P_2O_5)0.5%、钾(K_2O)0.25%。羊尿中含水85%、有机质7%、氮(N)1.4%、磷(P_2O_5)0.03%、钾(K_2O)2.1%。羊粪尿养分含量均较牛、马粪尿高，羊粪发热量介于马粪和牛粪之间，属热性肥料，其养分含量以氮钾最高。

二、禽畜粪便利用的方法

根据不同禽畜粪便的组成特点，不同种类粪便的利用方法不同。

(一)鸡粪的利用方法

由于鸡粪中粗蛋白质、粗脂肪、粗纤维和灰分含量高，鸡粪的利用有两种方式。

1. 鸡粪发酵或者直接晒干后作为饲料

分四种方式：①用作奶牛饲料。用鸡粪养奶牛已被确认是一种效果很好的方法。方法是将新鲜或干燥的鸡粪直接加入饲料中，用量占日粮的20%～40%。最好的方法是将鸡粪和其他青饲料一起青储后饲喂。青储时将青储料切碎，拌入30%～50%的鸡粪，然后放入窖内或塑料袋内压紧，水分控制在40%左右，储存期为一周。青储鸡粪与新鲜或干燥的鸡粪相比，有许多优点，不仅提高了营养价值、改善了适口性，还能杀死大部分病原菌，避免了细菌污染的危害。②用鸡粪喂猪。所用的鸡粪可以是新鲜的，也可以是干燥的或发酵的。用量一般约占日粮的20%～30%。③用鸡粪喂鸡。用鸡粪喂鸡，一般都采用干燥或发酵后干燥的鸡粪，粉碎后，与其他饲料混合饲喂。用量不宜过多，以占日粮的5%～15%为宜。④用鸡粪养鱼。虽然直接用鲜鸡粪养鱼可得到比较好的经济效益，但容易造成水体富营养化，所以要严格控制鸡粪使用量。

2. 鸡粪作为有机肥

分三种方式：①干燥后直接作为有机肥施用，或者用作有机无机复合肥生产的原料。②发酵后直接作为有机肥施用，或者用作有机肥生产的原料。发酵时，可以与秸秆、酒糟等有机料混合后发酵。可以用堆肥发酵，也可以用沼气发酵后再将沼气渣与其他有机物料混合后作堆肥发酵，再直接作为有机肥施用或者用作其他有机肥配合的原料。③发酵干燥后直接作有机肥施用，或者用作其他有机肥生产的原料。

(二)鹅、鸭粪的利用方法

目前，鹅鸭粪的利用方法研究报道比较少。由于鸭鹅和鸡一样，其肠道短，饲料消化都不彻底，因此利用主要是先考虑作为饲料或者其他方面后，再考虑作为有机肥的生产原料。有报道用鹅粪发酵制工业酒精后酒糟再用作禽畜饲料的原料。若作为有机肥，需要先进行干燥后再发酵，如果鲜鹅粪直接作为肥料施用，肥效不是很好。由于禽粪的碳氮比较低，发酵时应适当加入有机碳增加碳含量，有利于增加发酵后有机肥的量。总体上，鹅鸭粪与鸡粪的利用方式比较相近，一般是干燥、发酵等方法。

(三)猪粪的利用方法

猪粪尿虽然能引起水质和空气污染，但又不同于一般的工业废弃物，因其粪尿中含有大量的营养物质(如无机氮、磷等)，若能合理利用，可带来可观的经济效益。因此，猪粪尿的开发利用也是国内外养猪业关注的重大课题。目前的利用方式主要有以下几种。

1. 猪粪发电

澳大利亚一家公司发明了一种新技术，利用热处理方法从猪粪中提炼出一种易燃气体用于发电。此外，经过处理的粪便固体，还可以作肥料使用，效益可观。据报道，这家名为“恢复能源”的澳大利亚公司已经与全球最大的美国养猪企业史密斯-菲特食品公司进行合作，并在该公司管辖的四家养猪场进行猪粪环保计划。“恢复能源”公司除了利用猪粪提炼易燃气体外，还能将猪粪固体卖给一家美国农业公司，将猪粪再作处理，制成肥料，这为公司带来可观的额外利润。

2. 猪粪好氧堆肥发酵生产有机肥

猪粪生产有机肥主要采用堆肥发酵的方式。好氧堆肥发酵受温度、含水率、添加剂、调理剂、通风供氧方式、C/N以及微生物菌剂等众多因素的影响。

(1)温度　是猪粪好氧堆肥过程中非常重要的调控因素,它既是微生物活动的结果也决定着微生物的活动过程,能很好地反映堆肥过程中所达到的状态。堆体一般要经历升温过程、高温持续过程和降温过程。猪粪好氧堆肥初期在中温性微生物活动下产生热量,1～5 d能使堆体温度升高达到 30～50 ℃。高温持续阶段是指温度维持在 45～65 ℃,是猪粪好氧堆肥最重要的环节,该阶段能最大限度实现堆肥产品“无害化”。EPA(美国环保署)制定的相关标准指出,堆体温度在 55 ℃条件下保持 3 d 以上(或 50 ℃以上保持 5～7 d)是杀灭堆料中致病微生物,保证堆肥卫生指标合格和堆肥腐熟的重要条件。当然,猪粪好氧堆肥是一个持续时间较长的放热过程。若不对发酵温度进行适当控制可能导致自燃,同时过高的温度会过度消耗有机质,降低堆肥产品质量,抑制微生物的生命活动。猪粪堆肥发酵温度的控制可采用添加疏松剂或者调整通风量或者翻堆的方法。堆肥过程的温度过低也不好,特别是如果堆体体积太小,堆肥就会发酵不彻底,腐熟度不够。

(2)水分　堆肥的适宜水分为 50%～60%,水分过多就会使空气含量减少,堆温下降,分解速度下降,形成发臭的中间产物;水分过少满足不了微生物生长的需要,有机物难于分解。采用锯末垫料进行猪粪好氧堆肥含水率 50%、60%和 70%的影响研究结果,在堆肥过程中不同含水率影响着堆体的温度和化学性质(如氨态氮、硝态氮和亚硝态氮的浓度、碳氮比、阳离子交换量、有效钾和 pH 等)的变化,含水率 70%的堆体达到最高温度的时间推迟,而且温度不能降到周围环境的水平;含水率 50%和 60%的堆体温度和化学性质的变化比较接近,但比 70%的堆体具有更快的分解速率。50%～60%的含水率是比较适合猪粪好氧堆肥的。

(3)C/N　猪粪因其较高的含水率以及低 C/N(14∶1)值不适宜单独进行发酵。较高含水率不利于堆肥过程中堆体的有效升温,较低的 C/N 值则不利于高温微生物充分降解物料有机质。所以选择合适的填充料对于猪粪的好氧堆肥化处理有重要意义。堆肥的填充料可以起到提供碳源、调节 C/N 值、提高堆体的孔隙度、调节堆体物料的湿度等作用,通常使用的有机物调理剂有麦秸、稻草、稻壳、锯末、木屑、中药渣和水葫芦等。猪粪＋稻壳升温快,高温期和降温期时间均较短,总的分解时间较短,但不利于氮的保持。猪粪＋木屑堆温低且降温期持续时间较长,发酵时间最长,但木屑吸湿性良好,猪粪＋木屑含水率下降较多,发酵产物有机质较高(因木屑含有较难分解的木质素),堆制后期总氮增幅较大,总氮呈增加趋势,有利于氮的保持。猪粪＋水葫芦升温快,堆制温度较高、水分损失较快;40 ℃以上能维持 20 d,有效实现“无害化”;pH 比堆制前上升 1.5 个单位;全碳含量随着堆肥进程下降,全氮、全磷、全钾含量呈现增加趋势。

(4)添加剂　添加剂对堆肥的促进作用可归因于其能有效促进猪粪堆肥中微生物的生长、繁殖,从而增强了微生物对有机物的分解作用,使堆肥快速成熟。添加稀土能加快堆肥的升温速度、提高最高温度、加速堆肥中 C/N 的下降、有效缩短猪粪堆肥腐熟过程、使猪粪提前腐熟,还可有效促进猪粪中氮素的矿化并有利于氮素的保存,促进猪粪中磷、钾元素的矿化,提高堆肥品质。但高浓度稀土对堆肥过程中真菌、细菌的生长具有抑制作用,稀土浓度 1/1 500 对真菌生长、繁殖促进作用最好。腐殖酸钾、竹醋酸、膨润土、普钙、$FeSO_4$ 或凹凸棒在适宜浓度时能有效减少氮素损失,使其固定为生物氮;减少猪粪堆制发酵过程中产生的恶臭气味,促进堆肥腐熟。

(5)通气　在堆肥过程中,通风方式主要包括翻堆、强制通风和抽气三种。通风的作用主要有三个:供氧、散热和降低含水率。不同通风方式和通风量大小直接影响堆肥高温好氧微生物生长活动，并最终影响堆体温度的升高、病原菌的杀灭以及有机质的分解。机械翻堆的堆肥在堆制过程中达到的最高温度为 67 ℃，而强制通风方式仅为 60 ℃，说明强制通风方式在保证实现堆肥的“无害化”前提下，具有更好的散热能力；前者的水分去除率是 15%，而后者是 11%(初始含水率均为 60%)，两种通风方式都能有效地杀灭有害微生物。不同通风方式对猪粪高温堆肥氮素和碳素变化的影响，强制通风与机械翻堆相结合的方式是最佳的通风方式，它可以加快堆肥温度升高，促进 NH_4^+-N 向 NO_3^--N 转化，有利于水溶性碳(DOC)分解和固相 C/N 降低，从而加快堆肥的腐熟。

(6)微生物　堆肥中有机物质的腐熟主要通过多种微生物的分解和转化来完成的，但自然堆肥初期微生物量少，需要一定时间才能繁殖起来，人工添加高效微生物菌剂可以调节菌群结构、提高微生物活性，从而提高堆肥效率、缩短发酵周期、提高堆肥制品质量。采用酵母菌、放线菌和芽孢杆菌复配研制而成的复合发酵菌剂进行木屑＋猪粪发酵堆肥，凡添加 3‰的微生物复合菌剂对猪粪堆肥中 NH_3 挥发都有一定的抑制作用，减轻氮素损失与堆肥恶臭。接种复合菌剂的浓度为 3‰，对促进猪粪堆肥发酵升温较好，对堆肥的脱水效果最好，堆肥 30 d 水分减少了 24%，而对照仅减少了 17%；接种复合菌剂处理的发芽指数在猪粪堆肥发酵 15 d 即已达到了 66.2%，而对照要到 25 d 才达到 66.9%，显示接种复合菌剂能促进猪粪堆肥发酵腐熟。添加纤维素分解菌，有利于快速分解有机物的有益菌种形成优势群落，提高发酵温度，加快腐熟。复合菌剂对促进猪粪堆肥发酵升温较好，而且高温持续时间长，有利于堆肥脱水。

(7)重金属　猪粪中含有较高浓度的重金属，如铜、锌、铅、铬、砷等，长期大量施用会增加土壤及作物中重金属含量。一些研究证明堆肥能钝化固体废物中重金属活性，降低其生物有效性。而且堆肥过程中强制通风＋机械翻堆比单一机械翻堆更能降低重金属的生物有效性。好氧高温堆肥处理后，可交换态铜(Cu)、锌(Zn)、铬(Cr)、砷(As)的浓度显著降低，可交换态和碳酸盐交换态铅(Pb)、镍(Ni)、铜(Cu)、铬(Cr)、锌(Zn)、砷(As)和铁锰氧化物结合态铅、铜、铬、砷 的分配系数都降低，因此可以降低猪粪中重金属的有效性，有利于降低猪粪利用中重金属污染的风险。

3. 猪粪厌氧发酵生产沼气

猪粪是产沼气的很好发酵原料。着“全价配合饲料”的广泛应用，有的饲料生产厂家为了使自己的产品猪食用后长得快，出栏早，销售市场好，在饲料中添加了超过国家标准规定的多种元素，猪食用后有相当多的元素残留粪中，这种猪粪入池后很难产气，可采用预处理、调节碳氮比、低浓度启动、添加秸秆等有机物料等方法解决。猪粪与稻草混合厌氧消化产沼气可以顺利进行，猪粪对稻草产气量和有机酸的影响不明显，但对发酵过程中可能出现的酸积累有一定缓冲作用。添加猪粪可以大幅度提高发酵液中 NO_3^--N 含量，较稻草处理提高 34.53%，对提高厌氧发酵消化液的肥料利用价值有重要意义。水葫芦与猪粪比为 2∶1 时既保证沼气产量与质量，又可消耗较多的水葫芦，通过中温批量式厌氧消化实验研究表明凤眼莲＋猪粪处理的产气量较凤眼莲、猪粪单一处理分别提高 33.80%和 420.05%。

4. 猪粪添加其他有机物质栽培食用菌

研究表明，用木屑与猪粪混合制成的培养料可以栽培榆黄蘑，而且比常规配方增产 40%左右。这主要由于猪的饲料多样化，精细养分含量高，猪粪较细，猪粪尿中氮、磷、钾含量较均衡，并含有较多氨化细菌，促使有机质分解释放养分，合成较多的腐殖质、生长激素等，对改良培养基理化性质，刺激菌丝生长具有良好作用。实际上，还可将猪粪水与秸秆、棉籽壳等有机物料混合制作培养基，栽培木耳、平菇等食用菌。

(四)牛粪的利用方法

1. 牛粪用于食用菌培养基

牛是反刍动物，牛对饲料的消化比较彻底，蛋白质、脂肪等易消化物质在牛粪中含量少，主要是以粗纤维为主。由于消化彻底，粪质地细密，含水量高，不易通气，发酵温度低。牛粪的利用可以考虑先采用挤压方式使干湿物质分离，充分利用干物质中纤维素含量高的特点来做食用菌培养基，如蘑菇的培养基，然后将培养食用菌后的基质用于有机肥制造的原料，粪水部分可以进入沼气发酵产生沼气，发酵后的渣又可以进行堆肥发酵生产有机肥，发酵后的水分部分可以直接用于农作物，也可以进行浓缩制作液体有机肥。

2. 与一些填充物料混合堆肥发酵制作有机肥

在堆肥发酵过程中可以添加一些填充物，调节堆肥发酵过程与堆肥质量。研究表明，当堆肥底料的初始碳氮比在 27：1，初始含水率为 65%时，玉米芯、玉米秸秆和稻草均有利于通风供氧，堆体升温和降温均较快，高温持续时间长，堆料腐熟快，有利于加快堆肥的进程。而且牛粪与填充物的比例也影响发酵的速度与发酵产物的质量。牛粪与玉米秸秆以 4：6 配比效果最好，堆肥升温快，3 d 达到 50 ℃，高温维持时间为 16 d，最高温度达 71 ℃，堆肥 29 d 后，白菜种子发芽指数高达 81.6 %；其次为 6：4 配比，到达高温时间为 6 d，高温维持时间为 13 d，最高温度为 68.2 ℃，白菜种子发芽指数为 80.5%；因此，在实际应用中，牛粪在堆制材料中所占体积以 40%～60%为宜。当然秸秆的细碎程度也对牛粪好氧堆肥发酵过程有显著影响，细小的秸秆作为调理剂时，牛粪堆体升温快，高温持续时间长，水分下降迅速，堆料能够很快满足腐熟度指标，有利于加快堆肥的进程，提高堆肥效率。除农作物秸秆外，还可以用花卉秸秆、西番莲果渣、柿酒渣等与牛粪混合进行堆肥发酵，若在牛粪堆肥发酵时添加微生物发酵可加快牛粪发酵进程。事实上，堆肥过程中翻堆次数也显著影响牛粪高温堆肥的成熟度，三天翻一次和六天翻一次比九天翻一次有利于牛粪腐熟，但三天的劳动强度太大，因此六天翻一次比好。

3. 沼气发酵

直接将牛粪与适宜物料混合进行沼气发酵产生沼气，沼渣用堆肥方式制作有机肥，沼液直接施用或者浓缩生产液体有机肥。

(五)兔粪的利用方法

兔粪粗蛋白质含量高，为干重的 19%左右，兔粪的利用常首先考虑用作饲料。可用于喂猪、鸡、兔、鱼、蚯蚓等，但由于新鲜兔粪可能含有寄生虫卵和细菌，应在 105 ℃下焙烘，干燥消毒、磨碎，加入其他饲料，混合均匀后饲喂，或制成颗粒饲料后再饲喂；也可以将兔粪发酵作为饲料，即将兔粪晒干、砸碎，盛入缸内，每千克兔粪加水 70～80 kg，食盐 2～3 kg，搅拌均匀后，用塑料袋密封发酵。夏季需 4～5 d，春秋季 8～10 d，冬季 15～16 d。经发酵后的兔粪，可直接用来作饲料，无论用哪种方法，兔粪必须无泥、无杂草、无霉变，以防病菌感染，同时要限量使用。兔粪也可以发酵处理后用作植物叶面喷施肥，具体方法是将充分干燥的兔粪 1 份轧碎放入缸内加 4 份清水混匀制成浓度为 20%的母液。缸口用塑料布封严，置于避风向阳处发酵，每隔4～5 d 搅拌 1 次。经过 2～3 周的发酵，母液就可充分腐熟。腐熟的母液的表面长有大量的霉状物。将母液过滤，然后每千克母液加水 1.5 kg 稀释，即可用于叶面喷施。当然，由于兔粪及其尿中植物养分含量高，作为基肥不但肥效高，而且肥效长。经过发酵处理的兔粪还有一定的杀菌灭虫作用。棉苗地里施入一定量的稀兔粪，能防治危害棉苗的地老虎。

三、禽畜粪便工厂化加工有机肥的工艺技术及主要设备

随着国家对环境保护治理的加强，社会资金对该行业的关注，国家循环经济政策的实施，规模化畜禽养殖场粪污处理方式也在发生变化，从前主要是生态利用，畜禽粪便直接还田，但随着生物发酵技术的发展，利用畜禽粪便生产有机肥成为一项新的措施。

(一)禽畜粪便工厂化加工有机肥的原则、原理及工艺技术

1. 生产合格有机肥选择菌种应遵循的原则

(1)能在廉价原料制成的培养基上迅速生长，且能大量生成所需的分解代谢产物。

(2)在易控培养条件下(糖浓度、温度、pH、溶解度、渗透压等)迅速生长和发酵。生长速度和反应速度快，发酵周期短，且所需酶活力高。

(3)根据代谢控制要求，选择单产高的营养缺陷型菌株或调节突变菌株或野生菌株。

(4)选择抗噬菌体能力强的菌株，使其不易感染噬菌体。

(5)菌种纯，不易变异退化，以保证发酵生产和产品质量的稳定性。

(6)菌种不是病原菌，不产生任何有害的生物活性物质和毒素(包括抗生素、激素、毒素等)，以保证安全。

2. 菌剂的作用及其机理

菌剂加入禽畜粪便进行生物发酵，遵循能量流、物质流和基因流“三流循环理论”，在有氧条件下，微生物迅速繁殖，能强烈分解粪便中的有机物质，在高温微生物作用下，有机质氧化分解产生生物热形成能量交换，60～70 ℃的高温能杀死病菌、虫卵；产生矿物化和腐殖质化过程，释放出氮、磷、钾和微量元素等有效养分，进行物质交换；具有特殊作用的芽孢杆菌产生的非特异性免疫因子，能抑制有害微生物活动和粪中腐败菌、致病菌的生长以及腐败物质的分解；菌剂中的丝状真菌、光合菌能吸收、分解恶臭和有害物质。禽畜粪便最终经过生物发酵后生成了无害无臭无病菌虫卵的高效优质生物有机肥。

3. 禽畜粪便实现发酵并得到发酵产品须具备条件

(1)要有某种适宜的微生物菌种。

(2)要能保证或控制微生物进行代谢的各种条件(培养基组成、温度、溶解度、pH 等)。

(3)要有微生物发酵设备。

(4)要有将菌种提纯复壮的方法和设备。

4. 禽畜粪便发酵生产有机肥的工艺流程

禽畜粪便预处理—接种(加入菌剂)—堆积发酵—翻堆(翻板)—继续发酵—卸料—后处理(晾干—粉碎—分筛去杂—检测—包装—成品)—有机肥

5. 禽畜粪便发酵生产有机肥的发酵条件和工艺参数

在发酵过程中控制和掌握以下条件和技术参数：

(1)物料水分含量 50%～60%。

(2)加入无害化菌剂 0.3%～0.5%(数据可据实际情况调节)。

(3)添加物 5%～10%(数据可据实际情况调节)。

(4)混合物堆积厚 70～100 cm，可以适当加厚。

(5)发酵始温约 40 ℃,高温 60～70。

(6)pH 6.0 左右。

(7)混合物料 C/N 值为 28～25。

(8)好氧条件。

(9)发酵时间,地面堆积常温发酵 10～15 d,塔式构架发酵 6～8 d。

(10)发酵后产物水分 20%左右。

(二)禽畜粪便工厂化加工的主要设备

1.预处理设备

预处理主要是为了去除畜禽粪便中的塑料、玻璃、石头、金属在内的不可发酵物,为发酵过程提供合适的物料粒度、含水率、C/N 值,提高发酵效率。为达到这些目的,预处理设备主要包括:

(1)计量设备　计量设备应具备 20 kg 或更小的最小刻度,通常采用地磅。

(2)破碎设备　包括粗破碎设备和精破碎设备,粗破碎设备主要用于分选前的破碎,一般采用半湿式分选破碎机。精破碎设备主要用于分选后的第二次破碎,达到发酵粒度要求,一般采用半湿型破碎机(精破碎)。

(3)分选设备　分选主要是为了去除畜禽粪便中的塑料、玻璃、石头、金属等不可发酵物,可采用振动筛分选粗大的玻璃、石头和金属,用磁选机分选磁性金属。若金属较多,可配备有色金属分选机,最大限度的资源化回收利用分选出来的物质。

(4)进料供料设备　包括储料装置和给料装置。储料装置采用钢筋混凝土结构,外层为防水结构、内层为混凝土做成的储料池,池内底部应有适当的坡度并设置集水沟,容积一般在 10～20 m^3,日产 20 t 以上的可配备储料区和固体废物输送设备。给料设备是将待处理物料由储料区或者储料池送到处理设施,可以用传送带、前端斗式装载机、板式给料机等。

(5)混合设备　为保证可发酵畜禽粪便物料的有机质含量、水分、空隙、C/N 值等诸多因素的最佳组成,发酵前物料必须充分混合搅拌,这种混合设备多采用双螺杆搅拌机、圆盘搅拌机等,配比后的物料经混合搅拌后均匀定量地输送到发酵设备中。

2.高温发酵设备

高温发酵是好氧发酵,能杀灭绝大多数病原菌等微生物、虫卵和杂草种子,是畜禽粪便处理无害化的重要过程。预处理系统和设备已经为高温发酵提供了合格的原料,包括合格的粒度、合理的 C/N 值、合适的水分。高温发酵设备种类多,主要包括以下类型:

(1)塔式发酵设备　有多种类型,可根据实际需要选择。

①多阶段立式发酵塔(图 7-4):又叫托马斯发酵塔,分八层,从上到下分为低温区、中温区和高温区,塔中原料通过旋转臂上的犁形搅拌桨搅拌从上层往下层移动,每层物料都被桨搅拌和翻动,并有新鲜空气通入。

②多层立式发酵塔(图 7-5):通常五层,具体层数根据所处理原料来确定,呈圆柱形,物料从上到下移动。

③多层桨式发酵塔(图 7-6):塔中心安有一圆柱形旋转轴,每层都有螺旋桨和排料口,物料在螺旋桨作用下一层层地从上向下移动。

④活动层多阶段发酵塔(图 7-7):在塔内边缘处安装有刮板装置,可发酵物通过刮板装置

控制在 1～2 m。空气从底部通入，可发酵物在水平方向慢慢运动，与进料数量相对应的物料往下落，可发酵物从顶部向下层运动。在这过程中，同时进行通风和搅拌。

⑤多层次直落发酵塔(图 7-8)：又称约翰-汤普森发酵塔，塔呈方形，常用水泥或钢板制成。间断地将可发酵物料从顶部加入，物料斜穿过许多层次的回转蝶形杆下落，或通过带有翅片的旋转轴慢慢下落。空气通过蝶形杆或旋转轴表面以及塔的上下边缘进入和排出。

⑥窑形发酵塔(图 7-9)：这种发酵塔配有通风装置、进料与出料口，顶部有刮板装置，底部有螺旋形送出装置，在某些情况下还有慢速搅拌机构。为保持塔内好氧条件，塔底部配有蜂窝状散气管。

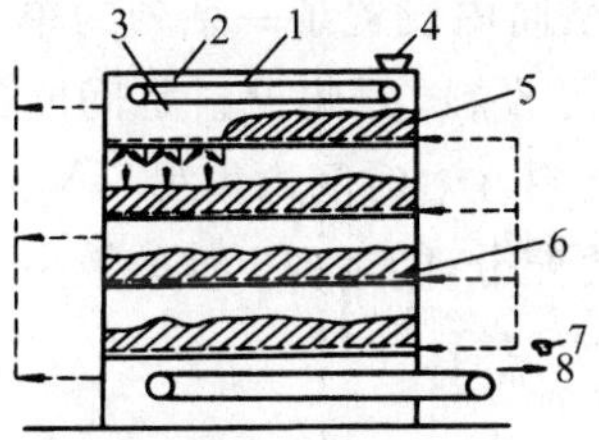

图 7-4　多阶段立式发酵塔

1. 驱动装置；2. 塔体；3. 犁；4. 进料口；5. 窥视孔；6. 进风管；7. 风机；8. 出料口

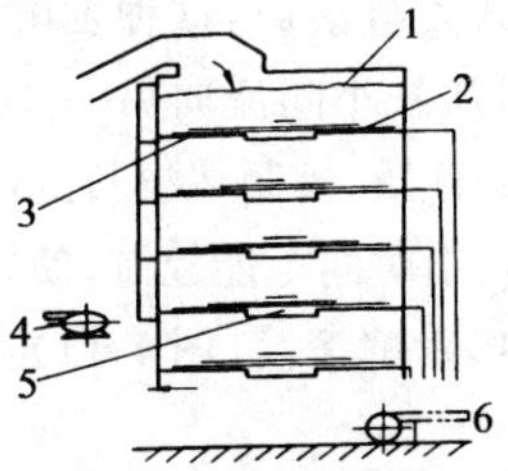

图 7-5　多层立式发酵塔

1. 发酵料仓；2. 旋转臂；3. 出料门；4. 风机；5. 驱动装置；6. 液压系统

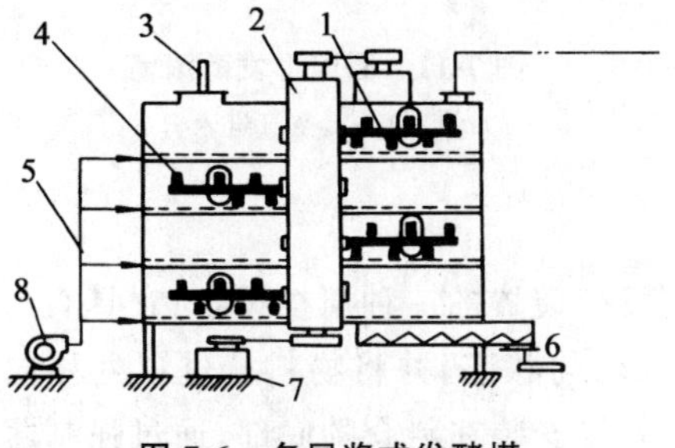

图 7-6　多层桨式发酵塔

1. 空气管道；2. 旋转主轴；3. 进料口；4. 旋转桨；5. 空气干管；6. 发酵物；7. 电动机；8. 鼓风机

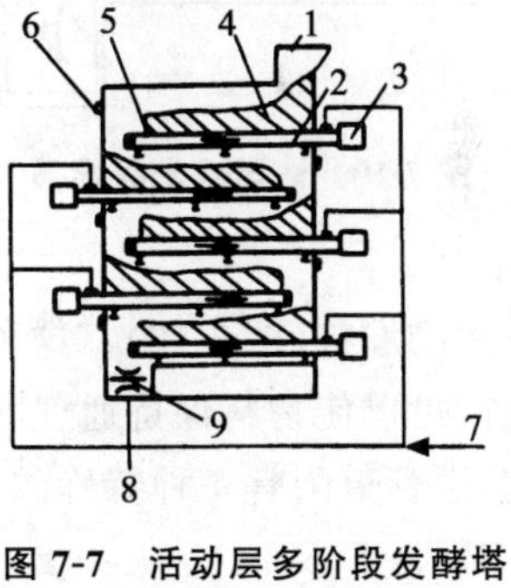

图 7-7　活动层多阶段发酵塔

1. 进料口；2. 活动发酵层；3. 活动驱动装置；4. 刮板装置；5. 落料装置；6. 出气口；7. 风机；8. 出料口；9. 出料运输带

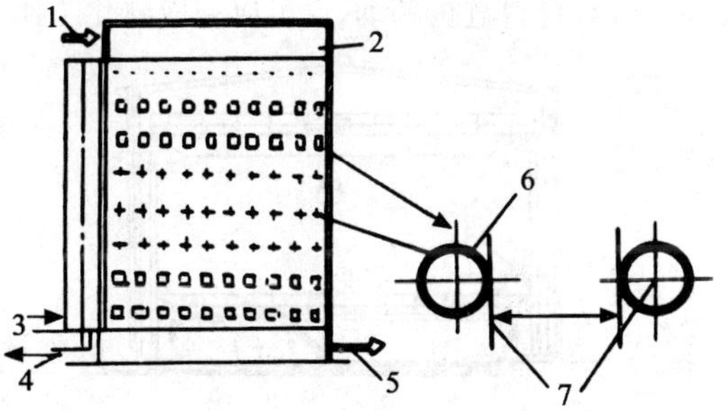

图 7-8　多层次直落发酵塔

1. 进料；2. 布料装置；3. 供气；4. 排气；5. 发酵产物；6. 中部多孔旋转管；7. 旋转轴

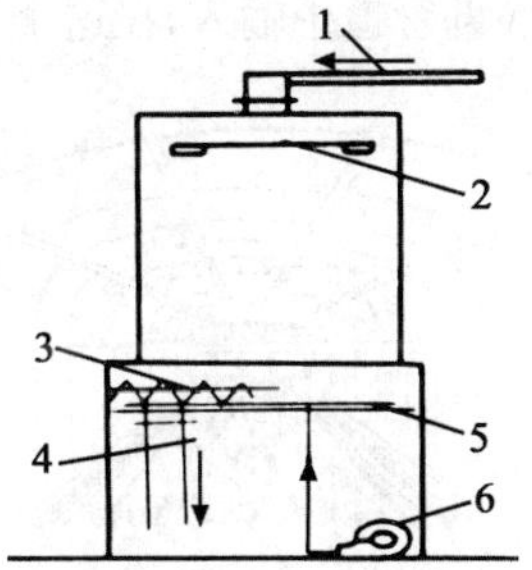

图 7-9　窑形发酵塔

1. 进料口；2. 布料刮板装置；3. 旋转叶片式出料装置；4. 排料装置；5. 散气管；6. 风机

(2)水平式发酵滚筒　有多种类型,可根据实际需要选择。

①达诺式发酵滚筒(图 7-10):这种发酵滚筒在世界上使用相当广泛,常与立式发酵塔组合应用,高速完成发酵任务,实现自动化大生产。它结构简单,可用较大粒度物料,使预处理设备简单化。当物料从一端不断进入滚筒时,物料随滚筒旋转而不断塌落,使物料每转一周,均能从空气流中穿过一次,达到充分曝气的目的,新鲜空气不断进入,废气不断被抽走,充分保证了微生物好氧分解的条件。物料随滚筒旋转在螺旋板拨动下,不断向另一端推进,经过 36～48 h,物料将移到出料端,经双层金属网筛分选,得到预发酵产物。达诺滚筒的主要参数:滚筒直径 2.5～4.5 m,滚筒长度 20～40 m,滚筒旋转速度 1～3 r/min,发酵周期 36～48 h。

②单元式发酵滚筒:这种发酵滚筒不同于前者的是在滚筒内设置了一系列的单元小间,每间相邻,物料从一小间流向另一小间,一旦第一间空出,便可投料,因此投料是间断的,这样可以根据物料的性质,控制从投料到出料的时间,特别能避免物料在短时间内由另一端溢出。单元式发酵滚筒由于时间上能控制,使物料混合更均匀,无害化更充分,能达到更佳的效果。

③圆鼓形发酵滚筒(图 7-11):结构及原理都类似于达诺滚筒。

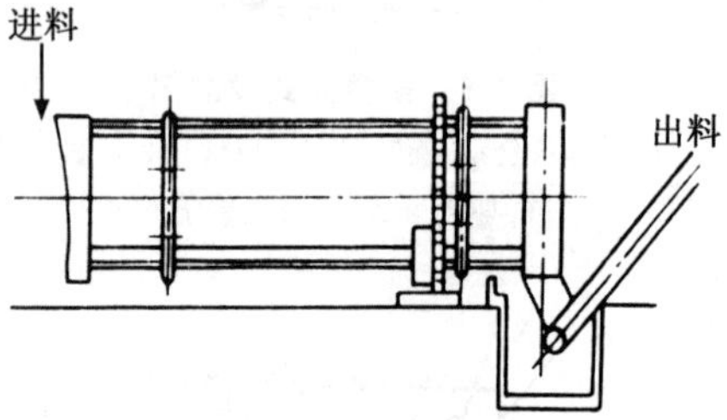

图 7-10　达诺式发酵滚筒

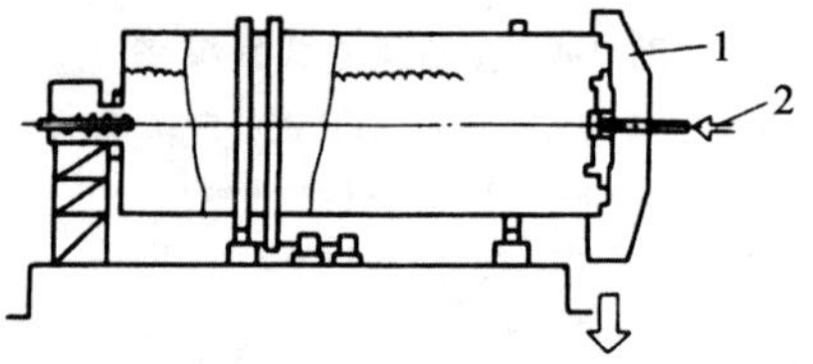

图 7-11　圆鼓形发酵滚筒

1. 进料口;2. 空气进入口

3. 翻堆机

(1)犁式翻堆机(图 7-12)　这种翻堆机是料仓型发酵装置的一种搅拌设备,它具有与耕犁一样的功能,可以使物料保持通气状态,使物料翻堆成均匀状态,并将物料从进口处移向出口处。空气输送管道配有一种特殊的爪形散气口,通气装置安装在料仓的底部,通过强制通风提供所需的空气。

(2)吊斗式翻堆机(图 7-13)　经过破碎后的物料,预处理阶段储存的物料以及预发酵后的物料通过进料输送带被送到发酵室内,通过往复式输送机、布料皮带机等将堆肥物料放到盒形发酵仓中。空气从底部管道中输入,在这个过程中,吊斗式翻堆机对物料进行翻动,也可以完成熟化工作。

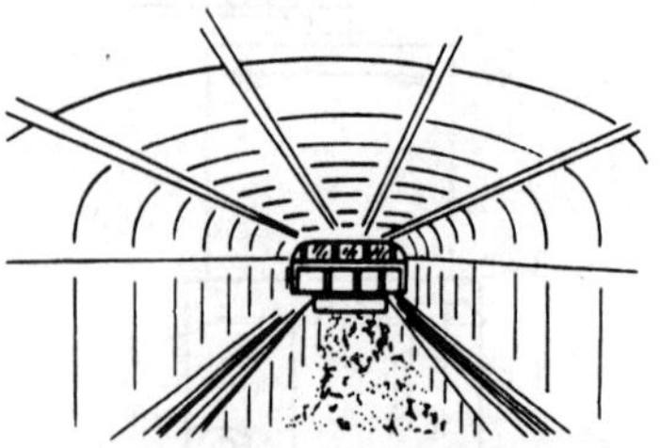

图 7-12　犁式翻堆机

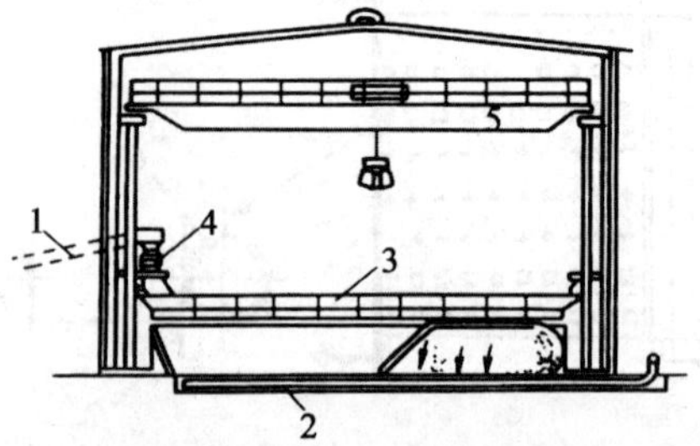

图 7-13　吊斗式翻堆机

1. 进料运输带;2. 管道面;3. 皮带布料机;4. 往复式运输带;5. 吊斗桥式起重机

(3)桨式翻堆机(图 7-14)　桨式翻堆机可以根据发酵工艺的需要,定期对物料进行翻动、搅拌混合、破碎、输送物料。翻堆机由两大部分组成,大车行走装置及小车螺旋桨装置。大车行走装置与桥式或龙门式吊车的大车结构相似,只是前者工作速度较低。小车螺旋桨装置主要由可以移动的小车、立柱、螺旋桨及其传动系统几部分组成。工作时,小车及大车带动螺旋桨在发酵仓内不停地翻动,翻堆机的纵横移动,把物料定期地向出料端移动。翻堆机发酵仓的面积决定了处理能力,一般物料发酵时间 7～10 d,完成一次发酵后,物料基本达到无害化。

(4)履带式条垛翻堆机(图 7-15)　该翻堆机完全使用在露天堆放场,物料可根据地形位置随意堆放,一般物料都以条垛式铺排,堆下设置了通风装置。翻堆机的形状类似拖拉机,在机侧设有可移动的翻动链板或类似农地耕作的旋耕机,当翻堆机工作时,可移动的翻堆链板将物料带起、落下,并随之移动一个位置,完成翻堆任务,这种翻堆机行动灵活,翻堆能力强。

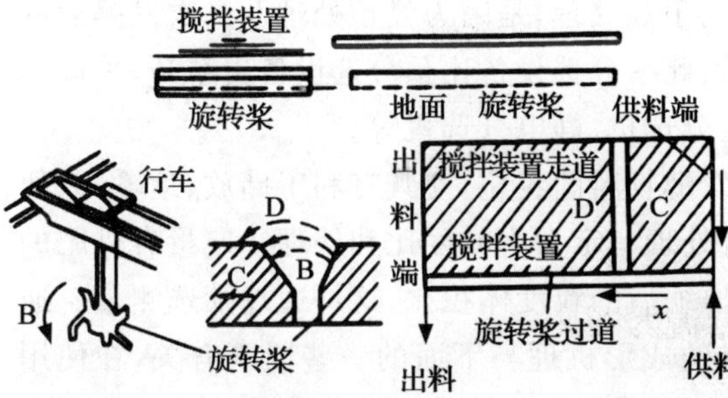

图 7-14　桨式翻堆机

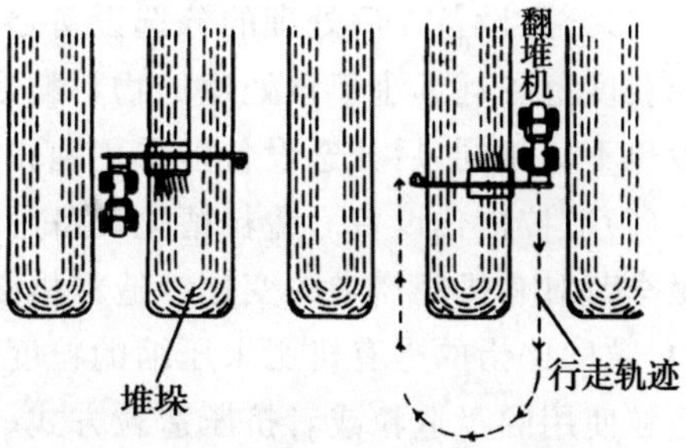

图 7-15　履带式条垛翻堆机

4. 二次发酵(熟化)设备

只有经过二次发酵后的熟化发酵产物才不会对植物产生危害,才能够有效地防止二次污染,在任何情况下都不再分解释放出臭气及产生污水,因此畜禽粪便的熟化相当重要。熟化的工艺方法及设备也是多种多样的。因熟化过程中微生物的代谢毕竟不像一次发酵那样激烈。在无条件的情况下,可以采用静态条垛式堆放,一般 3 m 高。可以适当给予通风。有条件考虑大规模生产的地区,可以采用多层式或多层立式发酵塔、桨式立式发酵塔、水平桨式翻堆机等分解设备,较多情况是采用仓式熟化设备。

(1)皮带式熟化仓(图 7-16)　高温发酵产物经桥式布料机送进料仓。桥式布料机在料仓的顶部轨道上移动,这样物料就随布料机的纵横移动均匀而等高地布置在料仓内,高度 2.5～3 m。熟化时间 20～30 d。

(2)板式熟化仓(图 7-17)　该发酵系统主要是由单平板叶片组成,它由齿轮齿条驱动。这个单叶片通过从左向右旋转来搅拌物料,又从右到左空载回位,然后往复。叶片搅拌量可调。发酵仓是封闭型的并有一定负压。因此,它可防止臭气泄漏出来。发酵仓内配有通气装置,以便保持好氧条件,并配有水龙头和排水装置来控制水分。

为提高畜禽粪便有机肥的质量,需要精化产品。物料经二次发酵后,必须除去玻璃、陶瓷、塑料、木片、纤维及石子等杂质,净化后的散装有机肥产品,可直接销售给用户,施于农田、菜园、果园或作土壤改良剂,也可根据土壤情况、用户需要,在散装有机肥中加入氮、磷、钾后制成有机无机复合肥,装袋,这既便于运输,也便于储存,而且肥效更佳。

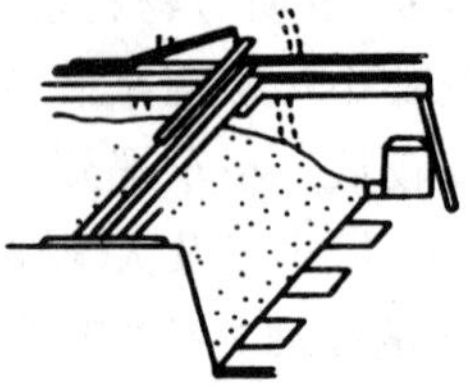

图 7-16 皮带式熟化仓

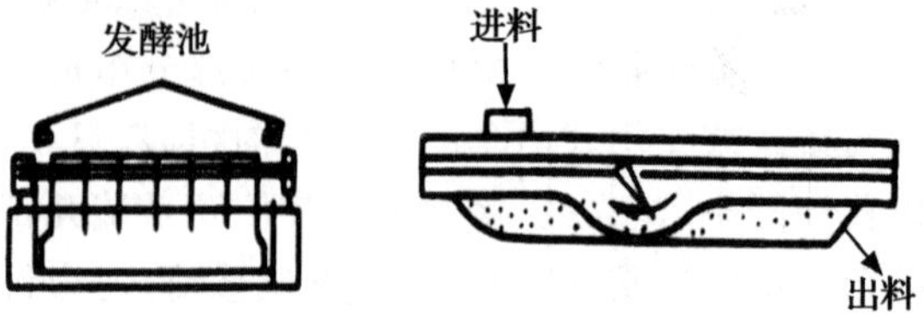

图 7-17 板式熟化仓

5. 后处理设备

后处理设备包括分选、研磨、造粒、打包装袋等设备，在实际工艺过程中，根据当地的需要来选择组合后处理设备。

（1）分选设备　后处理的分选设备之所以不同于预处理，是因为经预处理及二次发酵后的堆肥粒度范围远远小于预处理的物料粒度范围，因此后分选设备比预分选设备更精巧，采取的手段也不尽相同，后分选设备多采用弛张筛、弹性分选机、静电分选机等。

（2）造粒精化设备　造粒精化设备用于有机发酵物料的粒化，使其有利于储放、运输，以便满足季节对有机肥需求的变化。造粒机必须具有处理一定大小粒度比和处理一定量有机肥的能力，粒度比指的是有机肥未压缩的粒度体积与压缩后的粒度体积比，这可通过筛选测量。通常造粒使用圆盘造粒或者挤压造粒方式。造粒机的成形机理与下面的一些因素有关，在使用设备时要充分注意到这些因素，以便得到理想的效果：①湿度与水分的表面张力或毛细管作用的形成有关；②颗粒组成与注入造粒机内的物料有关；③颗粒形状与注入造粒机内的物料的附着力有关；④表面密度与压力比有关。

（3）打包机　考虑到运输、管理和保存的方便，常使用打包机来将最后的有机肥产品包装起来，要根据有机肥的数量和用途来选择包装袋的材料、大小和形状以及包装机的规格。

6. 防治二次污染的方法及设备

发酵系统不管是工艺过程还是设备的运转过程均会产生二次污染源，污染自然环境，影响人们的正常生活。产生的污染源如臭气、污水、灰尘、噪声、振动、重金属等。在发酵系统的设计过程中，必须采取应有的措施防治二次污染的产生。

（1）灰尘的防治及设备　为防治从处理设备产生的灰尘，应安装除尘装置。

（2）振动的防治及设备　在发酵设备中，振动可以通过破碎机中的物料撞击或旋转滚筒转动不平衡产生。减小振动的方法是在设备和基地之间安装隔振板，并使地基尽量大。特别是在地面较软的地方，事先对地质概况作了解后再安装机器。一般来讲，如果振动是在设备安装好后运行时才发生的，就很难采取措施来解决振动的问题，因此事先应妥善考虑。

（3）噪声的防治及设备　应采取措施防治从发酵系统中产生的噪声。需要采取措施防治噪声的设备为“空气压缩机和鼓风机”（其功率超过 7.5 kW）。

（4）污水处理设备　污水处理设备主要处理来自储料仓、发酵仓和处理设备运转过程中以及附属建筑的生活污水等。

（5）除臭设备　发酵系统产生的臭气主要有“氨、硫化氢、甲基硫醇、胺”等，因此需采取措施来防治臭气的产生。通常，臭气会直接影响人体的健康，因此，可根据人们的嗅觉为标准而相应地采取除臭措施。下面提到的是几种主要除臭技术：①清洁气体法。清洁气体法即将排出的臭气变成液态。使用液体如水、海水、酸(各种酸、臭氧水、高锰酸钾等)、碱(氢氧化钠、次氯酸钠),将臭气液体化,或利用这些液体减少臭气。使用这种方法通常是在清洁塔中进行,可采用下面几种系统:喷射塔系统、密封塔系统、筛系统。②臭氧氧化方法。这种方法是利用了臭氧的强氧化能力,以及臭氧的屏蔽作用,同时这种方法需要设置臭氧发生器、臭氧反应塔。③堆肥氧化吸附法。堆肥氧化吸附法即土壤除臭法,一般是采用熟堆肥除臭或施用熟堆肥的土壤除臭,这种方法及设施都比较简单,熟堆肥原料来源于堆肥产品。

第四节　腐殖酸类肥料的加工技术

腐殖酸是一类芳香稠环聚合程度不同的杂环化合物,其分子表面具有较多的含氧官能团,因此具有弱酸性、胶体性、吸附性、络合性以及氧化还原性等特点。它含的分子大小不一,结构和组成也不完全一致,外观呈黑色或棕色,是一种无定形的聚电介质。从电子显微镜下观察,腐殖酸的直径在 30～100 Å。根据腐殖酸在一些溶剂中的溶解度及颜色,将腐殖酸分为三个组:可溶于酸、碱和水的称黄腐殖酸(或者富里酸);不溶于水和酸,可溶于碱和乙醇,呈棕色的部分称棕腐殖酸;既不溶于酸,又不溶于乙醇或丙酮,仅溶于碱溶液,呈黑色部分称黑腐殖酸。棕腐殖酸和黑腐殖酸的混合物称胡敏酸。腐殖酸能与土壤中无机胶体形成有机无机复合体,能提高土壤的保肥供肥能力,并形成团粒结构,从而改善土壤结构和土壤肥力状况。腐殖酸类肥料是富含腐殖酸和一定标明量无机养分的肥料,简称腐肥。腐肥是用腐殖酸含量较高的泥炭、褐煤、风化煤等为主要原料,经不同化学处理或加入一定量的氮、磷、钾或某些微量元素所制成的肥料,如腐殖酸铵、硝基腐殖酸铵、腐殖酸氮磷复合肥等。腐肥既含有大量有机质,具有农家肥料的多种功能,同时含有速效养分,兼有化肥的某些特性,所以称它是一种多功能的有机无机复合肥料。

一、腐殖酸类肥料原料的来源及特点

腐殖酸类肥料原料——腐殖酸,主要是从泥炭、褐煤、风化煤这三种有机物料中提取,也有一些别的来源。

(一)泥炭

泥炭又叫草炭、泥煤、草煤等。东北称"漂筏子",南方称"泥炭土",北京叫"草木炭"。泥炭是指在过度潮湿和通气不良的沼泽地堆积下来的植物残体,经过不同程度的分解腐烂所形成的褐色、棕色或者黑色沉积物的统称。泥炭是最年轻的煤,是成煤第一阶段的产物。泥炭一般具有质地松软、比重较小、吸水性强、富含有机质和腐殖酸等特点。泥炭有机质含量一般在 50%以上,由腐殖酸、沥青、纤维素、半纤维素及木质素等成分组成。

泥炭形成有的以草本植物为主要原料,有的以木本或者苔藓类植物为主要原料。这些植物残体或多或少的与泥沙矿物质等混合堆积在一起,构成不同类型的泥炭。泥炭在自然状态下湿度很大,含水量一般在 50%以上,高的达 90%左右。分解程度较差的泥炭纤维多,呈海绵状、舒松且具有弹性,植物残体可清晰辨认出,颜色一般较浅,大都呈棕黄色或者浅褐色。分解度较好的泥炭,植物残体难以辨认,腐殖质增多,较坚实,具有可塑性,风干后易粉碎,色较深,大都呈灰褐色或者黑褐色,接触空气后能迅速氧化成黑色。风干后泥炭比重较小,可以燃烧。

泥炭的存在状态有两种：一种是裸露泥炭，即现代泥炭；另一种是埋藏泥炭。现代泥炭是现代沼泽地里仍在形成和堆积的泥炭。埋藏泥炭是由于地壳下沉等原因使古代泥炭被沼泽中新的沉积层所覆盖而成。我国这两种泥炭分布面积共约 410 万 hm^2，储量估计在 120 亿 t 左右。其中裸露泥炭约占 80%，两种泥炭都是以低位草本泥炭为主，中位和高位泥炭很少。裸露泥炭主要分布在大、小兴安岭，三江平原和长白山等的冷湿地区，其次是青藏高原东部高寒较湿润地区。埋藏泥炭主要分布在我国东部平原、云贵高原和丘陵地区，尤其在东南沿海、长江中下游等，其次是燕山、太行山的山前洼地等。在其他冷凉潮湿地方有零星分布。

(二)褐煤

褐煤是埋藏于地下的泥炭经过成岩作用压实、脱水和一系列的化学变化转变而来。据褐煤的煤化程度深浅可分为：土状褐煤、致密褐煤和光辉褐煤三种。褐煤外观呈褐色或者黑褐色的层状结构。褐煤较泥炭致密，含水量少，一般没有大量未分解的植物残体组织和原生植物组织中的化合物，如碳水化合物(包括纤维素)，果胶物质等一般也都被分解殆尽。同时，随着煤化作用的进行，原来泥炭中的腐殖酸等进一步变化，腐殖酸含量逐渐减少，到烟煤时就不含有腐殖酸了，而是形成结构更为复杂的中性腐殖质。当烟煤受氧化，高分子结构破坏降解后可再生成腐殖酸。我国褐煤资源比较丰富，主要分布在华北和东北地区，均为侏罗纪褐煤；第三纪褐煤储量较少，主要分布在西南地区；其他地区褐煤分布比较零散。侏罗纪褐煤的特点是煤田少，但储量大，绝大多数分布在内蒙古东部到南部的条带上。第三纪褐煤的特点是矿点多，但储量少。白垩纪褐煤主要分布在河北省，储量较少。

(三)风化煤

风化煤即露头煤。它是接近地表的褐煤、烟煤和无烟煤经过空气和水长时间作用的产物。一般风化煤上部的岩层裂隙发育，较为破碎，空气中的氧和含氧大气，降水以及地下水等沿裂隙可以渗透到煤层中，对煤进行氧化作用，煤的强度、硬度减小、吸湿性增大(含水可达 50%左右)，使煤在碱或酸的溶液中溶解度增加，发热量降低，碳、氢含量减少，氧含量增加，含氧功能团增加，黏结性减少(指与具有黏结性的未经风化的原煤相比)，当用作低温干馏原料时，能再生腐殖酸。风化煤的深度在 50～100 m，深度低于 50 m 的腐殖酸含量大幅度下降。风化煤带内部不同部位氧化程度也不同，接近顶板或煤层裂隙处，氧化程度较强，氧化程度越高，煤越显得酥软。地下水中所含的各种无机盐类可以与风化煤中的腐殖酸发生离子交换作用和络(螯)合作用，形成腐殖酸盐类，使风化煤中腐殖酸多以盐的形式存在。如与钙、镁离子形成腐殖酸钙和腐殖酸镁，从而使腐殖酸固定下来。当这种含钙、镁高的风化煤用5%的 NaOH 或 10%～15%的氨水溶液浸泡时，风化煤中的腐殖酸不能被抽提出来，萃取液为无色或基本无色。相反，当含钙、镁很低的风化煤与这些碱液反应时，大部分腐殖酸能够被抽提出来，萃取液呈酱油色。认识了这个特点，防止钙、镁对腐殖酸的固定作用，对制造优质腐殖酸类肥料关系很大。

我国风化煤分布相当广泛，这和我国地质结构比较复杂，丘陵、山地比较发育有关。不少地区风化煤埋藏比较浅，开采方便。我国风化煤资源最多的是山西省，其次是河南、内蒙古、贵州、新疆、四川、云南、陕西、宁夏、江西等地，大部分风化煤的腐殖酸含量都较高。

当然三种不同来源腐殖酸的特点也有差异，研究表明，褐煤的胡敏酸氧化度和芳香度最高，其次为风化煤胡敏酸，最后是草炭胡敏酸；风化煤富里酸的氧化度和芳香度最高，其次为褐煤富里酸和草炭富里酸。胡敏酸各级的回收率均随着级分数的升高而增加。回收率以风化煤胡敏酸最高，其次为褐煤胡敏酸、草炭胡敏酸。

(四)其他来源

除上述三种主要来源外，还有少量别的来源。据报道可以从菠萝叶提取腐殖酸，具体工艺是以菠萝叶为原材料进行堆沤发酵 2～6 d，用 0.1 mol/L KOH 溶液进行碱溶，将提取的腐殖酸用蒸馏水反复水洗，1 d 便可完成腐殖酸的纯化处理，该法缩短了菠萝叶原料制取富钾腐殖酸盐的时间，所得腐殖酸盐含钾率高达 38%。还有报道表明腐殖酸可以从海带榨汁发酵而来，也可从造纸废液中得到类似腐殖酸的物质，当用秸秆生产煤气时也可以得到一些腐殖酸。

二、腐殖酸类肥料加工工艺流程及其条件

(一)腐殖酸的提取方法

1. 从泥炭、褐煤、低灰分的风化煤中提取腐殖酸

工艺流程如图 7-18。

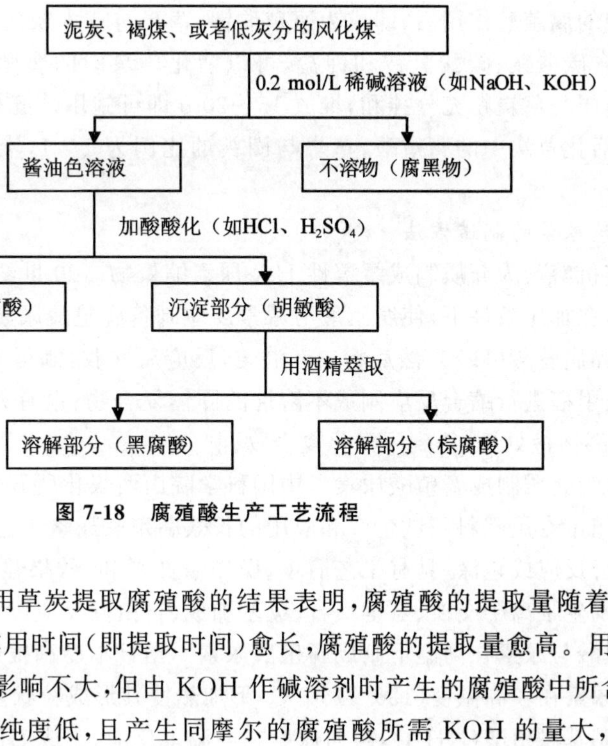

图 7-18 腐殖酸生产工艺流程

袁忠伟等(2008)在研究用草炭提取腐殖酸的结果表明，腐殖酸的提取量随着碱浓度的增大而增加，且碱溶液与草炭作用时间(即提取时间)愈长，腐殖酸的提取量愈高。用 KOH 或者 NaOH 对腐殖酸的提取效果影响不大，但由 KOH 作碱溶剂时产生的腐殖酸中所含灰分大，比用 NaOH 做碱溶剂时提取的纯度低，且产生同摩尔的腐殖酸所需 KOH 的量大，但钾是植物生长的必须营养元素，用 KOH 提取可以增加产物中的养分含量，虽然提取的腐殖酸纯度比用 NaOH 提取低，作为肥料是完全没有问题的；另外，在不改变其他条件下，适当投加 0.1 mol/L 的 $Na_4P_2O_4$ 能够提高腐殖酸的产量，KOH 浓度以 2 mol/L 为佳；腐殖酸的提取量也随酸浓度的增大而增加，HCl 和稀 H_2SO_4 对腐殖酸的提取效果影响不大，H^+ 浓度以 2 mol/L 进行酸析为佳；如果在碱溶之前用适量硝酸进行预处理，能提高腐殖酸的得率。

2. 含钙、镁等灰分较多的风化煤提取腐殖酸的方法：酸抽提剂法

李同家等(2007)采用酸抽提剂法从风化煤中提取了能满足汽车用蓄电池技术条件要求的

腐殖酸。其制备工艺:风化煤→加入稀硫酸→蒸汽煮沸→搅拌沉淀→取出上部液体→水洗至pH 5→沉淀物烘干→粉碎过筛→包装。酸抽提剂法提取腐殖酸工艺简单,易于操作,生产周期短,而且省去碱法用的碳酸物,因此酸法腐殖酸价格与碱法腐殖酸价格相比,成本约降低30%。酸抽提剂法提取的腐殖酸因含杂质太多,应用受到了限制,但用于制造腐殖酸肥料足够。

3.微生物溶解法

微生物溶解法提取腐殖酸反应周期长,产率低,但反应温和,可清洁转化,产物生物活性高,现主要处于试验研究阶段,离工业生产还有一定差距。

(二)腐殖酸类肥料加工工艺及条件

1.腐殖酸类肥料加工的简单实用方法

比如以草炭为原料生产腐殖酸类肥料,其主要原理就是利用一种碱来溶解草炭中的腐殖酸,成为一价离子的腐殖酸盐。一是把氨水拌在草炭粉里,生成腐殖酸铵肥料;二是用碳酸氢铵溶解于水与草炭粉相拌,用水量以使草炭粉湿润后成为颗粒状为度;三是用草木灰中含碳酸钾,与草炭中的腐殖酸作用后,即成为腐殖酸钾,草炭与草木灰的比例可以用(2～4)∶1;四是用人粪尿中含碳酸铵、碳酸氢铵和钾盐,可以活化草炭中的腐殖酸,草炭与人粪尿的比例是2∶1,把人粪尿与草炭粉充分拌和,堆放15～20 d即可施用。五是利用圈粪中的碳酸铵、碳酸氢铵和钾盐活化草炭中的腐殖酸,草炭与圈粪的比例为1∶1,堆腐1～2个月,中间翻堆2～3次。

2.腐殖酸尿素的制造方法

(1)以有机溶剂为介质制成缓溶性HA-尿素缩聚物　20世纪六七十年代日本学者最早用液氨作溶剂,在加压条件下,使腐殖酸与尿素反应制备腐殖酸尿素(UHA);或用甲醇或丙醇分别溶解尿素和腐殖酸(HA),然后将二者混匀,反应后回收,制得UHA产物;有的在HA碱液中加入尿素、甲醛进行缩合反应制成不溶性的固体复合物;也有人将尿素与HA加热熔融后,再用30%甲醛溶液处理,得到甲酰化复合物。

(2)以水为介质制成腐殖酸尿素　中国科学院山西煤化所开发、江苏省通州市农业技术推广中心和通州市专用肥料厂试生产和应用的长效腐殖酸尿素工艺,采用低于50 ℃的水作反应介质进行复合反应或包涂,具有工艺简单、操作条件平和、效果显著等特点。这种腐殖酸尿素的制备过程发生了离子交换、氢键缔合、羰基加成、自由基反应以及物理—化学吸附。

(3)腐殖酸与尿素在高温下制成腐殖酸尿素　据日本专利报道,一种UHA的制造工艺是将腐殖酸与尿素在较高温度(130～150 ℃)下加热使其形成粒状复合物;也有用HNO_3预先氧化褐煤制成硝基腐殖酸(NHA),再与尿素在高温下反应,制成UHA。另外一套腐殖酸尿素制造工艺是:将腐殖酸与尿素按一定比例混合(比例根据农作物需肥特性确定),制成特定农作物专用腐殖酸尿素肥料。

3.腐殖酸铵的制造方法

(1)泥炭、褐煤和含钙镁较低的风化煤制造腐殖酸铵的方法　将原料破碎到1 mm以下,直接与碳酸氢铵混合反应,方法是先将碳酸氢铵均匀撒在腐殖酸原料上,然后喷水,水不宜过多,碳酸氢铵刚好溶化为止,然后再堆肥5 d即制成腐殖酸铵。若与氨水混合需干燥后混合。以腐殖酸铵为基质,按照各种作物需肥规律,加入适量氮磷钾化肥、中微量元素肥料,以及氮肥增效剂等可制成各种有机无机复合专用肥。

(2)含钙镁较高的风化煤制造腐殖酸铵的方法　将风化煤破碎到 1 mm 以下，与浓度为 8%(按含氮量计)的碳酸氢铵混合，在物料含水 35%～40%，温度 80～90 ℃的条件下，反应 24 h，即得腐殖酸铵。该方法的工艺原理是：利用碳酸铵与腐殖酸钙发生复分解反应，使碳酸根与钙离子生成难溶性的碳酸钙，把腐殖酸游离出来，并与铵离子化合生成腐殖酸铵。此法碳酸根含量高时有利于提高转化率和氨的利用率。

上述两种方法的优点：工艺简单，生产成本低，无三废污染，产品质量属中等或中等以下。但这两种方法生产的腐殖酸肥料的含量氮低，水溶性较低，并含钙和铁、铝等杂质，若水分进一步降低，则水溶性及有效性进一步降低。若要生产高氮腐殖酸肥料，可采用高温高压液相氨氧化法(工艺原理是将煤粒和氨液的混合料浆在升温和加压条件下使煤粒与氧反应，生成氧化煤或腐殖酸，再与共存的氨反应，生成液相腐殖酸铵盐，成为富氮腐殖酸肥料，该肥料中氮形态复杂，杂环氮比例大)；也可以将生产的腐殖酸铵盐适当纯化后形成比较纯的产品，但会形成污染，而且耗能较多。因此只要能满足肥料生产需要就没有必要提纯。当然，如果希望生产工业用品来提高效益，可以考虑提纯，并将纯化后的渣用于制备腐殖酸肥料。另外，用提纯的腐殖酸与碳酸氢铵或者氨水反应也可以获得纯度较高的腐殖酸铵盐。

三、腐殖酸类肥料加工的主要设备

(一)半湿粉碎机

由于泥炭、褐煤、风化煤等物料通常含有较高的水分，用普通粉碎机很难粉碎，需选用半湿物料粉碎机。半湿粉碎机目前已有很多厂家在生产。该粉碎机是一种新型高效单转子可逆式破碎机，对物料含水率适应性强，物料水分允许值达到 25%～50%。制粉粒度可达到20～30目，能满足一般制肥造粒设备的进料粒度要求，有的半湿粉碎机还可根据用户要求粉碎粒度在一定范围内调整。该机器也可以用于农村秸秆垃圾、城市生活垃圾、工业有机垃圾、养殖畜禽粪便等生物发酵有机肥的半湿粉碎工序。有的设备还能对有机肥中的玻璃、陶瓷、砖头、碎石等硬性物起到了研磨作用，达到安全施用的效果。

(二)耐酸碱反应釜

腐殖酸在提取的时候需要用碱来提取，也要用酸来分离黄腐酸和胡敏酸，因此需要耐酸碱的反应釜。耐酸碱反应釜由钢衬塑或者钢衬玻璃组成，不同厂家生产的耐酸碱反应釜不完全相同，有的带有搅拌装置，有的没有，但在腐殖酸提取和分离中都需要搅拌，因此都要配备搅拌器，而且都必须是耐酸碱的。反应釜的大小根据生产需要来确定，而搅拌装置的速度一般采用 20～50 r/min。

(三)固液分离装置

提取腐殖酸以及黄腐酸、胡敏酸分离都涉及固液分离，因此需要固液分离装置。固液分离可以采用旋流分离、过滤分离、离心分离等方法。其中旋流分离是利用旋转流体产生大于重力的离心力来分离液体中的固体物质，它既不需要滤网、滤盘，也不像袋式过滤器需要滤袋，因此免去了网式过滤器、盘式过滤器的堵网、堵盘现象，排污不需反冲洗水，没有流量损失，在分离净化过程中，设备没有任何运动产生，因此没有机械设备的运动磨损，运行费用低。

(四)造粒机

造粒是指当细小颗粒通过喷洒液体黏结剂在转鼓、流化床、高速或低速切刮混合器等设备中混合时，逐渐成长为更大的半永久颗粒的过程。造粒过程一般被分为润湿成核、生长碰撞和破碎磨损三个不同的阶段。润湿成核阶段是在液滴分散到粉料后，被粉料包裹成核的初始阶段；生长碰撞阶段是这些初步成核的小颗粒在被搅拌过程中逐步聚集的过程；破碎磨损阶段是颗粒生长到过大或干裂的时破碎的阶段。在造粒过程中，颗粒不停地与其他颗粒和器壁进行碰撞，颗粒的体积和孔隙率由于挤压和碰撞而减小，内部的空气被压出，同时液态黏结剂也被挤到颗粒的表面。这样就使得这些颗粒能够聚集在一起并开始生长。颗粒在生长过程中，同时具有压缩和膨胀两种现象，这两种现象是颗粒内部摩擦力、黏结力和毛细力共同作用的结果。摩擦力和黏结力具有使颗粒保持固有形态的特性。毛细力对颗粒有收缩的压力，它在颗粒聚集过程中将颗粒拉近，由此来增强聚集而抵制膨胀。腐殖酸肥料的造粒设备与其他有机肥的造粒设备相同，可以用挤压造粒、转盘造粒、转鼓造粒、流化床造粒和喷浆造粒等方式。

(五)有机肥烘干机

由于造粒后水分含量高，超过国家标准，需要采用烘干等方法来去除水分。在腐殖酸脱水时，若温度太高或者水分去除速度太快，都会影响腐殖酸的活性，因此需选择适宜的烘干脱水方法。目前已经有专门的有机肥烘干机，可以根据自己的要求来选择不同参数的烘干机。一般不采用滚筒式烘干，采用静态烘干的方法比较好。因为在滚筒烘干的过程中，颗粒很容易打碎。但静态烘干的底部温度控制是保持腐殖酸活性的重要因素。

此外，还需要称量、配料、搅拌、提升、输送、筛分、包装等设备。这些设备都是一些通用的设备，在此不一一介绍。

第五节　有机无机复合肥料加工技术

有机无机复合肥料是指以畜禽粪便、动植物残体、农产品加工下脚料等有机物料经过高温发酵处理后添加无机肥料而制成的一类肥料。改革开放40多年来，我国已经从传统的有机肥料施用大国转变为化肥消费大国，化肥养分的投入量占肥料总养分投入量的90%以上，不合理施用化肥带来了土壤酸化、土壤板结、次生盐渍化、肥料利用率低、农产品品质下降等系列问题。发展有机无机复合肥料，一方面可消纳固体有机废弃物，减轻环境压力；另一方面可以提高当季作物产量、增加土壤有机质和培肥土壤。许多研究结果表明，有机无机复合肥料相比化肥具有更好的增产作用，且能够提高氮肥利用率。有机无机复合肥料兼具有机肥料和化肥各自的优点，并克服了各自的缺点，是我国肥料工业发展的主要方向之一。

一、有机无机复合肥的原料来源及特点

(一)有机无机复合肥的原料来源

1. 有机肥料原料

选择富含有机质的材料，如农作物秸秆、动物粪便、堆肥、绿肥等。这些原料需要经过堆沤发酵处理，以降低病原菌和杂草种子。

2. 无机肥料原料

选择适合的无机肥料，如尿素、磷酸铵、氯化钾等。根据作物需求和土壤情况，确定所需的氮、磷、钾比例。

(二)有机无机复合肥的特点

(1)营养全面　有机无机复合肥提供了植物生长所需的多种营养元素，包括氮、磷、钾及微量元素，能够满足不同作物的多样化需求。

(2)促进土壤健康　改善土壤结构：有机成分能够改善土壤的物理和化学特性，提高土壤的通透性和保水能力。增加土壤有机质：有机物质的添加可以提高土壤的肥力，促进微生物的繁殖，增强土壤的活性。

(3)具有缓释效果　有机肥中的养分释放较慢，能持续供给作物所需的养分，从而减少施肥频率和肥料损失。

(4)提高作物产量与品质　有机无机复合肥能够提高作物的生长势和抗逆性，促进根系发育，从而提高作物的产量和品质。

(5)降低环境污染　合理施用有机无机复合肥可以减少化肥的过量使用，降低土壤和水源的污染风险，有助于实现可持续农业。

(6)经济效益　由于有机无机复合肥具有较好的营养效果，能够提高作物产量，进而提高农民的经济收益。

(7)适用范围广　适用于各种作物的生长，包括粮食作物、经济作物和果树等，能够满足不同地区和不同土壤类型的需求。

(8)促进可持续发展　有机无机复合肥的使用符合可持续农业的发展理念，为实现农业的生态平衡和资源的有效利用提供了支持。

(9)增强土壤微生物活性　有机成分能够为土壤微生物提供养分，促进其繁殖，进而提高土壤的生物多样性和肥力。

二、有机无机复合肥加工工艺流程及其条件

(一)原料的处理

1. 原料的预处理

有机无机复合肥料生产中由于采用的有机物料不同，其理化性质也不同，要分别考虑对原料进行预处理或调整原料的配方。调控的原则一般是物料混合后的 pH 控制在 5.5～7.5，以确保养分的有效性。糠醛渣和过磷酸钙均属强酸性物质，pH 在 2 左右，与腐熟的碱性堆肥混合效果比较好。大部分腐熟堆肥的 pH 比较高，一般都超过 8，与过磷酸钙或糠醛渣正好进行酸碱反应，但要注意的是混合后其 pH 应控制在 6.5～7.0，如果混合物 pH 超过 7.5，过磷酸钙中的磷有效性会明显下降。另一方面，由于过磷酸钙中的含磷量比较低，不能全用过磷酸钙作为磷肥原料，而应使用一部分磷酸一铵，甚至磷酸二铵。

2. 混合与粉碎

有机无机复合肥料造粒所用的原料必须率先粉碎到一定的粒径以下，否则粒径过大或不同物料之间的粒径分布相差太大会使物料混合不均匀，直接影响造粒的成本，影响产品的外观和产品的质量。一个比较可行的办法是先将化肥与腐熟堆肥按配方比例配好后，按条垛式堆

肥方式，用翻抛机来回翻抛 3～4 次即可，而无须用滚动式设备进行混料，因为后者生产成本高且很难混得比翻抛机更匀。混匀后的物料立即进入链式或锤式粉碎机粉碎，最好不要将化肥和有机堆肥分别粉碎，因为有机堆肥单独粉碎会造成更大的扬灰，而化肥单独粉碎容易发热，使化肥分子分解，影响产品效果。化肥与腐熟堆肥先混合后粉碎的另一个好处是，混合物料能够充分混匀。物料混合粉碎后立即造粒，不宜混合后放置太久，以免受潮。

（二）造粒

有机无机复合肥一般不提倡采用 BB(bulk blending)肥的方法，因为只有在有机、无机养分充分接触的情况下才能更好地发挥有机物料对无机养分的吸附、缓释功能，无机养分的速效性和有机养分的稳定释放才能有效地配合起来。有机无机复合肥料生产中采用的工艺主要是将有机物料无机物料充分混匀后，根据需要加入一定的黏结剂、调理剂进行造粒。造粒方法可采用成本较低的团粒法和挤压法。

1. 团粒法

造粒工序是复合肥料生产的关键过程。关于造粒的基本原理，美国国家肥料开发中心和英国 ICI 公司等提出以液相理论为基础的颗粒成长原理，可作为附聚造粒方法的理论基础。美国 TVIA(田纳西流经验液相系数，利用液相系数可以确定配方的总液相量。总液相量控制得好，造粒效果通常较好)根据不同物料配方，对造粒过程的液相进行了长时期的研究，并用计算机计算出一些物料的经验液相系数，利用液相系数可以确定配方的总液相量。总液相量控制得好，造粒效果通常较好。

温度与返料量对造粒质量也有一定影响。温度影响各物料的溶解度，温度与含水量的关系采用下列经验公式表示：

$$t=104.9-4.04x$$

式中：t 为造粒温度，℃；x 为造粒机出口合格颗粒物料含水质量分数，%。

从上式看出，物料含水量越高，造粒所需的温度越低；反之，物料含水量越低，造粒所需的温度越高。原因是当物料含水量高时，造粒所需液相量已够，不需要用提高温度来增加可溶盐溶解度的方法增加液相量；当物料含水量低时，则需要提高温度增加水溶性盐溶解度以增加液相量，使其达到造粒要求。造粒返料过程中，返料量与物料含水量相关：当含水量低时，返料就少；当含水量高时，返料就多。返料过程中的温度较高，也可以起到调节温度的作用。

在造粒机内进行，将混合好的物料输送到造粒机内，再加入选好的黏合剂。物料受到造粒机作用，逐渐长大成粒。造粒效果的好坏主要取决于造粒机的设计和操作，如造粒机的倾角、黏合剂的浓度和用量、加料出料方式等。圆盘造粒机的倾角一般为 45°，圆盘的转速为 30 r/min，直径为 1.6～2.2 m。一般圆盘的倾斜角不得小于混合料的自然休止角，否则物料黏贴在底盘上，随转盘一起转动。刮刀的位置与水平方向成 60°，并使其直径比为 0.1～0.25，物料从圆盘下面半径为 3/4 之处自动排出。

2. 挤压法

挤压法是将物料直接挤压成成品的造粒过程。挤压法特别适用于热敏物料的造粒，挤压造粒法可看作是干料加蒸汽进行无化学反应的造粒过程。其主要特点是降低能耗，工艺流程简化。由于产品始终保持干燥，可省去团粒法的干燥和冷却工序，避免氮的损失，也不存在排放物污染环境的问题。立轴以一定的速度旋转，带动固定在立轴上的 4 个碾轮分别绕自身的心轴自转。四个碾轮与模板之间始终保持预先调整好的工作间隙，模板上均布小通孔。混合均匀的物料，经给料装置连续定量地送入造粒机上筒体内，在碾轮与模板之间强制性的挤压作用下，物料在模板小孔内摩擦、压缩、挤出而形成圆柱状。再通过旋转的切刀，将其截成所需的短圆柱颗粒形状。

周洪亮(2012)利用造纸厂污泥、糠醛厂残渣、养殖场粪便、城市污水处理厂的浓缩污泥生产有机无机复合肥料，采用挤压造粒抛圆工艺。该方法具有原料适应性强，成球率高，强度大，成球水分低等优点。

(三)扑粉处理

粒状有机无机复合肥料造粒后，最好经扑粉处理，改善颗粒表面的物理性能，以保持成品在储存过程中维持质量稳定、不结块、不潮解、耐强压、强度好、手感良好。扑粉过程是将扑粉剂加到成品中，适当翻滚，混合均匀即可。扑粉剂通常为黏土、钙镁磷肥、石膏粉、滑石粉等，扑粉剂用量一般为有机无机复合肥料量的2%～4%。

(四)生产工艺流程

有机无机复合肥一般生产工艺包括原料前处理、发酵、混料、粉碎、筛分、成粒、包装和计量等。

1.以畜禽粪便堆肥为有机原料生产有机无机复合肥料

以畜禽粪便堆肥生产有机无机复合肥为例。通常畜禽粪便好氧发酵一般采用“二段堆肥”的快速堆肥工艺。即先在条垛上(或发酵槽中)完成10～15 d的一次发酵，依靠高温堆肥进行无害化处理，依据温度变化情况采用翻抛机翻堆，堆肥水分由开始时的60%～65%降至40%～45%，然后将物料从条垛(或发酵槽)转移至后熟场所，经15～20 d的后熟，使有机物料充分腐熟，进一步降低水分至30%左右。该堆肥工艺的发酵周期一般为25～35 d，若单独采用槽式堆肥工艺，发酵周期多为40～60 d。

畜禽粪便堆肥生产有机无机复合肥料的工艺流程主要包括配料、混合、粉碎、造粒、烘干、冷却、筛分和包装等环节。

(1)配料　依据配方设计将粉碎后的堆肥、氮、磷、钾等原料，用翻抛机来回翻抛3～4次，确保充分混匀。尽量做到即混即用，混合后不宜放置太久，以免受潮。

(2)粉碎　一般用链式粉碎机将上述混料进行粉碎，粉碎后的物料过筛，粒度要小于1 mm(如果是柱状造粒，粒度可小于3 mm)，以达到造粒的要求。若原料粉碎不好，不仅会导致各种原料间混配不均匀，而且造粒效果差，直接影响有机无机复合肥料的质量和外观。

(3)造粒　通过传送带(或斗提机)将过筛后的混合物送入造粒机进行造粒。

(4)烘干　通过传送带(或斗提机)将造粒后的肥料颗粒送入烘干机以降低水分含量，增加颗粒强度，便于保存。烘干转鼓入口的温度一般要求控制在300 ℃以上，出口的温度通常在60～80 ℃。如果是挤压造粒就无须烘干步骤。

(5)冷却　通过传送带(或斗提机)将烘干后的肥料颗粒送入冷却机，肥料颗粒温度降下迅速。烘干后的肥料颗粒温度过高，易结块，经过冷却后，便于装袋保存和运输。

(6)筛分　通过传送带(或斗提机)将冷却后的肥料颗粒送入筛分机，将未达到标准的过大或过细的颗粒筛分出来，大颗粒通过传送带(或斗提机)返料到粉碎机粉碎，细粉粒直接返料到造粒机。

(7)涂布　将筛分合格的肥料颗粒送入涂布滚筒中涂布抗结块剂，防止长期存放或运输造成结块。

(8)包装　利用包装机对检验合格的有机无机复合肥料成品进行定量分袋包装。

2. 以秸秆堆肥为原料生产有机无机复合肥料

目前有机无机复合肥料生产中采用的有机原料主要为畜禽粪便堆肥，而对秸秆有机无机复合肥的生产工艺参数的研究较少。佘文凯等(2019)以秸秆腐熟有机肥、硝铵磷、磷酸一铵、硝酸钾、氯化钾、硫酸钾、七水硫酸镁、硼砂、七水硫酸锌、碳酸氢铵等为原料，研究了有机肥含水率、黏结剂比例以及油枯用量对有机无机复合肥的有效成粒率和理化特性的影响，发现含水率为41%时肥料的有效成粒率和颗粒圆润度较好，但颗粒硬度过硬和不易崩解释放养分，且水分比例的提高会增加干燥过程的能耗，所以在保持一定造粒效果、圆润及硬度紧实不易碎的基础上，有机肥含水率应控制在33%～41%较为合适；在造粒过程中膨润土黏结剂添加比例为0时，肥料有效成粒率较好，且造出来的肥料颗粒物理性状适中，表明添加膨润土黏结剂并没有起到黏合的作用，原因可能与造粒过程中物料的混合程度和黏结剂的加入方式有关，或是选择的黏结剂不合适；还发现以油枯为黏结剂时，每吨复合肥原料中添加88.9～133.3 kg，肥料有效成粒率及颗粒物理性状均较好。

三、有机无机复合肥料制造的主要设备

(一)搅拌设备

1. 翻抛机

如前所述，最简单易行有机无机物料混匀设备是一台翻抛机。由于在做高温好氧堆肥时就需要一台高效的翻抛机，所以有机肥企业如果要增加有机无机复合肥的生产线就很容易，在原来条垛式堆肥的基础上，加进化肥后，用翻抛机翻抛三到四次，即可进行粉碎。

2. 搅拌机

部分有机无机复合肥料生产企业原来是生产无机复合肥的，通常喜欢用无机复合肥生产理念来做有机无机复合肥料，其所用的搅拌机主要有盘式搅拌机、卧式搅拌机、单轴搅拌机、双轴搅拌机等。

(1)盘式搅拌机　盘式搅拌机主要用于原料的混合，盘内采用聚丙烯板内衬或不锈钢板，因此不易黏料，耐磨损。采用的摆线针轮减速机具有结构紧凑、操作方便、搅拌均匀、卸料输送方便等特点，物料可得到充分混合，从而提高了混合均匀度；采用新颖的转子结构，转子与壳体的最小间隙可调至接近零位，有效地减少了物料残留量；机内装有油脂添加管道，总体结构合理，外形美观，操作维修方便。该机具有强度高、结构紧凑、耐磨损、能耗低、使用寿命长、操作维修方便等特点。

(2)卧式搅拌机　卧式搅拌机的工作原理：卧式筒体内装有双轴旋转反向的桨叶，桨叶成一定角度将物料沿轴向、径向循环翻搅，使物料迅速混合均匀。卧式搅拌机性能特点是减速机带动轴的旋转速度与桨叶的结构会使物料重力减弱，随着重力的缺失，各种物料存在颗粒大小、比重悬殊的差异在混合过程中被忽略。激烈的搅拌运动缩短了一次混合的时间，使得搅拌更快速、更高效。即使物料有比重、粒径的差异，在交错布置的搅拌叶片快速剧烈的翻腾抛撒下，也能达到很好的混合效果。卧式搅拌机混合均匀度高、残留量少，适合两种以上肥料及添

加剂预混料的混合。

(二)破碎设备

链式破碎机是有机无机复合肥生产中常用的破碎设备,该机在破碎过程中采用同步转速的高强度耐磨硬质合金链板,进出料口设计合理,破碎物料均匀,不易黏壁,便于清理。也可用于破碎各种块状化肥和其他中等硬度的块状物料。链式破碎机按其安装形式分为立式链式破碎机和卧式链式破碎机两种结构形式。立式链式破碎机为单转子,卧式链式破碎机为双转子。链式破碎机的主要工作部件为带有钢制环链的转子,环链一端与转子相连,环链的另一端安有耐磨钢制成的环链头。链式破碎机属于冲击式破碎机,通过高速旋转的链条对料块的冲击进行破碎。破碎堆肥物料,建议采用立式链锤式破碎机,该机适合于破碎10%以下的无机肥料和水分含量在25%～40%的腐熟堆肥。为了减少有机原料破碎时的扬尘问题,建议将化肥与腐熟堆肥先混匀后再破碎,这样一方面大大减少扬尘,另一方面更有利于原料的破碎。

卧式链式破碎机的双转子结构,每个转子轴都有各自的传动电机,链条头的圆周速度在28～78 m/s的范围内。卧式链式破碎机由进料口、机体、出料口、转子(包括轴承)、传动装置及减振器组成。为了防止黏料及机体钢板的摩擦,在机体内衬有橡胶板,在机体的两侧设置有快开式检修门,机体、传动装置安装在一个型钢制成的底座上,底座下部安装减振器并与基础部位相连。

(三)输送设备

皮带输送机又称带式输送机,是一种连续输送机械,也是一种通用机械。皮带输送机的组成结构中,除去皮带、托辊、辊筒、机架等单体部分外,还有张紧装置、动力装置以及各类具有保护作用的传感装置等由多种原件合成的部分。其中动力装置由电机、轴承、主动辊筒、减速器等原件构成,传感装置分为压敏传感装置、速度传感装置等。主动辊筒与电机相连,负责驱动整个皮带输送机,带动从动辊筒进行运作,托辊负责支撑皮带,张紧装置负责调节运行中皮带的松紧程度,保证皮带张力均匀,不发生跑偏故障,最后由转向辊筒使运行到终点的皮带进行转向,形成一个完整的输送系统。

(四)造粒设备

1. 平模制粒机

平模制粒机原理:原料由送料装置输送到造粒室,造粒室内的压辊在主轴的带动下旋转。原料在分料机的作用下均匀地落入压辊与模板之间被碾压,从分布模板上的数千个模孔中(孔径3～8 mm)向下挤出而成型,并在模板下被切割成适当长度的圆柱状颗粒成品。其优点是:模板可以正反两面使用,有机原料添加比例可以达95%以上,制粒原料一般不需要细粉碎,整个制粒成型过程不需要加水,颗粒成型率达到90%以上,制粒现场环境整洁,对工人操作技术要求不高。

2. 圆盘造粒机

圆盘造粒机是目前我国有机无机复合肥料生产企业使用最多的造粒设备。它具有结构简单、造价低、维修方便等优点。圆盘造粒机是由一个具有角度的浅盘和支撑构成,其倾角和圆盘的转速是可调的。混合机混合好的物料用皮带送至圆盘上方,连续定量加进圆盘,圆盘的物料由喷淋下来的黏合剂(水)黏结成粒。随着圆盘翻滚,颗粒逐步长大,由于圆盘造粒具有显著的分级能力,大的颗粒浮在上面,从圆盘的下方连续卸出,而较小的颗粒则留在盘中与新加入的物料黏在一起，继续长大。圆盘造粒机造出的有机无机复合肥料颗粒非常均匀，返料也很少，其生产能力较大，一台普通圆盘造粒机每小时可生产成品 4 t。

圆盘造粒机具有的特点：本身具有良好的分级作用，生成粗粒较少，因此粒率高；全部操作过程均能观察到，能及时发现操作中的问题，进行调节；生产有较大的灵活性，粒度控制范围较宽；由于设备较简单，投资较省，所以被广泛采用。该设备的缺点是不能对物料进行氨化处理，且对粉尘及烟雾的收集较困难。

3. 转鼓造粒机

转鼓造粒机主体造粒部分为一倾斜的旋转圆筒，进口处有挡圈以防止进料溢出，出口处也有挡圈以保证料层深度。由混合机混合好的物料自动定量送入圆筒内，与喷淋出来的液滴接触，由于圆筒不断翻滚，物料逐渐成球。物料不断加入，成球的颗粒不断排出并连续进行。圆筒壁装有刮刀，以避免物料黏结在筒壁上。一般而言，转鼓造粒机整机可分为五大部分。

(1)托轮架部分　整个机体的转动部分都由托轮架支撑，受力较大。因此托轮架部分多采用中碳钢板、槽钢焊接而成，并通过了严格的质量控制和特殊的工艺要求。此外，更重要的是固定在架子上的托轮，考虑到其与机体滚带会产生较大摩擦，一般需选用优质防腐、耐磨材料以提高使用寿命。托轮架也有采用铸造一体技术，另在托轮架四角设有吊转钩，便于装卸运输。

(2)传动部分　整台造粒机以传动部分较为重要，整个机体的工作都在此进行。传动架均采用槽钢焊接而成，主电动机和减速机安装在传动架上，电动机带动皮带轮、三角带、减速机传动给主轴，使机体工作，其中传动减速机位于主轴工作部分，采用尼龙柱销联轴器相咬合传递驱动。

(3)大齿轮　固定在机体上，与传动小齿轮相啮合，相向带动机体工作，通常采用高科技耐磨材料，可延长使用寿命。

(4)滚带　固定在机体两侧，以支撑整个机体。

(5)机体部分　这是整台造粒机最重要的部分，常采用中碳钢板焊接而成，内置特殊的橡胶衬板或耐酸不锈钢衬板，以实现自动除疤、脱瘤的目的。

4. 对辊挤压造粒机

对辊挤压造粒机的工作原理是由电动机驱动皮带和皮带轮，通过减速机传递给主动轴，并通过对开式齿轮和被动轴同步、双向工作。物料从进料斗加入，经过对辊挤压成型，脱模成球，并经过一副链条，传送到筛分机，筛下和分离成品颗(球)粒，然后返回料与新料混合，再进行造粒。随着电动机连续转动，物料不断进入，实现连续批量生产。

(五)干燥和冷却设备

圆盘和转鼓造粒后的有机无机复合肥料颗粒，因其水分含量高，无法满足《有机无机复混肥料》(GB/T 18877—2020)要求，需要进行干燥。有机无机复合肥料的干燥常采用转鼓(回转)烘干机，它是由一倾斜的回转圆筒、支承装置、传动装置、筒体与进料箱的密封盖等结构组成的内加热传导型转动干燥设备。在烘干过程中，转鼓内通入加热的空气和转动的转鼓，物料在转鼓表面形成一层薄膜，热量由鼓内壁传到鼓外壁，再传到料膜，将附在转鼓筒体外壁上的液相物料或带状物料进行干燥，脱除水分，达到所要求的含水率。干燥过程中的主要影响因素是加热气体的进口温度、物料在圆筒内的停留时间等。通常热风进口温度视颗粒的实际水分含量调整,调节范围为 300～600 ℃,滚筒转速以 2～8 r/min 为宜。烘干后的肥料颗粒通过传送带送入冷却机,冷却机的外形与转鼓(回转)烘干机极为相似。随着筒体的转动,筒内的抄板使料颗粒均匀地向下撒扬,从机头吸入的冷空气进入冷却机内,与物料逆流接触使其冷却,通常冷却后的料温不高于室温 5 ℃。

(六)筛分机

筛分机是有机无机复合肥料生产中常用的筛分设备,主要有滚筒筛和振动筛两种,用于成品与返料的分离,对物料的大小进行分级处理,也可实现成品的分级,使成品均匀分类。

1.滚筒筛分机

主要由滚筒装置、机架、电机、减速机、密封盖、进出料口组成。其主体结构是筛分滚筒,它是由若干个圆环状扁钢组成的筛网,整体与地平面呈倾斜状态,外部被密封隔离罩所密封,以防止污染环境。滚筒装置倾斜安装于机架上,电动机经减速机与滚筒装置通过联轴器连接在一起,通过变速减速系统使筛分筒在一定转速下进行旋转,当有机无机复合肥料颗粒进入滚筒装置后,由于滚筒装置的倾斜与转动,使筛面上的物料翻转与滚动,合格物料(筛下产品)经滚筒后端底部的出料口排出,不合格的物料(筛上产品)经滚筒尾部的排料口排出。由于物料在滚筒内的翻转、滚动,卡在筛孔中的物料可被弹出,防止筛孔堵塞。

2.振动筛

振动筛是利用振子激振所产生的往复旋型振动而工作的。振子的上旋转重锤使筛面产生平面回旋振动,而下旋转重锤则使筛面产生锥面回转振动,其联合作用的结果则使筛面产生复旋型振动。其振动轨迹是一复杂的空间曲线,该曲线在水平面投影为一圆形,而在垂直面上的投影为一椭圆形。调节上、下旋转重锤的激振力,可以改变振幅。而调节上、下重锤的空间相位角,则可以改变筛面运动轨迹的曲线形状并改变筛面上物料的运动轨迹。将不同大小的有机无机复合肥颗粒,多次通过均匀布孔的多层筛面,分成若干不同级别的颗粒。大于筛孔的颗粒留在筛面上,称为该筛面的筛上物,小于筛孔的颗粒透过筛孔,称为该筛面的筛下物,最终实现有机无机复合肥料中粗、细粒的分离。

(七)包装设备

包装设备主要由储料斗、电子秤、包装机等设备组成。包装机与皮带输送机、压边机、缝包机等配套形成称量自动流水线,除人工套袋、导缝外,其余均自动完成。包装精度、称量范围和包装速度均可调,计量精度为 3/1 000。

第六节　有机水溶肥加工技术

有机水溶肥料是一种能够完全溶解于水中的有机肥料,其采用天然有机物质为原料,经过特殊工艺加工而成。这些原料包括但不限于海藻类(如海带、泡叶藻、裙带藻等)、虾蟹壳类等甲壳素、蜜糖发酵浓缩液、低值鱼类,以及其他如果渣、玉米浆、豆粕等有机质。在加工过程中,这些原料会经过微生物发酵技术或酶解工艺,分解成高活性的小分子有机物质,如氨基酸、腐殖酸、海藻酸、糖醇等,并复配氮磷钾大量元素以及钙镁锌硼等中微量元素,形成全水溶、高浓缩、多功能、全营养的增效型新型肥料产品。

一、有机水溶肥加工概述

(一)有机水溶肥生产原料

有机水溶肥料不同的生产原料、生产工艺、精细化程度等条件,获得的产品效果也有很大的差异。有机水溶肥料生产企业根据自身条件设计适合自身的生产工艺流程,常见的有酶解法、碱解法、酸解法、萃取法、物理破壁法、生物发酵等方法。不同的生产工艺需要的设备、流程、控制条件都有所差异,对企业研发和生产人员要求也比较高。在中国现有登记的有机水溶肥料,其原料主要有以下种类,其中以第一类海藻类居多:

(1)海藻类:褐藻(海带、泡叶藻、裙带藻、马尾藻)、蓝藻(真枝藻、微囊藻、螺旋藻)、绿藻(石莼、礁膜、松藻)、红藻(紫菜、石花菜、江蓠)等四大类海藻;欧美多采用泡叶藻、墨角藻;南非使用大王藻,中国多采用马尾藻、巨藻、海带和裙带菜。

(2)虾蟹壳类等甲壳素。

(3)蜜糖发酵浓缩液。

(4)低值鱼类。

(5)果渣、玉米浆、豆粕等。

(6)其他原料:山梨醇、乙酰丙酸、酮戊二酸、大豆卵磷脂、山茶提取物、水解植物蛋白。

(二)有机水溶肥主要成分

有机水溶肥的主要成分包括腐殖酸、氨基酸、海藻酸、甲壳素等。这些成分共同作用,为作物提供丰富的有机营养,激发作物自身潜能,快速补充营养,预防病害发生,提高果实的可溶性固形物、糖分含量,降低果实有机酸的含量,促进果实膨大,提高果实表皮花青素含量和果实着色指数,有利于果面光洁,提高果实的光洁度,防裂果、防锈,显著提高品质和产量,延长采收及盛果期,可显著增加产量。此外,有机水溶肥料中的有机质还能防治重金属污染果实、降低果实农药残留量,对农田土壤出现的酸化、板结等有非常好的改善效果。

(1)腐殖酸:腐殖酸是一种天然的有机高分子化合物,由动植物残体经过微生物分解和转化而成。能善土壤结构,增加土壤保水保肥能力,促进土壤微生物的活动。含有多种活性官能团,可以与土壤中的金属离子形成螯合物,提高养分的有效性。

(2)氨基酸:氨基酸是构成蛋白质的基本单位,有多种类型,如甘氨酸、谷氨酸、赖氨酸等。可以被作物直接吸收利用,参与作物的生长代谢过程,促进作物生长发育。增强作物的抗逆性,提高作物对不良环境的适应能力。

(3)海藻酸:海藻酸是一种淡黄色粉末,可刺激植物体内防御酶系统活性,增强作物抗寒、抗干旱能力等,均衡调节植物生长,提高坐果率,促进花芽分化,减少裂果、落果。

(4)甲壳素:甲壳素多用于生物肥料、植物生长调节剂以及土壤改良剂。

(5)大量元素(氮、磷、钾)、中微量元素(钙、镁、硫、铁、锌、铜、锰等)。

(6)其他成分　①生物活性物质:如有益微生物、植物生长调节剂等。②有益微生物:改善土壤微生物群落结构,促进土壤养分的转化和利用。③植物生长调节剂:调节作物的生长发育,提高作物的产量和品质。④表面活性剂:提高肥料的溶解性和分散性,使其更容易被作物吸收利用。

(三)有机水溶肥生产加工的意义

有机水溶肥作为一种现代农业中的新型肥料,其加工过程不仅仅是一个简单的物质转化过程,更承载着促进农业可持续发展、提高农产品质量、保护生态环境等多重意义。

1. 促进农业可持续发展

传统化肥的长期使用已导致土壤退化、水体污染等环境问题。有机水溶肥以其有机、环保的特点,能够减少对环境的负面影响,促进农业生态系统的平衡与稳定。通过科学加工,将有机废弃物转化为高效肥料,不仅实现了资源的循环利用,还促进了农业生产的可持续发展。

2. 提高农产品品质

有机水溶肥富含多种营养元素和生物活性物质,能够全面满足作物生长的需求,提高作物的抗病性和抗逆性。与传统化肥相比,使用有机水溶肥种植的农产品在口感、色泽、营养成分等方面往往更具优势,有利于提升农产品的市场竞争力和附加值。

3. 保护生态环境

有机水溶肥的加工过程中,通过发酵、转化等生物手段,能够有效降低原料中的有害物质含量,减少肥料施用后对环境的污染。同时,其易溶于水、易被作物吸收的特点,减少了养分的流失和浪费,降低了对地下水和土壤的污染风险。因此,有机水溶肥的加工和使用对于保护生态环境具有重要意义。

4. 推动农业技术创新

有机水溶肥的加工涉及多个学科领域的知识和技术,如微生物学、化学工程、材料科学等。通过不断的技术创新和改进,可以开发出更加高效、环保、经济的有机水溶肥产品,满足现代农业发展的多样化需求。同时,有机水溶肥的加工也促进了农业技术体系的完善和提升,为农业现代化提供了有力支撑。

5. 促进农民增收

随着消费者对农产品品质和安全性要求的提高,有机农产品的市场需求不断增加。通过推广有机水溶肥的应用,可以帮助农民提高农产品的产量和品质,增加销售收入。同时,有机水溶肥的加工和销售也为农村地区提供了新的产业发展机遇和就业岗位,有助于促进农村经济的繁荣和发展。

二、有机水溶肥料加工技术

(一)酶解工艺技术

酶是一类由活细胞产生的生物催化剂,具有高效性、专一性、温和性和可调节性等显著特点。它们能够在常温常压及水溶液环境中,以极低的浓度催化复杂的生化反应,而不改变反应的总能量变化和平衡位置。酶的主要作用是加速化学反应的速率,降低反应的活化能,使原本难以进行的反应在生物体内得以顺利进行。这种催化作用对于维持生物体的正常代谢、生长、繁殖等生命活动至关重要。酶解反应的第一步是酶与底物的特异性结合。酶分子具有特定的活性中心,其结构与底物分子在形状、电荷分布等方面高度互补,从而实现了酶与底物的精确识别与结合。这种结合形成了酶-底物复合物(ES 复合物),为后续的催化反应奠定了基础。酶解反应的过程涉及酶-底物复合物的形成、过渡态的稳定、化学键的断裂与形成以及产物的释放等多个步骤。在酶的催化下,底物分子经过一系列复杂的构象变化,最终生成具有特定结构和功能的产物。这些产物可能具有不同的生物活性、物理性质和化学性质，广泛应用于各个领域。生物体内的酶解反应受到严格的调控与反馈机制的调节。这些机制包括基因表达调控、酶活性调节以及代谢途径的反馈抑制等。通过这些调控机制，生物体能够精确地控制酶解反应的速率和方向，以适应不同的生理需求和环境变化。

有机水溶肥料酶解工艺加工技术主要包括以下几个步骤。

1.原料准备

选择富含有机质、无严重污染且适合酶解的原料，如动植物残体（如畜禽粪便、作物秸秆）、农产品加工废弃物（如果渣、糖蜜）等。确保原料的纯净度和营养价值。

发酵基质：是酶解工艺中的基础材料，为酶解反应提供必要的环境。它可以是固态的，如麸皮、秸秆、木屑等农业废弃物；也可以是液态的，如食品工业的废水、污泥等。发酵基质的选择取决于酶解的目标产物、原料的可获得性以及工艺的经济性。

酶解工艺原料预处理包括清洗与去杂、破碎与筛分、溶胀处理、氧化处理、物理预处理（如蒸汽爆破）、化学预处理（如碱处理）、生物预处理以及预水解处理等。

2.酶制剂选择

酶是一类从动物、植物、微生物中提取具有生物催化能力的蛋白质。将酶加工成不同纯度和剂型（包括固定化酶和固定化细胞）的生物制剂是酶制剂。动物、植物和微生物产生的许多酶都能制成酶制剂。根据原料成分和目标产物，选择具有高效性、特异性和安全性的酶制剂。常见的酶制剂包括纤维素酶、蛋白酶、淀粉酶等，它们能够分别作用于原料中的纤维素、蛋白质和淀粉等大分子物质。

3.酶解反应

将预处理后的原料与酶液混合均匀，置于设定的酶解条件下进行反应。其间需定期搅拌，以保证酶解反应的均匀性和效率。

4.发酵处理

(1)发酵菌种选择　在酶解完成后，可选择适当的发酵菌种进行进一步发酵处理，以增加有机水溶肥的生物活性和营养成分。

(2)发酵条件控制　根据所选菌种的要求，控制发酵温度、pH、氧气供应等条件，促进有益菌群的生长和代谢产物的积累。

5.过滤与分离

(1)过滤　通过物理或化学方法（如压滤、离心等）去除发酵液中的固体杂质和未分解的原料残渣。

(2)分离　根据需要，对过滤后的液体进行进一步分离纯化，以获取更高纯度的有机水溶肥。

6.灭活与稳定

(1)灭活　采用高温、辐射或化学方法灭活酶制剂和发酵过程中的有害微生物，确保产品的安全性和稳定性。

(2)稳定　添加适量的稳定剂或调整 pH 等措施，以提高有机水溶肥的储存稳定性和使用效果。

7.包装与储存

(1)包装　采用环保、密封性好的包装材料对有机水溶肥进行包装，防止受潮、污染和养分流失。

(2)储存　将包装好的有机水溶肥储存于阴凉、通风、干燥处，避免阳光直射和高温环境，以确保产品的品质和有效期。

(二)微生物发酵技术

微生物发酵技术主要包括好氧微生物发酵和厌氧微生物发酵。好氧微生物发酵是在有氧条件下，借好氧微生物的作用来进行的。在发酵初期，植物残体中的溶解性有机物质首先为微生物的生长提供基础营养。在微生物生长过程中，微生物会分泌一系列胞外酶(如纤维素酶、半纤维素酶、蛋白磷酸酶、磷酸酶、果胶酶等)，这些胞外酶可以将植物残体中的相应物质降解，继续为微生物生长提供营养。微生物通过自身的氧化、还原、合成等过程，把植物残体中的一部分可溶性有机物氧化成简单的无机物，并释放出生物生长活动所需要的能量，把另一部分有机物转化为生物体所必需的营养物质，合成新的细胞物质，于是微生物逐渐生长繁殖，产生更多的生物体。厌氧微生物发酵是在无氧条件下，借厌氧微生物的作用来进行的。当植物残体在厌氧分解时，主要经历两个阶段：酸性发酵和碱性发酵阶段。分解初期，微生物活动中的分解产物是有机酸、醇、二氧化碳、氨、硫化氢、磷化氢等。在这一阶段，有机酸大量积累，pH 逐渐下降，另一群统称为甲烷细菌的微生物开始分解有机酸和醇，产物主要是甲烷和二氧化碳。随着甲烷细菌的繁殖，有机酸迅速分解，pH 迅速上升，进入碱性发酵阶段。

1. 菌种选育

找到合适的菌种是发酵工程的前提。人们最初是从自然界寻找所需要的菌种，如谷氨酸发酵时常用菌有谷氨酸棒状杆菌等。但这种方法得到的菌种，产量一般都比较低。20 世纪 40 年代，微生物学家开始用紫外线、激光、化学诱变剂等处理菌种，使菌种产生突变，以筛选出符合要求的优良菌种。随着细胞工程、基因工程等技术的日益成熟，科学家开始构建工程细胞或工程菌，用它们进行发酵，甚至能生产出一般微生物所不能生产的产品。

2. 菌种培养基的配置

培养基是选择出的菌种生活的环境，对菌种有多方面的影响，所以至关重要。一般来说，培养基的配方要经过反复的实验才能确定。另外，发酵工程中所用的菌种大多要求是纯培养的，即整个发酵过程不能混有杂菌，否则将导致产量大大下降，甚至得不到产品。例如，如果青霉素生产过程中污染了杂菌，这些杂菌会分泌青霉素酶，将形成的青霉素分解掉。因此，培养基和发酵设备都必须经过严格的灭菌。

3. 菌种接种

将筛选好的菌种按一定比例接种到预处理后的原料中。在大规模的发酵生产中，需要将选育出的优良菌种经过多次扩大培养，让它们达到一定数量后，再进行接种。

4. 发酵过程

发酵过程一般是在发酵罐内进行的，发酵罐是一种圆柱形的容器，容量从几升到几百万升，罐上除有通气、搅拌、接种、加料、冷却等装置外，还有对温度、pH、通气量与转速等发酵条件进行检测和控制的装置。

发酵过程中环境条件的变化不仅会影响菌种的生长繁殖，还会影响菌种代谢产物的形成。为了使发酵过程能顺利进行，要随时取样，检测培养液中的细菌数目、产物浓度，同时还要及时为发酵菌提供必需的营养，并严格控制温度、pH、溶氧、通气量与转速等发酵条件。

(1)发酵控制　根据设定的条件进行温度、湿度、通风等控制。

(2)翻堆与监测　定期翻堆,监测发酵进度和产物质量。

(3)成熟判定　通过理化指标和感官评估确定发酵是否完成。

5.分离提纯

发酵结束后,要对发酵液或生物细胞进行分离和提取精制,将发酵产物制成合乎要求的产品。对发酵产品的要求不同,分离提纯的方法也相应有些区别。利用发酵工程生产的产品有菌种代谢产物和菌种本身(如酵母菌和细菌)两大类,如果产品是菌种,分离方法一般是通过过滤、沉淀从培养液中分离出;如果产品是代谢产物,则采用蒸馏、萃取、离子交换等方法提取。分离提纯后的产品,还要经过质量检查合格后,才能成为正式产品(图7-19)。

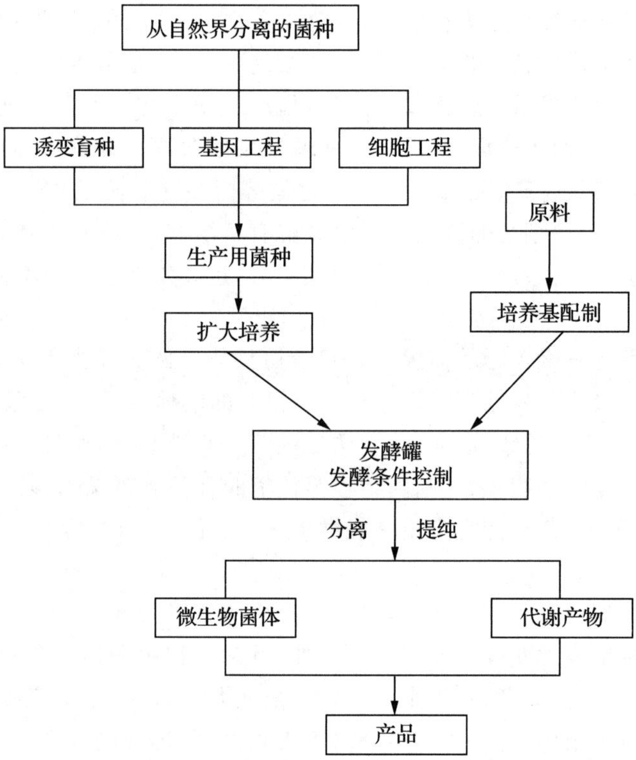

图7-19　有机水溶肥微生物发酵工艺流程

6.发酵效果评估

理化指标:测定发酵产物的pH、有机质含量、总氮、总磷、总钾、有效微生物含量等关键指标。

生物学指标:评估发酵过程中微生物种群变化,分析有益菌与有害菌的比例。

实际应用效果:通过田间试验评估有机水溶肥对作物生长、产量、品质及土壤环境的影响。

(1)腐熟度:发酵的腐熟程度

外观变化:直观定性判断标准是发酵不再进行激烈的分解,成品温度较低;外观呈茶褐色或黑色;结构疏松;没有恶臭。

温度变化:通常肥堆经过了高温阶段后,温度将逐渐下降。当发酵达到腐熟时,堆温将低于 40 ℃。

(2)化学指标

有机质和挥发性固体含量的变化：随着发酵的进行，发酵有机质和挥发性固体含量呈持续下降的趋势，最后达到基本稳定。达到腐熟时，可下降 15%～30%。然而这种变化趋势受原料来源的影响很大。仅用其来衡量发酵是否腐熟，还不充分。

氮、C/N 值及无机氮形态的变化：在发酵过程中部分有机碳将被氧化成 CO_2 挥发损失，肥堆质量减少。由于氮的损失(主要是在有机氮的氨化阶段，少量的氨氮会挥发损失)远低于有机碳的损失，发酵腐熟后，发酵中全氮含量有上升的趋势，而 C/N 值持续下降，直至稳定。一些研究指出，当堆料的 C/N 值从(25～35)∶1 下降至 20∶1 以下时，肥堆将达到稳定。

水溶性有机碳(C)及水溶性有机碳与有机氮之比：水溶性有机碳与水溶性有机氮的比值是发酵腐熟的良好化学指标，该值为 5～6 时表明发酵已经腐熟，而且该值与发酵原料无关。

有机水溶肥微生物发酵技术是一项集生物、农业、环境等多学科于一体的综合性技术。通过科学合理的菌种选择、原料预处理、发酵条件控制、工艺流程优化以及严格的后处理与品质保证措施，可以制备出高效、环保、优质的有机水溶肥，为现代农业的可持续发展提供有力支持。

(三)物理加工技术

物理加工技术是指将几种肥料通过物理混合的方式制成水溶肥，常见的混合方式有轻搅混合、喷淋混合、反复倒置等方法。混合前的肥料可以按照需求进行筛选、研磨和分级，以保证混合后的肥料满足相应的需求。

1.原料准备与预处理

选择有机、无污染的原料，如动植物残体(畜禽粪便、植物秸秆等)经发酵腐熟后的产物，以及海洋生物提取物、微生物发酵液等。

对原料进行破碎、研磨、筛分等处理，以去除杂质，使原料颗粒细小均匀，便于后续加工。

2.溶解与混合

将预处理后的有机物料溶解于适量的水中，形成液体状态。此过程主要利用物理溶解原理，确保有机物质充分溶解于水中。

根据肥料配方，将溶解后的有机液体与其他无机养分(如氮、磷、钾等)进行混合。混合过程中需确保各组分均匀分散，避免产生沉淀或分层现象。这通常通过搅拌设备实现，搅拌时间和速度需根据具体情况调整。

3.过滤与净化

对混合后的液体进行过滤处理，以去除未溶解的固体颗粒和杂质。过滤设备需选择适当的孔径和材质，以确保过滤效果。常用的过滤设备有压滤机、板框过滤器等。如需进一步提高液体肥料的纯度，可采用活性炭吸附、离子交换等物理净化方法去除有害物质。

(四)化学加工技术

化学合成法是指在一定温度和酸碱度的条件下，通过反应、除杂、蒸馏浓缩、冷却结晶等步骤，将氮、磷、钾等养分按比例制成水溶性肥料。与物理混合法相比，化学合成法制备的固体水溶肥料具有外观好、质地均匀、结晶纯度高等优点。

1. 原料的化学处理

(1)发酵助剂添加　在原料发酵过程中,可能会添加适量的化学助剂,如微生物生长促进剂、pH 调节剂等,以优化发酵环境,提高发酵效率和产品质量。

(2)矿物质溶解　如果需要将无机矿物质(如磷矿粉、钾矿粉等)添加到有机液体水溶肥中,需要通过化学方法将其溶解于水中。这通常涉及酸碱中和、氧化还原等化学反应,以确保矿物质元素能够均匀、稳定地存在于肥料溶液中。

2. 养分的化学稳定化

(1)为了提高有机液体水溶肥中微量元素的稳定性和有效性,常常会采用螯合技术。螯合反应的原理即中心离子(如金属离子)与多基配位体(如氨基酸、腐殖酸等有机分子)通过配位键结合,形成具有环状结构的络合物。这种络合物在水中具有较高的溶解度和稳定性,能够防止金属离子被土壤中的其他成分固定或沉淀,螯合剂(如 EDTA、柠檬酸等)能够与微量元素离子形成稳定的螯合物,防止其在水溶液中发生沉淀或被其他物质吸附,从而提高肥料的利用率和作物的吸收效果。

(2)pH 调节　有机液体水溶肥的 pH 对养分的稳定性和作物的吸收有重要影响。因此,在生产过程中需要调节肥料的 pH,以确保其处于适宜的范围内。这通常涉及使用酸或碱进行中和反应,以达到预期的 pH。

3. 产品的化学改良

(1)防结块剂添加　为了防止有机液体水溶肥在储存和运输过程中发生结块现象,可以添加适量的防结块剂。这些防结块剂大多是一些无机盐类(主要起到吸湿和降低肥料颗粒间摩擦力的作用,有助于减少颗粒间的相互黏结)。或添加表面活性剂(能够降低水的表面张力,促进肥料颗粒的分散,防止水分在颗粒表面聚集形成结块)。

(2)杀菌消毒　为了确保有机液体水溶肥的卫生质量和安全性,可能需要在生产过程中进行杀菌消毒处理。这通常涉及使用紫外线照射、高温加热或添加化学杀菌剂等方法来杀灭肥料中的有害微生物和病原体。

4. 其他化学加工技术

(1)渗透剂与悬浮剂　为了提高有机液体水溶肥在植物叶面的附着力和渗透性,可以添加适量的渗透剂和悬浮剂。这些助剂能够降低肥料的表面张力,增加其在植物表面的润湿性和铺展性,从而提高肥料的利用率和作物的吸收效果。

(2)抗氧化剂　为了防止有机液体水溶肥在储存和运输过程中发生氧化变质现象,可以添加适量的抗氧化剂。这些抗氧化剂能够抑制肥料中活性成分的氧化反应,保持肥料的稳定性和有效性。

【本章小结】

有机肥既为作物提供多种无机和有机养分,又能培肥改良土壤,是农业持续发展的重要保证。目前我国仅有 30%～40%的有机物料得到处理,大量城乡有机废弃物任其丢弃排放,既浪费资源,又危害环境。而我国发展“三高”农业和生态农业,生产绿色农产品均需要有机肥。这种矛盾与传统有机肥的落后生产利用方式不适应现代农业和商品经济发展有直接关系,因此,利用现代生物与工程技术克服传统有机肥生产利用方法与性能缺点,实现有机肥工业化和商品化是推广使用有机肥的根本出路。

植物残体种类多、数量大、分布广，尤以农作物秸秆数量最大，是仅次于煤炭、石油和天然气的第四大资源。遵循资源利用效益最大化原则，农作物秸秆、榨菜叶、绿肥和肥用绿色植物才是生产有机肥的主体，其他植物残体主要是先加工动物饲料，然后畜禽粪便加工生产有机肥。传统有机肥存在效果不稳定、可能对农作物带来病害、虫害等问题。推行具有统一工艺、标准和质量控制方法的工业化生产是解决这些问题的关键，而且还可根据不同地方肥力状况，配合化学肥料生产适宜当地的有机无机复合肥料，充分发挥有机肥和化肥的作用，有利于推广应用有机肥。

植物残体工业化生产有机肥的基本原理是微生物具有氧化、分解植物残体的能力，通过人工接种复合微生物，在较短时间内发酵植物残体，达到有机肥的质量要求。其工艺流程由前处理、主发酵、后发酵、后处理、复配等组成。前处理去除泥块、金属、电池等非发酵异物，粉碎植物残体，调节水分和 C/N。主发酵是高温发酵，杀灭病原菌、虫卵和杂草种子。后发酵是主发酵产物进一步变成腐殖酸等比较稳定的有机物，得到完全成熟的发酵产品。后处理和复配是辅助过程。

腐殖酸类肥料是用腐殖酸含量较高的泥炭、褐煤、风化煤等为主要原料，经不同化学处理或加入一定量氮、磷、钾或某些微量元素所制成的肥料，既含大量有机质，具有有机肥的多种功能，又含速效养分，兼有化肥的某些特性，所以是一种多功能的有机无机复合肥料。据泥炭、褐煤、风化煤等的特点，本章初步介绍了不同原料生产腐殖酸类肥料的方法、工艺及条件和部分设备。

禽畜粪便包括鸡粪、鸭粪、鹅粪、猪粪、牛粪、马粪、羊粪、兔粪等。只有集约化养殖才能进行禽畜粪便加工利用。禽类消化道短，对饲料消化不完全，禽粪中含粗蛋白质和粗脂肪较高，因此禽粪是作为饲料，也是生产有机肥的好原料，但由于含有对植物有毒的物质，须经微生物彻底发酵后作为有机肥。畜类消化道长，消化饲料彻底，畜粪以粗纤维为主，含蛋白质、脂肪等少，可发酵后作为有机肥。

有机无机复合肥料是指以畜禽粪便、动植物残体、农产品加工下脚料等有机物料经过高温发酵处理后添加无机肥料而制成的一类肥料。发展有机无机复合肥料可以消纳固体有机废弃物，减轻环境压力；提高当季作物产量、增加土壤有机质和培肥土壤。其生产工艺包括原料前处理、发酵、混料、粉碎、筛分、成粒、包装和计量等。在生产过程中，只有有机、无机养分充分接触，才能更好地发挥有机物料对无机养分的吸附、缓释功能，无机养分的速效性和有机养分的稳定释放才能有效地配合，再根据需要加入一定的黏结剂、调理剂进行造粒。

有机水溶肥料是一种能够完全溶解于水中的有机肥料，其采用天然有机物质为原料，经过特殊工艺加工而成。有机水溶肥的主要成分包括腐殖酸、氨基酸、海藻酸、甲壳素等。这些成分共同作用，为作物提供丰富的有机营养，可显著增加产量。此外，有机水溶肥料中的有机质还能防治重金属污染果实、降低果实农药残留量，对农田土壤出现的酸化、板结等有非常好的改善效果。其加工工艺主要包括酶解工艺技术、微生物发酵技术、物理加工技术和化学加工技术。

复习思考题

1. 传统有机肥难以推广的原因分析。
2. 简述精制有机肥与生物有机肥的异同。

3.植物残体加工有机肥料的方式有哪些?

4.微生物发酵生产有机肥的原理及影响因素?

5.腐殖酸类肥料原料的来源及特点有哪些?

6.简述腐殖酸的提取方法。

7.简述腐殖酸尿素的制造方法。

8.简述禽畜粪便工厂化加工有机肥的原则。

9.简述禽畜粪便发酵生产有机肥的工艺流程及技术参数。

10.有机无机复合肥料的种类及特点有哪些?

11.简述有机无机复合肥料的生产工艺流程。

12.简述有机水溶肥主要成分和生产加工意义。

13.简述有机水溶肥酶解加工工艺流程。

本章推荐阅读书目

柴晓利,张华,赵由才.2005.固体废物堆肥原理与技术.北京:化学工业出版社.

何念祖.1998.肥料制造与加工.上海:上海科学技术出版社,160-236.

李国学,张福锁.2000.固体废物堆肥化与有机复混肥生产.北京:化学工业出版社.

李季,彭生平.2005.堆肥工程使用手册.北京:化学工业出版社.

刘更另.1991.中国有机肥料.北京:农业出版社.

牛俊玲,李彦明,陈清.2010.固体有机废物肥料化利用技术.北京:化学工业出版社.

沈其荣.2021.中国有机(类)肥料.北京:中国农业出版社.

王岩.2005.养殖业固体废弃物快速堆肥化处理.北京:化学工业出版社.

曾光明,黄国和,袁兴中,等.2006.堆肥环境生物与控制.北京:科学出版社.

张福锁.2008.我国肥料产业与科学施肥战略研究报告.北京:中国农业大学出版社.

张卫峰,张福锁.2017.中国肥料发展研究报告.北京:中国农业大学出版社.

中国农业科学院土壤肥料研究所.1994.中国肥料.上海:上海科学技术出版社.

参考文献

陈广银,郑正,邹星星,等.2009.稻草与猪粪混合厌氧消化特性研究.农业环境科学学报,28(1):185-188.

陈广银,郑正,邹星星,等.2008.添加猪粪对凤眼莲中温厌氧消化过程的影响.中国环境科学,28(10):898-903.

方慧婷,蒙继华,程志强,2019.基于遥感与作物模型的土壤速效养分时空变异分析.中国农业科学,52(3):99-111.

李艾芬,章明奎.2009.规模化养殖场鸡粪营养物质和污染元素的组成特点.生态与农村环境学报,25(2):64-67.

李吉进,郝晋珉,邹国元,等.2004.添加剂在猪粪堆肥过程中的作用研究.土壤通报,5(4):483-487.

李同家,张士伟.2007.酸法腐殖酸的研制及应用试验.腐殖酸(5):48.

李彦明，刘晓霞，李国学，等，2007. 淀粉黏结剂在有机复混肥造粒中的应用. 中国生态农业报，15(3)：30.
刘秋悦，刘克锋，雷增谱，等. 2003. 稀土添加剂对猪粪堆肥效果的影响. 中国农学通报，19(1)：9-13.
柳晓磊，齐钊，闫臻，等. 复合微生物菌剂与氨基酸水溶肥组合施用对香蕉土壤理化性质及微生物群落的影响. 中国土壤与肥料，2019(1)：8.
罗春燕，冀宏杰，张维理，等. 2008. 鸭粪和猪粪中易溶性磷含量特征研究. 农业环境科学学报，27(4)：1320-1325.
佘文凯，芍剑渝，彭玉龙，等，2019. 秸秆有机无机复混肥适宜生产工艺参数研究，土壤通报，50(5)：1185-1190.
孙雯雯. 2012. γ-聚谷氨酸的发酵生产及分离提纯工艺研究. 哈尔滨：哈尔滨工业大学.
孙晓华，罗安程，仇丹. 2004. 微生物接种对猪粪堆肥发酵过程的影响. 植物营养与肥料学报，10(5)：557-559.
汤仲恩，朱文玲，吴启堂. 2006. 环境条件对猪粪好氧堆肥过程的影响. 生态科学，25(5)：467-471.
王景伟，陶磅，冷平，等. 2006. 柿酒渣与牛粪混合高温堆肥效应研究. 中国农业大学学报，11(4)：55-59.
王卫平，汪开英，薛智勇，等. 2005. 不同微生物菌剂处理对猪粪堆肥中氨挥发的影响. 应用生态学报，16(4)：693-697.
王希群，郭少华，林建军，等. 2008. 壳聚糖生产肥料的原理、工艺及其在农业上的应用研究. 山东农业科学(8)：6.
王岩，李玉红，李清飞. 2006. 添加微生物菌剂对牛粪高温堆肥腐熟的影响. 农业工程学报，22(增刊 2)：220-223.
王中堂，彭福田，唐海霞，等，2011. 不同有机物料覆盖对桃园土壤理化性质及桃幼树生长的影响. 水土保持学报，25(1)：142-146.
吴德胜，孙长征，马学良，等，2009. 采用畜禽粪便原料生产有机无机复混肥工艺、设备探讨. 磷肥与复肥，24(5)：59-61.
谢卫国，黄铁平，刘如清，等，2018. 湖南省有机无机高效复混肥的配方研发及应用初探. 磷肥与复肥，23(5)：49-51.
徐瑨，关静姝，栾冬梅. 2008. 秸秆不同细碎程度对牛粪好氧堆肥化过程的影响. 东北农业大学学报，39(2)：217-221.
徐智，汤利，毛昆明，等. 2006. 牛粪对西番莲果渣高温堆肥腐熟进程的影响. 农业环境科学学报，25(2)：507-511.
闫秋艳，董飞，杨峰，等，2017. 土壤温度和有机肥对黄瓜生长及养分吸收利用的影响. 华北农学报，32(6)：222-228.
杨国义，李芳柏，万洪富，等. 2003. 猪粪混合堆肥过程中重金属含量的变化. 生态环境，12(4)：412-414.
杨国义，夏钟文，李芳柏，等. 2003. 不同通风方式对猪粪高温堆肥氮素和碳素变化的影响. 农业环境科学学报，22(4)：463-467.

张夫道，王玉军，张建峰．2004．我国有机肥料利用现状、问题和产业化．面向农业与环境的土壤科学．北京：北京科学出版社，260-267．

张相锋，王洪涛，周辉宇，等．2003．花卉秸秆和牛粪联合堆肥的中试研究．环境科学学报，23(3)：360-364．

郑国砥，陈同斌，高定，等．2005．好氧高温堆肥处理对猪粪中重金属形态的影响．中国环境科学，25(1)：6-9．

周洪亮，2012．挤压造粒抛圆工艺生产有机无机复混肥，磷肥与复肥，27(3)：55-56．

第八章　微生物肥料研制与加工工艺

自1888年荷兰学者Beijerlinck首次成功分离出根瘤菌的纯培养物以来，以根瘤菌接种剂为代表的微生物肥料和植物根际促生细菌（plant growth promoting rhizobacteria，PGPR）等以其独特的作用机理和高肥效、环境友好等特性，逐渐成为肥料学、植物营养学、土壤微生物学等学科的活跃研究领域。21世纪以来，相继出现了菌肥用作基肥和追肥用的有机无机复合菌肥、生物有机肥、非草炭载体高密度的菌粉型微生物接种剂肥料以及其他多种功能类型和名称的微生物肥料。在现代农业生产实践中，微生物肥料在绿色有机食品生产、农业生态环境保护以及高产、优质、高效农业的持续发展方面必将发挥更加重要作用，日益凸显出其广阔的应用前景。

第一节　微生物肥料概述

微生物肥料（microbial fertilizers），也称生物肥料（biofertilizers）、接种剂（inoculants）或菌肥（bacterial manure）等，是指利用微生物的生命活动，使农作物获得特定肥料效应的一类肥料制品。微生物资源丰富，种类多样、功能繁多，可以开发成不同功能和不同用途的肥料。而且微生物菌株可经过人工选育并不断纯化、复壮以提高其活力，特别是随着生物技术的进一步发展，通过基因工程方法获得功能菌株已成为可能。

一、微生物肥料的种类

（一）按微生物分类划分

微生物肥料按微生物种类可分为五大类：①细菌类肥料（如根瘤菌肥、固氮菌肥、解磷菌肥、解钾菌肥、光合菌肥）；②放线菌类肥料（如抗生菌肥）；③真菌类肥料（菌根真菌肥：外生菌根菌剂和内生菌根菌剂）；④藻类肥料（如固氮蓝藻菌肥）；⑤复合型微生物肥料，即肥料由两种以上微生物按一定比例组合形成。

（二）按微生物功能划分

微生物肥料按其功能和肥效可分为以下几类：①增加土壤氮素和作物氮素营养的菌肥，如根瘤菌肥、固氮菌肥、固氮蓝藻肥等；②分解土壤有机质的菌肥，如有机磷细菌肥料、综合性菌肥；③分解土壤难溶性矿物质的菌肥，如磷细菌肥料、钾细菌肥料、菌根真菌肥料；④刺激植物生长的菌肥，如促生菌肥；⑤增加作物根系抗逆能力的菌肥，如抗生菌肥料、抗逆菌类肥料。从微生物肥料的发展趋势来看，以复合微生物多功能、适应能力强的生物制剂配合有机肥料生产制成的有机无机生物复合肥已成为新的发展方向。

（三）按成品剂型划分

微生物肥料有液体、粉剂和颗粒三种主要剂型。

1. 液体类

即将菌种投放到无菌罐中进行工业深层发酵所得产品，其中活菌的含量将直接影响肥料的应用效果。

2. 粉剂类

粉剂类是由液体微生物肥料和草炭土等载体均匀混合与生产的，它具有运输方便、含菌量高、增产效果显著的特点。

3. 颗粒类

颗粒类是由液体微生物肥料经过造粒设备进行喷雾、造粒、低温烘干等生产的，具有运输方便、施用简便、保质期长的优点。

（四）按质量标准划分

1. 微生物菌剂

狭义地讲，微生物菌剂不属于肥料。因为传统肥料的定义是能直接为植物提供营养物质的物质，而微生物菌剂施入土壤后通过在土壤中活动（如固氮、解磷、解钾、螯合等），间接地给植物提供营养物质。

鉴于现代人类活动概念的拓展，肥料定义也有所延伸。只要能帮助作物增产、提质、甚至改良土壤的物质就可以被定义为肥料，但这只能算是肥料的广义定义。菌剂是指一类仅含有活性微生物的特定制品。它利用微生物生命活动的过程和产物来改善作物营养条件，发挥土壤潜在肥力，刺激作物生长发育，抵抗病菌危害，从而提高作物产量和品质。

2. 生物有机肥

顾名思义，生物有机肥料是将具有特定功能的微生物与有机肥料配合生产的肥料。这里需要澄清一个概念，即有机肥料与生物有机肥料的区别，当前市场上一些普通有机肥料都打着“生物有机肥料”的幌子，混淆了生物有机肥料与有机肥料的概念。甚至有些人还声称只要普通有机肥料中含有微生物，那就是生物有机肥料。虽然普通有机肥料中确实含有微生物，但这些微生物主要是堆肥中的微生物，不是外源加入的具有特定功能（如解磷、解钾、固氮、促生、拮抗病原菌等）的微生物，因此其与生物有机肥料有明显区别。生物有机肥料产品的农业行业标准为：有机质含量≥40%，特定功能菌≥2×10^7个芽孢或孢子/g 肥料，水分含量≤30%（粉状），pH 为 5.5～8.5。

3. 复合微生物肥料

生物有机肥料产品的行业标准中没有养分指标，只强调有机质含量（≥40%），而没有养分的肥料产品，其田间生产效果不会很好。因此，在生物有机肥料产品中添加一些化肥的想法应运而生，从而出现了复合微生物肥料。这里的“复合”特指的是“化肥或复合肥”，而不是指两种以上的微生物菌种。虽然概念容易混淆，但目前已被行业人士接受，如果将来这个名称在行业标准中再修改的话，本教材将随之修订。复合生物肥料产品的农业行业标准为：有机质≥20%，养分含量 8%～25%，特定功能菌≥2×10^7个芽孢或孢子/克肥料，水分含量≤30%（粉状），pH 5.5～8.5。复合微生物肥料也可制成粉状和粒状肥料产品，其方法见上述生物有机肥料，且与生物有机肥料一样，如果要保持产品含水量≤30%，复合微生物肥也只能做成粉状产品。

二、微生物肥料的作用

微生物肥料一般不直接为农作物提供营养元素，主要起间接营养的作用，其功效是一种综合性作用，归纳起来主要有以下几方面。

（一）增进土壤肥力

这是微生物肥料的主要作用之一。例如，各种自生、联合或共生的固氮微生物肥料，可以通过固氮作用增加土壤中的氮素含量；多种溶磷、解钾的微生物，如芽孢杆菌、假单胞菌的应用，可以将土壤中难溶的磷、钾分解出来，转变为作物能吸收利用的磷、钾化合物，使作物生长环境中营养元素的供应增加。一些微生物肥料的应用，不仅增加了土壤中的微生物的整体活力，也提高了土壤的生物肥力。

（二）改良土壤结构

微生物还能分泌产生大量的胞外多糖类物质，如荚膜多糖、肽聚糖等。研究表明，有益微生物产生的糖类物质，占土壤有机质的0.1%，它们能与植物根系分泌物、土壤胶体等共同作用，形成土壤团粒结构。此外，它们还参与腐殖质形成，改善土壤理化性质。

（三）促进作物生长

有些微生物肥料中的微生物还可分泌植物激素类物质、维生素等，刺激和调节作物生长发育。例如，固氮菌等能够产生多种活性物质（生长素、肌醇、泛酸、吡哆醇、硫胺素等）。固氮菌培养物中可检测到吲哚-3-乙酸；荧光假单孢菌（*P. fluorecens*）的所有菌株均能产生赤霉素（GA）和类赤霉素物质，部分菌株还能产生吲哚乙酸，少数菌株能合成生物素（biotin）和泛酸（pantothenic acid）；丛枝菌根真菌能诱导牧草植株产生细胞分裂素（CTK），改变脱落酸（ABA）与赤霉素的比例。

（四）改善作物品质

许多微生物肥料能改善作物品质。根瘤菌固定的氮素能输往籽粒，使得豆科作物籽粒蛋白质含量提高；此外，一些蔬菜施用某些微生物肥料之后，能增加其中的维生素含量，降低叶菜类作物中的硝酸盐含量，提高果菜类作物中的糖分含量等；功能微生物还能够通过刺激作物的生理代谢，增加风味物质等次级代谢产物的积累。

（五）增强作物抗性

某些微生物肥料中的微生物能产生抗生素类物质，对病原微生物能产生直接的拮抗作用，抑制它们的生长繁殖。例如，细黄放线菌（*S. microflavus*）能分泌产生‘5406’抗生素，对棉花黄萎病、枯萎病等有一定防治效果。此外，有益微生物在作物根部定殖之后，开始大量生长繁殖，结果形成了作物根际的优势菌群。通过对养分资源和生存空间的占用，同致病微生物产生竞争优势，从而抑制这些有害微生物的生长和繁殖，间接地增强了植物的抗病能力。除此之外，有益微生物还能够诱导宿主植物的系统性抗性，如贝莱斯芽孢杆菌SQR9被证明可以诱导多种作物的系统抗性，展现出广谱的抗病作用。

（六）提高肥料利用率

使用微生物肥料后可以减少化肥的施用量。由于微生物肥料可以提高土壤的养分含量，因此在相同地力水平的土壤上可以减少化肥的用量，并且获得等效的增产效果。微生物肥料在提高肥料利用率方面有明显作用，根据作物种类、土壤类型和气候条件，微生物肥料与化肥的合理配合，既能增加作物产量，又能提高肥料利用率，这不仅有经济上的意义，而且有生态学和环境保护的意义。

除上述作用外，微生物肥料还具有如下作用：施用后不会造成有害物质在作物体内的积累；对农业生态环境无不良影响，有的还具有土壤净化剂功效，降低土壤中过多积累的有机物质，如分解纤维素、木质素等微生物肥料可对城市生活垃圾、农牧业有机废弃物进行快速发酵。

三、微生物肥料的特点

（一）功能微生物的高活性

功能微生物的活性是微生物肥料发挥作用的基础。微生物肥料施用后，其中的活性微生物会被激活，开始利用周边的资源进行繁殖，并启动相关代谢通路发挥微生物肥料的特定功能，从而达到施用的目的。因此，高活性的功能微生物是高品质微生物肥料的重要特点之一。

（二）功能微生物的高丰度

活性微生物数量是微生物肥料肥效得以充分发挥的基础。任何一种微生物肥料都必须含有足够多、有活性的特定微生物，这些特定微生物的数量和纯度直接关系到微生物肥料的应用效果，是衡量微生物肥料质量的重要标志。当微生物肥料中特定微生物的数量降低到一定程度，或纯度达不到要求时，肥效就会降低甚至失效。由于菌体的存活时间有限，微生物肥料的有效期也是衡量微生物肥料质量的重要因素。

（三）微生物的功能明确

微生物肥料中起作用的微生物必须经过严格的鉴定，其分类地位明确，对人、畜、植物无害，也不会破坏土壤微生态环境。例如，某些假单胞菌在生长和代谢过程中，可以产生促进植物生长的物质，也产生某些有害物质，有的甚至是人、动物或植物的病原菌，这类微生物就不能作为微生物肥料。历史上有使用未经严格鉴定的微生物而造成危害的教训。“有效、无害”是生产、施用微生物肥料的原则，许多国家对此有明确的立法。

（四）针对性强，适用范围得当

不同的微生物肥料应该用于相应的作物和特定的土壤环境条件。在生产实践中，许多使用者对此并不十分注意，在我国曾有错误地将大豆根瘤菌剂应用于小麦、玉米的情况。

（五）储存和施用技术严格

温度、光照、酸碱度和渗透压等环境因素都能影响到微生物的存活。例如，储存微生物肥料应选择避光、低温环境条件；施用微生物肥料应防止长时间暴露在阳光下，以免紫外线杀死肥料中的微生物；微生物肥料不应直接与化肥混合施用，以免因渗透压的改变而抑制或杀死其中的有效菌等。

四、微生物肥料施用的注意事项

与其他肥料一样，正确的施用微生物肥料才能发挥其肥效。微生物肥料的有效使用条件包括：

(1)禁忌与杀菌剂和杀虫剂等化学药剂的合用、混用、包装等。

(2)与化学养分包装或合用时，注意化学养分的浓度。

(3)与所使用地区的土壤、环境条件相适宜。微生物菌肥在土壤持水量30%以上、土壤温度10～40 ℃、pH 5.5～8.5的土壤条件下均可施用。但是，不同微生物具不同的生态适应能力，因而微生物肥料在推广使用前，要进行科学的田间试验，以确定其肥效。

(4)对温度、水分有一定要求，应避免在高温干旱条件下使用。在高温干旱条件下，微生物肥料中的微生物生存和繁殖会受到影响，不能发挥良好的作用。应选择阴天或晴天的傍晚使用这类肥料，并结合盖土、盖粪、浇水等措施，避免微生物肥料受阳光直射或水分不足的影响而难以发挥作用。

此外，如根瘤菌和菌根菌肥料等对宿主有很强的专一性微生物肥料，使用时应考虑宿主的适应性。

五、我国微生物肥料的应用前景及发展趋势

微生物在农业上的作用已逐渐被人们所认识。目前国际上已有70多个国家生产、应用和推广微生物肥料，我国也有250家企业年产约数十万吨微生物肥料应用于生产。这虽与同期化肥产量和用量不能相比，但确已开始在农业生产中发挥作用，并取得了一定的经济效益和社会效应，随着相关研究的深入和市场需求的不断扩大，微生物肥料生产已呈现出规模化工业生产模式。

(一)起步晚，发展快

相比于欧美发达国家，我国生物肥料的发展起步较晚。在国家宏观引导和鼓励下，微生物肥料行业发展迅猛。从2015年至今，微生物肥料相关企业数量、产值和所登记的产品均实现了显著增长，展现了良好的发展势头。其相比于传统化肥行业，增速较快。

(二)潜力足，市场大

一方面，美国、巴西、阿根廷、澳大利亚、新西兰、日本、意大利、奥地利、加拿大和法国等是生产应用生物肥料规模较大的国家。在其农业生产中，生物肥料的使用已达到肥料总量的20%以上。而我国目前生物肥料应用的占比远低于发达国家。

另一方面，我国农业生产中，适宜施用微生物肥料的作物种类和地区很多，各种豆科作物、粮食作物、经济作物、蔬菜瓜果等，都可以应用微生物肥料提高产量、改善品质。此外，我国还具有大量待开发利用的边际土地，微生物肥料能够更好地支撑边际土壤的开发利用，使其尽快发挥最大产能，保障我国粮食安全。

(三)从单菌到菌群

我国微生物肥料的发展是从单一功能菌发展到具有复合功能的微生物菌群。微生物肥料起源于对单个微生物的研究，在研究过程中发现某个微生物对植物生长具有促进作用，进而将单个微生物进行利用。随着微生物肥料产业的发展，受到市场的反馈，农户的需求是多样化的，因此需要开发多功能的肥料产品才能满足市场的需求。随着代谢组、合成菌群等科学技术的发展，许多具备多功能的菌群被成功构建与筛选。微生物肥料应用后，微生物的工作环境是

比较恶劣的，优秀的菌群能实现微生物间的互帮互助，有利于微生物肥料施用后功能的稳定发挥。

第二节 微生物菌剂的生产工艺

一、微生物菌剂的种类

微生物菌剂的种类很多，按其制品中特定的微生物种类分为细菌菌剂（如芽孢杆菌类）、放线菌菌剂（如抗生菌类）、真菌菌剂（如木霉真菌类、菌根真菌类）、固氮蓝藻等；按其作用机理分为固氮根瘤菌类菌剂、解磷菌类菌剂、解钾菌类菌剂、抗土传病类菌剂；按其制品内含物可分为单纯的微生物菌剂和复合微生物菌剂等。几种主要的微生物菌剂如下。

1. 根瘤菌菌剂

根瘤菌菌剂指含有大量根瘤菌的微生物制品。根瘤菌是一类可以在豆科植物上结瘤和固氮的杆状细菌，可侵染豆科植物根部，形成根瘤，与豆科寄主植物形成共生固氮关系。根瘤菌的各个菌株，只能感染一定的豆科植物，两者的共生关系具有专一性。也就是说，不是所有根瘤菌和所有豆科植物都可以形成根瘤，根瘤菌都必须生活在它们相应的豆科植物上，才能建立共生关系形成根瘤。根据根瘤菌在豆科植物上形成根瘤的专一性，可以构成几个互接种族。在同一互接种族中的豆科植物可以互相地利用其根瘤菌形成根瘤，不同互接种族的植物之间则不能互相接种形成根瘤。根瘤菌菌剂一般用于缺少根瘤菌的耕地土壤，将根瘤菌菌剂拌在种子上或将菌液在苗期追施于根部，以促进共生固氮，达到固氮的目的。

2. 固氮菌菌剂

固氮菌菌剂指含有好气性自生固氮菌的微生物制剂。自生固氮菌也能固定大气中的游离态氮，但与共生固氮菌（根瘤菌）不同的是，它不侵入根内形成根瘤与豆科植物共生，而是利用土壤中的有机质或根分泌物作为碳源，直接固定大气中的氮素。它本身也能分泌某些化合物如维生素 B_1、维生素 B_2 和维生素 B_{12} 以及吲哚乙酸等，刺激植物生长和发育。

固氮菌固氮，只有当其在土壤中占优势和适宜的环境条件下才能表现出来。满足固氮菌生活所必须的条件是进行固氮作用的前提，但生活条件不一定就是固氮作用的适宜条件。固氮菌固氮的条件：①环境中有丰富的碳水化合物而且缺少化合态氮，当土壤中 C/N 低于（70～40）：1 时，则固氮作用停止；②最适宜 pH 为 6.5～7.5，在酸性较强的土壤中适量施用石灰，有利于提高固氮效率；③固氮菌是好气性微生物，要求土壤通气状况良好，但氧化还原反应电位不能过高；④固氮菌对湿度要求较高，一般以保持在田间持水量的 60%～70%为宜；⑤固氮菌是中温性微生物，最适宜在 25～30 ℃生活，温度过高可能导致部分固氮菌死亡。

固氮菌剂常拌种施用，也可直接施在蔬菜苗床上，施用量视其中所含活菌数而定（见前述）。

3. 磷细菌菌剂

磷细菌菌剂指施用后能够促进土壤中难溶态磷溶解的细菌制品。土壤中有些种类的微生物在生长繁殖和代谢过程中能够产生一些有机酸，如乳酸、柠檬酸和一些酶（如植酸酶类物质),使固定在土壤中的难溶性磷如磷酸铁、磷酸铝等溶解成植物能利用的可溶性磷,供植物吸收利用。具体操作过程为:先在实验室分离、筛选分解难溶性磷能力强和抗逆性强的微生物,然后将其发酵,制成肥料,施于土壤,以改善作物磷素营养供应状况,促进植物生长并达到增产作用。

目前主要研究和应用的解磷微生物有以下几种:①巨大芽孢杆菌 *Bacillus megatherium*;②假单胞菌属中的一些种 *Pseudomonas* spp.;③节杆菌属中的一些种 *Arthrobacter* spp.;④氧化硫杆菌 *Thiobacillus thiooxidaas*;⑤芽孢杆菌属中的一些种 *Bacillus* spp.;⑥一些真菌

解磷微生物菌剂主要是固体吸附剂类型,在实际应用时应注意以下问题:①应了解其解磷的范围和环境。②与磷矿粉合用效果较好。③把菌种接入堆肥中,发挥其分解作用,效果比单施为好。④互不拮抗的解磷菌种,可复合使用。

4. 硅酸盐菌菌剂

硅酸盐细菌(*Bacillus* spp.)中的一些种在培养时产生的有机酸类物质能够将土壤中的钾长石矿中的难溶性钾溶解出来供植物利用,我们通常将其称为解钾细菌,用这类菌种生产出来的菌剂称为硅酸盐菌菌剂。

目前已知芽孢杆菌属中的一些种,如胶质芽孢杆菌(*Bacillus mucilaginosus*)、解钾芽孢杆菌(*B. macerans*)、环状芽孢杆菌(*B. circulans*)等能分解解磷钾矿物,释放出磷钾元素。

硅酸盐细菌菌剂的剂型主要是用草炭等吸附剂吸附的固体剂型,多应用于土壤有效钾缺乏的地区。

5. 其他微生物菌剂

(1)VA 菌根菌剂　菌根是土壤中某些真菌与植物根系形成的共生体。其中由内囊霉科真菌中多数属、种形成的泡囊和丛枝,称为丛枝状菌根[简称 VA 菌根(*Vesicular-arhuscular mycorrhiza*)],它与农业关系非常密切。现已确定 VA 菌根至少可与 200 个科 20 万个种以上的植物进行共生生活。VA 菌根的菌丝具有协助植物吸收磷素营养的功能,对硫、钙、锌等元素的吸收和对水分的吸收也有很大的促进作用,还能增强植物抵抗养分胁迫的能力,减少氮、磷肥的使用量和流失。现已应用到甘蓝、大麦、小麦、花生、西瓜、香瓜、各类花卉、药材等多种植物的栽种技术中。

(2)抗生菌菌剂　指用能分泌抗菌物质和刺激素的微生物制成的微生物制品。菌种通常包括放线菌和木霉菌等。这类菌剂不仅能增加土壤有效养分,还能抑制一些植物病害,刺激和调节植物生长。

6. 复合微生物菌剂

复合微生物菌剂指两种或两种以上的微生物且互不拮抗的微生物菌种制成的微生物菌剂或一种微生物与其他营养物质复配而成的微生物菌剂制品。复合的目的在于提高接种效果和增强菌剂的功能性,分为两种类型:①两种或两种以上的微生物复合,可以是同一微生物的不同菌系或是不同微生物菌种的混合,复合的菌种间不应存在拮抗作用。②一种微生物和其他营养物质复配,即微生物肥料可分别与大量元素、微量元素、植物生长激素等复合,需要注意的是,由于添加的营养物质大多是盐类,这些盐类对菌种会产生失活作用,即便是能形成休眠孢子的菌种,对化学养分盐浓度也有耐受限度。

二、微生物菌剂生产的关键环节和工艺流程

(一)微生物肥料生产的关键环节

微生物肥料的生产技术属于高技术含量的生物经济范畴,而不仅仅是简单的发酵过程。它涉及几个关键环节:

1. 严格对生产菌种的引进和选择

引进菌种应先明确菌种特点和功能,明确特定微生物肥料的生物学特性、适应当地土壤气候环境、特有的功能以及显效作用程度等,一切条件具备后方可选用。

2. 具有相关生产工艺及设备

微生物肥料整个生产工艺的好坏对最终的产品质量起至关重要的作用。其生产一般是从纯菌种开始,经过逐级培养发酵,再经成品合成加工制成各种剂型微生物肥料。全生产过程必须在完全封闭、严格无菌状态下进行,严格控制培养发酵过程各项环境条件,如温度、酸碱度(pH)等诸多因素。生产设备应包括菌剂培养发酵成套设备和生产合成各种剂型微生物肥料成品的生产线设备,这是产品的基本保障。

3. 建立微生物肥料质量检测体系

为保证产品质量,需要严格质量标准规范和完备的检测手段,检测样品包括出厂每一批产品和定期监测的储存产品,生产部门应配备专门技术人员,并与有关高校和科研单位建立技术支持合作关系。

(二)微生物肥料生产的基本工艺流程

微生物肥料是活菌制剂,其肥效与菌种的生物学特性、纯度、活菌数量和环境因素密切相关,所以生产微生物肥料应遵循严格的无菌操作原则,采用严格条件下的工业发酵过程。细菌类肥料的生产工艺一般以液体发酵为主,当菌数达到要求时,进行液体包装或采用固体吸附制成固体菌剂。基本生产工艺流程见图 8-1。

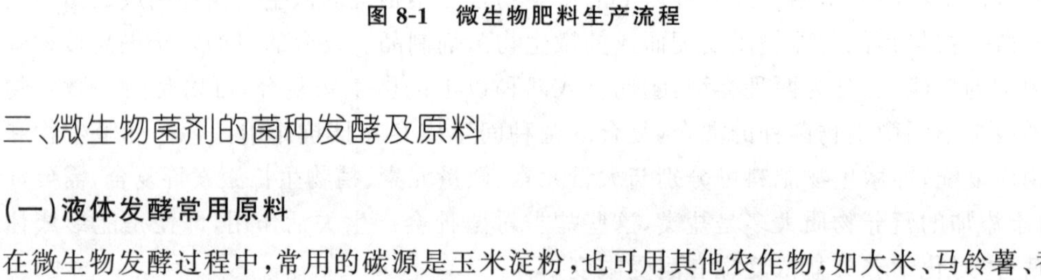

图 8-1 微生物肥料生产流程

三、微生物菌剂的菌种发酵及原料

(一)液体发酵常用原料

在微生物发酵过程中,常用的碳源是玉米淀粉,也可用其他农作物,如大米、马铃薯、番薯、甘蔗糖蜜、甜菜糖蜜、木薯淀粉等。工业生产上所用氮源有氨水、铵盐或硝酸盐、玉米浆、豆饼粉、花生饼粉、棉籽粉、鱼粉、酵母浸出液等。一般微生物所需要的无机盐为硫酸盐、磷酸盐、氯

化物和含钾、钠、镁、铁的化合物。一般情况下，作为碳、氮源的农副产品天然原料中，本身就含有某些微量元素，所以是否有必要添加无机盐以及无机盐的成分、含量等，应根据微生物菌种的营养需求、发酵条件以及碳、氮源的营养成分等因素综合判断。

（二）固体发酵常用原料

供固态发酵的基质通常有豆饼粉、麸皮、米糠等农业副产品以及固体废料。这些原料含有丰富的碳水化合物和含氮化合物，并含有多种维生素和无机元素，质地疏松，利于通气，是微生物生长繁殖的优良基质，且原料来源广泛、价格低廉。

（三）吸附剂选择与处理

吸附剂常用草炭，因其含有丰富的有机质，保水力强，疏松不黏结成块，通气良好，是一种理想的培养基。其处理方法主要包括：干燥、粉碎、过筛、去除杂质、杂草等，调 pH 至中性或微碱性（pH 6.8～7.6，用石灰或过磷酸钙调节），经高压蒸汽灭菌，自然冷却后备用。此外，还可用疏松肥土代替草炭作为吸附剂。

四、功能菌高密度液体发酵技术与工艺

微生物液体发酵技术主要包括提供优质生产菌种的菌种技术和实现产品大规模生产的发酵技术。从基础发酵过程来看，液体发酵技术主要包括发酵原料的选择及预处理，微生物菌种的选育及扩大培养，发酵设备的选择及工艺条件的控制等。经过这一系列的技术工艺改进与优化，可获得高活性、高稳定性的微生物肥料功能液体菌种。

（一）功能菌高密度发酵方式

所谓发酵，指的是借助微生物在有氧或无氧条件下的生命活动来增加微生物菌体本身或者利用微生物的生命活动来生产某种产物的过程。根据这个定义，发酵通常分成两类，一类是增加微生物本身的菌体，如本章要介绍的微生物液体高密度发酵；另一类发酵则是指微生物体对有机物的某种分解过程，如好氧堆肥发酵是指微生物在有氧条件下分解有机废弃物和合成腐殖质的过程。

发酵是一个比较复杂的过程，尤其是在大规模的工业发酵过程中，需要采用各式各样的发酵技术，而最重要的发酵技术是发酵方式。发酵方式可以从多个角度进行定义和分类：按照发酵培养基的状态类型可以分为液体发酵和固体发酵；就液体发酵而言，根据发酵过程当中对于氧气的需求情况，可以分为好氧液体发酵和厌氧液体发酵、根据液体发酵过程的连续性可以分为分批次液体发酵、补料分批液体发酵以及连续液体发酵；就固体发酵而言，根据培养基的层次情况可以分为深层发酵和浅层发酵。而在实际的工业化生产过程中，一般都是将各种不同的发酵方式结合在一起进行优化，目前采用最多的发酵方式是好氧、液体、深层、单一纯种发酵，本章主要介绍微生物液体发酵，即微生物液体扩繁。

1. 分批式发酵

分批式发酵又可以称为间歇式发酵模式，通常是在基料灭菌后按照一定比例接入功能菌种进行发酵，而在整个发酵过程不用再添加新培养基或者接入新的菌种，一直持续到发酵结束。该发酵方式的缺点是每次的发酵都需要经过配料、灭菌、接种、发酵、放料等复杂的过程，无效工作时间比较长，生产的效率偏低，成本也比较高。其优点是，可以根据生产任务的改变

不断地调整生产计划，同时可以根据生产的情况，安排生产计划，如果发生污染可以快速结束发酵过程，大大降低生产损失。

2. 补料分批式发酵

补料分批式发酵又称为半连续发酵，是在分批发酵过程中的关键节点进行间歇性或连续性补充新鲜培养基或者一些特殊的营养物质的一种发酵方式。该种方式是目前广泛应用的一种发酵方式，被许多发酵行业所采用。在过去半连续发酵过程中补料的方式非常简单，主要局限于间歇性流加或恒速流加，控制方式和添加量也是按照经验来完成的。随着半连续发酵工艺理论与技术的不断提高和创新，与传统的分批发酵相比，补料分批发酵可以有效地减少发酵过程中培养基黏度的升高而引起的传质效率降低、接触降解物的阻遏效应和底物的反馈抑制，能够很好地控制微生物代谢方向，延长产物合成的周期并增加代谢产物的积累。

3. 连续式发酵

连续式发酵是指根据发酵的情况，按照一定的速度向发酵罐内添加新鲜的培养基，同时以相同的速度流出培养液，从而使得发酵罐内的液体总量维持恒定的一种发酵方式。这种发酵方式可以分为单罐式连续发酵和多罐串联连续发酵，这样就可以很方便地自动化控制，也能够保证产物的稳定性，节省人力物力和生产费用，提高产品的竞争力。但这种发酵方式也存在一定的缺点，它对于设备设计的合理性和加料的精确性要求比较高；营养物质的利用程度较分批发酵的方式差，大大降低了产物浓度；增加了发酵过程中杂菌污染的程度，功能菌种也容易因为变异而发生衰退。

(二)功能菌扩繁及其设备

1. 菌种保藏

功能微生物菌种是微生物研究和生产过程中非常重要的基本要素。菌种的保藏需根据不同功能微生物菌种的生理生化特征，人工设置一些合适的条件使得微生物产生的芽孢或孢子或者菌体生理代谢能力下降，以减少其变异。一般是通过保持较低的营养水平、缺氧状态、干燥或者低温，使得菌株处于一个相对“休眠”的状态，抑制其繁殖的能力。经过长期的经验研究和总结，对微生物菌种的保藏建立了许多方法，主要包括以下几方面。

液体石蜡保藏法：将功能微生物菌种接种在斜面上，经过一段时间生长后在其表面覆盖一层无菌液体石蜡，其石蜡层一般会高出培养基 1cm 左右，然后将其保存在低温冰箱中。覆盖石蜡的主要作用是可以防止水分蒸发，隔绝空气，能延长菌种的保藏时间。这种方法主要适用于不能利用液体石蜡作为能源的各种功能微生物，其有效保藏时间一般只能保持一年左右。

沙土管保藏法：沙土管保藏法是一种采用比较多的菌种保存方法，一般用过 24 目筛的河沙。先用 10%～20%的盐酸浸泡后，用清水洗涤、烘干并分装后进行高温灭菌。将需要保存的菌种先接种在斜面上生长，再利用无菌水制成芽孢或孢子悬液或者菌体悬液，吸取 10 滴悬液加入前面准备好的沙土管内，并在干燥器内将水分吸干。待水分吸干后用棉花筛将管口封好，置于室温或者低温条件下进行保藏。该方法的特点是干燥、隔氧、无营养物，此方法保藏的效果比较好，制作也比较简单，比液体石蜡法保藏的时间长，适合于产孢子或者芽孢的功能微生物，有效保藏时间可以达数年甚至十年以上。

冷冻干燥保藏法：随着现代低温干燥技术的不断发展，真空冷冻干燥保藏法已成为目前采用最多、也是最理想的一种菌种保藏方法。该保藏方法是将菌液置于冷冻条件下升华掉其中的水分，然后获得干燥的菌体样品。该方法被证明是目前保藏菌种的最佳方法。

甘油保藏法：甘油保藏法与低温冷冻保藏法比较类似，菌种制成菌悬液以后将其悬浮于30%的甘油（1∶1，V∶V）中，并置于超低温（－80～－70 ℃）进行保藏。该方法比较简便，保藏的时间较长。实际工作中，通常是将待保藏的微生物菌种培养至对数期的培养液直接加到已灭菌的甘油中，并使其浓度达到10%～30%，然后根据情况分装在小离心管中，置于低温冰箱保藏，一般基因工程菌株都是用这种方法保藏，简单易行。

2. 菌种复壮

通常情况下，功能微生物因自发突变而使得原有的一系列的生物学性状发生从量变到质变的现象被称为微生物功能菌的衰退。功能的衰退包含很多方面，其中在生理层面上主要表现为产孢能力、发酵主产物比例下降，在形态上的表现为原有典型性状的消失。因此，定期进行菌种复壮是防止菌种衰退最有效的方法。菌种的复壮就是在功能微生物发生衰退后，通过后期纯种的分离和性能的测定，从衰退的群体中找出尚未完全衰退的个体，以达到恢复该菌种原有的性状的一种措施。

纯种分离的方法一般可以分为两大类，即平板表面涂布或者平板划线分离单菌落的方法，待长出单菌落后检测单菌落的特性及其生物学功能，并筛选获得复壮菌株；或者采用"分离小室"进行单细胞分离的方法，利用显微镜操作系统进行单细胞的分离，或者用菌丝尖端切割法进行单细胞分离，可以达到菌种纯的水平。菌种复壮后，又可以恢复原种的性能，实现微生物菌种的生产高效化。

3. 发酵培养基

培养基是功能微生物生长繁殖以及合成各种代谢产物所需的营养物质，它的成分和配比对微生物的生长、发育、代谢及产物合成具有很大的影响。因此，选择合适的培养基，对于功能微生物的发酵具有至关重要的作用。培养基的分类标准比较多，一般是按照培养基的原料成分、物理状态、用途及所培养的对象的种类等来划分。在发酵培养基中，一般含有碳源、氮源、无机盐及微量元素、生长因子、水等功能微生物生长所需的元素及生长因子。由此可见，发酵培养基的成分是非常复杂的。发酵生产常用的培养基主要包括以下几种重要的类型。

孢子或芽孢培养基：孢子或芽孢培养基是提供菌种繁殖、形成孢子或芽孢的一种常用的固体培养基，它的要求是能够给菌体提供一定的养分，产生较多的优质孢子或芽孢，而且所用的孢子或芽孢培养基不能引起菌种的变异。因此，对孢子或芽孢培养基的配置有以下的要求：培养基所含养分不能太丰富，特别是有机氮源的含量，否则微生物不产孢或者不形成孢子或芽孢；所用的无机盐浓度要适量，不然会影响孢子或芽孢的形成及其性状；要注意培养基的基本物理化学特性，主要包括 pH 和湿度。在生产过程中常用的孢子或芽孢培养基主要是麸皮培养基、小米培养基、玉米碎屑培养基等，这些培养基的 pH 一般控制在5.0～7.0，而培养基的含水率也应严格控制。

种子培养基：种子培养基一般是为功能微生物菌种的芽孢、孢子萌发，生长和繁殖菌丝体，并使得菌种长好，形成富有活力的种子而制备的一种培养基。种子培养基的营养成分要求比较高，需要其养分的种类比较齐全，氮源及维生素和生长因子的含量高，但总浓度不能太高，这样能达到较高的溶解氧，以供大量的菌体生长与繁殖。种子培养基在微生物的生长繁殖以及代谢过程中能保持稳定的 pH，其组成还要根据不同菌种的生理特征而定，故种子培养基都采用天然有机氮源，不仅含有丰富的氨基酸可以刺激孢子或芽孢的萌发，还可以被快速地利用，有利于菌体的生长。

发酵培养基：发酵培养基是指用于实际发酵罐大规模发酵时所使用的培养基，可以给菌种生长、繁殖和代谢产物的合成提供必要的营养和环境，既能使种子接种后迅速生长并达到一定的菌体浓度，又能使生长好的菌体合成一定的代谢产物。所以，在选择发酵培养基配方时，一定要考虑到菌体生长所需的元素，特别是一些特定的营养元素。但养分浓度又不能过高，因为当菌体生长和产物合成所需的总碳源、氮源、磷源等养分浓度过高时，菌体生长与产物合成两个阶段各需要的最佳条件不同。这时可以采用分批补料的方式来完成。

4. 发酵设备

一般采用通风搅拌式三联罐发酵系统（图 8-2），主要用于实验室及中试使用，具有结构简单、操作方便等优点。广泛用于食用菌、药用菌液体制种、真菌多糖、生物农药、生物肥料、饲料酵母以及酶制剂、维生素等生物制品的研制及生产。

图 8-2　三联式发酵系统

技术参数：三联式发酵罐是常用的一种发酵设计模式，拟采用实验室中试的系统，来说明发酵罐的一些具体的技术参数，具体见表 8-1。

表 8-1　三联式发酵罐具体参数

参数	容积		
	100 L	300 L	500 L
作用及名称	种子罐	种子罐	发酵罐
装液系数	≤70%	≤70%	≤70%
最高工作温度/℃		121	
最高工作压力/MPa		0.15	
温度控制精度/%		±0.5	
调速范围/(r/min)	50～374	50～350	50～282
电机功率/kW	0.75	1.5	2.2
加热功率/kW	6		
罐体材质		304	
管阀材质		管材：304；阀门：304	

系统组成：发酵系统主要由发酵罐、空气除菌过滤系统、蒸汽灭菌系统、温度控制系统、pH

测量及控制系统、溶解氧测量系统、电气系统及 PLC 控制系统等部分组成。空气除菌过滤系统主要包括压缩空气、空气储罐、C 级过滤器、冷干机、T 级过滤器、A 级过滤器、减压阀、总过滤器(B1)、预过滤器(B2)、除菌分过滤器、发酵罐或种子罐;蒸汽灭菌系统包括蒸汽源、减压阀、蒸汽、除菌过滤器、发酵罐及其他设备的灭菌系统;温度控制系统包括夹套高位、循环水系、水箱、夹套低位系统;冷却系统包括自来水、夹套低位、夹套高位、排污系统;pH 测量控制系统包括发酵罐 pH 电极探头(推荐使用玻璃电极)、仪表显示、PLC 控制系统、加酸或加碱;溶解氧测量系统包括溶氧电极、PLC 控制系统(和提拌转速关联控制)。

5. 主要技术参数

灭菌温度 121 ℃;供气压力 0.25 MPa,工作压力 0.07 MPa;供气量 0～100(L/min)·(100 L 罐),0～30(L/min)(300 L 罐),0～50(L/min)(50 L 罐);压缩空气源 0.6～0.7 MPa;控温水箱的电功率 6 kW;pH 测量范围 0～14,控制范围 2～12;溶解氧值(DO)测量范围 0.0～100.0%;温度测量范围 0～150 ℃,控制范围(冷媒温度+5)20～50 ℃。

(三)功能菌高密度液体发酵工艺

1. 发酵前准备

(1)岗前培训 发酵罐是机电一体化的高科技设备,因此,操作人员上岗前必须进行技术培训,使他们熟悉整个系统的工作原理、管路、阀门的操作程序,并对相关设备能正确操作使用。未经培训的人员,不得单独上岗操作。

(2)清洗工作 培养结束和再次使用前都必须及时清洗罐体及相关设备。清洗前应取出 pH 电极、DO 电极按其要求保养。清洗罐内可配合进水进气、电机搅拌、加温一起进行,如果多次换水后仍无法清洗干净,则需要打开顶盖,用软毛刷刷洗罐内部件。用中性洗涤剂刷洗罐体各部件时,要注意罐盖搬动清洗时只能抓住轴套或顶盖,不能抓损样轴、叶轮和其他易变形部件。

(3)试车 将电极、电机、电缆、接头安装就位,安装完毕后应对罐体内通气(0.09 MPa)进行密封性试验。方法如下:关闭排气阀门,旋紧端体上每一个接口、堵头和电极紧固相;打开空压机,调节进气阀,使罐内压力保持 0.10 MPa 左右;关闭进气阀和罐内筒体的阀门,罐压下降速度应小于 0.02 MPa/h;对系统进行 2～3 h 的试运行,如有问题,作相应处理后方可正式使用。

(4)发酵罐待用 如果短期内需再次培养发酵培养,应对其进行灭菌。然后通入无菌空气,保压待用。如准备长期停用,则应对其进行灭菌,然后放掉水箱、夹套和罐内存水,放松罐盖紧固螺丝,取出电极并进行保养和妥善储存,将罐、各管道余水放净,关闭所有阀门(罐顶排气阀应保持全开状态)、电源。

2. 空消

在投料前,气路、料路、发酵罐必须用蒸汽进行灭菌,并消除所有死角的杂菌,确保系统处于无菌状态。

(1)空气管路和空气过滤器的空消 空气管路上设有预过滤器和除菌过滤器。预过滤器不能用蒸汽灭菌,因此,在空气管路通蒸汽前,必须将通向预过滤器的阀门关闭,使蒸汽通过减压阀、蒸汽过滤器,然后进入除菌过滤器。开启净蒸汽阀门进行除菌过滤器灭菌时,应注意蒸汽压力在 0.15 MPa 左右,不得超过 0.2 Mpa,压力过低将造成灭菌不彻底,压力过高则空气过滤器滤芯有可能被损坏而失去过滤能力。

(2)发酵罐、种子罐空消 发酵罐、种子罐空消时,应将夹套内的水放掉,并最好将夹套持水阀打开，以防夹套水排不净。空消时，溶氧、pH 电极应取出，可以延长其使用寿命。发酵罐、种子罐空消时将蒸汽直接通入罐内进行空消。

3. 实消

实消是当罐内加入培养基后，用蒸汽对培养基进行灭菌的过程。具体的过程如下：检查发酵罐和种子罐夹套中的水是否已完全排掉，此时夹套内应无冷却水；夹套预热（以 500 L 发酵罐为例），为了减少蒸汽冷凝水，实消时先利用夹套通蒸汽，打开 500 L 发酵罐夹套蒸汽阀门和排放阀门，对培养基进行预热，保持夹套压力≤0.1 Mpa，接通电源，开启搅拌电机，调节电机转速在 120 r/min 左右，进行慢速搅拌；待培养基温度到达 90 ℃左右时，关闭夹套蒸汽进汽，改为向罐内通入蒸汽。蒸汽进入培养基料液，排掉罐顶的冷空气，持续 5 min 后，关小罐顶排气阀，调为微开；当培养液温度达到 95～100 ℃后可停止搅拌；当罐压升至 0.12 MPa，温度升到 121～123 ℃时，控制蒸汽阀门开度，保持罐压不变，30 min 后停止供汽。注意在升温过程中不要改动 PLC 控制系统里的温控设置，否则当温度设定值设定在培养温度时，冷却水管中会自动通冷却水，不仅会影响升温速度、浪费蒸汽，更重要的是会引起冷凝水过多，引起培养液浓度变化或达不到灭菌温度。

4. 接种、移种和发酵

当发酵液温度降到接种温度时即可进行接种，提前准备合格的摇床菌种。

(1)接种　对于种子罐采用火焰接种的方法，接种前应事先准备好酒精棉、钳子。用酒精棉擦洗罐顶接种口，把酒精棉放入接种环槽内。接种者的双手也需用酒精棉擦洗消毒并晾干。点燃酒精棉，放在接种口处排掉罐内压力打开接种口盖子，把三角瓶内的菌种倒入种子罐内。接种完毕，迅速盖上接种口盖子。用酒精棉将接种口擦洗干净。调节进气阀和罐顶排气阀，将罐压升至 0.05 MPa 并保持稳定，以进行正常培养。

(2)移种　种子罐经过培养，保压准备接种到发酵罐。对移种管路通蒸汽进行灭菌，打开蒸汽阀门，灭菌 15 min。将 500 L 罐的罐压降到 0.02 MPa，微开进气间和罐盖的排气阀，以保证罐压的稳定；打开 100 L 种子罐阀门，利用压力差原理将 100 L 罐内发酵液接种到 500 L 发酵罐内进行通气培养。移种后，对移种管路通蒸汽进行灭菌消毒。

(3)发酵　按照工艺要求调节通气量、罐压、培养温度及搅拌转速。通气量的调节：若要加大通气量，则需开大进气阀，反之则调小进气阀的开度；同时罐顶排气阀也要做出相应的调整，以保持罐压。通气量通过转动流量计进行检测；发酵温度、转速等各参数根据实际情况，确定参数的设置与调整；发酵温度根据工艺要求而定，通过调节循环水的温度来控制发酵温度，当环境温度高于发酵温度时，需用冷水降温。

5. 出料及设备清洗

(1)出料　利用罐压将发酵液从出料管道排出，根据发酵液的浓度，罐压可控制在 0.05～0.1 MPa；出料管灭菌：打开蒸汽阀门，保持 20 min 左右，对出料管进行灭菌；打开出料阀门，利用压差进行出料；出料后取出溶氧、pH 电极，应立即用水清洗发酵罐及料路管道阀门，料路应在清洗后通蒸汽灭菌；如果发酵罐暂时不用，需排尽罐内及各管道内的余水。

(2)设备的清洗　发酵罐在使用前和使用后，必须及时清洗。清洗时应注意罐盖顶部的电气接口不能进水，否则可能会引起电气元件的损坏或数据测量错误；发酵罐使用前，放入自来水，通入压缩空气，并搅拌至洁净；放净罐内水即可；发酵完毕放罐后或使用前发酵罐较脏，自来水通气搅拌仍然不能清洗干净，可以通入蒸汽进行升温清洗。有的甚至需要进行开罐盖清洗，拧下罐盖法兰的螺栓，小心地将罐盖垂直向上取出（取出时注意罐盖的方位，以免在安装时装错。同时因罐盖上固定部件较多，在取罐盖时，请不要转动罐盖，以免相互碰撞，损坏部件）。

（3）传感器、电机电线插头的安装　航空插头在安装时应对准插头与插座之间的槽口，插入后方可拧紧固定螺母。安装完毕后，在发酵罐内通入空气（0.1 MPa），检查管道及发酵罐的密封性，如有泄漏，则需调整后方可使用。

五、代表性微生物菌剂的生产与应用——以根瘤菌为例

目前微生物肥料的种类很多，从作用特性划分，有单一微生物肥料和复合微生物肥料。微生物肥料的发展历程包括传统的根瘤菌接种剂，进一步发展到自生固氮菌、磷细菌、硅酸盐细菌、固氮绿藻肥料以及"5406"抗生菌肥料等，此后又出现应用于内、外生菌根菌肥料以及由多种有益微生物和有机物复合制成的复合微生物肥料。

我国目前生产的根瘤菌肥料使用的菌种有花生根瘤菌（*Bradyrhizobium* sp. *Arachis hypogaea*）；大豆根瘤菌（*B. japonicum* 或 *Sinorhizobium fredii*）；华癸根瘤菌（*Mesorhizobium huakuii*）；苕子、蚕豆、豌豆根瘤菌（*R. leguminosarun* bv. *viceae*）；苜蓿根瘤菌（*S. meliloti*）菜豆根瘤菌（*R. leguminosarum* bv. *phaseol* 或 *R. eili*）；沙打旺根瘤菌（*R.* sp. *astragals*）。此外，还有一些针对不同豆科植物生产的根瘤菌剂品种，如三叶草根瘤菌肥、百脉根根瘤菌肥、胡枝子根瘤菌肥、绿豆根瘤菌肥等，将来会有更多的菌种出现在制品中。

根瘤菌肥料的生产原理是通过人工分离和筛选，将固氮性能良好、抗逆性能优越和结瘤竞争能力强的根瘤菌株作为生产菌种，借助于工业发酵的设备和技术扩大培养而成。其中固体肥料是用草炭土、蛭石或其他代用品作载体，吸附发酵液制成的；液体肥料是发酵液直接罐装或加入其他助剂后罐装而成。

根瘤菌肥料的应用原理是肥料通过拌种和土壤接种后在相应的豆科种子周围存活和繁殖，当豆科植物萌发长出幼根后，肥料中的相应根瘤菌通过根部，在一系列生理和生化过程后侵入，并在较短的时间内即可在豆科植物根部形成根瘤，侵入的根瘤菌随即在其内生存，依靠豆科植物提供的营养，可实现生物固氮。

根瘤菌剂主要有粉状（草炭、蛭石或其他载体）、液体、种衣剂 3 种剂型及少数冻干菌。

（一）菌种的制作

1. 斜面培养基制备

以豆芽汁培养基为例，称 0.5 kg 绿豆芽，洗净放入锅里，加水 1 kg 煮沸 20～30 min，过滤即得豆芽汁。另将 15～18 g 琼脂加水 0.5 kg 煮化，过滤，两者混合后加糖，最后加碳酸钙，补水至 1 000 mL，调 pH 至 6.8～7.2，121 ℃灭菌 30 min。待培养基冷却至 60 ℃左右后，取出并摆放在斜面上。

2. 接种和培养

斜面培养基冷却后即可接种，28 ℃培养 2～4 d，菌苔长满即取出放冰箱保存。斜面菌苔长满后有时会出现下流现象。当斜面菌种传代次数过多时，斜面上会有些地方呈白色花絮状。

（二）扩大培养

1. 固体扩大培养

用克氏瓶制成斜面，用斜面菌种或液体种子接种，培养时间根据菌苔生长丰满而定，菌苔

长满后用无菌水洗净，倒入消毒的吸附剂中保存或暂时储放在阴凉处（保存时间不宜太长），用时取出，用水洗净后直接拌种。

2.液体扩大培养

培养基配方同菌种斜面配方，不加琼脂，加入一滴至数滴食用油以消泡。液体扩大培养可采用三角瓶摇床培养或发酵罐通气培养。三角瓶等振荡培养：500 mL 三角瓶装 150 mL 培养基，28 ℃旋转式摇床（230 r/min）振荡培养 2～3 d，每毫升菌液中的菌数可达几十亿至上百亿。培养好的菌液作为 2 级种子，用于批量生产接种。

3.发酵罐培养

按配方称料投入发酵罐。培养基、罐体、管道等用蒸汽消毒，压力 1.1 kg/cm^2，温度 121 ℃，时间 30 min。接种量为 2%～3%，待罐温降至 28～32 ℃时接种，培养时保持罐温 28～30 ℃，罐压控制在 0.6 g/cm^2，通气量一般为（0.8～1）∶1，搅拌速度为 360 r/min，培养 2 d 即可扩繁（接种量为 6%～7%）。

菌体经发酵罐培养后， 方面可再进行扩种，另一方面可接入吸附剂。

（三）菌剂的生产

菌剂的生产是将发酵完全的菌液制备成产品的过程，主要分为两类：一是使用吸附材料按照一定的比例与菌液混合；二是将菌液直接干燥成制剂。

吸附剂一般用草炭，因其含有丰富的有机质，保水力强，疏松不黏结成块，通气良好，是一种理想的培养基（用草炭作为吸附剂时不再加其他营养成分，没有草炭可用疏松肥土代替）。将草炭晒干、打碎、过筛，除去石头、杂草等；调 pH 至中性或微碱性（pH 6.8～7.6，用石灰或过磷酸钙调节）；然后装瓶（装量为 2/3～3/4）、消毒（压力 1.5 kg/cm^2，126 ℃保压 2～3 h），消毒后放接种室冷却。

喷雾干燥：将发酵完成的微生物菌液进行离心浓缩，随后加入保护剂和分散剂制备成悬浮液，随后送入喷雾干燥塔。在喷雾干燥塔中，热空气与悬浮液接触，将水分快速蒸发，从而微生物干燥成粉末状。干燥温度、空气流量、喷雾速度等参数需要根据微生物的特性和所需的干燥产品性质进行调整。

冷冻干燥：由于喷雾干燥的温度较高，一些微生物无法耐受，就需要采用冻干的方式进行干燥。冻干主要分为两个步骤，首先将发酵完成的菌液均匀地分装到冻结容器中，并在低温环境下迅速冷冻；然后在真空条件下对冻结的菌体悬浮液进行干燥，以去除水分。该法成本较高，适用于高附加值的微生物及其代谢物的生产。

第三节 复合微生物肥料加工工艺

一、复合微生物肥料的概念和种类

（一）复合微生物肥料的概念

复合微生物肥料既可为多种微生物类群的复合，也可为微生物类群与有机物（畜禽粪便、草炭、褐煤等）及无机营养物等多种添加剂的复合制品。后者以“全元生物有机肥”作为其中的代表性肥料。

生物有机肥料产品的行业标准中没有养分指标，只强调有机质含量，显然没有养分的肥料产品其田间生物效果不会很好。因此，在生物有机肥料产品中添加一些化肥的思想应运而生，进而出现了复合微生物肥料，在这里，"复合"特指"化肥或复合肥"，也指化学养分与微生物的复合，而不是指两种以上的微生物菌种的复合。虽然概念容易混淆，但目前业内已达成共识。

(二)复合微生物肥料的种类

复合微生物肥料按其性状可分为液体型和固体型两种，其中固体型产品强调有机质的含量，而液体型产品对有机质的含量不做要求。按其功能微生物的种类可以分为单一功能菌的复合微生物肥料和多种功能菌的复合微生物肥料。

二、复合微生物肥料制造技术工艺

(一)肥料配方

复合微生物肥料的主要成分为生物有机肥和氮磷钾化肥两大类，而功能菌的重量几乎可以忽略。例如，要生产一个总氮磷钾养分含量为 14%～15%、有机质含量为 28%～30%的复合微生物肥料，其一吨肥料的原料配方为：750 kg 生物有机肥，50 kg 磷酸二氢铵，70 kg 尿素，50 kg 硫酸钾，80 kg 硫酸铵等化学养分。

(二)制造技术工艺

芽孢杆菌复合微生物肥料的制造技术工艺如图 8-3。其关键步骤如下：

(1)要将腐熟堆肥的 pH 调整到适宜水平　通常情况，腐熟堆肥的 pH 一般大于 8，而腐熟堆肥中的脲酶活性很强，为使后续加入的化学氮肥尽量不会转化成氨挥发掉，需要把腐熟堆肥的 pH 调整到 5 左右，调整的方法可以直接使用稀释的硫酸溶液，也可以用硫酸酸解废弃蛋白获得的酸解氨基酸溶液来调。

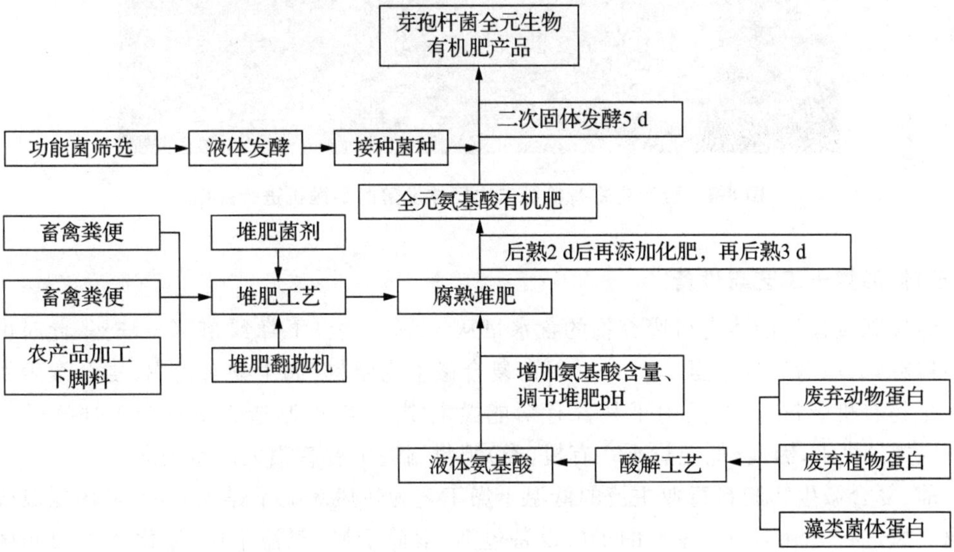

图 8-3　芽孢杆菌全元生物有机肥制造工艺路线

(2)掌握好氮磷钾化肥加入时间　特别要注意的是，不能像制造无机复合肥那样，按配方自动化加料、混料后就去造粒。如前所述，添加的化肥容易吸潮，尤其是加了部分尿素(为了增加氮含量)，遇到腐熟堆肥中的高脲酶活性，吸潮现象非常严重。为了克服化肥吸潮，就要把化肥提前加进去，最佳加入时间为酸解氨基酸加进去后熟 2 d 后，此时化肥与腐熟堆肥再一起后熟 3 d，通过后熟期间的不断翻抛，一方面将化肥与氨基酸有机肥充分混合，另一方面通过翻抛蒸发物料中的水分，同时通过堆肥中的微生物进行同化，部分化肥成为有机形态，从而有效克服化肥吸潮的问题。如此后熟 5 d 后再接种功能菌进行二次固体发酵。

(3)接种液体功能菌(接种量一般为 2%，*W/V*)后，要注意观察物料温度　此时由于腐熟堆肥中的有机养分和无机养分比较充分，堆肥微生物(尤其是刚接种下去的功能菌)进入迅速生长和繁殖阶段，物料温度明显升高，所以要记录温度。当物料温度超过 45 ℃时应使用翻抛机进行翻抛(图 8-4)，一般二次固体发酵开始后的前两天需要每 8～10 h 翻抛两次，后三天每天翻抛一次就行。如此二次固体发酵 5 d，功能菌含量就能达到 10^8 CFU/g，此时物料的含水量一般也在 35%左右，过 5 mm 筛后可以直接挤压造粒，未通过筛的粗料(大概 20%)可以重新投入一次或二次固体发酵。

图 8-4　全元生物有机肥二次固体发酵时翻抛机进行翻抛

(三)低温烘干工艺与设备

高温堆肥过程使固体有机废弃物的含水量从 65%～70%下降到 35%～45%，此时可以进行分筛造粒，然后低温烘干至 25%～30%。复合微生物肥料(如生物有机肥、复合微生物肥料及全元生物有机肥料)等产品由于其含有功能微生物，不能像制造无机复合肥那样进行高温(300 ℃左右)烘干，因此，低温烘干在有机(类)肥料制造中有着很大的市场潜力。

目前，复合微生物肥料行业主流的低温干燥工艺为热风对流干燥工艺：即采用低温或者短时高温热风进行对流干燥。主要的干燥设备包括：滚筒干燥、气流干燥、流化床干燥和振动流化床干燥等低成本、高效率的干燥装置。复合微生物肥料是在有机肥的基础上添加功能微生物，由于含有活的微生物细胞或芽孢和孢子，在干燥过程需要严格控制产品的脱水温度。

1. 低温干燥工艺

如果仅从基本的低温干燥工艺字面上来界定，对于具备热敏性的产品来说，在较低的干燥温度下脱除水分，最大限度地保持产品的质量品质，包括微生物活性和有益的功能组分等，是低温干燥工艺的基本要求和内涵。物料能承受的最高温度以及在此温度下的受热时间是影响产品质量和操作成本的关键因素。实现这一目的的工艺措施可以包括过程温度控制、过程操作压力控制和过程吸附气体相对湿度控制三种主要手段，涉及低温热风对流干燥、低温真空干燥和真空冷冻干燥、低温吸附干燥。

一般物料的干燥过程基本可以分为两个阶段：恒速干燥阶段和降速干燥阶段。在恒速干燥阶段，干燥过程由湿物料表面水分蒸发的速率控制，表面温度接近其操作的室温温度，因此可以适当提高此阶段的热风温度，来提高干燥过程的经济性；在降速干燥阶段，干燥过程由水分从物料内部扩散到表面的速率控制，产品温度会明显升高，对于热敏性产品来讲，降速干燥阶段是决定最终产品品质的关键操作区间，应在干燥动力学实验的基础上（如干燥曲线、干燥速度曲线和 isotherm 等温吸附曲线等）来确定经济合理的干燥过程温度和干燥时间。

（1）低温热风对流干燥　采用低温热风对流干燥通常在干燥动力学实验的基础上（干燥曲线、干燥速度曲线和 isotherm 等温吸附曲线等）来确定经济合理的干燥温度和干燥时间以满足工艺要求。干燥机可以选用气流干燥、转筒干燥和卧式多室流化床或振动流化床。气流干燥机投资低、干燥时间短，适合粉状有机肥料的快速低温干燥，转筒干燥机对产品的粒度分布和水分波动以及黏度适应性较强，运行费用低，但由于干燥机内存在死角，部分产品质量可能不均匀，而且设备投资较大。而卧式多室流化床和振动流化床可以采用多段不同的进风温度，严格控制产品干燥指标，产品混合均匀，无死角，质量稳定，并可将干燥与冷却工艺集成在一台设备中，投资相对较低，是目前经济性较理想的干燥工艺。图 8-5 和图 8-6 为低温热风对流干燥工艺所涉及的气流干燥、转筒干燥、流化床和振动流化床干燥工艺。

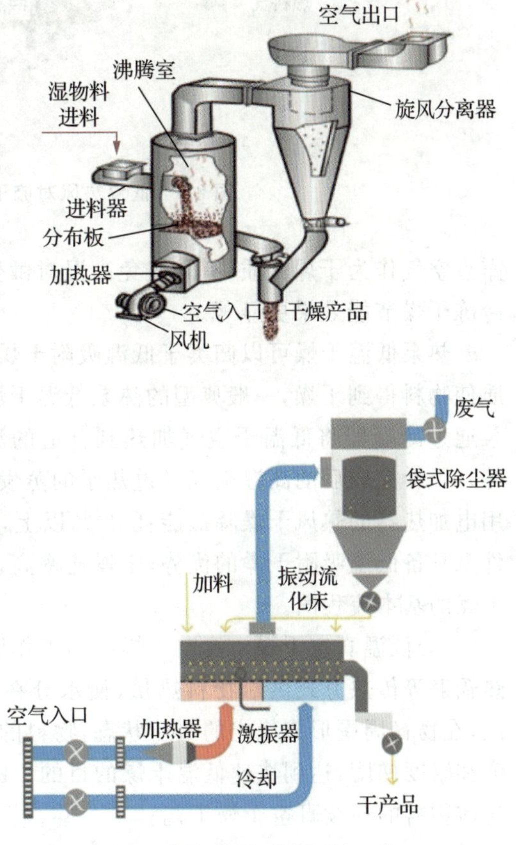

图 8-5　低温热风对流干燥工艺：流化床和振动流化床干燥

（2）低温吸附干燥　通过湿物料与其接触的过程气体及吸附剂材料的水分质量浓度梯度的推动下，进行水分传递的过程，称为吸附干燥或除湿干燥。随着吸附剂种类的不断增多，各种分子筛、沸石、活性炭、膨润土和硅胶等材料的应用使吸附干燥工艺有了明显的发展。现代的低温吸附干燥是一种综合利用冷冻除湿和吸附干燥的新型非热力干燥方式，在节能、环保和品质保持方面具有明显优势。低温吸附干燥技术采用吸附式转轮除湿器和表面式冷却器提供温度为 10～30 ℃，相对湿度 5%以下的低温低

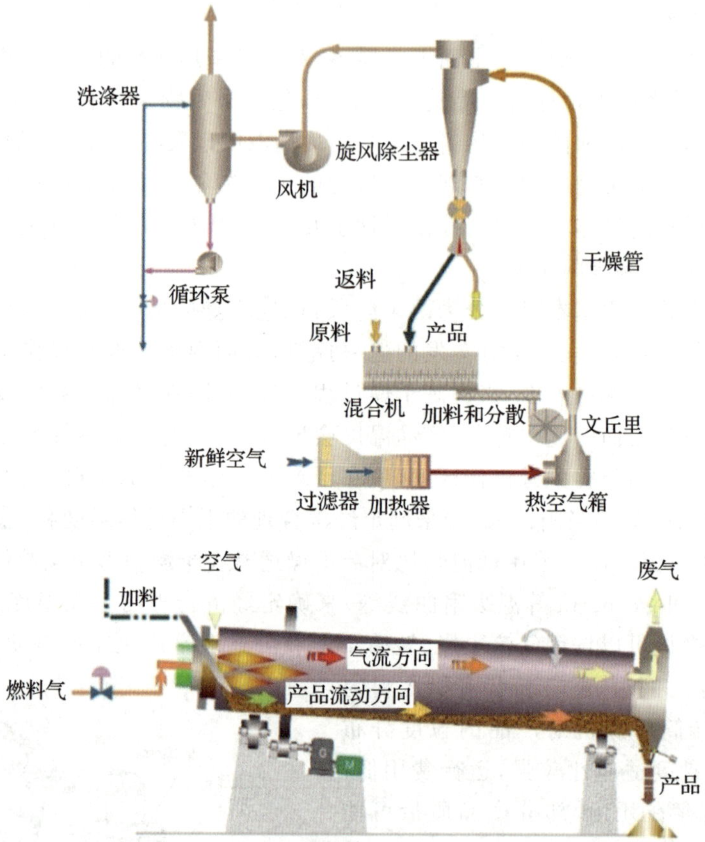

图 8-6 低温热风对流干燥工艺:气流干燥和转筒干燥

露点空气作为干燥介质,有效避免高温对微生物和功能单元的破坏,干燥速率快,相对于真空冷冻干燥节能效果更显著。

热泵低温干燥可以归类于低温吸附干燥,主要是通过热泵来加热干燥介质,然后用干燥介质使物料得到干燥,一般典型的热泵低温干燥系统主要由干燥器、蒸发器和冷凝器等组成,热泵通过冷凝器将低温干空气加热到合适的温度后,进入干燥机(可选用流化床、转筒、振动床等),干燥完成后的高湿空气经过热泵的蒸发器降温除湿后循环使用。热泵低温干燥比常规采用电加热器的热风干燥降低能耗 30%以上,并且由于热泵低温干燥采用密闭设计,在低温条件下具备低温吸附干燥的优势,干燥速率高,产品品质好。图 8-7 为转轮除湿和热泵低温吸附干燥的基本流程图。

(3)低温真空干燥　真空干燥机的工作原理是在一定真空度的工作状态下,通过热传导、热辐射等传热方式供给物料热量,使水分在低温下蒸发。同时,真空系统实时抽出汽化的蒸汽,在物料周围形成稳定的负压状态,物料的内外层之间及表面与周围介质之间形成较大的湿度和温度梯度,达到快速低温干燥的目的。图 8-8 为工业规模的用于液体、浆状膏糊状物料和粉体物料的连续真空干燥工艺。

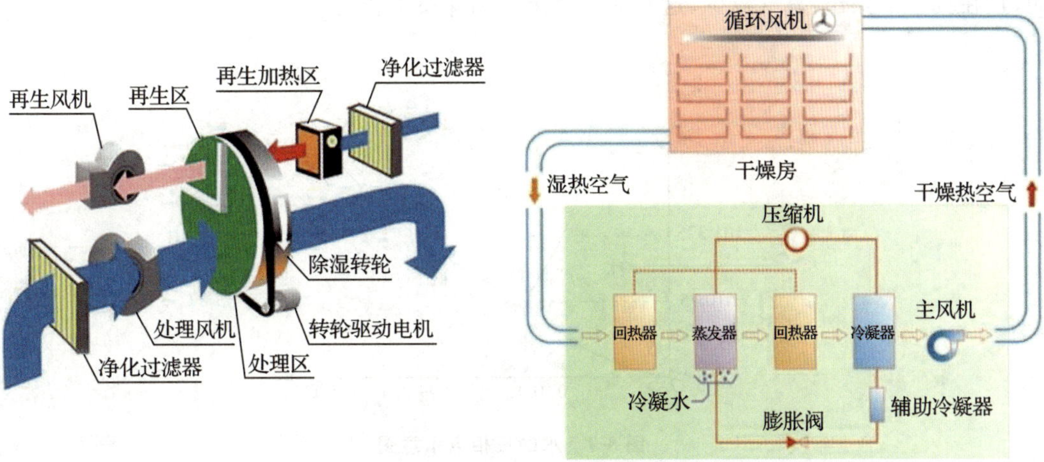

图 8-7　转轮除湿和热泵吸附干燥的基本工作原理

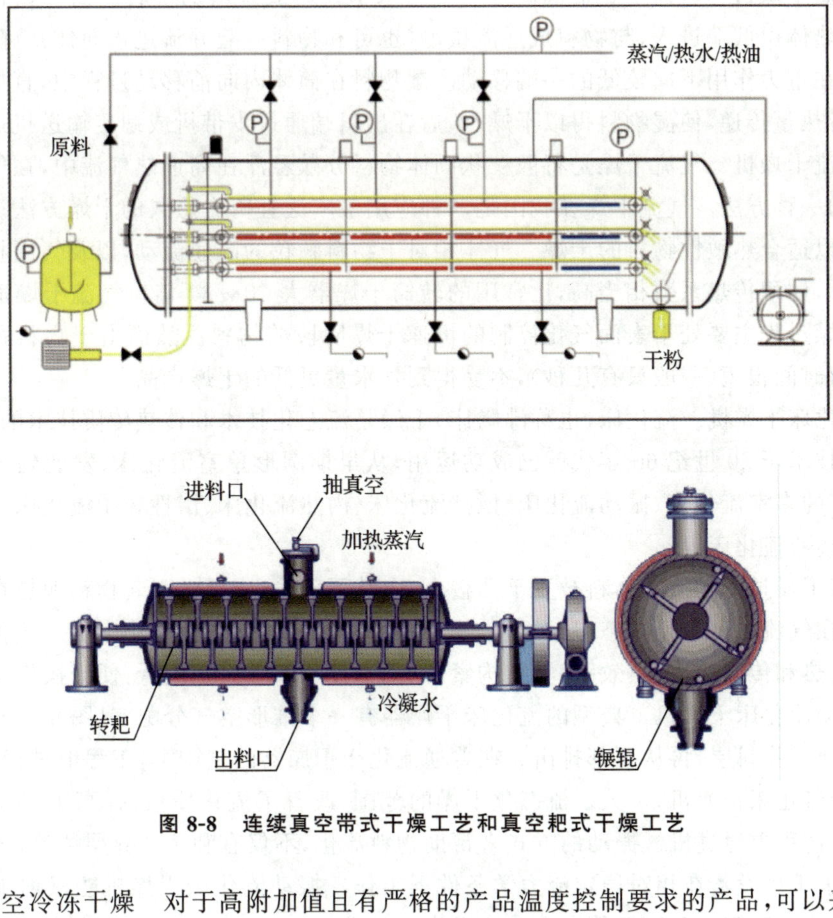

图 8-8　连续真空带式干燥工艺和真空耙式干燥工艺

(4)真空冷冻干燥　对于高附加值且有严格的产品温度控制要求的产品，可以采用真空冷冻干燥的形式，产品预先快速低温冷冻后，在真空环境下(0.1～130 Pa)，利用水三相点下冰的升华原理(图 8-9)，在 0 ℃以下完成脱水过程，经复水后，产品的各项指标几乎与原料完全相同，且在真空下操作，氧气极少，这对易氧化组分的保持率较高。

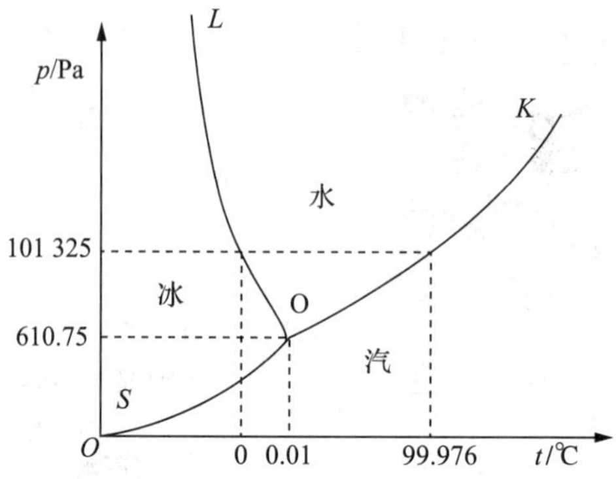

图 8-9　水的三相点示意图

2. 低温干燥设备

(1)转筒干燥机　转筒干燥器圆筒是一个与水平线略成倾斜的旋转圆筒。物料从较高一端加入，载热体由低端进入，与物料成逆流接触(也可和物料一起并流进入筒体)。随着圆筒的转动，物料在重力作用下向较低的一端移动。湿物料在筒体内向前移动过程中，直接或间接与载热体进行热量传递，使湿物料得以干燥，然后在出料端通过皮带机或螺旋输送机送出。

(2)气流干燥机　气流干燥是将散粒状固体物料分散悬浮在高速热气流中，在气力输送下进行干燥的一种方法。气流干燥在我国是一种应用最广泛且历史悠久的干燥方法。由于干燥时间短，所以适合热敏性物料的干燥。气体相对于物料颗粒的高速流动，以及气固相之间的接触面积很大，体积传热系数相当高，比常用的转筒干燥器大 20～30 倍。气流干燥适合于处理粒径小、干燥过程主要处于表面气化控制的恒速干燥阶段的物料。然而由于物料在气流干燥器内的停留时间很短(一般只有几秒)，不易得到含水量更低的干燥产品。

(3)流化床干燥机　流化床(也称沸腾床)干燥是流态化技术和传热传质技术的结合，在我国，流化床技术于 20 世纪 60 年代就已成功运用，从早期圆形单室流化床，发展到现在的大规模连续生产的多室流化床、振动流化床、搅拌流化床、内热流化床、惰性粒子流化床、喷动床、脉冲流化床、离心流化床等。

流化床干燥过程是散状物料被置于孔板上，由其下部输送气体，引起物料颗粒在气体分布板上运动，在气流中呈悬浮状态，从而形成物料颗粒与气体的混合流态化床层。流化床干燥具有较高的传热和传质速率，热效率高，结构紧凑，基本投资和维修费用低，便于操作等优点。

(4)振动流化床干燥机　典型的流化床干燥器有一个锥形空气分配室(图 8-10)，热空气从底部进入，通过物料层，再从顶部排出。在普通流化床干燥器的基础上，工程上进行了改型，研发出了振动流化床干燥机，扩大了流态化干燥的范围，改善了流化质量，提高了热质传递的强度。在干燥过程中通过机械振动的方式来帮助物料流化，不仅有利于边界层湍流，强化传热传质，还确保了干燥设备在相对稳定流力学条件下工作。振动流化床干燥机能根据工艺需要进行物料造粒、冷却、筛分和输送等工艺单元操作。

(5)热泵低温吸附干燥　热泵吸附干燥机利用外界空气能做热源，干燥空气在干燥室与热泵干燥机间进行闭式循环，它利用热泵干燥机的制冷系统使来自干燥室的湿空气降温脱湿，排

图 8-10　典型低温热风对流干燥干燥设备：滚筒干燥机、气流干燥机、振动流化床干燥机、流化床干燥机

出其中的大部分凝结水。脱湿后的干冷空气流经冷凝器，被加热为热风又回到干燥室继续干燥，流出冷凝器的高压制冷液经过膨胀阀降压后流入蒸发器，开始下一个循环。通过增加回热循环，热泵除湿干燥比普通热泵干燥节能 30%以上。

（6）真空带式干燥　如图 8-11(a)所示，真空带式干燥机是一种连续进料、连续出料形式的接触式真空干燥设备，待干燥的料液通过输送机构直接进入处于高度真空的干燥机内部，摊铺在干燥机内的若干条干燥带上，由电机驱动特制的胶辊带动干燥带以设定的速度沿干燥机筒体方向运动，每条干燥带的下面都设有独立的加热板和一个冷却板，干燥带与加热板、冷却板紧密贴合，以接触传热的方式将干燥所需的能量传递给物料。当干燥带从筒体的一端运动到另一端时，物料已经干燥并经过冷却，干燥带折回时，干燥后的料饼从干燥带上剥离，通过铡断装置，打落到粉碎装置中，粉碎后的物料通过两个气闸式的出料斗出料。由于物料直接进入高真空度下经过一段时间逐步干燥（通常是 30～60 min），干燥后所得的颗粒具有一定程度的结晶效应，同时从微观结构上看内部有微孔。对于绝大多数天然产物的提取物，该设备都适用。

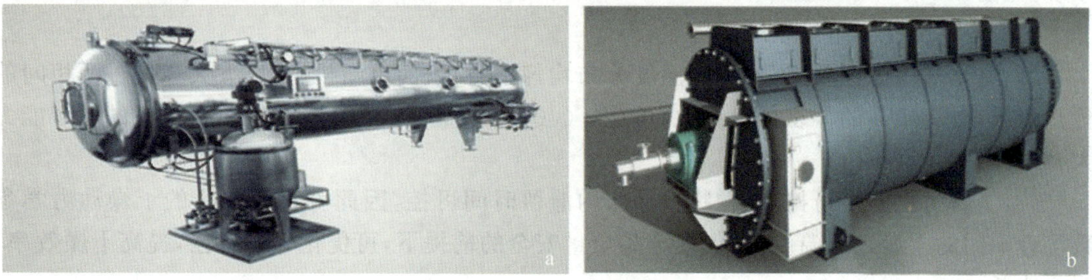

图 8-11　真空带式干燥机和真空耙式干燥机

真空耙式干燥机是一种新颖卧式间歇式真空干燥设备，如图 8-11(b)所示，湿物料通过传导蒸发，带有刮板搅拌器不断清除热面上的物料，并在容器内推移形成循环流，水分蒸发后由真空泵抽出。真空耙式干燥机装置用蒸汽夹套间接加热物料，并在高真空下排气，因此特别适应不耐高温、在高温下易于氧化的物料或干燥时容易产生粉末的物料（如各种燃料），以及干燥过程中排除的蒸汽或溶剂必须回收的物料干燥作业。

被干燥物料从壳体上方正中间加入，在不断转动的耙齿的搅拌下，物料与壳体壁接触时，表面不断更新，被干燥物料受到蒸汽间接加热，物料水分汽化，汽化的水分由真空泵及时抽走，该机可采用夹层与耙齿同时加热的方式，传热面积更大，热效率高，使其获得更高的干燥效率。由于操作真空度较高，被干燥物料表面水蒸气压力远大于干燥机壳体内蒸发空间的水蒸气压力，这有利于被干燥物料水分子运动以及内部水分和表面水分的排出，达到干燥目的。

(7)真空冷冻干燥机　冷冻干燥是指通过升华从冻结的生物产品中去除水分或其他溶剂的过程。升华指的是溶剂，比如水，像干冰一样，不经过液态，从固态直接变为气态的过程。传统的干燥会引起材料皱缩，破坏细胞结构。在冰冻干燥过程中样品的结构不会被破坏，因为固体成分被在其位置上的冰晶所支撑，在冰升华时，会在干燥的剩余物质中留下孔隙，保留了产品的生物和化学结构及其活性的完整性。图 8-12 为冷冻真空干燥机，其将制冷系统、真空系统、导热油加热系统、排湿系统组合一体，推出的一种新型箱体结构，较大地利用箱体内存放物料空间进行干燥的冷冻真空干燥。

图 8-12　真空冷冻干燥机

(四)复合微生物肥低温干燥工艺与设备案例

对于复合微生物肥料低温干燥工艺与设备推荐采用大型卧式多室(振动)流化床干燥冷却系统，见图 8-13。

卧式多室流化床干燥系统的优点：

(1)流体与固体颗粒充分混合，温度分布均匀，颗粒表面更新机会多，大大强化了两相间的传热传质，具有很高的体积传热系数，可达 4 000～24 000 kJ · h · ℃/m^3 单台设备的生产能力大，装置易于大型化。

(2)干燥过程温度可控，颗粒物料在床内滞留时间可控，因此可根据产品的干燥动力学参数设置不同的干燥进风温度，在保证产品质量安全的前提下，可优化干燥工艺，提高干燥效率，降低能耗。

(3)同一干燥设备内，既可干燥，也可冷却，简化了工艺流程，装置没有或很少有运动部件，

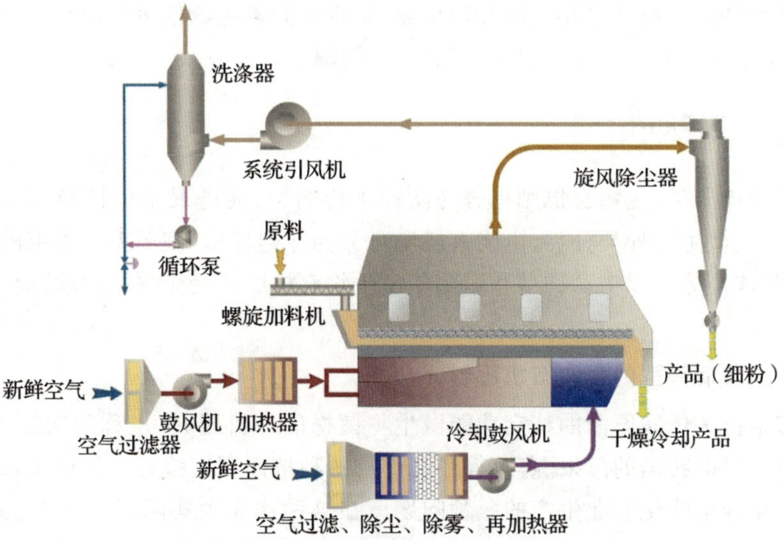

图 8-13 大型卧式多室流化床干燥、冷却系统

结构简单，易于操作，降低设备投资。

下面以年产 5 万 t 复合微生物肥料生产线为例，简单介绍工业规模的卧式多室流化床干燥单元的主要工艺参数：

复合微生物肥料的烘干前含水量为 45%，烘干后水分 25%，每小时烘干产量为 6 250 kg，每小时脱水量为 2 273 kg，流化床的进风温度为 140 ℃，排风温度为 65 ℃，干燥时产品温度为 55～65 ℃，采用 8 m^2 的流化床干燥机，其中冷却面积为 2 m^2，装机功率约 130 kW（表 8-2）。

表 8-2 采用蒸汽和天然气做热源，每吨干产品复合微生物肥料的烘干成本及投资

热源配置	燃料消耗	动力消耗/(kW·h)	每吨产品的烘干成本/元	投资/万元
蒸汽	4 500 kg/h	130	154.4	250
天然气	270 m^3/h	130	183.2	280

注：公用工程消耗量及成本：蒸汽压力：0.6 MPa，饱和蒸汽，200 元/t^{-1}；天然气热值：36 MJ/m^3，4 元/m^3；电价按 0.5 元/(kW·h)计。

第四节 生物有机肥加工工艺

生物有机肥料指的是一类包含某种或某些特定功能的微生物菌种的特殊有机肥品种。芽孢杆菌生物有机肥则在生产工艺上还需要有一个二次固体发酵阶段，生产出的高品质生物有机肥。商品生物有机肥克服了传统概念上的生物肥料（实际上是生物菌剂）的缺点，即菌种含量高但没有有机载体或有机物含量很少，仅作为一种接种剂。由于缺乏有机载体，这些生物肥料（生物菌剂）施入土壤后功能菌难以在土壤中有效定殖，更谈不上发挥作用。而商品生物有机肥料施入土壤后，其中足量的有机物质给外源功能微生物提供足够的能源物质，使这些外源功能微生物在土壤中易于定殖和繁殖，待作物根系生长后分泌大量根系分泌物，这些已经在土壤中定殖的外源功能菌便能趋化至根际和根表，实现根际微生物区系的调控，发挥根际有益菌活化养分、刺激植物根系生长和拮抗土传病原菌等作用。

一、生物有机肥种类

如果按照功能分类，生物有机肥可分为防控土传病型、促进根系生长型、活化土壤养分型等；如果按照功能微生物种类分类，生物有机肥可分为芽孢杆菌（细菌型）、木霉菌（真菌型）、原生动物型、噬菌体型等。原生动物型和噬菌体型生物有机肥还处于研究阶段，尚未成熟的产品问世。

（一）防控土传病害型的生物有机肥料

含有能够拮抗土传病原菌的特定功能微生物菌株的有机肥料，也称为防控土传病功能型生物有机肥料。目前我国的瓜果、蔬菜等经济作物的种植面积已接近 5 亿亩次，这些经济作物的连作障碍是全球集约化农业生产的瓶颈问题。在这种连作生物障碍严重的土壤中，特定病原菌（例如，导致作物土传枯萎病的病原菌尖孢镰刀菌）数量可高达每克土壤 10^5～10^6 CFU，而具有拮抗这种病原菌的芽孢杆菌、假单胞菌、木霉菌等植物有益菌比例显著下降。因此，需要施入含拮抗土传病原菌的外源有益功能菌的有机肥料，以便平衡和调控土壤微生物区系，实现防控土传病害的目标。

（二）促进根系生长型生物有机肥

含有促进植物生长的特定功能微生物菌株的有机肥料，也称为促生功能型生物有机肥料。有些微生物在其自身的生命活动中会产生大量的生命刺激物质（如细胞分裂素、细胞生长素、赤霉素等），从而大大促进植物根系生长和根系活力。

（三）活化土壤养分型生物有机肥

大多数有益微生物通过自身的生命活动能够转化土壤养分，使植物根系更容易吸收养分，含有这些有益微生物的生物有机肥统称为广义上的活化土壤养分型生物有机肥。除此之外，还有一些特定的活化土壤养分型生物有机肥，例如，在我国肥料投入政策为“减氮、活磷、补钾”的背景下，发展固氮解磷生物有机肥料有着重要的意义。

固氮菌可分为共生固氮和自生固氮，目前市场上的固氮生物菌剂或生物有机肥料主要是共生固氮菌，它们主要用于大豆、花生、紫云英等豆科固氮作物的接菌剂。磷细菌生物有机肥料是提供植物磷素营养的最经济、最有效途径之一。农民每季作物都需要施用化学磷肥，但当季作物对当季施入的化学磷肥的利用率一般都在 15%左右，大约有 85%的当季磷肥残留在土壤中，且被转化成作物无效态的多钙磷（石灰性土壤）或铁磷、铝磷（酸性土壤），而下季作物又很难利用这些残留形态的磷，这使得我国每年要消耗大量的高品位磷矿资源来生产化学磷肥，造成我国磷矿资源的快速和极度消耗。因此，筛选一类能分解和转化土壤中无机态无效态的磷细菌，并将这类细菌制成生物有机肥这是我国生物有机肥料发展的重要组成部分。通常情况下不提倡发展钾细菌生物肥或生物有机肥，这是因为我国土壤矿物中的含钾矿物比例不高，以致土壤全钾含量一般仅在 1%～2%。如果说一种细菌（如硅酸盐细菌）能够把土壤中的含钾矿物分解掉，从而释放出钾离子给当季作物吸收，那么土壤中那些不多的、甚至是珍贵的含钾矿物不日就会消耗殆尽，届时土壤钾供应能力（容量和强度因素）就会急剧下降，将会显著影响土壤的可持续生产。

二、芽孢杆菌(细菌)类生物有机肥生产工艺

芽孢杆菌具有如下优点:生长条件要求低,同时能够产生促进根系生长和拮抗土传病原菌的次级代谢产物,又能在发酵后期迅速产生休眠芽孢,所以目前市场上的生物有机肥绝大多数都是芽孢杆菌类生物有机肥。其生产工艺通常是将芽孢杆菌发酵液直接加入腐熟有机肥中,然后搅匀包装。然而,这些生物有机肥产品没有经过一个二次固体发酵(自繁)过程,直接加入的芽孢杆菌与有机载体没有一个适应过程,即有机载体不一定能为芽孢杆菌的芽孢在产品储运中提供"保护伞",也不一定能为芽孢杆菌的芽孢施入土壤萌发后提供合适的营养源,如此影响外源功能菌在田间的效果发挥。目前总结的芽孢杆菌生物有机肥制造工艺步骤(图 8-14),尤其是强调芽孢杆菌生物有机肥一定要经过一个二次固体发酵过程。所谓二次固体发酵,是将腐熟堆肥先调节 pH、并经后熟 5 d 后,再添加部分营养物质,然后接种液体芽孢杆菌,让其在这些混合物料中进行二次固体发酵,即芽孢杆菌在固体混合料中生长繁殖,如此制造出来的产品在田间应用后作用效果十分明显。

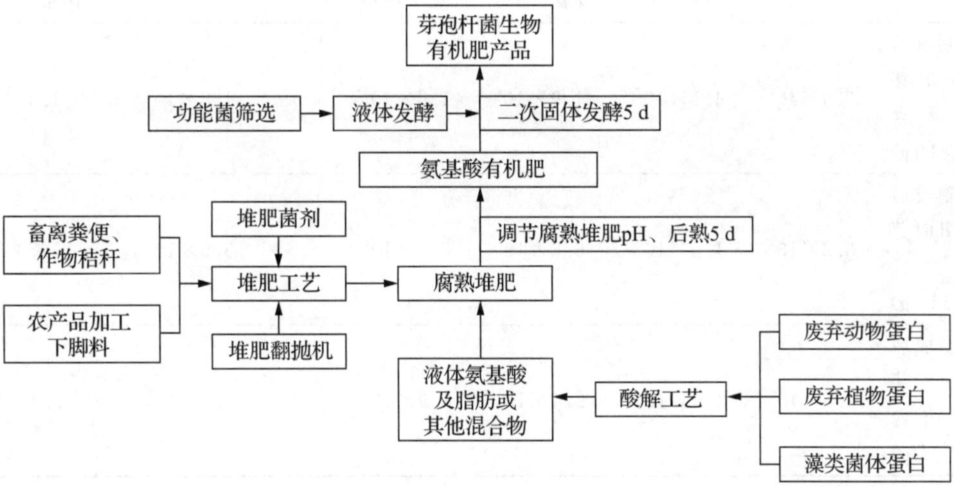

图 8-14　芽孢杆菌生物有机肥制造工艺步骤

(一)调整腐熟堆肥的 pH

如前所述,腐熟堆肥的 pH 都在 7.5 以上,这个 pH 不利于微生物(即便是芽孢也受很大影响)的保存和萌发生长,因为在 pH 为 7.5 以上的基质中(如在肥料包装袋中)铵离子(NH_4^+)就会有氨(NH_3)挥发,NH_3就会把微生物活体或芽孢全部或部分熏蒸致死。

生产上通常用一定浓度的硫酸溶液来调节腐熟堆肥的 pH。如果腐熟堆肥的含水量高(大于 40%)或 pH 高(大于 8.5),则用的硫酸溶液浓度可以高一点(如 1.5～2.0 mol/L),如果腐熟堆肥的含水量较低(约 35%或以下)或 pH 不是很高(8 左右),则用的硫酸溶液浓度可以低一点(如 0.5～1.0 mol/L),至于实际用量究竟为多少,需要进行实际测试和调试,因为不同有机物料制成的腐熟堆肥对无机酸的缓冲性能相差很大,必须通过实地试验获取。

(二)调节生物有机肥二次固体发酵物料的营养成分

鉴于腐熟堆肥中可利用碳氮化合物甚少，很难满足外源功能菌二次固体发酵(繁殖)时的营养需求，这时要根据实测腐熟堆肥的营养成分(包括可溶性有机碳和可溶性氮)进行调配，最佳的调配物质包括饼粕类，或氮磷钾化肥和米糠之类物质的混合物。最新研究结果表明，比较简便的方法是加10%左右的饼粕类物质，或添加米糠、麦麸与化肥复配的营养配方就能使外源功能菌迅速繁殖(表8-3)，其产品中芽孢杆菌含量接近每克肥料2亿CFU，远远超过行业标准(每克肥料0.2亿CFU)。

表8-3 腐熟堆肥中添加不同营养成分后芽孢杆菌二次固体发酵(繁殖)状况

处理	不做二次固体发酵	不添加和添加不同营养成分后进行二次固体发酵*				
	对照1(未调pH的腐熟堆肥+菌液)	对照2(用硫酸调pH后的腐熟堆肥+菌液)	用硫酸调pH后的腐熟堆肥+10%菜饼+菌液	未调pH的腐熟堆肥+20%硫酸酸解猪毛酸解氨基酸溶液+菌液	用硫酸调pH后的腐熟堆肥+2% NPK+8%米糠+菌液	用硫酸调pH后的腐熟堆肥+2%NPK+8%麦麸+菌液
产品制成后第1 d时芽孢杆菌含量/(CFU/g)	3.9×10^7	4.1×10^7	1.9×10^8	1.6×10^8	1.8×10^8	1.4×10^8
产品制成后第30 d时芽孢杆菌含量/(CFU/g)	3.2×10^4	1.5×10^6	6.8×10^7	8.4×10^7	5.9×10^7	5.7×10^7
产品制成后第90 d时芽孢杆菌含量/(CFU/g)	1.6×10^2	1.4×10^5	2.4×10^7	3.9×10^7	2.4×10^7	2.1×10^7

* 腐熟堆肥pH调整后再添加营养成分，然后接种2%的芽孢杆菌发酵液(浓度为2.3×10^9 CFU/mL)，然后在敞开条件下二次固体发酵7 d(每天翻抛一次)后，采样测定芽孢杆菌含量。

(三)接种功能菌

当物料pH基本稳定在6左右时，就可以将芽孢杆菌发酵液接种至物料之中。由于工厂化生产出来的腐熟堆肥含水量在40%左右，而芽孢杆菌最适生长的水分含量就在45%左右，因此接种芽孢杆菌的量一般不能超过3%～5%(一是不能带入过多的水分，二是如果菌种接种太多，就会显著增加生产成本)，而一般工厂化液体发酵芽孢杆菌的浓度都在$(2\sim4)\times10^9$ CFU/mL，如果接种量为2%(*V/W*)，则刚接种进去的固体物料中的含菌量应该为8×10^7 CFU/g至1.2×10^8 CFU/g，然后依靠菌种在固体材料中繁殖(二次固体发酵)5～7 d，就能使产品中功能菌含量超过2×10^8 CFU/g，比行业标准高出一个数量级以上，这样在产品保质期(6个月)内能够确保功能菌含量不低于2×10^7 CFU/g(行业标准)。值得注意的是，在二次固体发酵过程中，要每天进行翻抛一次，一是给芽孢杆菌生长繁殖时提供充足的氧气，二是要迅速蒸发物料中的水分，因为最理想的状态是经过 5～7 d 的二次固体发酵（芽孢杆菌增殖），其物料的水分含量能下降至 30%左右，这样大部分芽孢杆菌因为水分胁迫而成为芽孢，这个含水量也适合立即进行挤压造粒，造粒冷却后产品的水分能控制在 25%左右。

三、木霉菌（真菌）类生物有机肥生产工艺

我国畜禽养殖规模越来越大，规模化养殖中畜禽正常死亡率为 8%～12%，死亡畜禽和屠宰场下脚料是生物有机肥制造中稀缺的高氮原料；近年来我国每年产生约 10 亿 t 秸秆，是喜碳性木霉真菌最好的有机载体。由于普通有机肥当季效果不好而不被农民接受，研发出当季效果与化肥相当的生物有机肥，是我国推行有机替代化肥施肥国策的重大科技需求。芽孢杆菌由于容易扩繁和容易产芽孢成为我国目前常规生物有机肥的主要功能菌，而木霉真菌生物量大、根表定殖能力强、次生代谢产物种类多和含量高，促生和生防效果更显著，但木霉真菌产孢要求的条件苛刻，传统的木霉菌固体发酵（木霉菌繁殖）工艺中原料贵、物料严格灭菌和培养条件的无菌要求很高致使生产成本高，难以扩大规模，成为木霉生物有机肥产业中的技术瓶颈。木霉菌与其他丝状真菌一样，喜欢碳源丰富的植物源有机材料和氨基酸，木霉菌还能在一个起始 pH 很低的基质上生长，利用这些特性研发的简便易行、适合于大规模制造木霉固体菌种（孢子）的技术工艺，即以秸秆和废弃动物蛋白酸解氨基酸为原料，在开放空间中物料无须非常严格灭菌的大规模生产木霉孢子技术工艺，突破了木霉生物有机肥制造的技术瓶颈，其制造工艺步骤如图 8-15 所示。

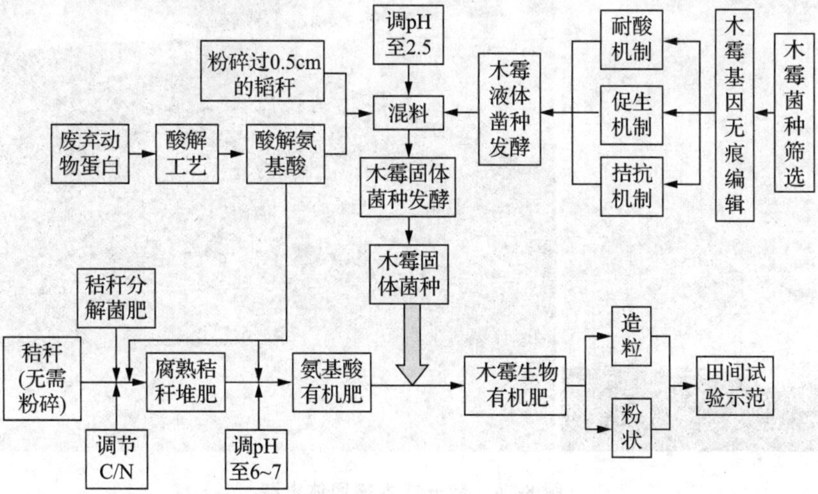

图 8-15　木霉生物有机肥制造工艺路线

（一）发酵物料的低 pH 中温灭菌工艺

将稀释后的酸解氨基酸溶液（游离氨基酸含量为 0.5%、硫酸浓度为 0.1～0.3 mol/L）与通过 5 mm 筛的粉碎作物秸秆与 1∶1 (*V*∶*W*) 充分混匀（酸泡），这时混合物料的 pH 应调至 2 左右，静置 12 h，该过程的目的一是利用酸性将秸秆中的杂菌杀灭，二是将秸秆与氨基酸充分混合，使秸秆软化。12 h 后取出混合物（这时混合物料的 pH 会上升至 2.5 左右），移至灭菌

房中，通上热蒸汽，使灭菌房中的温度达到 70 ℃维持 30 min，这个温度和时间足以将酸泡过的秸秆中的所剩杂菌全部杀灭，而无须高温(121 ℃)高压蒸汽灭菌，冷却后，就可以接种木霉液体菌种(菌丝体)。

(二)接种木霉液体菌种并控制好发酵条件

由于木霉菌在液体发酵末期也基本不产孢子，绝大部分还是营养体(菌丝体)，因此，需将木霉菌丝体接种于固体物料中，让其在充分好氧和空气湿度为 80%以上的环境中生长产孢。通常的接种量为 5%(*V*/*W*)，要尽量均匀地将 5%的木霉菌丝体溶液接种于秸秆等固体材料中。

(三)浅层发酵架构

如上所述，木霉菌浅层发酵需要大量的空间，才能实现规模化生产。可以借鉴食用菌生产思路，其中的难点是保持室内整个空间温度和湿度的均匀性。木霉菌的最适生长温度为 28～30 ℃，但由于木霉菌生长过程实际上就是分解和利用秸秆碳的过程，该过程会产生比较多的热量，导致室内局部温度升高或不均匀，因此一定要有空气对流设备，以便均匀控制好室内温度。另外，木霉菌在营养生长(菌丝体生长)阶段，需要严格避光，所以，发酵空间要注意避免光线照射。在上述控制条件下，木霉菌生长和产孢速度比较快，一般是 3 d 营养体(白色菌丝体)全部长满，5～7 d 全部成为绿色孢子(图 8-16)，此时就可收获。

图 8-16 敞开式木霉固体发酵

(四)添加木霉菌种制造木霉生物有机肥

在上述木霉菌固体发酵条件下制造的木霉固体菌种，其木霉孢子含量能达到每克鲜重 $(3\sim4)\times10^{9}$ CFU，如果要做成纯木霉菌生物有机肥产品，只需往植物源材料的腐熟堆肥中添加 2%的木霉固体菌种，理论上就能获得每克肥料 $(6\sim8)\times10^{7}$ CFU 的木霉菌生物有机肥产品，功能菌含量超过了行业标准的 3～4 倍，但由于木霉菌在生物有机肥料产品储存中有一定的衰减，尤其在动物粪便腐熟堆肥中衰减更明显，所以，建议刚做好的生物有机肥产品中木霉菌含量最好能达到每克肥料 8×10^{7} CFU。

值得注意的是制造木霉菌生物有机肥产品，无须经过二次固体发酵，只需将木霉固体菌种与腐熟堆肥按既定比例充分混匀即可。但是，不是所有腐熟堆肥都可用于制造木霉生物有机肥中的有机载体，像鸡粪和猪粪原料制成的腐熟堆肥就不太适合于制造木霉生物有机肥，主要原因是这些腐熟堆肥中木质纤维素含量太低，不符合木霉菌的营养需求。木霉菌最喜欢作物秸秆、醋糟酒糟、枯枝落叶等植物源材料制成的腐熟堆肥，因为这些物料中含有较高的木质素、纤维素物质。此外，木霉菌对氨气敏感，在使用有机物料基质中铵离子多、pH 值又超过 7.5 的材料时，一定要将 pH 调整到 6 左右，这是确保木霉菌生物有机肥产品效果的关键因素。如图 8-17 所示，将不同 pH 的腐熟堆肥放在培养皿的左侧，右侧接种木霉菌，可以看出，当腐熟堆肥的 pH 超过 7.5 就显著抑制木霉菌孢子的萌发和生长，pH 为 8 以上的木霉菌生物有机肥产品，其木霉孢子的萌发和生长活力几乎会全部丧失，其田间生物效果则微乎其微。

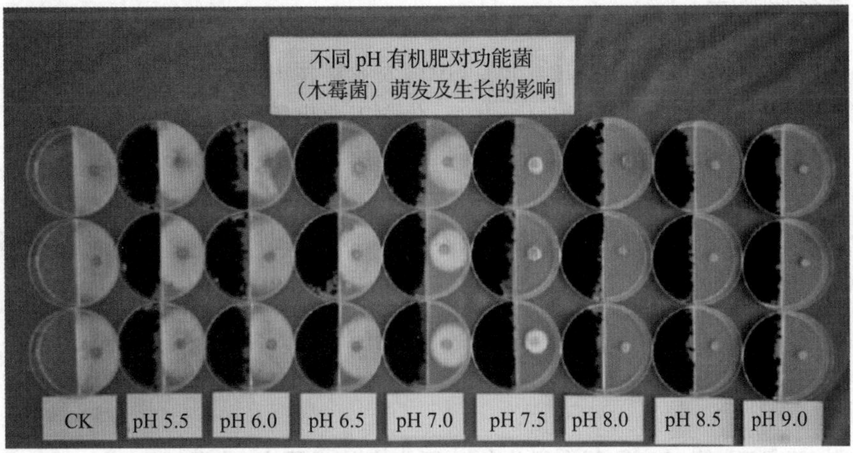

图 8-17　不同 pH 的腐熟堆肥堆木霉菌萌发及生长的影响

【本章小结】

微生物肥料是以微生物的生命活动为核心，使农作物获得特定的肥料效应的一类肥料制品。微生物肥料一般不直接为农作物提供营养元素，主要起间接营养的作用，如增进土壤肥力、改良土壤结构、促进作物生长、改善作物品质、增强作物抗性、提高肥料利用率。微生物肥料是活菌制剂，其肥效与菌种的生物学特性、纯度、活菌数量和环境因素密切相关。细菌类肥料的生产工艺一般以液体发酵为主，当菌数达到要求时，进行液体包装或采用固体吸附制成固体菌剂。液体发酵技术主要包括发酵原料的选择及预处理，微生物菌种的选育及扩大培养，发酵设备的选择及工艺条件的控制等。

复合微生物肥料既可为多种微生物类群的复合，也可为微生物类群与有机物（畜禽粪便、草炭、褐煤等）、无机营养物等多种添加剂的复合制品。后者以“全元生物有机肥”作为其中的代表性肥料。

生物有机肥料是指一类包含某种或某些特定功能的微生物菌种的特殊有机肥品种。按照功能分类，生物有机肥可分成防控土传病型生物有机肥，促进根系生长型生物有机肥，活化土壤养分型生物有机肥等。

复习思考题

1. 什么是微生物肥料？微生物肥料有何特点？
2. 简述微生物肥料的种类和作用。
3. 微生物肥料的生产主要包括哪些环节？如何判断微生物肥料产品质量的优劣？
4. 生物有机肥的作用机理及应用效果是什么？
5. 简述微生物肥料的生产工艺。
6. 以根瘤菌肥料为例，简述生产单一颗粒状生物有机肥的工艺流程和注意事项。
7. 论述微生物肥料的研究方向及应用前景。

本章推荐阅读书目

葛诚. 2000. 微生物肥料生产应用基础. 北京：中国农业科技出版社.
葛城. 2007. 微生物肥料生产及其产业化. 北京：化学工业出版社.
李博文，刘文菊，张丽娟. 2016. 微生物肥料研发与应用，北京：中国农业出版社.
刘爱民. 2007. 生物肥料应用基础. 广州：东南大学出版社.
刘丽丽. 2008. 微生物肥料的生物学及生产技术. 北京：科学出版社.
沈其荣. 2021. 中国有机(类)肥料. 北京：中国农业出版社.
张卫峰，张福锁. 2017. 中国肥料发展研究报告. 北京：中国农业大学出版社.

参考文献

曹杰，沙元刚，王怀新，等. 2013. 复合微生物菌肥生产技术研究. 化肥工业，40(5)：13-15.
陈恩国，张敏，王平飞，等. 2021. 含微生物菌剂磷酸二铵新型肥料生产技术. 磷肥与复肥，36(9)：13-15.
甘元炜，冯小杰，李永华，等. 2023. 施用微生物肥料对我国玉米产量影响的 Meta 分析. 植物营养与肥料学报，29(12)：2247-2257.
黄启亮，韩广泉，侯红艳. 2015. 新型微生物肥料发展现状与前景. 现代农业科技，(3)：218-220.
江丽华，王梅，张文君，等. 2010. 固氮、解磷、解钾混合菌株协同固定化技术. 中国农学通报，26(12)：18-21.
李典亮，谢放华. 2004. 对生物有机肥生产工艺选择的几个问题的思考. 土壤肥料(4)：44-46.
李俊，沈德龙，姜昕. 2003. 我同微生物肥料行业的现状与发展对策. 农业质量标准(3)：27-29.
连宾，减金平，袁生. 2004. 微生物肥料科学研究中几个热点问题. 南京师范大学学报(自然科学版)，27(2)：65-69.
林晨，王应灿，徐智勇，等. 2024. 复合微生物肥料对红壤退化区土壤的改良作用. 亚热带水土保持，36(2)：25-29，45.
刘文彬，崔诗宇，陈锋，等. 2023. 对比不同微生物肥料与化肥对茶园土壤肥力和茶叶品质的影响. 中国土壤与肥料(6)：78-86.
刘希港. 2024. 微生物菌剂和玉米蛋白酵素对长季节栽培番茄生长、产量及品质的影响. 泰安：

山东农业大学.
毛开云,陈大明,江洪波.2014.微生物肥料新品种研发及产业化发展态势分析.生物产业技术(3):33-40.
孟瑶,徐凤花,孟庆有,等.2008.中国微生物肥料研究及应用进展.中国农学通报,24(6):276-283.
沈德龙,李俊,姜昕.2014.我国微生物肥料产业现状及发展方向.中国农业信息(9):41-43.
仝倩倩,祝英,崔得领,等.2022.我国微生物肥料发展现状及在蔬菜生产中的应用.中国土壤与肥料(4):259-266.
王君龙.2023.复合微生物肥料配方研究.哈尔滨:东北农业大学.
吴红慧,周俊初.2004.根瘤菌培养基的优化和剂型的比较研究.微生物学通报,31(2):14-19.
吴文婷.2021.生物炭基微生物肥料研制与促生效应研究.南京:南京农业大学.
袁田,熊格生,刘志,等.2009.微生物肥料的研究进展.湖南农业科学(7):44-47.
张思雨.2023.新型炭基微生物菌剂制备与试验研究.大庆:黑龙江八一农垦大学.
周法永,卢布,顾金刚,等.2015.我国微生物肥料的发展阶段及第三代产品特征探讨.中国土壤与肥料,(1):12-17.
周杨,邓名荣,杜娟,等.2022.我国农业微生物产业发展研究.中国工程科学,24(5):197-206.
朱津宏.2023.微生物菌剂对复垦土壤 N_2O 排放和肥力提升的影响.南京:南京信息工程大学.

第九章　新型肥料研发与加工工艺

我国经济进入高速发展阶段后，肥料成为对环境、资源有重大影响的战略因素。一直沿用的“增量增产模式”已到尽头，必须另辟“增效减量增产”新模式，以养分高效、资源利用高效和环境友好为特征的新型肥料应运而生。迄今新型肥料主要有缓/控释肥、保水肥、防病肥、药肥等功能肥料以及促释磷、镁、钾肥、生物质炭肥和有机碳肥。新型肥料是一个相对的概念，随着科技水平的提高，将有不少新型肥料呈现，推动着肥料科学的技术进步和肥料产业的发展。

第一节　新型肥料概述

一、新型肥料的种类及特点

(一)新型肥料的概念

新型肥料是运用现代科技手段生产的养分高效、资源利用高效和环境友好的新一代肥料。近十多年来，新型肥料的研制及应用成为肥料科技创新的重要前沿。它的出现与常规化肥长期大量使用所产生的问题有关：养分流失导致的面源污染日趋严重，而且化肥生产与资源能源短缺的矛盾也日益凸显。以养分高效、资源利用高效和环境友好为特征的新型肥料应运而生。

(二)新型肥料的种类

一般来说，控释肥、有机无机复合肥、生物有机肥、保水肥等都属于新型肥料。此外，肥料中加入一定量的农药(如杀虫、杀菌、除草剂)具有药肥合一功能的肥料，或应用新原材料或新技术手段使其肥效得以提高的肥料，也属于新型肥料。具体的称谓还有多种，如缓释肥、促释肥、防病肥、生态肥和药肥等。这些不同的新型肥料都有一个共同的特征：高效，即肥料利用率高，而且节能节资，符合可持续发展的需要，因而具有较强的市场竞争力。国外也称为“增值肥料”(valuate added fertilizer)，以强调其技术经济的优点，或称为环境友好肥料以强调其环保优点。

(三)新型肥料的特点

新型肥料的创新特征通常表现在功能、技术和原材料三方面。

1. 新功能

传统肥料的功能是为作物提供营养，但新型肥料在营养功能的基础上拓宽，具有保水功能(保水肥)、防病功能(防病生物肥)、肥料养分释放速度的调控功能(缓释肥、促释肥)。还有些新型肥料具有突出的调节农艺性状的功能，如促根肥、抗倒伏肥、促花保果肥等。

2. 新原材料

传统化肥的原材料是石油(制氮肥)、钾盐、高中品位磷矿等不可再生资源。但近 10 多年来，相当多的工农业废弃物如制糖滤泥、啤酒滤泥、禽畜粪、秸秆等已被成功地用于制造堆肥和有机无机复合肥。一些难以利用的中低品位磷矿、菱镁矿、钾长石等用于制磷、镁、钾肥的技术也获得突破。利用这类新资源制肥大大拓宽了原有资源，可缓解日趋严峻的肥料资源短缺。

3.新技术

采用一些新的技术手段也是新型肥料的重要特征。例如，一定量纳米碳加入肥料中或把某些肥料成分加工成纳米级可提高肥效。辐照技术用于磷、钾矿物的活化也获得成功。运用新技术手段可以大幅度降低硫酸用量和加工温度，甚至可在免酸、免碱或降温煅烧条件下生产出促释磷、镁、钾肥。

新型肥料就是对具有上述新功能、新原材料和新技术特征肥料的统称。近 20 年来，备受瞩目。中国植物营养与肥料学会设立了新型肥料专业委员会，从汇聚科研人才队伍到技术研发、应用等全方位有力地推动了新型肥料的研发和推广。

二、新型肥料对肥料产业提升和学科发展的意义

20 世纪 90 年代，随着环境、资源、生态及食品安全等问题的日益凸显，渐渐改变了将肥料的影响局限于农业生产中的传统认识框架，逐步明确在我国经济进入高速发展阶段和农业生产力上升至新水平后，肥料的作用已大大突破农业自身，成为对国民经济、生态、环境、资源均有重大影响的一个全局性战略因素。新型肥料的快速发展已经成为肥料领域发展新质生产力新的强大动力。

（一）肥料产业的技术制高点和经济增长点

现代化肥工业发展面临二大难题：一是资源短缺，二是传统化肥增量增产模式与成本增加和环境风险的矛盾日益增加，迫切需要发展新型肥料以突破发展的瓶颈。

新型肥料具有高效、节资和环保的突出优点，是 21 世纪肥料科技创新的制高点。如控释肥通过对养分释放速率的调控大大提高了养分利用率，减少养分损失所造成的面源污染。此外，新型肥料还具有独特的保水、防病和对农艺性状的调控等新功能。其原料广泛、加工条件温和、节能、节支等优点均优于传统化肥。2000 年，郑州大学的 Luxiecote 和山东金正大控释肥等产品在国内外市场上崭露头角，显示出较强的竞争力。近年来，更多的控释肥品牌不断涌现，我国已经成为世界上最大的控释肥生产国。

（二）肥料行业碳减排的迫切需求

2009 年哥本哈根峰会拉开了全球碳减排的序幕。碳减排既是严峻挑战，也是发展机遇。提高肥料利用率，降低从原料开采到生产的能耗物耗对肥料行业大幅度碳减排有重大意义。例如，磷促释活化技术在各环节均具有突出的减碳效果。应用促释活化技术在常温常压的温和条件下即可生产，可免除目前国内外通用的强酸、高温煅烧的高能（碳）耗、物耗，可大幅度降低能耗物耗并提高磷的利用率。新型肥料在生产及使用两个环节均可节碳。这种双重减碳效应的独特优势，对于减碳指标的计算和碳交易均有重要意义。若把节肥后运输量减少的效果也计入，其降碳效果更明显。这一新的增效减量模式将使我国单位重量农产品的耗碳量大大降低，为肥料行业实现我国“双碳”的战略目标提供了重大的技术支撑。

（三）更新增产模式的迫切需求

长期以来我国通过大量肥料投入以支撑不断膨胀的人口对农产品需求。但近年来事实证

明，在单位面积施肥量增加到一定程度后，作物增产幅度明显下降，肥料利用率下降，另一方面，养分的损失却越来越大，即靠化肥增施获得的增产空间日益窄小而且要付出更高的经济和环境效益代价的双拐点出现了(图 9-1)。这一减(增幅)—增(污染)的双拐点表明一直沿用的肥料增量增产模式已到尽头，必须另辟增效驱动的增产新模式。发展新型肥料可以实现“以质量取代数量”的战略转变，实现减肥降污作物增产。

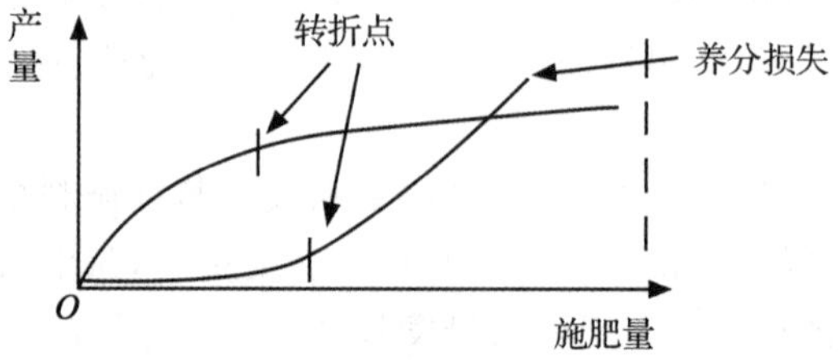

图 9-1　肥料与作物产量及养分损失的关系(Liao et al，2005)

(四)促进学科融合和人才成长

在肥料工业中引进新技术新概念研制新型肥料，涉及化学、物理、地学和生物诸学科，需要多种知识结构的人才协同攻关才可能取得重大的原创性突破。近年来，运用微生物、辐照和超声波等多种新技术，可在无酸、常温条件下生产促释磷、钾、镁肥，大幅度降低酸耗、能耗和高品位磷钾镁矿资源的消耗。通过促释活化实现适度水溶而取代对高水溶性肥料进行缓释的研究已取得成功。这些研发工作促进了新技术和相关学科对肥料科学的渗透，成为人才成长的平台和多学科融合的生长点。

第二节　缓/控释肥料研制与加工

一、缓/控释肥料的概念

有关控释肥的定义国内外至今仍然没有完全统一的表述。联合国工业发展组织(United Nations Industrial Development Organization，UNIDO)和国际肥料发展中心(International Fertilizer Development Centre，IFDC)对控释肥给出如下定义：“能够在整个生长季节，甚至几个生长季节慢慢地释放营养元素的肥料，称为控释肥料”，包括①控制释放磷肥：磷矿粉、煅烧磷酸铝矿、碱性含磷炉渣、脱氟磷肥、钙镁磷肥、骨粉、磷酸二钙、磷酸铵镁等。②控制释放氮肥：微溶性含氮化合物(以脲醛化合物为代表)；脒基硫脲和脒基磷脲；包涂层的可溶物质；硝化抑制剂。③控制释放钾肥：聚磷酸钾、焦磷酸钙钾、包硫氯化钾等。据此定义，所有缓释肥料均可称为控释肥料。

美国植物性食物控制官员协会(Association of American Plant Food Control Officials，AAPFCO)对缓释和控释肥的定义为：缓释和控释肥是指那些①所含养分形态在施肥后能延缓被作物吸收与利用的肥料；②所含养分比速效肥(如硝铵、尿素、磷铵、氯化钾)有更长肥效的肥料。并认为缓释和控释之间没有法定区别，AAPFCO在它的官方用语和定义中同时使用二者。不过，人们有时遵循如下惯例：将能为微生物分解的含氮化合物(如脲醛化合物等)称为缓释肥，将包膜（coated）或用胶囊包裹（encapsulated）的产品称为控释肥。

控释肥是应用物理、化学、生物化学等调控手段使肥料养分在作物生育期内逐渐释放出来，释放时间和速率与作物吸收基本同步，因而能大幅度提高肥料利用率的新型肥料。缓释和控释之间难以严格区分。两者区别在于对养分释放速度控释精确程度的高低。精确程度的高者为控释肥，低者为缓释肥。这一基于养分供求的动态平衡是一种纵向平衡，有别于只关注不同养分元素间的横向平衡，是平衡施肥的一个重要方面。控释与缓释都是一个方向，即由快变慢。研究表明，控释还有一个新方向：由慢变快的"促释"。"缓释"与"促释"是控释肥研究的两个重要方向，据此开发了矿物肥源促释技术，促使难溶性磷、镁、钾的活化，从而在理论和技术上为控释肥增添了新内容。

二、缓/控释肥的类型及生产工艺

（一）缓/控释肥的类型

缓/控释肥分类方法按其控制养分释放的方式通常可分为四种类型：

1. 物理方法控释肥料

物理方法控释肥料主要是指包膜型肥料（coated fertilizer，CF），其方法是在水易溶性或缓释性颗粒肥料外表包裹上一层或多层渗透扩散阻滞层，来减缓或控制肥料养分的溶出速率。包括包硫尿素（sulfur coated urea，SCU）、热固型聚合物包膜肥料（如美国的 Osmocote）、热塑型聚合物包膜肥料（如日本的 Nutricote）、肥料包裹肥料（如中国的 Luxecote）、金正大的控释肥等。

包膜肥料是一种储库型控释系统，当包膜肥料处于介质中，扩散介质渗入膜内并溶解肥芯后，肥芯养分从膜内到膜外有三种可能的途径：一是从膜内经分配进入连续包膜相，再分配到膜外介质；二是经膜上的微孔或裂缝进入膜外介质；三是部分通过连续包膜相，部分经微孔或裂缝。

2. 化学合成缓/控释肥料

化学合成缓释肥料是将肥料直接或间接地通过共价或离子键连接到预先形成的聚合物上，构成一种新型组合物。其所含养分的释放速度取决于聚合物键的性质、立体化学结构、疏水性、降解难易度和交联程度等。化学合成缓释肥料通常可以分为三种类型：①难溶性有机化合物，包括尿醛肥料（UF）、丁烯叉二脲和草酰胺等；②水溶性难降解化合物，如异丁叉二脲（IBDU）等；③低溶解性无机盐，如磷酸铵镁等。

3. 生化抑制剂缓/控释肥料（稳定性肥料）

生物化学途径控制养分转化主要是指通过脲酶抑制剂和硝化抑制剂的使用，分别作用于尿素氮的脲酶水解作用和铵（酰胺态氮肥尿素水解产生的或铵态氮肥溶解产生的）硝化作用，也称为稳定性肥料。

脲酶抑制剂有无机化合物和有机化合物两大类。无机化合物包括铜、银、铂、汞、钴、砷、铬等元素的不同价态离子的化合物；有机化合物中包括氨基苯磺酰胺、二硫代氨基甲酸盐、羟基草氨酸盐、酚类、醌及取代醌类、磷胺类化合物。硝化抑制剂同样包括无机化合物和有机化合物，无机化合物主要包括各种金属盐类，有机化合物主要包括吡啶类、嘧啶类、硫脲、叠氮化合物、唑或噻唑类、巯基化合物、琥珀酰胺类、乙炔、三嗪类和二硫化碳等。

中国科学院沈阳应用生态研究所对稳定性肥料有长期的研究，开发了具有双重功能的抑制剂新材料和抑制剂保护材料。于 2010 年 12 月联合 48 家农科院所、高校及生产稳定性肥的企业成立稳定肥料产业技术创新战略联盟。每年达 250 万～300 万 t，与美国、德国同类技术相比，脲酶和硝化抑制率分别提高 1.4 倍和 57.1%，成本降低 27%。

4. 缓释多养分肥料

缓释多养分肥料为西南大学研制，该肥料系首次采用肥料颗粒内部养分结构重组复合为核心的肥料缓释技术，肥料成分中含有氮磷钾等多种植物必需营养元素，氮素和磷素养分具有多种形态组合且含适量有机质的一类有机无机养分结构型缓释肥料。肥料中氮素和磷素养分多形态组成，氮素形态为蛋白态、氨基酸、酰胺、硝态、铵态等，氮素养分中可溶性有机氮占总有机氮 50%；磷素形态为水溶性、弱酸溶、有机磷，弱酸溶和有机磷占总磷 30%～ 50%；通过多形态氮素组合平衡和肥料氮素的逐级溶解扩散、生化转化和有机氮素生物矿化释放，达到肥料氮素养分接力控制释放与作物生长需肥特性协同平衡，氮素养分释放期 60 d 以上。自 2001 年国家 863 计划立项研究以来，先后研制专用缓释多养分肥料产品 7 个，授权国家发明专利 10 项，产品在我国西南地区经济植物推广应用增产效果显著，减量施肥效应突出。

在上述四类缓/控释肥中，包膜型控释肥研究发展最快。氮、磷、钾大量元素及一些微量元素均在研究之列，但迄今仍然以氮、磷、钾控释肥为主，重点是控释氮肥。

(二)几类主要缓/控释肥的生产工艺与技术创新

1. 包膜型控释肥

包膜型控释肥是目前控释肥市场的主流产品，其生产工艺和控释性能与包膜材料的选择密切相关，以无机包膜材料为主的包膜控释肥一般采用非密闭的包膜设备(如转鼓)，以高分子聚合物为主要包膜材料一般需要溶剂回收而采用密闭的包膜设备(如流化床)，前者由于包膜材料价格低廉、生产工艺相对简捷而成本较低，但控释性能一般不如后者。从包膜材料和工艺来分，主要有以下几种类型。

(1)硫包膜尿素　硫包膜尿素是最早产业化应用的包膜肥，于 1961 年由美国田纳西河谷管理局(TVA)肥料发展中心小试成功后，1967 年正式商业化生产。其代表性的生产工艺流程见图 9-2。

将颗粒尿素过筛，以获得大小适宜的原料；将过筛尿素通过提升机进入流化床预热器，出口温度约 65 ℃。经过旋风除尘后，尿素从预热器借助重力进入涂硫转鼓，熔融硫在150 ℃、表压 7～10.5 MPa 压力下从多喷嘴喷到尿素上。涂硫尿素在 70 ℃左右直接送到涂封闭剂的转鼓，用 3%熔融蜡与 0.2%煤焦油混合物作封闭剂喷涂到涂硫尿素颗粒上。然后将这些物料送到第二转鼓——调理鼓，在此使用 1.8%硅藻土作为调理剂，主要防止尿素颗粒间相互黏结成团，在冷风作用下冷却，蜡固化。冷却至 40 ℃左右将黏结成团的大颗粒筛分去除即得到包硫尿素产品。产品含氮量根据硫涂层厚薄不同而异，含氮在 30%～38%，含硫15%～25%。

几十年来，SCU 涂层工艺得到不断改进，日本三井东压化学公司 1976 年用于生产包膜为硫和蜡的复合肥。美国研究人员在包硫层外再加聚合物层(PolyS)，控释性能比 SCU 好。近十年来金正大在包膜配方、工艺和设备方面均作了改进，控释性能得以提高并降低了成本。

(2)聚合物包膜肥料　聚合物包膜控释肥的高分子聚合物包膜材料由天然、半合成和合成三大类数十种聚合物及共聚物组成，聚合物包膜控释肥常用的生产工艺为流化床包膜工艺。针对聚合物包膜肥成本高的问题，北京市农林科学院植物营养与资源研究所利用废旧塑料和天然低毒溶剂研制成功低成本可降解型包膜尿素，并研制成功国产包膜设备，大幅度降低材料生产

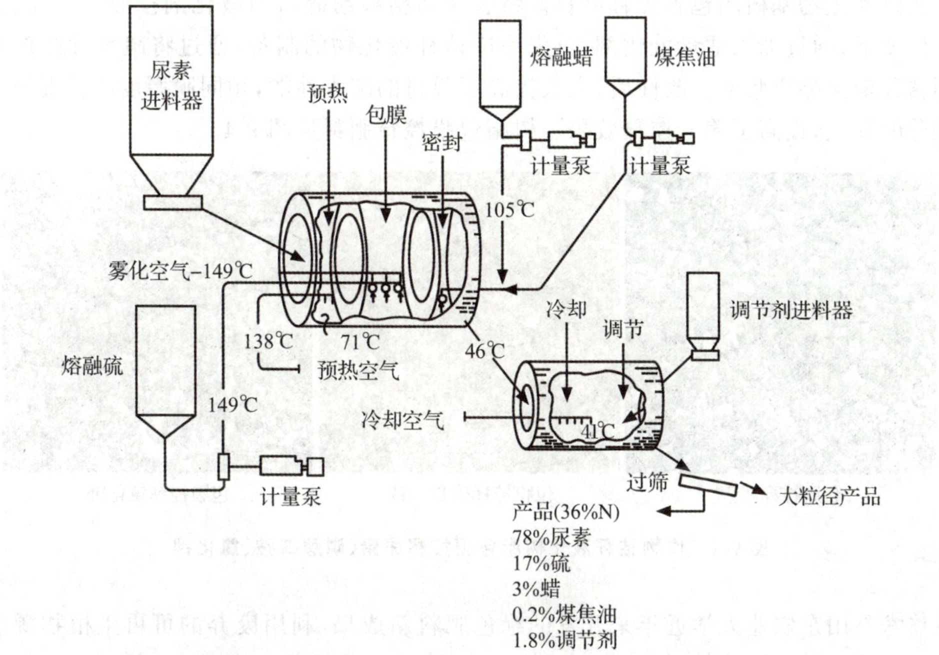

图 9-2　硫包膜尿素的生产工艺流程(武志杰等,2003)

成本,成本为进口产品 1/3 左右而肥效显著,是我国最早研制成功的高聚物包膜肥料产品。

我国聚合物包膜肥料有了很大发展。山东农业大学张民教授团队在原有硫、高聚物等包膜材料基础上,以绿色高效为技术目标,进一步开发了植物源包膜材料。主要有三类:①改性水基聚合物包膜控释肥料。改性水基聚合物包膜控释肥料是采用生物炭、三聚氰胺等对水基聚丙烯酸酯乳液改性作为包膜材料,生产出改性水基聚合物包膜控释肥料(图 9-3)。能够有效地改善原水基聚丙烯酸酯膜材料的疏水性及力学性质,进而有效地减小养分释放速率,延长控释期。②植物油改性树脂包膜控释肥料。植物油改性树脂包膜控释肥料是将大豆油、桐油、亚麻油等植物油在催化剂的作用下进行醇解,然后与合成的辛基酚醛缩合物反应合成植物油改性酚醛树脂,用此树脂对颗粒肥料进行包膜制备出植物油改性树脂包膜控释肥料。③秸秆淀

养分释放前　　养分释放后

图 9-3　改性水基聚合物包膜肥料养分释放前后对比

粉等液化改性生物基树脂包膜控释肥料。将农作物秸秆粉碎后与液化剂按照一定比例混合，在一定温度下，通过加入适量催化剂，首先完成秸秆液化物的制备，通过将疏水性强的化合物嫁接到秸秆聚氨酯树脂上。改性后，大大提高了膜材的疏水性能，相同膜厚度的情况下大幅减缓了养分的释放，提高了养分控释效果。树脂包膜控释肥料见图 9-4。

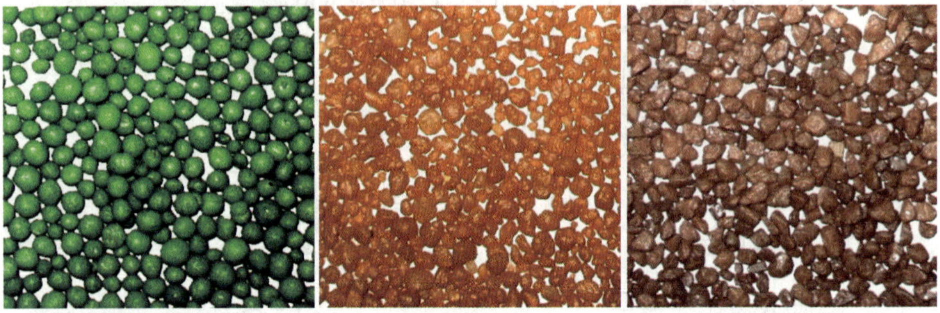

包膜控释尿素　　包膜控释磷酸二铵　　包膜控释氯化钾

图 9-4　作物秸秆液化树脂包膜控释尿素、磷酸二铵、氯化钾

该技术是山东农业大学近年来开发的绿色肥料新成果，利用废弃的可再生植物源生物质资源作为膜材料，成功开发生物基聚氨酯包膜控释肥。膜材用量约在 1.8%～2.5%，远低于美国和日本膜材用量（4%～8%），仅为其 1/3，而且易降解，会明显减少微塑料的残留；成本低，无须溶剂，工艺简便（图 9-5）；非常适合大规模生产和大面积应用推广。这一类的新型生物基改性包膜控释肥累计推广超过数百万吨。生物基包膜技术“促生抗逆功能型缓控释肥料新产品”入选了中国农学会推荐评审的“2020 年中国农业农村重大新技术新产品新装备——十大新产品”。

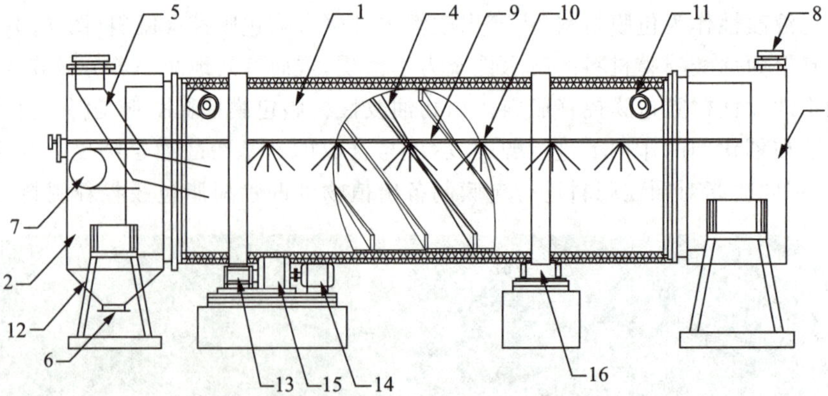

图 9-5　生物基互改性包膜控释肥工艺及生产装备结构示意图

1. 筒体；2. 机头密封罩；3. 机尾密封罩；4. 抄板；5. 进料管；6. 出料口；7. 热风进口管；8. 热风除尘出口；9. 输送管道；10. 喷头组；11. 红外监测探头；12. 支架；13. 传动装置；14. 变频转速电机；15. 传动减速机；16. 托轮

深圳芭田生态工程股份有限公司筛选出以天然植物素等为主的无毒包膜材料，自研“混合展着包膜工艺技术”，研发出适用于我国双季稻区的廉价、环保、高效专用控释肥及产品高效施用技术，氮素利用率达 57.9%～58.7%，获广东省科技进步二等奖(2007)，第五届中国技术市场金桥奖(2010)。

包膜控释肥是一个主要的控释肥类型，多年来我国各地对于成膜材料的筛选、改性及工艺进行了大量的研究，取得了多项成果，其中华南农业大学的包膜控释肥项目 2022 年获得国家科技进步二等奖 。

(3)肥料包裹型缓/控释肥生产工艺　自 1983 年以来，郑州工学院许秀成教授团队系统地研究了以肥料包裹肥料的缓释/控释肥料，开发了一系列包裹型复合肥料。1985 年该团队以尿素为核心，以钙镁磷肥为包裹层以含大量硅胶的氮磷泥浆作为黏结剂，制成第一代以肥料包裹肥料的复合肥。1991 年该课题组用磷矿粉包裹尿素用浓硫酸或磷酸为反应性黏结剂，开发了部分酸化磷矿复合肥料，为第二代包裹型复合肥料；1994 年开发了以微溶性二价金属磷酸铵钾盐为包裹层，多层包裹粒状水溶性肥料而制成为第三代包裹型复合肥料。产品多年来用于美国、澳大利亚、新加坡高尔夫球场、景观草坪，肥效期 90～120 d，被国际肥料杂志称为“中国的首创—未来的肥料”，在中国用于粮食作物也获得明显的经济效益。

包裹是该工艺的关键：在尿素表面加入适量黏结剂，然后加入适量固体缓释剂，如此交替加入，重复多次，直至确定量的缓释剂加完。

该技术具有以下突出优点：①除包裹过程外，包裹肥料的生产过程与普通复合肥料相似，大部分设备可以通用，无须特殊的密封设备。②缓释与其他养分复合的生产过程合二为一，简化生产过程，节约了成本。③充分利用原料间的化学反应能，生产过程无干燥，节约能源，干燥负荷较复合肥料大幅度降低。④包裹肥料产品中，不加入任何无营养价值的有机聚合物，所有元素构成均为植物必需的营养元素。每粒肥料均具有相同的释放性能及养分构成。

(4)固液反应成膜工艺　一般的聚合物包膜控释肥包膜生产成本高，价格贵，推广应用困难；而无机材料包膜的控释性能又往往不如人意。针对上述问题，华南农业大学新肥料资源研究中心从 2000 年起陆续研发成功固液反应成膜技术，并获多件发明专利。该技术以腐殖酸、地沟油和磷矿粉等廉价原料为主要膜材实现无溶剂包膜，具有无须回收溶剂、无须专用设备、无须干燥、成膜快速、成本低而控释性能好等突出优点。该技术采用开放式常规设备(普通复合肥生产设备)，略加改进，即可生产包膜尿素、包膜硫酸钾和包膜复合肥(图 9-6、图 9-7)。已在辽宁锦州成功运行多年，产品肥效明显。

图 9-6　固液反应包膜机

图 9-7　固液反应有机包膜尿素

2.化学合成缓释肥料

(1)脲醛类肥料　20世纪30年代已经开始试制由尿素和甲醛缩合生成缓溶性有机体。40年代中后期提出了比较完整的实验室流程。1955年,脲甲醛(UF)被作为一种商品肥料供应。1962年后德国才完成制备这种肥料的流程。日本Mitsubishi化学公司(三菱株式会社)于1961—1962年提出了用尿素和异丁醛合成异丁烯叉二脲(IBDU)的专利。这些合成物具有长效氮肥的性能,但因成本较高推广难度较大。

(2)草酰胺　草酰胺(oxamide)是另一种技术比较成熟的合成有机氮肥。目前合成草酰胺的方法,在大规模的生产中都不够经济,仅限于特殊的市场应用。

(3)烷基化尿素　烷基化尿素是最近研发的一种有机合成控释肥,与尿素类似或是尿素的一类衍生物。烷基化尿素延迟释放期的长短随烷基群的碳原子数目及烷基基团在分子中的相对位置而变化,按如下顺序递增:甲基尿素＜1,3-二甲基尿素＜乙基尿素＜丁基尿素＜1,1-甲基尿素＜1,3-二乙基尿素。前三种烷基化尿素氮释放与尿素基本同步;而后2种烷基化尿素氮释放比尿素迟4～6周。每种烷基化尿素的延迟释放期是一定的,且不受尿素或其他烷基化尿素的影响。

3.生化抑制剂缓释肥料

(1)脲酶抑制剂　脲酶能催化尿素水解成二氧化碳和氨。脲酶抑制剂可抑制这一过程。其中,氢醌(HQ)是应用较多的抑制剂。20世纪70年代中期,就发现磷酸胺类化合物对脲酶活性有抑制作用,在这些化合物中,苯基磷酸二胺(PPD)效果最好。近年来,中科院沈阳应用生态所开发了三种新型生化抑制剂(氧代环戊酮,甲基丙烯酚,吡喃基苯乙酸),获得很好的效果。

(2)硝化抑制剂　国外自50年代开始研制,我国的研究工作则开始于60年代,其产品主要有吡啶衍生物、嘧啶衍生物、硫脲衍生物、噻唑衍生物、汞衍生物、叠氮化钾(或钠)、氯苯异硫氰酸盐、六氯乙烷以及五氯酚钠等。硝化抑制剂与氮肥一起混合施用,能抑制亚硝化毛杆菌(*Nitrosomonas*)的活动,可阻止铵的亚硝化作用,使施入土壤中的NH_4^+-N和尿素能在较长时间保存铵形态,避免氮通过硝化作用损失而提高氮肥利用率。

(3)复合抑制剂　中国科学院沈阳应用生态所经20多年的研究,开发了复合抑制剂(NAM添加剂,即脲酶和硝化抑制剂的合剂)协同增效,研制了缓释尿素、长效缓释复合肥等系列产品,在全国大面积推广应用。

4.增值肥料

中国农业科学院农业资源与农业区划研究所多年研究的这一个成果不仅是调控肥料本身,扩大为"肥料-作物-土壤"系统调控,创立了增效载体与大型化肥装置结合产业途径,成为继缓/控释肥料、稳定性肥料、脲醛类肥料之后,养分高效化的新一代肥料。

5.缓释多养分肥料

西南大学长期以来的研究成果,该肥料以肥料颗粒内部同一养分多元成分(形态)组合与优质天然缓释剂复合,辅以成粒控制技术实现肥料缓释作用,以植物必需营养元素科学组配达到养分供应时空动态平衡,实现植物对肥料的高效利用,产品均为肥料类物质组成,无毒性重金属和其他有害物质污染,制造成本低,是经济植物绿色栽培的良好肥料。该类产品2015年获国家农业部中华农业科技奖科学研究成果二等奖。

6. 控释技术的综合运用

上面介绍的三类控释分别为物理控释、化学控释和生化控释。在生产上，除单一应用外，综合运用也有很好的效果。例如，把木质素加入矿物(磷矿粉，沸石等)中制成复合包膜材料，既有物理控释又有生化控释(脲酶抑制)作用。把磷酸铵镁脲或脲醛类微溶化肥作包膜材料则是物理—化学控释。控释肥的目标是对速度进行调整，把速度快慢不同档次组合起来，可以更好地实现养分释放和作物吸收的动态平衡，这种不同释放速度的实现方式有 2 种，一是异粒变速，二是同粒变速(图 9-8)。前者是不同释放速度的肥粒的组合，较易实施；后者则是不同释放速率成分恰当地组合在同一粒子中，难度较高。

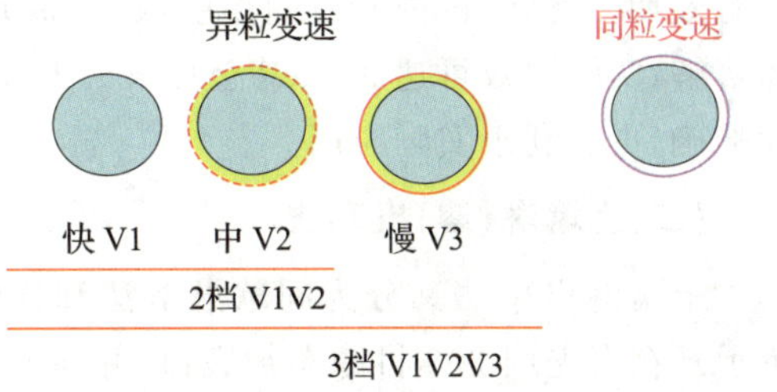

图 9-8　控释的两种调控方式：异粒变速和同粒变速

三、控释肥养分释放评价方法

控释肥自 20 世纪 50 年代问世以来，即开始研究控释性能评价方法，提出的代表性方法有：水中溶出率法、土壤(淋)溶出率法、扩散和渗透率法、电超滤法、同位素示踪法等。但由于各种控释肥控释材料、控释途径、控释机理不同，至今没有一个统一的、完善的评价方法。目前，在研究中应用得较多的仍然是水中溶出率法和土壤(淋)溶出法两种方法。在 2008 年和 2009 年，《硫包衣尿素》(HG/T 3997—2008)和《缓释肥料》(GB/T 23348—2009)先后颁布，促进了产品和市场的规范化。

(一)水中溶出率法

用水或一定浓度的盐溶液浸提包膜控释肥，计算一定时间内养分溶出量，是评价包膜控释肥养分释放特性的常用方法。欧洲标准委员会(comitè eauopéen de normalisation，CEN)规定缓释肥料(TC260/WG4/TFsrf)在水中(25 ℃)养分释放速率 24 h 不大于 15%；28 d 不超过 75%；在规定时间内至少有 75%被释放。日本对包膜肥料则采用初级溶出率法和微分溶出率法来评价缓释性能。方法是称取 12.5 g 肥料样品，加入 250 mL 水(肥水比为 1∶20)，于30 ℃恒温箱中放置 24 h，测定浸取滤液中铵态氮、水溶性磷和水溶性钾的含量。初级溶出率即溶解的养分量占肥料中全量养分的百分含量。若把肥料样品按同样的肥水比例在 30 ℃恒温箱中放置 7 d(168 h)，测定溶出的养分量，即可得到第 1～7 d 的养分每天平均溶出率，即微分溶出率：

$$\text{微分溶出率}(\%)=\left(\frac{\text{累积养分溶解量}}{\text{试样中养分含量}}\times 100\%-\text{初级溶出率}\%\right)\times\frac{1}{\text{放置天数}-1}$$

多年来众多控释肥生产企业致力于建立评价肥料性能的快速测定方法。例如，美国 Scotts 公司、Puresell 工业公司，以色列 Haifa 化学公司以肥料养分在水中(21 ℃)释放 80%作为聚合物包膜肥料 Osmocote、Polyon、Multicote 的评价标准。郑州乐喜施肥料公司则以肥料浸入水中不同时间观察尚存有核心(通常为尿素)的颗粒数目作为评价 Luxuriance(钙镁磷肥包裹）和 Luxacote（均为二价金属磷酸盐包裹）的生产在线控制标准，以 48 h 水中（25 ℃）溶出率小于 60%作为企业标准。

肥料浸入水中测得的养分释放速率和释放期远不能反映控释肥对作物表现出的供肥速率和肥效期。例如，国内开发的涂层尿素、多元长效涂层化肥、长效碳铵在水中 2～20 min 内全部溶解，实际肥效可达 90 d 甚至更长。鉴于此，一些学者引入土壤因子，评价养分释放特性较为准确，更有利于实际应用。

（二）土壤淋（溶）出率法

土壤淋出率法又分为间歇淋溶法和连续淋溶法两种。其中，间歇淋溶法的方法如图 9-9 所示。在事先用 200 目滤布封底口，并在滤布上垫有少量砂子（25 g）的塑料管（直径 5 cm，高 30 cm）中模拟耕层按 1.3 g/cm^3 容重先装入 250 g（约 10 cm 高）土壤（风干，过 2 mm 筛），再在其上按同样紧实度装入与 250 g 土壤混合的土肥混合物（1 g N/kg 土，即 250 mg N/管），土柱上面再以少量砂子（25 g）覆盖以防加水时扰乱土层。以不加肥料的土柱作为对照。第一次先加 150 mL 水使土壤水分接近饱和，再以 100 mL 水一次加入淋溶土柱，收集淋溶液，以刺有小孔的塑料薄膜封闭塑料管上口，一定温度下培养 3 d 后，用 100 mL 水进行第 2 次淋溶，以后各次按同样操作进行，即培养 3 d，淋溶一次。量取各次淋溶液体积，分析全氮磷钾等养分含量，计算每次淋出养分量占土肥混合物养分总量的百分率。

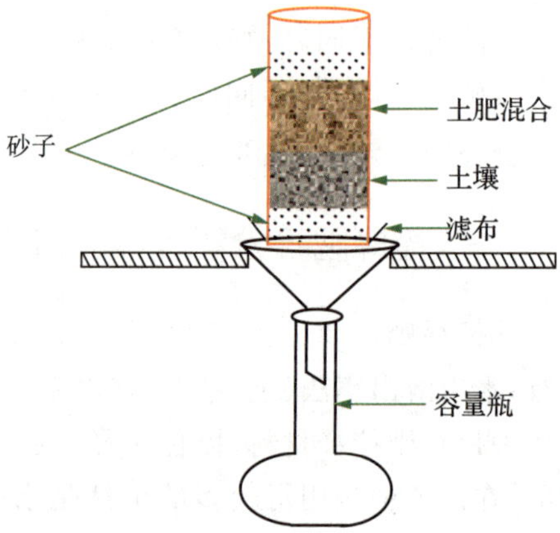

图 9-9 土壤淋溶法试验装置示意图

（杜建军等，2002）

连续淋溶法与间歇淋溶法相似，按照田间耕层实际容重建造土柱，以模拟雨水连续 5 周淋溶，评价不同控释肥在土壤中的养分释放与淋溶特性，其结果与盆栽试验一致。

土柱淋溶法与田间土壤条件仍有相当的差距。采用肥包法将肥料（或与砂子混合后）装入尼龙网袋并埋在土壤中，过一段时间取一些颗粒分析其中的养分含量以确定养分释放速率。但网袋大小、装入肥料的多少及肥包在土中的分布均难于确定。肥料在网袋中会破裂，因而试验误差较大。

上述各方法中，从生产实际和方便操作来说，浸水速测法和土柱淋溶法对工厂现场监测及技术研发较实用；从产品质量标准监测来说，则以颁布的国标和行标为准。

四、控释肥的肥效及其影响因素

（一）控释肥可大幅度提高肥料利用率

与等养分的肥料相比，控释肥一般能提高肥料利用率达 30%以上，约为 10 个百分点以上。以氮肥为例，控释氮肥的利用率可达到 50%或更高。控释肥之所以能提高肥料利用率，主要由于在供肥速度上具有“削峰填谷”的效果（图 9-10），控释肥养分的供应速度同作物养分需求规律的接近程度对肥效有很重要的影响。

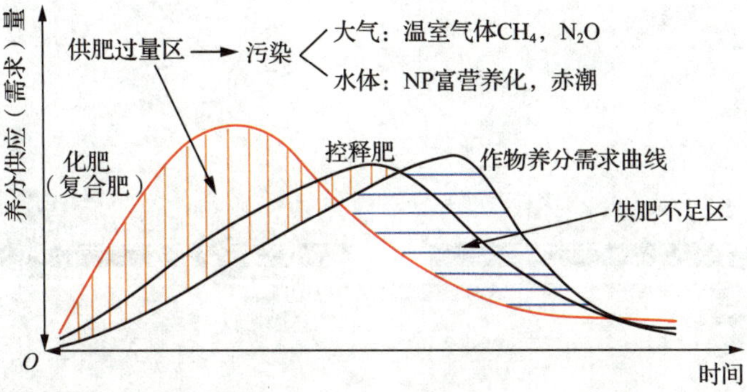

图 9-10　肥料养分释放与作物养分需求的动态变化示意(廖宗文等,2001)

研究表明,包膜氮肥在减少氮淋失,促进植物生长及增加植株组织氮含量方面表现出明显效果。几种包膜尿素在等氮条件下的肥效试验结果表明,控释肥的产量、生物量、氮素利用率均大幅度超过普通尿素,其中有些品种在生物量和产量方面与等重尿素(施氮量高出30%以上)相当。而氮利用率则均高于等氮和等重尿素,增幅可高达50%。两种包膜尿素氨挥发量明显低于普通尿素,因而可大大减少对大气的污染。

控释肥由于养分释放受到控制,不会产生过高浓度而伤根,因而可以进行根际施肥或同位施肥。如水稻育苗盘中及花卉、苗木营养袋中等,肥料利用率可达70%~80%,甚至更高。在土壤氮浓度高的地方,生根密度可增加很多倍。

(二) 影响控释肥养分释放的环境因素

包膜控释肥养分释放速率除与自身性质有关外,还受许多环境因素的影响,如土壤温度、土壤水分、土壤质地、土壤微生物活性和土壤有机质等。不同类型或不同膜材料的包膜肥料受各种因素影响的程度都存在较大差异。如硫包膜尿素的释放速率受土壤微生物活性的影响,那么影响微生物活性的土壤pH和有机质含量就会影响其释放速率。相反,给土壤进行杀菌消毒处理,可以观察到硫包膜尿素氮的释放受到阻碍。与硫包膜尿素类似的无机材料包膜尿素受土壤水分含量影响较大,有机聚合物包膜肥料如Osmocote、Nutricote等在土壤田间持水量和作物凋萎含水量范围内,除受土壤温度影响明显外,其他环境因子都影响较小。

(三) 影响控释肥养分释放的膜结构特征

包膜肥的控释性能不仅与包膜材料有关,而且与肥芯表面光滑度及肥芯紧实度有关。应用扫描电镜分析不同造粒工艺的肥芯及其包膜表面特征,并结合肥芯的包膜控释肥氮素淋溶特性比较了不同造粒工艺对控释性能的影响。发现油冷复合肥颗粒外表面最光滑,转鼓复合肥颗粒外表面最粗糙且多孔,高塔复合肥和圆盘复合肥颗粒外表面居中;油冷复合肥核芯紧实度最优,转鼓复合肥紧实度最差,高塔复合肥和圆盘复合肥核芯紧实度居中;油冷芯肥的膜-芯接触最紧实,转鼓芯肥的膜-芯有明显空隙,而高塔芯肥和圆盘芯肥则居中(图9-11)。土柱淋溶试验结果发现油冷核心控释肥16 d的氮累积溶出率低于转鼓核芯控释肥21.2个百分点,与其膜-芯结构的差异有密切关系。

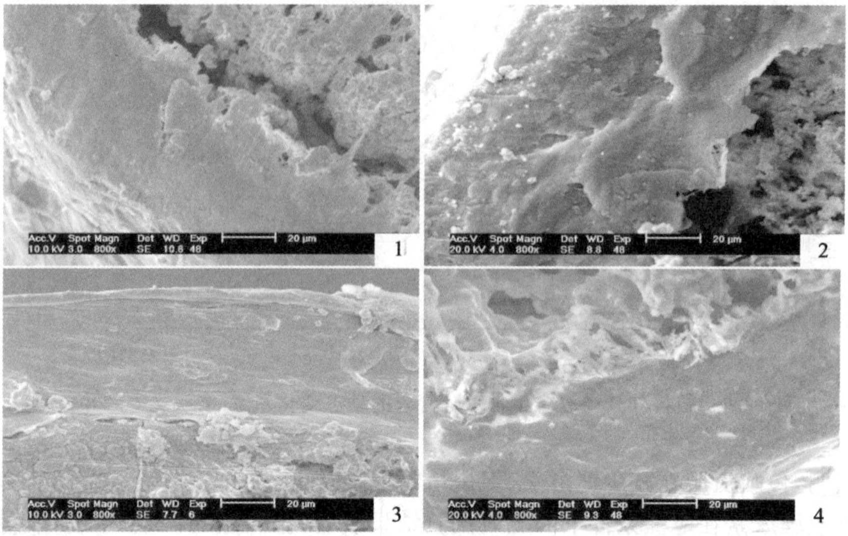

图 9-11 包膜肥断面电镜照片(黄培钊等,2006)

1. 转鼓芯肥包膜 B 断面(×800) 2. 圆盘芯肥包膜 D 断面(×800)

3. 油冷芯肥包膜 A 断面(×800) 4. 高塔芯肥包膜 C 断面(×800)

(四)影响肥效的养分释放动态

控释肥对养分释放的调控方向是由速溶变为缓溶,以改善前期“供过于求”而后期“供不应求”的问题。通过对膜结构的调控,并结合土壤、天气等环境因素考虑,使养分的释放与作物前、中、后各期的养分需求尽量达到动态平衡,这样才能获得高产。若养分控释太缓,前期不足而后期有余,也会出现供求不平衡而影响增产效果,甚至可能减产。一般认为 S 形的释放曲线(即前期慢,中期快,后期再缓)较适合作物生长的养分需求。具体释放模式需要依作物吸肥特点及环境因素而定。

五、控释肥的生产和推广应用

自 1955 年合成微溶性脲醛化合物(UF)商品化以及 1976 年聚合物包膜肥料 Osmocote® 投入生产,控释肥生产已有 50 多年的历史,至 20 世纪 90 年代中期,世界缓释/控释肥消费量仅占化肥总消费量的 0.15%。至今,控释肥生产和推广应用仍然进展缓慢,主要原因在于生产设备要求高,工艺复杂,生产成本高,价格昂贵。高生产成本使控释肥的销售价格一般是同类普通化肥的 2~5 倍。即便是在欧美发达国家,控释肥也难以应用于大田作物。

要发挥控释肥在农业生产中的作用,需要从简化生产工艺、采用廉价而性能良好的控释材料等多方面进行研究。我国近年来在这方面的研发取得了一系列成果。山东农业大学利用了废弃的可再生植物源生物质资源作为膜材料,由于其易降解性明显减少微塑料的残留。相关产品价格低廉、制备工艺简便、无须溶剂,实现了大规模生产和在各种作物上大面积应用推广,累计生产逾 200 万 t。其中,生物基包膜“促生抗逆功能型缓控释肥料新产品”入选了中国农学会推荐评审的“2020 年中国农业农村重大新技术新产品新装备——十大新产品。杨越超教授团队主持完成的“绿色生物基材料包膜控释肥创制与应用”荣获 2023 年度国家技术发明二等奖。

中国农科院农业资源与农业区划研究所联合了 48 家大型尿素、磷铵及复合肥企业于 2012 年 12 月成立了化肥增值产业技术创新联盟。经过 20 多年的发展，增值尿素、增值磷铵、增值复合肥料等系列增值肥料年产量高达 1 500 万 t。《含腐殖酸尿素》《海藻酸类肥料》《肥料增效剂 腐殖酸》等 10 余项化工行业标准相继发布。有力地促进了新型肥料的健康发展，"海藻酸增值肥料系列标准研制及应用"和"大宗化肥绿色增效技术创新及应用"分别于 2021 年、2022 年两次获得中国石化联合会科技进步二等奖。

中国科学院沈阳应用生态研究所于 2010 年 12 月联合农科院所、高校及相关企业成立了稳定肥料产业技术创新战略联盟。近年来，年产量高达 250 多万 t。与美国、德国同类技术相比，脲酶和硝化抑制率分别提高 1.4 倍和 57.1%，成本降低 27%。中国农科院区划所与深圳芭田生态工程股份有限公司，以风化煤、煤矸石和黏土等为原料，采用纳米材料和高分子化工技术，发明了低成本、易降解的系列肥料用缓释材料，研制出大田作物用缓/控释肥料生产工艺及关键生产设备，实现规模化连续生产，解决了成本高、降解难等多个技术难题。2013 年"低成本易降解肥料用缓释材料创制与应用"获国家技术发明奖。郑州大学以肥包肥的方式实现控释；华南农业大学新肥料资源研究中心用改性矿物及工农业废弃物（造纸黑液、地沟油等）均为化肥减量增效做出了重要的贡献。

经过 20 多年的努力，我国控释肥在控释材料、方向、工艺、成膜方式及理论研究、技术开发等方面均取得重大进展，形成了鲜明的特色（表 9-1），在包膜材料、工艺设备 双向控释（缓释和促释）及产品方面均达国际先进水平。其中部分达领先水平。我国的控释肥产量不但继续居世界首位，而且涌现出一批掌握先进技术的优秀企业及产业联盟。

表 9-1　国内外控释肥的技术体系比较

控释途径	控释材料	关键设备、工艺	控释方向	成膜方式
1. 二次加工：包膜；非包膜化合—脲甲醛；混合—有机无机复合肥料 * * 2. 一步法控释：在单质肥或复合肥生产过程中加入控释材料，一步成肥	1. 常用：高聚物、塑料、硫黄 * 2. 肥料：钙镁肥、磷酸铵镁 * 3. 废物资源功能化：木质素、发酵废液、污泥、滤泥 * 4. 其他新材料：腐殖酸、海藻酸、矿物。活化磷，生物基聚氨酯	1. 专用包膜设备：回收溶剂、密封设备 * 2. 开放式常规包膜设备：转鼓包膜、圆盘包膜、挤压造粒 * 3. 非包膜常规设备	1. 缓释：尿素磷铵、氯化钾 * 2. 促释：磷镁钾矿粉（缓急相济、双向调控）	1. 物理成膜：溶剂挥发，需密封设备回收 * 2. 反应成膜：无溶剂，无须密封设备

注：* 为 863 项目（2001AA.246023）、十一五、十二五支撑项目（2006BAD10B03，2011BAD11B00）成果。

第三节　功能型肥料研制与加工

功能型肥料主要是指一般营养功能以外的新功能，如保水、防病、除草等功能，也包括对特定农艺性状有突出调控作用的功能。如促根、抗倒等功能。新功能拓展是肥料科技发展的重要前沿，本节介绍保水、防病、抗倒和添加农药型复合肥等四种功能肥料。

一、保水肥及其加工技术

(一)发展保水肥的意义

肥料和水是作物生长的基础条件,农业用水量大和利用率低与我国水资源紧缺之间的矛盾 以及肥料利用率低、浪费巨大、污染严重已成为阻碍我国农业可持续发展且迫切需要解决的问题。提高水肥利用率对我国农业可持续发展意义重大

保水肥是保水剂和肥料通过某种形式的结合研发的一类集吸水、保水和养分控释于一体的新型肥料。保水肥改变了农用保水剂直接施于土壤的传统利用方式,把保水剂与肥料结合,由土壤的“面”到肥料的“点”,范围缩小,用量降低,但效果更好。在保水功能上叠加了控肥功能,性能/价格比提高,因而明显提高了保水保肥效果。

保水肥是实现水肥一体化调控的物化载体,在一定程度上集成了“农艺节水技术中水肥调控(耦合)技术”、“化学制剂保水节水技术”和“肥料控释技术”的优越性,将复杂的农艺措施物化到肥料中,同时通过水凝胶对养分的吸持和水肥交互作用实现水肥一体化调控。

水肥是一对相互作用的因子,水分和养分投入合理,供应协调,就能产生明显的协同效果,表现出大于两因子叠加的增产作用。

(二)保水肥的技术原理

1. 保水剂及其在肥料中的应用

高吸水性树脂(super absorbent polymer, SAP)是一类亲水高分子化合物,一般具有数百倍于自身重量的吸水能力,其吸持的水分不能用一般物理方法挤出,但百分之九十以上可被植物吸收利用,在农林业上有广泛应用前景。

保水剂按其来源分为三大系列:天然保水剂、合成保水剂和半合成保水剂。天然保水剂是生物产物,如蛋白质、淀粉、纤维素、果胶类、藻酸类等,能够吸收超过自身质量十倍到数十倍的水,吸水量较低,有些天然材料如纤维素所吸持的水分通过挤压可去除。合成保水剂是利用石油化工产品的有机分子作为单体,通过聚合反应合成的高吸水性树脂,可吸收超过自身质量数百倍水量,如聚丙烯酰胺、交联聚丙烯酰胺、聚丙烯酸钠及交联聚丙烯酸钠等。半合成保水剂是用石化产物有机单体接枝天然高分子或与无机矿物共聚或混聚得到的聚合产物,如聚丙烯腈接枝淀粉共聚物、羧甲基纤维素接枝丙烯腈水解产物等。合成保水剂与天然生物材料或无机矿物共聚研制复合保水剂可降低保水剂生产成本,提高耐盐性能。

保水剂的农业应用始于20世纪70年代美国农业部北部研究中心将淀粉接枝丙烯腈水解产物在西部干旱地区推广,保水和增产效果良好。在农业领域的应用主要包括三种传统方式:①直接施于土壤中。在土壤中直接施用保水剂有地表撒施、沟施、穴施、喷施等多种方法。其中沟施和穴施等集中施用方式有利于保水剂在土壤内的保墒。②蘸根或拌种处理。该法在苗木移栽中应用较多。③种子包衣或造粒。种子包衣是用类似拌种的方法将种子外包一层保水剂,然后晾干。造粒是先将种子浸泡在一定浓度的保水剂溶液中,使种子表面形成一层保水剂薄膜,再将保水剂与化肥、农药、腐殖质等通过造粒包于表面。此法可使小粒种子大粒化,适用于飞机造林、种草。

保水剂在农业上的上述三种传统使用方式中,以直接施于土壤方式简单易行,后两种方式处理不当就可能对植物造成伤害,因为保水剂直接作用于种子或作物在水分较少环境中将发

生不利于种子或作物的水分竞争或盐害。使用成本较高是限制保水剂农业应用的主要原因。开发保水肥，使原来保水剂单一的保水功能升级为“保水-控肥”双重功效，在产品功能升级前提下实现成本分摊，有利于推广应用。

2. 肥料对高吸水性树脂保水性能的影响

保水剂与肥料复合其吸水性能将受到肥料盐离子的影响。当聚合物在浓盐溶液(如给聚合物加载养分)中水合时，其膨胀能力降低。

水合溶液中可溶性盐的种类对聚合物的膨胀有很重要的影响。二价阳离子(Ca^{2+} 和 Mg^{2+})比一价阳离子($NH_4{}^+$、Na^+、K^+)阻碍作用更大。土壤中常见阳离子对保水剂吸水倍率的降低程度与阳离子在土壤中的代换力排列近似，即 $Fe^{3+} > Al^{3+} > Ca^{2+} > Mg^{2+} > NH_4{}^+ > Na^+ > K^+$。

为克服保水剂吸水性能受到肥料盐影响的技术瓶颈，近年来采用无机矿物材料与保水剂共混或在保水剂合成过程中添加而研制的有机无机复合保水剂，不仅能降低成本，而且在耐盐性能方面有较大的改善。

3. 保水剂对肥料养分的控释作用机制及效果

保水剂是一类溶于水或遇水膨胀的聚合物，其特征是具有一个大聚合物的“骨架”并带有如—COOH、—OH、—NH_2 等极性基团，亲水性很强，可以达到自身质量的 1 000 倍。聚合物的骨架又是一个适度交联的网状结构，可让一些小分子或离子如 $CO(NH_2)_2$、NH_4^+ 和 NO_3^- 扩散进入，进入保水剂分子内部的养分离子或分子，可以暂时被溶胀的保水剂包裹起来，或被带电基团激活作定向排列，若是阳离子还可以与树脂内部的阳离子发生交换吸附，而暂时固定下来延缓了养分的释放。

许多不同的保水剂已被用来控制各种氮肥的养分释放和保持。在土壤中混入各种浓度的乙烯醇-丙烯酸共聚物，然后把它们放在淋洗柱中，将 NH_4^+、NO_3^- 溶液通过土柱，淋溶液中 NH_4^+ 和 K^+ 的淋失量大为减少，但 NO_3^- 的淋失减少不明显。用各种保水剂加入含氮量为32%的尿素硝酸盐溶液中，在强淋溶条件下前 4 周从土柱中淋失的氮与对照氮肥相比减少 45%。

研究发现，中性和两性高聚物能增加土壤对 NH_4^+、NO_3^-、K^+ 和 PO_4^{3-} 的吸附量和抗淋溶作用，随中性和两性高聚物用量的增大，土壤对 4 种离子吸附量和抗淋溶作用增加；阴离子型聚合物增加土壤对 NH_4^+ 和 K^+ 吸附量和抗淋溶作用，降低土壤对 NO_3^- 和 PO_4^{3-} 吸附量和抗淋溶作用。

(三)保水肥的类型及生产工艺

保水肥工艺基本上与缓释肥工艺相似，主要区别是保水肥以保水材料作为缓释材料。保水剂与肥料的复合工艺有如下 3 种类型。

1. 物理吸附型与混合造粒型

该工艺较简单：混合与造粒，无须特殊设备。将保水剂加入肥料溶液中，让其吸收溶液形成水溶胶或水凝胶，或者将其混合液烘干成干凝胶，如将保水剂添加到硝酸铵-尿素溶液制成黏液肥。这样即可获得富营养保水剂。可直接作肥料使用或与栽培基质混合使用或将保水剂和肥料混合，通过挤压造粒或圆盘造粒即可制成保水肥使用。由于肥料中无机离子对保水剂凝胶的吸水性存在不利影响，需要注意采取措施，减少肥料中的各种离子对保水机网络结构的破坏。例如，加入5%左右黏土矿物，如膨润土、硅藻土、沸石等，很明显地增加保水剂的抗盐能力。

2. 包膜型

保水包膜肥的包膜材料是保水剂，通过以下两种方式进行包裹。

(1)物理方式　用改性磷矿粉做尿素颗粒包膜的内膜，保水剂材料做外膜，通过物理涂覆制备包膜肥料，效果良好；用淀粉与聚乙烯醇在交联剂作用下先制备包膜料液，然后用物理涂层法制成包膜尿素，制得的淀粉接枝聚乙烯醇包膜尿素肥料缓释性能良好，且有抗结块性；先以交联聚丙烯酰胺包于肥料表面，再用醋酸乙烯乙酯做密封剂可进一步改善控释性能。该工艺可在开放式圆盘设备中完成。在制造过程中，同样要注意采取措施防止肥料的养分离子对于保水剂的网络结构的破坏。例如，在肥料颗粒的表面预先包上一层油膜，然后再包上保水剂。

(2)化学方式　利用化学聚合反应在尿素颗粒表面直接成膜制成保水包膜尿素肥料，含氮量在30% 以上，并有较好的较高的吸水倍率及养分缓释作用。

3. 化学结合型

将肥料养分通过聚合反应结合到保水剂聚合物分子中，使肥料养分成为保水剂聚合物的一个组成成分。这一方式可提高其养分含量，还可引入新的养分控释机制，获得养分延缓释放效果。斯特豪森公司生产的钾基聚丙烯酸酯聚丙烯酰胺保水剂含有21.4% 氧化钾。通过钴辐射共聚反应可合成高膨胀性丙烯酰胺-丙烯酸保水复合肥，形状呈棒状，含有肥料硝酸铵、硝酸钾及硫酸铵。

(四)保水肥的水肥调控特征及应用

1. 保水肥的水肥调控特征及效果

在保水剂中加入某些矿物和养分制成有机无机复合保水肥，具有明显的增产、提高水分和氮肥利用率的效果。氮肥利用率比普通尿素提高一倍以上。

以保水剂为膜材，以大颗粒尿素和改性矿物包膜尿素为肥芯，研制出单层及复式包膜保水尿素系列产品。研究表明保水剂包膜尿素水中24 h氮素溶出率在18.22%～83.87%，土壤中4周氮素累积淋出率在40.91%～65.38%，较尿素降低5.21%～40.68%。控/缓释性能与保水剂类型、吸水倍率及用量有关。扫描电镜图(图9-12)显示复式包膜尿素的缓释效果明显优于单层包膜尿素，其缓释效果还与内膜材料有关。

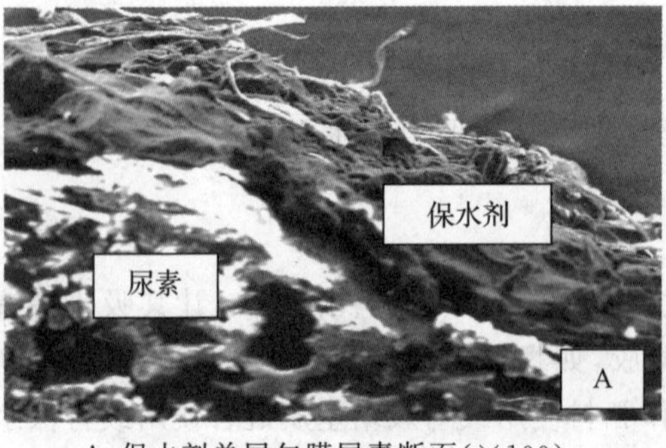

A. 保水剂单层包膜尿素断面(×100)

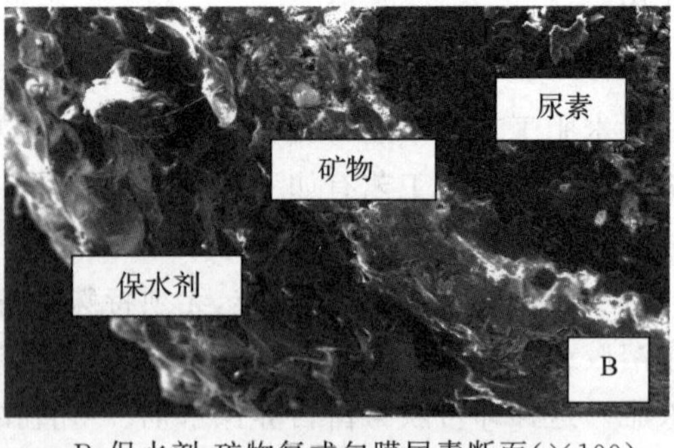

B. 保水剂-矿物复式包膜尿素断面(×100)

图9-12　高吸水性树脂包膜尿素膜表面扫描电镜图(杜建军等 2007)

用差示扫描量热仪(DSC)和水分特征曲线方法对实验合成的保水缓释氮肥水分状态及吸持特征进行研究，保水缓释氮肥所持水分 90% 以上是植物有效水。保水缓释氮肥中植物难利用的结合水占仅 5% 以下。

2. 保水肥的防水肥流失功能

一般认为保水剂的作用是保水，因此在地域上着重应用于我国西北干旱地区，在季节上着重于秋冬旱季。对于东南沿海地区，以及春夏降水量较大的季节，通常认为保水剂(肥)的作用并不大。但是从水肥一体化调控的角度分析，由于肥随水动，保水就能保肥，因此在雨季和水分充足条件下通过保水剂(肥)的保水作用，就能减少肥料随水流失(图 9-13)。保水肥的每个颗粒都能保持一些水分，相当于一个个小水库，灌溉或降雨时，下渗或侧渗水量减少，通过肥粒的吸持而有更多的水保存于根层中，这样也同时减少了肥料随水流失，可保留更多养分于耕层，因此能保水保肥而增产。

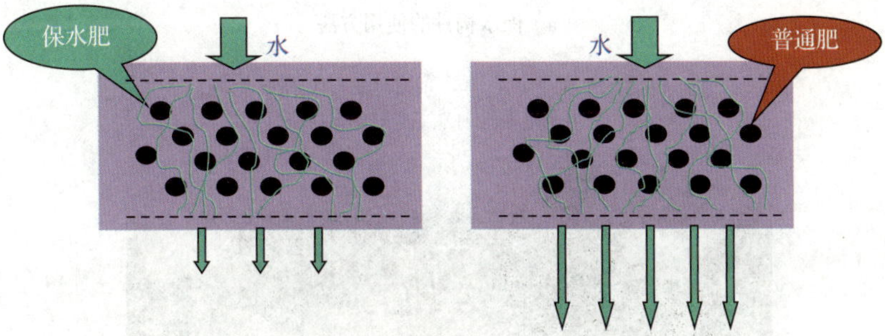

图 9-13　保水肥和普通肥的水肥流失对比

3. 保水构件的托水性

保水构件源于其空间构型(片状、盆状、碗状构件)对土层水分运动的阻截和承托作用(主要是阻截水分下渗及侧渗)而产生的保水能力，使水分(养分溶液)保留于土层中，明显提高了保水(肥)效果，这样可产生“托水保肥”的效果，它比保水剂通过吸水力而产生的保水效果更好，是一种新的保水机理和技术研发思路，优点突出。一般保水剂的保水效果仅源于单一吸水力，而保水构件保水效果来自两方面：不仅有吸水力，还有构型后获得的独特的托水能力。这样，还可加入吸水力不强的廉价材料(矿物粉、木屑、秸秆)而获得较高的保水力，因而可进一步降低达 50%的成本。

保水构件的使用方法较为简便，先铺垫于沟底，再铺 2～3 cm 土，然后施肥下种(图 9-14a)。这些工作可以与耕作同时进行，施用浆状保水剂于犁沟底产生弧形(构型)，一次完成机械化作业，即可形成地下水(肥)库。在马铃薯、甘蔗、香蕉等作物上应用，节水节肥、增产增收效果明显。

保水构件的作用不仅是保水，还能保肥，保肥的贡献至少不亚于保水，与保水剂和土壤混合的使用方式相比，具有空间构型的保水构件能同时有较好的吸水能力与托水能力，保水(肥)效果进一步提高，因而增产效果好，且收获后在土中还有较高的水分含量。一般情况下，使用保水剂可以节水和节肥的幅度一般均达 25%以上而产量不降或增加，保水构件有明显的技术经济优势。同等施肥条件下，桉树 1 年树径增大 1 倍多，材积量增大 2 倍多(图 9-14b)，而保水构件成本明显低于普通保水剂。保水构件一年四季都可发挥作用，在西北旱区和在东南沿海都有很好作用，水少时保水为主，水多时保肥为主。

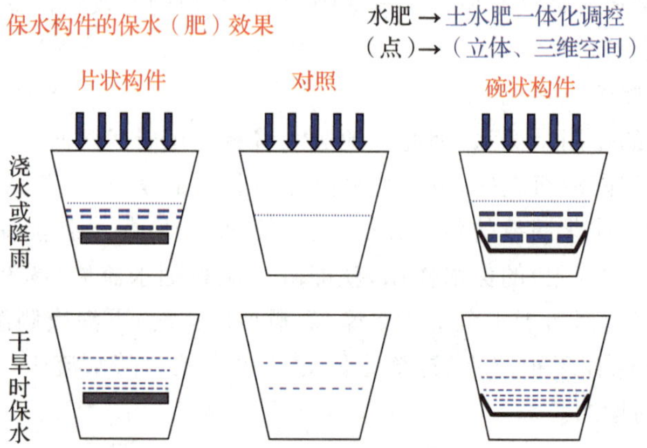

（a）保水构件的使用方法

（b）保水构件的托水保肥效果

图 9-14　保水构件的使用方法及效果

4. 保水功能肥料发展中需重视的问题

（1）丙烯酸基保水剂残留单体对作物具有伤害效应　保水功能肥料生产中主要的保水功能材料在合成时常用丙烯酸作为接枝聚合单体，因工业化生产上聚合反应存在不完全现象，保水剂中将残留丙烯酸水溶性单体，其含量可高达 1 500 mg/kg 以上。在营养液中添加丙烯酸的水培玉米试验中发现，在极低浓度下玉米主根即表现出显著的生长抑制，地上部生物量积累显著降低，5 mg/L 以上便导致玉米根系腐烂，且丙烯酸对玉米根系的伤害作用大于茎叶，表现为根冠比降低、根系表面积和体积显著下降（图 9-15）。

进一步用保水剂凝胶培养玉米发现，交联聚丙烯酸钠和交联聚丙烯酸钾凝胶均对玉米幼苗生长有明显的伤害作用（图 9-16），这一发现证实了保水剂中残留丙烯酸对作物存在伤害。

尽管丙烯酸在土壤中具有较快的降解特性，降解半衰期小于 1 d，3 d 可以完全降解，但受到凝胶缓释作用的影响，保水剂中残留丙烯酸在土壤中的降解比单独添加丙烯酸在土壤中降解慢许多（图 9-17），且与土壤含水量相关。在土壤最大持水量条件下（含水 41.3%）保水剂中残留丙烯酸降解和释放迅速，第 3 d 减少 97.25%，第 7 d 减少 99.07%，第 10 d 剩下 0.68%，第 15 d 凝胶中已测不到丙烯酸。然而，在保水剂施用的干旱半干旱地区，往往难以实现使土

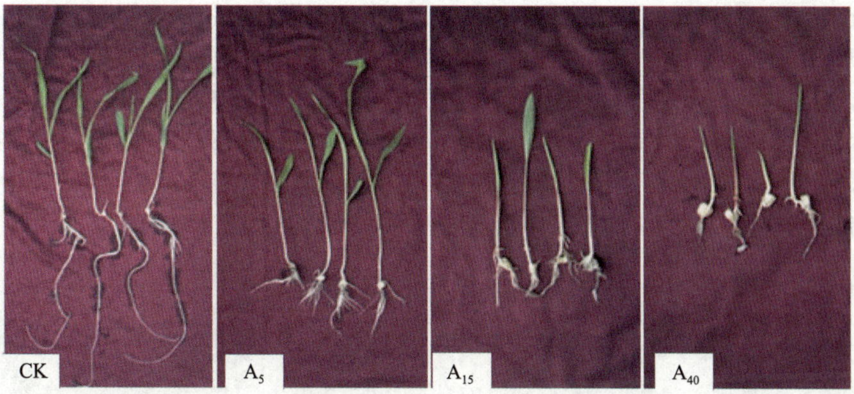

图 9-15　不同浓度的丙烯酸对玉米生长的影响(Chen et al.,2016)

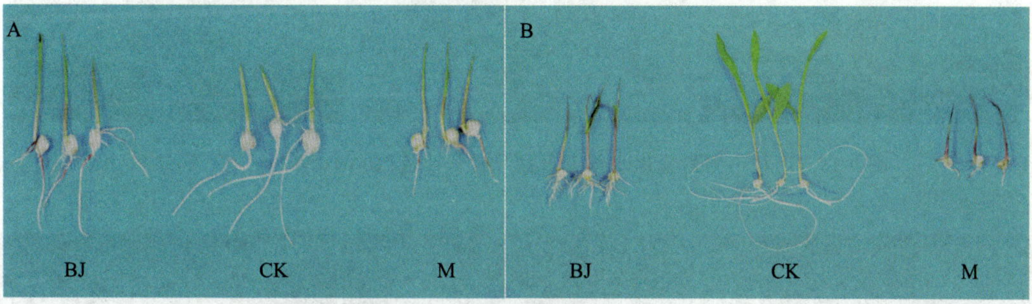

A. 培植 3 d; B. 培植 6 d

图 9-16　两种保水剂凝胶及蒸馏水培植玉米幼苗(Chen et al., 2017)

CK:蒸馏水处理;BJ:交联聚丙烯酸钠型保水剂凝胶处理;M:交联聚丙烯酸钾型处理

壤含水量达到田间持水量的水分状况,因而在干旱半干旱地区保水剂中丙烯酸的降解率很可能跟 T2 和 T3 相似,丙烯酸的降解速率随着土壤中含水量的降低而减缓,因而其潜在的危险期将会更长,10～15 d 仍然可达到伤害作物的浓度。

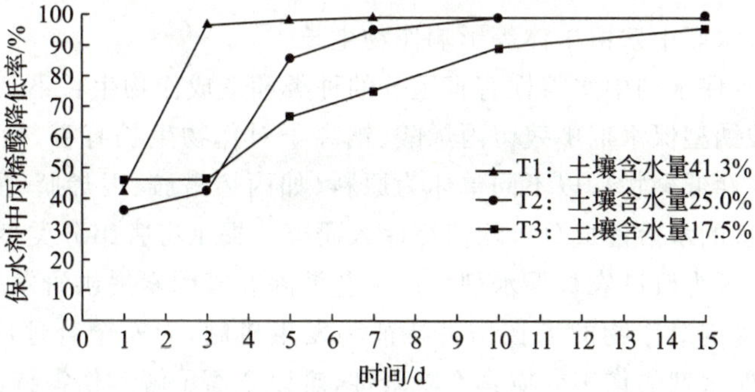

图 9-17　保水剂在不同含水率土壤中丙烯酸的降解率动态(Chen et al., 2016)

不同用量的交联聚丙烯酸钠型保水剂施用于土壤中,种植玉米在前期(10 d)可观察到出现心叶叶尖下垂、枯死、卷筒不能展开等症状(图 9-18),玉米根尖显微结构显示(图 9-19),与对照组相比，处理 AN1(0.3%)和 AN2(1.2%)玉米根尖横断面结构受到不同程度损伤，细胞形态不规则，变形，排列疏松，其中皮层薄壁组织受到的损伤最严重，AN1 部分组织出现破损和凹陷，出现空洞，AN2 皮层薄壁组织从微管柱向外严重塌陷，细胞结构遭到破坏；外皮层和表皮也难以分辨，有部分脱落；内皮层与维管柱界限模糊，维管柱相对较小，发育不健全。这一结果表明，根系接触保水剂后根尖细胞组织受到了明显的伤害，根系细胞组织的损伤直接影响植株养分和水分的吸收，是导致施用保水剂处理的玉米幼苗生长受阻的主要原因。

图 9-18　两种不同用量保水剂玉米盆栽生长照片(10 d)(Situ et al.，2023)

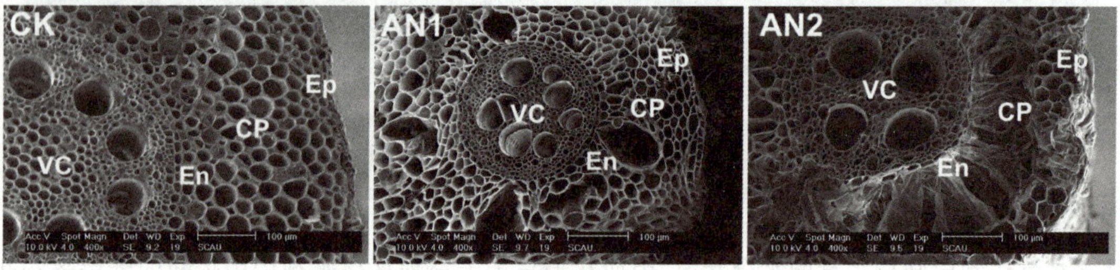

图 9-19　玉米根系横断面(Chen et al.，2016)

epidermis(Ep)：表皮；endomermis(En)：内皮层；cortex parenchyma(CP)：皮层薄壁组织；vascular cylinder(VC)：维管柱

(2)如何避免保水肥中残留单体等影响作物生长

①需要全面揭示保水剂中水溶性有害组分的种类和造成作物生长不利影响的阈值。研究表明，交联聚丙烯酸钠型保水剂中残留丙烯酸、钠离子对作物生长有害，是否还存在其他水溶性有害成分(如水溶性低聚物)、以不同单体为原料(如丙烯酰胺、丙烯腈、醋酸乙酯等)的保水剂类型中对作物有害的水溶性成分等均值得深入研究。揭示有害组分类型及对作物伤生长不利影响的浓度阈值，可为改进农林保水剂生产工艺消除有害因素提供研发思路。

②需要揭示保水剂对作物的潜在伤害特征和发生机制，为安全合理应用提供科学依据。在干旱胁迫条件下保水剂的伤害效应具有隐蔽性，难以全面了解其伤害特征，可以在无水分胁迫下来研究。针对保水剂中残留丙烯酸在极低浓度即可造成伤害但在土壤中降解较快的毒害性特征，可以在施用方法上通过在作物播种或移植前一段时间(如 10～15 d)将保水剂施入土壤并浇灌一定量的水，达到作物根系接触凝胶前使其中的丙烯酸降解以消除丙烯酸伤害的目的。同时，不同土壤类型、温度等气候条件以及土壤含水量均影响丙烯酸的降解速率，不同地

区保水剂提前施入的具体时间需要进一步研究确定。今后进一步揭示保水剂中其他水溶性有害组分的毒性特征有利于在使用方法上制订相应的预防策略。

③可以通过完善农林保水剂产品质量标准来预防对作物生长的不利影响。我国现行的《农林保水剂》(NY886—2022),规定了产品的吸水倍数、吸盐水倍数、水分含量、pH 和粒度等 5 项技术指标,对残留单体等有害组分种类和含量尚无限制指标,这与保水剂中有害组分种类及对作物的毒性阈值、造成作物生长不利影响的机制等缺乏系统研究有关。保水剂的生产属于高分子化工行业,因此在产品标准完善上既要考虑农林业应用中的安全性,同时需要结合保水剂生产工艺的可行性来确定。

(3)亟须研发新型低成本保水材料降本增效 目前,在国外保水肥的生产和销售已有少量品牌,如 Fertisorb、Hydrogel、Watersorb 等,多用于盆栽观赏植物、高尔夫球场及特种草皮种植等方面。中国在保水缓释肥的产业开发上形成品牌效应的产品甚少,主要原因在于保水材料价格昂贵。普通保水剂价格是肥料价格的 10 倍以上,高达 2 万元/t。而且普通保水剂耐盐性较差,易受到肥料盐类物质影响而大幅度降低其吸水倍率。因此,保水肥的发展首先需要在保水材料的耐盐性和成本这两方面有所突破。近年来我国在采用天然多糖、无机矿物等新型原材料和改变生产工艺等方面取得显著进展,并研发成功膨润土、污泥等有机无机复合保水材料模块,可以大幅度降低成本和提高耐盐性。为消除保水剂中钠离子和游离丙烯酸等单体对作物的伤害,以氨水代氢氧化钠合成氨水-硅藻土复合的保水剂不仅消除了钠离子对作物生长的不良影响,还可极大降低保水剂中丙烯酸单体残留量,提高耐盐性,盆栽试验也获得预期效果。上述研究为今后新型低成本保水功能材料升级换代提供了重要的技术基础。

二、防病型功能肥料研制及肥效

(一)意义

植物土传病害是一类重要的植物病害,在高温、高湿的热带、亚热带地区大量流行,是实现农业可持续发展的主要障碍之一。在目前的防治方法中,化学防治(如喷施杀菌剂,土壤熏蒸等)效果差,而且易造成环境污染,导致抗药性和降低作物品质,同时还威胁食品安全。抗病育种耗时长,投入高,且抗病能力易受土壤环境变化及病菌变异而波动。因此,迫切需要见效快、安全可靠的防治技术。

施肥防病是近年来日益活跃的前沿研究领域,是土壤肥料与植保学科的交叉渗透的重要成果。防病肥对土传病害具有较好的防治效果。通过施用防病肥,调控土壤微生物生态而提高土壤微生物多样性,从根本上改善土壤质量,在微生物生态水平上抑制土传病害。这是一项新颖的绿色防病技术途径,也为肥料拓展了防病功能,同时又为改善土壤生态系统或维护土壤健康提供理论依据和科学手段。由于能有效地防治作物的土传病害,实现不用或少用农药,可从源头上解决作物的农残问题,这对于发展绿色食品、实行农业清洁生产和保障食品安全具有重大战略意义。

(二)技术原理

防病肥的技术原理有两个方面:一是平衡施肥,增强农作物对病虫害的抵抗力,这涉及植物营养和植物病理方面内容,在此从略。二是以菌治菌,施肥防病。通过施用微生物肥料提高土壤微生物多样性和有益微生物数量,抑制病原菌的繁殖,实现“扶正抑邪”的生态调控途径防治土传病害。基于此原理，施用防病肥适时提高土壤微生物多样性指数，使之在一定期间内得以持续，即可使无药可治的土传病害变为"施肥可防"。

防病肥的效果与化学农药有着本质区别。化学农药重在"治标"，往往出了问题才被动采取对策，而且容易造成病原菌的抗药性、土壤生态系统功能破坏和环境污染等问题。而防病肥则是"寓治于防"，着重调整土壤微生物的种群结构，营造一个不利于发病而利于作物生长的土壤生态环境。这是一种施肥防病于前的源头治理，优于施药治病于后的常规技术，有广阔的发展前景。防病肥属于生物有机肥的范畴，但具有独特的防病功能，不仅含有拮抗作物病原菌的菌种，还具有调控土壤微生物生态、防治土传病害的功能。

(三)工艺技术

用于制造防病功能肥料的原材料与一般生物有机肥的类似，主要包括菇渣、制糖酵母、滤泥、味(酒)精浓缩物、木薯淀粉渣、中药渣以及其他工农业废物，如生活污泥、秸秆、木屑等。其生产技术工艺也大致与一般有机肥的相同，但有如下 3 个突出的技术特点。

1. 复合菌剂的构建

从微生态系统考虑，在了解有关菌种特性的基础上，根据用途把多种菌株进行恰当组合，使之优化，构建出既有直接拮抗病原菌的拮抗菌系，还包括与拮抗菌系协同、在土壤中能快速繁殖，从生态位竞争角度间接抑制病原菌的营养菌系的复合菌剂。这样构建的复合菌剂既满足纯培养菌株的营养要求，易于调控、生理代谢稳定的条件，又具有混合培养的功能等优点，是构建高效复合菌剂的重要技术途径。复合菌剂的构建可能会碰到两个不同类型菌种的相克问题，如木霉菌和芽孢菌的配伍会产生拮抗。通过相应的技术处理，可以避免两者直接接触而获得协同增效的作用。

2. 复合菌剂与物料的配伍

筛选与复合菌剂配伍的有机物料，通过菌种与相应的基质(有机物料)相配合，发挥"基质—菌群"效应，提高堆肥过程菌种的繁殖率，以促进菌种施入土后具有较高的竞争力，抑菌防病，这一关键技术对防病效果有很大影响。防病肥的生产工艺流程见图 9-20。

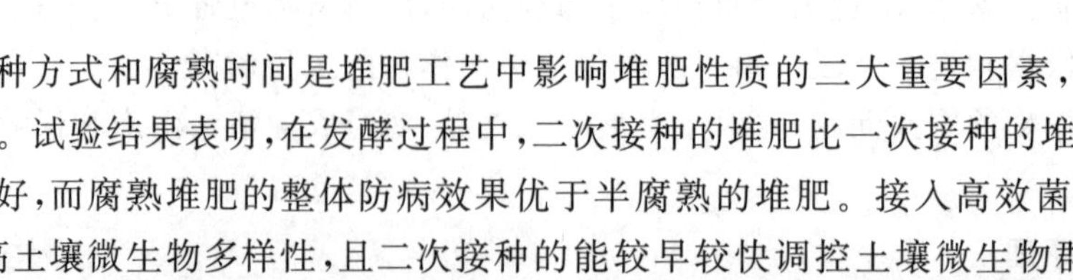

图 9-20 防病肥的工艺流程

堆肥的接种方式和腐熟时间是堆肥工艺中影响堆肥性质的二大重要因素，因而直接影响防病肥的防效。试验结果表明，在发酵过程中，二次接种的堆肥比一次接种的堆肥和不接种的堆肥防病效果好，而腐熟堆肥的整体防病效果优于半腐熟的堆肥。接入高效菌种的堆肥施入土壤后，能提高土壤微生物多样性，且二次接种的能较早较快调控土壤微生物群落，其多样性指数上升较快，番茄发病的敏感期多在前期，故二次接种处理有利于及时在前期发挥生态调控作用，防病效果好。比较不同腐熟程度的堆肥处理发现，在前期，腐熟堆肥处理的多样性指数均比对应的半腐熟处理高，而到中期和后期，半腐熟堆肥处理的多样性指数反而较对应腐熟堆肥处理高。这一指数变化反映了半腐熟堆肥可较持久地提高土壤微生物群落功能多样性指数，但起效较慢；而腐熟堆肥处理能在前期较快地被土壤中的微生物利用，微生物数量和种类较快地增加，故较快地提高多样性指数。

3.堆肥发酵的调节与有机肥肥效的关系

一般而言，大多数有机肥均有肥效缓慢的特点，对土壤微生态的调控滞后，因而达不到最佳防效。对此，可采用调节施肥期和调节发酵腐熟度的方法。

(1)调节施肥期，提前施基肥和提早追肥能较好地解决此矛盾，充分发挥其肥效和防效的潜力。对于同一肥料，采取不同追肥时间，其对土壤微生物多样性的影响以及防治土传病害的效果均不同。追肥及时，土壤微生物多样性指数维持较高，其发病率最低；而追肥时间迟，致使前期土壤微生物多样性指数较低，即使后期显著提高，也难以抑制病菌的繁殖，其发病率则较高。因此，适时追肥，及时调控土壤微生态是防病肥发挥功效，实现"施肥防病"的关键。

(2)调节发酵腐熟度，根据堆肥发酵时间长短与显效快慢及持续期长短关系调节堆肥发酵期，使其腐熟度处于优化状态以充分发挥防病效果。发酵时间过长或过短而导致腐熟过高或过低，都不利于充分发挥其防病的效果。

目前关于有机肥腐熟的标准是基于营养目标来确定的，而生态调控防病肥的主要目标是防病，不宜简单地套用现有的腐熟标准。依据土传病害的发病规律，了解土壤微生态最适调控期，从而对防病型功能的制肥工艺(接种方式、腐熟时间)进行相应调控，才能提高其防效。就番茄青枯病而言，前期是施肥防病的关键时期，应选择对提高土壤微生物多样性起效快且持久的堆肥，且应在前期和中期及时追肥，调控土壤微生物多样性以使其及时而持久地发生作用，以提高防病肥的防效。若某些土传病害的最适调控期是在中后期，则要考虑施用肥效持久的防病肥。在施用方法上，通过调整施肥时间、施肥次数等手段，防病施肥能及时，调控土壤微生态，达到防治土传病害的目的。

(四)重要研发内容及发展前景

大多数对生物有机肥的肥效研究主要着眼于作物营养效果，即使是结合防病研究，也是从营养角度探讨对作物自身抗逆性增强的效果，从土壤微生态角度探讨防病的研究较少。十一五期间，我国这方面的研究和应用均有很大进展，陆续取得重要成果。今后，进一步深入研究从生态调控角度分析防病机理，可望促进防病肥的发展，并在农业生产中发挥更大作用。

1.以防病为重点研发防病肥技术

目前国内外对生物有机肥制作技术的研究，主要集中在养分方面，包括有机成分、无机成分以及养分形态转化方面，而关注生态调控防病的研究甚少。发酵时间长短、加菌方式等堆肥工艺对防病肥的土壤微生态调控效果(起效快慢及起效时间)有重要影响。因此，在确定堆肥工艺参数时，特别注意主要目标不是营养，土壤生态调控才是主要目标，这样才能与一般的生物有机肥区别，充分发挥防病肥的肥效潜力。

2.防病肥的质量及评价方法

现有国内外生物有机肥的质量评价多集中在营养方面，尚未有考虑其土壤微生态调控作用及其相应的质量评价指标。已有的研究表明，用 BIOLOG 方法可以衡量有机肥对土壤微生物多样性的影响，而多样性指标提高与防病效果密切相关。因此，BIOLOG 测定有可能成为评价防病肥防效的一个重要指标。

目前应用于土壤微生物研究的BIOLOG微平板有ECO板和GN两种，分别是31和96种碳源，这些碳源在衡量有机肥防效的作用中并不是同等重要的，即不是等效的。其中相当部分可能是冗余碳源，如能把特征碳源从中分离出来，既可提高效率，又可减少工作量。已有研究通过数学方法筛选出10种特征碳源，用以评价有机肥性质，可得出与常规BIOLOG法相同的结果，大大减少了测试成本和时间，使之更为快捷。BIOLOG MT微平板是不含碳源、仅供加入显色剂的微平板，利于研究者自行设计碳源。研究把特征碳源应用于BIOLOG MT板或自配微平板，将使测试更加简便，进一步推进特征碳源的认识和应用。

除BIOLOG外，FAME、PCR-DGGE等方法，也在土壤微生态环境中得到应用，这方面的深入研究也有助于建立防病肥防效的评价指标。

菌量是评价生物有机肥质量的一个重要指标，这仅是在施用前的指标，而施用后能否在土壤中快速繁殖形成对病菌的优势菌群，对于防病效果至关重要，但这却被忽略了，今后应当加强这方面的研究。

3. 完善基于生态调控的施肥防病新技术

防病肥着重于土壤微生态调控，在提高土壤微生物多样性的同时，也在一定程度上有改善作物营养、促进生长和增强防御酶的作用(图9-21)。

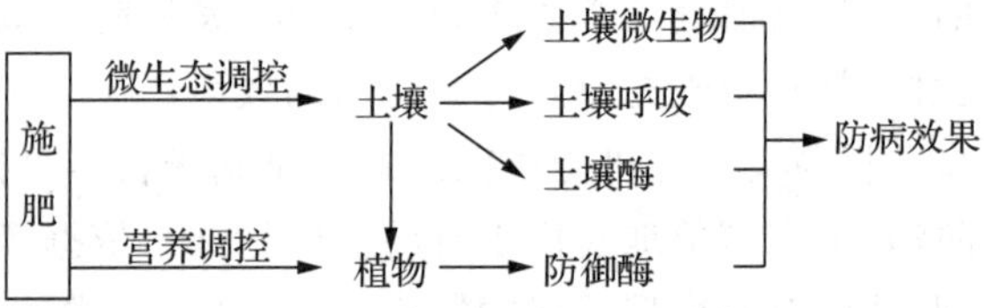

图9-21 施肥防病机理

施肥防病技术不仅是防病的新途径，还为肥料功能的拓展提供了一个新的方向和空间，将有力推动肥料技术的进步。防病肥的肥效不仅与肥料的性质有关，还与使用技术有关，其防病效果与施肥的数量、次数、时机有关。措施适当可及时压制致病菌群使之处于劣势，可获得好的防效。此外，肥料的剂型对防效也有很大影响。液肥易于在耕层中迅速分布，有助于在根系分布的土层形成对病菌的生态压力，因而有较高的防效。

4. 拓宽防病肥的应用范围

基于生态调控的防病肥在作物土传病害的防治领域已经取得了初步成功。在水产养殖，这一原理也有重要的应用价值，水质劣变使水体微生物种群的平衡条件破坏而导致病害频发，严重影响水产养殖。使用鱼药治病成本高而效果不理想，根据生态调控的原理研制适合水产养殖的防病肥，不仅可为水产养殖开辟一条施肥防病的新路，同时也为新型肥料提供了一个新的发展空间和市场机会。

三、含农药型复合肥料(药肥)

肥药混用恰当可发挥相互促进的协同作用。含农药化肥合剂比单一的化肥和农药优越，既省工又节约成本。一方面，某些药剂对于矿物质营养有促进作用。许多氯代烃类、有机磷类和氨基甲酸酯类农药能影响植物生长和矿物质营养。乙拌磷能降低玉米对锰的吸收，而增加对锌的吸收，甲拌磷可使棉花植株体内含氮量下降而叶柄中钙、镁、磷、钾等元素的浓度增加。另一方面，氮、磷、钾肥与杀虫剂混用可能改善一些农药的表面活性，增加其渗透性和附着力等，从而增加其杀虫活性。微量元素与不同的杀虫剂的反应，可增加或减少其活性。一些肥料本身还可作为杀虫剂、杀菌剂应用，如俄罗斯有人用硝酸铵作杀线虫剂，既防治土壤线虫又减少了污染。

植物营养的改善也会提高其对虫害的抵抗力，例如，施用钾肥有利于增强作物抗虫害能力。

(一)含农药型复合肥料国内外研究进展

含农药型复合肥料是指将农药与肥料相混合，并通过一定工艺生产而成的复合、多功能的新型肥料(简称药肥)。药肥中农药可以是液体或粉状固体，化肥可以是单一品种的肥料，也可以是多种养分混配的BB肥、液体肥或其他有机无机复合肥等。按照农药成分划分药肥主要分为除草型、杀虫型和杀菌剂，就产量和品种而言，主要是除草药肥，其次是杀虫药肥。

1.除草药肥

我国农田杂草有250多种，危害农作物最重的杂草有稗草、野燕麦等阔叶和禾本科杂草。除草药肥成为最重要的药肥类别。1964年的日本东北农业试验场以化学除草剂五氯酚钠(PCP)混入肥料中作基肥施用，可节省劳力，除草增氮。因为五氯酚钠能抑制硝化细菌而使硝化受阻，所以不但可除杂草，还增加氮肥的利用率。美国在20世纪60年代中期发现扑草净能强烈抑制硝化作用和反硝化作用，从而减少氮肥损失，并且还能增强生物固氮作用，增加土壤氮含量。美国在20世纪80年代初提出可供混用的除草剂有300多种，化肥有5种，大多数为液体复合肥料。

从20世纪70年代以来，我国各地的农业科研单位开始对除草药肥混配及试验效果进行研究。吉林农业大学在20世纪70年代的研究表明，占肥料7%～15%的五氯酚钠与尿素或碳酸氢铵混用后，能抑制土壤的硝化作用，提高氮肥的肥效。安徽省农业科学院土壤肥料研究所用除草药肥对麦田杂草防效为65.3%～92.7%，且对小麦安全。

2.杀虫药肥

可与肥料混用的杀虫剂主要包括用于防治地下害虫的农药和具内吸作用的有机氯和有机磷农药。有机磷农药如氯丹、艾氏剂等性质稳定，有较长残效，与肥料混合对药效无影响。能与肥料混合施用的杀虫剂有氯丹、地亚农、乙拌磷、保棉磷、七氯、马拉松、二溴氯丙烷等，目前国外推荐的可与肥料混用的杀虫剂有地亚农、乙拌磷、狄瓦斯、马拉松、保棉磷、二溴氯丙烷、三硫磷等。但多数有机磷农药在碱性条件下易分解失效，因而不应与碱性肥料混合。俄罗斯推广的乐果和磷胺制成颗粒，以避免乐果乳剂在水溶液中逐步分解失效。

3.灭菌药肥

华中农业大学吴礼树从植物中提取类营养物质如天然赤霉素、吲哚乙酸、芸苔素内酯等植物内源激素，黄酮类植物活性物质，可增强光合作用，提高养分吸收能力。将这些物质与合适的杀菌剂(如嘧菌酯)混配制剂具有明显的增产优质防疫效果，深受农民欢迎。该技术成果已在湖北等省实现了产业化。

(二)药肥开发的复配及应用

1.药肥标准

药肥按照农药的标准进行登记管理，产品不标注肥料成分。

2.农化效应

药肥中的各种原料及黏合剂都不应与农药或肥料发生不良化学反应，具有药效和肥效的协同增效作用，至少是等效作用，不应出现减效退化作用。

3.外观要求及药剂形态

药肥的物理性质(结块性、吸湿性))与普通复合肥料相比，应无明显的变化。

农药药剂商品形态有粉剂和油状原药、各种浓度 固体粉剂和液体水剂、乳油等。为方便均匀混配，各种农药一般可用水稀释到一定程度单独作为黏合剂或在不发生反应的条件下配入其他黏合剂中使用，固体粉剂也可直接与肥料原料或填料混匀后造粒。

4. 相关性质(pH 值、热稳定性、分散性)

农药 pH 与肥料酸碱性,以及农药 pH 与黏合剂的 pH 必须适应。如果不相适应，应调整工艺，采用惰性填料扑粉或包裹以阻断它们之间可能发生的反应。药肥产品生产过程中一般存在干燥工序,温度可高达 100 ℃以上。如果农药在造粒过程中加入，应注意所选农药的熔点，特别是分解温度应高于干燥温度，以免发生热分解反应。在施用药肥颗粒产品时,产品应快速崩解并流动分散,以保证药分在土壤局部不形成过高浓度而伤害作物。

5. 施用方式

固体化肥的施用主要是通过条施、穴施或撒施等直接撒布在土壤中即可，而农药的施用主要有毒土、喷雾、拌种等，不宜选用只能在叶面喷(雾)施的农药品种。

(三)药肥技术研究要点

通过一定的工艺将肥料和农药按一定的比例稳定于特定的复合体系中而形成药肥合一的新型复合肥料,称为药肥。它可避免农药、肥料间的拮抗作用及对作物的不良影响,增加协同作用,减少农药与肥料的用量,在增产的同时,又保护了环境。

1. 原料各成分的配伍优化

药肥配伍的优化应注意选择好肥和药。农药宜选择毒性低的品种。肥料的选择则要注意从防病虫害的角度分析肥料的养分作用。肥料大致可分两类:一类是普通营养,如氮磷钾及中微肥,提供平衡的养分以增强病虫抵抗力;另一类是对抗病虫有特殊作用的钙、硅元素它们有助于形成屏障以抵抗虫菌的入侵。还有一些肥料,本身就有抗虫作用,如硝酸铵、壳聚糖可杀灭土壤线虫。还有些植物性杀虫剂也可选用,如苦楝、烟叶等,易降解安全性好,同时还可提供一些有机营养。

药肥原料各成分,包括农药、无机/有机肥料、载体以及助剂的配伍是一个相当复杂的课题,目前相当大程度还处于经验性总结阶段。今后应注意分析各成分物理－化学作用过程,进而筛选各成分相互无抑制作用,对土壤结构、土壤肥力不构成危害,对作物生长、农产品品质无负面影响的组合。在此基础上,将生产作物专用复合肥料与农药适用作物及共生病虫草害类型等因素统一考虑,研制出针对特定作物的系列药肥。

2. 农药和肥料的协同增效作用

农药和肥料的增效作用与对土壤环境调控和生理生化调节有关。某些营养元素本身就有直接抗病虫作用。如硅在表皮细胞的沉积对昆虫的口针是一种机械障碍,杀虫剂配施硅素将提高杀虫效果;钙有助于强化细胞壁,因而可增强对病菌入侵细胞的防御。中国腐殖酸工业协会许恩光多年研究表明,以腐殖酸与农药适当混配,既有腐殖酸促长、抗逆等生理调节作用,又可大幅度提高药效并减少除草剂等农药残留对环境和土壤的不良影响,效果很好。杀虫剂与肥料的合理混用,可通过提高药剂在植物体和害虫体的渗透、吸收、传导,提高植物的抗虫能力,从而提高防控效果。例如,2,4-*D* 除草剂与尿素或过磷酸钙混用,具有明显的增效和增产作用,特别是过磷酸钙在提高药效和增产作用上最为显著,大豆喷施多效唑(MET)，叶绿素含量也明显增加。与单纯添加农药或化肥处理相比,药肥处理的细菌群落具有更高的多样性,更有利于防止土传病害的发生。

平衡施肥对于植物体营养状况及生理有明显的影响,因而会影响对病虫害的抗性。偏施氮肥使植物体含氮离子、氨基酸等水溶性氮的比例升高。水溶性养分比例偏高反映了体内合成过程减慢,茎叶变得柔软而不利作物合成抗病虫物质,易受虫咬和病菌入侵。植物体内这类水溶性氮是害虫和病菌的营养,会增加植物的感病性。平衡施肥可调整体内的生化反应使之向合成方向移动,降低水溶性养分的比例而促进合成抗病虫的大分子(纤维素、木质素、果胶等),既可以增强自身抗性,又不利于虫菌对水溶性养分的利用。

近年来,广东省药肥工程技术研究中心研制成功的缓释型尿素和农药可在降低肥和药用量的情况下提高肥效和药效,获得高产优质效果。新型药肥对甘蔗螟虫的防治效果均优于对照(呋喃丹和 1%噻虫胺 G),而且施肥量减少 25%以上,甘蔗的产量和含糖量双双优于对照。该技术最近还发展为收获剩余物原位还田的完整技术体系,以甘蔗收获后的剩余物,添加功能微生物菌剂和功能物质,经过高温发酵腐熟,形成有机药肥,利用配套的机械回田,具有封草杀虫、防病、沃土、增产多种功能。

肥药混配的关键在于避免中微肥间混合出现沉淀降低肥效,在南方果树的肥药混用方面已有一些成果。四水八硼酸钠可与钼酸铵复混,如需加入镁、锰和锌元素则需要加入 EDTA 使其络合稳定化;化学稳定性排序是 $B_8O_{13}^{2-} > Mo_2O_7{}^{2-} > Ca^{2+} > Zn^{2+}$。在此基础上,总结了五种中微肥(四水八硼酸钠、钼酸铵、硫酸锰、硫酸锌和 EDTA 铁钠盐)和五种农药(咪鲜胺、吡唑醚菌酯、精甲霜灵、霜脲氰和高效氯氰菊酯)混配时关于肥药混配液稳定期及其相关条件的技术要点。

(四)药肥研发前景

随着农业生产集约化程度的日益提高,对作物产量和质量的要求也提高与病虫害风险增大的情况下,能同时对作物有促长和防病虫的药肥产品具有迫切需求和广阔的发展前景。现有我国一些企业研发的制剂产品,在生产应用中显示了很好的营养和防治病虫效果,如嘧菌酯与具有促进抗逆的有机营养和适量微肥相配而成的药肥合剂应用于水稻,其增产效果一般在10%以上,在病虫逆环境下可高达 100%以上。在湖北、安徽和四川等省大面积使用,深受广大农民欢迎。其中有机碳营养可从苦楝、辣蓼、竹子、桉树等植物中综合提取,获得的纯天然活性物质,效果好、质量高。在有机农产品中有很好的应用前景。今后进一步研究农药-肥复合制剂的植保-养分协同增效机理,可望在增产、优质和食品安全方面发挥更大的作用。

药肥合一的产品目前尚少,其原因主要是技术难度较高,其次是药肥产品的效果与肥、药二个种类有关,而登记仅涉及农药管理部门,产品不标注肥料成分,不利于全面认识药肥产品的优势。因此,在市场开拓方面需要更多的宣传和示范带动。

四、抗倒伏肥料的研发

抗倒伏肥料指具有增强作物抗倒伏功能的单质或复合肥。抗倒伏是保障作物高产的重要因素。高产作物的特征是根深叶茂、茎秆粗壮并抗折。通常高产作物单株形体较高,籽实重。在这种高产量水平下,能承受恶劣气候条件(如暴风袭击)而不发生倒伏,便显得特别重要。

使作物具有抗倒伏性能,通常有多种途径:

(1)添加某种植物生长激素抑制作物茎秆内细胞纵方向的伸长,使茎秆粗矮。例如,日本

3家公司注册了12种倒伏减轻剂的肥料。这些植物激素能阻碍赤霉素的合成,从而使茎杆变矮,增强其抗倒伏性能。

(2)利用某些营养元素(硅,钙)增强细胞壁厚度,提高茎秆抗倒伏能力。硅元素可使细胞壁硅质化并使稻茎节间距缩短,使之粗矮,不仅可抗倒伏,还有抗病害力。一些按玻璃结构因子配料方法制得中微的钙镁磷肥料和熔融磷钾肥,其中所含硅酸为4～5个硅氧四面体$[SiO_4]n$相连的短链。施于土壤后,硅酸短链随水被作物根部吸收并沉积在细胞壁内,从而增强抗倒伏能力。郑州大学研制的'6818'(一种含硅酸短链的熔融磷钾肥)为基础的复合肥,在水稻生产中显示了抗倒伏效果,十分明显 。

第四节　固体废弃物肥用资源化加工技术

一、固体废弃物肥用(农用)资源化的意义

固体废弃物资源除了具备一般资源的性质外,还具有急需开发利用以保护环境的紧迫性,明显有别于一般自然资源。其紧迫性使废物资源同时具有重要的环保意义。把固体废弃物废物转化为肥料资源,对磷、钾和硅、钙、镁、硫等量元素尤为重要。这类元素来源于矿物,是不可再生资源。从废物中循环利用这类元素,有利于保护有限的自然资源,推进可持续发展。

城市生活垃圾也称为"城市矿产",其中易腐解有机物比例较大,可达50%。利用城市生活垃圾如生活污泥和粪便、厨余等生产有机肥,可以大大缓解日益紧张的填埋场不足的矛盾,甚至可以使已经填满报废的填埋场"死而复生"。一些城市成功开发填埋多年的易腐解有机物垃圾,生产有机肥和沼气。

从原子经济学的观点来看,废物资源化就是通过有效的技术手段使废物的原子重新组合而改变性质,使之成为具有商品价值的产品。随着经济发展,城乡的生产废物和生活废物日益增加,也为废物农用提供了大量廉价且可再生的原料,有些甚至是负成本,如污泥和粪便。通过废物农用构建的生态工程具有明显的生态效益和经济效应。我国已陆续出现了一批从事此行业的企业。

固体废物的肥用资源化涉及化学化工、土壤肥料和植物营养等多学科,是一个学科交叉的前沿领域和新的学术生长点。其成果的应用开发将促进现代肥料的产品更新换代,是一个新的经济增长点。固体废物的肥用资源化研发与应用凸显了"资源—产品—废弃物—再生资源"的循环式经济流程,对缓解资源环境危机意义重大。

二、固体废弃物的种类及性质

随着我国经济的高速发展,工农业废物的种类及数量也急速增加。本节重点介绍目前急待解决的城市固体废物、糠醛厂、钢铁、火电等大型企业产生的废物以及种植养殖业的秸秆、禽畜粪等废物。

(一)城市餐厨余垃圾及其他生活垃圾

近年来,随着各大城市的不断发展,居民生活垃圾产生量也随之大幅增长。如果不及时处理,不仅大量占用土地,严重污染大气和地下水资源,更可能引发气体爆炸事故。

城市生活垃圾中，餐厨余垃圾、园林枯枝落叶、纸类以及天然织物等可降解有机物所占的比例高，是很好的肥料资源。但某些城市生活垃圾含有较多的重金属、虫卵病菌以及一些有机污染物，需要经过无害化处理。此外，垃圾成分复杂、粗细不等，需经分拣后方可用作制肥原料。

我国餐厨余垃圾数量巨大，并呈快速上升之势。一般的大城市每天产生的生活垃圾中厨余垃圾可达 30%。过去厨余垃圾多作为饲料收集运到养猪场，但这种处理方法有传播疾病的潜在危险，餐厨余垃圾高含水率、高有机质含量，极易腐烂发臭和滋生蚊蝇，污染城市环境，迫切需要实施餐厨余垃圾资源化。

(二)污泥

随着经济的发展、人口增加、人们环保意识的加强和对环境质量要求的提高，越来越多的废水需要处理。2022 年城乡建设统计年鉴显示，我国城市污水年排放总量达 638.97 亿 m^3，预计到 2025 年，年产生含水量 80%的污泥将达到 1.6 亿 t。

污泥中含有大量有机质和营养元素，具有农用资源化价值。但是污泥含水量高、易腐烂，有强烈臭味，还可能含有大量的重金属物质、病原菌、病毒微生物和有机污染物，如不加以妥善处理和处置，将造成严重的二次污染。

污泥的颗粒很细，富含有机质，黏性强。在干燥过程中，污泥变硬，在 5%左右水分时，污泥颗粒极硬，很难粉碎。干燥过程由软至极硬的过渡阶段的含水率很窄，形成外硬内糊的状态，其干燥难度加大、成本升高。

(三)糠醛渣

糠醛渣是用硫酸处理粉碎的玉米穗轴、稻壳、蔗髓等植物原料，经水解生产化工原料糠醛(呋喃甲醛)后的废渣。我国的糠醛生产资源丰富，也是国际市场上的主要供应国之一。制造 1 t 的糠醛所产生的废渣量一般为 13 t，我国糠醛产量常年为 10 万 t 左右，糠醛渣产生量就达约 130 万 t/年 。

糠醛渣是一种强酸性物质，堆放所造成的环境问题已成为制约该行业发展的瓶颈。糠醛渣的有机质含量高，且含一定的氮、磷、钾。经过一定的预处理，糠醛渣可用于改良盐碱土以及生产有机肥等。广东省 20 世纪 80 年代末，华南农业大学与江门甘蔗化工厂合作，成功地以糠醛渣为原料生产出“康肥”系列产品，肥效显著，并两次获得广东省环保局奖励。

(四)粉煤灰

粉煤灰是燃煤电厂或工厂燃煤动力车间排放的废物，含有铝、硅、铁、钙、硫、镁等微量元素。大多数为极细的海绵状和空心玻璃球体，还有一些结晶物质和未燃碳。粉煤灰的理化性质取决于煤的品种、产地、煤粉的细度、燃烧方式和灰渣的收集方式(湿排或干排)。粉煤灰的产生量相当于电厂煤炭用量的 2.5%～5.0%。2002 年我国粉煤灰的排放量已超过 1.8 亿 t，总量居工业废渣之首，但其利用率不到 50%。

粉煤灰一般为微碱性，pH 8～9，也有的呈酸性。作为肥料资源，粉煤灰可以提供硅、钙及一些微量元素，通常把它作为一种硅、钙肥应用。

(五)钢渣

钢渣是在炼钢过程中利用空气或氧气去氧化炉料中所含的碳、硅、锰、磷等元素，同时与熔剂起反应形成的熔渣，产生量为钢产量的 15%～20%，在冶金工业废渣中的产量仅次于高炉矿渣。目前我国钢渣的堆存量已达数亿吨，仅2003年的钢渣排放量为1600万t。根据炼钢所用的炉型不同，钢渣分为平炉渣、转炉渣和电炉渣三种。各种成分的含量依炉型、钢种不同而有较大的变化，一般呈碱性，含钙、硅、镁较高，还含有一定量的微量元素。

(六)农牧业废弃物

我国畜牧业每年约产生废弃物26亿t，种植业每年约产生秸秆7亿t，二者占各种有机污染物总量的70%以上，分列第一、二位，而且每年持续增加，迫切需要治理。夏收和秋收时的秸秆焚烧是急需解决的环保问题，我国在秸秆还田方面有很好的传统和经验。但近年来由于生产和生活水平提高，秸秆直接还田的耗工、费时与季节紧及用工效率的矛盾日益尖锐，迫切需要发展快速简易、低成本而高效的实用技术。选用高效菌种进行发酵是普遍运用的秸秆腐熟技术，而化学—生物联用技术则是通过化学熟化剂前处理，大大加快生物发酵进程的新技术。化学前处理可迅速打破秸秆有机物原有的牢固化学结构，为微生物发酵提供容易利用的营养，再通过多种菌种的协同作用，其腐熟进程明显加快。

禽畜粪便含有较高的氮磷钾和微量元素，长期以来用于制作有机肥，近年来技术进步相当快，在前处理、机械、配方等方面取得多成果。秸秆和禽畜粪等农牧废弃物作为制肥原料必须注意消除其可能带来的污染，如秸秆便可能有农药和除草剂残留，禽畜粪便可能有抗生素和兽药残留及其他有机污染物，需进行必要的预处理。

禽畜粪中的添加剂残留对其安全性也有一定影响。国际养殖业视为安全、低毒、有效的饲料有机砷添加剂，经鸡代谢后随鸡粪排出，施入土壤后，有机砷经过一系列的降级转化，最终主要以其代谢物As(III)或DMA和As(V)的形式累积在蔬菜体内，农产品质量安全风险显著提高。而且生产中施用氮肥或磷肥均可能促进植物对有机砷代谢物的吸收。近年来更多的研究显示。有机砷添加剂并不是低毒、安全的。而是对养殖业及环境的都有明显危害的污染物。这一研究成果受到我国农业部的重视，于2017年发文将其禁用。

三、固体废弃物的肥用资源化预处理技术

上述各种废物预处理的一些特殊问题已经提及。本节则介绍一些共性的处理技术。

(一)除臭技术

臭气来自固体废弃物组分中原有的及发酵过程中反应产生的臭味，除常见的H_2S和NH_3这类无机臭气外，还有大量低分子量的有机臭气，如硫醇类、醛类、吲哚类、脂肪酸和胺类等。除臭的技术途径有化学法、物理法和生物法。

1. 化学法

化学法是指采用化学除臭剂与臭味成分反应而除去臭味。除臭剂可通过调节pH，抑制某些致臭微生物的活动以及促进与臭味成分的反应(多为加入氧化剂的氧化反应，如H_2O_2、O_3)。选择除臭剂要考虑成本及残留物的环境效应，用中草药除臭，安全且成本低。

2. 物理法

物理法中最常用的是吸附法。活性炭、沸石等对臭气有很强的吸附能力，采用沸石还有改土、保肥的作用，成本也较低。某些堆肥原料(如粉煤灰)也有一定的吸附作用。近年来应用纳米材料通过光催化反应除臭的技术取得重要进展。例如，纳米涂料通过光催化分解甲醛等室内装修的有害气体，而且对病菌有较好的杀灭作用。

3. 生物法

生物除臭主要指应用微生物菌剂消除臭气成分。特定的菌剂对某些致臭菌有抑制作用或是与致臭成分反应而使之消除，还有另一种利用菌剂除臭的技术途径，通过改变发酵的生化反应路线而减少或消除臭气。目前市面已有国内外一些商品菌剂，能直接作用于堆肥而有一定除臭作用，仍需进一步完善并降低成本。

(二)重金属的处理技术

常用的重金属处理技术主要是减少重金属的活性以降低作物的吸收。采用一般的物理化学方法，如升温、调 pH、化学反应等，可以改变固体废弃物中的重金属化学形态而降低其活性，但难以改变其总含量。例如，通过加入石灰、石灰石和硅酸盐(如 $CaSiO_3$)，铅、镉一类重金属活性可以降低。这类添加物具有钝化作用，又称为钝化剂，同时又可提供作物需求量相当大的硅、钙等元素。其钝化的作用源于提高 pH 以及钙、硅与重金属的拮抗作用。粉煤灰、碱性制糖滤泥、高炉渣等工业废物均可作钝化剂。

对于一些重金属含量高的污泥，一般的钝化作用不大，可考虑采用化学提取分离和生物富集的方法以减少污泥中的含量。用电化学方法提取污泥中的铜、锌以及超富集植物吸收污泥中的重金属，均有较好效果，但成本仍较高，可应用于一些受到严重污染的工业污泥。

我国现有的重金属控制标准是在污泥、垃圾高量使用和未充分考虑有效性的情况下制定的，标准较严。在实际工作中，污泥等废物不一定单独使用，也可与多种原料组分混配(如含钙、硅的碱性成分)，能获得对有害物稀释和钝化的效果，从而使堆肥的安全性更有保障 。

(三)有机污染物的处理技术

我国制定的农用污泥标准和城市垃圾农田控制标准中，已列出了苯并(a)蒽等有机污染物。近 20 年来的研究发现，一些固体废物中的有机污染物种类远多于重金属。欧美在这方面的研究起步早，美国在许多年前已列出了几十种有机污染物的优先控制名单，我国对有机污染物的研究起步较晚，近年来获得了重要进展。已报道的研究显示，一些有机肥原材料中的有机污染问题是不容忽视的(表 9-2)。

表 9-2　我国城市污泥中毒性有机物含量(莫测辉等，2002；蔡全英等，2003)　mg/kg，干重

产地	多环芳烃	邻苯二甲酸酯	氯苯	醚类	硝基苯类	胺类	卤代烃类
广州	30.429	20.419	0.510	3.040	1.126	未检出	0.103
佛山	18.503	11.520	0.457	2.655	1.648	未检出	0.637
珠海	78.410	35.340	0.051	1.291	0.389	未检出	0.111
深圳	1.388	13.927	0.010	未检出	0.085	0.002	0.007
兰州	143.804	23.211	6.917	7.743	17.220	0.780	3.238
北京	33.636	114.234	1.187	未检出	7.687	0.158	0.359
无锡	15.698	23.448	0.770	1.660	4.489	0.227	0.222
西安	2.271	11.725	0.142	0.239	0.526	0.029	0.110
香港	5.155	29.750	1.105	2.789	1.991	0.106	0.129

有机污染物的消除可结合堆肥处理进行。有机污染物含量在堆肥过程中发生明显变化，相当大一部分有机污染物随发酵进程而明显下降，降解率达80%以上。其中间歇通气堆肥降解效果比人工翻堆的好，以木屑为调理剂的降解效果比以稻草的好，加菌种的效果更好。但是，与原污泥相比，中低分子质量的多环芳烃化合物如萘、2-氯萘、苊和荧蒽等在堆肥中含量反而升高(表9-3)。其原因可能有三种：①原稻草中含有这些化合物；②堆肥过程中高分子质量化合物降解产物；③堆肥过程中微生物合成产物。若继续延长发酵时间并配合相关条件，也可能进一步分解而下降。

表9-3 广州污泥与稻草的不同堆肥中多环芳烃化合物含量(莫测辉等，2002)

mg/kg，干重

序号	化合物	翻堆	菌种-翻堆	连续通气	间歇通气	原广州污泥
1	萘	1.263	0.754	0.427	0.119	0.061
2	2-氯萘	0.139	0.137	0.064	0.031	Nd
3	苊	Nd	0.031	0.036	Nd	Nd
4	二氢苊	Nd	Nd	Nd	Nd	Nd
5	芴	0.631	1.702	0.366	0.648	4.791
6	菲	1.098	0.624	0.206	0.074	6.592
7	蒽	2.743	3.525	1.335	0.359	6.076
8	荧蒽	Nd	20.146	1.053	0.142	0.760
9	芘	0.209	0.176	0.205	0.120	1.507
10	苯并(a)蒽	0.200	0.125	0.208	0.110	3.937
11	䓛	0.065	0.048	0.413	0.178	2.162
12	苯并(b)荧蒽	0.010	0.013	0.056	0.042	0.952
13	苯并(k)荧蒽	0.222	0.031	0.289	0.186	1.678
14	B(a)P	0.710	1.119	0.138	0.059	0.646
15	茚并(1,2,3-cd)芘	0.003	0.003	0.007	0.007	0.477
16	二苯并(a,h)蒽	0.003	Nd	Nd	Nd	0.219
17	苯并(ghi)苝	0.007	0.001	0.005	0.008	0.571
	ΣPAHs	7.303	28.435	4.808	2.083	30.429

注："Nd"表示未检出；ΣPAHs为17种PAHs化合物含量之和。

(四)病虫卵的处理技术

对害虫(卵)、病菌等有害生物的消除主要通过高温杀灭。堆温在60 ℃以上，2 d即可杀灭一般病菌和寄生虫卵，如沙门菌、粪大肠杆菌、禽流感病毒等。若能把堆温升至70 ℃左右，维持时间可缩短至1 d内。堆肥后期，发酵微生物所产生的许多生化物质对病菌产生抑制杀灭作用，也可大大缩短病菌存活时间。

粪大肠杆菌是一种指示菌，堆肥中大肠菌与其他种类病原菌的存在或死亡密切相关。高温致使大肠菌死亡，通常其他病原菌也相应地被杀死。一些致病菌和寄生虫的死亡温度及忍受时间见表9-4。

表 9-4　致病菌和寄生虫的死亡温度及忍受时间(杨柳燕和肖琳,2003)

名称	死亡温度及忍受时间
伤寒杆菌	46 ℃以上不生长,55～60 ℃,30 min 内死亡
沙门菌类	55 ℃,1 h 死亡,60 ℃,15～20 min 内死亡
志贺菌类	55 ℃,1 h 内死亡
大肠杆菌	绝大部分在 55 ℃,1 h 内死亡,60 ℃,15～20 min 内死亡
内阿米巴属	68 ℃死亡
无钩绦虫	71 ℃,5 min 内死亡
旋毛幼虫	在 50 ℃,1 h 内可明显减少;52～72 ℃死亡
美洲钩虫	45 ℃,50 min 死亡
流产布鲁氏菌	61 ℃,3 min 死亡
化脓性球细菌	50 ℃,10 min 死亡
脓性链球菌	54 ℃,10 min 内死亡
结核分枝杆菌	65 ℃,15～20 min 内死亡

对病菌虫卵的杀灭还可以采用化学方法,如强烈的 pH 变动可令一般病菌虫卵失活,且在成本和环境安全上均可行的化学杀灭技术已有重大进展,已开始在生产中应用。

(五)高含水量物料的处理

工农牧业废物中往往都有较高的含水量,呈浆状。如猪场废水,含水量高达 80%。酒糟味精发酵废液等。通常采取固液分离技术,废液和废渣分别进行处理。废渣分离后的含水量大为下降,多为 50%以下,通过发酵混合其他干物料即可加工成肥。但废液量极大,处理难度很大,成为瓶颈。通常采取的处理方法有以下几种。

(1)人工湿地法　适合浓度低,液量大的废水。

(2)多效浓缩法　采用负压加温蒸发水分进一步提高浓度制成浓浆状或喷雾成粉。可作为有机肥原料或产品出售。糖业,造纸业,酒精等废液多采用此法。

(3)干粪法或半干法　该法不采用水冲粪而采用干粪收集或半干(即减少用水量)粪方法,可大大减少用水量。目前国内外均有成熟技术。

(4)快速发酵法　不进行固液分离,对 60%左右的浓浆配以适量秸秆快速发酵,可直接加工成有机肥,其中废液经过几级连续反渗池处理可循环使用而不向外排放。该工艺已获专利并在广东建厂成功运行。

四、固体废弃物肥料系列及肥效

(一)餐厨余垃圾制有机肥

我国近年开发组合处理系统以餐厨余垃圾为原料制肥获得成功。主要为好氧-厌氧组合工艺,经过 6～8 h 的快速发酵和干燥、脱水、除臭即可完成。将厨余垃圾中动物蛋白、植物蛋白转化为菌体蛋白,成为生物有机肥料(饲料)。处理过程无臭味异味,无二次污染,有系列机型以适应不同需求。目前主要有 5 种处理规模:①微型机组。日处理量 100～1 000 kg,适合餐馆、食堂、小区就地处理;②小型组合机组。日处理量 1～10 t,适合大型宾馆、大型厂矿院校;③移动式处理组合机组。安装在改装的汽车底盘上,日处理量 1～5 t,适合大型集会、旅游景点等；④中型组合生产线。日处理量 10～100 t，适合中小城镇；⑤大型全自动化处理生产线。日处理量 100～1 000 t，北京、广州、宁波等地已出现运行较好的处理厂。生产的有机肥有液体、固体两种，均有见效快、抗逆性强的优点。其代表性工艺流程见图 9-22。

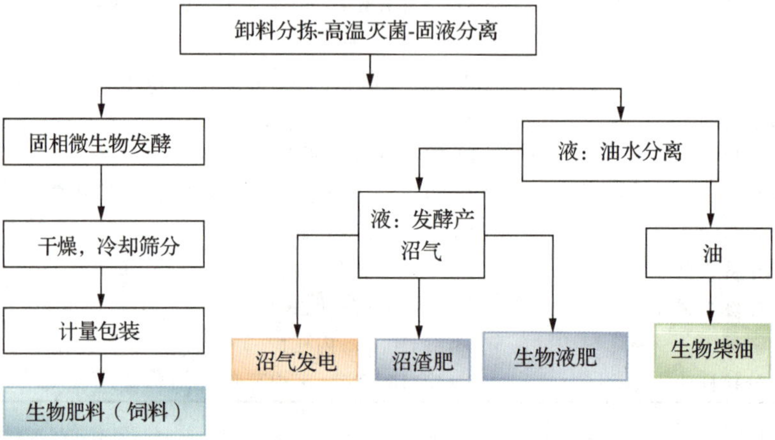

图 9-22　餐厨余垃圾为原料制肥的组合工艺流程

除大型的处理工厂外，中小型餐厨余垃圾处理厂也提供了适合街道小区的无臭气排放处理技术，解决了臭气排放的难题。广州某公司与科研单位合作攻关，研发成功的餐厨垃圾发酵技术，在白云区番禺区成功运营几年来，显示了资源化闭环利用的突出优点。餐厨垃圾处理产生的污水可以转化为水溶肥系列产品，全过程无臭气，无废水排放。通过除湿除臭加热后尾气在仓内循环不外排，仅外排冷凝水，这样就减少了 99%以上高浓度臭气的排放。车间中其他的低浓度臭气源由负压管路收集，喷淋塔及生物滤池就能完全处理，车间内和工厂外都实现了无臭气。实现了清洁生产，可以在街道小区设厂就近处理餐厨垃圾，占地面积一般是 300 m^2。根据日处理餐厨垃圾量 20～30 t/d 规模，灵活设计。小型餐厨余垃圾处理站点如图 9-23。

1. 广州江高镇就地处理站（塘贝站）

2. 清远市清城区厨余垃圾预处理站

3. 清远市清新区厨余垃圾预处理站

4. 白云区鹤龙街道厨余垃圾处理站

图 9-23　小型餐厨余垃圾处理站点

生活垃圾的处理与企业生产所产生废物的处理有所不同，它不是单纯的技术问题，必须有相关行政部门协调，才能落实相应的技术措施。餐厨余垃圾的产生、运输、处理及产品的使用，涉及面广，通过相关职能部门（城管、环卫、卫生防疫）协调，才能使餐厨余垃圾产生（餐馆、食堂、居民小区）—处理加工（有机肥厂）—应用单位（农业生态园、农资店）实现无缝对接，顺利运行。生活垃圾种类多，成分复杂，除餐厨余垃圾，还有园林绿色废物、果菜市场禽畜粪便、残菜、环卫粪便、污泥等。对这些废物采用综合治理方式，可发挥统一管理、“以废治废”的优势，节省运输管理和运行成本。例如，干、湿物料相混或者酸、碱物料混合，可节省干燥成本、中和物料成本和用水成本，从而提高处理效率、降低能耗。今后，在城镇建立生活废物综合处理中心，根据各种垃圾的特性，制定系统的工艺流程，实行综合处理是未来的发展方向。

（二）有机无机复合肥

有机类固体废弃物经过堆肥腐熟处理，可制成商品有机肥，也可再经过造粒，制成颗粒有机肥。与无机化肥结合，则可制成有机无机复合肥。它兼备有机与无机成分，用地养地相结合，综合了无机肥与有机肥的优点，有利于实现稳定而持续的高产。20 世纪 80 年代中期开始，我国各地陆续开始研制有机无机复合肥，北京、上海、广州等地对畜禽废弃物的干燥加工进行研究。20 世纪 90 年代初，以糠醛渣为主要原料的有机无机复合肥产品——康肥在广东研制成功并通过鉴定。

1. 有机无机养分的合理比例

这是有机无机复合肥区别于其他无机复合肥的重要标志，也是影响肥效的关键因素。其对肥效的影响，不仅表现在影响氮、磷、钾养分的平衡，而且还会影响某一养分供应强度和持久性之间的协调关系。合理的有机无机配施比例是根据有机氮和无机氮的比例来确定。但这方面的研究结果不宜机械地套用于有机无机复合肥中。农家肥的绿肥、厩肥等的 C/N 值低，一般在 20 以下。而有机无机复合肥中的工农业废物的 C/N 值变幅很大，如泥炭、木屑等可高达 100，若按有机氮和无机氮的比例来确定合理的有机无机比例，将会出现有机物用量太大，而且供氮强度过低的情况。C/N 值才是调控氮素供应强度和持久性的关键。以 C/N 值为指标，既适用于 C/N 值低的绿肥、厩肥，又适用于 C/N 值宽的蔗渣、泥炭类材料。C/N 值一般以 1.0～1.5 为宜，若有效比例较高，则 C/N 值宜低些；反之，则可高些。

在有机无机复合肥中，氮磷比例与一般无机复合肥有一定的区别。通常氮的比例宜高些，而磷的比例宜低些。这是因为在有机无机复合肥配方中，有机质对氮养分有缓释作用，不会供肥过猛，磷则因有机质作用不易被固定而有较高的有效性，因而较无机复合肥的磷含量低些而可达到预期肥效。有机无机复合肥的另一个优点是原料通常含有较多的中微量元素，如粉煤灰含较多硅、钙、硫、硼，易于实现大中微量元素平衡。

2. 工艺流程

有机无机复合肥的生产工艺流程可简示如图 9-24。大部分工艺环节与普通复合肥相似，特别之处是有机物料的处理，如除臭、快速熟化处理等，在前节原料部分已有介绍，在此仅对图中有机原料的选择及处理技术的特点作一说明。有机物料中加入烟叶渣和源于虾壳的甲壳素等成分，既能补充有机质又有防治病虫害效果。例如，沿海一些肥料厂利用当地虾壳废料生产有机复合肥，促长、抗逆效果突出。

3. 肥效

有机无机复合肥产品有机无机兼备，供肥长短结合、均衡稳定，可避免化肥大起大落的缺

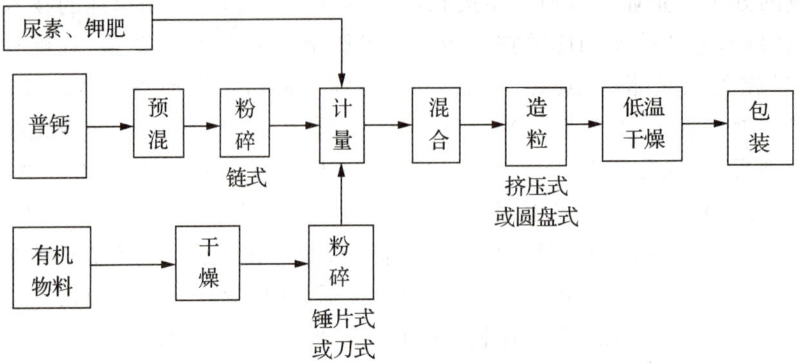

图 9-24 有机无机复合肥的生产工艺流程

点，而且保肥性强，肥料利用率高。与无机复合肥相比，它在较低氮磷钾含量条件下，可获得较高的作物产量。有机无机复合肥兼有用地养地功能也是一项地力建设措施，可使土壤越种越肥。

有机无机复合肥有明显的增产效果，在等氮磷钾条件下，或减氮磷钾条件下，有机无机复合肥一般比化肥（包括进口复合肥）增产 10%～30%。在有机质少、瘦瘠的低产田上施用效果尤佳，并有助于病虫害防治及提高作物品质。

（三）基于有机碳概念的新型肥料

植物营养理论中，碳居 17 种必须营养元素之首，是氮、磷、钾三要素总和的 6 倍以上（图 9-25）。但是靠大气二氧化碳的自然供应仅能满足 1/5，靠天供碳必然导致作物碳饥饿，这是作物高产优质的隐性瓶颈，因而也成为增产的巨大技术潜力。

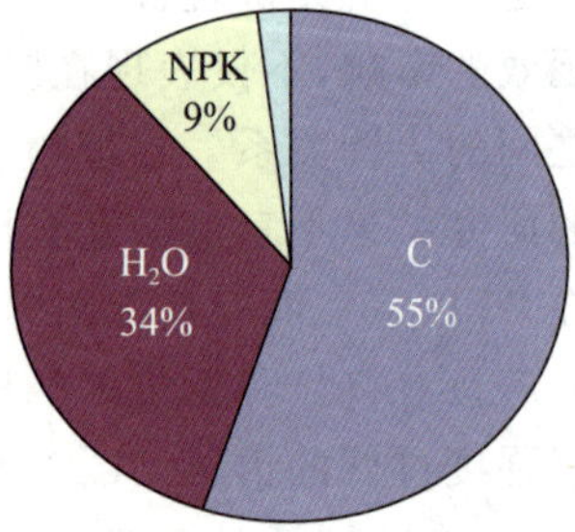

图 9-25 碳在植物体内的比例示意图

有机碳肥是指水溶性高易被植物吸收的有机碳化合物，如糖、醇、酸（含氨基酸）等，既包括含氮的有机碳营养（如氨基酸），还包括不含氮的碳营养，是一种明显优于二氧化碳的新型肥料，长期以来，作物的 C 营养基本是“靠天补碳”，但仅达 1/5，因此作物处于严重的“碳饥饿”状态。施肥补碳克服靠天补碳短板的限制，将开辟出一条高产施肥的新途径。

有机碳肥、有机氮肥和有机肥三者的概念混淆使有机碳营养研究进展缓慢。100 多年来化肥产品以氮、磷、钾为主，如对于氨基酸的研究“见氮不见碳”，又如把有机肥混同于有机碳肥。有机肥和有机碳肥的水溶性区别很大：前者甚低，难以有效补碳，肥效慢，因而主要作用是改土；后者则是水溶性高、补碳见效快。这是两者肥效区别的重要原因。正确理解有机碳营养的概念，对于提高有机原料的有机碳营养转化率和产品的肥效，十分重要。

1. 靠天补碳与施肥补碳的比较分析

施肥补碳已经在实践中显示了突出的增产、优质、抗逆优势。就其有机形态、应用范围及条件而言，有机碳肥远胜于二氧化碳，其优越性表现在：

（1）有机碳已经是有机态，无须消耗光能进行 CO_2+H_2O→有机碳这一反应，因而节约了光能，肥效快，其独特优势是含有源于光合作用的化学内能。在阴天光照不足、光合产物减少情况下，有机碳肥补碳节(光)能的优点更突出，在促长、抗病虫等方面尤为明显。

(2)有机碳肥为固体或液体，比气态碳肥更方便使用，可广泛应用于大田或大棚。

有机碳和无机碳特点比较见表 9-5。

表 9-5 有机碳和无机碳特点比较

肥料	形态	生化能耗	补碳途径	施用范围	基因抗逆表达
CO_2	无机、气态	需光合能	叶面	大棚	受光制约
有机碳肥	有机、固液	省光合能	叶面根-土	大棚大田	较好表达

2. 有机碳肥生产技术要点

基于有机碳营养概念的有机碳肥的技术目标是获取高效的小分子有机碳，而不是牺牲有机碳去获取无机态氮磷钾。原料的分解反应尽量在有机形态范围内进行，以最大限度地减少二氧化碳排放而保留有机态。有机碳肥的生产技术大致有生化(发酵)处理、化学处理和理化生综合处理三大工艺途径及其综合运用。

(1)生化(发酵)处理 以发酵工业废液(酒精、味精、酵母)和生物质(蔗渣、秸秆)为原料，通过生化降解废液提高有机碳产物活性。对蔗渣则采取以厌氧为主的少翻堆技术以减少二氧化碳损失，同时促进有机物分子降解为活性小分子。这是基于有机碳概念的既节能又高效的低碳发酵新技术。目前福建、山东、广东、广西已出现这类成功的企业。一般的发酵关注氮、磷、钾有效化而忽略了有机碳营养，往往过度好氧使大量有机碳营养损失为二氧化碳。控氧发酵，对于堆肥给予适度的氧气供应可以避免过度氧化造成的有机碳营养损失(转化为二氧化碳排放)是堆肥技术中值得重视的问题。

(2)化学处理 以褐煤为原料，加碱反应制腐殖酸是一传统工艺。山西腐殖酸企业美邦大富农科技公司与科研院所联合在原料选择、工艺处理及配方等方面进行创新，产品的水溶性、抗絮凝性和生理活性等方面进一步提高，产品远销 40 多个国家。近年来首创不用加碱的中性腐殖酸产品。西北农林科技大学刘存寿研发成功的高效化学降解新技术，使生物质中的不溶性大分子发生连锁反应而降解为易于吸收的小分子，转化率高达 90%，反应在 4 h 内完成，可获得大量的小分子有机碳而避免二氧化碳损失。该技术开拓了一条生产高效水溶性有机碳的化工新途径。其原料可为餐厨垃圾，禽畜粪便和作物秸秆等有机废弃物。产品称有机全营养肥料或仿生有机复合肥，有固体、液体两大系列(专著)。该技术在 2017 年鉴定，受到院士和专家的高度评价，产业化已在全国多地陆续推进。其工艺流程见图 9-26。

华中农业大学吴礼树团队从植物中提取类营养物质，如天然赤霉素、吲哚乙酸、芸苔素内酯、黄酮类植物活性物质，也是一类有机碳营养，包括含或不含氮的有机碳。这些提取物经科学混配加工，显示突出的增产抗逆效果，技术成果已在湖北等省实现了产业化。

(3)理化生综合处理 上海绿宝环境工程公司开发的理化生综合处理技术包括：机械力化学预处理-低温水解(65 ℃)-微生物转化技术。该技术生产的有机碳肥，具有生产周期短(6 h)，可生产多品种，如生物有机肥、生物有机氮肥、生物有机无机复合肥。产品小分子有机营养含量高而且成本低。生产过程没有二次污染，没有恶臭和异味。

上述各工艺生产的有机碳肥产品，都应达到一个共同的质量标准——水溶性碳高而且大部分为作物易于吸收的小分子。目前尚无统一的技术标准，但已有企业根据多年肥效数据提

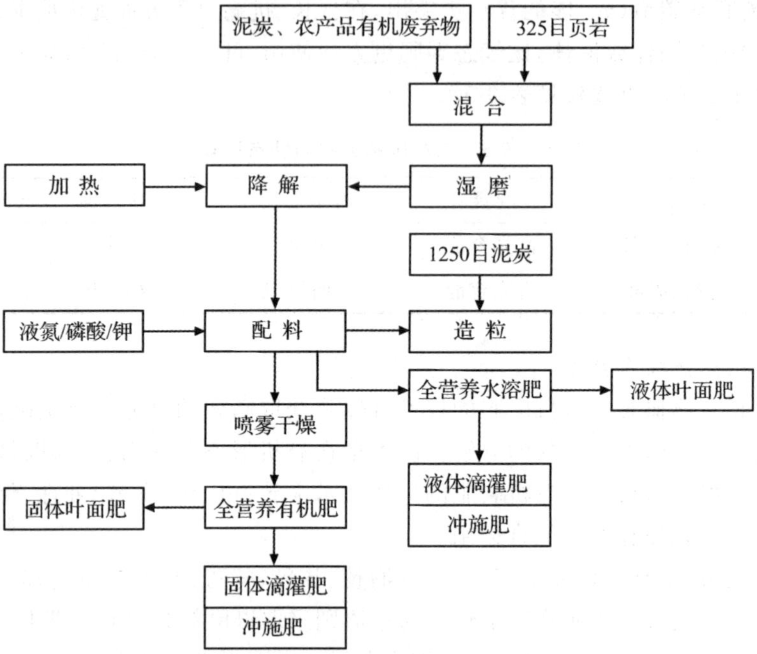

图 9-26　有机全营养肥(炭基肥)的工艺流程图

出简易可行的滤纸快速法测定。同时用纳米粒度仪精确测定溶液中的有机碳粒度(纳米)分布范围及百分比。快速法测定与精确测定法的结果对比显示,两者相关性好,对制定企业标准及有机碳质量标准研究有重要参考价值。经过多年的努力,深圳市设施农业行业协会组织福建绿洲生化有限公司牵头、全国多个相关企业和研究单位共同努力,制定了《碳肥的技术标准及其实验室测定方法》及《沼液肥的技术标准及其实验室测定方法》,团体标准 2024 年 8 月正式发布,9 月 1 日实施。这两项标准的发布标志着我国有机营养肥料产品的标准化建设迈出了坚实的一步。

3.有机碳肥产品的应用及肥效

利用有机废物资源加工成功能性有机碳产品,不仅可直接作为肥料使用,还可用于再加工制造新型肥料。例如,华南农业大学制成有机碳包膜氮肥(黑尿)及有机碳包膜钾肥等;还可加工成活化剂对磷、钾、镁、锌矿进行活化而生产促释型磷、钾、镁、锌肥料。秸秆干馏产生的多元醇、酸等有机碳,不但改善作物的碳营养,还能可发挥对土壤微生态的调控防病作用和对中微量元素的增效作用。

有机碳肥效优于一般商品有机肥,其原因在于其水溶性碳高,而且多为小分子有机碳,更宜于被植物吸收及在体内运输。一般水溶有机碳肥和膏状冲施肥亩施 10～15 kg,即有明显效果,而且抗逆性明显。在早春低温寡照的条件下,有机碳的补碳作用更明显,可更好地弥补光照不足,故肥效更突出,可大大减轻甚至消除死苗僵苗和病虫害。在阳光强烈时,可保持叶片伸展不萎垂(图 9-27)。福建绿洲公司、深圳芭田生态工程股份有限公司、西北农林科技大学、中国海洋大学以糖厂废物、秸秆、畜牧粪便、药渣和海藻为原料生产的系列有机碳产品,在大田中应用肥效均很突出。图 9-27 和 9-28 显示,在强光下和在阴雨天都显示了很强的抗逆境效果。

图 9-27　浇施液态有机碳肥的蔬菜与对比区在强阳光下的状态(李瑞波,2014)

图 9-28　广州增城油麦菜在连续阴雨下纳米炭基功能肥处理(右)长势整齐

4. 我国有机碳肥研发的初步实践及发展前景

有机碳产品研发,将使作物靠天补碳受制约的状况得以根本改变而迈向施肥补碳的新台阶。这不仅是肥料技术创新的重要制高点,肥料产业的新的经济增长点,而且是植物营养理论研究中富有生机的学术生长点。

有机碳肥的研发,主要是从大量实践中进行经验总结,相关基础研究亟待加强。近年来,企业界、学术界已经出现了一些有机碳肥研发和生产先行者,还有企业家出版了有机碳肥专著。有机碳的研发已经出现产学研结合、多学科攻关的势头,开始显示出良好的发展前景。各类有机碳产品应用范围呈逐步扩大的趋势。

有机碳施用与其他养分元素如何配合,尤其是氮肥的配合,是一个有待深入研究的重要课题。研究表明有机碳与氮的配合比例对碳氮代谢和肥效有重要影响,碳氮比例适当才能充分发挥肥效。今后研究平衡施肥中的碳氮平衡合适参数及作物诊断指标,可为有机碳肥实现作物高产优质提供新的技术支撑。

有机碳营养概念不仅可应用于肥料生产,还可为有机污染物处理提供一条新的治污思路及技术途径。有机污染物治理的主流技术是使其分解以达标排放,通常采用污水曝气使有机物分解为无机物如 NH_4^+、NO_3^- 和二氧化碳排放。若改换思路,以回收有机碳营养为目标,则可减少曝气氧化,通过微生物处理和化学处理,使之转化为小分子有机营养,实现化害为利,同时实现节能减排。因此,生活污泥(水)、糖业、纸业及发酵的污水污泥和沼液都是很好的生产有机碳营养的原料,具有巨大的开发潜力。有机碳不仅可以增产。还可以降低土壤的重金属危害。最近的研究显示,用有机碳液体肥喷施可明显降低稻米中隔的含量,降幅达50 %左右。

(四)土壤调理剂

土壤调理剂原料来源广泛,钢渣、粉煤灰的pH较高,呈碱性,且含较高的钙、镁等多种中微量元素,经过细磨后,可制成土壤调理剂,用于改良南方红壤的强酸性,而且还明显改善黏土的物理性质,如降低黏质土壤的容重,增加孔隙度,提高地温等,从而有利于土壤的保温、保墒,在小麦、玉米、水稻以及蔬菜等作物的增产效果明显。

糠醛渣含有游离酸和腐殖酸,其pH则较低,呈酸性,能够降低土壤pH,可作为碱性土壤(如碱化土)的土壤调理剂。此外,糠醛渣中的钙离子可代换出碱化土壤中的钠离子,形成硫酸钠随水移动排除于土壤,进而降低全盐含量。因此,糠醛渣作为改土肥,既可调碱,又能降盐,因而在碱化土的改良效果,且作物增产显著 。

除上述废弃物外,许多工业废弃物也可用做土壤调理剂,如滤泥类、石膏类以及柠檬酸渣等。制糖滤泥分酸性和碱性两种,前者是亚硫酸法滤泥,后者是双碳酸法滤泥,均可用作原料。火电厂的脱硫石膏和磷肥厂的磷石膏,富含钙、硫等,磷石膏还含有2%左右的磷,也是好原料。

大型磷矿选矿后的磷矿渣和氧化镁渣都是生产土壤调理剂的好原料。例如,贵州某磷矿渣除了含磷,还含有丰富的镁、硅和一些微量元素,磷矿除镁后的镁渣含镁量很高,与酸性有机物混配可加工成活性镁肥,肥效很好且价格便宜。

调理剂中有机成分对无机矿物的中微量元素有增效作用。因此,矿渣类原料中加入有机成分,可发挥有机无机的协同作用,调理剂的效果更好。

上述废物资源可制成各类土壤调理剂和磷钾硅肥,具有遏制土壤酸性、补充中微量元素的作用。在当前土壤酸化以及中微量元素投入不足的情况下,其需求的迫切性尤为明显。这类产品的原料来自废物资源,成本低,有明显经济效益和生态效益。

(五)粉煤灰磁化肥

粉煤灰磁化肥一般以粉煤灰为主要载体,通过配合适量氮、磷、钾等化肥,经过特殊磁化工艺,强化了粉煤灰中磁性物质的磁化功能而制成。

粉煤灰在0.2～0.5 T磁场中磁化若干秒,其剩余磁化强度可达$(1\sim1.5)\times10^{-1}$ T,但衰减迅速,一天左右降至10^{-4} T,一个月内降至10^{-7} T,而在数年中可保持$10^{-9}\sim10^{-8}$ T的微弱剩磁,一般土壤的剩磁为$10^{-11}\sim10^{-10}$ T。因此施用0.2%(按土重)的粉煤灰磁化肥,可使土壤磁性增加若干倍,在土壤中的磁性颗粒周围造成强磁性微域,引起植物根系周围发生磁化学反应和磁生物效应,增强植物对水分养分的吸收能力,提高作物产量。在砂姜黑土、潮土、黄褐土等不同土壤类型施用粉煤灰磁化肥,均使花生、大豆、芝麻、油菜、棉花等经济作物增产效应显著,可达20%。

磁效应是粉煤灰磁化肥对农作物的增产机理之一。除此之外,粉煤灰磁化肥还能改良土壤,提高黏质土壤的通透性,更为重要的是,还能提供包括硅在内的多种微量元素,促进作物根系发育,提高叶绿素含量,增加作物产量。

(六)炉渣磷钾硅肥系列

1. 粉煤灰磷肥

利用电厂旋风炉,在煤粉中掺入一定比例的磷灰石粉,经过高温煅烧和急冷处理,最后再经粉碎,可制得粉煤灰磷肥,具有枸溶性,对作物、蔬菜、食用菌类均有增产效果。

2. 钢渣磷肥

当采用含中、高磷铁水炼铁时,在不加萤石造渣的条件下,将初期含磷炉渣回收,经过破碎—磁选—破碎等工艺处理,可制得钢渣磷肥。但钢渣中的氟、氧化钙和二氧化硅含量均对钢渣磷肥中有效磷含量有显著影响。为了避免氟与磷的沉淀反应,一般要求在钢渣中的氟含量小于 0.5%。在保证全磷含量较高的前提下,要提高枸溶性磷的含量,钢渣中氧化钙和二氧化硅含量必须达到一定的范围。

3. 钙镁磷肥

将含五氧化二磷 3%～7%的钢渣和含镁硅酸盐混合,在竖炉或其他形式的炉内加热至 1 300～1 500 ℃,使物料融化并充分反应,然后使熔体出炉,用高压水急冷成玻璃体小颗粒,再干燥、粉磨,即制成钙镁磷肥产品 。

郑州大学磷肥与复合肥研究所(原郑州工学院)实现炉渣全量资源化利用,伴生组分综合利用率近 100%;开发非常规炉料熔融调控中微量元素矿物与硅钙协同活化技术联产多元素功能肥,实现硅钙及中微量元素的协同活化、高效利用,污染固废源头减排率近 100%,为我国磷资源的绿色可持续发展提供技术理论支撑。

4. 硅钾肥

钢渣含有较高量的硅。将钢渣磨细到 80～100 目,加入适量的硅活化剂,搅拌混合后可直接作为硅肥使用。钢渣硅肥宜作基肥尽早施用，以提高其当季效果。钢渣硅肥不仅对作物尤其是喜硅作物(水稻)有明显的增产效果,还具有一定的防病功能。

钢渣配以适量的钾肥,可开发出长效硅钾肥。具体流程如下:根据铁水脱硅渣的成分特征,在熔融状态下加入确定数量的碳酸钾后，采用吹氮气或其他搅拌方式，使碳酸钾与铁水脱硅渣充分反应，生成具有化肥品性的脱硅渣,与下层铁水分离后，经过冷却、破碎过程，即可制得硅钾肥。由于脱硅渣的特定成分和结构,投加碳酸钾后制得的钾肥具有缓释性，减少钾肥在土壤中淋失，满足作物生长后期的钾需要,而脱硅渣中的硅也能回补土壤。

五、存在问题及发展前景

1. 完善检测标准,防止二次污染

固体废弃物中含有各种污染物,用于制肥,其中的污染物则可能通过食物链的传递,危害人类的健康。因此我国及外国都制定了各自的污泥、垃圾等废弃物农用的有害物控制标准,以保证其安全使用,杜绝二次污染。

在目前的控制标准中,无机物(重金属)的检测对象和标准是较为成熟的。但是有机污染物和有害生物的检测对象和标准,因其复杂、种类多,且研究历史短,尚待深入。在实际工作中,必需树立前瞻意识,跟踪有关科研进展,注意检测有机污染物,防止产生二次污染。在一些有机复合肥和有机肥中已检测出有机污染物,有的含量相当高,表明在正式标准制定前必须重视有机污染物的检测和控制。

2. 强化市场管理，推进产业健康发展

利用废弃物制造肥料合乎循环经济发展的大方向，但在实施过程中往往发生一些不遵守相关有害物质控制标准的事件。必须强化市场管理，以规章制度严防违规产品生产，保障遵章守法的企业顺利发展。

3. 肥效好，前景广阔

固体废弃物的肥料资源化利用，不仅缓解了当前的肥料资源危机，也符合循环经济的发展大趋势，是生态文明建设的重要内容。在安全使用的前提下，固体废弃物的肥料资源化将有广阔的应用前景。

第五节 矿物肥源促释技术的研发及前景

矿物肥源是指用来生产肥料的难溶性无机矿物。目前，国内外的磷、镁肥生产需在高温加酸条件下进行，生产过程中还会产生气、液、固各种污染，传统技术已难以适应发展需要。我国科研人员突破现有技术框架，研究常温常压条件下不耗酸的理化促释技术，对镁、磷矿和钾长石进行处理，制成促释型肥料。经过近 30 年努力，已在理论和实践方面取得了重要的成果，在产业化方面也有重大的进展。

一、发展矿物肥源促释技术应对资源短缺

我国磷、钾资源都面临资源短缺的严峻挑战，而磷、钾、镁肥料都遭遇到能源供应紧张的巨大压力，国内外近年来多次出现价格猛涨的冲击，因此迫切需要节能节酸的技术突破。

磷肥施入土壤后，很快转化为不能为植物所吸收利用的非有效态，磷肥的当季利用率多在 10%～20%，在氮、磷、钾肥料中是最低的，这无疑加剧了磷矿资源的消耗。开发磷资源高效利用技术已成为一项紧迫的重大战略任务。

为了高效利用中低品位的磷矿，华南农业大学从 20 世纪 90 年代开始研究促释技术，获得了对磷、镁、钾矿促释的系列成果及发明专利。促释的控释方向与缓释相反，也可称为“反向控释”。对中低品位磷矿的促释处理可以实现节资节能增效降耗的目标，还可大幅度提高过磷酸钙利用率。近年来，进一步对磷铵的增效处理也获得成功，产品应用后可节肥 10%以上而肥效反增。

我国的镁资源丰富，但镁肥制造需耗能（高温烧制氧化镁）、耗酸（制硫酸镁），同样存在高能（酸）耗的问题，同样深受硫、硫酸涨价的影响。生产硫酸镁需煅烧和加硫酸二个步骤，成本高而且镁易淋失。对微溶性氧化镁进行促释处理，可大幅节酸节能而降低成本。

国内外钾肥绝大部分是水溶性钾盐，我国钾肥的进口依赖高达 50%，急需开发新钾源。校企合作对钾长石等矿物原料进行煅烧、促释等途径生产钾肥的技术已成功。山西、广东、河南已有企业利用钾长石生产钾肥或土壤调理剂投放市场，肥效明显。

对磷钾镁等难溶性矿物资源的促释制肥技术，可大大拓宽紧缺的肥料资源，还可节能节酸降耗。因此，在资源短缺和肥价走高的趋势下，三种矿物肥源的促释技术将有广阔的应用前景。

二、矿物肥源促释技术的研发思路及技术原理

(一)矿物肥源促释思路:一步到位无须纠偏

针对水溶性肥料随水流失、易固定失效、造成面源污染等问题,以降低肥料溶解速度来调节养分释放的缓释技术应运而生。而促释与缓释不同,是一步到位的养分释放调节新技术。

常规技术把矿物原料制成高水溶性化肥,但为纠正水溶性过高再进行第二步加工,即缓释。这种"先过高、再回撤"两步骤如图 9-28 所示。通过高温、强酸等处理将矿物肥养分转化成高水溶性养分(如磷铵、过磷酸钙、氯化钾、硫酸镁),而这些高水溶性肥料进入土壤后易随水流失(如镁、氮等),或被土壤固定失效(如磷等),导致利用率低和面源污染,因此要进行二次加工:缓释(图 9-28 中的②)。这样,通过高温浓酸将难溶的养分转化为高水溶,还要再进行缓释以纠正为适度水溶,成本大幅度升高。

促释则突破了这种高耗的"先过高再回撤"的模式,一步即可到位:促进矿物养分释放但不过高,这样就无须再进行缓释。可见缓释是对水溶性过高进行纠偏,而促释则是无须纠偏的"一步到位"的技术(图 9-29 中的③)。不但节能降耗减污,而且在资源(矿物肥源)的选择上将有更大的空间。

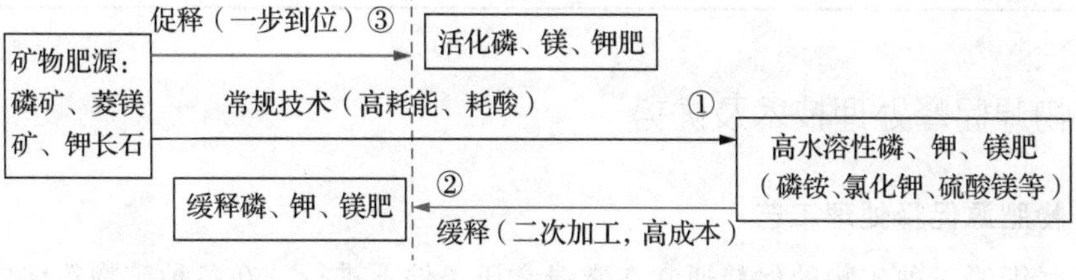

图 9-29　促释、缓释与常规技术实现养分释放速度调节的途径比较

(二)促释技术的目标-动态适度水溶性

国内外各类肥料技术的经典的养分有效性为静态水溶性(或枸溶性),国内外各类肥料技术目标都是水溶性(或枸溶性),且越高越好。其依据是经典的养分有效性——静态水溶性概念。要取得突破现有技术框架的重大技术创新,就必须对其技术基础—经典养分有效性这一概念进行认真思考。

基于高水溶性技术目标的现有镁、磷肥生产,付出了高能耗高物耗代价,但养分易淋失,利用率低。因此,需要进行缓释以减缓水溶性。为此又付出了额外的加工及能源代价。基于高水溶性目标的钾矿石制水溶钾肥国内外已有相当多研究,但至今未能成功。这不仅是技术难度大,而且经济上也不可行。这些技术难题与片面追求高水溶性目标有关。于是,从现有技术目标——经典养分有效性这一概念入手进行创新,可突破现有技术框架,在矿制肥方面实现重大技术创新。

经典养分有效性(高水溶)是静态的一次水溶性养分含量的测定,未能反映动态变化,因而有局限性。促释突破了静态水溶概念的局限性,以新的有效性概念-动态适度水溶为基础进行技术创新。促释适度的衡量标准不是静态的一次水溶性养分含量测定值,而是可反映其连续供肥能力的动态连续养分释放能力的测定值。经多年研究,华南农业大学研发成功以钾长

石、磷矿粉、菱镁矿粉和轻烧氧化镁等为原料的促释技术，取得多项发明专利。全国多地实践显示，这一技术无须耗酸，有利于简化工序，节本降耗，肥效明显。

矿物肥源促释技术应用了一种新的有效性机制—活化态机制，与传统的水溶性、枸溶性机制不同，它可促进难溶性磷酸盐钾长石和菱镁矿等矿物肥源中磷、钾、镁养分的释放而不致过高，可避免磷与土壤中的钙、铝、铁、锰等发生的沉淀反应，又减少了淋溶流失造成的水体富营养化。在一定条件下，活化态磷、镁等可“按需供给”或“按需释放”，是一个具有弹性的动态平衡。以磷为例，不同磷肥的供肥方式、供肥机理和磷矿原料、加工条件比较见表 9-6。

表 9-6 不同磷肥的供肥方式、供肥机理和磷矿原料、加工条件

磷肥种类	供 P 速度	肥效持续	供求平衡	供肥机理	磷矿原料	加工条件
钙镁磷肥	慢	长	供＜求	水溶性 枸溶性	中低品位	高温
磷矿粉	很慢	最长	供＜＜求	水溶性 枸溶性	中低品位	常温
过磷酸钙	快	较长	前期过高，易失效；后期不足	水溶性	中高品位	耗酸
磷铵	很快	短	前期过高，易失效；后期不足	水溶性	高品位	加温耗酸
促释磷肥	适中	较长	供≈求，需求拉动释放	活化态	中低品位	常温

三、矿物源促释处理技术及优势

(一)矿物肥源促释处理工艺

对磷、镁、钾等三种矿物的促释通常在常温常压条件下进行。在各种矿物粉体中加入一定比例(5％～10％)的相应活化剂，混匀并研磨，即可制得粉体活化磷、镁、钾肥(图 9-30)。活化剂主要从工农业废弃物中筛选、改性获得，主要有有机和无机二大系列，根据各矿物的化学成分选择有机或无机活化剂进行试验，筛选高效者使用。

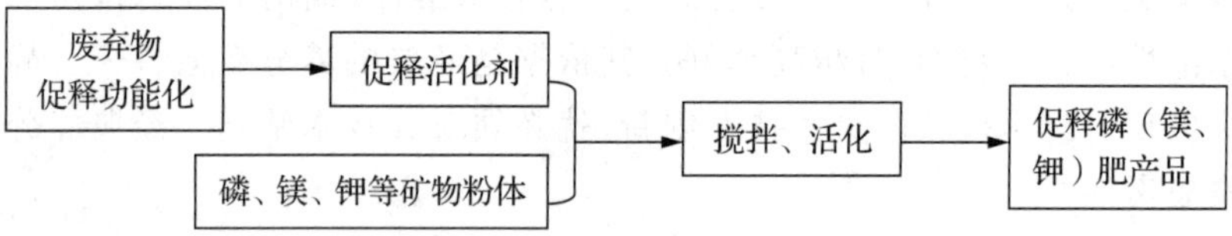

图 9-30 矿物肥源促释工艺流程

促释生产工艺无须高温、无须硫酸和化成过程，无须专用设备，只需普通的混合、研磨设备，投资较小，成本低，且能利用中低品位磷矿、高镁磷矿等常规技术难以利用的矿物肥源。同时，由于其生产工艺简捷、设备简单，易在原有工艺基础上“嫁接”实现促释技术产业化。图 9-31 所示，传统镁肥(硫酸镁)生产工艺流程包括两个步骤：先通过菱镁矿(矿物原料)煅烧转化为氧化镁(中间产物)，然后氧化镁通过硫酸处理转化为水溶性的硫酸镁产品。促释技术可替代原有高温煅烧工艺和浓硫酸酸化工艺，生产的活化镁石粉养分含量(含 MgO 27％)与硫酸镁(含 MgO 27％)相当，但节能节酸；而生产的活化氧化镁养分含量(含 MgO 70％)是硫酸镁的 2.6 倍，且生产中不用硫酸，成本大幅度降低。

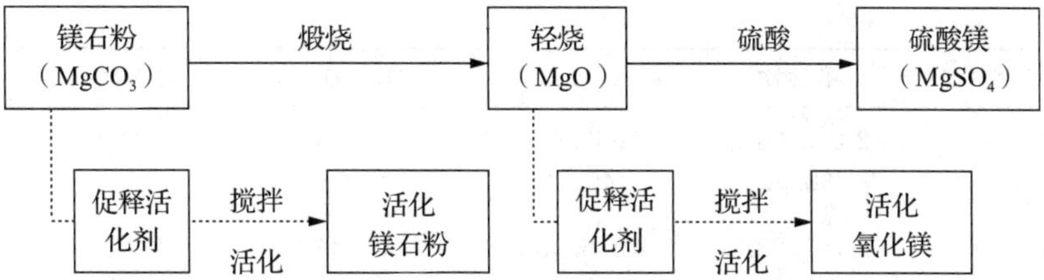

图 9-31 常规镁肥生产与促释镁肥生产流程的比较

钾长石的晶体结构较稳固,促释处理的难度大于磷酸钙和菱镁矿,长期进展较慢。但我国近年来对矿物钾资源的研发取得了重要进展,在有效性概念、技术路线和产品方面均实现了创新。

安徽合肥工业大学韩效钊教授开拓磷钾共融技术,可大幅降低煅烧温度和大幅提升钾肥得率。中国地质科学院地质力学所刘建民研究员模拟自然界的矿石风化过程,将其压缩在一个反应器中加热实现,可同时获硅、钙、钾及微肥 。华南理工大学石林教授等将钾长石与粉煤灰等加热到 700~800 ℃反应,可获得硅、钙、钾等肥料,降低了能耗。华南农业大学廖宗文教授等提出活化态概念,以动态水溶为目标,在常温常压下通过少量活化剂加入而使钾长石水溶性提高几十至上百倍,同时使矿物中硅的有效性大幅度提高逾百倍,成为富含硅的钾肥。在此基础上,对高温煅烧钾长石的技术进行节能增效改造取得重要进展。在煤矿或煤层气丰富的地方,利用现有砖厂试制促释钾也获成功。钾长石加入活化剂制成砖状,进入砖窑烧制,减少煤耗约 28%,可降低温度 200~300 ℃,但产品的水溶性钾提升几十倍。这为砖厂灵活转产矿物源钾肥,实现"一厂两用"提供了技术支撑;利用下马停产的水泥窑转产促释钾也试验成功。

(二)促释磷、镁、钾肥的养分动态释放特征及有效性测定方法

促释肥料的养分释放优点是动态连续的,因此其有效性评价方法是连续抽提法。这有别于常规磷、钾、镁肥(如过磷酸钙、磷铵、硫酸镁、氯化钾等)采用一次浸提的静态水溶性或枸溶性。养分的动态释放符合作物对养分吸收的持续性规律,因此更能表征作物生长过程养分供求关系的动态平衡。

以促释磷肥为例,对动态释磷测定方法说明如下:称取供试磷肥样品 1.000 0 g 放入塑料瓶中,准确加入 100 mL 蒸馏水,拧紧瓶塞,在振荡机上振荡 15 min(振荡机速率 150~180 次/min),进行抽滤,滤液承接于 100 mL 三角瓶中,然后把滤渣和滤纸放回三角瓶中加入 100 mL 蒸馏水振荡 15 min,进行抽滤,共重复 3~6 次,测定每次滤液中水溶性磷含量。采用连续抽提方法测定过磷酸钙、磷矿粉和两种促释磷肥的水溶性结果显示(表 9-7),促释磷肥具有明显的连续平稳释磷特征。

表 9-7 过磷酸钙、磷矿粉及两种促释磷肥水溶性磷释放动态变化 mg/kg

磷肥	第 1 次	第 2 次	第 3 次	第 4 次	第 5 次	第 6 次
PR	173.28±5.4d	171.96±5.8d	582.50±6.5d	570.83±5.7d	913.82±8.9d	745.85±8.6d
SP	81 653.09±2 700.1a	4 945.83±75.7a	2 378.32±38.6a	1 713.03±50.9b	3 033.18±91.1a	879.91±53.4c

续表 9-7

磷肥	第 1 次	第 2 次	第 3 次	第 4 次	第 5 次	第 6 次
LHP	1 482.50±28.7c	2 205.26±38.9c	2 033.99±40.1b	2 201.72±39.6a	1 439.99±20.2c	1 009.13±19.6b
LNP	2 166.26±28.5b	2 702.92±36.6b	1 846.68±20.2c	1 279.29±16.8c	1 826.47±17.7b	1 409.40±16.3a

注：PR 为磷矿粉；SP 为过磷酸钙；LHP 和 LNP 为促释磷肥。
表中的小写字母是多重比较统计分析结果，同列数据具有相同字母表示无显著性差异（$P=0.05$）。

采用类似的方法，比较镁石粉与 4 种不同促释材料处理镁石粉的动态释镁特征发现，镁石粉促释处理后，6 次水溶性镁累积释放量显著提高，达 60％以上；钾长石经过促释处理后，水溶性钾可以大幅度提升，增幅达几十至上百倍。

（三）促释肥料的肥效

1. 促释磷肥肥效

在沙田柚上施用活化磷矿粉产量和品质均比过磷酸钙和钙镁磷肥显著提高；在固磷能力很强的赤红壤和砖红壤上对油麦菜、花生、甘蔗、玉米等作物施用改性木质素活化磷矿粉，在与普钙等重量施肥情况下均略有增产，且改善作物品质；在西北地区的碱性土上也有明显效果。利用国外高、低品位磷矿［印度磷矿粉，全磷（P_2O_5）20％，南非磷矿粉全磷（P_2O_5）37％］进行促释处理，在与过磷酸钙等重的条件进行玉米盆栽肥效试验效果好。研究发现，活化磷肥还可以明显降低降低水稻米粒中重金属镉含量，降幅达到 28％～60％，其机理的探索也有初步进展，为施肥降镉提供了重要的实践和理论依据。广东雷州半岛砖红壤地区甘蔗含糖量长期处于我国蔗区的末位，施用钾肥和中微量元素均收效不大。但是，施用活化磷肥代替等重量的过磷酸钙肥料，达到了预期效果。最近的田间速测以及糖厂化验均表明，活化磷处理的蔗糖（14.1）比对照（13.0）增加逾 1 个百分点，显示了活化磷肥在施肥增糖方面的独特作用。

2. 促释镁肥的肥效

促释镁肥在等氧化镁的条件下与硫酸镁比较进行大豆盆栽肥效试验，与对应镁肥处理在等量镁条件下相比，经促释处理的氧化镁、菱镁矿、硼泥的大豆产量均有所增加。施用促释镁石粉不仅可以供镁，还可以改良酸性土壤。促释硼泥处理大豆产量最高，与其中硼营养有关。几种促释镁肥在烟草和番茄上的肥效比较显示，可达到或略优于等氧化镁含量的硫酸镁增产效果。

3. 促释钾肥的肥效

以富钾岩矿（钾长石、页岩）为原料，在温和条件下研磨活化制成促释型钾肥，在全钾相当或较低（约 70％）条件下，玉米、油菜等作物的促释钾肥肥效与氯化钾相当，但可避免化肥导致的土壤酸化，且后效明显。钾矿中硅、钙、镁、钼等微量元素可同时活化，肥效往往更显著。花岗岩由钾长石、云母（富钾）和石英组成，石材加工厂产生的碎屑、粉尘也可加以利用，通过活化成为硅钾肥，对作物抗倒伏、抗病虫害及提高品质均有明显效果，而且有环保效益。

四、促释肥料的应用前景

促释技术在有效性概念上有别于经典高水溶性概念，在此基础上从实现养分平衡的技术路线到原料、产品性能等多方面均有所创新,具有节资(支)、节能、增效、降污的优点(表 9-8)。这对于充分利用资源、节约能源和可持续发展意义重大。促释技术在矿物开采—生产—产品性能—使用等 4 个环节均有明显的减碳效应,这是其他行业产品所不具有的独特优势,可使我国单位重量农产品的耗碳量大大降低。

表 9-8 缓释和促释的比较

技术	目标	调控方向及路线	作用对象	反应条件	有效性概念及效果	碳排放
缓释	实现供求动态平衡 纠过快	慢→快→缓 两步回头路	高水溶化肥	强酸、煅烧 激烈反应	高水(枸)溶, 前高后低 波动大	高
促释	实现供求动态平衡 无过快	慢→快 一步到位	难溶肥或 矿物	无酸 无煅烧 温和反应	活化态,适度水溶 均衡持久	低

(一)促释磷肥(也称为活化磷肥)

较之现有磷肥生产技术,促释磷肥在生产工艺、原材料资源、节能、环保等方面均具有显著的优势。磷矿资源作为一种不可再生资源,资源短缺日趋加剧。促释技术可直接利用我国资源丰富的中低品位磷矿(P_2O_5低至 18%),且对镁、钙等杂质含量高低没有特殊要求。因此,极大地扩大了磷资源库。产品肥效高而成本低。促释磷肥性能优良:①抗土壤固定能力强,生物有效性高。肥效优于普通磷肥。②供磷稳长,克服了现有磷肥"前期过高、后期不足"和易被土壤固定失效或流失的缺点。③产品为中性,可防土壤酸化。活化剂从废弃物中筛选,价格低廉,每吨促释磷肥的活化剂成本约为 50 元。促释磷肥仅原材料(无酸、低档矿)成本比普通过磷酸钙每吨低 200 多元,市场竞争力强。经过长期研究,华南农业大学成功开发了适应国内外 20 多种磷矿的促释技术,拥有中、美、俄 8 件发明专利。"利用中低品位磷矿研发促释磷肥及其应用"先后获广东省科技进步二等奖和全国发明博览会金奖。

(二)促释镁肥

我国南方土壤普遍缺镁,对镁肥需求量很大。我国辽宁有丰富的菱镁矿资源;富镁的硼泥、白云石等资源则广布全国,为促释镁肥提供了充足原料。促释氧化镁的肥效高而成本低,其原料轻烧氧化镁 350 元/t,促释氧化镁成本约 500 元/t,1 t 促释氧化镁(MgO 70%)相当于 2.6 t 硫酸镁(含 MgO27%),其差价可达 1500 元/t 左右(表 9-9),经济效益十分明显。

表 9-9 活化镁肥与硫酸镁的经济技术比较

镁 肥	耗酸	煅烧	工艺	含量 (MgO)/%	价格 /(元/t)
活化菱镁矿粉	无	无	研磨混合	28.82	300
活化氧化镁	无	需要	研磨混合	70.72	500
硫酸镁	需要	需要	煅烧加酸	27.00	800

促释技术用于硼泥(硼砂废渣,富含镁),有利于进一步降低能耗,减少硫酸消耗,节约成本,提高镁肥企业竞争力。我国年产硼泥近 200 万 t,其中含氧化镁 70 万 t(按硼泥氧化镁含量为 35%计),却作为废弃物长期堆放,造成巨大环境压力。如果能够将硼泥全部用于生产镁肥,就会减少 260 万 t 硫酸镁需求,相应减少消耗硫酸 282.75 万 t 和大量资金。

(三)促释钾肥

长期以来,我国钾肥主要依靠进口,对外依存度高达50%,这是我国粮食安全的一个隐患。因此,研究利用我国丰富的非水溶性钾矿资源制肥,具有重大的战略意义。

钾矿石资源在我国乃至世界都很丰富,且种类繁多,如钾长石、明矾石、白榴石、伊利石、富钾页岩、富钾板岩、霞石正长岩、富钾火山岩等保守估计其资源总量超过200亿t,其中钾长石是其中最重要的一种,纯矿物含氧化钾为11.6%。因而钾长石制肥的新技术在全世界都有广阔应用前景。此外,花岗岩也可以用作原料,其中的钾长石和云母都富含钾,其余为二氧化硅,可以一同活化获得有效钾和硅。

丰富的矿石原料和对钾肥的大量的需求以及活化钾的技术经济优势显示了广阔的发展前景。目前我国已有一批企业陆续实现了钾长石制肥的产业化。山西紫光肥业分离部分杂质制成含氧化钾高达20%以上的钾硅肥。经多省多年试验,肥效明显。我国抢占钾矿石制肥这一技术制高点,不仅可以抗御国际寡头的潜在威胁,而且还可以在技术突围后主动出击,向海外输出技术,动摇国际垄断的基础。

促释技术除了应用于磷、镁和钾等难溶矿物外,还可应用于硅、硼和锌等难溶矿物。在现有基础上进一步提升矿物促释技术水平,还有很大发展空间:一是运用综合手段活化促释,如化学、物理和微生物处理,获得良好的协同效果;二是开发专用设备,使研磨处理更高效,可与化学促释同时进行。目前这种新型专用设备的研发已取得重大突破,能产生明显的机械力化学效应,使其晶体结构和化学键产生剧变,从而大幅度提升促释效果。

第六节 生物炭基肥加工技术

美国学者James Orton在1870年出版的《亚马逊与印第安人》一书首次介绍生物质炭。此后,国内外科学家们对亚马逊盆地黑土的探索及研究兴趣越来越浓厚。2007年在澳大利亚举办的第一届国际生物质炭会议上确定了生物质炭的国际统一命名。

生物质炭(biochar)是生物质有机废弃物在无氧或低氧条件下热裂解反应生成的高度芳香化和稳定性强的物质。生物质炭的作用十分广泛。生物质炭比表面积大,表面含有丰富的含氧官能团,能够通过改变土壤的物理、化学性质来改良土壤,增加土壤的肥力。生物质炭能提高土壤有机质含量,一方面生物质炭能够吸附土壤中的有机分子,然后通过其表面催化活性作用促进有机分子之间的聚合,从而形成土壤有机质,另一方面也会缓慢分解释放出养分供应植物吸收。

肥料领域把生物质炭看成一个新型肥料,但是实际上它的功能并不仅是提供营养物质。就营养而言,它所能提供的养分数量并不多。然而它对营养元素的吸附和释放的调控功能对肥效的贡献更大。所以往往和有机肥料、化学肥料一起加工成具有多种功能和更高肥效的生物炭基肥。而且,它还是炭封存的重要载体,可以减少面源污染、提高肥料利用率。它是对肥料和环境都有重要影响的多功能特殊肥料。这是它与一般的化学肥料最大的差别和独特的优势,因而成为新型肥料中广受关注的研究热点。

生物质炭的特殊功能包括:①调控土壤的保肥保水能力,提高肥料利用率;②促进微生物的繁殖,生长;③改良土壤理化性质,使土壤疏松,增加阳离子代换量;④稳定性高,可把碳封存在土中，减少二氧化碳排放。生物炭基肥生产的关键原料是生物质炭，下面对生物质炭的制备作一简要介绍。

一、生物炭的制备工艺与设备

（一）生物炭的制备工艺

生物质原料于裂解炉限氧的环境条件下燃烧发生裂解反应，产生的烟气在抽引下经过冷却分离设备得到生物油、木醋液和可燃气体 3 种产品，剩余物质就是生物炭。制得生物炭的性质取决于制备生物炭的材料和制备条件如温度、氧气含量和时间等，产量则取决于高温分解过程的快慢。快速高温分解能够得到约 20%的生物炭、20%的合成气和 60% 的生物油，而慢速高温分解可以产生约 50%的生物炭和少量的油。生物炭表面的有机官能团和生物炭中的碳酸盐是碱的主要存在形态，碳酸盐对生物炭碱的贡献随制备温度的升高而增加，有机官能团的贡献呈相反的趋势，且在制备过程中 C 和 N 的含量由于燃烧和挥发原因随温度的升高而降低，而 K、Ca、Mg 和 P 的含量随温度的升高而增加。制备生物炭的材料和制备条件如温度、氧气含量、时间和原料种类等对产品理化性质有很大的影响。因此，选择设备和工艺条件，需要不仅考虑产品的应用场景，还要考虑产品的成本及应用领域，以及设备的环保因素，如生物质在热解过程中可能产生有毒物质，且生产过程如何降低温室气体的排放等技术控制措施。

生物质原料的炭化温度一般在 300～700 ℃，国内炭化设备可分为内热式和外热式两种：①内热式采用高温使生物质有机废弃物在密闭空间内接触空气燃烧裂解炭化，通过控制进料速率及空气的进入量保证生物质炭的质量。这种炭化窑外部能耗小，但温度不容易控制；②外热式采用外部加热的方法，使生物质在无氧的环境中裂解炭化，这种方法能源消耗大，但容易控制温度和生物速率。在运行方式上可分为批次生产和连续运行两种，国内大多数研究都是采用批次生产，其生产效率低，而且批次之间的生物质炭品质又有差异，但是连续运行对炭化装备整体工艺要求较高。

（二）生物质炭的生产设备与工作过程

1. 内热式园林废弃物炭化窑

内热式园林废弃物炭化窑结构示意图如图 9-32。整体结构主要由控制系统、进料系统、炭化系统、能量回收系统以及冷却系统组成。其中，进料、炭化炉内原料的移动及出炭均采用螺旋传送机和变速电机，可调节进料及出炭的速率，便于通过调节原料的炭化程度及炭化时间来保证炭化完全及园林生物质炭的质量。控制系统主作用为调节进料、炭化炉内原料的移动及出炭速率，以及炭化炉内通风的速率。能量回收系统主要是热能回收，包括炭化过程中多余的热能回收及炭化过程中产生的烟气热能回收，不仅节约能源，又可以避免废气排出污染，还可以保证炭化设备的连续运行。冷却系统贯穿整个炭化设备，尤其是在控制原料移动的螺旋传送机及出料螺旋上，确保生物质炭出来后不会有太高温度而存在安全隐患，冷却系统中的水循环利用，节约资源。炭化完成后将园林生物质炭冷却装袋备用，

2. 内热式连续炭化炉

结构图如图 9-33 所示。炭化炉主要由进料系统、高温炭化系统、二次炭化系统、裂解气循环系统、出料系统、尾气处理系统、干燥系统七大部分组成。与内热式园林废弃物炭化窑类似，但可连续生产。

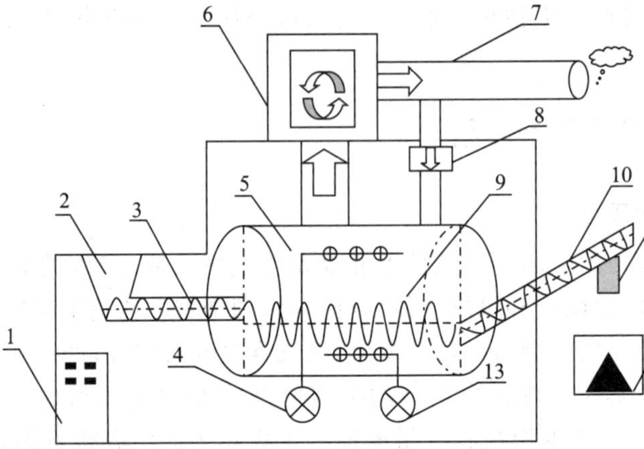

图 9-32 内热式园林废弃物炭化窑

注：1. 控制箱；2. 进料口；3. 进料螺旋；4. 低温风机；5. 炉窑；6. 废气处理与热能回收装置；7. 尾气排放口；8. 烟气循环装置；9. 传送搅拌螺旋；10. 出料螺旋；11. 出料口；12. 积炭箱；13. 高温风机

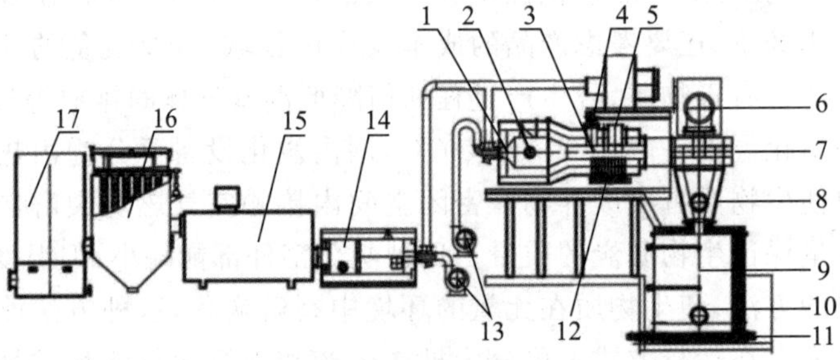

图 9-33 内热式连续炭化炉

1. 燃气烧嘴；2. 第一炉腔；3. 第二炉腔；4. 进料检修口；5. 进料口；6. 高温风机；7. 旋风分离器；8. 检修口；9. 炭箱；10. 炭箱检修口；11. 出料蛟龙；12. 空气布风管；13. 鼓风机；14. 燃烧室；15. 热水锅炉；16. 脉冲布袋除尘；17. 活性炭炭桶

工作过程：进料前需进行设备炉体预热，预热时炉体内产生的热气可利用原料烘干机进行热能转换，从而进行原料的烘干。烘干的原料通过传输带运送到设备第二工作台的进料斗内，开启料斗底部的螺旋绞龙电机，螺旋绞龙将原料运送至炭化炉炉腔的进料口，原料在重力及设备内负压抽吸的作用下掉入炭化炉腔内。原料在炉腔内，在炉腔燃烧室中产生的热气流的作用下，发生自燃瞬间炭化，同时产生高温裂解气。在负压抽吸的作用下，炭化后的物质经过旋风分离器，生物质炭掉入旋风分离器底部的保温炭箱内进行低温闷烧，高温裂解器上行通过管道传输一部分循环继续为炭化提供热能，一部分经过燃烧室燃烧后通过烘干机，热能转换为原料烘干提供热量。炭化后产生的生物质炭经炭箱底部和侧方的螺旋绞龙配合出料，需控制好绞龙的速率，确保在出炭前原料发生了充分的炭化。生物质炭在出料时温度高，直接出料遇到空气会发生自燃，所以在出料斗四周安装了喷水装置，可及时对生物质炭进行降温处理，实现连续出料。生物质炭在炭化时产生的高温可燃气在循环利用后通过燃烧室后端的排气管道排出，设备安装了热水锅炉先进行降温，在通过脉冲布袋除尘器和活性炭吸附桶过滤进行尾气净化后排放至大气。

3. 立式炭化-活化一体化炉

设备结构：该炭化炉主要分为进料系统、炭化系统、气体冷凝系统、炭吸附系统及气体储存系统，其中进料系统主要是斗式提升机，炭化系统由干燥段、料封段、炭化段、活化段、冷却段几部分组成，气体冷凝系统主要起了气液分离作用，炭吸附系统主要起去除杂质，净化气体的作用(图 9-34)。

工作过程：将原料用斗式提升机提升到炉顶的料斗，经装料斗分批次装入炉内，炉料靠自重，依次经过干燥段、料封段、炭化段、活化段、冷却段沿炉向下移动，发生干燥、炭化、活化成为产品，经炉底的圆盘卸料机，卸料料钟料斗分批次外排。当目标产物是生物炭时，燃烧室的温度设定为 700 ℃，炭化段温度设定为 450 ℃，当目标产物是活性炭时，燃烧室的温度设定为 950 ℃，活化段温度设 定为 800 ℃，当炉底熄炭时产生的蒸汽不足时，可外供活化蒸汽。

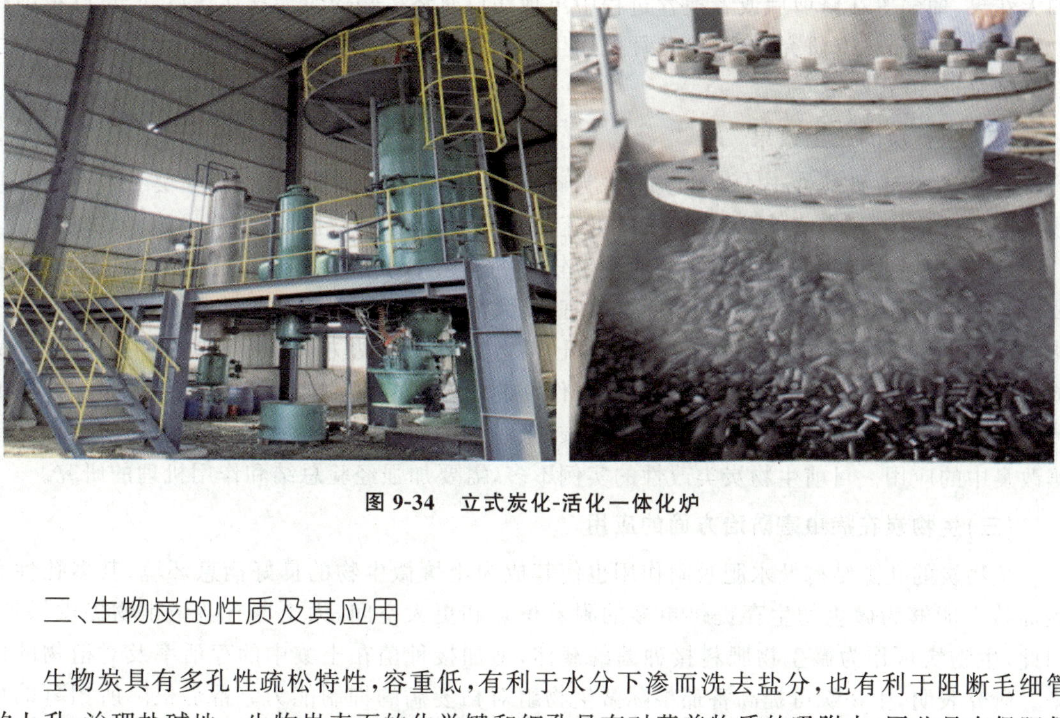

图 9-34　立式炭化-活化一体化炉

二、生物炭的性质及其应用

生物炭具有多孔性疏松特性，容重低，有利于水分下渗而洗去盐分，也有利于阻断毛细管的上升，治理盐碱地。生物炭表面的化学键和细孔具有对营养物质的吸附力，因此具有保肥保水、缓释、减少养分淋溶损失的效果。

生物炭含有一定量碱性物质，如钙、镁、钠、钾等，多呈碱性。在较高温度条件下制备生物炭时，碳酸盐是生物炭中碱性物质的主要存在形式。生物炭含有丰富的含氧官能团，主要由芳香烃和单质碳或具有石墨结构的碳组成，含有 60%以上的碳元素，具有高度羧酸酯化和芳香化结构，比有机碳有更高的生物化学和热稳定性，可用于碳的封存固定，可广泛应用于农业、环境等领域。

(一)生物炭的肥效

1. 生物炭可提高作物氮肥利用率

生物炭之所以能够提高作物氮肥利用率与其多孔性、表面的吸附性有关。生物炭具有强大的吸附能力，其可吸附 NH^{4+}、NO^{3-} 等多种水溶性盐离子，具有良好的保肥能力，能够有效调控土壤中营养元素的在土壤溶液中的释放速度。生物炭具有较强的吸湿能力，从而影响土壤的持水能力，减少降雨时雨水——肥料的流失，并且可以增强土壤水分的渗透性，防止产生径流导致的养分流失。

南方高温多雨地区生物炭的提高氮肥利用率达10%左右。生物炭对氮肥利用率的增幅因土壤性质的不同而异，在土壤pH、有机质含量、速效氮含量较低的南方地区，施用生物炭对氮肥利用率的提升效果最优，而在有机质含量较高、pH较高的东北地区，施用生物炭的效果则较低。除氮肥外，生物炭还可提高作物对磷、钾及其他中微量元素养分的利用率。利用率提高幅度是土壤的性质，土壤肥力，作物的种类和生物炭的用量等多因素综合作用的结果。

2. 提高苗木移植成活率

在营养土内施加5%～20%的生物质炭可提高花木移栽的成活率，对易产生伤流的植物如无花果、葡萄等在修剪后或者换盆过程中出现伤口时将生物质炭涂抹在伤口处，可以帮助植物加快愈合伤口。有研究发现，给草坪施用生物质炭可以使其早发2～3周，而且草坪的绿色期会延长近30 d左右。

(二)生物炭的改土效果

(1)生物炭改良酸性土　生物炭中多为碱性物质，可中和土壤酸度，使土壤pH升高。生物炭不仅可替代石灰，降低铁铝水平，还可疏松土壤、提高盐基交换量，增幅可达40%。

(2)生物炭改良盐碱地　生物炭通常带较多的盐基离子，不利于降低土壤盐碱度，因此需要进行改性处理。改性后生物炭表面含氧官能团、酸性基团的种类和数量增加，总孔隙度进一步扩大，可促进水分下渗，阻断了毛管水上升，对改良盐碱土壤方面具有明显作用。阳离子交换能力增强有利于减少盐碱浓度，减少对农作物的伤害，改性生物炭上负载的外源添加物质的特性对于改良的效果也有重要影响。因此，越来越多的研究关注生物炭负载添加物在盐碱土壤改良中的应用。目前生物炭类改性的实例不多，需要加强经验总结和作用机理的研究。

(三)生物炭在病虫害防治方面的应用

生物炭的孔隙结构及水肥吸附作用也使其成为土壤微生物的良好栖息环境，其多孔性和表面特性能够为微生物生存提供更多的附着位点和更大空间，为土壤有益微生物提供保护。因此，生物炭可作为微生物肥料接种菌的载体，增加接种菌在土壤中的存活率及对植物的侵染。研究表明，生物炭可提高番茄根际微生物组对枯萎病的抑制能力。番茄根际所招募的抑病型根际微生物组与植物有益微生物(如假单胞菌)的增加有关。此外，生物炭可增强番茄根系分泌物对有益微生物的吸引性和促进生物膜形成，促进番茄有效地招募抑病型根际微生物组来抵御枯萎病。

研究显示，施用生物炭显著降低连作障碍性烟田烤烟根黑腐病的病原菌(*Ceratobasidium*)和担孢子囊菌的相对丰度并显著提高土壤多酚氧化酶活性(可强力抑制烤烟根黑腐病菌)，使发病率大为降低。

使用片状生物炭还有明显的防虫效果。片状木炭撒于叶面和土面上，一些软体爬虫很难在其表面爬行，因为片状生物炭对于这些软体的爬虫就像刀片一样产生伤害。某些矿物也会产生这样的防虫效果，如有一种特殊的片状硅藻土也有这样的防虫效果。

(四)在消除环境污染方面的应用

生物质炭对碳的封存固定已经广为人知，此外，其还具有消除污染的作用。例如，将不同温度下热裂解的松木生物质炭施入重金属 Pb 和 Cd 污染的土壤中，可以起到钝化重金属、降低其生物有效性的作用。此外，松树枝热裂解而成的生物质炭可以有效去除污染水体中的萘、硝基苯以及间二硝基苯等环境污染物。香樟树枝制成的生物炭也可以有效去除恶臭气体中的硫化氢。相比于活性炭，生物质炭制备成本更低，更有利于推广。

（五）生物炭研究存在的问题与展望

近 20 年来，生物炭在农业、环境等领域的应用一直是全球的研究热点，虽然生物质炭对土壤改良的明确效果已经得到多方面证实，但生物炭的应用仍面临一些问题需解决：中国农田规模小、经营分散、收集和运输成本高，限制了生物炭的获得与应用。此外，还需考虑生物炭大批量生产的设备和工艺成本问题。这些都需要进一步的研究和更多的技术支持。目前的生物炭研究大多是室内模拟和小规模田间试验，也需要更多的田间试验和更长期的效果评估。

生物炭所表现出来的肥效受到多种因子的影响。就生物炭产品而言，影响肥效因子有原料、加工的设备、工艺过程及产品的理化性质。就应用场景而言，影响肥效因子有使用方法（用量、频度以及与其他肥料的配比）、土壤性质（酸碱性、质地、土壤类型）和气候条件（温度、降雨）等。由于生物炭的使用效果受多种因素的影响，在对生物炭的使用效果进行比较和评价时，在同等条件下进行才能得到比较合理的结论。

由于影响因子的复杂性，目前的研究往往会出现一些矛盾的观点。如研究显示单施生物炭几乎不会影响红壤细菌群落组成及结构，却明显改变了黄棕壤和潮土的细菌群落组成及结构。这反映了生物炭对酸性土壤的微生物的影响是因土壤类型的不同而异。

第七节　新型肥料的发展趋势及前景

一、新型肥料与新质生产力

进入 21 世纪以来，新型肥料日益成为学术界和肥料企业界关注的热点，新型肥料的产品开发成为市场的热销品。这是我国经济发展由数量增长型转向高质量发展对肥料的必然需求。常规化肥的生产与资源能源短缺的矛盾日益尖锐，长期过量使用化肥不仅难以推动农业生产的提质增效，还导致养分流失和日趋严重的面源污染。因此，发展以肥料养分高效、资源利用高效和环境友好为特征的新型肥料就成为肥料发展的大趋势，也是肥料产业发展新质生产力的重要任务。实践表明，新型肥料的发展不能满足于原有的经典植物营养理论及其技术体系，在原有基础上进行理论探索和技术创新，才可能获得更大的新发展空间。

二、新型肥料与植物矿质营养理论

新型肥料，也称特种肥料，都是表明与传统化肥的区别，具有新的（特殊）优点。我国每年都举行新型肥料（特肥）会议，也讨论过新型肥料和特肥的定义，但是都没有得到一个明确的统一概念。其实，从化学形态来看，新型肥料（特肥）与传统化肥的最大区别就是有机的区别。前者绝大部分是水溶有机态而化肥基本上是无机的。也就是说，新型肥料（特肥）主要是有机碳肥（定义见（三）基于有机碳概念的新型肥料）。近年来，普遍宣传的海藻酸，多肽、鱼蛋白、生物刺激素等新型肥料，从形态和功能上来看，都属于有机碳类型。化肥的理论基础是 180 年前，由德国化学家李比希创立的矿质(无机)营养理论。而海藻酸、生物刺激素等新型肥料在经典的矿质营养理论中却找不到位置也得不到到指导。这些新型肥料的出现是时代进步的需求和实践探索催生的创新成果。有机碳的概念的提出,启发了矿质营养理论向有机态营养发展这一新方向的思考,也有助于基于有机态营养的新型肥料的开发。近 10 多年来出现的炭基肥、碳源肥等各种新型肥料在市场上热销,显示了有机态营养对于农作物提质增效的明显优越性。

有机碳肥具有化肥所不具备的独特的优越性是补充碳营养,消除碳饥饿。自然条件下,作物生化反应基本上依赖大气 CO_2 和阳光为原料和能源,但 CO_2 仅够 1/5,故作物均存在程度不一的“碳饥饿”,矿质营养理论不涉及有机碳,因此化肥对 C 饥饿难有作为。而提供有机碳营养的新型肥料,可做出新的独特的贡献。

有机碳概念的确立,发展了基于矿质营养理论的平衡施肥技术,开拓了两个新研究领域:①多种有机碳营养配方组合,不同有机碳营养成分的多碳源组合优于单一碳源,可进一步提高平衡施肥的增产效果。②有机碳营养与其他养分元素配合,尤其是氮肥的优化配合,对碳氮代谢生理过程和肥效的充分发挥有重要影响。

三、新型肥料与技术创新

进入 21 世纪以来,化肥生产的原有技术体系与经济高质量发展对肥料养分、资源高效和环境友好的要求逐渐产生了矛盾,且日益尖锐。传统的化肥生产升级转型也成为新型肥料的一个重大任务。

我国面临着磷资源短缺的严峻局面,磷肥产业的“无米之炊”困局日益迫近。提高磷资源利用率,尤其是中低品位磷矿“鸡肋”资源的开发,具有重大战略意义。磷肥生产需要高温强酸,是高能耗的产业,发展低碳技术也成为一个重大课题。

在原有技术体系下的各种改进,如选矿和生产工艺等,经过多年的发展进步,技术提升空间已经日益收窄。而在经典技术体系外进行创新,显示了巨大的发展新空间。华南农业大学研制成功的活化磷肥,不用硫酸,可在中性条件下利用低品位磷矿进行温和反应,生产出不亚于过磷酸钙的新型肥料。在原料、工艺,产品性能等方面全面突破了 100 多年来国内外沿用强酸激烈反应体系,节支降污。利用低品位矿,使我国磷资源库扩增 8 倍,大大缓解磷矿短缺;活化磷肥产品中性,环境友好;经济效益和环境效益双双提高,企业、农民双双获益。

肥料养分有效性是肥料技术体系的基础。活化磷肥的技术目标不是常规磷肥的水溶有效性,而是活化有效性。这样使经典技术体系发生全面革新:从原料(可用低品位磷)到工艺(省去选矿和除镁、不用硫酸、不用耐酸设备、不必后熟)直至质量测定方法(改静态水溶指标为动态活化指标)的全技术链均发生了质的跃升,成为新的高效、低碳、绿色的新技术体系。

四、新型肥料前进中的困难和对策

我国新型肥料有了很大的发展,但在进步之中也存在不少的困难。如研究经费不足,成果转化缺乏配套的项目和政策支持等。

其中一个突出的困难是市场准入。新型肥料的市场准入,需要提供与传统肥料不同的新质量标准。如传统磷肥质量标准是一次性测定的静态高水溶性指标,而活化磷则是动态释放的适度水溶测定法,但质量标准是在产品生产创制成功之后才得以形成,新产品就难以通过常规标准的审查，往往出现新肥料无证经营而遭受罚款的情况，这使新产品的市场准入变成难以逾越的障碍。在20世纪80年代，全国各地研制成功的有机无机复合肥产品，由于没有职能部门认定的产品标准，往往被罚款。一个可行的办法是参考经济特区，设立一个有配套政策的肥料创新示范特区，开展新型肥料的肥效验证、示范、推广工作。改常规肥料的市场准入管理为新的配套政策管理，做到积极稳妥推进新型肥料的示范推广，这将大大推进新型肥料成果产业化的进程。

【本章小结】

新型肥料的特征表现在三个方面：新功能、新材料和新技术。它对粮食安全保障及环境资源均有重要战略意义。控释肥、有机无机复合肥、生物有机肥、保水肥等都属于新型肥料。发展新型肥料，是实现从增量向增效的增产新模式转变和碳减排的迫切需要，是肥料产业的技术制高点、经济增长点和学科人才的生长点，对产业提升和学科发展有重要的促进作用。

控释肥的概念有各种表述，其核心都是调控养分释放使之与作物养分需求一致。本章介绍了各类控释途径及相应生产工艺、养分释放评价方法，比较了不同评价方法与生产实际的关联性。控释肥利用率高达50%～70%，其影响因素与包膜材料、肥芯、环境条件及施用方法有关，根际施肥可将肥料利用率提高至70%～80%。工艺复杂，生产成本高，价格昂贵是制约控释肥推广的因素。我国控释肥技术在控释材料、途径、方向、工艺设备和成膜方式等方面的技术创新成果显著。

保水肥是水肥一体化载体，具有保水、保肥双重效果，有物理吸附型、混合造粒、包膜型、化学结合型等四种类型。提高保水材料耐盐性和降低成本是技术关键。我国在采用天然多糖、无机矿物等新型原材料和改革工艺等方面取得重要突破。防病肥的技术原理是通过施肥提高土壤微生物多样性，从生态调控的途径防病，因而可不用或少用农药；其技术特点是根据“基质—菌群”效应进行复合菌剂与物料的配伍，根据生态调控目标而非营养目标确定熟化度等工艺参数及使用方法，用BIOLOG方法进行防病肥的质量评价。药肥将施肥和施药合二为一，既能平衡施肥，又可一次性除草、杀虫，省工省时。

钢渣、粉煤灰、污泥、糠醛渣、生活垃圾、餐厨余和秸秆、禽畜粪便等城乡固体废弃物均可用于制肥，需进行预处理如除臭、病虫卵的处理、重金属钝化和有机污染物的消除。废弃物中多环芳烃、氯苯等多种有机污染物虽无相关控制标准，仍需重视。对固体废弃物相关的有机无机复合肥、有机肥、有机碳肥、土壤调理剂等系列肥料的制造技术分别进行了介绍。

促释技术突破了现有技术框架，是以动态适度水溶的活化概念为基础进行创新的技术。在常温常压和不耗酸条件下，在矿物中加入相应活化剂，制成镁、磷和钾促释型肥料，无需对过高的水溶性肥料进行缓释处理。活化剂有有机和无机二大系列，可从工农业废弃物中筛选、改性获得。促释技术可利用低品位镁、磷和钾矿物，有节资、节能、降耗的重大战略价值，是肥料产业实现碳减排的技术新进展，市场前景广阔。

复习思考题

1. 试述新型肥料的主要特征。
2. 新型肥料在学术上及产业上有何意义？
3. 控释肥主要有几种？结合本地区实际试分析宜发展何种控释肥？

4.保水肥为什么能实现水肥一体化？在降雨多的季节是否有效？

5.防病肥为何能够防土传病？主要原因是否通过改善作物营养而增强了抗病力？

6.在防病肥的堆肥过程中有何技术要点与防病效果关系密切？与一般堆肥有何不同？

7.有机碳肥有何优点？与有机肥有何区别？

8.废物农用资源化有何意义？本地区有哪些废物资源可供利用？

9.矿物原料的促释技术与缓释技术有何不同？

本章推荐阅读书目

李瑞波，吴少全.2014.生物黄腐酸与有机碳肥.北京：化学工业出版社.

毛小云.2017 废弃物农用功能化理论与技术.广州：华南理工大学出版社.

沈其荣.2021.中国有机(类)肥料.北京：中国农业出版社.

武志杰，陈利军.2003.缓释/控释肥料原理与应用.北京：科学出版社.

张卫峰，张福锁.2017.中国肥料发展研究报告.北京：中国农业大学出版社.

赵秉强，袁亮，李燕婷，等.2020.增值肥料概论.北京：中国农业科学技术出版社.

赵秉强.2013.新型肥料.北京：科学出版社.

参考文献

蔡全英，莫测辉，吴启堂，等.2003.城市污泥与稻草堆肥中邻苯二甲酸酯(PAEs)的研究.应用生态学报，14(11)：1993-1996.

蔡燕飞，廖宗文.2003.FAME法分析土壤施肥对番茄青枯病抑制和土壤健康恢复的效果.中国农业科学，36(8)：922-927.

陈大睿.1997.土壤磁性及磁化粉煤灰在农业上的利用.粉煤灰综合利用(1)：41-43.

杜昌文，周健民.2022.金属有机框架(MOF)材料及其在新型缓控释肥料中的应用.华中农业大学学报(自然科学版)，41(2)，20-29

杜建军，廖宗文，宋波，等.2002.包膜控释肥养分释放特性评价方法的研究进展.植物营养与肥料学报，8(1)：16-21.

杜建军，廖宗文，王新爱，等.2007.高吸水性树脂包膜尿素的结构特征及养分控/缓释性能.中国农业科学，40(7)：1447-1455.

冯新，孔维栋，毛小云，等.2003.化学生物联用技术对稻秆腐熟的影响及红外光谱研究.华南农业大学学报(自然科学版)，24(2)：16-18，66.

桂丕，廖宗文，汪立梅，等.2015.弱光照条件下有机碳营养对水稻生长的影响.土壤通报，46(3)：519-522.

何欣，郝文雅，杨兴明，等.2010.生物有机肥对香蕉植株生长和香蕉枯萎病防治的研究.植物营养与肥料学报，16(4)：978-985.

黄培钊，廖宗文，葛仁山，等.2006.不同造粒工艺的肥芯-包膜微结构特征与缓/控释性能的研究.中国农业科学，39(8)：1605-1610.

孔维栋，刘可星，廖宗文，等.2005.不同腐熟度有机物料对土壤微生物群落功能多样性的影响.生态学报，25(9)：2291-2296.

李庆逵，朱兆良，于天仁. 1998. 中国农业持续发展中的肥料问题. 南昌：江西科学技术出版社.
李胜华，刘可星，廖宗文. 2010. 特征碳源简化土壤微生物 Biolog 测定的方法及应用，中国农业科学，43(3)：523-528.
廖宗文，刘可星，王德汉，等. 2001. 发展中国特色的控释肥. 中国农业科技导报，3(4)：71-75.
廖宗文，毛小云，刘可星. 2014. 有机碳肥对养分平衡的作用初探——试析植物营养中的碳短板. 土壤学报，53(3)：656-659.
廖宗文. 1996. 工业废物的农用资源化：理论、技术和实践. 北京：中国环境科学出版社.
刘辉，王俊，毛敬麟，等. 2014. 石英砂中硅的活化效果及影响因素研究. 化肥工业，41(4)：14-18，68
刘可星，廖宗文. 1997. 平衡施肥概念的发展及其技术开发. 磷肥与复肥(6)：64-65.
刘可星，郑超，廖宗文. 2006. 磷资源危机与磷的高效利用技术. 化肥工业，33(3)：21-23.
卢其明，孙克君，邓德安，等. 2004. 聚合物/膨润土复合材料的水肥调控特性研究. 水土保持学报，18(4)：50-52，112.
毛小云，李世坤，廖宗文. 2006. 有机-无机复合保水肥的保水保肥效果研究. 农业工程学报，22(6)：45-48.
莫测辉，蔡全英，王伯光，等. 2002. 我国城市污泥中醚类和卤代烃类有机污染物的研究. 环境科学学报，22(5)：671-676.
孙克君，赵冰，卢其明，等. 活化磷肥的磷素释放特性、肥效及活化机理研究. 中国农业科学，2007，40(8)：1722-1729.
谭兆赞，林捷，刘可星，等. 2007. 复合微生物菌剂对番茄青枯病和土壤微生物多样性的影响. 华南农业大学学报(自然科学版)，28(1)：45-49.
谭兆赞，徐广美，刘可星，等. 2009. 不同堆肥对番茄青枯病的防病效果及土壤微生物群落功能多样性的影响. 华南农业大学学报，30(2)：10-14.
汤建伟，许秀成. 2000. 农药-化肥合剂的开发与研制. 磷肥与复肥，15(2)：19-20.
王杰，谷守玉，侯翠红，等. 2022. 利用黄磷渣改性制备云贵川地区水稻专用肥. 无机盐工业(12)，79-86.
王为民，成绍鑫，孙明强. 2002. 作物秸秆制取氧化腐殖酸研究初报. 腐殖酸(4)：20-24.
王正银. 2025. 缓释多养分肥料. 北京：科学出版社.
熊金涛，张俊涛，毛小云，等. 2010. 印度磷矿粉的几种促释处理的动态释磷特点及肥效研究. 土壤通报，41(3)：660-663.
许秀成，李药萍，王好斌. 2000. 包裹型缓释/控制释放肥料专题报告：第一报概念区分及评判标准. 磷肥与复肥，15(3)：1-6.
鄢海印，刘可星，廖宗文，等. 2013. 化学及生物活化钾长石的释钾效果比较. 华南农业大学学报，34(2)：149-152.
杨柳燕，肖琳. 2003. 环境微生物技术. 北京：科学出版社，261.
杨兴明，徐阳春，黄启为等. 2008. 有机(类)肥料与农业可持续发展和生态环境保护. 土壤学报，45(5)：925-932.
张俊涛，赵冰，刘可星，等. 2008. 促释型轻烧氧化镁的养分释放特性及其番茄生长的影响. 中国农业科学，41(11)：3905-3912.

张立芸,黎力,张海东,等. 2024. 玉米秸秆及其生物炭复配基质对玉米根系构型的影响. 华南农业大学学报,45(2),207-217.

张祥,王典,姜存仓,等. 2013. 生物炭及其对酸性土壤改良的研究进展. 湖北农业科学(5),997-1000.

章家恩,廖宗文. 2000. 试论土壤的生态肥力及其培育. 土壤与环境,9(3):253-256.

赵秉强,张福锁,廖宗文,等. 2004. 我国新型肥料发展战略研究,植物营养与肥料学报,10(5):536-545.

周昌敏,何兆桓,霍志铭,等. 2015. 中微量元素叶面肥复配试验化学稳定性初探. 中国农学通报,31(4):147-151.

Chen X, Huang L, Mao X, et al. 2017. A comparative study of the cellular microscopic characteristics and mechanisms of maize seedling damage from superabsorbent polymers. pedosphere, 27(2): 274-282.

Chen X, Mao X, Lu Q, et al. 2016. Characteristics and mechanisms of acrylate polymer damage to maize seedlings. Ecotoxicology and Environmental Safety(129): 228-234.

Hill G, et al. 2000. Methods for assessing the composition and diversity of soil microbial communities. Applied Soil Ecology, 15: 25-36.

Jing H, Hou C, Wang H, et al. 2021. Slag activation in the carbothermic reduction of phosphorite with adding micronutrient-bearing cosolvents. The Journal of The Minerals, Metals, & Materials Society 73 (3): 941-950.

Lu P, Zhang Y, Jia C, 2015. Polyurethane from liquefied wheat straw as coating material for controlled release fertilizers, BioRes. 10(4): 7877-7888.

Luo Z, Peng J, Wang D, et al. 2019. Recovery of phosphate from piggery biogas slurry by ultrasonication, aeration and addition of MgO desulfurization waste residue[J]. Journal of Cleaner Production, 211: 865-873.

Mao X, SUN K, Wang D, et al. 2005. Controlled-release fertilizer(CRF): A green fertilizer for controlling non-point contamination in agriculture. Journal of Environmental Sciences, 17(2): 181-184.

Shao X Q, Yao H L, Cui S H, et al. 2021. Activated low-grade phosphate rocks for simultaneously reducing the phosphorus loss and cadmium uptake by rice in paddy soil, Science of the Total Environment, 780, 146550.

Situ Y J, Yang Y F, Huang C L, et al. 2023. Effects of several superabsorbent polymers on soil exchangeable cations and crop growth. Environmental Technology & Innovation, (30), 103126.

Situ Y J, Yang Y F, Huang C L, et al. 2023. Synthesis and application of super absorbent polymers synthesized with ammonia solution and diatomaceous earth with low toxic residues, Environmental Technology & Innovation(32), 103371.

Su B, Yang M, Gao B, et al. 2024. Ceresin wax enhances hydrophobicity and density of bio-based polyurethane of controlled-release fertilizers: Streamlined production, improved nutrient release performance, and reduced cost. Journal of Cleaner Production. Volume

452,142-145.

Trenkel M E. 1997. Controlled-Release and Stabilized Fertilizers in Agriculture. International Fertilizer Industry Association,Paris. 11.

Villada E, Velasquez M,et al. 2024. Combining anaerobic digestion slurry and different biochars to develop a biochar-based slow-release NPK fertilizer, Science of The Total Environment(927),171982.

Yao L X, et a. 2015. Phosphate enhance the uptake of As species in garland chrysanthemum (*C. coronarium*) applied with chicken manure bearing roxarsone and its metabolites. Environmental Science and Pollution Research, 22: 4654-4659.

Zhang F, Liu X, Xiao Q, et al. 2005. Effects of slow/controlled-release fertilizer cemented and coated by nano-materials on crops. Ⅰ. Characteristic of nano-composites with plant nutrients. Nanoscience,1(2): 91-95.

第十章　肥料加工质量检测与环境保护

随着现代农业的发展，我国肥料标准化工作取得了长足的进步，肥料标准体系日臻完善。目前我国已基本形成了以国家为主体，行业、地方和企业标准为辅助的肥料标准格局，对于保障肥料研制与加工产品的质量具有重要意义。肥料生产和加工过程中会不同程度地产生对环境的负面效应或污染，这是需要十分注意的问题。从事肥料研制与加工，需要了解常见肥料的质量检测内容和方法、主要肥料质量技术标准、肥料加工生产环节产生的环境污染物类型及其相应的防治措施。

第一节　肥料生产与加工质量检测标准

一、肥料质量检测内容

（一）肥料成分

1. 养分

（1）大量元素养分　包括氮、磷、钾、钙、镁、硫素养分，其中氮素养分通常检测的项目有总氮、尿素氮、硝态氮、氨态氮；磷素养分主要是有效磷、水溶性磷、总磷；钾素养分有钾、总钾含量。

（2）微量元素养分　主要为铜、铁、钼、硼、锌、锰素养分，为相应的微量元素肥料的检测项目。

2. 有机类物质

（1）有机质　主要指存在于有机肥料和有机无机复合肥料中的成分，即该两种肥料必须检测有机质含量。

（2）氨基酸　含氨基酸叶面肥料和含氨基酸水溶肥料均需要检测氨基酸含量。

（3）腐殖酸　腐殖酸类肥料均需检测。

3. 微生物

（1）有效活菌数　主要涉及根瘤菌肥料、固氮菌肥料、解磷细菌肥料、硅酸盐细菌（解钾菌）肥料、增产菌肥料、生物有机肥料、复合生物肥料等肥料。

（2）含菌量　增产菌粉剂需要检测的内容。

（二）功能性状

目前主要涉及缓释肥料需要检测其养分缓释效果，具体是指各种包膜型的缓释肥料如缓释氮肥、缓释复合肥、缓释复合肥料等，其功能性状指标主要包括初期养分释放率、累积养分释放率（28 天和全养分释放周期）、养分释放期、缓释养分量等。

(三)理化性状

1. 物理性状

物理性状主要有水分、粒度(或细度)、松散度、残留物(或残渣)、水不溶物、结块物、抗压强度等。其中检测水分几乎涉及所有肥料;检测粒度的主要有尿素、硝酸铵、氯化铵、重过磷酸钙、粒状过磷酸钙、钙镁磷肥、钙镁磷钾肥、磷铵系列产品、硝酸磷肥、硫酸钾、各种复合肥料、缓控释肥料等;松散度涉及的肥料有颗粒硝酸铵;残留物(或残渣)涉及的肥料有液氨、结晶硝酸铵、氯化铵;水不溶物涉及的肥料主要有尿素、硫酸铵(非农业用)、颗粒硝酸铵、氯化钾、磷酸二氢钾;结块物涉及的肥料有颗粒硝酸铵;颗粒平均抗压碎力涉及的肥料有颗粒硝酸铵、粒状重过磷酸钙。

2. 化学性状

化学性状主要有酸度(pH)、游离酸、碱度(或碱分)等。检测酸度(pH)的主要有颗粒硝酸铵、氯化铵、肥料级磷酸氢钙、有机无机复合肥、有机肥料、根瘤菌肥料、硅酸盐细菌肥料、微生物肥料、微量元素肥料、叶面肥料、大量元素水溶肥料、含腐殖酸水溶肥料、磷酸二氢钾;检测游离酸的主要有粒状重过磷酸钙、过磷酸钙、农业用硫酸钾、硫酸铵、农业用硫酸锌。检测碱度(或碱分)主要有尿素,氨水等,钙镁磷肥、农业用硫酸钾。

(四)副成分

尿素需要检测缩二脲;检测钠盐的主要有农业用氯化铵、氯化钾;检测硫酸盐的主要有尿素、硫酸铵、氯化铵;检测氯离子的主要有用硫酸钾、复合肥料、磷酸二氢钾;检测铁含量的有尿素、非农业用硫酸铵、有机肥料、磷酸二氢钾、复合肥料、掺混肥料、缓控释肥料、含氨基酸叶面肥料、含腐殖酸水溶肥料、微量元素水溶肥料、微量元素肥料。

(五)有害成分

1. 毒性重金属

毒性重金属主要包括汞、镉、铅、铬、砷等。检测汞的主要有有机肥料、有机无机复合肥料、生物有机肥、微生物肥料;检测镉的主要有有机肥料、有机无机复混肥料、生物有机肥、农业用硫酸锌、微生物肥料、水溶肥料、含腐殖酸水溶肥料、微量元素水溶肥料、含氨基酸水溶肥料;检测铅的主要有氯化铵、非农业用硫酸铵、复合肥料、微量元素肥料叶面肥料、含氨基酸叶面肥料;检测砷的主要有非农业用硫酸铵、有机肥料、有机无机复合肥料、生物有机肥、复合肥料、微量元素肥料叶面肥料、含氨基酸叶面肥料、农业用硫酸锌、磷酸二氢钾、农业用硫酸锌;检测铬的主要有有机肥料、有机无机复合肥料、生物有机肥、水溶肥料、含腐殖酸水溶肥料、微量元素水溶肥料、含氨基酸水溶肥料。

2. 病原微生物

病原微生物主要包括蛔虫卵死亡率、大肠菌值、杂菌数等。检测蛔虫卵死亡率的主要有有机肥料料、有机无机复合肥料、生物有机肥、微生物肥料;检测大肠菌值的主要有有机无机复合肥料、生物有机肥、微生物肥料;检测杂菌数的主要有根瘤菌肥料、固氮菌肥料、磷细菌肥料、硅酸盐细菌肥料。

二、肥料质量检测方法

(一)养分

1. 氮素

(1)总氮的测试方法

方法 1 蒸馏后滴定法(仲裁法),《复混肥料中总氮含量的测定 蒸馏后滴定法》(GB/T 8572—2010);

方法 2 自动分析仪法,《肥料中氮、磷、钾的自动分析仪测定法》(GB/T 22923—2008);

方法 3 杜马斯燃烧法,《肥料中总氮含量的测定 杜马斯燃烧法》(GB/T 42955—2023)。

(2)硝态氮的测试方法

方法 1 氮试剂重量法(仲裁法),《肥料中硝态氮含量的测定 氮试剂重量法》(GB/T 3597—2002);

方法 2 自动分析仪法,《肥料中氮、磷、钾的自动分析仪测定法》(GB/T 22923—2008);

方法 3 差减法,《复混肥料中总氮含量的测定 蒸馏后滴定法》(GB/T 8572—2010);

方法 4 紫外分光光度法(不适用含有机态氮或其他有机物产品),《肥料 硝态氮、铵态氮、酰胺态氮含量的测定》(NY/T 1116—2014)。

(3)氨态氮的测试方法

蒸馏后滴定法,《肥料中氨态氮含量的测定 蒸馏后滴定法》(GB/T 3595—2000);《肥料 硝态氮、铵态氮、酰胺态氮含量的测定》(NY/T 1116—2014)。

(4)尿素的测试方法

缩二脲含量,分光光度法,《尿素的测定方法 第 2 部分:缩二脲含量 分光光度法》(GB/T 2441.2—2010)。

2. 磷素

有效磷和水溶性磷的测试方法

方法 1 磷钼酸喹啉重量法(仲裁法),《复合肥料》(GB/T 15063—2020)附录 A;

方法 2 磷钼酸喹啉重量法或等离子体发射光谱法,《复混肥料中有效磷含量的测定》(GB/T 8573—2017);

方法 3 自动分析仪法,《肥料中氮、磷、钾的自动分析仪测定法》(GB/T 22923—2008);

3. 钾素

方法 1 四苯硼酸钾重量法(仲裁法),《复混肥料中钾含量的测定 四苯硼酸钾重量法》(GB/T 8574—2010);

方法 2 自动分析仪法,《肥料中氮、磷、钾的自动分析仪测定法》(GB/T 22923—2008);

方法 3 等离子体发射光谱法,《肥料 钾含量的测定》(NY/T 2540—2014)。

4. 中量元素

(1)有效钙、镁含量的测试方法

方法 1 容量法(仲裁法),《复混肥料中钙、镁、硫含量的测定》(GB/T 19203—2003);

方法 2 等离子体发射光谱法,《复合肥料》(GB/T 15063—2020) 附录 C。

(2)硫含量测试方法

方法 1　电感耦合等离子体发射光谱法,《有机肥料　钙、镁、硫含量的测定》(NY/T 4076—2022);

方法 2　硫酸钡比色法,《有机肥料　钙、镁、硫含量的测定》(NY/T 4076—2022);

方法 3　重量法,《复混肥料中钙、镁、硫含量的测定》(GB/T 19203-2003)。

5. 微量元素

方法 1　等离子体发射光谱法(仲裁法),《肥料中铜、铁、锰、锌、硼、钼含量的测定　等离子发射光谱法》(GB/T 34764—2017);

方法 2　原子吸收分光光度法,《复混肥料中铜、铁、锰、锌、硼、钼含量的测定》(GB/T 14540—2003)。

6. 氯离子

方法 1　容量法(仲裁法),《复混肥料中氯离子含量的测定》GB/T 24890—2010;

方法 2　自动电位滴定法,《复合肥料》(GB/T 15063—2020) 附录 B。

(二)有机类物质

1. 有机肥料中有机质含量测定

重铬酸钾容量法,《有机无机复混肥料》(GB/T 18877—2020);

2. 水溶肥料游离氨基酸含量测定

方法 1　氨基酸酸自动分析仪法(仲裁法),《水溶肥料　游离氨基酸含量的测定》(NY/T 1975—2010);

方法 2　柱前衍生—液相色谱法,《水溶肥料　游离氨基酸含量的测定》(NY/T 1975—2010)。

3. 水溶肥料腐殖酸含量测定

酸沉淀-氧化还原滴定法,《水溶肥料　腐殖酸含量的测定》(NY/T 1971—2010)。

(三)微生物

(1)复合微生物肥料中的有效活菌数的测定:《复合微生物肥料》(NY/T 798—2015);

(2)微生物肥料中杂菌数测定方法:《微生物肥料产品检验规程》(NY/T 2321—2013);

(3)肥料中蛔虫卵死亡率的测定方法:《肥料中蛔虫卵死亡率的测定》(GB/T 19524.2—2004);

(4) 微生物肥料中类大肠菌数测定方法:《肥料中蛔虫卵死亡率的测定》GB/T 19524.1—2004;《复合微生物肥料》(NY/T 798—2015)。

(四)功能性状

缓释肥中养分释放率测定:《缓释肥料》(GB/T 23348—2009),《缓释肥料　养分释放率的测定》(NY/T 3040—2016)。

(五)副产物及重金属

1. 复混肥料中缩二脲含量测定:《复混肥料(复合肥料)中缩二脲含量的测定》(GB/T 22924—2008);

2.复混肥料重金属(砷、铅、镉、铬、汞、镍)含量测定:《肥料汞、砷、镉、铅、铬、镍含量的测定》(NY/T 1978—2022)。

(六)理化性状

1.肥料酸碱度测定:《有机肥料》(NY/T 525—2021);

2.复混肥料粒度测定:《复混肥料粒度的测定》(GB/T 24891—2010);

3.复合肥料水分测定:《复混肥料中游离水含量的测定 卡尔·费休法》(GB/T 8577—2002);《复混肥料中游离水含量的测定 真空烘箱法》(GB/T 8576—2002)。

三、肥料质量检测技术标准

(一)技术标准类别

1.国家标准

国家标准是指对全国经济技术发展有重大意义,需要在全国范围内统一的技术要求所制定的标准。国家标准在全国范围内适用,其他各级标准不得与之相抵触。国家标准是四级标准体系中的主体。

2.行业标准

行业标准是指对没有国家标准而又需要在全国某个行业范围内统一的技术要求,所制定的标准。行业标准是对国家标准的补充,是专业性、技术性较强的标准。行业标准的制定不得与国家标准相抵触,国家标准公布实施后,相应的行业标准即行废止。

3.地方标准

地方标准由省、自治区、直辖市标准化行政主管部门制定,在地方辖区范围内适用。

4.企业标准

没有国家标准、行业标准和地方标准的产品,企业应当制定相应的企业标准,企业标准应报当地政府标准化行政主管部门和有关行政主管部门备案。企业标准在该企业内部适用。

(二)技术标准内容

1.基本内容

基本内容包括范围、引用标准、术语与定义、技术要求、试验方法、检验规则、标识、包装运输与储存等,一般有6～8项内容。

2.强制性条款

强制性条款为必须严格执行的内容。在部分国家标准或行业标准的前言中有特别说明,如《有机无机复混肥料》(GB 18877—2009)标准提出“本标准第4章、第6章、第7章、第8章为强制性条款、其余为推荐性条款”,《有机肥料》(NY 525—2021)标准提出“本标准第4章、第6章、第7章中7.1和7.2为强制性条款,其余为推荐性条款”。

(三)主要肥料质量技术标准

1.化肥

各种大、中、微量元素肥料和化成复合肥料以及复混肥料。

(1)氮肥主要检测指标

①尿素(表10-1):

表 10-1　农业用(肥料)尿素的要求 (GB/T 2440—2017)

项目[a]			等级	
			优等品	合格品
总氮(N)的质量分数/%		≥	46.0	45.0
缩二脲的质量分数/%		≤	0.9	1.5
水分[b]/%		≤	0.5	1.0
亚甲基二脲(以 HCHO 计)[c]的质量分数/%		≤	0.6	0.6
粒度[d]	*d* 0.85～2.80 mm *d* 1.18～3.35 mm *d* 2.00～4.75 mm *d* 4.00～8.00 mm	≥	93	90

[a]含有尚无国家或行业标准的添加物的产品应进行陆生植物生长试验,方法见 HG/T4365—2012 的附录 A 和附录 B。

[b]水分以生产企业出厂检验数据为准。

[c]若尿素生产工艺中不加甲醛,不测亚甲基二脲。

[d]只需符合四档中任意一档即可,包装标识中应标明粒径范围。农用(肥料)尿素若作掺混(BB)生产原料,可根据供需协议选择标注 SGN 和 UI,计算方法参见附录 A。

②硝酸铵(表 10-2):

表 10-2　农业用含磷型防爆硝酸铵技术指标(GB/T 20782—2006)

项目		指标	
		颗粒状	结晶状
总养分质量分数($N+P_2O_5$)/%	≥	35.0	35.0
有效磷质量分数(P_2O_5)/%	≥	4.0	4.0
游离水质量分数/%	≤	1.0	0.4
pH(质量分数为 10%的水溶液)	≥	4.0	4.0
粒度　喷淋造粒(1.00～2.80 mm)/%	≥	90	
转鼓、钢带造粒(3.35～5.60 mm)/%	≥		
松散度/%	≥	80	
外观		无肉眼可见的杂物,浅灰白色颗粒	无肉眼可见的杂物,浅灰白色结晶
不可复原性能		合格	合格

③氯化铵(表 10-3):

表 10-3　农业用氯化铵技术指标(GB/T 2946—2018)

项目		优等品	一等品	合格品
氮(N)的质量分数(以干基计)/%	≥	25.4	24.5	23.5
水的质量分数[a]/%	≤	0.5	1.0	8.5
钠盐的质量分数[b](以 Na 计)/%	≤	0.8	1.2	1.6
粒度[c](2.0 ～4.75 mm)/%	≥	90	80	—
颗粒平均抗压碎力[c]/N	≥	10	10	—
砷及其化合物的质量分数(以 As 计)/%	≤		0.005 0	

续表 10-3

项目		优等品	一等品	合格品
镉及其化合物的质量分数(以 Cd 计)/%	≤		0.001 0	
铅及其化合物的质量分数(以 Pb 计)/%	≤		0.020 0	
铬及其化合物的质量分数(以 Cr 计)/%	≤		0.050 0	
汞及其化合物的质量分数(以 Hg 计)/%	≤		0.000 5	

注:[a]水的质量分数仅在生产企业检验和生产领域质量抽查检验时进行判定。

[b]钠盐的质量分数以干基计。

[c]结晶状产品无粒度和颗粒平均抗压碎力要求。

④农业用碳酸氢铵(表 10-4):

表 10-4 农业用碳酸氢铵技术指标(CCGF 401.7—2010)

项目		指标			
		碳酸氢铵			干碳酸氢铵
		优等品	一等品	合格品	
氮 (N)/%	≥	17.2	17.1	16.8	17.5
水分(H_2O)/%	≤	3.0	3.5	5.0	0.5

注:优等品和一等品必须含添加剂

(2)磷肥主要检测指标

①疏松状过磷酸钙(表 10-5):

表 10-5 疏松状过磷酸钙技术指标 (GB/T 20413—2017)

		优等品	一等品	合格品	
				Ⅰ	Ⅱ
有效磷(以 P_2O_5 计)的质量分数/%	≥	18.0	16.0	14.0	12.0
水溶性磷(以 P_2O_5 计)的质量分数/%	≥	13.0	11.0	9.0	7.0
硫(以 S 计)的质量分数/%	≥			8.0	
游离酸(以 P_2O_5 计)的质量分数/%	≤			5.5	
游离水的质量分数/%	≤	12.0	14.0	15.0	15.0
三氯乙醛的质量分数/%	≤			0.000 5	

②粒状过磷酸钙(表 10-6):

表 10-6 粒状过磷酸钙技术指标(GB/T 20413—2017)

		优等品	一等品	合格品	
				Ⅰ	Ⅱ
有效磷(以 P_2O_5 计)的质量分数/%	≥	18.0	16.0	14.0	12.0
水溶性磷(以 P_2O_5 计)的质量分数/%	≥	13.0	11.0	9.0	7.0
硫(以 S 计)的质量分数/%	≥			8.0	
游离酸(以 P_2O_5 计)的质量分数/%	≤			5.5	
游离水的质量分数/%	≤			10.0	

续表 10-6

		优等品	一等品	合格品	
				Ⅰ	Ⅱ
三氯乙醛的质量分数/%	≤	0.0005			
粒度(1.00～4.75 mm 或 3.35～5.60 mm)的质量分数/%	≥	80			

③钙镁磷肥

粉状或砂状钙镁磷肥(表 10-7)：

表 10-7　粉状或砂状钙镁磷肥技术指标(GB/T 20412—2021)

项目		指标		
		Ⅰ型	Ⅱ型	Ⅲ型
有效五氧化二磷(P_2O_5)/%	≥	18.0	15.0	12.0
水分(H_2O)/%	≤	0.5		
有效钙(Ca)/%	≥	20.0		
有效镁(Mg)/%	≥	6.0	5.0	4.0
可溶性硅(SiO_2)/%	≥	20.0		
细度[a](通过 0.25 mm 试验筛)/%	≥	80		

注：产品按肥料合理施用原则和满足不同养分配比的复合肥料生产需求分为Ⅰ型、Ⅱ型和Ⅲ型。

[a]砂状产品细度指标不做要求，其粒度由供需双方合同约定。

④颗粒状钙镁磷肥(表 10-8)：

表 10-8　颗粒状钙镁磷肥技术指标(GB/T 20412—2021)

项目		指标		
		Ⅰ型	Ⅱ型	Ⅲ型
有效五氧化二磷(P_2O_5)/%	≥	17.0	14.0	11.0
水分(H_2O)/%	≤	1.0		
有效钙(Ca)/%	≥	19.5		
有效镁(Mg)/%	≥	6.0	5.0	4.0
可溶性硅(SiO_2)/%	≥	19.0		
粒度[a](2.00～4.75 mm)/%	≥	90		
颗粒平均抗压碎力/N	≥	15		
溶散率/%	≥	85		

注：产品按肥料合理施用原则和满足不同养分配比的复合肥料生产需求分为Ⅰ型、Ⅱ型和Ⅲ型。

[a]粒度也可按供需双方合同约定的指标执行。

⑤硝酸磷肥(表 10-9)

表 10-9 硝酸磷肥的技术指标(GB/T 10510—2023)

项目		指标		
		Ⅰ型	Ⅱ型	Ⅲ型
总养分[a]($N+P_2O_5$)/%	≥	40.0	37.0	35.0
总氮/%	≥	20.0	20.0	20.0
有效磷(P_2O_5)/%	≥	14.0	11.0	10.0
硝态氮占总氮百分率/%	≥		35	
水溶性磷占有效磷百分率/%	≥	65.0	50.0	40.0
游离水含量[b](H_2O)/%	≤		1.5	
粒度[c](1.00～4.75 mm)/%	≥		90	
氯离子/%	≤		0.5	

注:[a]单一养分测定值与标明值负偏差的绝对值应不大于 1.5%。

[b]在除生产企业外的场合采样时,水分可不做检测或以生产企业出厂检验数据为准。

[c]当用户对粒度有特殊要求时,可由供需双方协议确定。

(3)钾肥主要检测指标

①氯化钾(表 10-10):

表 10-10 肥料级氯化钾技术指标(GB/T 37918—2019)

项目[a]			粉末结晶状			颗粒状		
			Ⅰ 型	Ⅱ 型	Ⅲ 型	Ⅰ 型	Ⅱ 型	Ⅲ 型
氧化钾(K_2O)的质量分数/%		≥	62.0	60.0	57.0	62.0	60.0	57.0
水分(H_2O)的质量分数/%		≤	1.0	2.0	2.0	0.3	0.5	1.0
氯化钠(NaCl)的质量分数/%		≤	1.0	3.0	4.0	1.0	3.0	4.0
水不溶物的质量分数/%		≤	0.5	0.5	1.5	0.5	0.5	1.5
粒度[b,c]/%	1.00～4.75 mm	≥		—			90	
	2.00～4.00 mm	≥		—			70	
颗粒平均抗压碎力/N		≥		—			25.0	

注:[a]除水分外,各组分质量分数均以干基计。

[b]只需符合两档中任意一档即可。颗粒状产品的粒度,也可执行供需双方合同约定的指标。

[c]颗粒状产品若用作掺混肥料(BB 肥)生产的原料,可根据供需协议选择标注平均主导粒径(SGN)和均匀度指数(UI),计算方法见 GB/T 2440-2017 附录 A。

②硫酸钾(表 10-11):

表 10-11　农业用硫酸钾技术指标(GB/T 20406—2017)

项目		粉末结晶状			颗粒状	
		优等品	一等品	合格品	优等品	合格品
水溶性氧化钾(K_2O)的质量分数/%	≥	52	50	45	50	45
硫(S)的质量分数/%	≥	17.0	16.0	15.0	16.0	15.0
氯离子(Cl^-)的质量分数/%	≤	1.5	2.0	2.0	1.5	2.0
水分[a](H_2O)的质量分数/%	≤	1.0	1.5	2.0	1.5	2.5
游离酸(以 H_2SO_4 计)的质量分数/%	≤	1.0	1.5	2.0	2.0	2.0
粒度[b](粒径 1.00～4.75 mm 或 3.35～5.60 mm)/%	≥	—	—	—	90	90

注:[a]水分以生产企业出厂检验数据为准。

[b]对粒径有特殊要求的,按供需双方协议确定。

③硝酸磷钾肥(表 10-12)

表 10-12　硝酸磷钾肥的技术指标(GB/T 10510—2023)

项目			要求		
			Ⅰ型	Ⅱ型	Ⅲ型
总养分[a]($N+P_2O_5+K_2O$) /%		≥	45.0	40.0	35.0
总氮/%		≥	15.0	13.0	10.0
有效磷(P_2O_5) /%		≥	12.0	8.0	6.0
氧化钾(K_2O) /%		≥	4.0	4.0	4.0
硝态氮占总氮百分率/%		≥		30	
水溶性磷占有效磷百分率/%		≥		40	
游离水含量[b](H_2O) /%		≤		1.5	
粒度[c](1.00～4.75 mm) /%		≥		90	
氯离子[d],%	未标“含氯”的产品	≤		3.0	
	标“含氯(低氯)”的产品	≤		15.0	
	标“含氯(中氯)”的产品	≤		20.0	

注:[a]单一养分测定值与标明值负偏差的绝对值应不大于 1.5%。

[b]在除生产企业外的场合采样时,水分可不做检测或以生产企业出厂检验数据为准。

[c]当用户对粒度有特殊要求时,可由供需双方协议确定。

[d]硝酸磷钾肥中氯离子含量应≤20.0%。

(4)复合肥料主要检测指标(表 10-13)

表 10-13　复合肥料技术指标(GB/T 15063—2020)

项目		高浓度	中浓度	低浓度
总养分[a] ($N+P_2O_5+K_2O$)的质量分数/%	≥	40.0	30.0	25.0
水溶性磷占有效磷百分率[b]/%	≥	60	50	40
硝态氮[c]/%	≥		1.5	

续表 10-13

项目			高浓度	中浓度	低浓度
水分[d](H_2O)/%		≤	2.0	2.5	5.0
粒度[e](1.00～4.75 mm 或 3.35 mm～5.60 mm)/%		≥		90	
氯离子[f]/%	未标“含氯”的产品	≤		3.0	
	标识“含氯”(低氯)产品	≤		15.0	
	标识“含氯”(中氯)产品	≤		30.0	
单一中量元素[g](以单质计)/%	有效钙	≥		1.0	
	有效镁	≥		1.0	
	总硫	≥		2.0	
单一微量元素[h](以单质计)/%		≥	0.02		

注:[a]组成产品的单一养分含量不应小于 4.0%,且单一养分测定值与标明值负偏差的绝对值不应大于 1.5%。

[b]以钙镁磷肥等枸溶性磷肥为基础磷肥并在包装容器上注明为“枸溶性磷”时,“水溶性磷占有效磷百分率”项目不做检查和判定。若为氮、钾二元肥料,“水溶性磷占有效磷百分率”项目不做检验和判定。

[c]包装容器上标明“含硝态氮”时检测本项目。

[d]水分以生产企业出厂检验数据为准。

[e]特殊形状或更大颗粒(粉状除外)产品的粒度可由供需双方协议确定。

[f]氯离子的质量分数大于 30.0%的产品,应在包装容器上标明“含氯(高氯)”;标识“含氯(高氯)”的产品氯离子的质量分数可不做检验和判定。

[g]包装容器上标明含钙、镁、硫时检测本项目。

[h]包装容器上标明含铜、铁、锰、锌、硼、钼时检测本项目,钼元素的质量分数不高于 0.5%。

(5)有机无机复合肥料主要检测指标(表 10-14)

表 10-14 有机无机复混肥料技术指标(GB/T 18877—2020)

项目			指标		
			Ⅰ型	Ⅱ型	Ⅲ型
有机质含量/%		≥	20	15	10
总养分($N+P_2O_5+K_2O$)含量[a]/%		≥	15.0	25.0	35.0
水分(H_2O)[b]/%		≤	12.0	12.0	10.0
酸碱度(pH)			5.5～8.5		5.0～8.5
粒度(1.00～4.85 mm 或 3.55～5.60 mm)[c]/%		≥		70	
蛔虫卵死亡率/%		≥		95	
粪大肠菌群数/(个/g)		≤	100		
氯离子含量[d]/%	未标“含氯”的产品	≤		3.0	
	标明“含氯(低氯)”的产品	≤		15.0	
	标明“含氯(中氯)”的产品	≤		30.0	
砷及其化合物的质量分数(以 As 计)/(mg/kg)		≤		50	
镉及其化合物的质量分数(以 Cd 计)/(mg/kg)		≤		10	
铅及其化合物的质量分数(以 Pb 计)/(mg/kg)		≤		150	
铬及其化合物的质量分数(以 Cr 计)/(mg/kg)		≤		500	

续表 10-14

项目		指标		
		Ⅰ型	Ⅱ型	Ⅲ型
汞及其化合物的质量分数(以 Hg 计) /(mg/kg)	≤		5	
钠离子含量/%	≤		3.0	
缩二脲含量/%	≤		0.8	

注：[a]标明的单一养分含量不应低于 3.0%，且单一养分测定值与标明值负偏差的绝对值不应大于 1.5%。

[b] 水分以出厂检验数据为准。

[c]指出厂检验数据，当用户对粒度有特殊要求时，可由供需双方协议确定。

[d]氯离子的质量分数大于 30.0%的产品，应在包装袋上标明“含氯(高氯)”，标识“含氯(高氯)”的产品氯离子的质量分数不做检验和判定。

2. 有机肥料(表 10-15)

表 10-15　有机肥料技术指标(NY/T 525—2021)

项目		指标
有机质的质量分数(以烘干基计)/%	≥	30
总养分($N+P_2O_5+K_2O$)质量分数(以烘干基计)/%	≥	4.0
水分(鲜样)质量分数/%	≤	30
酸碱度(pH)		5.5～8.5
种子发芽指数(GI)/%	≥	70
机械杂质的质量分数/%	≤	0.5
总砷(As) /(mg/kg)	≤	15
总汞(Hg) /(mg/kg)	≤	2
总铅(Pb) /(mg/kg)	≤	50
总镉(Cd) /(mg/kg)	≤	3
总铬(Cr) /(mg/kg)	≤	150
蛔虫卵死亡率/%	≥	95
粪大肠菌群/(个/g)	≤	100
氯离子的质量分数/%		—
杂草种子活性/(株/kg)		—

3. 生物有机肥料(表 10-16)

表 10-16　生物有机肥料产品技术指标(NY 884—2012)

项目		指标
有效活菌数(CFU)/(亿/g)	≥	0.20
有机质(以干基计)/%	≥	40.0
水分/%	≤	30.0
pH		5.5～8.5
粪大肠菌群数/(个/g)	≤	100

续表 10-16

项目		指标
蛔虫卵死亡率/%	≥	95
有效期/月	≥	6
总砷(As)(以干基计) /(mg/kg)	≤	15
总镉(Cd)(以干基计) /(mg/kg)	≤	3
总铅(Pb)(以干基计) /(mg/kg)	≤	50
总铬(Cr)(以干基计) /(mg/kg)	≤	150
总汞(Hg)(以干基计) /(mg/kg)	≤	2

4. 复合微生物肥料(表 10-17)

表 10-17 复合微生物肥料技术指标(NY/T 798—2015)

项目	剂型	
	液体	固体
有效活菌数(CFU)[a]/[亿/g(mL)]	≥ 0.50	≥ 0.20
总养分($N+P_2O_5+K_2O$)含量[b]/ %	6.0～20.0	8.0～25.0
有机质(以烘干基计)/%	—	≥20.0
杂菌率/ %	≤15.0	≤30.0
水分/%	—	≤30.0
pH	5.5～8.5	5.5～8.5
有效期[c]/月	≥ 3	≥ 6
类大肠菌群数/[个/g (mL)]	≤100	
蛔虫卵死亡率/%	≥95	
砷(As)(以烘干基计) /(mg/kg)	≤15	
镉(Cd)(以烘干基计) /(mg/kg)	≤3	
铅(Pb)(以烘干基计) /(mg/kg)	≤50	
铬(Cr)(以烘干基计) /(mg/kg)	≤150	
汞(Hg)(以烘干基计)/(mg/kg)	≤2	

注:[a]含两种以上有效菌的复合微生物肥料,每一种有效菌的数量不得少于 0.01 亿/g(mL)。

[b] 总养分应为规定范围内的某一确定值,其测定值与标明值正负偏差的绝对值不应大于 2.0%;各单一养分值应不少于总养分含量的 15.0%。

[c]此项仅在监督部门或仲裁双方认为有必要时才检测。

5. 新型肥料(表 10-18 至表 10-25)

表 10-18 缓释肥料技术指标(GB/T 23348—2009)

项目		剂型	
		高浓度	中浓度
总养分($N+P_2O_5+K_2O$)含量/%	≥	40.0	30.0
水溶性磷占有效磷的质量分数/%	≥	60	50

续表 10-18

项目		剂型	
		高浓度	中浓度
水分/%	≤	2.0	2.5
粒度(粒径 1.00～4.75 mm 或 3.35～5.60 mm) /%	≥	90	
养分释放期/月	=	标明值	
初期养分释放率/%	≤	15	
28 d 累计养分释放率/%	≤	80	
养分释放期的养分释放率/%	≥	80	

表 10-19　稳定性肥料技术指标(GB/T 35113—2017)

项目		稳定性肥料 1 型（仅含脲酶抑制剂）	稳定性肥料 2 型（仅含硝化抑制剂）	稳定性肥料 3 型[a]（同时含有两种抑制剂）
尿素残留差异率/%	≥	25	不做要求	25
硝化抑制率[a]/%	≥	不做要求	6	6

注：[a]硝化抑制率指标，在试液培养的第 9 天、第 12 天、第 15 天中任意一天的测定结果达到指标要求即判定为合格。

表 10-20　水溶性肥料技术指标(HG/T 4365—2012)

项目			指标	
			固体(粉状和粒状)	液体
总养分(氮＋五氧化二磷＋氧化钾)的质量分数/%		≥	50	30
中微量元素的质量分数(以单质计)/%	标明的单一微量元素	≥	0.05	
	标明的微量元素总量		0.1～3.0	
	标明的单一中量元素	≥	2.0	
水不溶物的质量分数/%		≤	0.5	
pH			3.0～9.0	
水分(H_2O)的质量分数/%		≤	2.0	不做要求
粒度(粒径 1.00～4.75 mm 或 3.35～5.60 mm) /%		≥	90	不做要求
砷的质量分数/%		≤	0.001 0	
镉的质量分数/%		≤	0.001 0	
铅的质量分数/%		≤	0.005 0	
铬的质量分数/%		≤	0.005 0	
汞的质量分数/%		≤	0.000 5	
缩二脲的质量分数/%		≤	0.5	
氯离子的质量分数/%	未标“含氯”的产品	≤	2.0	
	标识“含氯”的产品	≤	15.0	

表 10-21　大量元素水溶肥料技术指标(NY/T 1107—2020)

项目		固体产品	液体产品
大量元素含量[a]		≥50.0%	≥400 g/L
水不溶物含量		≤1.0%	≤10 g/L
水分(H_2O)含量		≤3.0%	—
缩二脲含量		≤0.9%	
氯离子含量[b]	未标“含氯”的产品	≤3.0%	≤30 g/L
	标识“含氯(低氯)”的产品	≤15.0%	≤150 g/L
	标识“含氯(中氯)”的产品	≤30.0%	≤300 g/L

注：[a]大量元素含量是指总 N、P_2O_5、K_2O 含量之和，产品应至少包含其中 2 种大量元素。单一大量元素含量不低于 4.0%或 40 g/L。各单一大量元素测定值与标明值负偏差绝对值应不大于 1.5%或 15 g/L。

[b]氯离子含量大于 30.0%或 300 g/L 的产品，应在包装袋上标明“含氯(高氯)”，标识“含氯(高氯)”的产品，氯离子含量可不做检验和判定。

表 10-22　中量元素水溶肥料技术指标(NY 2266—2012)

项目	固体产品	液体产品
中量元素含量[a]	≥10.0%	≥100 g/L
水不溶物含量	≤5.0%	≤50 g/L
pH(1∶250 稀释倍数)	3.0～9.0	3.0～9.0
水分含量(H_2O)	≤3.0%	—

注：[a]中量元素含量指钙含量或镁含量或钙镁含量之和。含量不低于 1.0%或 10 g/L 的钙或镁元素均应计入中量元素含量中。硫含量不计入中量元素含量，仅在标识中标注。

表 10-23　微量元素水溶性肥料技术指标(NY 1428—2010)

项目	固体产品	液体产品
微量元素含量[a]	≥10.0%	≥100 g/L
水不溶物含量	≤5.0%	≤50 g/L
pH(1∶250 稀释倍数)	3.0～10.0	3.0～10.0
水分含量(H_2O)	≤6.0%	—

注：[a]微量元素含量指铜、铁、锰、锌、硼、钼元素含量之和。产品应至少包含一种微量元素。含量不低于 0.05%或 0.5 g/L 的单一微量元素均应计入微量元素含量中。钼元素含量不高于 1.0%（单质含铝微量元素产品除外）。

表 10-24　微量元素叶面肥料技术指标(GB/T 17420—2020)

项目		固体	液体
微量元素[a](Fe、Mn、Cu、Zn、Mo、B)总量(以元素计)	≥	10.0%	100 g/L
水分(H_2O)	≤	5.0%	—
水不溶物	≤	0.5%	5 g/L
pH（1+250 倍稀释）		5.0～8.0	≥3.0

注：[a]微量元素总量指钼、硼、锰、锌、铜、铁六种元素中的两种或两种以上元素之和，单一元素含量小于 0.2%（2 g/L)的不计入总含量。

表 10-25　尿素硝酸铵溶液技术指标(NY/T 2670—2020)

项目		指标
总氮(N)含量/%	≥	28.0
酰胺态氮(N)含量/%	≥	14.0
硝态氮(N)含量/%	≥	7.0
铵态氮(N)含量/%	≥	7.0
缩二脲含量/%	≤	0.5
pH(1∶250 倍稀释)		5.5～7.0
水不溶物含量/%	≤	0.5
汞(Hg)(以元素计)/(mg/kg)	≤	5
砷(As)(以元素计)/(mg/kg)	≤	5
镉(Cd)(以元素计)/(mg/kg)	≤	5
铅(Pb)(以元素计)/(mg/kg)	≤	25
铬(Cr)(以元素计)/(mg/kg)	≤	25

第二节　肥料加工污染环境的防治与对策

肥料生产和加工过程对环境的影响与肥料种类关系密切。据研究资料，我国氮肥制造碳排放系数平均水平为：合成氨(液氨)1.672 t(CE)(碳当量 carbon equivalent)/t(N)，尿素2.041 t(CE)/t(N)，碳酸氢铵 1.928 t(CE)/t(N)，硝酸铵 4.202 t(CE)/t(N)，氯化铵 2.220 t(CE)/t(N)，氮肥综合系数为 2.116 t(CE)/t(N)。我国一般水平的磷肥制造碳排放系数为：重钙 0.467 t(CE)/t(P_2O_5)，磷酸二铵 1.109 t(CE)/t(P_2O_5)，磷酸一铵 0.740 t(CE)/t(P_2O_5)，普钙 0.195 t(CE)/t(P_2O_5)，钙镁磷肥 2.105 t(CE)/t(P_2O_5)，磷肥综合系数为 0.636 t(CE)/t(P_2O_5)。我国先进水平的钾肥制造碳排放系数为：氯化钾 0.168 t(CE)/t(K_2O)，硫酸钾 0.409 t(CE)/t(K_2O)[其中罗钾法硫酸钾 0.443 t(CE)/t(K_2O)、曼海姆法硫酸钾 0.375 t(CE)/t(K_2O)]，钾肥综合系数为 0.180 t(CE)/t(K_2O)。我国大部分氮磷钾肥的温室气体排放系数普遍为欧美平均水平的 2 倍左右。肥料种类不同，生产过程中排放的废弃物各异。

一、氮肥生产与环境污染

(一)废气

大多数化肥生产过程中的排出废气的最大来源是在氨合成中使用的矿物燃料的燃烧。其他来源包括各个流程中排出的硫氧化物，氮氧化物和一氧化碳等。

合成氨的大气污染物主要有两部分：一是 CO 吸收后再生所放出的废气，主要是 CO；另一个是氨合成塔和氨储槽放出物的吹出气，主要是含氨废气。合成氨产品回收率为 97%，气损失按 3%计，一个日产 450 t 的氨厂，CO 脱吸时约放出 1 200 m^3/min，其中 CO 占 73%，氨占4%。经回收后，每生产 1 t 氨还要损失 90 g 氨。由于氨的强碱性能，各种高浓度的氨会影响鼻黏膜、喉黏膜和眼结膜,同样也会侵蚀皮肤。含有氨的各种气体通常要被洗涤,并将产生的洗液再循环回生产过程或排放到工厂下水管。如果将含氨的废气排到大气中,让它们与同一联合企业所排出的酸性废气化合,就会形成烟雾。氨也很可能存在于生产尿素、硝酸铵、磷酸铵和各种混合肥料的排出物中。

各种氮氧化物从氨的氧化过程中排出。生产硝酸时,从酸吸收塔尾气排出的氮氧化物,一般是硝酸产量的0.1%。如在酸吸收塔后面增设催化燃烧或碱洗涤塔来分别处理氮氧化物尾气,则可使氮氧化物排放量减少80%~90%。这些氮氧化物(NO_3)主要是NO、NO_2、N_2O_3、N_2O_4,是氧化的不稳定副产物。NO和NO_2对人、动植物都有害,易在空气中通过光化学反应生成烟雾。氮氧化物有毒性,能刺激呼吸道,慢性中毒时,会引起呕吐,能抑制血液运送氧气,在没有减少空气污染系统的硝酸厂内,尾气中各种氮氧化物的浓度可达6.00 mg/m^3。

各种雾、烟、尘可从生产硝酸铵和尿素的造粒塔工序中产生。硝酸铵厂排放的废气主要有三个来源:中和、蒸发和造粒。来自中和和蒸发过程中的烟雾通常在湿式洗涤器中被洗涤,它们的体积较小。大多数来自造粒塔的粒子大小还不到1 μm。尿素厂的主要空气污染是造粒塔排气中的尿素灰尘。从一个日产1 000 t的尿素厂里,每小时有40 250万m^3的热空气被排到大气中。使用湿式洗涤的除尘系统能使塔出口的平均值500~1 000 mg/m^3的灰尘含量降到200~300 mg/m^3。这些冲击型挡板装置很容易用于自然通风的造粒塔。尿素灰尘颗粒很小(不到10 μm),因此,干式施风分离器对于高效创造尘是无效的。最近已开发出改进了的除尘系统可将造粒塔排出气体中的尿素灰尘含量降低到30 mg/m^3以下或每吨产品0.3 kg。

(二)废水

生产氮肥的工厂排出的废水有三个来源:①用于制造过程的水;②冷却水;③用于辅助操作的水。制造过程的废水大部分为工艺过程所用的水,有一小部分不排出。冷却水占总废水量的80%~90%,包括与加工气体直接接触的水(约60%)和不与其接触的水(约40%)。后者水质未受污染,可成功用于密闭循环。有时直接接触的冷却水也用于循环,但只是在除去了溶解气体和澄清之后。如果循环使用,废水量可减少80%~90%,排入污水管的废水中的气体和悬浮固体含量,也相应地降低。辅助操作的水是洗涤地板、装置、车库、辅助车间等所排出的水,这些水因未受污染还能回用,但它们仅是废水总量的一小部分。一座含有硫酸的氮肥厂废水组成如表10-26所示。

表10-26 氮肥厂的废水组成

项目	特征值	项目	特征值
温度/℃	18~28	总固体(105 ℃)/(mg/L)	550~1 200
颜色	无色	氯化物(Cl)/(mg/L)	90~225
臭味	特殊氮	硫酸盐(SO_4^{2-})/(mg/L)	180~250
透明度/cm	5~11	氨(NH_3)/(mg/L)	100~140
pH	6.7~7.4	硝酸盐(NO_3^-/(mg/L)	90~180
碱度($CaCO_3$)/(mg/L)	1 000~4 000	硫化氢	痕量
悬浮固体(105 ℃)/(mg/L)	200~320	三氧化砷/(mg/L)	0.1~0.8
无机悬浮物(105 ℃)/(mg/L)	140~230	铜	痕量
烧灼残渣/(mg/L)	410~500	高锰酸钾值/(mg/L)	13~19

(三)噪声

氮肥生产过程中产生的噪声可分为三类:①空气动力性噪声如通风机、汽笛、高压放空等发出的噪声;②机械性噪声如球磨机、压缩机、罗茨鼓风机、电锯等发出的噪声;③电磁性噪声如发电机、电动机、变压器等产生的噪声。

二、磷肥生产与环境污染

(一)废气

大多数磷肥联合企业有一个附属的硫酸厂,它是化肥厂 SO_2 或 SO_3 的主要来源。生产硫酸的过程是将硫燃烧,使含 SO_2 的气体通过催化剂,产生热的 SO_3 气体,随后在吸引塔被吸收形成 98%硫酸。吸收塔烟囱的废气中常常含有从 1~100 μm 的酸性微滴,很难去除。在干燥塔里硫酸经过循环以减少剩余的水蒸气,但这些酸性微滴即使通过工厂的干燥塔还是形成烟雾。

在燃烧高硫煤或燃料油产生工艺蒸汽的化肥厂,燃烧气中的 SO_2 会超过排放标准,这也是化肥厂 SO_2 污染的一个来源。

普钙生产的主要污染物,是在磷矿粉与硫酸反应时磷矿粉分解而产生的四氟化硅(SiF_4)等氟化物。氟化物产生的数量取决于磷矿粉中 SiO_2 的含量及所用硫酸的温度、浓度和数量。一般来说,硫酸与磷矿粉反应时矿石中有 18%~35%的氟转化为 SiO_4,SiO_4 气体排出浓度为 200~500 mg/L。经过水洗塔洗涤后,尾气中 SiO_4 的浓度仍有 7.1~17.1 mg/L。当磷矿粉中硅含量低的时候,也可能出现氟化氢(HF)气体。

重钙生产中反应器和过滤器等设备排入大气的 SiO_4 浓度为 0.35~1 mg/L(湿法磷酸)。热法磷酸的产出物有黄磷、氟化物、一氧化碳、硅粉尘、磷酸酸雾。各污染物物质的数量如下:黄磷,400~2 500 mg/L;总悬浮固体,1 000~5 000 mg/L;氟化物,500~2 000 mg/L;硅粉尘,300~700 mg/L。

磷肥生产中,气态氟化物被认为是最危险的污染物之一。慢性氟中毒在人体中的第一个迹象就是出现斑点,然后就是韧带变硬。工人对于工业氟化物的接触有积累效应,大多数工厂能保持空气中氟化物浓度低于 0.01 mg/L,工人每天吸入的氟化物不能超过 2 mg。

气态氟化物对于植物和动物的损害要比人广泛得多。氟化物浓度低至$(1.5\sim4)\times10^{-5}$ mg/L 范围内都会损害剑兰和某些松树、果树。牛等动物在氟化物浓度超过 0.03 mg/L 时会受到影响,最终得骨质硬化症。

(二)废水

在溶解磷矿粉过程中会放出氟化氢和硅氟酸,工厂在密闭的冷凝装置内用水或盐水洗涤可以从酸性和高毒性的气体中去除这些成分。从这个过程中排出的废水往往是弱酸性、清澈无色的。过磷酸盐的生产往往和氟硅酸钠的生产合在一起。在这种情况下,废水量较大。每生产 1 000 t 过磷酸钙,排出 1.33×10^5 t 氟硅酸钠结晶过程的后结晶液,以及 67 m^3 洗涤水。后结晶液的成分如下:氯化钠(NaCl),20~25 g/L;氯化氢(HCl)25~35 g/L;硅酸(H_2SiO_3),10~15 g/L;硅氟化钠(Na_2SiF_6),8~10 g/L。

多数磷酸是用湿法生产的。在湿法磷酸中,磷矿粉和硫酸在反应器进行放热反应,传统的方法是用真空冷却器维持 80 ℃的控制温度。这些冷却器的正常操作是通过一个空气冷凝系统来完成的，这个冷凝系统产生含有 P_2O_5 和氟硅酸形式存在的氟的废液，这种废液也能从反应器洗涤系统，石膏过滤真空泵以及磷酸浓缩或蒸发系统中产生。有时将这些废气连同浆化了的石膏一起排入池塘，从那里把澄清了的酸性液体再循环到工厂做冷却水或洗涤水，池塘周围容易溢出废液。

大多数化肥联合企业装有锅炉和冷却塔作为辅助设备。所有的锅炉在运转前和运转期间必须进行清洗，酸性和碱性溶剂以及专门的洗涤剂被用来做清洁剂，然后作为废水定期排出。废水通常呈酸性，含有盐酸、醋酸、硼酸钾、氨腐蚀抑制剂、洗涤剂和磷酸盐。另外，作为日常工作，必须使锅炉在运转期间免于结垢和腐蚀。这部分水通常呈碱性，含有磷酸三钠、碳酸钠、氢氧化钠、亚硫酸钠、硝酸钠和洗涤剂。一方面，清洗结垢的水是在偶然和通常预测不到的几次对锅炉的管子和气泡表面的清洗中产生的。另一方面，锅炉排出废水是以一天一次或几次有规律地进行的。因此，应把酸性洗废液和碱性废液排到储存器中进行中和，然后缓慢、均匀、成比例地排到较大体积的冷却水中，再不断送入供水系统。储存设备中沉淀的水垢和固体物应周期性地排出。

(三)固体废弃物

磷石膏是湿法磷酸生产中最多的副产品。湿法磷酸产生的磷石膏的妥善处理与回收成为大型磷肥厂建设的关键问题，因为每生产 1 t P_2O_5，会产生 5 t 磷石膏。

废钒催化剂每年要从硫酸厂中排出，由于钒化合物有强烈的毒性，它可能构成一个危险的污染源。日产 1 500 t 的硫酸厂，一年要产生 20 m^3 的钒催化剂，这些催化剂通常在每年检修停车时排出。

三、钾肥生产与环境污染

(一)废水

钾矿废水与煤矿和金属矿的不同，钾矿废水中含有较多的溶解固体。这些溶解物主要是钾盐，并有大量的氯化钠，其典型成分见表 10-27。

最重要的废水是后结晶液，含有大量的氯化镁和硫酸镁，以及少量的氯化钾和氯化钠，溴含量也很显著，但不超过 0.5%。表 10-28 列举了后结晶钾液的一般特性。

表 10-27 钾矿废水组成

项目	特征值
相对密度	1.034
氯化物(Cl^-)/(mg/L)	29 600
硫酸盐(SO_4^{2-})/(mg/L)	936
氯化钾(KCl)/(mg/L)	188
氯化钠(NaCl)/(mg/L)	2 436
氧化钙(CaO)/(mg/L)	480
氧化镁(MgO)/(mg/L)	1 184

表 10-28 后结晶钾液的一般特征

项目	沙金卤石Ⅰ	沙金卤石Ⅱ	沙金卤石Ⅲ	沙金卤石Ⅵ
密度/(g/mL)	1.295	1.28～1.34	1.30～1.31	1.3
$MgCl^-$/(g/L)	275	390	350	390
$MgSO_4$/(g/L)	60	35	32	37.5
KCl/(g/L)	45	10	15	19.5

续表 10-28

项目	沙金卤石Ⅰ	沙金卤石Ⅱ	沙金卤石Ⅲ	沙金卤石Ⅵ
NaCl/(g/L)	35	9	10	14.3
$MgBr^-$/(g/L)	—	1	—	—

废水量视天然沙金卤石成分而定，其后结晶废液量分别是：沙金卤石Ⅰ(10%KCl，12.8% $MgCl^-$)，32.7 m^3/100 t 矿；沙金卤石Ⅱ(16%KCl，20.4%$MgCl^-$)，52.3 m^3/100 t 矿；沙金卤石Ⅲ(20%KCl，25.5%$MgCl^-$)，65.4 m^3/100 t 矿；沙金卤石Ⅳ(26.9%KCl，34.3%$MgCl^-$)，87.9 m^3/100 t 矿。

硫镁矾洗涤水往往含大量氯化钠并很浑浊。浓的硫镁矾洗涤废水成分：KCl，6 g/L；$MgSO_4$，6 g/L；NaCl，285 g/L；$MgCl_2$，9 g/L。其相对密度为 1.198。

上述废水污染物在河流中不能被生化作用所分解消除，只能简单稀释到某种程度，这种程度取决于河流大小、当时的水文状况以及废水量和浓度。饮水中氯化物和硫酸盐都有最高允许浓度，农用水也有这些污染物的极限浓度标准。这些标准建立在每一种盐类对水体的各种性质(味、医疗影响、腐蚀性、对自净过程的影响等)的影响分析的基础上。水体盐化在有些情况下会阻碍工业的发展。

(二)固体废弃物

钾石盐的选矿产生含有少量氯化钾的副产品氯化钠。这种废渣通常被泵送到用土质挡土墙围起来的堆积区。由于所夹带的水分蒸发而逐渐固结，有的矿山把渣浆用泵送至海洋或河流里，污染环境。其他钾碱矿石的精制也会产生盐类副产品，如果在精制厂附近找到平地，可以暂时堆放。

四、肥料加工污染环境的防治措施

(一)氮肥生产过程中的污染防治措施

1. 氮肥生产过程中的除尘技术

燃煤锅炉排出烟气主要污染物为烟尘和 SO_2，对中、小型锅炉 SO_2 的处理技术仍不成熟，故氮肥厂一般没有进行治理，而着眼于烟尘的治理。减少烟尘对空气污染的主要措施：

(1)改燃烧方式　烟气中的可燃物通过改造锅炉的燃烧方式及进行合理的燃烧调节，尘粒与可燃气体全部或大部分燃尽，既能减少烟尘，又能节约燃料。

(2)加除尘器　各种类型的锅炉即使能达到完全燃烧，烟气中仍会夹带大量的飞灰，必须除尘，才能满足排放标准的要求。

烟气除尘的方式分为干式机械除尘，如各种旋风除尘器等；湿式除尘，如水浴除尘和水膜除尘等，干式除尘如电除尘、袋滤等。不少中、小型氮肥厂采用麻石水膜除尘器，其处理效果较好。麻石水膜除尘，主要由麻石水膜除尘器来完成。采用麻石是利用麻石的耐磨和抗腐蚀的性能，使塔体有较长的寿命，并可节约钢材。

针对尿素生产过程中带来的粉尘污染，广泛采用造粒塔粉尘回收技术降低尿素粉尘，原理为提高尿素颗粒的冲击强度可以减少固体尿素颗粒间的相互碰撞，或与塔壁、塔底、被刮料机碾碎等造成的机械破碎而产生的尿素粉尘。此外还有斜孔喷头造粒减少尿素粉尘排放技术，原理是调整指喷孔轴线与喷头体母线的夹角，从而降低尿素出塔的温度，减少带出的粉尘。

2.氮肥生产过程中的废水处理技术

氨氮是氮肥厂废水的主要污染物，常用的处理方法有以下几种：

(1)化学沉淀法(MAP) 化学沉淀法是20世纪90年代兴起的一种新的处理方法，尤其适合于高浓度氨氮废水的处理，脱氮效率高，工艺简单，可通过生成鸟粪石作为肥料回收氨。磷酸铵镁(MAP，magnesium ammonium phosphate)化学沉淀法的基本原理是向含氨氮的废水中添加镁盐和磷酸盐。产物的化学分子式是 $MgNH_4PO_4 \cdot 6H_2O$，俗称鸟粪石。采用 $MgCl_2 \cdot 6H_2O$、$Na_3PO_4 \cdot 12H_2O$ 处理该废水，Mg^{2+}∶NH_4^+∶PO_4^{3-} 的摩尔比为1.5∶1∶0.9，pH在9.0左右，原水中的氨氮浓度可由2 000 mg/L降到15 mg/L，而残磷量低于20 mg/L。且生成的磷酸铵镁沉淀物溶解、释放速度慢，农作物利用率高，对环境污染小，是一种很有价值的缓释肥。该法可以大大降低废水处理费用，具有较高的经济价值。

(2)沉淀气浮法 沉淀气浮法可以克服化学沉淀法处理化肥厂废水时的固液分离困难的缺点，实现高效固液分离。所用沉淀剂为化学纯的磷酸氢二钠($Na_2HPO_4 \cdot 12H_2O$)和氯化镁($MgCl_2 \cdot 6H_2O$)，使用时直接添加固体。沉淀气浮后的物质主要为晶态的 $MgNH_4PO_4 \cdot 6H_2O$，可以作为复合肥料进一步开发利用。

(3)电催化氧化法 20世纪80年代发展起来的电催化高级氧化技术能在常温常压下，通过有催化活性的电极反应直接或间接产生氧化中间物，从而有效去除污染物。当废水进入电解系统以后，在不同条件下，在阳极上可能以不同途径发生氨的氧化反应：①氨的直接电氧化，即氨直接参与电极反应，被氧化成氮气脱除；②氨的间接电氧化，即通过电极反应，生成氧化性物质，该物质再与氨反应，使氨降解、脱除。该法具有处理效率高、操作简便、与环境兼容等优点。

(4)曝气生物滤池法 曝气生物滤池(biological aerated filter，BAF)是20世纪80年代末在欧美发展起来的一种新型生物膜法污水处理工艺。该工艺具有去除SS、COD、BOD、硝化、脱氮、除磷、去除AOX(可吸附有机卤素)的作用。

3.氮肥生产过程中噪声污染防治措施

(1)消除或降低声源噪声 对噪声源采用新技术，实现密闭化、自动化操作。对产生噪声的工艺进行治理和改造，以低噪声的设备和工艺代替强噪声的设备和工艺，从声源上根治噪声，降低其对人体危害的程度。如采用压力机代替锻造机，用焊接代替铆接，用电弧气刨代替风铲，球磨机的内衬以橡胶代替钢衬板等。

(2)控制噪声的传播 ①吸声，用多孔材料如玻璃棉、泡沫塑料、毛毡、棉絮等吸声。②消声，在风道和排气管等处安装消声器，这是防止空气动力性噪声的主要措施。③隔声，用特殊的材料密封声源，以控制噪声的传播，如隔声罩、隔声墙、隔声门等。④隔振，在机器的基础与地板、墙壁之间装有减振装置或防振结构。⑤阻尼，在管道、机器的外壳、车体、船体的金属板上涂一层阻尼材料，如沥青、软橡胶及油漆等，使金属板振动能有相当部分变成热能，从而降低了噪声。

(3)合理选定厂址和厂房设计 产生噪声的工厂，在选址上一定远离居民区、学校和幼儿园。车间建筑时，尽量采用吸隔声材料，以减低噪声的反射，并防止噪声外传，污染大气。

(4)加强个体防护 在上述消声措施不能达到预期效果时，需要采取个人防护措施，如耳塞、耳罩和头盔。

(二)磷肥生产过程中污染防治措施

1. 磷肥生产过程中废渣利用

磷石膏是湿法磷酸生产磷肥过程中产生的数量最大的废渣，因残存少量磷素，通称为磷石膏。磷石膏不及时处理和利用，将占用大量土地，且导致环境污染。目前利用的途径：

(1)磷石膏生产硫酸和水泥　磷石膏制硫酸时可以联产水泥，用焦炭作还原剂，磷石膏在 1 170～1 474 K 温度下分解，生成 SO_2 气体，经净化、干燥、转化、吸收而成硫酸，而生成的 CaO 与配料起矿化反应，生成水泥熟料。

(2)作建筑材料　作为建材使用的磷石膏主要是熟石膏，其中又以 β-半水合物和 α-半水合物熟石膏用量最大。β-半水合物熟石膏的生产通常采用干焙烧法将二水化物转化而得，由于磷石膏中含有磷、氟和有机杂质，必须对磷石膏化学成分、pH 和细度进行测试，其放射性物质也必须符合《建筑材料放射性核素限量》(GB 6566—2001)具体工序有：①水洗，洗去磷石膏中水溶性磷、氟和有机等杂质。②过滤，分离使水含量小于10%。③煅烧，最佳温度为 437～493 K。④粉磨，百分之百通过 0.15 mm 筛。

(3)造纸填料　用磷石膏代替高岭土作为印刷用纸和书写用纸的填料，使纸的机械强度提高 25%～30%，光泽度提高 5%～7%。

(4)磷石膏生产硫酸铵　该法是在一组反应器中将预先准备好的碳酸氢铵溶液和磷石膏悬浮液相互作用，反应在常压下进行。由于 $CaCO_3$ 溶度积比 $CaSO_4$ 小，反应平衡向右移动。将过滤后母液浓缩结晶，制得产品。该工艺由林茨化学公司开发。

(5)农业上应用　磷石膏呈酸性，可代替石膏用作盐碱土壤(特别是钠质土)的改良剂，能改善土壤理化性状、提高肥力水平。近年来国内外报道磷石膏在改良酸性土壤方面的明显作用，强酸性黄壤施用磷石膏后土壤交换态铝、羟基铝和活性铝(交换铝、有机态铝和羟基铝三者之和)都显著下降，磷石膏发挥矫治作用的时间在施用两个月后达到最大，效果显著持续时间在施用后 2～4 个月。

2. 磷肥生产过程中的废气利用

用磷酸浓缩过程中排放的含氟气体吸收液生产氟盐产品已十分普遍。中、小型磷铵厂生产的氟硅酸(H_2SiF_6)浓度一般为 8%～12%，可用以生产氟硅酸钠(Na_2SiF_6)。大型磷铵厂生产的氟硅酸(H_2SiF_6)浓度为 18%～20%，可用来生产氟化铝(AlF_3)或冰晶石。

(三)有机肥料生产的环境污染控制

在有机肥料厂的设计过程中，对环境公害问题制定恰当的控制方法是很重要的。有机肥料加工厂最主要的公害是臭气和蚊蝇。有机肥料加工过程中，应选择合适的厂址以及根据周围环境的需要选择合适的有机肥料加工方式。

1. 恶臭的控制

畜禽粪便、作物秸秆等有机物料是有机肥料加工的主要原料，这些原料都不可避免地会产生一些恶臭，建立新的有机肥料厂时，应考虑臭气控制情况。首先应注意厂址的选择。厂址应距离居民集中区有一定距离，绝对不能建在居民生活区和工业区的中间。其次许多技术均可用以减少有机原料发酵过程中恶臭的浓度。目前脱臭方法主要有液体洗涤、吸附等技术。

(1)液体洗涤　将有机肥料加工过程中产生的恶臭气体通过液体，使气体溶解于液体之中。最普通的溶剂是水，结合采用化学氧化剂如高锰酸钾、次氯酸钠、氢氧化钙或氢氧化钠以及各种酸,效果更好。

(2)吸附法　吸附是恶臭气体与强吸附性物质接触,这些物质可吸附并减少恶臭气体。在有机肥料发酵原料中拌入一定比例的沸石、草炭,发酵过程中产生的氨气、硫化氢等恶臭气体就会被这些物质吸附,既减少了恶臭气体,还可减少有机原料养分的损失。让恶臭气体流过吸附能力强的物质层,利用吸附物质的强吸附性,除掉恶臭气体。构成恶臭气体的成分无论是无机的还是有机的物质,活性炭都能有效地进行处理,它是一种很好的吸附物质。价格低廉的吸附物质还有碎木屑等。

2.粉尘的控制

粉尘的控制可能是有机肥料加工厂的另一个主要问题,特别是在干旱或半干旱气候条件下,以城市污泥有机物、粉碎的草炭、粉碎的作物秸秆等为有机肥料加工原料,在搅动、粉碎过程中,小型颗粒就会在空中飞扬。在有机肥料加工过程中,要根据加工过程特点,采取相应的防止过多生成粉尘的方法。

(1)搅拌环节粉尘的控制　在发酵或晾晒过程,要进行搅拌,湿度较高时,粉尘不至于成为明显问题,而在搅拌干原料时通常产生粉尘。在发酵或原料混合过程中翻动时要注意原料的湿度;当原料中固体含量较高时,容易扬起粉尘,此时就应尽量减少翻动物料的次数。

(2)粉碎过筛环节粉尘的控制　粉碎、筛分时,最容易起粉尘,应在封闭的发酵仓或室内进行。密闭容器应备有空气收集和颗粒控制设备、湿式涤气器或纤维过滤器。

3.苍蝇的控制

畜禽粪便等有机肥料加工原料容易招来苍蝇,在温暖的季节苍蝇无处不在成为有机肥料厂的公害,污染环境,传播病虫害。主要防治措施:

(1)防止敞开堆放有机肥料原料　有机肥料原料来厂后直接进入发酵设施或设备中,发酵设施中苍蝇无法存活,发酵充分的商品有机肥料也不再招苍蝇。如果发酵设备设施容纳不下有机肥料原料,应将原料集中堆放,盖上塑料布,使有机原料处于密闭缺氧状态,苍蝇无法存活。

(2)保持环境干净卫生　有机肥料原料体积大、湿、臭、脏,在运输、加工过程中容易到处撒露,为苍蝇滋生创造了条件。有机肥料厂应注意环境卫生,一方面从源头采取措施,对运送设备进行加固,减少粪便的遗撒;另一方面粪便等有机原料遗撒后应及时清理干净。

(3)及时喷药　在苍蝇还未大量繁殖时,杀死苍蝇。

【本章小结】

我国各类肥料生产和加工具有严格的产品质量检测标准,肥料质量标准的实施将对规范我国肥料生产行为、促进农产品安全生产和农业可持续发展发挥积极作用。肥料检测的主要内容有肥料成分、功能性状、理化性状、副成分、毒性成分等。成分检测包括养分、有机类成分、微生物等三大类:养分检测主要包括氮、磷、钾、钙、镁、硫大量元素和铜、铁、钼、硼、锌、锰等微量元素;有机类成分主要包括有机质、氨基酸、腐殖酸三类;微生物类的检测包括有效活菌数及含菌量。功能性状目前主要是缓释肥,指标包括初期养分释放率、累积养分释放率、养分释放期、缓释养分量等。肥料的理化性状检测包括物理性状和化学性状,物理性状主要有水分、粒度(或细度)、松散度、残留物(或残渣)、水不溶物、结块物、抗压强度等;化学性状主要有酸度

(pH)、游离酸、碱度(或碱分)等。副成分则针对不同的肥料种类分别检测包括缩二脲、硫酸盐、氯离子、铁等项目。毒性成分主要包括重金属、病原微生物两类,其中重金属指标为汞、镉、铅、铬、砷等,病原微生物指标为蛔虫卵死亡率、大肠菌值、杂菌数等。肥料种类不同,产品质量检测内容和方法各异,肥料质量技术标准体系由国家标准、行业标准、地方标准和企业标准组成。肥料生产和加工过程中不可避免地会产生污染物,采用先进工艺技术减少污染物排放和将污染物有效处理变废为资源,是现代肥料企业需要高度重视的问题。

复习思考题

1. 氮、磷、钾肥生产的质量检测及标准是什么?
2. 氮、磷、钾肥生产过程中产生的污染有哪些?
3. 你所了解的化肥生产过程中的污染有哪些? 有何解决措施?
4. 你周围有没有肥料生产企业? 他们是如何做好环保工作的?

本章推荐阅读书目

崔玉亭. 2000. 化学与生态环境保护. 北京:化学工业出版社.
考兹奥罗夫斯基. 2021. 工业废水处理. 李远义,译. 北京:中国建筑工业出版社.
欧盟委员会联合研究中心. 2016. 氨、无机酸和化肥工业污染综合防治最佳可行技术. 北京:化学工业出版社.
沈其荣. 2021. 中国有机(类)肥料. 北京:中国农业出版社.
宋志伟. 2022. 肥料高效安全使用手册. 北京:中国农业出版社.
郗向前. 2015. 化肥生产工艺. 北京:化学工业出版社.
张卫峰,张福锁. 2017. 中国肥料发展研究报告. 北京:中国农业大学出版社.

参考文献

陈舜,逯非,王效科. 2015. 中国氮磷钾肥制造温室气体排放系数的估算. 生态学报,35(19):6371-6383.
付浩然,李婷玉,曹寒冰,等. 2020. 我国化肥减量增效的驱动因素探究. 植物营养与肥料学报. 26(3):561-580.
郭翠香,石磊,牛东杰,等. 2006. 浅谈磷石膏的综合利用. 中国资源综合利用,24(2):29-32.
郭利军. 2005. 化肥生产监控、新产品、加工新技术、质量检测及标准规范实务全书. 北京:中国农业科技出版社.
何佳芳,肖厚军,苟久兰. 2009. 磷石膏与沸石对酸性黄壤活性铝形态及作物营养平衡的影响. 西南农业学报,22(3):727-732.
江敬安,陈丽,沈兵,等. 2023. 中国肥料产业体系现状及发展趋势. 现代化工,43(6):47-52.
牛俊玲. 2010. 固体有机废物肥料化利用技术. 北京:化学工业出版社.
王柏娇. 2020. 农业化肥产业发展对生态环境的影响分析研究. 环境科学与管理,45(10):177-180.
吴密. 2002. 化肥生产核心技术、工艺流程与质量检测标准实施手册. 北京:电子工业出版社.

赵英杰，孟远夺，樊子风，等. 2024. 我国肥料标准发展现状、问题与对策. 中国土壤与肥料(5)：212-221.

Cánovas C R，Macías F，Perez-López R，et al. 2018. Valorization of wastes from the fertilizer industry：Current status and future trends. Journla of Cleaner Production，174：678-690.